이 저서는 2001학년도 연세대학교 학술연구비의 부분적인 지원에 의하여 이루어진 것임.

머리말

이 책은 사회과학 연구를 위한 통계방법으로서 기본 토대가 되는 분산분석모형을 설명한 것이다. 분산분석모형은 실험설계에 따른 다양한 자료의 구조를 수학적으로 잘 반영하는 모형이므로 실험연구에서 강조되지만, 사실상 모든 연구유형에서 기초적인 통계정보를 제공하는 모형이다. 또한 분산분석모형에 대한 지식은 이후의 고급 통계방법을 학습하는 데 기초소양이 된다.

국내에서 출판되는 통계방법 저서들 중에서 분산분석모형의 고급활용을 다루는 경우는 희소하다. 또한 자료의 구조에 따라 분산분석모형이 다양하게 변하는 맥락을 실제 연구상황과 연계하여 설명하는 전문서도 매우 제한적이다. 대학원 수준에서 고급통계를 다루는 전문서는 대부분 외국문헌이며, 국내 연구자들에게 접근성도 떨어지고, 스스로 학습하기도 어렵다. 이 책은 이러한 국내 학계의 사정에 자극 받아 시작된 것이다.

이 책에서는 통계모형의 개념을 특별히 강조하였다. 따라서 대학원에서 분산분석모형을 강조하는 통계과목의 교재로 사용될 수도 있을 것이다. 그러나 저자가 염두에 둔 것은, 통계방법을 공부하는 연구자들이 혼자서 읽어도 분산분석모형을 이해할 수 있는 책을 쓰는 것이었다. 따라서 이 책의 서술방법에는 저자가 강의하는 방식이 배어 있다. 때로는 구석구석 지나치게 설명이 긴 경향이 있다. 그러다 보니, 독자가 읽어야 할 분량이 많아진 경향도 있고, 각 장의 분량도 불균형을 이루는 경우가 생겼다. 책을 쓰는 경험이 부족한 탓으로 여긴다.

이 책은 전체 10개장으로 구성되어 있으며, 1장과 2장은 실험설계와 분산분석에 대한 기초 개념을 서술한 것이다. 1장과 2장은 통계적 접근방법에 대한 기초 소양을 다룬 것이므로, 여기에서 언급되는 전문용어의 개념에 익숙해지는 것이 중요하다. 3장부터 10장까지는 각 실험설계 맥락에 따른 통계모형으로서 분산분석모형을 소개한 것이다. 각 장에서는 모형의 명세화 맥락, 추정방법, 그리고 자료분석 절차와 방법을 예시하였다. 특히 실험자료의 구조에 따라 수리적으로 분산분석모형이 다르게 명세화된다는 점을 부각하였고, 모형의 명세화에 따라 분산분석표의 구조가 대응하여 변화한다는 것을 강조하였다. 각 장마다 분산분석모형에 의한 자료분석절차를 단계적으로 서술하였는데, 3장, 5장, 7장, 8장, 9장, 10장에는 SPSS-Window 창에서 분산분석모형을 적용하여 분석하는 절차를 포함하였다.

사회과학 분야의 통계학에서는 전문용어의 통일이 이루어지지 않고, 학문영역과 학자에 따라 동일한 통계용어를 다르게 사용하는 불편이 있다. 변수와 변인, 분산과 변량, 중다비교와 다중비교, 분산분석과 변량분석, 중다회귀모형과 다중회귀모형의 경우처럼 같은 개념을 다른 용어로 표기한다. 이 책은 「교육측정 · 평가 · 연구 · 통계 용어 사전」(한국교육학회, 교육평가연구회 편, 1995), 「교육평가 용어 사전」(한국교육평가학회 편, 2002), 그리고 한국 통계학회의 검색 프로그램인 「통계학 용어 대조표」를 참고하여 일관성을 높이려 하였다.

이 책을 완성해 가는 과정에서, 전문서를 쓰는 작업이 어떠한 성격을 갖는지 새로운 세상을 경험하였다. 책을 마무리하는 단계에서 동학의 길을 걷는 제자들의 도움을 많이 받았다. 수많은 표와 그림, 수식과 번호, 목차, 부록표, 색인과 SPSS-Window 예제 등을 정비하는 데 박연복, 채현정, 양희원, 정지영, 정신애, 이주연, 양수진, 강유림, 정승은, 구현아, 황다솜, 서연수, 강혜진, 김나나 등 우리 대학원에서 교육평가를 전공하는 재학생들이 도움을 주었다. 책의 원고를 교정하는 단계에서는 이미 학계에서 활동하는 제자들이 전체 원고를 읽어주고, 교정을 도와주었다. 민경석 박사, 이명애 박사, 남궁지영 박사, 김희경 박사, 김종민 박사, 이용상 박사, 정혜경 박사에게 감사한다. 책의 마무리 작업이 이루어질 때마다 이번 학기 조교인 구현아가 전체적인 정리 작업을 하였다.

이 책은 연세대학교 교내 연구비를 지원받아 수행된 것으로 사실상 매우 오래전에 계획된 것이다. 그러나 실제로 책을 쓰는데 진전을 이루기 시작한 것은 2010년~2011년 동안 UC Berkeley에서 보낸 연구년 기간이었고, 그 후로도 몇 년이 더 걸려 이제야 빛을 보게 되었다. 오랫동안 저술과제가 완료되기를 기다려준 연세대학교 연구처와 UCB에서 연구년을 지낼 수 있도록 도움 준 Mark Wilson 교수에게 감사한다. 세심한 교정과 편집과정에 수고하신 교육과학사의 이정호 편집실장님과 편집부 직원들, 정경식 부장님께도 감사드린다.

2014년 8월

강상진

차례

머리말 • 3

Chapter : 01 실험 설계 개요 13

1. 실험설계란 무엇인가? 15
2. 과학과 실험연구 16
3. 인과관계 추론의 논리적 조건 20
4. 무선배치 23
5. 실험설계의 평가 준거 25

Chapter : 02 분산분석의 기초 35

1. 개요 37
2. 통계적 가설 41
3. 변산과 자유도 46
4. 표집분포 55
5. F-검정통계량, F-분포 63
6. 분산분석 이론 67
7. 분산분석표 71

Chapter : 03 완전무선설계와 일원분산분석 73

1. 개요 75
2. 완전무선 설계 방법 77
3. 일원분산분석 모형과 가설검정 80
4. 일원분산분석모형의 분산분석표 91
5. 일원분산분석모형에 의한 자료분석 예시 93
6. 회귀분석모형에 의한 일원분산분석 102
7. 무선효과 모형 105
8. 분산분석모형의 실제적 유의도 107
9. 완전무선설계와 검정력 115

Chapter : 04 중다비교 방법과 경향분석 121

1. 개요 123
2. 중다비교와 대비식 124
3. 중다비교 가설과 대비식의 유형 127
4. 중다비교와 일종오류 132
5. 대비가설의 검정통계량 136

차례

6. 사전 독립비교 방법: 가설 유형 I 138
7. 사전 종속비교 방법: 가설 유형 II 144
8. 사후 짝비교 방법: 가설 유형 III 161
9. 사후 혼합비교 방법: 가설 유형 IV 167
10. 경향분석 170

Chapter : 05 무선요인설계와 다원분산분석 179

1. 개요 181
2. 요인설계와 이원분산분석 182
3. 이원분산분석모형과 추정개요 194
4. 이원분산분석모형에 의한 자료분석 예시 208
5. 회귀분석모형에 의한 이원분산분석 224
6. 고정효과, 무선효과, 혼합효과 모형 232
7. 이원분산분석모형과 관계의 강도 241
8. 다요인 설계와 다원분산분석 249
9. 다원분산분석모형과 평균자승합의 기댓값 산출방법 262

Chapter : 06 완전무선요인설계와 중다비교 269

1. 요인설계와 중다비교법 271
2. 주효과와 중다비교검정 273
3. 상호작용효과와 중다비교검정 276
4. 단순주효과와 중다비교검정 277
5. 요인설계와 경향분석 289

Chapter : 07 무선구획설계와 반복측정설계: 이원분산분석 295

1. 개요 297
2. 무선구획설계방법 301
3. 무선구획설계 자료의 분석모형 306
4. 무선구획설계의 가정 314
5. 중다비교 321
6. 경향분석 324
7. 무선구획설계 자료의 분석 SPSS 예시 325
8. 무선구획설계의 유형 334
9. 일반화 무선구획설계 336
10. 무선구획설계의 장점과 단점 341

차례

Chapter : 08 위계설계와 분산분석모형 345

1. 개요 347
2. 위계설계 자료의 분석모형 352
3. 자료분석 예시 358
4. 위계적 자료의 변산원, 자승합, 자유도 365
5. 중다비교와 신뢰구간 372
6. 위계설계 자료의 분석 SPSS 예시 374
7. 위계설계 자료분석 결과의 실제적 유의도 382
8. 기타 위계적 설계와 모형 387
9. 위계적 설계의 장점과 단점 401

Chapter : 09 분할구획 요인설계와 반복측정설계: 삼원분산분석 403

1. 개요 405
2. 분할구획 요인설계의 방법 410
3. 분할구획 요인설계 자료의 분석모형 414
4. 분할구획 요인설계의 특수 가정 425
5. 가설검정 절차 427
6. 중다비교 431

7. 경향분석 444
8. 분할구획설계 자료의 분석 SPSS 예시 445
9. 삼요인 분할구획설계 457
10. 분할구획설계의 장점과 단점 462

Chapter : 10 공분산분석모형 463

1. 개요 465
2. 공분산분석모형의 배경 원리 468
3. 공분산분석의 통계모형 479
4. 공분산분석모형의 가정 484
5. 공분산분석모형의 추정 489
6. 중다비교와 신뢰구간 494
7. 공분산분석의 SPSS 예시 497
8. 공분산분석의 응용모형 504
9. 요약 508

부록 / 509

참고문헌 / 525

찾아보기 / 529

Chapter **01**

실험 설계 개요

1 실험설계란 무엇인가?

실험설계(experimental design)란 실험연구(experimental research)의 계획이다. 실험설계는 연구자의 가설을 검정하거나, 연구문제에 과학적으로 응답하기 위하여 처치(treatment)의 선정, 종속변수의 선택, 자료의 수집, 자료의 분석방법, 잡음변수의 통제방법 등을 포괄하는 연구계획인데, 다른 연구계획과 차별이 되는 점은 실험적 처치의 결과를 산출하려는 연구계획이라고 할 수 있다. 즉, 실험을 하는 연구의 계획이다. 실험연구에서 처치의 결과란 매우 광범위한 개념으로서 연구자가 설정한 독립변수의 조건에 따른 효과를 의미한다. 즉, 연구자가 독립변수의 조건을 선택 또는 조작할 수 있다면, 이는 실험적 행위라고 할 수 있다. 예를 들어, 초등학교에서 영어수업을 1주일에 1시간하는 경우와, 3시간하는 경우에, 학생들의 영어성취도에 차이가 있는지를 밝힌다면, 연구자가 선택한 영어수업시수의 두 가지 조건이 실험처치의 조건이 된다. 영어수업시수는 두 개의 값(주당 1시간, 3시간)을 갖는 독립변수(처치, treatment)이며 이 두 개의 값은 연구자가 조작 또는 의도적으로 설정한 처치조건이다. 실험연구는 자연과학에서 뿐만 아니라, 교육학, 심리학을 비롯한 사회과학 및 행동과학에서 흔히 수행하는 연구유형이다. 실험연구는 과학적 지식을 탐구하는 대표적인 연구유형이며, 자연과학의 전통에서는 과학의 궁극적 목적인 변수간의 인과관계를 밝힐 수 있는 유일한 연구유형이라고 할 수 있다.

2 과학과 실험연구

과학은 사람들이 관심을 갖는 현상이나 대상에 대하여 정보를 제공하는 제반 학문이다. 그러나 사람들이 정보를 구하는 모든 활동이 과학은 아니며, 또한 모든 정보가 과학적 정보는 아니다. 과학과 비과학의 차이는 관심 있는 현상이나 대상에 대한 정보를 구하는 절차와 얻어진 정보의 속성이 다른데 있다. 과학적 절차의 특성은 흔히 객관성, 반복 가능성, 정확성, 일반성을 갖는 것으로 표현된다. 따라서 과학은 특정 연구자에게만 허용되는 것이 아니며, 다른 연구자들에게도 그 절차가 투명하게 공개된 객관적인 것이어야 한다. 과학의 반복가능성이란 제3의 연구자들이 다른 사람의 연구를 반복 수행하여 그 결과를 검정할 수 있다는 것을 의미한다. 연구의 반복 가능성은 그 연구를 수행하는 절차가 일정한 규칙과 기준을 가지고 있을 때 가능하다. 따라서 연구문제를 제기하는 방법이나 자료를 수집하고 분석하는 방법 등에서 과학적 절차는 규칙과 기준을 갖는다. 예를 들면, 과학적 절차에서의 연구주제는 흔히 "만일(if) - 그렇다면(then)"의 구조를 갖는다. 또한 자료를 수집하고 분석하는 방법의 적절성은 오랜 기간 훈련을 거쳐야 가능하다. 소위 이 책이 다루는 실험설계처럼, 대학원 과정에서의 방법론 수업이 이러한 훈련과정에 해당한다.

과학적 절차는 객관성, 반복가능성, 정확성, 일반성, 진실성의 특성을 갖는다.

- 객관성(objectivity): 주관적 견해에 따라 변수의 의미, 연구결과의 해석이 달라지거나, 변수간의 관계에 대한 해석이 달라질 수 없다.
- 반복가능성(replicability): 모든 연구결과는 다른 연구자에 의하여 반복 검정이 가능하여야 한다.
- 정확성(accuracy): 과학적 정보는 정확해야하며, 수집된 자료의 질과 분석방법에서 정밀성을 갖추어야 한다. 측정치에 주관성이 개입되는 경우는 측정치의 양호도 정보를 제공해야 한다.
- 일반성(generalizability): 과학적 지식은 해당 연구의 설계에 포함하지 않은 다른 조건, 시기, 대상에게 확대적용이 가능해야 한다.
- 진실성(Truthfulness): 과학적 연구는 진리를 탐구하며, 모든 연구결과는 최선의 이론과 방법에 의한 결과이어야 한다.

과학의 특성인 정확성과 일반성은 정보를 구하는 절차의 특성에도 있지만, 얻어진 정보의 성격과 밀접한 관련이 있다. 과학적 정보란 정확해야 하며, 측정과 분석의 문제가 개입된다. 즉, 모든 측정치는 객관성을 가져야 하며, 주관성이 개입된 경우에는 측정치의 양호도 정보를 알 수 있어야 한다. 흔히 신뢰도와 타당도 개념이 이와 관련된다. 과학은 경험적 증거에 바탕을 두므로, 수집된 자료의 질과 분석방법에서 정밀성을 갖추어야 한다. 과학이 구하는 정보는 또한 일반화 가능성을 가져야 한다. 어느 한 연구자에게만 진실인 정보는 과학적 정보가 아니다. 또한 과학적 정보는 연구대상이나 현상의 본질의 속성을 밝히는 것이어야 한다. 본질의 속성을 밝히는 관점에서 과학을 통하여 획득된 정보는 소위 지식이라고 하며, 지식은 다양한 현상이나 대상의 행동을 요약하여 기술하고, 설명하고, 예측하며, 통제의 가능성을 제공한다. 과학적 정보는 연구대상의 본질적 속성을 밝히는 면에서 소위 이론을 형성하며, 이론들의 집합체가 인류의 지식을 형성하는 것이다. 이론이란 간단히 언급하면 "변수간의 관계"를 의미한다. 어떤 두 변수, 또는 셋 이상의 변수들이 어떠한 관계에 있는지 밝힌 것이 이론이다. 이론은 연구대상의 본질적 속성을 밝힌 것이기 때문에 어느 한 경우에만 적용되는 것이 아니고 수 많은 현상에 대한 설명력과 예측력을 갖는다.

과학의 목적은 지식을 생산하는 것이며, 과학적 지식은 기술, 설명, 예측(예언), 통제의 지식으로 분류할 수 있다.

- 기술적 지식(descriptive knowledge): 어떤 현상에 대한 요약 및 서술정보. 실태 정보.
- 설명 지식(explanatory knowledge): 변수간의 관계에 대하여 설명하는 지식. 이론적 지식.
- 예측 또는 예언지식(predictive knowledge): 변수간의 관계정보에 기초하여, 한 변수의 증감이 다른 변수의 증감과 어떤 관계에 있는지 예측하는 지식.
- 통제 지식(control knowledge): 변수간의 인과관계에 기초하여 한 변수의 증감을 조작하여 다른 변수의 변화를 유도하는 지식.

실험연구는 과학이 제공하는 지식이 어떤 현상에 대한 본질적 속성을 알리는 정보라는 점에서 가장 충실한 과학적 방법이다. 즉, 과학이 구하는 지식은 궁극적으로 어떤 현상을 기술하고 설명하고, 예측하는 수준을 넘어서 통제의 가능성 정보를 확보하는 것이다. 여기서 통제의 가능성이란 인과관계 추론을 의미한다. 연구자가 관심을 갖는 변수 Y의 원인이 X라는 사실을 객관적으로 증명하면, 이후에는 변수 X를 조작하여 Y를 생성해 낼 수 있기 때문이다. 이때 Y가 바람직한 가치를 가졌다면, 사람들은 변수 X를 찾기 위하여 노력할 것이다. 이러한 노력이 곧 학자들의 연구활동이라고 할 수 있다. 강조하면, 실험설계는 변수들 사이의 인과관계를 밝히는 가장 강력한 방법이며, 가장 과학적인 방법이라고 할 수 있다. 실험설계는 중세기 이후로 모든 과학자들이 채택하는 과학적 절차이다. 소위 이공계 학자들이 항상 실험을 한다는 것은 이러한 과학적 절차에 따른다는 것을 의미한다. 사회과학, 행동과학, 생활과학, 교육과학, 인지과학 등 "과학"이란 명칭을 사용하는 학문들은 모두 과학이 요구하는 객관성, 반복가능성, 정확성, 일반성을 갖는 절차를 준수하고 그러한 속성의 지식을 생산한다는 것을 뜻한다. 실제로 천년 이상의 긴 중세기를 겪은 이후에, 18세기 이후로 과학자들이 깨달은 믿음은 실험과 경험적 증거에 의하여 객관성이 확보되지 않으면, 모든 기존 지식을 의심하고 거부하는 것이었다. 학문을 하는 연구자들은 인과관계 정보를 얻기 위하여 실험을 하는 것이다. 이를 도식적으로 표현하면 다음과 같다.

인과관계 도해: A ──→ B

인과관계 진술: 사건 A가 발생하면 사건 B가 따라서 발생하는가?
예: 교사가 학생의 성취도에 대하여 높은 기대를 가지면, 학생의 학업성취도가 향상되는가?

[그림 1-1] 인과관계 도해와 진술

위의 그림은 화살표가 방향성을 갖는 것을 나타내고, 원인이 되는 사건(교사 기대)과 결과(학생의 성취도)가 되는 사건사이에 인과관계가 형성되는 것을 보여준다. [그림 1-1]에 예시한 "교사의 기대-학생의 학업성취도" 관계가 인과관계라고 가정하자. 그러면 "부모의 기대'는 "자녀의 학업성취도"와 인과관계에 있는가? 우리나라 상황에서 보면 그렇지 않은 것 같다. 부모의 기대는 자녀에게 스트레스를 주고, 자녀는 공부는커녕 스트레스에 대처하기 위하여 탈선하는 경향도 있다. 한 걸음 나아가 실제로 교사의 기대와 학생의 학업성취도와의 관계를 보면, 외국의 경우에는 많은 경우에 인과관계가 나타나지만, 우리나라 연구에서는 이와 반대되는 현상이 곧잘 나타난다. 교사의 기대가 높으면 우리나라 학생들은 흔히 학업스트레스를 받는다. 따라서 교사의 기대는 부정적 영향을 주는 기대도 있으며, 긍정적 영향을 주는 기대도 있다. 즉, 교사의 기대가 높다고 반드시 학생의 성취도가 향상되는 것은 아닌 것이다. 따라서 연구자들은 교사의 기대를 어떻게 측정하는가에 따라 연구결과는 다르며, 동시에 어떤 조건이 충족되었을 때 교사의 기대가 긍정적 효과를 갖는지 탐구하게 된다. 과학에서의 연구는 흥미 있는 현상이나 대상의 활동에 대하여 끝없는 질문을 던지고, 새로운 질문을 생성하는 속성이 있다.

이러한 과학의 역동성은 인류가 과거보다 더 객관적이고, 더 정확하며, 더 일반성을 갖는 지식을 갖게 하는 것이다. 과학의 역동성은 인과관계 추론이 쉽게 성취되지 않는다는 것을 의미하기도 한다. 사람들은 파격적인 인과관계 지식을 기대한다. 흔히 우리나라 교육문제에 대하여 많은 국민들은 교육학자들이 그 답을 왜 못 내놓는지 의아해 한다. 국민과 정치인들은 교육문제에 대하여 매우 효과적인 방책이 있는 것처럼 요구하고, 정부는 심심찮게 정책을 발표한다. 그러나 많은 정책들은 과학적인 연구 한번 제대로 안하고 만들어진 것들이다. 왜 과학적 연구를 제대로 못하는가? 여러가지 답이 가능하지만 한 마디로 과학에 대한 이해가 부족하기 때문이다. 과학적 연구를 수행하기 위하여는 장기간의 훈련을 거쳐야 하며, 연구경험을 쌓아야 한다. 과학적 성과를 기대하려면, 지식이 누적될 때 까지 기다리는 인내심이 필요하고, 장기적인 지원이 뒤따라야 한다. 즉, 과학적 연구 활동은 항상 진행되고 있어야 한다. 또한 과학적 연구라고 하더라도, 검증을 거친 누적된 연구결과들이 지식으로서의 신빙성을 갖는다. 단편적인 연구결과는 다양한 조건에서 검증을 거쳐야 한다. 따라서 과학은 반복연구가 매우 중요하고, 어떤 연구결과나 지식의 타당성을 검증하는데 가장 강력한 방법은 실험을 하는 것이다. 실험설계는 인과관계 추론을 위한 가장 강력한 연구방법이기 때문이다.

3 인과관계 추론의 논리적 조건

과학이 인과관계 추론을 목적으로 하지만, 많은 연구들이 제공하는 정보가 모두 인과관계 속성을 갖는 것은 아니다. 두 개의 변수가 인과관계를 가지려면 다음의 그림에 제시된 바와 같이 세 가지 조건을 갖추어야 한다.

인과관계 도해: A ──────→ B
인과관계 조건: 1) 사건 A는 사건 B 보다 먼저 발생한다. 2) 사건 A와 사건 B는 상호 관련성이 있다. 3) 사건 A와 사건 B 사이에 혼재변수(confounding variable)의 개입이 없어야 한다.

[그림 1-2] 인과관계의 조건

위의 그림에서 사건 A는 독립변수(independent variable)라고 하고, 사건 B는 종속변수(dependent variable)라고 한다. 사람들은 흔히 [그림 1-2]에서 조건 1)과 2)가 인과관계의 충족조건이라고 생각한다. 즉, 어떤 사건 A가 먼저 발생하고, 이것이 사건 B와 관련성이 있으면 A는 B의 원인이라고 생각하는 것이다. 그러나 사건 B에 영향을 미치는 요인들이 사건 A만 있는 것이 아니므로, 다른 제3 요인의 영향을 배제하지 않으면, 인과관계 추론은 불가능하다. 앞의 예시에서 "교사 기대-학생 성취도"의 인과관계 추론에서, 학생의 성취도에 영향을 미치는 제3의 요인들은 많다고 할 수 있다. 또한 어떤 요인은 "교사의 기대"에도 영향을 미친다. 학생의 교과흥미도를 생각해 보자. 어느 교과의 학업흥미도가 높은 학생들은 자연히 그 수업에 열심이고 수업시간에 집중하며 교사의 설명에 흥미를 보인다, 교사는 그러한 학생들에 대하여 칭찬도 하고 높은 기대를 갖게 된다. 또한 학업흥미도가 높은 학생들은 학업을 열심히 하므로 결과적으로 성취도도 높다. 이러한 상황은 학생의 교과흥미도가 교사의 기대와 학업성취도에 모두 원인이 되는 것을 의미하며,

교사의 기대가 학업성취도의 원인은 아니라는 결론을 갖게 한다. 즉, 교사의 기대가 있기 전에 학생의 교과흥미도가 존재하였다. 또한 학생의 교과흥미도는 교사의 기대와 상관이 높았던 것이다. 이 경우에 교과흥미도는 "교사의 기대-학생의 성취도" 관계에서 혼재변수(confounding variable) 역할을 한다. 이를 도식으로 나타내면 다음과 같다.

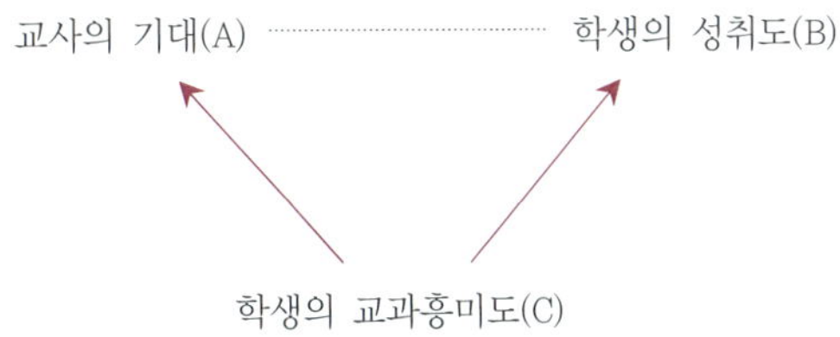

[그림 1-3] 혼재변수의 기능

앞의 [그림 1-1]과 [그림 1-2]에서는 A ---〉 B의 관계이었으나, 위의 그림은 교사의 기대(A)와 학생의 성취도(B)는 아무런 인과관계나 상관이 없음을 나타내고 있다. 즉, 교사의 기대는 그 자체로 학생의 성취도와 상관을 갖지 않으며, [그림 1-1]에서 발견한 상관계수는 사실상 허구(spurious)라고 할 수 있다. 즉, 교사의 기대(A)만으로 학생의 성취도(B)는 높아지지 않는다는 것이다. 이때 학생의 교과흥미도(C)는 혼재변수(confounding variable)라고 한다. 혼재변수란 변수간의 참된 관계에 혼란을 주는 변수이다.

혼재변수란
1) 독립변수와 상관이 높고,
2) 종속변수와도 상관이 높으며,
3) 독립변수의 영향을 받지 않는 변수이다.

그러나 다음의 두 그림은 제 3의 변수가 존재하지만, A와 B 사이에 여전히 인과관계가 존재하는 것을 나타낸다.

[그림 1-4] 직접효과와 간접효과

위의 그림에서 (가)와 (나)의 그림은 모두 C 변수가 A와 B에 모두 상관이 있다는 것을 나타내어, 혼재변수의 조건인 1)항과 2)항을 충족하지만, 3)항에는 해당하지 않는 경우이다. 즉, 그림에서 C는 독립변수인 A의 영향을 받으므로 혼재변수가 아니며 A 변수의 효과를 B에 전달하는 매개변수이다. [그림 1-4]에서는 (가)와 (나) 모두의 경우에 A 변수는 B 변수에 원인 역할을 하며, A와 B는 인과관계이다. 한 걸음 나아가 [그림 1-4]에서 (가)의 경우는 독립변수 A는 종속변수 B에 대하여 직접효과는 없으며 간접효과만 있다. 그러나 여전히 인과관계는 성립한다. (나)의 경우는 독립변수 A가 종속변수B에 대하여 직접효과와 간접효과가 모두 있는 경우이다. 또한 변수 C는 B에 대하여 단순히 A변수의 효과를 전달하는 매개변수의 기능만 할 수도 있고, 그 자체로 직접효과를 가질 수도 있다. 즉, C → B에서 두 변수 사이에서 얻은 상관계수가 의미있는 크기이며, 이 보다 [그림 4]의 (가)와 (나)에서 C → B의 상관계수가 더 크다면 C는 A의 효과를 간접적으로 전달하는 매개변수의 기능과 직접효과를 모두 갖는 것이다. 물론 이 모든 경우에도 다른 제 4의 혼재변수가 없어야 한다.

실험설계의 연구유형이던, 다른 유형의 연구유형이던 앞의 [그림 1-3]에서처럼 두 변수 A와 B의 관계를 밝히는데, 학생의 교과흥미도(C)와 같은 제3의 변수가 존재하지 않는 것을 보장하거나, 또는 교과흥미도의 영향을 통제하여, 교사의 기대와 학생 성취도의 관계를 정확히 하는 방법은 무엇인가? 또한 연구를 수행하는 중에 어떤 특정한 변수가 혼재변수인지 아닌지 어떻게 알 수 있는가? 실험연구가 변수들 사이의 인과관계를 밝히는데 가장 강력한 연구유형이라는 의미는 혼재변수의 영향을 배제하는데 가장 효과적인 방법을 사용하기 때문이다. 그 방법은 곧 무선배치(random assignment)이다.

4 무선배치

무선배치(random assignment)는 대표적인 실험적 통제(experimental control)방법으로서 실험처치의 시행이전에 비교집단들 사이의 사전 동등성(prior equivalence)을 확보하기 위하여 피험자를 각 처치조건에 무작위로 배치하거나, 처치의 조건을 무작위로 피험자에게 배당하는 방법이다. 즉, 실험 처치의 시행 이전에 종속변수의 분포가 비교집단들 사이에 차이가 있다면, 실험이 끝난 후에 발견되는 집단간의 차이는 처치의 효과인지, 사전적 차이로 인한 것인지 판단을 할 수가 없다. 따라서 실험처치 이외에는 집단간의 차이를 유발할 어떤 조건도 없다는 것을 보장하기 위한 조치라고 할 수 있다. 무선배치의 방법이나 효과를 알아보기 위하여 실제 실험상황을 생각해 보자. 어느 연구자가 교사의 기대가 학생의 학업성취도에 영향을 미치는지 검정하기 위하여 실험연구를 구상하였다. 연구자는 두 개의 학생 집단을 구성하였고, 한 집단을 가르치는 교사에게는 그 집단(A 집단)이 우수 집단이라고 알려 주었다(그래서 교사가 기대를 갖게 하였다). 다른 교사에게는 담당 학습 집단(B 집단)에 대한 특별한 정보를 제공하지 않았다. 교사들은 일정기간 수업을 진행한 이후에, 학생들에게 성취도 검사를 실시하여, 그 두 집단의 평균에 차이가 있는지 통계적으로 검정하여, A 집단이 B 집단보다 평균성적이 높았다고 하자. 이 결과는 교사의 기대가 학생의 학업성취도를 높인다는 실증이 되는가? 교육학과 심리학에는 많은 경우에 이와 같은 연구를 수행하며, 교사의 기대가 학업성취도를 높인다는 증거가 발견되었다고 보고한다. 그러나 사실은 그렇지 않다. 중요한 조건이 누락되어 있다. 위의 실험에서 교사의 기대가 학생의 성취도를 높인다는 결론을 도출하려면, 1) 두 집단은 사전에 종속변수인 학업성취도와 관련 있는 모든 변수의 조건이 동등했어야 한다. 즉, 학생들의 사전 학업성취도, 교과흥미도, IQ, 가정 배경, 건강상태 등 등 학업성취도와 관련이 있는 모든 제3의 변수들이 두 집단에 동등하게 분포해야 한다. 비교대상인 집단들 사이에 종속변수의 평균이 실험이전에 이미 달랐다면, 그 실험의 결과는 선발편기(selection bias)가 있는 것이며, 인과관계 추론은 가능하지 않고, 그 실험 연구는 내적 타당도(internal validity)를 상실한다.

학업성취도와 관련 있는 모든 변수들의 조건이 두 집단에서 동등하였고, 실험집단에만 교사의 기대가 발생하였고, 그 결과로 실험집단의 성취도가 통제집단의 경우보다 높았다면, 이 성취도의 차이에 원인이 되는 변수가 '교사의 기대'변수 라는 해석을 거부할 만한 이유는 없는 것이다. 과학이 논리적이라는 것은 거부할 수 없는 증거를 산출하기 때문이다. 이와 같이 학업성취도와 관련 있는 모든 제3의 변수들을 양 집단에 동등하게 분포하도록 하는 조치를 무선배치(random assignment)라고 한다. 무선배치는 제3의 혼재변수들의 분포를 비교대상인 집단들 사이에 동등하게 배치하는 효과를 성취한다. 집단간에 존재할 수 있는 모든 사전적 차이(prior difference)를 제거하는 효과를 성취하는 것이다.

- 무선배치(random assignment)는 실험단위(experimental units, 또는 subjects, 피험자)를 각 처치집단에 무작위로 배치하거나, 실험단위(또는 피험자)에게 처치의 조건(treatment conditions)을 무작위로 배당하는 작업이다.
- 무선배치는 선발편기(selection bias)를 제거하는 방법이다.
- 무선배치는 처치효과의 비편향성 추정치(unbiased estimate)를 확보하는 방법이다.
- 무선배치는 독립변수 이외에 종속변수와 상관이 있는 모든 잡음변수(nuisance variable) 또는 혼재변수(confounding variable)의 선발편기(selection bias)를 제거하는 효과를 갖는다.

물론 이 경우에도 실험집단은 우수교사가 수업을 진행하고, 통제집단은 비우수 교사가 수업을 담당하였다면, 두 집단에서 관찰된 성적의 차이가 교사기대의 효과인지, 교사 우수성의 차이에 기인한 것인지 알 수 없게 된다. 이때 교사의 우수성은 혼재변수가 되기 때문이다. 따라서 실험설계를 정확히 구상하지 않으면, 처치와 결과 사이의 인과관계를 결정짓는 것은 어렵다. 따라서 실험설계에서 무선배치는 선발편기를 최소화하고, 혼재변수의 영향을 최소화 하는 가장 효과적인 방법이다. 보다 구체적으로 어떤 연구에서 무선배치를 적용했으면, 그 연구는 실험연구이고, 무선배치를 적용하지 않았으면 실험연구가 아닌 것으로 판단하여, 무선배치는 실험－비실험 연구를 구분하는 기준으로 삼는다. 또는 무선배치를 하지 않아도 실험적 의도(인과관계 추론)를 갖고 연구설계를 하였다면, 그러한 연구는 준실험연구(pseudo-experimental study; quasi-experimental study)라 하고, 무선배치를 적용한 연구는 진실험연구(true experimental study)라고도 한다.

5 실험설계의 평가 준거

모든 과학적 연구에서는 연구의 내적 타당도(internal validity)와 외적 타당도(external validity)를 그 연구의 질을 평가하는 궁극적 준거로 삼는다. 연구의 내적 타당도는 그 연구가 제시한 결과와 해석이 필연적인가를 따지는 문제이며, 연구의 외적 타당도는 그 연구의 결과가 어느 정도 일반화 가능성(generalizability)이 있는가를 다루는 문제이다.

5.1 연구의 타당도

1) 연구의 내적 타당도

연구의 내적타당도는 자연과학이나 사회과학이나 과학을 지향하는 모든 학문세계에서 중요하게 다루는 문제이다. 실험연구의 내적 타당도는 특정한 연구에서 수행한 실험의 설계, 자료의 수집절차, 자료의 분석절차 등의 제반 연구내용을 고려하였을 때 연구결과에 기초한 인과관계 추론이 정당화되는 정도를 의미한다. 따라서 연구의 내적타당도는 정도의 문제이며, 강하다 또는 약하다는 식으로 평가된다. 이를 다르게 표현하면, 연구자의 결과 해석이 논리적으로 정당한지 다루는 것이며, 여기서 논리적이라는 것은 연구자의 결과해석이 거부할 수 없는 조건에 기초하였다는 것을 의미한다. 이러한 맥락에서 연구의 내적타당도는 연구의 논리적 타당도라고도 한다. 어느 연구자의 결과해석이 내적타당도가 있다는 것은, 그 연구자가 설정한 제한조건 내에서, 연구자가 내린 결론에 대하여 거부할 만한 아무런 이유가 없다는 것이다. 흔히 이야기하는 삼단논법은 논리적이라고 한다. 즉, 1) 복동이는 사람이다. 2) 사람은 부모님을 존경한다. 3) 따라서 복동이는 부모님을 존경한다. 이상의 세 가지 진술문에서, 1)의 대전제와 2)의 소전제를 일단 수용하면, 3)의 결론은 거부할 수 없다는 것이다. 따라서 논리적이다. 그러나 1)의 대전제에서 복동이가 사람이 아니고 강아지였는지도 모른다면(직접 본 적이 없기 때문에), 또는 2) 모든 사람이 부모님을 존경하는 것이 아니라는 해석이 가능하다면, 그래서 1)이나 2)의 전제를 의심한다면, 3)의 결론은 논리적으로 타당하지 않으며, 이 진술문은 내적타당도가 약하다고 할 수 있다.

실험연구도 이와 동일하다. 어떤 실험연구이던, 연구자들은 그 연구의 실험설계가 적정했는지, 다른 대안적인 더 나은 설계가 없는지, 보다 정교한 분석방법이 없는지, 연구자가 제시한 결과에 대하여 다른 대안적인 해석의 가능성은 없는지를 살펴보고, 그 연구가 내적타당도가 있는지를 판단한다. 즉, 실험에서 무선배치를 적절히 하였는가? 자료의 수집절차는 적절했는가? 변수의 측정은 적절했는가? 자료의 분석방법은 적절했는가? 등등의 수많은 질문들이 한 연구의 내적타당도를 검정하는데 제기되는 것이다.

어느 연구자가 40명의 학생을 두 집단에 무선배치한 상황을 가정하자. 학생들은 두 집단에 무선배치 되었으므로, 확률적으로 두 집단의 학생들은 모든 변수에서 동등하며, 어떠한 체계적인 차이가 사전에 조성되는 것을 방지하였다는 것을 의미하고, 무선배치 이후에도 두 집단에 존재할 지도 모르는 실험이전의 차이는 순수히 우연에 의한 것이라고 하자. 실험연구에서 처치의 효과가 유의미하다는 것은 두 집단의 평균의 차이가 우연에 의한 차이로 해석할 수 없으며, 집단평균의 차이를 발생시킨 원인은 처치 밖에 없다는 정보를 제공하는 것이다. 실험연구는 무선배치를 한다는 점에서, 다른 제3의 혼재변수를 가장 강력하게 통제하기 때문에 내적타당도가 가장 높은 연구유형이라고 할 수 있다. 반대로 무선배치를 하지 않은 상태에서 집단간의 평균을 비교하여 처치효과의 유무를 논하는 것은 내적타당도가 가장 약한 연구설계라고 할 수 있다. 즉, 집단간에 존재할 지도 모르는 혼재변수에 대한 통제를 전혀 하지 않았기 때문이다.

연구의 내적타당도를 검정하는 과제는 모든 학자들이 다른 연구물을 비평할 때 수행하는 작업이라고 할 수 있다. 거의 모든 경우에 단일한 연구가 완벽한 내적타당도를 성취하는 것은 불가능하다고 할 수 있다. 따라서 연구자들은 동일한 연구문제에 대하여 다양한 실험설계와 자료의 수집 및 분석작업을 수행하여, 누적된 연구결과가 일관성이 있을 때, 연구의 내적타당도를 인정하게 된다. 사회과학이 선행연구를 검토하는 작업을 중시하는 것은 이러한 이유 때문이다.

2) 연구의 외적 타당도

연구의 외적타당도는 그 연구의 결과해석이 어느 정도 일반화 가능성을 갖는가를 다루는 주제이다. 즉, 실험연구에서 연구자가 제시한 인과관계 추론이 어느 범위까지 정당화되는지 밝히는 것이라 할 수 있다. 예를 들어서, 미국의 유명한 이중 언어교육 프로그램의 효과를 밝히는 실험연구(immersion study)에서는 멕시코계 학생들이 초등학교 1학년부터 영어와 스페인어를 병행하여 수업을 하는 조건(immersion strategy)과 1학년부터 모두 영어로 공부하는 조건(early exit), 그리고 일정기간 멕시코인들의 언어인 스페인어로 공부한 이후에, 나중에 영어로 수업을 하는 조건(late exit)을 설정하고, 이상의 세 조건에서 학습한 이후에 영어로 교과성취도 검사를 시행하면, 어느 조건이 더 양호한 학습조건인지를 검정하는 대규모 실험연구를 수행하였다. 이 연구에서는 초등학교 1학년부터 영어로 수업하는 것이 교과성취도 향상에 도움이 된다고 결론을 내렸으며, 이 해석은 수많은 학자들의 평가를 거쳐서 내적타당도가 상당히 있는 것으로 평가되었다.

위의 예에서 연구의 외적 타당도는 다음과 같은 의미를 갖는다. 우선 미국의 이중언어교육은 멕시코계 어린이를 연구대상으로 하였는데, 이 연구결과가 다른 언어(예: 한국어, 포르투갈어, 영어, 프랑어 등등)를 사용하는 외국인 학생들에게도 일반화될 수 있는가? 이 연구는 학교상황에서 수행된 연구인데, 학교가 아닌 다른 학습조건에서도 동일한 결과를 기대할 수 있는가? 이 연구는 교사가 수업을 진행하였는데, 교사가 아닌 다른 성인(학원강사, tutor)이 수업을 하였다면 동일한 결과를 기대할 수 있는가? 이 연구에서 추천한 조기영어교육(early exit)의 효과는 연구가 종료된 이후에도 지속되는가? 등의 연구의 일반화 가능성이 연구의 가치를 평가하는데 준거가 된다. 따라서 연구의 외적타당도는 연구대상의 범위, 연구시행 상황(setting)의 범위, 연구시행자(implementer)의 범위, 처치 효과의 기간 등에서 일반화 가능성에 관심을 갖는다. 대부분의 경우에 연구의 외적타당도는 반복연구를 통하여 검정된다. 즉, 기존의 연구와 다른 조건에서 실험을 하여, 선행연구에서 얻은 인과관계 추론이 어느 정도 범위까지 유지되는지 검정하는 것이다.

흔히 실험연구는 연구의 외적타당도가 약한 연구로 인정되고 있다. 그 이유는 실험을 원활히 수행하기 위해서는 연구자의 무선배치가 가능해야 하고, 집단에 따라 다른 처치가 이루어지는 등 연구자의 조작 행위(experimental operation)가 가능해야 하므로 연구 대상을 확보하기 어렵기 때문이다. 따라서 사회과학에서 실험연구는 흔히 실험참여에 동의한 사람들만을 대상으로 시행되므로 표본(sample)이 전집(population)을 대표하지 못하므로, 연구결과를 일반화하기에 무리가 있다.

연구의 외적타당도가 상대적으로 강한 연구유형은 조사연구(survey study)이다. 조사연구는 특별히 처치를 고안하거나, 무선배치를 하지 않으므로 모집단을 대표하는 표본을 선정하는 작업(random sampling)이 상대적으로 용이하고, 특별히 처치를 일정기간 시행하지 않으며 단기간에 조사활동을 하기 때문에 자료수집이 용이한 장점이 있다. 그러나 조사연구는 무선배치를 하지 않기 때문에 비교집단간의 동등화를 성취하기 어려우므로, 연구의 내적타당도가 약한 경향이 있다.

가장 이상적인 연구를 수행한다면, 무선표집(random sampling)과 무선배치(random assignment)를 한 연구에서 모두 적용하는 것이다. 즉 비현실적이고 가능하지도 않지만 다음과 같은 연구상황을 상상할 수 있다.

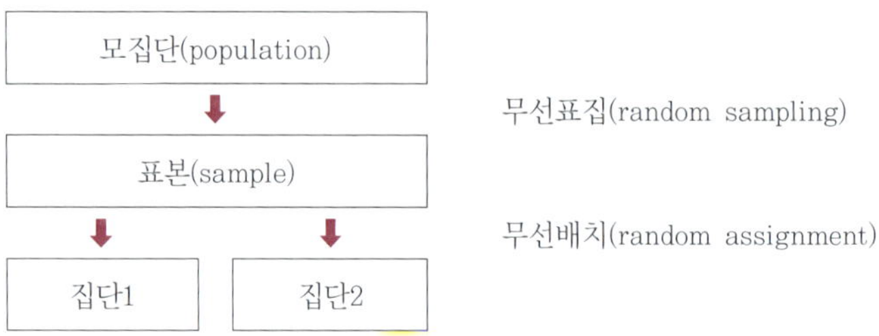

[그림 1-5] 연구의 내·외적 타당도 설계

즉, 무선표집을 통하여, 모집단에 일반화가 가능한 대표적 표본을 확보한 이후에. 이 표본을 실험집단과 통제집단에 무선배치하여 집단간의 동등화를 실현하는 연구설계이다. 그러나 현실의 연구상황에서는 무선표집과 무선배치를 동시에 수행하는 것이 거의 불가능하다. 무선으로 표집된 연구대상이 무선배치를 수용한다는 보장도 없고, 대표성이 있는 무선표본은 통상적으로 그 규모가 커서 무선배치가 어렵고 예산과, 노동과 시간이 한 없이 투여되는 문제가 발생한다. 따라서 연구자들은 흔히 무선배치가 없는 연구유형을 채택하면서 동시에 인과관계추론을 시도하려고 한다. 앞서 인용된 immersion 연구도 무선배치를 한 연구는 아니며, 실험에 참가하는 학교가 희망하는 처치조건을 부여한 연구이다. 무선배치를 하지 않으면서 인과관계 추론을 목적으로 하는 실험연구유형은 준실험연구(quasi-experimentation, pseudo-experimentation) 라고 한다.

지금까지 다룬 세 가지 연구유형의 장단점을 표로 정리하면 다음과 같다.

〈표 1-1〉 연구유형별 연구조건의 특성

연구 유형	연구자의 조작 개입	무선 배치	무선 표집
조사 연구 (Survey Research)	×	×	○
유사 실험 연구 (Quasi-Experimental Research)	○	×	가끔
실험연구 (Experimental Research)	○	○	희소함

따라서 엄밀한 의미에서 연구의 내·외적 타당도를 모두 성취하는 논리적인 연구조건을 성취하는 것은 매우 희소하다고 할 수 있다.

연구의 내·외적 타당도를 모두 성취하는 대안적인 연구유형은 메타분석(meta analysis)이다. 메타분석은 용어 그대로 '분석들에 대한 분석(analysis of analyses)'이다. 즉, 동일한 처치의 효과를 검정하는 선행연구들의 결과를 연구대상으로 삼아서 분석하여, 선행연구의 결과가 일관성이 있는지 검정하고, 일관성이 없다면 그 연구들의 어떤 특성이 상이한 연구결과를 갖게 하는지 밝히는 연구이다. 선행연구들의 특성변수들을 예로 들면, 연구대상의 규모, 처치 시행환경의 특성, 처치의 시행자 특성, 지역특성 등을 생각할 수 있다. 이들 변수들은 메타분석에서 독립변수 또는 설명변수로 동원된다. 메타분석에서의 종속변수는 각 실험연구들에서 얻은 처치의 효과크기(effect size)이다. 이 효과크기가 의미 있게 크고 일관성이 있으면(분산이 적으면) 처치의 종속변수에 대한 효과는 일관성이 있는 것으로 해석하며, 처치는 종속변수와 인과관계에 있다고 결론짓는다. 선행연구의 효과크기가 일관성이 없으며, 연구특성변수를 설명변수로 사용하여, 어떤 조건에서 처치가 종속변수에 효과를 미치는지 탐구하는 것이다. 따라서 메타분석은 연구의 내적타당도와 외적타당도를 모두 검증하는 효과가 있다.

5.2 실험설계의 효율성

실험연구는 혼재변수의 통제효과가 뛰어나 인과관계추론을 위한 강력한 연구유형이지만, 실험설계의 주요 학습내용은 다양한 실험설계모형들이 갖는 특징을 파악하여 비교하는 작업이다. 즉, 어느 실험설계모형이 더 양호하며 적절한 모형인지 평가하는 작업이라고 할 수 있다. 다양한 실험설계모형을 평가하는 작업은 연구의 내적 타당도를 궁극적 준거로 삼는다. 실험자가 연구의 내적 타당도를 확보하는 방법은 인과관계추론의 정당성을 논리적으로 확보하는 작업이다. 따라서 연구자는 처치 변수(독립변수)와 종속변수의 고유관계가 인과관계인지를 밝히기 위하여 다음의 작업을 수행한다. 첫째, 실험적 통제행위(experimental control), 둘째, 통계적 통제행위(statistical control), 셋째, 통계적 검정력(statistical power)을 높이기 위한 연구의 설계로서 실험설계의 효율성(efficiency of experimental design)이다.

1) 실험적 통제

실험설계가 가장 인과관계 추론을 위한 연구에 적합한 연구인 이유는 실험적 통제(experimental control)를 하기 때문이다. 연구자는 실험의 성공을 위하여, 실험외적요인의 개입을 연구자 자의대로 물리적으로 통제한다. 연구자가 사용하는 실험적 통제의 대표적인 방법은 무선배치(random assignment)이다. 무선배치는 실험에 참가한 연구대상들에게 처치(treatment)를 무선(random)으로 할당하는 작업이다. 역으로 처치집단(처치를 받는 집단)과 통제집단(처치가 없는 집단)에 연구대상을 무선으로 배치하는 작업이라고 할 수도 있다. 무선배치가 이루어지면, 처치집단과 통제집단은 연구대상의 모든 특성 면에서 확률적으로 동등하며, 두 집단 구성원의 차이는 우연에 의한 차이만 존재한다. 즉, 두 집단 구성원 특성의 차이는 확률적 차이만 존재하는 것이지 어떠한 체계적이거나 의도적인 사전적 차이는 존재하지 않는 것을 기대한다. 따라서 실험이 완료된 이후에 종속변수의 값을 관찰하여 두 집단간에 차이가 났다면, 이는 처치의 효과라고 해석하는 것이다. 간단히 정리하면, 무선배치는 처치가 시행되기 이전에 실험집단과 통제집단의 동등성을 확보하는 가장 효과적인 작업이라고 할 수 있다.

무선배치 이외의 방법으로 실험적 통제를 하는 방법은 연구자의 사전 지식을 활용하는 것이다. 예를 들어서, 교사기대와 학업성취도와의 관계에서 남녀의 성차가 영향을 미칠 수 있다면, 이를 제거하는 방법은 처치집단(교사기대 집단)과 통제집단에서의 남녀 분포를 동등하게 하거나, 모두 여성 또는 남성 교사만으로 양쪽 집단을 구성하는 것이다. 이와 같은 실험적 통제를 하면 적어도 남녀 변수의 분포는 확률적으로 동등한 수준을 넘어서 완벽한 동등성을 확보하는 장점이 있다. 실험적 통제의 또 다른 방법은 피험자들을 여러 동질집단으로 사전분류한 이후에, 각 동질집단별로 무선배치를 시행하는 것이다. 소위 무선구획설계(Randomized Block Design)은 추가적으로 잡음을 제거하는 설계라고 할 수 있다. 그러나 이 같은 방법으로 실험집단과 통제집단의 사전 동등성을 확보하는 것은 매우 제한적인 효과 밖에 없다. 즉, 남녀 성차와 같은 하나의 변수에 대하여는 실험자가 통제하기 쉽지만, 관련된 변수들을 모두 물리적으로 통제하는 가장 효과적인 방법은 무선배치이다. 따라서 특정한 변수 분포의 동등성을 확보하거나, 구획설계를 하는 경우에도 무선배치가 병행되어야 실험설계의 효율성은 높아진다. 결론적으로 실험적 통제의 목적은 실험집단과 통제집단의 사전 동등성(prior equivalence)을 확보하는 것이다. 즉 모든 변수들의 분포를 실험집단과 통제집단에 확률적으로 동등하게 분포하도록 물리적으로 통제하는 것이 실험적 통제이다. 실험설계의 중요 학습내용은 실험적 통제의 방법이며 실험설계의 특성과 관련된다.

2) 통계적 통제

연구자가 인과관계 추론의 조건을 충족하여 동원하는 또 다른 방법은 통계적 기법을 활용한 통계적 통제(statistical control)이다. 통계적 통제는 실험적 통제와 대비되는 개념으로 사용되나 그 목적은 같다. 통계적 통제는 처치집단과 통제집단을 구성하는 연구대상의 특성을 사전에 물리적으로 통제하지 못하였을 경우, 즉, 무선배치가 불가능한 경우에 연구자가 선택하는 방법이다. 무선배치가 완벽하게 이루어지지 않으면, 처치집단과 통제집단을 구성하는 연구대상의 특성은 두 집단 사이에 차이가 존재한다. 예를 들어, 남녀간에 분포, 학생 가정배경(예: 결손가정여부, 소득, SES)의 차이, 교사 경력의 차이, IQ의 차이, 자기 효능감의 차이, 사전 성취도의 차이 등 실험의 결과에 영향을 미칠 가능성이 있는 무수한 변수들이 처치집단과 통제집단에 동등하게 분포하였다는 것을 보장할 수가 없다. 현대 통계학의 발전은 자료의 분석과정에서 관련 변수들의 조건이 두 집단에 동등하다면 기대되는 처치 변수 효과의 추정을 가능케 한다. 예를 들어, 남녀간에 수학성취도에 차이가 있는지를 검정하려는 연구에서 性 과 수학성취도와의 고유관계를 알고 싶다면, 수학성취도와 관련이 있는 것으로 선행연구결과 밝혀진 가정배경을 비롯한 연수들을 남녀 집단에 동등하게 해야 한다. 이러한 동등화 작업을 물리적인 무선배치가 아닌 통계적 방법으로 해결하는 것이 통계적 통제이다. 따라서 이 경우는 고급통계 방법이 요구된다. 이 책에서 다루는 공분산분석(ANCOVA: analysis of covariance)이나 회귀분석(REGRESSION ANALYSIS)은 그 예이다.

통계적 통제는 무선배치가 이루어진 이후에도 활용될 가능성이 있다. 즉, 무선배치를 한 이후라도, 두 집단의 구성원 특성에 우연에 의한 차이가 존재하는 것으로 발견되면, 이를 통계적으로 통제하는 것이다. 무선배치가 원활하게 이루어졌다고 하더라도, 실험상황에서 무선배치의 단위(experimental unit)가 학급이었다면, 학급을 구성하는 학생들 수준에서는 집단간에 차이가 존재할 수 있다. 실제로 교육학 연구에서는 학교현장에 이미 존재하고 있는 학급구성을 무시하고 학생들을 무선으로 처치집단과 통제집단에 배정하는 것은 매우 어렵다. 그러나 학급을 무선배치 하는 것은 상대적으로 용이하다. 이러한 경우에는 실험의 결과에 영향을 미칠 만한 학생특성의 변수들은 통계적으로 통제해야 한다. 실험설계의 중요 학습내용은 다양한 통계적 기법을 습득하는 것이다. 즉, 실험집단간의 동등성을 통계적 통제를 통하여 확보하는 방법을 학습한다.

3) 통계적 검정력

실험설계는 인과관계 추론을 위한 통계적 가설검정(hypothesis testing)을 하는 작업이기도 하다. 이를 달리 표현하면, 연구자가 관심을 갖는 처치의 효과에 대한 실증적 증거를 과학적으로 확보하는 작업이라고 할 수 있다. 어떤 연구이든지, 연구를 수행하기 위한 시간과 노력, 예산과 인력이 소요된다. 그러나 누구나 제한된 자원으로 실험을 하므로,

실험설계의 효율성(efficiency of experimental design)은 매우 중요하다.

실험설계의 효율성을 높이는 방법은 가설검정의 정밀성(precision of hypothesis testing)을 높이는 것이다. 이를 달리 표현하면 통계적 검정력(statistical power)를 극대화 하는 것이라 할 수 있다. 통계적 검정력이란 연구자가 설정한 영가설(null hypothesis)이 오류일 때, 영가설을 거부하고 대립가설을 채택할 확률을 의미한다. 즉, 처치의 효과가 있다는 진술(대립가설)이 참일 때, 대립가설을 지지하는 실증적 증거를 통계적 방법으로 확보하는 확률을 높이는 것이 실험설계의 효율성을 높이는 것이며, 가설검정의 정밀성을 높이는 것이다. 실험에서 설계가 효율적이지 않으면, 처치의 효과가 분명히 존재하는데도 통계적으로 이를 증명하지 못하는 경우가 빈번히 발생한다. 연구자가 관심을 갖는 처치의 효과가 분명히 존재하는데도, 많은 노력과 시간과 비용을 들여서 수행한 실험이 아무 성과 없이 끝나는 것은 연구자의 실험설계에 대한 무지함이 빚어낸 결과라고 할 수 있다.

이를 음악에 비유하면, 오디오 시스템에서 분명히 소리가 나는데 시끄러운 잡음이 있다면 잘 안 들릴 것이다. 이 경우에 음악소리를 듣기 위해서는 두 가지 선택이 가능하다. 하나는 볼륨을 높여서 소리를 크게 내는 것이고, 다른 하나는 잡음을 제거하여 소리를 잘 들리게 하는 것이다. 여기서 볼륨을 높이는 것은 곧 처치의 양을 크게 하는 것이다. 예를 들어 처치의 시행기간이 원래 1주일이었던 계획을 6개월로 늘린다면 처치의 효과를 더 선명하게 드러낼 수 있을 것이다. 또는 실험에 투여할 약물이 1g 이었는데, 이를 10g 으로 증가하여 약물의 효과를 분명하게 관찰할 수 있을 것이다. 이와는 달리 잡음을 없애는 것은, 볼륨을 유지한 상태에서 창문을 닫는다던지, 커튼을 친다던지 하여, 음악소리를 분명하게 하는 행위이다. 음악을 잘 듣기 위하여 효율성을 높이는 방법은 주위의 잡음을 제거하는 방법이다. 실험설계의 효율성을 높이는 것도 처치효과의 관찰을 방해하는 잡음변수의 효과를 제거하거나 줄이는 것이다.

실험설계의 효율성을 높이는 방안을 학습하는 것이 실험설계의 핵심이다. 따라서 실험설계에서는 다양한 실험설계방법을 학습하고, 통계적 검정력의 관점에서 실험설계법들의 비교우위를 평가한다. 효율성이 높은 실험설계는 통계적 검정력을 높인다. 실험설계 연구에서 주로 활용하는 분산분석(ANOVA: analysis of variance)관점에서 통계적 검정력을 높이는 방법을 설명하면 다음과 같다. 분산분석은 가설검정을 위한 통계량으로 F-값을 사용한다. 이 F-값은 영가설이 참이라는 조건에서의 이론적인 F-분포를 갖는다. F-값의 구조는 다음과 같다.

$$F = \frac{MSB}{MSE}$$

이 F-값을 크게 하는 것이 가설 검정력을 높이는 것이다. F-값을 크게 하려면, 집단간 분산(MSB)을 크게 하던가, 아니면 오차분산(MSE)을 작게 해야 한다. 그러나 집단간 분산을 크게 하는 것은 처치의 강도를 세게 하거나 표본을 크게 해야 하기 때문에, 연구자는 더 오래 실험을 하여 시간을 늘리거나, 더 큰 표본을 얻기 위한 노력을 해야 하고, 이러한 작업은 추가적인 연구비용의 증가를 요구한다. 그러나 오차분산(MSE)을 작게하는 것은 통계적 방법 또는 실험설계법을 공부하여 지식을 갖추면 가능하다. 따라서 실험설계법을 공부한다는 의미는 제한된 자원으로 실험설계를 하는 경우에, 그 효율성을 높이는 방법을 배우는 것이다. 오차분산을 작게하는 방법은 효율성이 높은 실험설계법을 선택 하는 것이다. 대체로 복잡한 실험설계는 그에 따른 복잡한 분산분석 기법에 의한 자료분석을 요구한다. 따라서 실험설계는 고급 분산분석 기법을 공부하는 과목이라고도 할 수 있다.

Chapter 02

분산분석의 기초

1 개요

과학의 세계에서 연구자들이 관심을 갖는 대상은 자연현상, 사회현상, 우주현상 등 인간의 삶과 관련이 있는 모든 현상들이라고 할 수 있다. 연구자들이 관심을 갖고 설명을 시도하려는 모든 현상 또는 대상을 모집단(population)이라고 한다. 연구자들은 모집단의 특성, 또는 모집단에 존재하는 현상을 요약하거나, 서술, 설명하려고 하며, 경우에 따라서는 앞으로 나타날 현상을 예측하거나, 바람직한 방향으로 변화시키려고 한다. 모집단의 특성이나 현상을 탐구하기 위해서, 통계학에서는 그 특성을 변수(variable)로 표현하여 분석한다. 즉, 변수란 모집단의 어떤 이질적인 특성에 구체적인 실수 값을 부여하는 규칙 또는 함수이라고 할 수 있다. 성(性)이라는 변수는 남자=1, 여자=2의 값을 갖는 것으로 정할 수 있다. 가정의 사회경제적 지위(SES) 변수는 상=1, 중=2, 하=3의 값을 갖는 것으로 정할 수 있다. 변수는 실수화 함수이므로, 연구자에 따라 다르게 정의할 수 있으며, 동일한 모집단의 특성도 연구자에 따라 다르게 정의하여 변수로 표현할 수 있다. 예를 들어, SES변수를 부모의 학력(교육년수)과 소득(연간소득)의 총합으로 정의하여 연속변수로 표현할 수 도 있다.

연구자들이 모집단의 어떤 특성을 통계적 방법으로 탐구하는 것은, 관심 있는 특성을 변수로 표현하고, 그 변수의 분포정보를 구하는 것이다. 모집단에서 변수의 분포 모양을 결정하는 것은 모수(parameter)이다. 소위 기술통계학에서 다루는 변수의 평균, 비율, %, 분산, 상관계수 등은 분포의 특징을 반영하는 통계량인데, 한 변수의 분포를 이해하는데 도움이 된다. 마찬가지로 모집단에서도 변수의 분포는 존재하며, 모집단에서 변수의 분포 특성은 모두 연구자가 알고 싶어 하는 모수가 될 수 있다. 예를 들어, 전국 중학교 3학년 학생들의 수학성취도의 평균은 남녀 간에 차이가 있는가? 흡연자와 비흡연자 사이에 혈압의 평균에 차이가 있는가? 교수법의 유형에 따라 학생들의 학업성취도의 평균은 차이가 있는가? 알코올 섭취량의 수준에 따라 신체적 반응속도의 평균은 어떻게 다른가? 이와 같은 모든 질문들은 해당 변수의 모집단 분포의 모수 중에서 평균을 대상으로 질문을 제기한 것이다.

분산분석(ANOVA)은 복수 집단의 평균을 비교하는 통계적 방법으로서 이와 같은 질문들에 응답하는데 유용한 과학적 방법이다. 분산분석에서 종속변수는 연속변수이다. 동시에 종속변수는 정규성, 등분산성, 독립성 등 몇 가지 기본적인 가정을 충족하는 분포를 가져야 한다. 가구소득, 몸무게, 키, 혈압, 곡물생산량, 달리기 속도, 학생들의 성취도, 지능, 자기효능감, 공격성, 스트레스 등, 물리적, 인지적, 정의적 특성의 변수들이 모두 종속변수가 될 수 있다. 분산분석에서 독립변수는 질적 변수(qualitative variable), 또는 범주형 변수(categorical variable)로서 분석대상인 표본을 복수 집단으로 분류하는 변수이다. 예를 들어, 상담방법(1=집단 상담, 2=개별화 상담), 교수법 변수(1= 개별화 교수법, 2=소규모 집단 교수법, 3=전체 집단 교수법) 등과 같이 표본집단을 분류하여 표본집단들 사이의 종속변수 평균을 비교할 수 있다. 상담방법 변수처럼 독립변수의 수준이 두 개이면, 두 집단의 종속변수 평균을 비교하는 것이고, 교수법 처치 변수처럼 세 개이면, 세 집단의 종속변수 평균을 비교하는 것이 분산분석이다.

다음의 그림은 독립변수의 수준이 세 개인 분산분석설계의 경우를 예시한 것이다.

교수법(독립변수)		
1(개별화 교수법)	2(소규모 집단 교수법)	3(전체 집단 교수법)
Y_{11} Y_{21} . . . $Y_{10,1}$	Y_{12} Y_{22} . . . $Y_{10,2}$	Y_{13} Y_{23} . . . $Y_{10,3}$
$\overline{Y}_{.1}$	$\overline{Y}_{.2}$	$\overline{Y}_{.3}$

[그림 2-1] 일원분산분석 설계의 자료구조 예시

위의 분산분석설계에서는 독립변수가 교수법이고, 교수법은 3개의 수준(J=3)을 갖는다. 또한 독립변수로 분류된 각 집단에는 10명의 피검자 점수, Y_{ij}, 가 있다. 여기서 아래첨자 i는 각 개체를 지칭하며, i=1, 2, ... 10이다. j는 독립변수의 각 수준이며, j= 1, 2, 3이다. 마지막 열에는 각 집단별 평균, $\overline{Y}_{.j}$,이 제시되어 있다. 위와 같은 분산분석설계는 독립변수가 한 개 이므로, 일원분산분석(One-Way ANOVA)설계라고 한다. 이제 종속 변수, Y, 가 학업성취도라면, 연구자가 관심을 갖는 교수법이 다른 교수법 보다 학업성취도 향상에 더 효과적인지 검정할 수 있을 것이다.

만약에 학업성취도에 대한 교수법의 효과가 남녀의 성별에 따라 다른지 궁금하다면, 독립변수의 수는 두 개가 되며, 각 독립변수의 수준은 각 각 3개와 2개가 된다. 이 경우, 분산분석설계는 다음과 같이 이루어진다.

		교수법(독립변수)		
		1(개별화)	2(소규모집단)	3(전체 집단)
성별 (독립변수)	1 (남학생)	Y_{111}	Y_{121}	Y_{131}
		Y_{211}	Y_{221}	Y_{231}
		.	.	.
		.	.	.
		.	.	.
		Y_{n11}	Y_{n21}	Y_{n31}
	2 (여학생)	Y_{112}	Y_{122}	Y_{132}
		Y_{212}	Y_{222}	Y_{232}
		.	.	.
		.	.	.
		.	.	.
		Y_{n12}	Y_{n22}	Y_{n32}

[그림 2-2] 이원분산분석설계의 자료구조 예시

[그림 2-2]와 같은 분산분석설계에서 각 학업성취도 관찰값은 Y_{ijk}로 표기될 수 있으며, $i=1,2,...n$이고, $j=1,2,3$, $k=1,2$이다. 독립변수는 교수법과 성별로서 2가지이다. 교수법은 3개의 수준을 가지며 ($J=3$), 성별은 두 개의 수준($K=2$)을 갖는다. 동시에 두 독립변수의 조합으로 만들어지는 칸의 수는 $J \times K$ =6개이다. 각 칸에는 n명의 학생들이 포함되어, 전체 분석대상의 크기는 N=6n명이다. 만약에 n=10이면, $N=6\times 10=60$명이

며, n=30이면 $N = 6 \times 30 = 180$ 명이다.

[그림 2-2]의 설계에서, 연구자는 1차적으로 세 가지 가설검정이 가능하다. 첫째, 교수법의 효과를 검정하기 위하여 $J = 3$개 집단간 종속변수의 평균을 비교할 수 있고, 둘째, 성별의 효과를 검정하기 위하여 $K = 2$개 집단간 종속변수의 평균도 비교할 수 있다. 더불어 두 독립변수들(교수법과 성별) 사이의 상호작용효과가 있는지 검정할 수 있다. 상호작용효과란 한 독립변수의 효과가 다른 독립변수의 영향을 받는 정도이다. 예를 들어, 교수법(3개 수준; J=3)의 효과가 성별(1=남학생, 2=여학생; K=2)에 따라 다르다면, 교수법의 효과는 성별과 상관이 있다고 할 수 있다. 또는 교수법의 효과는 남녀에 따라 차별적이라고 표현할 수도 있다. 이처럼, 한 독립변수의 효과가 다른 독립변수와 상관이 있거나, 다른 독립변수의 조건에 따라 그 효과가 달라진다면, 상호작용효과가 있다고 해석한다.

분산분석에서 독립변수의 수는 1개, 2개, 3개, 4개 ... 등 N개로 늘어날 수 있다, 독립변수가 한 개이면 일원분산분석(One-way ANOVA), 두 개이면 이원분산분석(Two-way ANOVA), 세 개이면 삼원분산분석(Three-way ANOVA) 등으로 불리운다. 독립변수가 2개 이상인 분산분석에서는 독립변수들 사이의 상호작용효과를 검정할 수 있다. 그러나 독립변수의 수가 3개 이상이 되면, 상호작용효과에 대한 해석이 복잡해질 뿐만 아니라, 실용적인 정보가치가 떨어지기 때문에, 삼원분산분석을 넘는 경우는 드물다.

전반적 가설검정과 중다비교 검정: 분산분석은 복수집단의 평균들 사이에 차이가 있는지 없는지만 검정하는 결과를 제시하며 구체적으로 어느 특정집단의 평균이 다른 어떤 집단의 평균과 차이가 있는지는 알려주지 않는다. 예를 들어, 분산분석에서는 세 가지 교수법의 효과가 같다는 영가설을 거부하였다는 것은, 적어도 한 집단의 평균이 다른 어느 집단과는 다르다는 증거를 제시한다. 즉, 세 가지 교수법의 효과가 어디선가 다르다는 정보만 줄뿐, 구체적으로 어느 교수법이 다른 어떤 특정 교수법보다 더 우월한지는 알 수가 없다. 이와 같은 가설검정을 전반적 가설검정(Omnibus hypothesis test)이라고 한다.

분산분석으로 전반적 가설검정을 시행한 이후에 모집단에서 비교집단의 평균 간에 차이가 있다면, 즉, 영가설이 거부되었다면, 그 후에 구체적으로 어느 특정집단들 사이에 평균의 차이가 있는지 해당 집단을 확인하는 작업을 사후비교(post-hoc comparison, a posteriori comparison)라고 한다. 또한 연구자가 의도하는 바가 있어서, 전반적 가설검정 결과와 무관하게, 특별히 연구자가 지명한 특정한 집단들 사이의 평균을 의도적으로 비교하는 작업은 사전비교(a priori comparison) 또는 계획비교(planned comparison)라고 한다. 분산분석에서 평균의 차이를 보이는 집단을 구체적으로 확인하는 일반적 방법을 중다비교법(multiple comparision method; MC method)라고 한다. 사전 비교와 사후비교는 모두 MC 방법의 특수한 형태라고 할 수 있다. 이 책에서는 사후비교, 사전비교, 그리고 MC 방법을 4장과 6장에서 다룬다.

2 통계적 가설

분산분석은 다른 통계적 방법들과 마찬가지로 두 가지 서로 배타적이고 독립적인(mutually exclusive)가설을 세우고, 두 가설 중에서 하나를 합리적으로 선택하는 수리적 방법을 제시하는 통계적 방법이다. 두 가지 가설에서 하나의 가설을 부정하고 다른 가설을 채택하는 과정은 가설검정(hypothesis testing)이라고 한다.

분산분석모형에서 제시하는 가설은 다음의 특징을 갖는다. 또한 이러한 특징은 다른 통계모형들도 공유하는 개념이다.

첫째, 모든 가설은 모집단에 관한 정보를 반영한다. 즉, 연구자들의 관심은 모집단의 특성(모수; parameter)이다. 모집단에서 변수들의 관계정보가 우리에게 필요한 정보이며, 연구자의 손 안에 있는 표본 집단들의 평균이 크고 작음이 모집단의 특성에 관한 정보로 전환되지 않는다면 과학적 정보로서의 가치가 없는 정보이다. 따라서 가설을 서술할 때는 모집단의 특성 정보로 서술한다. 또한 결과해석을 할 때도 모집단에서 어떻다는 식으로 해석한다.

둘째, 통계적 가설은 영가설(null hypothesis)과 대립가설(alternative hypothesis)의 두 가지로 분류된다. 두 가설이 반영하는 정보는 서로 중복되지 않으며, 동시에 두 가설은 모든 가능한 경우를 포괄한다. 즉, 그 어느 분석결과가 나오든, 분석결과는 두 가설 중에 한 가설만을 채택하도록 되어 있다. 복수집단의 평균을 비교하는 분산분석의 경우, 영가설(null hypothesis)은 모집단에서 비교집단들 사이에 평균에 차이가 없다는 것을 의미하며, 대립가설은 모집단에서 비교집단들 사이에 적어도 한 집단의 평균은 차이가 있다는 것을 의미한다. 영가설(H_0)과 대립가설(H_A)은 다음과 같이 예시할 수 있다.

세 집단의 평균을 비교하는 경우:

$$H_0 : \mu_1 = \mu_2 = \mu_3$$
$$H_A : \mu_j \neq \mu_{j'} \ (j \neq j'),\ j = 1,\ 2\ 3\ .$$

위에 제시한 가설에서 영가설과 대립가설은 모두 그리스 문자 μ로 표기되었는데, 이 문자는 흔히 통계학에서 평균을 의미하는 기호로 사용된다. 또한 통계학에서 그리스 문자는 모집단의 특성을 반영하는 기호이다. 영문자는 표본집단의 특성인 표본통계량을 의미한다. 앞서 설명한 바와 같이 영가설과 대립가설은 그리스 문자로 표현되어 모집단 정보를 반영한다는 것을 알 수 있다. 이를 언어적으로 풀이하면, 영가설은 "세 집단의 평균은 모집단에서 동일하다"는 것이며, 대립가설은 "적어도 어느 한 모집단은 다른 모집단과 평균이 다르다"는 것을 의미한다. 두 가설은 서로 중복되지 않으며, 어느 한쪽의 가설을 부정하면 다른 가설을 채택하는 구조를 갖는다.

셋째, 영가설과 대립가설 중에서 어느 가설을 채택하는가는 확률에 의하여 결정한다. 가설검정에서 확률이 개입하는 과정은 다음과 같다. 연구자의 관심은 모집단에서 세 집단의 평균이 같은지 다른지를 판단하는 데에 있다. 연구자가 세 집단의 표본을 구하였는데, 모집단에서는 평균이 같다고 하여도 세 표본에서 구한 표본평균들은 사실상 다를 것이다. 이때 세 표본에서 구한 평균들의 차이가 어느 정도이면, 모집단에서도 평균에 차이가 난다는 충분한 증거가 되겠는가? 이 같은 가능성을 확률로 계산하여 영가설 또는 대립가설을 채택하게 된다. 예를 들어, 어느 연구자가 실험을 하여, 처치집단과 통제집단의 학업성취도 평균의 차이가 5점이라고 하자. 즉, $\overline{Y}_{실험} - \overline{Y}_{통제} = 5$이다. 만약 모집단에서 두 집단의 평균에 아무런 차이가 없는데도 불구하고($H_0 : \mu_{실험} - \mu_{통제} = 0$), 연구자의 표본에서 $\overline{Y}_{실험} - \overline{Y}_{통제} = 5$가 나타날 확률($P-$value)이 얼마인지를 계산한다. 그 확률이 매우 작으면, $H_0 : \mu_{실험} - \mu_{통제} = 0$이 참일 가능성이 거의 없다는 충분한 증거가 된다. 따라서 영가설을 거부한다.

통계적 가설검정의 원리를 이해하는 데는 일종오류(α 혹은 Type-I error), 이종오류(β 혹은 Type-II error), 유의수준($\alpha - level$, significance level), p-value, 통계적 검정력(statistical power 혹은 power) 등 몇 가지 전문용어에 익숙할 필요가 있다.

- 일종오류(Type-I error, α): 영가설(H_0)이 참인데도 이를 거부하고 대립가설(H_A)을 채택하는 오류를 범할 확률로서 α로 표기한다. 즉, 영가설을 잘 못 거부할 확률로서 $\alpha = \Pr(reject\, H_0 \mid H_0\ is\ true)$이다.
- 이종오류(Type-II error, β): 대립가설(H_A)이 참인데도, 이를 채택하지 못하고 영가설(H_0)을 유지하는 오류를 범할 확률로서 β로 표기한다. 즉, 영가설을 잘 못 수용할 확률로서, $\beta = \Pr(accept\, H_0 \mid H_A is\ true)$이다.
- 검정력(statistical power): 대립가설(H_A)이 참일 때, 영가설(H_0)을 거부하고 대립가설을 채택할 확률로서 $Power = 1 - \beta$ 이다. 즉, $1 - \beta = \Pr(reject\ H_0 \mid H_A is\ true)$이다.
- 유의확률(p-value): 영가설(H_0)이 참인 조건에서, 표본 검정통계량 값(예, F-값, t-값)이 관찰될 확률이다.
- 유의수준(significance level): 영가설(H_0)을 거부하는 기준이 되는 일종오류의 상한계 수준이다. 유의수준은 흔히 $\alpha = .01$, $\alpha = .05$, 혹은 $\alpha = 0.10$으로 정한다. 유의확률(p-value)이 유의수준보다 작으면 영가설을 거부한다.
- 임계값(critical value): 유의수준에서의 검정통계량 값이다.

통계적 방법은 확률에 근거하여 가설을 지지 혹은 거부하도록 한다. 분산분석에서 사용하는 $F-$분포는 영가설이 참인 조건에서 생성한 이론적인 확률분포이다. 이 이론적인 $F-$분포를 이용하여, 연구자의 표본자료를 분석하여 얻은 $F-$값이 발생할 확률($p-$value)을 확인한다. 그 확률이 너무 작으면, 즉 유의확률(p-value)이 유의수준(significance-level)보다 작으면, 영가설을 거부하고 대립가설을 채택한다. 또는 검정통계량의 값(예: 유의확률에서의 $F-$값)이 임계값(유의수준에서의 $F-$값)보다 크면 영가설을 거부하고 대립가설을 채택한다. 만일 유의수준 $\alpha = 0.01$에서 영가설을 거부하였다면, 연구자가 분석결과로 얻은 검정통계량의 값(예: $F-$값)이 영가설이 참인 상태에서 발생할 확률(유의확률)이 0.01보다 작다는 것이므로, 연구자는 99% (즉, $1-\alpha$=.99) 의 확신수준을 갖고 영가설을 거부한다. 즉, 표본자료에서 얻은 $F-$값은 실제 자료를 분석하여 얻은 경험적 증거이므로, 이 증거에 기초하여 가설을 검정한다. 그러나 연구자는 여전히 유의수준(예: $\alpha = 0.01$)만큼 일종오류(Type-I error, α)의 위험부담을 갖는다.

추리통계에서 가설의 검정은 영가설과 대립가설 중에서 하나를 선택한다기 보다는, 영가설을 대상으로 기각여부를 결정하는 것이다. 영가설을 거부하면, 그 이외의 경우는 대립가설의 경우 밖에 없기 때문이다. 따라서 영가설을 거부할 만한 충분한 증거가 발견되었다는 것은, 즉, 유의확률(p-value)이 유의수준(significance level)보다 작다는 것으로, 모집단 중에서 적어도 한 집단은 다른 모집단과 평균이 다르다는 증거가 충분하다는 결론과 같다. 만일 유의확률이 유의수준보다 크면, 영가설을 거부할 만한 증거가 부족한 것으로 해석하여, 영가설을 거부하지 않는다 즉, 대립가설을 채택하지 않는다. 이 경우 영가설은 유지되지만 여전히 의심을 받는 가설로서 존재한다. 과학에서는 충분한 증거가 있을 때만 영가설을 거부하므로, 영가설은 거부되기 전까지 유지되며 참인지 거짓인지 알 수가 없다. 즉, 영가설이 참이라는 진술은 없으며, 영가설이 참이라는 충분한 증거가 있다는 진술도 가능하지 않다. 영가설을 거부하는 확률기준을 유의수준이라고 하는데, 과학에서는 흔히 α-level로서 0.01, 0.05, 또는 0.10 수준을 기준으로 삼는다.

지향가설과 비지향가설: 가설검정을 하는데 동원되는 확률분포는 모집단의 모수값(예: 모평균 μ)이 정해져야 구성이 가능한데, 실제로 모집단의 모수 값은 모르므로, 추리통계에서는 영가설에서 제시하는 내용을 모수 값의 정보로 사용한다. 즉, $H_0 : \mu_1 = \mu_2 = \mu_3$는 곧, $\mu_1 - \mu_2 = 0$; $\mu_1 - \mu_3 = 0$으로 세집단의 모평균의 차이가 "0"이라는 가정에 기초하여, F 확률분포가 정해지는 것이다. 따라서 영가설을 제시할 때 $H_0 : \mu_1 \leq \mu_2$와 같이 방향성을 갖는 영가설은 $\mu_1 - \mu_2 \leq 0$으로서 구체적인 모평균의 차이 값은 무한대로 존재하기 때문에, 영가설이 참인 조건에서의 확률분포도 무한대로 존재한다. 따라서 확률계산을 위한 F-분포를 정할 수 없다. $H_0 : \mu_1 \leq \mu_2$와 같은 영가설은 논리적인 상상으로는 가능한 가설이지만 통계학에서는 가능하지 않다. 또한 가설검정을 하는 논리도, 분석결과에서 얻은 $\hat{F}$ 값은 영가설이 참인 조건에서 얻은 값으로 가정한다. 그리고 F 분포에 비추어 $\hat{F}$ 값이 나타날 확률이 얼마인지는 유의도 값(p-value)으로 나타낸다. 유의도 값(확률)이 매우 낮으면, 영가설이 참인 조건에서는 거의 불가능한 실제결과가 나왔으므로 영가설을 거부하는 것이다. 이때 연구자가 영가설을 잘못 거부할 위험수준은 유의수준 이하이다(즉 $\alpha < 0.05$이다).

영가설은 확률분포를 정하는데 적용되기 때문에 방향성을 가질 수 없으나, 대립가설은 방향성을 가질 수 있다. 다음은 분산분석에서 영가설과 대립가설의 조합을 예시한 것이다.

1) 비지향 가설

$$H_0 : \mu_1 = \mu_2 = \mu_3$$
$$H_A : \mu_j \neq \mu_{j'} \ (j \neq j'),\ j = 1,\ 2\ \ 3.$$

2) 지향 가설

$$H_0 : \mu_1 = \mu_2 = \mu_3$$
$$H_A : \mu_1 > \mu_2 > \mu_3$$

통계학에서 지향가설은 결국 대립가설(H_A)에만 적용되는 것이다. 가설검정은 영가설을 거부하는 것이 곧 대립가설을 수용하는 것이므로, 모든 가설은 상호배타적이며, 모든 경우의 수를 포함해야 한다. 그러나, 위의 지향가설은 $\mu_1 < \mu_2$의 경우나, $\mu_2 < \mu_3$의 경우는 포함하지 않으므로, 영가설을 거부하면, 그 어느 경우든 대립가설이 벗어난 경우는 절대로 없다는 논리적 근거나 이론적 배경이 있을 때 지향가설은 가능하다.

3 변산과 자유도

3.1 변산

통계학이란 무엇인가? 통계학이란 학문의 정의는 두 갈래로 나뉜다. 하나는 응용수학이라는 관점이고, 다른 하나는 정보학문(science for information)이라는 관점이다. 첫째의 관점은 통계학이 수학의 한 갈래라고 생각하는 것이다. 많은 통계학자들이 수학자였다. 또한 많은 수학자들은 철학자, 과학자를 겸하였다. 둘째의 관점은 수학과 통계학을 분리하여 생각하는 것이다. 즉, 물리학이 수학을 많이 응용하지만 응용수학이라고 하지 않는다. 마찬가지로 통계학도 수학을 많이 응용하지만 수학은 아니라는 관점이다. 통계학의 정체성은 불확실성(uncertainty)을 이해하는데 있다. 즉, 어떤 현상의 발생과 소멸, 증가와 감소에 불확실성이 높으면, 거기엔 정보가 많이 숨어져 있다고 하며, 사실 그 정보를 모르기 때문에 불확실한 것이다. 통계학(statistics)은 그 이름 자체가 자료(data)를 상징한다. 통계학은 자료에서 정보를 생산하는 학문이다. 통계학에서 자료는 정보자원이며 변수의 집합이다. 즉, 어떤 현상이나 특징을 반영하는 변수의 분포가 넓게 산포하면 변산(variation)이 크다고 하고, 자료의 분포가 밀집되어 있으면 변산이 작다고 한다. 변산이 크면 그 만큼 그 현상은 불확실한 것이며, 우리는 왜 그 처럼 자료의 값이 크게 다른지 그 현상에 대하여 많은 것을 궁금해 한다. 역으로 그 불확실한 현상에서는 알아낼 것이 많이 숨어 있는 것이므로, 변산이 크면 정보가 많다고 한다. 보다 구체적으로, 변산이란 변수의 값이 산포되는 현상을 의미한다. 변산이 없는 것은 상수(constant)라고 하며 변수라고 하지 않는다. 다음은 변산과 불확실성에 대한 표현이다.

◇ 학생들의 학업성취도는 매우 다르다. 얼만 큼 다른가? 왜 다른가?

학업성취도가 다르다는 것은 학업성취도 변수의 값이 다양하다는 것이다. 또한 어느 정도로 다른지 그 크기를 계량화할 필요가 있다. 일단 변산의 크기를 계량화하면, 그 다음엔 변산의 크기를 결정하는 요인들을 탐구하는 활동을 할 수 있다. 즉, 다양한 조건에서 변산을 비교하여 어떤 조건에서 변산이 크고 작아지는지 탐구할 수 있다. 변산이 크고 작아지는 이유를 밝히는 것을 변산을 설명한다고 한다.

변산의 통계량: 변산의 크고 작음을 계량화할 수 있다. 즉, 범위(range), 자승합(sum of squares), 분산(variance), 표준편차(standard deviation) 등의 용어들은 모두 변산의 크기를 나타내는 통계량들이다. 이 중에서 범위는 변수의 최대값과 최소값의 차이를 의미하며, 사례수가 n인 분포의 양 끝의 두 점을 기준으로 산출한 것이므로, 중간 지점에서 어느 정도 산포현상이 있는지 알 수가 없다. 특히 양 끝의 점수가 극단치(outlier)라면 변수의 산포현상을 반영하는 통계량으로서는 적절치 않다. 그러나 일반인들이 이해하기 쉽고 자극적이므로 대중적으로 사용된다. 그러나 자승합, 분산, 표준편차 등은 변수분포의 모든 사례수의 자료를 수합하여 산출하는 통계량이므로 통계학에서 유용하게 사용된다.

1) 자승합

자승합은 변수의 점수 분포에서 변산의 크기가 얼마인지 반영하는 통계량이다. 자승합이 크면, 변산이 크다고 한다. 특히 자승합은 분포의 중심에서 개별 사례 점수가 어느 정도 편차를 보이는지 계산하고, 모든 사례의 편차점수를 전체집단으로 합친 것이다. 변산을 계량화하는 통계량으로서 자승합의 수식은 다음과 같다.

$$SS = \sum_{1}^{n}(Y_i - \overline{Y})^2 \tag{2.1}$$
$$= (Y_1 - \overline{Y})^2 + (Y_2 - \overline{Y})^2 + \ ... \ (Y_n - \overline{Y})^2$$

위의 식에서 $\sum$은 더하기의 표현이다. SS는 자승합(Sum of Squares)을 나타내는 기호이며, 변수 Y_i의 분포에서 총변산을 계량화한 값이다. Y_i에서 i=1, 2, . . . n이다. 위의 식에서 "="의 오른쪽 부분은 SS를 산출하는 방법을 알려준다. 예를 들어, 변수 $Y_i = \{3,\ 6,\ 8,\ 12,\ 1\}$의 값을 갖는다면, 사례수는 n=5이고, 평균은 $\overline{Y} = 6$이 되므로, 자승합은 다음과 같이 계산된다.

$$SS = \sum_{i=1}^{5}(Y_i - \overline{Y})^2 \tag{2.1a}$$
$$= (3-6)^2 + (6-6)^2 + (8-6)^2 + (12-6)^2 + (1-6)^2$$
$$= 9 + 0 + 4 + 36 + 25 = 74$$

위의 식은 자승합을 산출하는데 기본단위가 $(Y_i - \overline{Y}) = D_i$임을 알 수 있으며, 이를 편차(deviation)라고 하며, 편차를 계산한 값을 편차점수(deviation score)라고 한다. 편차점수의 개념은 변수의 분포에서 각 사례점수가 생성하는 변산량을 수학적으로 정의한 것이다. 편차는 통계학에서 변산을 나타내는 기본단위이다. 구체적으로는 각 점수가 평균으로부터 어느 정도 멀리 있는지를 나타내는 통계량이다. 편차는 다음의 성질을 갖는다.

편차의 특성

1) 편차점수 $D_i = Y_i - \overline{Y}$ 의 수학적 개념은 유클리드 평면에서 평균으로부터 개별점수까지의 거리이다.
2) 편차점수 D_i 는 Y_i와 완전상관을 갖는다. 즉, $Corr(D_i, Y_i) = 1.0$ 이다.
3) 편차점수의 합은 언제나 0이다. 즉, $\sum_{i=1}^{n}(Y_i - \overline{Y}) = 0$ 이다[1].

즉, 편차점수는 개별 사례점수의 변산량을 거리의 개념으로 나타낸 것이며, 분포의 평균을 $\overline{Y}$에서 0 지점으로 옮긴 것이다. 역으로 0 지점이 분포의 평균이 되도록 전환한 것이다. 이렇게 분포의 평균을 특정한 값으로 이동시키는 작업을 중심화(centering)라고 한다. 편차점수 D_i는 Y_i에서 상수 $\overline{Y}$값을 뺀 것이므로, D_i의 분포와 Y_i의 분포는 모든 면에서 똑 같고 다만 분포의 중심만 $\overline{Y}$에서 0으로 이동한 것이다. D_i는 Y_i를 선형전환(linear transformation) 한 것이므로, 두 변수의 선형상관계수는 언제나 1.0 이다. 편차의 합이 0이라는 것은 곧 평균 $\overline{Y} = (\sum_{i=1}^{n} Y_i)/n$이 수학적으로 분포의 정 중앙에 있는 균형점(balancing point)의미한다. 즉, 실제 자료에서 분포의 중심점은 중앙값(median)이지만, 수학적 개념에서 분포의 중심점은 평균(mean)이다. 따라서 개별 사례의 점수와 평균과의 차이를 모두 합치면 0이 된다.

변수의 분포에서 총 변산이 얼마인지를 계산하려면, 개념적으로는 모든 사례의 변산점수인 편차의 총합을 구하면 된다. 그러나 편차의 합은 언제나 0이므로, 부(−)값을 갖는 편차를 정(+)값으로 전환하기 위하여 편차의 제곱으로 자승합의 단위를 삼는다. 따라서 자승합은 편차제곱의 합이라고 할 수 있다. 위와 같은 자승합의 특성을 다음과 같이 요약할 수 있다.

식(2.1)과 (2.1a)에서 알 수 있는 것처럼, 자승합은 사례수가 커지면 함께 커진다. 따라서 동일한 변수라도 표본의 크기에 따라서 자승합의 크기가 달라진다. 예를 들어, 국어성적(X)과 영어성적(Y) 중에서 어느 교과목 성적이 개인차가 큰지를 알아보려면 자승합을 구하여 비교할 수 있다. 그러나 국어성적은 n=1000명의 자료이고, 수학성적은 n=100이라면, 자승합으로 변산의 크기를 비교하는 것은 무의미 하다.

변수들의 변산의 크기를 표본의 크기수와 상관없이 객관적으로 비교할 수 있는 통계량은, 다음에 설명하는 분산 및 표준편차이다.

---

1) $\sum(Y_i - \overline{Y}) = \sum Y_i - \sum \overline{Y} = \sum Y_i - n\overline{Y}$

$= \sum Y_i - n\dfrac{\sum Y_i}{n} = \sum Y_i - \sum Y_i = 0$

2) 분산

한 변수가 어느 정도 변산을 가지는지 계량화하기 위한 방법으로 자승합은 유용한 통계량이지만, 자승합은 표본의 크기에 따라 달라지므로, 한 변수의 변산량을 보이는데 한계가 있다. 이를 극복하는 간단한 방법은 평균자승합(Mean Squares)을 구하는 것이다. 평균자승합을 일반적인 통계용어로 분산(variance)이라고 하며, 모집단의 모수 기호는 σ^2, 표본통계량의 분산 기호는 s^2으로 표현하며, 다음과 같이 정의된다.

$$\sigma^2 = \frac{\sum(Y_i - \mu)^2}{N}$$

$$s^2 = \frac{SS}{df} = \frac{\text{자승합}}{\text{자유도}} = \frac{\sum(Y_i - \overline{Y})^2}{n-1}$$

분산이란 곧 편차제곱, $(Y_i - \mu)^2$ 또는 $(Y_i - \overline{Y})^2$, 의 평균인 셈이다. 모집단에서는 편차제곱, $(Y_i - \mu)^2$, 을 모두 더한 이후에 사례수로 나눈 평균값이며, 표본집단에서는 자승합을 자유도(degrees of freedom)로 나눈 값이다.

자승합 SS를 총사례수 n으로 나누지 않고, n-1로 나눈 이유는 SS를 구성하는 독립적인 편차제곱, $(Y_i - \overline{Y})^2$의 수는 (n-1)개이기 때문이다. 즉, 평균자승합인 분산은 표본자료에서 $(Y_i - \overline{Y})^2$를 모두 더한 후, 독립적인 $(Y_i - \overline{Y})^2$의 갯수로 나눈 것이다. 변산에 기여하는 $(Y_i - \overline{Y})^2$의 갯수가 곧 자유도이다. 자승합은 자유도의 수에 따라 증가하는 것이다. 자유도의 보다 정확한 개념은 다음 절에서 설명한다.

3) 표준편차

분산은 평균자승합으로서 변수의 분포에서 $(Y_i - \overline{Y})^2$의 평균규모를 구한 것이다. 그러나 더 유용한 정보는 $(Y_i - \overline{Y})$의 평균규모로서, 전체 사례수의 점수들이 평균적으로 어느 정도 편차를 보이는지 요약하는 것이다. 그러나 편차의 합은 0이므로 편차의 평균도 언제나 0이다.

즉, $\frac{\sum(Y_i - \overline{Y})}{(n-1)} = \frac{0}{(n-1)} = 0$ 이다.

따라서 편차의 평균은 변산을 반영하지 못하며, 그 대안으로 사용하는 것은 분산의 정적 제곱근이다. 표준편차의 기호는 모집단에서는 σ, 표본집단에서는 s로 사용한다. 표준편차는 다음과 같이 정의한다.

$$\sigma = \sqrt{\sigma^2} = \sqrt{\frac{\sum(Y_i - \mu)^2}{N}}$$

$$s = \sqrt{s^2} = \sqrt{\frac{SS}{df}} = \sqrt{\frac{\sum(Y_i - \overline{Y})^2}{n-1}}$$

즉, 표준편차는 분산의 정적 제곱근이다. 분산이 $(Y_i - \overline{Y})^2$의 평균이므로 이를 제곱근으로 전환하여 $(Y_i - \overline{Y})$의 평균을 구한 것이다.

표준편차는 정규분포이론에서 매우 중요한 개념이다. 즉, 정규분포를 이론적인 함수로 표현하면, 분포의 모양을 결정하는 것은 평균(μ) 과 분산(σ^2)이다.

$$f(Y) = \frac{1}{\sqrt{2\pi}\,\sigma} exp^{-\frac{1}{2}[\frac{(Y-\mu)}{\sigma}]^2}$$

이론적인 정규분포 함수로 생성한 분포의 특징은 1) 최빈값이 하나인 종 모양이며(unimodal distribution), 2) 대칭분포이며(symmetric distribution), 3) 양 극단의 함수값은 0에 수렴한다. 이상은 이론적인 정규분포의 모양으로서 실제 세계에서 나타나는 수 많은 정규분포를 수학모형으로 제시했을 때 보이는 분포모양의 특징이다. 정규분포를 수학모형으로 제시한 이후에 밝혀진 사실은 분포의 표준편차와 면적의 분할이 체계적인 관계를 갖고 있다는 것이다. 다음은 정규분포에서 표준편차와 면적분할의 관계를 제시한 것이다.

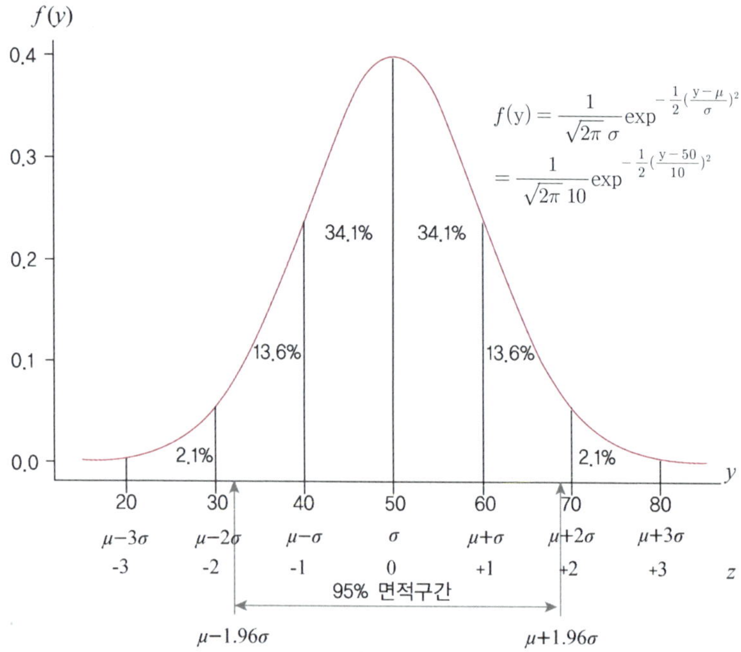

[그림 2-3] 정규분포의 면적과 표준편차

따라서 어느 변수가 $Y \sim N(50, 10^2)$로서 평균이 50이고 분산이 100인 정규분포를 갖는다면, $50 + 1\sigma = 60$ 점 이하에 84%의 사례수가 있다고 할 수 있다. 변수 Y가 국어 성적이라면, 점수가 60점인 학생은 상위 16%의 성적에 해당한다. 또한 60점인 학생과 평균인 50점 사이에는 약 34%의 학생 수가 존재한다고 할 수 있다. 물론 이 같은 추론은 이론적인 정규분포가 경험적인 분포를 잘 모형화 한다는 가정에 기초한 것이다. 실제 표본 자료에서 구한 분포가 정규분포를 보이지 않는다면 이와 같은 추론은 적절치 않다. 그러나 실제 세계에서 엄청나게 많은 변수들이 정규분포를 보이므로 이 세상을 神이 창조했다면 神은 정규분포를 활용하였을 것이다.

3.2 자유도

자유도(degrees of freedom)의 개념적 정의는 다양하게 표현할 수 있다 다음은 자유도를 개념적으로 정의한 표현들이다.

"자유도란 변산에 기여하는 독립적인 변산 단위의 수이다."
"자유도란 변산에 기여하는 독립적인 정보개체의 수이다."

자유도를 조작적으로 정의하면 다음과 같다.

"자유도란 자승합(SS)을 형성하는 독립적인 편차(deviation)의 수이다."

통계에서 자유도가 적용되는 경우는 분산 또는 표준편차를 산출할 때이다.
즉, 분산의 정의는 다음과 같다.

분산의 정의: $s^2 = \dfrac{SS}{df} = \dfrac{\text{자승합}}{\text{자유도}} = \text{평균자승합}$

여기서 자승합 SS (Sum of Squres)는 총변산량이며, 자유도 df 는 자승합을 이루는 독립적인 편차의 수를 의미한다. 따라서 자승합의 총합을 자승합의 갯수로 나누어 평균자승합 (분산)을 구한다. 다음은 위의 정의에 따라 분산을 산출하는 예를 제시한 것이다.

예1; $s^2 = \dfrac{\sum_{i=1}^{n}(Y_i - \overline{Y})^2}{(n-1)}$,

예2; $s^2 = \dfrac{\sum_{i=1}^{n}(Y_i - \hat{Y})^2}{(n-2)} = \dfrac{\sum_{i=1}^{n}(Y_i - (\hat{\beta}_0 + \hat{\beta}_1 X_i))^2}{(n-2)}$

여기서 $\widehat{Y_i} = \widehat{\beta_0} + \widehat{\beta_1} X_i$이다.

첫 번째 예는 (n-1)개의 독립적인 편차 $(Y_i - \overline{Y})$가 아무런 제약 없이 자유로이 값을 취하여 자승합 $\sum(Y_i - \overline{Y})^2$을 이루었다는 뜻이다. 둘째의 예는 (n-2)개의 편차 $(Y_i - \widehat{Y_i})$가 아무런 제약없이 자유로이 값을 취하여 자승합 $\sum_{i=1}^{n}(Y_i - (\hat{\beta}_0 + \hat{\beta}_1 X_i))^2$을 이루었다. 또한 $(Y_i - \overline{Y})$의 갯수는 Y_i의 갯수와 같다. 즉, 자유로이 값을 취하는 Y_i의 수가 곧 자유도라고 할 수도 있다. $(Y_i - \widehat{Y_i})$의 경우도 마찬가지이다.

여기서 자유도의 핵심적인 내용은 "독립적"이라는 것으로 이는 "아무런 제약없이 자유로이 값을 취한다"는 표현이다. 예를 들어, 변수 Y의 자료를 수집하여 $S = \{Y_1, Y_2, Y_3, Y_4, Y_5\}$인 표본자료가 있다고 하자. 우리는 표본자료에서 모집단의 특성(모수) 정보를 알아내려고 한다. 이제 우리는 이 자료의 모평균 추정치가 $\hat{\mu} = (\sum_{1}^{5} Y_i)/5$임을 알고 있다고 하자. 총합은 당연히, $\sum_{i=1}^{5} Y_i = n\overline{Y} = 5 \times 3 = 15$ 이다. 사례수가 정해지면 총합과 평균은 정보가치가 같다. 다섯 개의 Y_i 점수가 조합을 하여 총합이 15 또는 평균이 3을 이루는 경우의 수는 무한대이다. 그러나 만약 네 개의 값의 합이 $\sum_{i=1}^{4} Y_i = 12$라면, 우리는 총합의 정보를 알고 있으므로, 마지막 한 숫자, Y_5는 15-12=3일 수 밖에 없다는 것을 안다. 즉, Y_5 숫자는 고정된 값이고, 자유로운 값을 가질 수 없다. 따라서 불확실성인 변산에 기여하는 값이 아니다. 다른 표현으로는 Y_5의 값은 독립적이지 않으며, 평균 또는 총합정보의 제약조건에 따라 결정되는 것이다. 마찬가지로 $Y_1 + Y_3 + Y_4 + Y_5 = 1000$이라면, 당연히 $Y_2 = -985$이다. 평균이 3, 또는 총합이 15라는 자료의 제약조건이 적용되기 때문이다. 즉, 일단 표본자료에서 모수를 추정하기 위한 통계량을 하나 구하면, n=5인 $S = \{Y_1, Y_2, Y_3, Y_4, Y_5\}$ 자료에서 자유로운 값을 취할 수 있는 개체 수는 $(n-1) = 4$개 이다. 즉 원래 5개 개체의 값은 모두 무작위의 값으로 자유롭게 값을 취하여 불확실한 값들이었으나, 이 불확실성에서 평균이란 정보를 도출해 자료에 대한 이해도가 생겼으므로, 그 만큼 불확실성은 줄어드는 것이다. 여기서는 단 1개의 통계량만 알려져 있기 때문에, 1개의 제약조건만 적용되므로 자유도도 한 개만 상실한다.

위의 두 번째 예시에서는 자유도가 (n-2)였다. 그 이유는 $(Y_i - \hat{Y}_i)$에서 $\hat{Y}_i$가 알려져 있기 때문인데, $\hat{Y}_i$의 값은 두 개의 모수 추정치 $\hat{\beta}_0, \hat{\beta}_1$의 값이 표본자료에서 이미 구해졌기 때문에 가능하다. 즉, 표본자료가 가지고 있는 불확실성에서 두 개의 정보는 설명이 되었으므로, 이 제약조건에서 자유롭게 값을 취할 수 있는 편차의 수는 n-2개라고 할 수 있다. 즉, 자유도란 자승합을 형성하는 데 적용된 독립적인 편차의 수인 셈이다.

통계학에서는 자유도를 조작적으로 정의하여 사용하지만, 자유도의 개념은 일반인들도 일상생활에서 사용한다. 흔히 의사결정을 할 때 자유도가 없다는 표현을 한다. 그 의미는 대안적인 선택사항이 존재하지 않는다는 것이다. 어떤 주어진 상황을 탈피하고 싶으나 자유로운 선택사항이 존재하지 않으면, 자유도가 없다고 한다. 이는 달리 표현하면, 제약조건이 많아서 대안적인 선택사항이 없다는 뜻이다. 일반인들에게 자유도의 개념은 "있다", "없다", "많다", "적다" 등으로 나타난다. 그러나 자유도가 구체적으로 몇 개이다는 식의 표현은 사용하지 않는다. 즉, 일반인들에게 자유도는 개념적으로만 존재하고, 조작적 정의는 없기 때문이다.

4 표집분포

추리통계는 표본에서 구한 통계량(statistics)으로 모집단의 모수(parameter)를 추정하는 방법을 제공한다. 보다 넓은 의미에서 추리통계는 표본자료에 기초하여 모집단의 정보를 추리하는 통계적 기법이라고 할 수 있다. 평균, 분산, 상관계수 등 어떤 통계량(statistic)이던 동일한 조건에서 무수히 반복하여 산출하면, 산출된 통계량들은 도수분포를 가질 것이며, 이 도수분포를 표집분포(sampling distribution)라고 한다. 즉, 표집분포란 통계량의 도수분포이다. 표집분포를 상대도수분포로 전환하면 면적이 1인 확률분포가 되기 때문에, 추리통계에서 표집분포의 개념은 가설검정, 검정통계량, 표준오차, 추정량의 양호도 평가 등과 관련된 핵심개념이다.

모든 통계량은 표집분포를 갖는다. 예를 들어, 하나의 모집단 $Y \sim N(\mu, \sigma^2)$에서 표본크기가 10인 표본을 10,000번 표집하여, 각 표본별로 평균을 구하면 10,000개의 평균이 생성된다. 즉, $S = \{\overline{Y_1}, \overline{Y_2}, . . . \overline{Y}_{10,000}\}$이다. 이들 10,000개의 평균들은 동일 모집단에서 얻은 표본들에서 구한 것이므로, 각 각은 모두 모평균 μ를 추정하는 추정치이다. 그러나 10,000개의 평균이 똑 같지는 않으므로, 10,000의 평균으로 도수분포를 그리면, 모평균 μ를 중심으로 한 도수분포가 나타난다. 이 표본평균들의 도수분포를 "평균의 표집분포(sampling distribution of means)"라고 한다. 평균의 표집분포에서 이론적 평균(즉, 평균들의 평균; 평균 기댓값)은 $E(\overline{Y_j}) = \mu$로서 모집단의 평균과 같으며, 분산의 평균(즉, 분산 기댓값)은 $E(s^2_{\overline{Y}}) = \sigma^2_{\overline{Y}} = \sigma^2/n$이다. 이를 달리 표현하면, 평균의 표집분포는 평균들의 도수분포이며, $\overline{Y} \sim N(\mu, \sigma^2_{\overline{Y}})$이고, $\sigma^2_{\overline{Y}} = \sigma^2/n$이다. [그림 2-4]는 모집단분포, 표본분포, 그리고 표집분포의 관계를 나타낸 것이다.

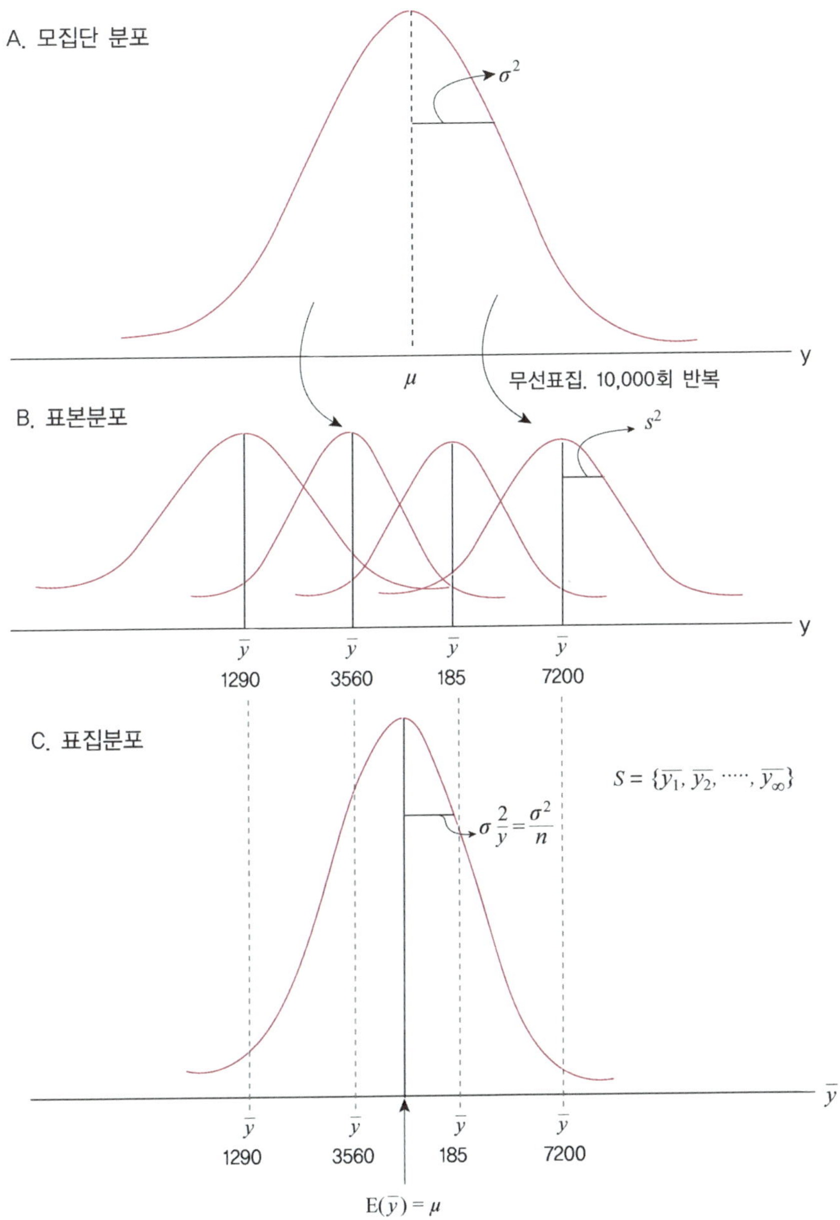

[그림 2-4] 모집단 분포, 표본분포, 평균의 표집분포 예시

[그림 2-4]에서 위쪽 A의 모집단 분포는 $Y \sim N(\mu, \sigma^2)$의 분포를 갖는다. 즉, 평균이 μ이고 분산이 σ^2이다. 모집단의 특성으로서 이 두 모수 값을 직접 알 수가 없는 경우에 우리는 통계적 방법을 이용하여 추정을 한다. 여기서는 모집단의 평균을 추정하는 표집분포의 원리를 살펴본다. 모집단에서의 평균을 추정하기 위하여 연구자들은 표본을 구하고, 표본평균($\overline{Y}$) 으로 모평균 μ의 값을 추정한다. 즉, $\overline{Y} \rightarrow \mu$라고 주장하는 것이다. 그러나 [그림 2-4]의 B에서 보면, 표본에 따라서 $\overline{Y}$의 값은 다른 것을 알 수 있다. 즉, 동일한 모집단에서 추출된 표본이라도, 평균은 서로 다른 것이다. 이를 달리 표현하면, 연구자 마다 제각각으로 모평균의 값을 주장할 수 있는 것이다. 그렇다면 누구의 주장을 믿을 것인가? 결론을 미리 언급하면, 모든 연구자의 주장을 신뢰할 수가 있다. [그림 2-4]의 C에 나타난 표집분포는 이 같은 고민을 해결하는데 도움이 되는 표집분포이다. 즉, $\overline{Y}$의 속성을 파악하기 위하여, 동일 모집단에서 무수히 (예: 10,000번) 크기가 n인 표본을 추출하고, 매번 평균을 구하면, $S = \{\overline{Y_1}, \overline{Y_2}, . . . \overline{Y}_\infty\}$인 평균들의 집합을 얻을 것이다. 이 평균들의 도수분포를 구한 것이 C에 나타난 평균의 표집분포이다. [그림 2-4]의 C에서 보면, 표본평균의 빈도가 가장 높은 곳은 모평균 μ이며, 모평균과의 오차가 큰 표본평균일수록 빈도가 낮은 것을 알 수 있다. 이 같은 현상을 체계적으로 정리하면, 평균의 표집분포는 정규분포를 가지며, 이론적 평균(즉, 평균들의 평균)은 곧 $E(\overline{Y}) = \mu$이고, 평균의 표집분포의 분산은 $Var(\overline{Y}) = \sigma_{\overline{y}}^2 = \sigma^2/n$ 이다. 따라서 표본의 크기 n이 증가하면 대부분의 평균들은 거의 비슷한 값을 갖는 성질을 보인다. 이 같은 경향은 평균이라는 통계량은 통계학의 두 번째 이론이라고 불리우는 중앙집중한계정리(Central Limit Theorem)에 따르기 때문이다.

예를 들어, 모집단의 평균이 $\mu = 50$이고 분산이 $\sigma^2 = 100$인 경우에, 연구자가 확보한 표본의 크기가 $n = 500$이라면, 표집분포이론에 의하여, 표집분포의 분산은 $\sigma^2/n = 100/500 = 0.2$이다. 표집분포는 정규분포를 이루므로, 연구자가 구한 표본평균은 $\mu \pm 3\sigma_{\overline{Y}} = 50 \pm 1.34$(즉, $3 \times \sigma_{\overline{Y}} = 3 \times \sqrt{0.2} = 1.34$) 값의 범위를 벗어나기는 거의 불가능하다는 증거가 된다. 즉, 어느 연구자가 표본평균을 구하든, 표본의 크기를 500으로 하면, 그 연구자가 구한 표본평균이 [50-1.34, 50+1.34]=[48.76, 51.34]의 구간을 벗어날 가능성은 0.01%도 안된다는 것이다. 따라서 누가 구한 표본평균이든 그 값은 모평균 μ와 거의 같다는 것을 알 수 있다. 표집분포는 표본통계량의 속성을 알아보는 중요한 방법이다. 이와같은 평균의 성질은 평균을 산출하는 계산식의 성질이기도 하다. 평균은 산술평균으로 계산한다.

$$\overline{Y} = \frac{\sum_{1}^{n} Y_i}{n} \tag{2.2}$$

표본의 평균을 위의 식에 의하여 구하면, $E(\overline{Y}) = \mu$이며, $Var(\overline{Y}) = \sigma^2/n$이다. 이때 평균을 구하는 위의 식(2.2)을 추정량(estimator)라고 한다. 추정량이란 표본통계량을 구하는 수학적 규칙을 의미한다. 예를 들어, 어느 연구자가 표본평균을 구할 때, 다음의 식을 사용하였다고 하자.

$$\overline{Y}^* = \frac{Y_{\min} + Y_{\max}}{2}$$

즉, 표본분포의 양끝을 차지하는 최소값과 최대값만을 사용하여 그 중간점으로 평균을 계산하는 것이다. 이론적으로 $E(\overline{Y}^*) = \mu$이므로, $\overline{Y}^*$는 비편향추정량이다. 또한 위의 방법은 식(2.2) 보다 평균을 구하기가 훨씬 쉽다. 그럼에도 통계학자들이 $\overline{Y}^*$를 사용하지 않고, 식(2.2)의 $\overline{Y}$를 사용하는 이유는 $Var(\overline{Y}) = \sigma^2/n$이지만, $Var(\overline{Y}^*) = \sigma^2/2$ 밖에 안되기 때문이다. 즉, $\overline{Y}^*$로 모평균을 추정하면, 연구자 마다 표본평균값은 큰 차이를 보이게 되고, 누구의 평균 $\overline{Y}^*$이 모평균과 근사한 것인지 알 수가 없게 된다. 통계학에서 추정량의 이론적 평균이 모평균과 같으면, 즉, $E(\overline{Y}) = \mu$이면, 추정량은 비편향성(unbias)을 가지며, 비편향적 추정량(unbiased estimator)이라고 한다. 추정량의 분산이 작으면 효율성이 높다고 하며, 분산이 크면 효율성이 낮다고 한다. 위의 예에서, $\overline{Y}$는 효율성(efficiency)이 높은 추정량이고, $\overline{Y}^{*}$는 효율성이 낮은 추정량이라고 할 수 있다. 좋은 추정량은 비편향성과 효율성을 겸이한다.

이와 마찬가지로 우리는 분산의 표집분포(sampling distribution of variances)도 구할 수 있으며, 상관계수의 표집분포(sampling distribution of correlations), 회귀계수의 표집분포(sampling distribution of regression coefficients)도 구할 수 있다. 즉, 모든 통계량은 표집분포를 갖는다. 모든 통계량은 표집분포를 가지므로, 평균의 차이도 하나의 통계량으로서 표집분포를 갖는다. 예를 들어, 경기도 고양시에 소재하는 고등학교 1학년 학생들의 수학 성취도가 남녀간에 차이가 있는지 알아보고 싶으면, 연구자는 남녀 학생들을 n명씩 표집하여, 남학생의 평균($\overline{Y}_{남}$)과 여학생의 평균($\overline{Y}_{여}$)을 구한 후, $\overline{Y}_{남} - \overline{Y}_{여} = d$의 값을 구하여, $d \rightarrow \delta = (\mu_{남} - \mu_{여})$ 라고 주장할 것이다. 이 같은 경우도, d 값이 과연 모집단에서의 평균의 차이를 반영하는 통계량으로서 적절한지를 판단하기 위하여는 d 값의 표집분포를 구하여, 통계량 d의 양호도를 판단할 수 있다. 즉, 크기가 n인 남학생 표본과 여학생 표본을 무수히 반복 표집하여, 매 번 $\overline{Y}_{남} - \overline{Y}_{여} = d$를 구하면, $S = \{d_1, d_2, \ldots d_{\infty}\}$이 생성될 것이므로, 이들의 도수분포를 구하면 평균 차이의 표집분포(sampling distribution of mean differences)가 생성되는 것이다. 이 표집분포의 이론적 평균은 $E(d) = \delta = \mu_{남} - \mu_{여}$로서 비편향성을 가지며, $Var(d) = Var(\overline{Y}_{남} - \overline{Y}_{여}) = \sigma^2_{남}/n + \sigma^2_{여}/n$, 또는 $Var(d) = \sigma^2_{\overline{Y}_{남} - \overline{Y}_{여}} = \sigma^2_{남}/n + \sigma^2_{여}/n$으로 효율성도 갖는다. 이 같은 현상을 그림으로 표현하면, 다음과 같다.

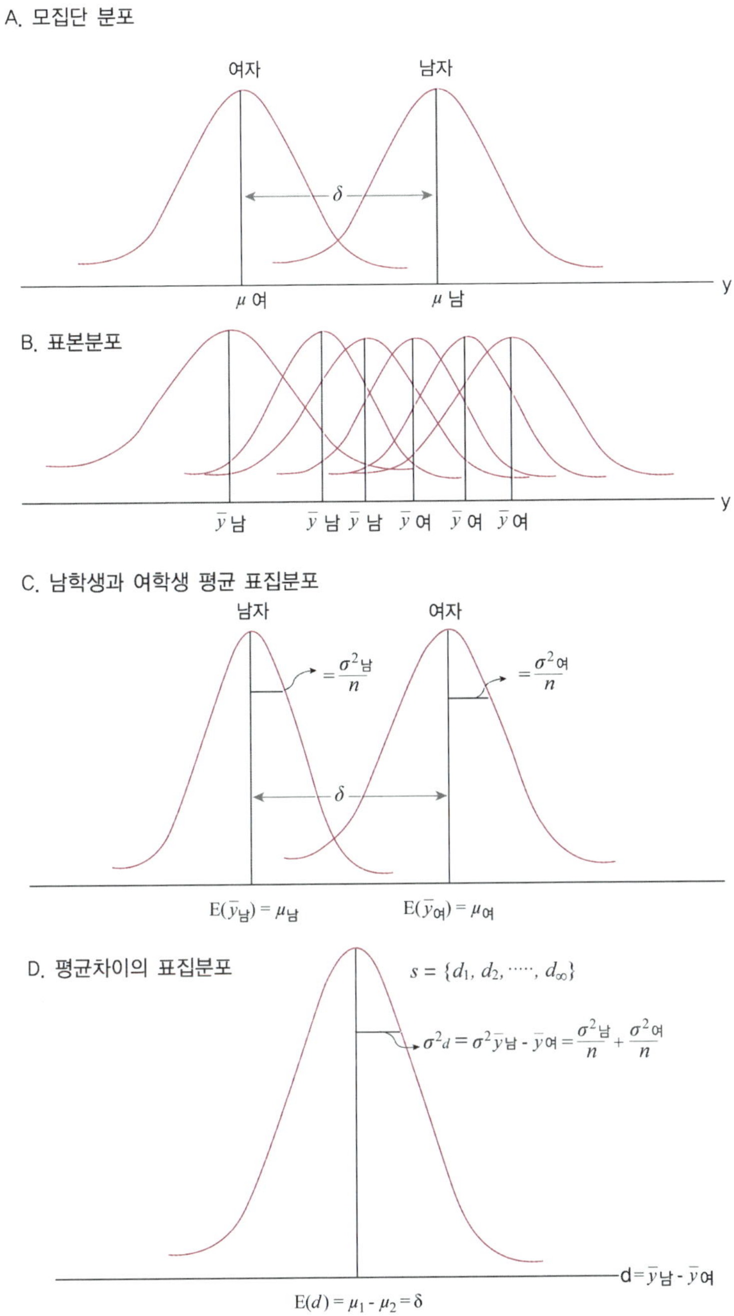

[그림 2-5] 평균의 차이 표집분포

[그림 2-5]에서 C와 D는 표집분포이다. C는 남학생집단과 여학생집단을 각각 나타낸 평균의 표집분포이다. 앞서의 [그림 2-4]에서와 마찬가지로, C는 각 표집분포의 평균이 모평균과 같다. 즉, $E(\overline{Y}_{남}) = \mu_{남}$, $E(\overline{Y}_{여}) = \mu_{여}$이다. 분산은 모분산의 1/n로서 $\sigma^2_{\overline{Y}_{남}} = \sigma^2_{남}/n$, $\sigma^2_{\overline{Y}_{여}} = \sigma^2_{여}/n$이다. D는 남학생집단과 여학생 집단의 평균의 차이($d = \overline{Y}_{남} - \overline{Y}_{여}$)의 표집분포이다. D의 표집분포 원리는 C의 경우와 동일하다.

추리통계의 가설검정과 표집분포의 관계에서 중요한 개념으로서 표집오차(sampling error)와 표준오차(standard error)가 있다. 표집오차는 표집행위로 인하여 오차가 발생하는 현상을 의미한다. 예를 들어, 그러나 $\overline{Y}$의 값은 모집단에서의 μ값과 동일하다는 보장은 없으며 항상 어느 정도 차이가 날 수 있다. 이 같은 차이는 단순히 편차라고 하지 않고, 추정치 $\overline{Y}$가 μ를 추정할 때 범하는 오차이고 또한 표집행위로 발생한 오차이므로 표집오차라고 한다. 구체적인 실수값에서 $\overline{Y} \neq \mu$이며, $\overline{Y} - \mu = d$ $(d \neq 0)$이다. 즉, 이때 d는 표집오차이다. 따라서 일반 기술통계용어로는 편차라고 할 수 있으나, 추리통계의 표집의 상황에서 발생한 편차는 특별히 표집오차라고 한다.

편차와 표집오차의 대응과 마찬가지로 표집분포의 표준편차는 특별히 표준오차라고 한다. 즉, 표준편차는 일반 기술통계용어이다. 표준오차는 통계량의 표집분포에서 구한 표준편차를 별도로 명명한 것이다. 즉, 표집분포의 변산은 표집오차의 변산이므로, 특별히 표집분포의 표준편차는 표준오차로 명명한다.

모든 통계량이 표집분포를 가지므로, 모든 통계량에는 표집오차가 있다.

표본평균 $\overline{Y}$의 표준오차는

$\sqrt{Var(\overline{Y})} = \sqrt{\sigma^2/n} = \sigma/\sqrt{n}$ 이다.

평균의 차이, $\overline{Y_1} - \overline{Y_2}$의 표준오차는 각 평균을 구하는 표본의 크기 n이 같다면

$\sqrt{Var(\overline{Y} - \overline{Y})} = \sqrt{\sigma_1^2/n + \sigma_2^2/n} = \sigma_1/\sqrt{n} + \sigma_1/\sqrt{n}$ 이다.

따라서 표집오차는 표집분포에서 구해진다.

5 F-검정통계량, F-분포

표집분포를 상대도수분포로 전환하면 면적이 1인 확률분포가 된다. 그런데 서로 다른 변수마다 평균과 분산이 천차만별이므로, 서로 다른 평균과 분산의 표집분포를 만들어낸다. 따라서 변수를 표준화하여 평균과 분산을 기대하는 값으로 고정시키면, 표집분포를 더 유용하게 사용할 수가 있다. 예를 들어, 분포의 평균을 0, 분산을 1로 고정한 척도로 전환한 표준점수 z의 분포는 다음과 같다.

$$\frac{\overline{Y}-\mu}{\sigma_{\overline{Y}}},\ z \sim N(0,1)$$

물론 $\overline{Y}$의 평균과 분산은 변수에 따라 다양하다. 그러나 z의 평균은 언제나 0이며, 분산은 1이다. 그리고 z의 상대도수분포를 구하면, 확률분포가 된다. 따라서 통계량의 표집분포는 변수마다 무한대로 다양할 수 있지만, z의 표집분포는 단일 분포이다. 이때 확률분포를 생성하는 통계량 $z=(\overline{Y}-\mu)/\sigma_{\overline{Y}}$ 이 곧 가설검정에 사용하는 검정통계량(test statistic)이다. 즉, 검정통계량 z의 상대도수분포는 평균이 0이고 분산이 1인 정규확률분포를 갖는다. 검정통계량들은 다양하며, 모두 고유의 확률분포를 갖는다. 따라서 확률에 의하여 의사결정을 하는 통계적 가설검정에는 반드시 어떤 검정통계량을 적용할 것인지 결정을 하여야 한다. 검정통계량을 결정한다는 것은 장차 가설검정에 사용할 확률분포를 결정하는 것과 같다.

표집분포는 경험적인 반복 표집활동을 수행하여 확보할 수 있는 것이므로, 실제 연구에서 연구자마다 검정통계량의 표집분포를 생성하고 이를 다시 상대도수분포로 전환한 후에 확률을 계산하는 것은 비현실적이다. 통계학자들은 경험적으로 관찰이 가능한 표집분포와 확률분포를 수학모형으로 제시하려고 노력하였다. 예를 들어, 정규분포는 경험세계에서 수 없이 많이 관찰되는 현상이므로, 이를 수학함수로 표현하면 쉽게 분포를 그려

낼 수 있고, 분포의 다양한 특징과 분포의 모양을 결정하는 요인도 알 수 있다. 19세기 중반과 20세기 초까지의 기간에 수학자와 통계학자들은 확률분포를 생성하는 함수의 개발을 위하여 지난한 노력을 하였다. 확률분포를 생성하는 함수를 확률밀도함수(probability density function)라고 한다. 또한 확률밀도함수는 표집분포를 상대도수분포로 전환한 확률분포함수를 수학모형으로 표현한 것이다. 오늘날 현대 통계학에서 대중적으로 사용하는 확률분포들은 (예: z, t, F, χ^2 등 등) 이 시기에 확률밀도함수가 개발되어 통계교과서의 부록을 차지하게 된 것이다. 예를 들어, 수학적으로 z확률분포를 생성하는 확률밀도함수는 $f(z) = \frac{1}{\sqrt{2\pi}} exp^{-\frac{1}{2}(z^2)}$이다. $f(z)$는 z의 이론적인 확률밀도함수로서 통계량의 계산을 무수히 반복하는 경험적 표집분포를 생성하는 과정을 생략하고 위의 수식에 다양한 z의 값을 대입하여 확률분포를 생성할 수 있게 한다. 또한 확률은 확률분포의 면적이므로 수학모형인 확률밀도함수로부터 다양한 확률의 계산이 가능하다. 예를 들어, 통계책의 부록에 있는 z확률분포를 이용하면, $pr(0 \le z \le 1) = .34$ 와 같이 확률을 구할 수 있다. 즉, $\int_0^1 f(z)dz = .34$ 처럼 적분을 한 결과를 확률분포표에서 구할 수 있는 것이다.

분산분석모형은 $\hat{F}$-값을 검정통계량으로 사용한다. $\hat{F}$-값은 두 개 모집단의 분산을 추정하여 얻은 분산추정치의 비이다(즉, ratio of two variance estimates). 분산추정치의 비인 $\hat{F}$-값을 무수히 산출한 후, 상대도수분포로 전환하면 F-확률분포를 구할 수 있다. 이를 통계적으로 다음과 같이 표현한다.

$$\hat{F} \sim F(df_{1,}, df_2)$$

$$\hat{F} = \frac{\widehat{\sigma_1^2}}{\widehat{\sigma_2^2}}$$

여기서 $\hat{F}$는 검정통계량이며, 이의 계산은 집단간 분산($\widehat{\sigma_1^2}$)과 집단내 분산($\widehat{\sigma_2^2}$)의 비

로 계산된다. $\widehat{\sigma_1^2}$ 와 $\widehat{\sigma_2^2}$ 에서 "^"은 계산된 값, 표본 값, 또는 추정된 값의 의미를 갖는다. 즉, 구체적으로 산출된 수치임을 나타내는 것이다. 앞에서 설명한 바와 같이 연구자들이 분산분석을 할 때마다 $\hat{F}$의 표집분포를 구하여 F 확률분포를 생성하는 것은 비현실적이므로 G. W. Senedecor는 F-확률분포를 생성하는 확률밀도 함수, $f(\hat{F})= F(df_1, df_2)$,를 개발하였다[2]. F 확률분포를 생성하는 확률밀도함수 $f(\hat{F})$[3]는 매우 복잡한 꼴을 가지며 이에 대한 논의는 이 책의 범주를 넘는 것이다. 그러나 분명한 것은 확률밀도함수 $f(\hat{F})$ 모양은 오로지 두 개의 자유도(df_1, df_2) 와 추정된 분산의 비인 $\hat{F}$ 값에 의하여 결정된다는 것이다. 확률분포 F(df_1, df_2)에서 df_1 과 df_2는 각 각 $\widehat{\sigma_1^2}$ 와 $\widehat{\sigma_2^2}$의 산출에 적용되는 자유도(degrees of freedom)를 의미한다. 즉, F 분포의 모양을 결정하는 모수는 두 개의 자유도이다. 따라서 다음의 표현도 가능하다.

$$\hat{F}^* = \frac{\hat{\sigma}_2^2}{\hat{\sigma}_1^2} = \frac{1}{\hat{F}}, \qquad \hat{F}^* \sim F(df_2, df_1)$$

검정통계량 $\hat{F}$ 와 확률분포 F는 다양한 추리통계모형에서 사용한다. 위의 검정통계량 $\hat{F}$ 을 분산분석 용어로 다음과 같이 바꾸어 표현할 수 있다.

$$\hat{F} = \frac{\widehat{\sigma_1^2}}{\widehat{\sigma_2^2}} = \frac{MSB}{MSE} = \frac{\text{집단간 분산}}{\text{집단내 분산}} \sim F(df_b, df_e) \tag{2.3}$$

---

2) G. W. Senedecor는 분산분석이론에 기여한 Fisher의 이름을 따서 F-분포로 명명하였다. Senedecor는 미국에서 최초로 통계학과(Iowa State University, Ames)를 설립한 사람이다.

3) 확률밀도함수 $f(\hat{F}) = \dfrac{\Gamma\left(\dfrac{df_b + df_e}{2}\right)\left(\dfrac{df_b}{df_e}\right)^{\frac{df_b}{2}} \hat{F}^{\frac{df_b}{2}-1}}{\Gamma\left(\dfrac{df_b}{2}\right)\Gamma\left(\dfrac{df_e}{2}\right)\left(1+\dfrac{df_b}{df_e}\hat{F}\right)^{\frac{df_b+df_e}{2}}}$ 이다. 이 식에서 $\hat{F}>0$이며, $f(\hat{F})$의 꼴은 모두 자유도 df_b, df_e와 $\hat{F}$에 의하여 결정되는 것을 알 수 있다. $\Gamma(x)$는 감마함수이며 $(x-1)!$을 나타낸다. 확률밀도함수 $f(\hat{F})$는 다양한 형태로 제시할 수 있으므로, 교과서에 따라 다를 수 있다.

위의 식에서는 자유도를 (df_b, df_e)로 표현하였다. 앞의 df_b는 집단의 수에 근거한 집단 간 자유도(degrees of freedom for between groups)이며, 뒤의 df_e는 집단내 자유도(degrees of freedom for within groups) 또는 오차항의 자유도(degrees of freedom for error term)라고 한다. F 분포의 모양은 자유도에 따라 다르다. 이처럼 확률분포가 단일 분포가 아니고 같은 종류의 많은 분포를 갖는 확률분포를 분포족(family of distributions)이라고 한다. F 분포는 분포족을 갖는 확률분포이다. 그러나 z-표준정규분포는 단일 분포이다. 다음의 그림은 자유도에 따른 F 분포의 다양성을 나타낸 것이다.

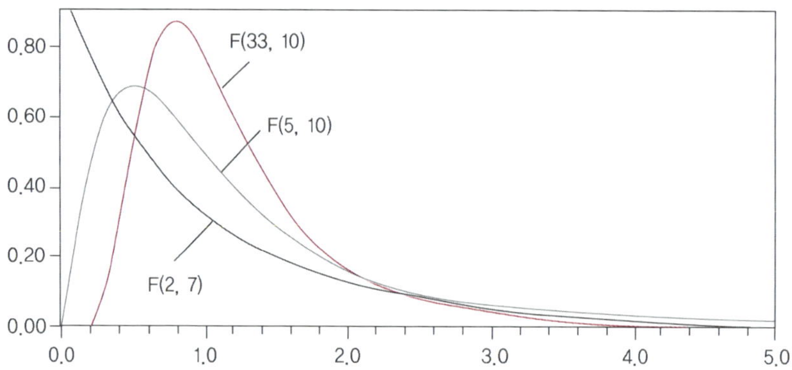

[그림 2-6] F-분포 그림

[그림 2-6]의 F-분포는 자유도의 변화에 따라 다양한 형태를 나타내고 있으며, 집단간 자유도(df_b)와 집단내 자유도(df_e)가 모두 커지면 정규분포에 접근하는 성질을 가지고 있다. 또한 F-분포를 형성하는 $\hat{F}$는 분산의 비이므로 F-분포는 0보다 큰 영역에서만 존재한다. 통계적 가설검정에서는 영가설이 참인 상태, 즉, 세 모집단의 평균이 동일한 조건, 또는 $\sum \alpha_j^2 = 0$인 조건에서 생성된 F-분포(central F-distribution)를 가설 검정에 사용한다.

6 분산분석 이론

분산분석은 표본자료의 분석에서 얻은 결과로 모집단의 평균을 비교하는 통계적 방법이다. 즉, 집단들 사이의 표본평균들을 비교하면 항상 어느 정도의 차이가 관찰되는데, 이 차이가 모집단에서 종속변수 평균의 차이를 반영하는 증거로서 가치를 갖는 것인지, 모집단에서는 평균의 차이가 없음에도 불구하고 표집(sampling)으로 인하여 우연히 발생한 차이인지를 확률로 판단한다.

분산분석이 1920년대에 R. A. Fisher에 의하여 발표된 이후, 통계적 방법으로서 유용성을 갖게 된 배경은 F-분포에 의한 가설검정, 즉, 통계적 유의도 검정을 할 수 있다는 데 있다. 분산분석의 이론을 이해하는 데는 평균의 표집분포(sampling distribution of means)와 표본분포(sample distribution)에 대한 지식이 유용하다. 즉, 독립변수의 수준에 따른 J개 집단간 표본평균의 차이가 모집단에서도 차이가 있다는 충분한 증거가 되는지를 판단하는 기본 관점은 J개 집단의 모평균이 같은 경우와 다른 경우를 상정하는 것이다. 이를 달리 표현하면, 평균의 표집분포(sampling distribution of means)를 구했을 때, 모집단에서의 평균이 동일한 경우의 표집분포와 다른 경우의 표집분포를 어떻게 구분할 것이며, 어떻게 통계적 유의도 검정을 할 수 있는가의 문제이다.

이 문제에 접근하기 위하여, 분산분석의 가설을 제시하면,

$$H_0 : \mu_1 = \mu_2 = \ .\ .\ . = \mu_J$$

$$H_A : \mu_j \neq \mu_{j'} \, (j \neq j') \; j = 1,\ 2, \ldots \text{J}$$

이다. 영가설 H_0에서는 모집단에서 평균이 같으므로, J개의 표본집단이 대표하는 모집단들은 결국 하나의 모집단으로 이해하거나, 또는 평균이 동일한 모집단으로 이해한다. 반면에 대립가설 H_A가 참인 경우는, 적어도 J개의 표본이 대표하는 모집단 중에서 한 집단은 모평균이 다른 집단과 다른 것을 의미한다. 즉, J개의 집단들 중에 모집단이 다른 집단이 있다.

이 경우에 모집단의 분산 σ^2을 추정하는 방법은 두 가지가 있다. 하나는 각 표본집단의 분산, $\widehat{Var}(Y_{ij}) = s_j^2$, 을 곧 모집단의 분산 추정치로 구하는 것이다. J개 표본집단의 분포에서 각 표본분포의 분산들은 곧 모집단 분산의 추정치들이다. 즉, $E[s_j^2] = \sigma^2$이다. 따라서 이들의 통합추정량(pooled estimator)으로 모집단의 분산을 추정 할 수 있다.

$$즉,\ E\left[\frac{\sum_{j=1}^{J} s_j^2}{J}\right] = E\left[\frac{s_1^2 + s_2^2 + \ . \ . \ . + s_J^2}{J}\right] = E[s_P^2] = \sigma^2 \qquad (2.4).$$

위의 식은 각 표본집단내의 분산으로 모분산을 추정하는 경우를 나타낸다. 여기서 중요한 점은 위의 식에서 σ^2의 값은 집단간 평균의 차이가 크던 작던 상관이 없다. 즉, 영가설이 거부되던 유지되던 상관없이 모집단의 분산을 추정하는 방법이다. 분산분석에서는 위의 s_P^2는 집단내 분산, 또는 오차분산으로 표기하며, 기호로는 흔히 MSW(Mean Squares for Within groups) 또는 MSE(Mean Squares for Errors)로 표현한다. 또한 $E[s_p^2] = \sigma^2$를 $E[MSW]$로 표기한다. 기호의 표기는 연구자에 따라 다를 수 있다.

모집단의 분산 σ^2을 추정하는 다른 방법은 평균의 표집분포에서의 분산을 사용하는 것이다. 즉, J개의 집단을 비교한다면, J개 평균을 사용하여 모집단의 분산을 추정한다. 곧 집단간 분산(between group variance)이다. 집단 간 평균의 차이를 반영하는 분산은 다음과 같다.

$$\widehat{Var}(\overline{Y_j}) = s_{\overline{Y}}^2 = \frac{s^2}{n},$$

$$따라서\ ns_{\overline{Y}}^2 = s^2, \quad E[ns_{\overline{Y}}^2] = \sigma^2. \qquad (2.5)$$

즉, 표집분포 이론에 의하여 평균의 분산($s_{\overline{Y}}^2 = s^2/n$)으로 부터 모집단의 분산 σ^2를 추정할 수가 있다. 식 (2.5)에서 σ^2의 값은 H_0가 참인 경우와 거짓인 경우에 그 값이 다르게 된다. 만약에 H_0가 거짓이라면, 즉 H_A에서처럼 모집단에서 모평균이 서로 다르다면, J 집단의 평균들은 모집단의 차이를 포함하는 평균 $\overline{Y}_j^* = \overline{Y}_j + \widehat{\alpha}_j$이 될 것이다. 즉, 영가설이 참인 경우의 J개 집단의 표본평균 $\overline{Y}_j$와, 영가설이 거짓인 경우의 J개 집단의 표본평균 $\overline{Y}_j^*$는 $\widehat{\alpha}_j$만큼 다를 것이다. 이 경우에 $\widehat{\alpha}_j$는 어느 집단의 모평균이 영가설에서의 모평균과 다른 정도를 추정한 것이다. 즉, H_A가 참인 경우에, 집단 간의 차이를 반영하는 평균의 분산은 다음과 같다.

$$\widehat{Var}(\overline{Y}_j^*) = \widehat{Var}(\overline{Y}_j + \widehat{\alpha}_j) = \frac{s^2}{n} + \frac{\sum_1^J \hat{\alpha}^2}{J-1} \text{ 이다.}$$

$$\text{따라서 } E[ns^2_{\overline{Y}^*}] = \sigma^2 + \frac{n\sum_1^J \alpha^2}{J-1} \tag{2.6}$$

이다. 위의 식(2.5)은 영가설 H_0가 참인 경우에 모집단의 분산을 추정한 결과이고, 식(2.6)는 대립가설 H_A가 참인 경우, 즉, $\mu_j \neq \mu_{j'}$ 또는 $\alpha_j \neq 0$, 또는 $\sum_{1=J} \alpha_j^2 > 0$인 경우에 모집단의 분산을 추정한 결과이다. 주목할 것은 만일 H_0가 참이라면, $\mu_j = \mu_{j'}$ 또는 $\alpha_j = 0$, 또는 $\sum_{1=J} \alpha_j^2 = 0$이므로, 식(2.6)는 식(2.5)과 같아진다는 것을 알 수 있다. 따라서 식(2.6)는 집단간 평균으로 모집단의 분산을 추정하는 일반식이라고 할 수 있다. 분산분석에서는 식(2.6)의 $ns^2_{\overline{Y}^*}$를 집단간 분산(between group variance)이라고 하며, 기호로는 흔히 MSB(Mean Squares for Between groups)로 표기한다. 또한 $E[ns^2_{\overline{Y}^*}] = \sigma^2 + n\sum_1^J \alpha^2/(J-1) = E[MSB]$로 표기한다. 이제 이론적인 F 값을 검토하면, 영가설 H_0를 검정하는 논리는 분명해 진다.

$$\text{즉, } F = \frac{E(MSB)}{E(MSW)} = \frac{\sigma^2 + \dfrac{n\sum_1^J \alpha^2}{J-1}}{\sigma^2} \tag{2.7}$$

식(2.7)에서 영가설 H_0가 참이라면, $\sum \alpha_j^2 = 0$ 이므로 F값은 1이 될 것이다. 반면에 H_0가 거짓이고, H_A가 참이라면, $\sum \alpha_j^2 > 0$이므로 F값은 1보다 커질 것이다. 이론적으로 F값이 1보다 크면, $\sum_{1-J}^{J} \alpha_j^2 > 0$인 경우이므로, 대립가설이 참이라고 할 수 있으나, 표본에서 구한 $\hat{F}$값은 오차를 포함하고 있다.

$$\hat{F} = \frac{MSB}{MSE} = \frac{\hat{\sigma}^2 + \dfrac{n\sum_1^J \hat{\alpha}^2}{J-1}}{\hat{\sigma}^2} \tag{2.8}$$

따라서 추정된 $\sum_1^J \hat{\alpha}_j^2$의 값이 어느 정도로 커야, 모집단에서 $\sum_1^J \alpha_j^2 > 0$이라고 확신할 수 있겠는가? 이에 대한 응답은 가설검정의 논리와 같다. 즉, 영가설 H_0가 참인 조건에서, 다른 표현으로는 $\sum_1^J \alpha_j^2 = 0$인 조건에서 $\sum_1^J \hat{\alpha}_j^2$ 값을 순수하게 우연히 발견할 확률이 얼마인지 F 확률분포에서 산출하는 것이다. 만약 그 확률이 0.05도 안된다면, 우리는 영가설을 거부할 만한 충분한 증거가 있다고 판단하여 대립가설을 받아들인다.

요약하면, 모든 추리통계 방법은 확률에 기초하여 가설검정을 하며, 통계적 방법에 따라 사용하는 검정통계량(test-statistic)이 있고, 검정통계량의 표집분포(sampling distribution)를 상대도수분포로 전환한 것이 확률분포이다. 그러나 자료를 분석할 때 마다 표집분포를 구해서 확률분포를 생성할 수는 없는 것이므로, 실제 가설검정에서는 수학함수로서의 확률밀도함수로 생성한 확률분포를 사용한다. 분산분석의 경우는 $\hat{F}=\frac{MSB}{MSE}=$ $\frac{\text{집단간 분산}}{\text{집단내 분산}}$이라는 검정통계량을 사용한다. 그리고 산출된 $\hat{F}$-값이 모집단에서 평균의 차이가 있다는 충분한 증거가 되는지, 아니면 그럴만한 증거가 못되는지 확률을 구하는 것은 확률밀도함수 $f(\hat{F})$에 의하여 생성된 이론적인 분포인 F 확률분포를 사용한다.

7 분산분석표

분산분석은 복수집단의 평균을 비교하기 위한 통계적 방법이다. 분산분석에서 최대의 관건은 가설검정을 위하여 $\hat{F}=\frac{MSB}{MSE}$값을 산출하는 것이다. 이 $\hat{F}$값을 산출하는데 기본 요소가 되는 내용을 조직화 한 것이 분산분석표(ANOVA Table)이다. 분산분석표를 구성하는 요소는 1) 변산원(Source of Variation; SV), 2) 자승합(Sum of Squares; SS), 3) 자유도(degrees of freedom), 4) 평균자승합(Mean Squares), 5) F 값 등이다. 1)에서 3)까지의 정보를 알아야 4) 평균자승합(MSB와 MSE)의 값을 구할 수 있고, 이어서 F 값을 구할 수 있다. 따라서 분산분석방법으로 자료분석을 한다는 의미는 분산분석표를 작성한다는 의미와 같으며, 분산분석표를 작성하여 F-값을 산출한다.

분산분석표의 작성은 복잡한 계산절차를 거치는 것이기 때문에 오늘날에는 SPSS나 SAS 같은 통계패키지가 분산분석표를 작성한다. 그러나 그 분석결과인 분산분석표를 이해하고 해석하는 것은 연구자의 몫이다. 또한 분산분석표가 제시하는 통계량들이 양호한 수치인지 아닌지를 제공하는 것도 연구자의 몫이다. 즉, 연구자의 연구설계와 자료의 수집, 종속변수와 독립변수의 선택 또는 조작 등 많은 요인들이 분산분석표에 나타나는 결과 수치에 영향을 미친다.

자료를 분석하기 위한 분산분석모형은 일원분산분석, 이원분산분석 등 매우 다양하며, 모형마다 분산분석표가 다르기 때문에 구체적으로 분산분석표를 결과표로 작성하는 방법은 이후의 각 분산분석모형을 학습할 때 다룬다.

Chapter **03**

완전무선설계와 일원분산분석

1 개요

분산분석(ANOVA: Analysis of Variance)은 복수집단의 평균에 차이가 있는지를 검정하는 통계적 방법이다. 완전무선설계(CR-Design: Completely Randomized Design)는 복수집단의 평균을 비교하기 위한 가장 간결한 형태의 실험설계이다. 완전무선설계로 수집된 자료는 분산분석모형으로 분석하는데, 설계가 단순한 만큼 자료의 구조도 간단하며, 통계모형도 가장 간단한 형태의 분산분석모형이다. 완전무선설계에서 독립변수가 하나이면, 일원분산분석(One-way ANOVA) 또는 단일요인분산분석(One-Factor ANOVA)모형으로 자료를 분석하고, 독립변수가 두 개이면 이원분산분석(Two-way ANOVA), 세 개이면 삼원분산분석(Three-Way ANOVA)모형으로 분석한다. 독립변수가 2개 이상인 분산분석모형을 모두 묶어서 다요인분산분석(Factorial NOVA)모형이라고 한다.

이 장에서는 실험설계에서 독립변수가 하나인 완전무선설계를 다루며, 단일요인 완전무선설계에 의한 실험자료에 일원분산분석모형을 적용하여 분석하는 과정을 서술한다. 단일요인 완전무선설계의 약자 표기는 흔히 CR-p로 표현한다(Kirk, 1985). 여기서 CR-p는 독립변수가 하나이며 p가지 집단을 비교하는 설계이다[1].

예를 들어, 연구자가 개별화 교수법, 소규모 집단 교수법, 전체 집단 교수법의 세 가지 교수법 중에서 어느 교수법이 학생들의 학업성취도에 더 효과적인가를 파악하고자 한다면, 연구자의 실험설계는 CR-3이 되고, 연구자가 분석해야 하는 자료구조는 다음의 그림과 같게 된다.

1) CR-pq 는 독립변수가 두 개이며, 각 변수의 수준이 p와 q인 경우이다. 마찬가지로 CR-pqr은 세 가지 요인에 각각 p, q, r 개의 수준이 교차하는 설계라고 할 수 있다.

집단 1 (개별화 교수법)	집단 2 (소규모 교수법)	집단 3 (전체 집단 교수법)
Y_{11}	Y_{12}	Y_{13}
Y_{21}	Y_{22}	Y_{23}
.	.	.
.	.	.
.	.	.
Y_{i1}	Y_{i2}	Y_{i3}
.	.	.
.	.	.
Y_{n1}	Y_{n2}	Y_{n3}

[그림 3-1] 완전무선-3 설계(CR-3 Design)의 자료구조

즉, 위의 그림은 세 가지 집단의 평균을 비교하여, 어느 교수법을 적용한 집단에서 종속변수의 평균이 높은지 비교하기 위한 것이다.

위의 단일요인 완전무선설계에서 독립변수는 질적 변수(qualitative variable) 또는 범주형 변수(categorical variable)로서 독립변수의 값은 1=개별화 교수법, 2=소규모 집단 교수법, 3=전체 집단 교수법과 같이 각 집단을 지칭한다. 이 경우에 1, 2는 연구자가 관심을 갖는 교수법으로서 서로 경쟁적인 두 처치를 반영하므로, 개별화 교수법과 소규모 집단 교수법이 적용되는 집단은 처치집단(treatment group)이고 전체교수법이 적용되는 집단은 통제집단(control group)이다. 통제집단은 처치집단의 효과를 검정하기 위한 일종의 기준역할을 한다고 할 수 있다.

위의 자료구조에서 종속변수인 $Y_{ij}(i=1,2,...n;\ j=1,2,3)$는 j 번째 집단에 속한 i 번째 학생의 점수(Y)이다. 자료분석기법으로 분산분석의 적용이 타당하려면, 통상적으로 종속변수의 분포는 정규성(normality), 등분산성(homogeneity), 그리고 독립성(independence)의 세 가지 조건을 충족하여야 한다. 종속변수의 분포에 대한 조건의 내용과 이를 충족하지 못하는 경우에 대처방법은 후에 다룬다. 만일 $n1=n2=n3$ 이면, 세 집단에서 사례수가 동일한 균형자료(balanced data)라고 할 수 있으며, 아래첨자 없이 각 집단의 사례수를 n으로 표기할 수가 있으며, 전체 사례수는 $N=3n$이 된다.

실험연구는 인과관계 추론을 위한 가장 강력한 연구유형이다. 완전무선설계에 의한 실험의 논리는 실험집단과 통제집단에 속한 실험개체(experimental unit)들이 완전히 무

선으로 배치되었다면, 비교대상인 세 집단들은 적용되는 처치만 다를 뿐, 종속변수의 값과 상관을 갖는 모든 변수가 확률적으로 동등하게 분포된 동등집단(equivalent groups)이라는 것이다. 따라서 처치를 실행한 이후에 세 집단간에 종속변수의 평균에서 차이가 관찰된다면, 집단들 사이에 종속변수에 차이를 유발할 만한 차별적 요소는 처치의 유무 밖에 없으므로, 오직 독립변수인 처치의 효과에 의하여 학업성취도의 차이가 발생한 것이라고 인과적 해석을 가능하게 한다.

2 완전무선 설계 방법

완전무선설계는 이 책에 제시된 다른 유형의 실험설계와 마찬가지로 처치의 시행 이전에 집단간의 동등성을 확보하는 것이 관건이다. 만약에 종속변수와 정적 상관을 갖는 사전성취도가 높은 학생들이 개별화교수집단에 더 많이 배치되었다면, 실험이 끝난 이후에 비록 개별화교수집단의 성적이 높아도, 그 효과가 교수법의 차이에 의한 효과인지, 사전성취도의 차이에 의한 효과인지 구분할 수가 없게 된다. 따라서 실험설계에서는 집단간의 사전 동등성(prior equivalence of groups)을 확보하기 위한 제반 기법을 일컬어 실험적 통제(experimental control)라고 하며, 실험적 통제의 대표적이고 보편적인 방법은 무선배치(random assignment)이다.

앞서 [그림 3-1]에 제시된 실험설계처럼 독립변수가 교수법으로 하나이고, 비교 대상인 집단이 1=개별화 교수법, 2=소규모 집단 교수법, 3=전체 집단 교수법인 경우에, 완전무선설계에 따른 실험절차는 다음과 같다.

① 처치의 결정: 세 가지 비교대상 집단을 구상한다. 이 경우 비교대상 집단은 각 교수법이 적용되는 개별화 교수법, 소규모 집단 교수법, 전체 집단 교수법으로 설정하는 것이다.

② 분석대상의 확보: 분석대상을 확보한다. 따라서 필요한 분석대상은 3집단 $\times n = 3n$명이다. 즉, $3n$명의 학생을 확보한다. 이때 $3n$명의 학생을 확보하는 방법은 무선표집(random sampling)에 의할 수도 있으며, 실험참가 자원자를 모집하여 구할 수도 있으며, 일정한 보상을 지급하여 확보할 수도 있다.

③ 무선배치: 세 가지 처치(교수법)을 각 학생에게 무선으로 배치하여 세 집단을 구성한다. 예를 들면, 학생의 일련번호를 작성한 후에, 난수표를 사용하여, 처음 선정된 n 명은 개별화 교수법 대상으로, 다음의 n+1 부터 2n 명째 학생은 소규모 교수법 대상으로, 2n+1 부터 3n번째 학생은 전체 집단 교수법 대상으로 선정한다. 또는 첫 번째 선정된 학생은 개별화 교수법, 다음 학생은 소규모 집단 교수법, 그 다음 학생은 전체 집단 교수법 대상으로 선정할 수도 있다. 그 어느 경우든 난수표에 의하여 선정된 학생들은 무선으로 나열되기 때문이다. 또 다른 방법은 세 가지 교수법을 적은 쪽지를 각각 n개 만들어서 바구니에 넣고, 무작위로 쪽지를 뽑아서 각 학생에게 배정하는 것이다.

④ 처치의 시행: 세 가지 집단 구성이 이루어진 이후에는 일정 기간 동안 처치를 실행한다. 즉 교수법에 따라 수업을 진행한다. 처치 실행기간의 적절성은 처치의 성격에 따라 다르며, 처치의 효과가 충분히 드러날 만큼 기간을 정하는 것이 바람직하다. 이 경우, 처치의 실행기간은 처치의 강도와 관련이 있다.

⑤ 자료 관찰: 처치의 실행이 끝나면 학업성취도 검사를 시행하여 학생들의 성취도 점수를 구한다.

⑥ 자료 분석: 교수법을 독립변수로, 학생들의 성취도 점수를 종속변수로 하여 일원분산분석모형(One-Way ANOVA)으로 세 집단의 평균을 비교 검정한다. 즉, 집단의 평균들 사이에 통계적으로 유의한 차이가 있는지 검정하여 결과해석을 한다. 세 집단간 평균의 차이가 통계적으로 유의하였다면, 독립변수의 종속변수에 대한 효과를 인과관계로 해석한다.

이와 같은 실험절차에서 ③항의 무선배치는 세 가지 비교집단이 처치의 실행 이전에는 모든 면에서 확률적으로 동등하며, 집단들 사이에 발견되는 어떤 특성의 차이는 우연에 의한 것이라는 조건을 보장하는 절차로서 실험설계의 핵심이다. 모든 우연에 의하여 발생한 집단간의 차이는 확률분포에 따르므로, 통계적 분석에서는 확률에 따른 의사결정을 함으로써 집단간의 종속변수 평균의 차이가 우연에 의하여 발생할 확률이 얼마인지 계산한다. 실제 관찰한 차이가 우연이라고 할 수 없을 정도로 클 때, 영가설을 거부하는 것이다. 따라서 무선배치가 적절히 이루어지면, 집단들 사이에 관찰되는 종속변수 평균의 차이를 유발하는 유일한 원인은 처치의 차이밖에 없다는 논리가 성립하므로, 각 집단평균의 차이는 처치의 영향이라고 인과관계로 해석한다. 무선배치의 과정에 오류가 있거나, 비교집단들 사이에 동등성이 확보되지 않으면, 분산분석에 의한 자료 분석결과를 적절히 해석하기는 어렵다. 따라서 분산분석은 실험자료의 분석에 적절한 기법이며, 조사자료나 유사실험자료의 분석방법으로는 적절치 않다.

오해하지 말아야 할 것은 실험설계에서 통계학적 방법이 적용되는 것은 마지막 단계에 제한된다는 인식으로서 통계학적 방법의 중요성을 간과하는 것이다. 어떤 연구이던 연구자가 모든 연구절차에 대하여 소상한 이해를 갖지 않으면, 일관된 연구를 수행할 수가 없다. 위의 실험절차에서 ①에서 ⑤단계까지의 연구절차는 실험자료를 확보하기 위한 절차라고 할 수 있으며, 마지막 ⑥단계는 순수히 통계적 방법에 의한 자료분석이다. 연구자들은 ⑥단계에서 타당한 분석결과를 얻기 위하여 ①에서 ⑤단계까지의 노력을 하는 것이다. 따라서 어떻게 실험설계를 하고, 독립변수와 종속변수를 결정하고, 자료를 수집할 것인가를 결정하는 과정에는, 최종적으로 적용되는 통계방법에 대한 지식이 필요하다. 돈과 시간과 노력을 들여 실험을 끝내고 모든 자료를 다 구했는데, 어느 통계방법으로도 타당한 분석이 안되는 자료를 가지고 있거나, 낮은 수준의 통계적 분석 밖에 못하는 경우가 허다하기 때문이다. 과학적이고 고급 정보를 제공하는 실험설계와 자료를 확보하는데는 연구자의 통계학적 지식이 필요하다.

3 일원분산분석 모형과 가설검정

3.1 영가설과 대립가설

분산분석은 복수 집단의 평균을 비교하는 통계모형이다. 따라서 분산분석은 평균을 분석하는 모형이다[2]. 즉, 모집단에서 평균에 차이가 있는지 추리를 하기 위한 모형이다. 또한 분산분석모형은 모집단에서 집단간에 평균의 차이가 있다면, 평균의 차이를 반영하는 효과가 있을 것이므로, 이 효과의 유무에 대한 추리를 한다.

집단간 평균의 차이에 따른 효과는 다음과 같이 정의한다.

$$\alpha_j = \mu_j - \mu$$

여기서 μ_j는 각 집단의 모평균이며, μ는 모든 집단의 전체 모평균이다. α_j는 j번째 집단의 효과로 정의한다. 만일 J개 모집단에서 각 집단의 모평균 μ_j가 모두 같다면, 즉, $\mu_1 = \mu_2 = ... = \mu_J$ 라면, $\mu_j = \mu(j = 1, 2, ... J)$ 이므로, $\alpha_1 = \alpha_2 = ... = \alpha_J = 0$이다. 즉, J개 모집단은 분포의 중심이 동일하므로, 만약에 분산마저 같다면 사실상 단일 모집단인 셈이다.

따라서 분산분석모형에서 모집단에 대한 가설을 제시하는 방법 중에서 하나는 평균의 차이에 대하여 진술하는 것이고, 다른 하나는 평균의 차이에 의한 효과의 유무로 제시하는 것이다. 분산분석에서 영가설과 대립가설을 제시하는 방법은 다음과 같다.

2) Fisher가 학술지에 게재 응모할 때는 "Analysis of Mean"라는 모형명칭을 사용하였으나, 당시 학술지의 편집장이 "Analysis of Variance"로 명칭을 바꾸는 오류를 범하였다.

통계적 가설과 의미

$H_0: \ \mu_1 = \mu_2 = . \ . \ . = \mu_J$

모든 집단의 모평균은 동일하다.

$H_A: \mu_j \neq \mu_{j'} (j \neq j')$

적어도 한 집단 (j)은 다른 어떤 집단 (j')과 모평균이 다르다.

또는

$H_0: \alpha_1 = \alpha_2 = . \ . \ . = \alpha_J = 0$

모든 집단에서 평균의 차이효과는 없다. 즉, 모든 집단의 모평균은 같다.

$H_A: \alpha_j \neq 0 (j = 1,2, . \ . \ . \ J)$

적어도 한 집단의 모평균은 다른 집단의 모평균과 다르다.

또는

$H_0: \sum_{j=1}^{J} \alpha_j^2 = 0$

모집단에서 집단간 평균의 차이 효과는 없다.

$H_A: \sum_{j=1}^{J} \alpha_j^2 \neq 0$ 또는 $\sum_{j=1}^{J} \alpha_j^2 > 0$

모집단에서 평균의 차이 효과가 있다.

위에 제시한 영가설과 대립가설의 짝들은 모두 같은 의미를 갖는 짝들이다. 위의 가설에서 대립가설은 집단간에 차이가 있다는 것으로, 자료를 분석한 결과 연구자가 대립가설을 채택하지 못한다면, 기대한 결과를 구하지 못한 연구라고 할 수 있다. 따라서 연구자에게 영가설이란 거부해야할 대상인 셈이다. 연구자들은 영가설을 거부하기에 충분한 증거를 찾기 위하여 자료분석을 하는 것이다. 연구자가 영가설을 거부할 때의 해석방법은 "영가설을 거부하기에 충분한 증거가 발견되었다. 따라서 영가설을 거부하며, 대립가설을 채택한다" 이다. 그리고 결론은 대립가설이 표방하는 내용으로 제시한다.

3.2 일원분산분석모형

모든 통계모형은 모집단을 구성하는 개체들의 변수 값이 변산을 갖는 맥락을 수학식으로 모형화한 것이다. 즉, 변수 값이 변산을 갖는 맥락을 수학모형으로 제시한 것을 통계모형이라고 할 수 있다. 예를 들어서, 분산분석모형은 복수집단의 평균을 비교하기 위한 모형인데, 개체들의 변수 값이 변산을 갖는 맥락을 하나는 소속집단의 차이이고 다른 하나는 각 개체의 고유효과로 설정한 것이다. 즉, 모집단에서 개체들의 변수 값이 다른 이유는 소속 집단이 다른 이유와 개체 고유의 차이 때문으로 설정한 것이다. 이를 수학식으로 정의하면 다음과 같다.

일원분산분석모형

$$Y_{ij} = \mu + \alpha_j + e_{ij} \qquad e_{ij} \sim N(0,\ \sigma_e^2) \tag{3.1}$$

Y_{ij}= j번째 집단에 속한 i번째 개체의 종속변수 Y의 값.

μ = 모집단 전체 개체의 Y값 평균.

α_j = 집단 j의 효과. 해당 집단에 속한 모든 개체에게 적용되는 공통효과.

e_{ij} = 오차항. 각 개체의 고유효과

여기서 Y_{ij}의 값이 개체에 따라 차이가 나는 데, 그러한 차이가 나는 근거(SV: Source of Variation)를 위의 모형은 두 가지로 제시하고 있다. 하나는 소속집단의 효과, α_j, 이며, 다른 하나는 개체 고유효과, e_{ij}이다. 즉, 각 집단의 효과와 각 개체의 효과이며, 다음과 같이 정의된다.

각 집단의 효과(effect of group j): $\alpha_j = \mu_j - \mu$

각 개체효과(effect of subject i in group j): $e_{ij} = Y_{ij} - \mu_j$

다음의 그림은 위의 α_j와 e_{ij}의 개념을 적용하여 모집단에서 각 개체의 변수값이 결정되는 맥락을 표현한 것이다.

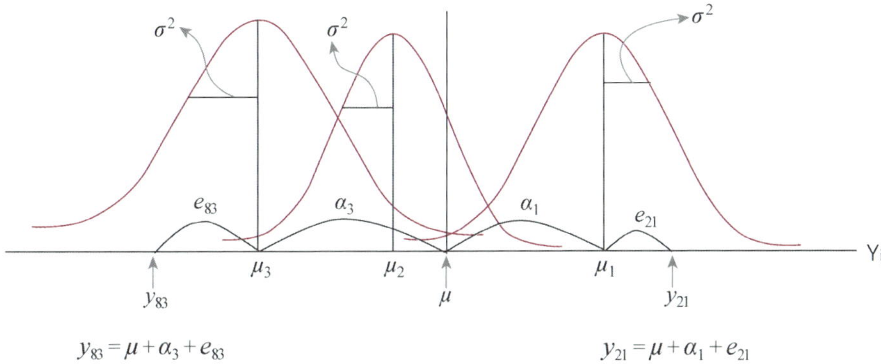

$$Y_{ij} = \mu + \alpha_j + e_{ij}$$

[그림 3-2] 분산분석 모형의 개념도

집단 $j = 1$에 속한 개체 $i = 2$의 값:

$$Y_{21} = \mu + (\mu_2 - \mu) + (Y_{21} - \mu_2) = \mu + \alpha_1 + e_{21}$$

집단 $j = 3$에 속한 개체 $i = 8$의 값:

$$Y_{83} = \mu + (\mu_3 - \mu) + (Y_{83} - \mu_3) = \mu + \alpha_3 + e_{83}$$

모집단 모든 개체의 Y변수 값에 대한 일반식: $Y_{ij} = \mu + \alpha_j + e_{ij}$

식(3.1)의 통계모형, $Y_{ij} = \mu + \alpha_j + e_{ij}$는 모집단에 속한 모든 개체의 Y변수 값이 정해지는 맥락을 일반식으로 표현한 것이다. 즉, 모집단에 속한 모든 개체의 Y변수 값은 소속 집단의 효과, α_j와 각 개체의 효과, e_{ij}에 의하여 결정된다는 것이다. 아울러 모든 개체의 Y변수 값이 변산을 갖는 근원(SV:source of variation)은 α_j와 e_{ij}인 것을 나타내고 있다.

위의 식 (3.1)에서 각 집단의 효과, α_j는 고정효과(fixed effects)를 갖는다. 즉, α_j는 연구자의 연구문제 또는 연구가설과 직접적으로 관계된 것이므로, 누가 연구를 하여도 추정대상인 효과는 고정된 것이다. 예를 들어, 누구든지 남녀간의 수학성취도에 차이가 있는지 탐구한다면, 그 사람에게 각 집단의 효과는 곧 남자집단의 효과와 여자집단의 효과로 고정되어 있는 것이다. 즉, 연구가설은 바뀌지 않는다. 이처럼 연구가 반복되고 자료가 바뀌어도 추정대상인 모수가 고정되어 있으면 고정효과 모수라고 한다. 고정효과 모수는 모집단에 고정된 값이 분명히 존재하지만, 그 값을 모르기 때문에 추정대상인 모수이다.

식(3.1)의 통계모형이 갖는 특징은 $e_{ij} \sim N(0,\ \sigma_e^2)$의 가정이다. 즉, 각 개체의 효과는 정해진 분포를 가져야 한다는 가정이 적용되는 것이다. 통계모형에서는 이처럼 분포에 대한 가정을 갖는 항을 무선효과(random effects) 항이라고 한다. 또한 무선효과 항이 연구가설을 검정하는데 오차요인 역할을 하면 오차항(error term)이라고도 한다. 모든 오차항은 무선효과를 갖는다. 또한 모든 통계모형은 무선효과 항에 대한 분포가정을 포함한다. 즉, 식(3.1)에서 $e_{ij} \sim N(0,\ \sigma_e^2)$을 누락한다면, 더 이상 통계모형도 아니고 분산분석모형도 아니라고 할 수 있다.

식(3.1)에서 각 개체의 효과가 무선효과를 갖는 이유는 자명하다. 즉, 연구가 반복되고 연구자가 바뀌면, 표본이 바뀌게 되며, 분석대상인 개체들은 매 연구마다 바뀌는 것이므로 연구자가 모집단에서 어떤 고정된 값을 추정하는 것이 무의미하다. 오히려 연구자에게 필요한 정보는 그 같은 오차항이 어떤 행동패턴을 갖는지 분포로 서술하는 것이 모집단을 구성하는 개체의 정보를 반영하는데 더 적절하다. 다른 한편에서 오차항의 분포는 모집단의 특성을 반영하므로, 그 분포가 일관성을 가져야 수학적으로 모형화가 가능하기 때문이다. 분산분석모형에서 오차항 e_{ij}의 분포에 대한 가정은 세 가지이다. 또한 세 가지 분포가정은 종속변수가 연속변수인 거의 모든 선형통계모형(linear statistical models)의 오차항이 갖는 가정이기도 하다.

분산분석모형의 통계적 가정: $e_{ij} \sim N(0,\ \sigma_{e)}^2)$

1) 오차항은 정규분포를 갖는다(normality assumption; 정규분포 가정)
2) 각 모집단에서 오차항의 분산은 같다(homogeneity assumption; 등분산 가정)
3) 오차항은 상호 독립이다(independence assumption; 독립성 가정)

첫째, 정규분포를 갖는다는 것은 J 개 집단이 대표하는 각 모집단의 분포는 정규분포를 갖는다는 것이다. 둘째, 각 모집단에서 분산이 같다는 것은 $\sigma_1^2 = \sigma_2^2 = . . . = \sigma_J^2$을 의미한다. 셋째, 오차항이 상호 독립이라는 것은 각 개체의 값은 다른 개체의 값에 영향을 받지 않는다는 것을 의미한다. 이상의 세 가지 가정은 모두 모집단에 대한 가정이므로, 연구자가 분산분석모형으로 분석하려는 각 집단의 표본자료는 정규분포를 가져야 하며, 표본에서의 분산들도 유사하여야 한다. 즉, $s_1^2 \doteq s_2^2 \doteq . . . \doteq s_J^2$ 이다. 만약에 표본자료의 분포가 심하게 편포되어 있거나, 집단간 분산이 매우 다르면, 자료의 변환이나 처방이 필요하다. 다행히 분산분석모형이 검정통계량으로 사용하는 F 값은 위의 정규분포와 등분산성 가정을 어느 정도 위배하여도 강인성(robustness)을 갖는 것으로 알려져 있다(Glass, Peckham & Sanders, 1972). 그러나 상호독립성을 위배할 때는 가설검정이 위협을 받으므로, 연구자는 실험과정 또는 자료수집과정에서 개체간에 서로 영향을 주고 받지 않도록 신중을 기해야 한다. 통계모형의 분포가정을 검정하는 방법과 자료가 가정을 충족하지 못할 때 대처하는 방법은 이 장의 다른 절에서 따로 설명한다.

3.3 일원분산분석모형에 의한 가설검정절차

통계모형을 적용하여 가설검정을 하려면, 연구자는 다음 사항을 수행하여야 한다.

통계적 가설 검정절차

(1) 가설제시
(2) 유의수준 결정
(3) 검정통계량과 적용 확률분포 결정
(4) 기각영역 결정
(5) 분산분석표의 작성
(6) 영가설 기각여부 결정
(7) 가설검정의 결론 제공

위에 제시한 일곱 가지의 과제 중에서 (1)에서 (4)까지는 자료수집 이전에 연구자가 미리 결정할 수 있어야 한다. 즉, (1)에서 (4)단계까지는 연구자의 자료분석 계획을 결정하는 것이며, (5)항의 분산분석표의 작성에서 (7)항의 결론은 실제 자료분석을 하고 그 결과를 해석하는 과정이다.

가설검정절차는 논리적으로 위와 같으나, 연구자들은 위의 일곱 가지 절차를 모두 숙지하고 있으므로, 실제 논문을 쓸 때는 연구자의 편의에 따라 순서를 바꾸어 서술할 수도 있으며, 일부 내용은 생략할 수도 있다. 대부분의 경우는 가설과 분산분석표, 그리고 연구자의 결과해석이 제시된다. 여기서는 (1)에서 (4) 단계까지 설명을 하고, (5)에서 (7)단계는 다음 절에서 설명을 한다.

(1) 가설 제시

가설은 연구자의 연구문제를 검정 가능한 수학식으로 표현한 것이다. 예를 들어, "남녀간에 수학성취도에 차이가 있는가?"란 연구문제가 있다면, 이를 검정가능한 형태로 진술하여야 하며, 그 방법은 영가설과 대립가설로 표현하는 것이다.

영가설: 남녀간에 수학성취도는 같다. → 남자 집단과 여자 집단의 수학성취도 평균은 같다. → $H_0 : \mu_{남} = \mu_{여}$

대립가설: 남녀간에 수학성취도는 다르다. → 남자 집단과 여자 집단의 수학성취도 평균은 다르다. → $H_A : \mu_{남} \neq \mu_{여}$

위에 제시한 영가설과 대립가설에 포함된 모든 서술문장과 수학식은 가설로서 인정받을 수 있다. 연구자의 취향에 따라 가설은 문장으로 서술될 수도 있고, 수학식으로 제시될 수도 있다.

그러나 '남녀간에 수학성취도는 어떠한가?'와 같은 연구질문은 과학적으로 모호한 표현이다. 이 질문은 "그렇다" 또는 "아니다"로 응답할 수 없기 때문이다. 즉, 어떠한 결과가 나와도 이와 같은 연구질문에 답이 될 수 있으므로, 자료를 수집하고 분석하는 행위가 무의미해진다.

"검사불안(test anxiety)이 심하면 시험성적에 부정적인 영향을 미치는가?"란 연구질문이 있다면, "그렇다" 또는 "아니다"로 응답이 가능한 질문이지만, 통계적 가설검정에서 "그렇다" 또는 "아니다"로 응답을 할 수가 없다. 이 질문에 통계적 가설검정을 하려면, 연구자는 "검사불안이 심하다"는 표현을 조작적으로 정의할 필요가 있다. 즉, 검사불안검사를 시행하여, 검사불안 점수가 높은 집단, 중간 집단, 낮은 집단으로 분류할 수 있어야 한다. 또는 시험결과에 대한 부담을 높이는 처치를 받는 집단(집단 1), 적절한 부담을 주는 처치를 받는 집단(집단 2), 부담을 주는 처치가 없는 집단(집단 3)으로 나눈 후에, 시험을 시행하여 시험성적을 확보하려는 계획이 필요하다. 이 경우에 가설은 다음과 같다.

$$H_0 : \mu_1 = \mu_2 = \mu_3$$

$$H_A : \mu_j \neq \mu_{j'} \, (j \neq j'; j = 1,2,3)$$

이와 같은 수학적 가설을 명시적으로 논문에 표현을 하지 않더라도 연구자는 시험불안의 정도에 대한 조작적 정의는 명시적으로 하여야 한다.

(2) 유의수준의 결정

분산분석모형에 의한 가설검정뿐만 아니라 모든 통계적 가설검정은 확률에 의거하여 이루어지므로, 영가설이 기각되기 위한 확률조건을 정해야 한다. 가설검정은 직접관찰이 불가능한 모집단에 대한 정보를 추리하는 것이므로, 연구자가 영가설을 기각하거나, 유지를 하거나 언제나 오류의 가능성은 있다. 영가설을 기각하는 행위가 오류가 될 가능성은 1종 오류(Type I Error)라고 하며, 흔히 α로 표기한다. 통계적 가설검정에서는 $\alpha \leq 0.05$이면, 영가설을 거부하는데 위험부담이 적은 것으로 인정한다. 이때 $\alpha = 0.05$를 유의수준(significance level)이라고 한다. 즉, 연구자가 영가설을 거부하는 경우에, 그 같은 거부 행위가 잘못된 의사결정일 가능성은 5% 이내라는 것이다. 역으로 영가설을 거부하는 행위에 대하여 연구자는 $1 - \alpha \geq .95$ 이상 확신수준(confidence level)을 갖고 영가설을 거부한다는 것을 의미한다. 연구자에 따라 유의수준을 $\alpha \leq 0.10$ 또는 $\alpha \leq 0.01$ 로 삼기도 한다.

(3) 검정통계량과 확률분포

분산분석모형은 평균에 관하여 추리를 하는 모형이지만, 검정통계량은 분산의 비로 나타난다. 검정통계량을 확인한다는 것은, 영가설이 참이라고 가정하면, 검정통계량이 발견될 확률이 얼마인지 산출하는 방법을 결정하는 것이다. 일원분산분석에서의 검정통계량과 확률분포는 다음과 같다.

$$H_0 \text{가 참이라면,}$$
$$\hat{F} = \frac{MSB}{MSE} \sim F(J-1, J(n-1))$$

여기서 MSB는 집단간 평균의 차이를 이용하여 모집단 분산을 추정한 것이며, MSE는 집단내 오차를 이용하여 모집단 분산을 추정한 값이다. 표본집단 자료에서 집단간의 평균은 언제나 다소라도 다르기 때문에, $\hat{F}$ 값은 항상 1 보다 크다. F분포는 두 개의 자유도에 의하여 분포의 모양이 결정되는데, MSB와 연관된 집단간 자유도는 $J-1$이고, 일원분산분석에서 MSE와 관련된 자유도는 $J(n-1)$이다. n은 각 표본집단의 크기이며, 여기서는 J개 집단의 표본의 크기가 같다고 가정한 것이다. 집단간 자유도가 $J-1$인 이유는 전체 평균을 추정한 통계량을 확보한 이후에 자유도가 하나 줄기 때문이다. 집단내 자유도가 $J(n-1)$인 이유는 집단별 평균 통계량이 확보되므로 각 집단별 자유도가 $(n-1)$인 집단이 J개 있기 때문이다. 자유도는 분산분석표를 작성하는 데 핵심적인 내용이다.

(4) 기각영역의 결정

검정통계량 $\hat{F}$가 어떤 값보다 크면 영가설을 거부할 것인지 규칙을 정하는 것이다. 즉, 유의수준 (significance-level; α-level)에 부합하는 $\hat{F}$ 값이 무엇인지 자료분석 이전에 결정한다.

만일 $\hat{F} = \dfrac{MSB}{MSE} \geq F_{(1-\alpha)}(J-1, J(n-1)) = F$값 이면, 영가설 H_0는 거부된다.
유의수준이 $\alpha = .05$이고 $J=3$, $n=25$라면, 다음과 같이 제시된다.
만일 $\hat{F} = \dfrac{MSB}{MSE} \geq F_{.95}(2, 72) = 19.5$ 이면, 즉 $\hat{F} \geq 19.5$ 이면, 영가설은 거부될 것이다.

따라서 기각영역의 결정은 앞서 영가설을 거부하는 유의수준과 연구자가 분석하는 자료의 크기에서 결정되는 것이다. 실제 자료분석에서는 이와 같이 기각영역을 미리 명시적으로 논문에 쓰지 않지만, 이 같은 과정은 암묵적으로 전제되고 있는 것이다. 연구보고서나 논문을 작성할 때는 계산을 담당하는 통계패키지(SPSS 또는 SAS)가 분산분석표에서 $F-$값의 확률($P-$value)을 제공하므로, 제공되는 $P-$value가 유의수준 ($\alpha-$level)보다 작으면 영가설을 거부한다. 다음의 그림은 F분포에서 영가설이 기각되는 영역을 표현한 것이다.

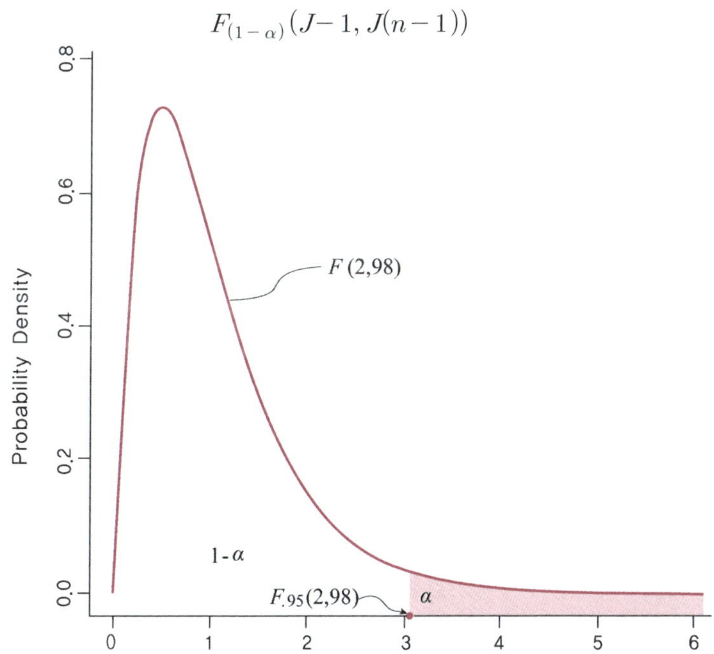

[그림 3-3] F분포에서 영가설 기각영역

(5) 분산분석표의 작성

가설검정의 (1)단계에서 (4)단계까지 분산분석에 의한 가설검정계획을 모두 결정하였다. 이제 남은 것은 자료를 분석하여 결과를 산출하는 것이다. 분산분석표(Anova Table)는 분산분석모형으로 자료를 분석한 결과를 간결한 표로 요약한 것이다. 분산분석표는 종속변수의 변산이 연구자가 사용한 통계모형에 의하여 어느 정도 설명되었는지를 알 수 있게 하는 표이다. 따라서 분산분석모형 뿐만 아니라, 다른 통계모형에 의한 분석결과도 흔히 분산분석표로 요약한다. 일원분산분석모형에 의한 자료분석결과를 요약하는 분산분석표는 아래 형식을 갖는다.

〈표 3-1〉 일원분산분석모형에 의한 분산분석표 양식

변산원	자승합	자유도	평균자승합	F
집단간	SSB	df_b	MSB=SSB/df_b	F= MSB/MSW
집단내	SSW	df_w	MSW=SSW/df_w	

분산분석표는 종속변수의 자승합, 자유도 등이 연산원에 따라 어떻게 분해되는지 요약하고 이에 기초하여 평균자승합과 $F-$값을 제시한다.

분산분석표에 대한 보다 상세한 내용은 다음 절에서 별도로 다룬다.

(6) 영가설 기각여부 결정

가설검정의 4단계에서 영가설 기각영역을 결정한 바 있다. 예를 들어, 4단계에서, $\hat{F}=\frac{MSB}{MSE} \geq F_{.95}(2, 72) = 19.5$이면, 즉 $\hat{F} \geq 19.5$이면, 영가설을 거부하는 것으로 기각영역을 정하였다면, 이제 분산분석표에서 $\hat{F}$값을 확인하여, $\hat{F} \geq 19.5$의 경우에 해당하면 영가설을 거부하는 것으로 결정을 하고, $\hat{F} < 19.5$이면, 영가설을 유지한다.

(7) 가설검정의 결론 제공

이미 (6)단계에서 가설검정의 결과는 나왔으므로, 이제 연구문제의 맥락에서 영가설의 거부 또는 유지의 의미를 제시하는 것이다. 영가설을 거부하는 경우는 '영가설을 거부할 만한 충분한 증거가 발견되었다'는 관점에서 내용을 서술한다. 즉, 만일 남녀간 수학성취도 비교를 위한 가설이었다면, 영가설은 $H_0 : \mu_{남} = \mu_{여}$ 이고, 대립가설은 $H_A : \mu_{남} \neq \mu_{여}$ 이라고 할 수 있다. 이제 이 연구에서 영가설을 거부한다면, '남녀간에 수학성취도에 차이가 있다는 충분한 증거가 발견되었다'고 해석한다. 즉 남녀간의 수학성취도에 차이가 있다는 것을 거부할 수 없는 증거가 발견된 것이다. 또는 영가설을 거부하는 결론이 잘못될 가능성은 가설검정의 2단계에서 설정한 1종오류의 크기에 불과하다. 1종오류가 $\alpha = .05$ 라면, 영가설을 기각하는 결론이 잘 못될 가능성은 5% 이내라고 할 수 있다. 연구자는 영가설 거부가 갖는 이러한 의미를 되새겨서 결론을 서술하면 된다.

4 일원분산분석모형의 분산분석표

분산분석은 복수집단의 평균을 비교하는 통계적 방법이며, 최대의 관건은 가설검정을 위하여 $\hat{F} = \frac{MSB}{MSE}$ 값을 산출하는 것이다. 이 $\hat{F}$값을 산출하는데 기본 요소가 되는 내용을 조직화 한 것이 분산분석표(ANOVA Table)라고 한다. 분산분석표를 구성하는 원리는 분산분석 모형에 따른다. 일원분산분석모형은 두 가지 변산원을 가정하고 있다. 즉, $Y_{ij} = \mu + \alpha_j + e_{ij}$, $e_{ij} \sim N(0, \sigma_n^2)$ 모형에서 Y_{ij}값이 변산을 갖는 이유는 α_j와 e_{ij} 두 가지이다.

여기서 $\alpha_j = \mu_j - \mu$는 집단의 효과이며, 집단간의 차이에 의한 변산을 반영하며, α_j에 의한 변산을 집단간 변산(SSB: Sum of Squares of Between Groups)이라고 한다. $e_{ij} = Y_{ij} - \mu_j$는 집단내에서 각 개체의 값과 집단평균과의 차이에 의한 변산을 반영하며, e_{ij}

에 의한 변산은 집단내 변산(SSW: Sum of Squares of Within Groups)이라고 한다. 일원 분산분석의 분산분석표는 다음과 같다.

〈표 3-2〉 일원분산분석표의 구조

변산원	자승합	자유도	평균자승합	E(MS)	F
(α_j)집단간	SSB	df_b	MSB=SSB/df_b	$\sigma_e^2 + \frac{n\sum_{j=1}^{J}\alpha_j^2}{J-1}$	MSB/MSW
(e_{ij})집단내	SSW	df_w	MSW=SSW/df_w	σ_e^2	

위의 분산분석표는 자승합과 자유도를 알면 나머지 항목들은 체계적으로 산출되는 구조를 갖고 있다. 다음은 표본자료에서 분산분석표를 완성하는 방법을 보인 것이다.

〈표 3-3〉 표본자료에서의 일원분산분석표의 구조

변산원	자승합	자유도	평균자승합	F
집단간	$n\sum_{j=1}^{J}\hat{\alpha}_j^2 = n\sum_{j=1}^{J}(\overline{Y}_{.j}-\overline{Y}_{..})^2$	(J−1)	MSB=SSB/(J−1)	MSB/MSW
집단내	$\sum_{i=1}^{n}\sum_{j=1}^{J}\hat{e}_{ij}^2 = \sum_{i=1}^{n}\sum_{j=1}^{J}(Y_{ij}-\overline{Y}_{.j})^2$	J(n−1)	MSW=SSW/J(n−1)	

분산분석표를 구성하는 요소는 1) 변산원(Source of Variation; SV), 2) 자승합(Sum of Squares; SS), 3) 자유도(degrees of freedom), 4) 평균자승합(Mean Squares), 5) F 값 등이다. 1)에서 3)까지의 정보를 알아야 4) 평균자승합(MSB와 MSE)의 값을 구할 수 있고, 이어서 F 값을 구할 수 있다. 위의 분산분석표는 모형이 가정하는 두 가지 자승합 정보만 구하면 완성할 수 있다. 즉, $SSB = n\sum\hat{\alpha}_j^2$와 $SSW = \sum\sum\hat{e}_{ij}^2$를 계산하면 나머지 항목

들은 체계적으로 결정이 된다. 따라서 분산분석방법으로 자료분석을 한다는 의미는 분산분석표를 작성한다는 의미와 같으며, 분산분석표를 작성하여 F-값을 산출한다.

위의 〈표 3-2〉에서 E(MS)는 평균자승합의 기댓값으로서 가설검정을 위한 F 검정통계량을 결정할 때 적절한 오차분산을 결정할 때 적용된다. 즉, 일원분산분석의 가정은 $H_0 : \sum \alpha_j^2 = 0$이므로, 이 가설을 검정하려면, 영가설이 참일 때, $F = MSB/MSW$=1.0이 되는 오차항으로 MSW를 결정한다. 일원분산분석에서는 집단내 자승합(MSW)이 오차항이 된다.

5 일원분산분석모형에 의한 자료분석 예시

5.1 자료분석의 절차와 예시

개별화 교수법(individualized instruction)은 학업성취도 향상에 효과가 있는 것으로 알려져 있다. 또한 한 학급을 소규모 집단으로 분할하여 협동학습(cooperative learning)을 시도하는 것도 학업성취도 향상에 도움이 되는 교수방법으로 알려져 있다. 그러나 전통적인 교수법은 교과내용을 잘 아는 강사가 전체 집단을 대상으로 강의를 하는 것이다. 이 상의 세 가지 교수법 중에서 개별화 교수법과 소규모 학습집단 교수법이 전통적인 전체집단 교수법보다 더 효과적인지 검정하기 위하여 실험을 하였다.

1) 연구자의 가설:

$H_0 : \mu_1 = \mu_2 = \mu_3$; 세 가지 교수법 집단의 학업성취도는 같다. 교수법의 학업성취도 효과는 동일하다.

$H_A : \mu_j \neq \mu_{j'} (j = 1,2,3)$; 적어도 한 집단(j)의 학업성취도 평균은 다른 어떤 한 집단(j')의 평균과 다르다. 즉, 교수법의 학업성취도 효과는 동일하지 않다. 또는 영가설은 참이 아니다.

2) 일종오류의 유의수준 결정

$$\alpha = .05$$

3) 검정통계량과 확률분포 결정

H_0이 참이라면,

$$F = \frac{MSB}{MSW} \sim F(2,57)$$

4) 실험설계

① 실험에 참가할 120명의 중학생을 모집하였다(N=120).

② 세 가지 교수법 집단에 각 각 40명씩을 무선으로 배치하였다(n=40, 무선배치). 무선배치를 통하여 세 가지 교수법 집단의 학생들은 학업성취도 뿐만 아니라, 다른 모든 변수의 분포에서도 확률적으로 동등(equivalence)하며, 세 집단에 속한 학생들의 집단간 차이는 우연에 의한 것이다. 따라서 처치를 시행한 이후에 세 집단간 학업성취도에 차이가 결과로 나타나면 교수법의 효과로 해석한다.

③ 각 교수법 집단을 담당하는 교사들은 연구자가 마련한 교수법 지침서(instructional manual)에 따라 교육을 받았으며, 해당 교수법으로 학생들을 2주간 수업을 하였다(처치 시행).

④ 전체 수업이 종료된 후에, 모든 학생들을 표준화성취도검사로 평가하였다.

5) 연구자가 확보한 표준화성취도검사 점수의 자료는 다음과 같다.

〈표 3-4〉 교수법 예시자료의 기술통계량

처치 집단	$\overline{Y_{.j}}$	n
개별화 교수법 집단	105	20
소규모 교수법 집단	103	20
전체집단 교수법(통제집단)	96	20

$\overline{Y_{..}} = 101.33$, $s_Y^2 = 29.755$, N=3n=120

6) 분산분석표의 작성(estimation)

모형: $Y_{ij} = \mu + \alpha_j + e_{ij},\ e_{ij} \sim N(0, \sigma^2)$

〈모수 추정〉

$\hat{\mu} = \overline{Y_{..}} = 101.33$
$\hat{\alpha_j} = \overline{Y_{.j}} - \overline{Y_{..}}$

$$\hat{\alpha_1} = \overline{Y_{.1}} - \overline{Y_{..}} = 105 - 101.33 = 3.67$$
$$\hat{\alpha_2} = \overline{Y_{.2}} - \overline{Y_{..}} = 103 - 101.33 = 1.67$$
$$\hat{\alpha_3} = \overline{Y_{.3}} - \overline{Y_{..}} = 96 - 101.33 = -5.33$$

〈분산분석표 작성〉

$$SSB = n\sum_{j=1}^{3}\hat{\alpha_j^2} = n\sum(\overline{Y_{.j}} - \overline{Y_{..}})^2 = 40(3.67^2 + 1.67^2 + (-5.33)^2) = 1,787.67$$

$SSW = \sum\sum\hat{e_{ij}^2} = \sum\sum(Y_{ij} - \overline{Y_{.j}})^2$ (원자료 사용방법)

$$SSW = SST - SSB = (N-1)s_Y^2 - SSB = 119 \times 29.755$$
$$- 1,787.67 = 3,540.845 - 1,787.67 = 1,753.175$$

따라서 분산분석표는 아래와 같다.

〈표 3-5〉 교수법 예시자료의 분석결과: 분산분석표

변산원	자승합	자유도	평균자승합	F
집단간	1,787.67	2	893.835	59.653
집단내	1,753.18	117	14.984	
전체	3,540.85	119		

7) 의사결정

$\hat{F} = 59.653 > F_{.95}(2, 117)$이므로, $H_0 : \mu_1 = \mu_2 = \mu_3$를 기각.

해석: 영가설을 거부할 만한 충분한 증거가 발견되었으므로 $H_0 : \mu_1 = \mu_2 = \mu_3$를 기각하고, $H_0 : \mu_j \neq \mu_{j'} (j = 1, 2, 3)$을 채택함. 즉, 세 가지 교수법 중에서 적어도 한 교수법은 다른 교수법보다 효과적이다. 구체적으로 어느 교수법이 다른 어떤 교수법 보다 더 효과적인지는 분명치 않으며, 이를 확인하기 위해서는 다중비교법(multiple comparison methods)에 의한 사후 검정(posterior comparison)이 필요하다.

5.2 SPSS분석 예시

실험개요:

① 실험주제: 세 가지 수학교수법의 효과 비교
② 실험처치 및 절차: 세 가지 교수법(개별화 교수법, 소규모 토론 교수법, 강의법)의 매뉴얼에 따라 각 교사들을 연수 교육시킨 이후에, 3개 교수법 집단에 학생들을 10명씩 무선배치한 후, 교사들은 교수법 매뉴얼에 따라 주당 3시간씩 10주간 수업을 진행하였다. 전 단원이 종료된 이후, 학생들에게 표준화 수학검사를 시행하여, 수학성취도 점수를 구하였다.
③ 독립변수(처치변수): 교수법 집단(GROUP)
1= 개별화 교수법
2= 교사 강의후 소규모 주제 토의방법
3= 통제집단(강의법)
④ 종속변수(Math_score): 수학검사 점수(정답 문항수)
⑤ 〈SPSS Data File〉 Ch3exp_1.sav

자료분석 전략: 위의 실험은 세 가지 교수법 집단의 수학성취도 평균을 비교하는 것이다. 독립변수가 1개(교수법 집단)이고 종속변수는 연속변수인 수학성취도이므로 일원분산분석모형으로 자료분석이 가능하다. SPSS 프로그램의 자료입력창에 일원분산분석에 부합하게 자료를 입력하고, [일원배치 분산분석]으로 자료분석을 한다.

SPSS WINDOW 프로그래밍:

① Data 입력: SPSS 프로그램에서 Data Editor 창을 연 이후에, 다음의 SPSS 화면처럼 자료를 입력한다. 창의 맨 윗줄에 보면 File 이름은 'Ch3exp_1.sav'로 저장하였다.

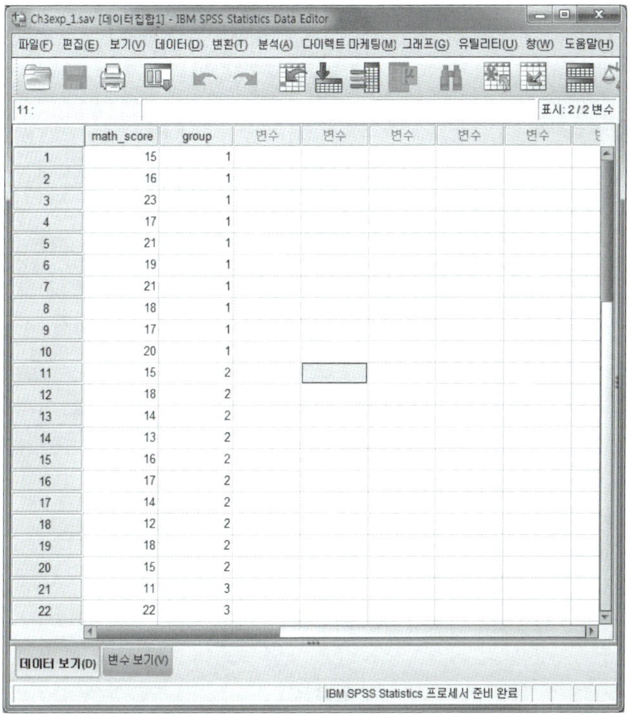

[그림 3-4] 완전무선설계 자료 입력결과 SPSS Data Editor 창

위의 SPSS Data Editor 창에서, 하단의 [변수보기] 단추를 누르면, 각 변수의 의미를 입력할 수 있다.

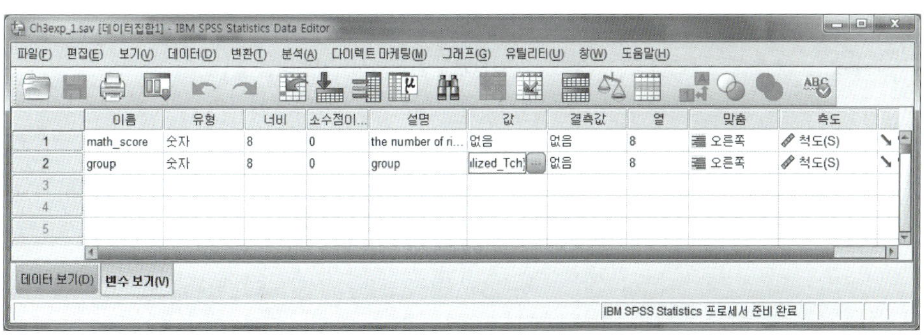

[그림 3-5] SPSS Data Editor의 [변수보기] 창

완전무선설계에 의한 위의 자료는 일원분산분석모형으로 분석을 해야 하므로, 아래의 Data Editor 창에 나타난 [그림 3-6]에서와 같이 메뉴에서 [분석] → [평균비교(M)] → [일원배치 분산분석(O)]을 순서대로 누른다.

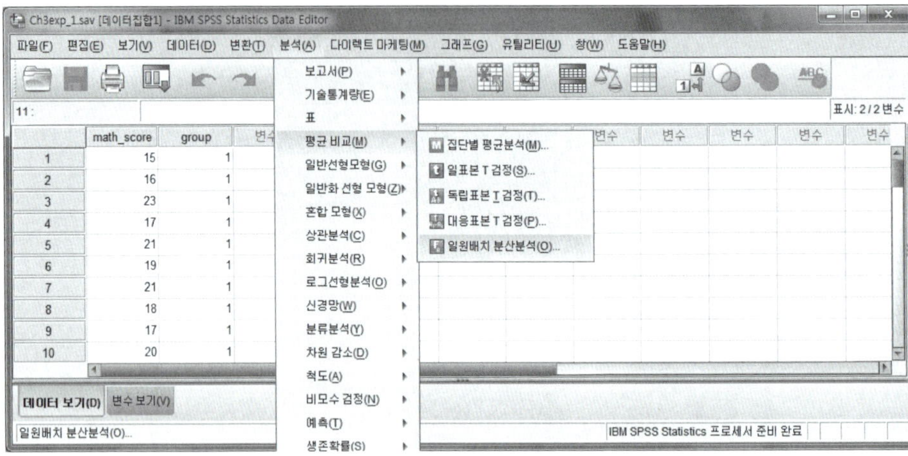

[그림 3-6] SPSS의 일원배치 분산분석 명령창

위의 화면에서 [일원분산분석(O)]을 누르면 아래의 작은 창이 화면위로 겹쳐서 나타난다.

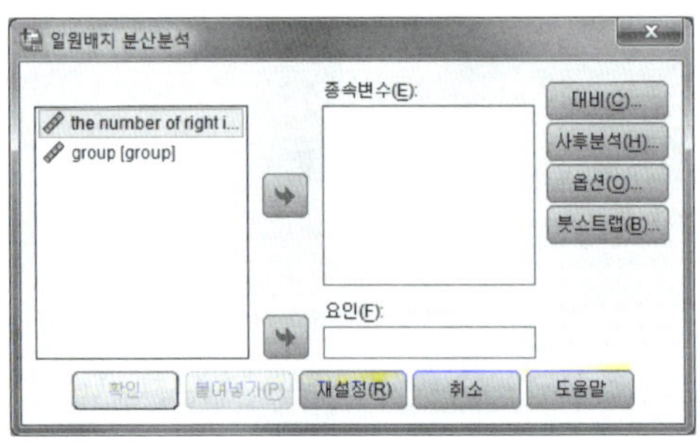

[그림 3-7] SPSS의 일원배치 분산분석 실행 명령 창

종속변수(E)와 독립변수요인(F)을 선택한다.

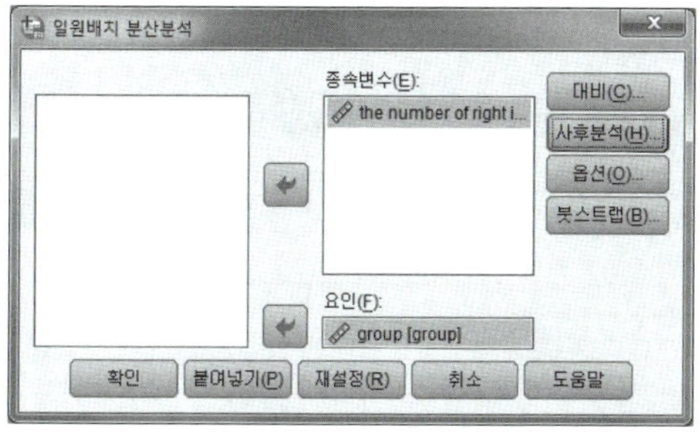

위의 창에서 [사후분석(H)]을 선택하면, 아래와 같이 다양한 사후분석방법의 창이 나타난다.

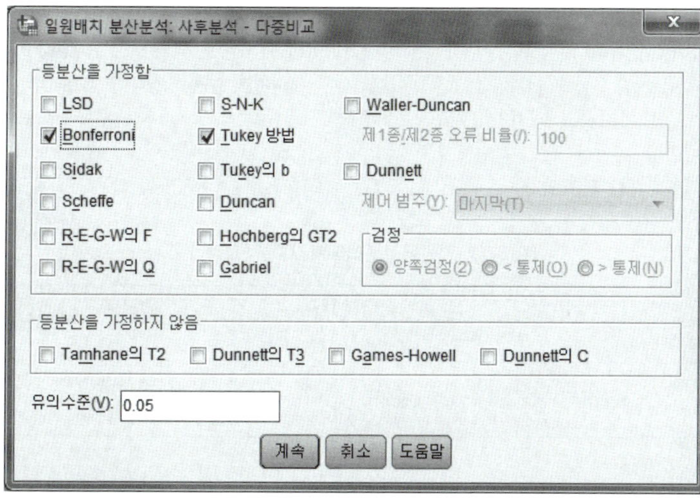

위의 창은 [Bonferroni] 방법과 [Tukey 방법]을 선택한 장면이다. 하단에 [계속] 단추를 누르면, 위의 창은 없어지고 다시 [그림 3-6]의 창으로 돌아간다. [그림 3-7]의 창에서 [확인] 단추를 누르면, 일원분산분석 명령 프로그램은 완료된 것이며, 화면이 바뀌고 SPSS 분석 결과파일이 화면에 나타난다.

지금까지 Window 창에서 시행한 자료분석 절차를 SPSS syntex 프로그램으로 나타내면 아래와 같은데, SPSS 결과파일에서 [로그] 항목으로 나타난다.

```
ONEWAY math_score BY group
  /MISSING ANALYSIS
  /POSTHOC=TUKEY BONFERRONI ALPHA(0.05).
```

위의 SPSS 명령 프로그램의 의미는, 일원분산분석 명령어 (ONEWAY)로 독립변수가 'group'이고, 종속변수가 'math_score' 인 자료를 분석하라는 것이다. 사후검정으로 TUKEY와 BONFERRONI 방법을 사용하고, 가설검정의 기준으로서 1종오류는 5% 수준이다(ALPHA(0.05)).

SPSS OUTPUT(결과물)

〈표 3-6〉 교수법 효과 검정결과(일원배치분산분석표)

일원배치 분산분석					
the number of right items					
	제곱합	df	평균 제곱	F	유의확률
집단-간	65.000	2	32.500	4.587	.019
집단-내	191.300	27	7.085		
합계	256.300	29			

위의 〈표 3-6〉는 SPSS 프로그램으로 세 가지 교수법의 효과를 검정한 결과이다. 즉, 영가설 $H_0 : \mu_1 = \mu_2 = \mu_3$를 검정한 결과이다. 표의 상단에 종속변수의 의미가 'the number of right items'로 나타났고, F=4.587이며, 이는 임계값보다 크고, 유의확률(P-value)은 p=0.019로서 유의수준 $\alpha = 0.05$보다 작으므로 영가설을 기각하고 대립가설 "H_A : 적어도 한 집단은 다른 집단과 수학성취도 평균이 다르다."는 가설을 받아 들인다.

아래의 표는 사후검정결과표이다.

〈표 3-7〉 일원분산분석에서 사후검정결과표

다중 비교							
종속 변수: the number of right items							
	(I) group	(J) group	평균차 (I-J)	표준 오차	유의 확률	95% 신뢰구간	
						하한값	상한값
Tukey HSD	Individualized_Tch	Small Discussion_Tch	3.500*	1.190	.018	.55	6.45
		Control_G_Lecture	2.500	1.190	.109	-.45	5.45
	Small Discussion_Tch	Individualized_Tch	-3.500*	1.190	.018	-6.45	-.55
		Control_G_Lecture	-1.000	1.190	.682	-3.95	1.95
	Control_G_Lecture	Individualized_Tch	-2.500	1.190	.109	-5.45	.45
		Small Discussion_Tch	1.000	1.190	.682	-1.95	3.95

다중 비교							
종속 변수: the number of right items							
	(I) group	(J) group	평균차 (I-J)	표준 오차	유의 확률	95% 신뢰구간	
						하한값	상한값
Bonferroni	Individualized_Tch	Small Discussion_Tch	3.500*	1.190	.020	.46	6.54
		Control_G_Lecture	2.500	1.190	.136	-.54	5.54
	Small Discussion_Tch	Individualized_Tch	-3.500*	1.190	.020	-6.54	-.46
		Control_G_Lecture	-1.000	1.190	1.000	-4.04	2.04
	Control_G_Lecture	Individualized_Tch	-2.500	1.190	.136	-5.54	.54
		Small Discussion_Tch	1.000	1.190	1.000	-2.04	4.04

*. 평균차는 0.05 수준에서 유의합니다.

위의 〈표 3-7〉에서 '개별화 교수법'과 '소규모집단토론 교수법'은 평균의 차이가 3.500으로 유의확률 0.018수준에서 통계적으로 유의하고, 95% 신뢰구간 [0.55, 6.45]가 $\mu_I - \mu_J = 0$ 의 조건을 배제하므로, 두 집단간 평균이 같다는 가설이 거부되었다는 것을 알 수 있다. 반면에 '개별화 교수법'은 '통제집단'과 비교하여 평균의 차이가 2.5점 높지만 $\alpha = 0.05$수준에서 통계적으로 유의한 차이는 아니다. 95% 신뢰구간에서도 [-0.45, 5.45]로서 $\mu_I - \mu_J = 0$인 조건을 구간이 포괄하므로 영가설을 기각하지 못한다. 이와 같은 결과는 Bonferroni 방법에 의한 자료분석 결과에서도 일치하고 있다.

6 회귀분석모형에 의한 일원분산분석

회귀분석모형은 기본적으로 종속변수와 독립변수가 모두 연속변수인 경우에 쉽게 적용된다. 반면에 분산분석은 종속변수는 연속변수이나, 독립변수는 범주형 변수인 경우에 집단간의 평균비교에 용이하다.

그러나 회귀분석모형이나 분산분석모형은 모두 일반선형모형의 갈래이며, 분산분석모형은 회귀분석모형의 특수한 형태라고 할 수 있다. 따라서 회귀분석모형으로 분산분석을 수행할 수 있다. 그 방법은 회귀분석의 독립변수를 집단을 지칭하는 더미변수(dummy variable)로 사용하는 것이다.

앞의 예시처럼 세 가지 교수법의 효과를 비교하는 자료분석을 회귀분석모형으로 수행한다면, 회귀분석모형의 독립변수가 각 집단을 지칭하는 변수가 되도록 하는 것이다. 즉, 각 교수법 집단을 지칭하는 $(J-1)$개의 더미변수를 다음과 같이 구성한다.

〈표 3-8〉 세 집단을 구성하는 더미변수 조작

집단	D1	D2
개별화 교수법	1	0
소규모 교수법	0	1
전체집단 교수법	0	0

위의 더미변수 D1은 개별화교수법 집단을 지칭하는 변수이며, D2는 소규모교수법 집단을 지칭하는 변수이다. D1=D2=0 이면 전체집단 교수법 집단을 지칭하는 셈이다. 다음의 표는 위의 더미변수가 반영된 자료이다.

〈표 3-9〉 교수법 자료와 더미변수

ID	Y	Group	D1	D2
1	103	1	1	0
2	106	1	1	0
⋮	⋮	⋮	⋮	⋮
40	98	1	1	0
41	102	2	0	1
42	99	2	0	1
⋮	⋮	⋮	⋮	⋮
80	101	2	0	1
81	100	3	0	0
82	96	3	0	0
⋮	⋮	⋮	⋮	⋮
120	99	3	0	0

위의 자료에서 Group 변수는 분산분석에서 사용하는 독립변수이다. D1과 D2는 Group 변수 대신에 회귀분석에서 사용하는 변수이다.

이제 더미변수를 이용해서 다음과 같이 다중회귀분석모형을 제시할 수 있다.

$$E(Y_i) = \beta_0 + \beta_1 D1 + \beta_2 D2. \qquad (3.2)$$

위의 식에서 β_0의 정의는 $D1 = D2 = 0$일 때 Y 값의 평균이다. $D1 = D2 = 0$이란 곧 전체집단 교수법 집단(집단 3)을 지칭하는 것이므로, β_0의 정의는 전체집단 교수법 집단의 학업성취도 평균이다. 마찬가지로, $D1 = 1$이면 $D2 = 0$이므로, 개별화 교수법 집단의 평균은 다음과 같다.

집단 1의 평균: $E(Y_i \mid D1 = 1) = \beta_0 + \beta_1(1) + \beta_2(0) = \beta_0 + \beta_1$

동일한 방법으로 소규모 집단(집단2)의 평균은 $D2 = 1$인 경우이다.

집단 2의 평균: $E(Y_i \mid D2 = 1) = \beta_0 + \beta_1(0) + \beta_2(1) = \beta_0 + \beta_2$

따라서 β_1은 집단3과 집단1의 평균의 차이이며, β_2는 집단3과 집단2의 평균의 차이이다. 영가설 $H_0 : \beta_1 = \beta_2 = 0$를 검정하는 것은 분산분석에서 $H_0 : \mu_1 = \mu_2 = \mu_3$를 검정하는 것과 같다. 다음의 표는 회귀분석에서 더미변수를 사용하는 경우에 회귀계수의 해석을 제시한 것이다.

〈표 3-10〉 회귀분석에서 더미변수 회귀계수의 의미

집단	*D1*	*D2*	각 집단평균	회귀계수의 의미
1	1	0	$\mu_1 = \beta_0 + \beta_1$	$\beta_1 = \mu_1 - \mu_3$
2	0	1	$\mu_2 = \beta_0 + \beta_2$	$\beta_2 = \mu_2 - \mu_3$
3	0	0	$\mu_3 = \beta_0$	$\beta_0 = \mu_3$

위의 표에 나타난 것처럼 세 집단의 평균을 비교하기 위하여 두 개의 더미변수를 사용하였다. 회귀분석에서는 J개 집단의 평균을 비교하기 위해서는 (J-1)개의 더미변수를 사용한다. 즉, (J-1)개의 더미변수로 J개 집단을 지칭할 수가 있다.

위의 교수법 자료에서 Group 변수를 이용하여 다음과 같이 회귀분석모형을 제시하는 것은 잘 못된 것이다.

$$\text{회귀분석모형 오류의 예: } E(Y_i) = \beta_0 + \beta_1 (Group).$$

Group 변수는 {1, 2, 3}의 값을 가지고 있으며, 위의 모형은 Group변수를 양적변수로 사용한 것이다. 즉, Group=1, Group=2, Group=3 으로 집단의 값이 한 단위 증가함에 따라 Y값의 평균도 동일한 간격으로 증가한다고 가정한 것이다. 이는 사실이 아니다. 집단간 평균의 차이는 각각 다를 것이므로, 집단간 차이를 반영하는 회귀계수는 J-1개가 필요하다.

7 무선효과 모형

모든 통계모형은 확률모형이므로 무선효과를 갖는 오차항을 모형에 포함한다. 무선효과를 갖는 오차항은 고정된 값이 없으며, 분포를 갖는다. 즉, $e_{ij} \sim N(0, \sigma^2)$이다. 그러나 오차항 이외에 독립변수가 고정효과를 가지면 고정효과 모형이라고 하고, 독립변수도 무선효과를 갖는 경우는 특별히 무선효과 모형으로 분류한다.

고정효과 모형은 가설검정의 결과가 자료분석에 포함된 J개 집단에 제한된다. 또한 연구를 반복하여도 동일 가설을 검정하는 연구들은 비교대상인 집단이 변하지 않는다. 예를 들어, 남녀간의 수학성취도 평균을 비교한다면, 비교대상 집단이 남녀인 것은 어느 연구자의 자료에서도 동일하며, 자료분석의 결과는 남녀간의 비교에 제한된다. 즉, $Y_{ij} = \mu + \alpha_j + e_{ij}, e_{ij} \sim N(0, \sigma^2)$에서 독립변수의 효과 α_j는 정해진 $j = 1, 2, . . . J$개 집단에만 적용된다. 따라서 지금까지 소개한 분산분석모형은 고정효과 모형이다.

무선효과 모형은 비교대상인 집단이 많은 경우에, 일부 집단을 표집하여 집단간 비교를 하는 것이다. 따라서 집단은 표집단위(sampling unit)이다. 모집단에서 개체를 표집한 것처럼, 집단도 표집한 것으로 이해한다. 무선효과 일원분산분석모형은 다음과 같다.

$$Y_{ij} = \mu + a_j + e_{ij}, \quad e_{ij} \sim N(0, \sigma_e^2), \ a_j \sim N(0, \sigma_a^2)$$

여기서, μ는 모평균이며, a_j는 $j = 1, 2, . . . J$번째 집단의 효과이며 평균이 0이고 분산이 σ_a^2인 정규분포를 갖는다. 또한 오차항은 $e_{ij} \sim N(0, \sigma^2)$의 가정을 갖는다. 무선효과 모형에서는 집단간의 차이가 발견되는 경우, 그 차이가 표본에 포함된 J 집단에만 적용되는 것이 아니고 모집단 전체의 집단(N_J)에 일반화된다.

무선효과 분산분석모형의 가설은 분산으로 표현한다.

$$H_0 : \sigma_a^2 = 0 \text{ 모집단에서 집단간 분산은 0이다.}$$

$$H_A : \sigma_a^2 \neq 0 \text{ 모집단에서 집단간 분산은 0이 아니다.}$$

위의 가설은 분산에 대한 질문이지만 모집단에서 집단간 평균이 같은지를 검정하는 것과 동등한 의미를 갖는다. 즉, 고정효과 모형에서의 가설, $H_0 : \mu_1 = . . . = \mu_J$은 정해진 J집단의 평균을 구해서 비교하는 것이고 결과도 J집단에 국한된다. 그러나 무선효과에서는 표본에 속한 J개 집단에만 결과를 적용하지 않고 모집단 전체 집단(N_J)에 그 결과를 적용한다. 예를들어, 전국의 고교간 학력격차가 어느 정도인지를 밝히려면, 모든 고교들의 평균을 구해서 분산분석을 수행하는 것은 비현실적이다. 이 경우 J개의 학교를 표집하고, $H_0 : \sigma_a^2 = 0$를 검정하여 모집단에서 고교간 학력격차가 존재하는지 검정할 수 있다.

고정효과 분산분석모형과 무선효과 분산분석모형의 가설검정 논리는 동일하며 검정통계량도 $F-$확률분포를 사용한다. 그러나 $F-$검정통계량을 구성하는 평균자승합(MS)의 기댓값은 일원분산분석모형에서만 같다. 이원분산분석 이상의 모형에서는 $F-$검정통계량의 분모(오차항)를 정할 때 유의해야 한다. 두 모형의 평균자승합 기댓값을 비교하여 제시하면 다음과 같다.

〈표 3-11〉 고정효과와 무선효과 분산분석모형의 $E(MS)$ 비교

변산원	고정효과	무선효과
집단간	$E(MSB) = \sigma_e^2 + \frac{n\sum \alpha_j^2}{J-1}$	$E(MSB) = \sigma_e^2 + n\sigma_a^2$
집단내	$E(MSW) = \sigma_e^2$	$E(MSW) = \sigma_e^2$

따라서 일원분산분석모형에서는 $H_0 : \mu_1 = . . . = \mu_J$를 검정하는 경우나, $H_0 : \sigma_a^2 = 0$을 검정하는 경우나, $F = \frac{MSB}{MSW}$이다. 그러나 제 5장에서 설명하는 이원분산분석에서는 $F-$검정통계량이 두 모형 간에 다른 경우가 발생한다.

8 분산분석모형의 실제적 유의도

8.1 실제적 유의도

분산분석에서 영가설을 거부하였다는 사실은 집단간 평균의 차이가 다르다는 증거를 제공하는 것이지, 평균의 차이가 얼마나 큰지에 대한 정보를 제공하는 것이 아니다. 동일한 맥락에서 무선효과 분산분석에서도 영가설 $H_0 : \sigma_a^2 = 0$을 거부하였다는 것은 집단간 평균이 다르다는 것이며, 집단간 차이가 실질적으로 어느 정도인지를 알려주진 않는다. 이는 확률에 의한 통계적 가설검정이 갖는 한계이다. 영가설을 기각하였다는 것은 통계적으로 유의한 결과를 얻었다고 한다.

통계적으로 유의한 결과는 모든 연구에서 중요하지만, 더 중요한 것은 비교집단들 사이에 실질적으로 의미 있는 평균의 차이가 존재하는지를 밝히는 것이다. 통계분석에서 가설검정이 종속변수와 독립변수가 서로 관련이 있느냐 없느냐를 밝히는 것이라면, 실제적 유의도(practical significance)의 통계량을 구하는 것은 두 변수가 어느 정도 관련이 있는지 그 관련성의 크기를 밝히는 것이다. 오늘날 양적연구방법을 적용한 학술연구에서는 통계적으로 유의한 결과와 더불어 실질적 유의도가 있는 결과를 발표하는 논문들이 전문학술지에서 환영받는다. 분산분석에서 실제적 유의도(practical significance)를 반영하는 통계량은 두 가지로 분류된다. 하나는 독립변수와 종속변수의 관계강도를 반영하는 에타제곱(η^2; 상관비의 제곱), 오메가 제곱(ω^2) 또는 집단내 상관(ICC: Intra-Class Correlation)이며, 다른 하나는 효과크기(effect size)이다. 효과크기는 집단간 평균의 차이가 실질적 의미가 있는지 밝히는 통계량이다.

8.2 분산분석모형과 관계의 강도

분산분석모형에서 관계의 강도는 η^2, ω^2, 그리고 ICC의 세 가지가 사용된다. 이 통계량들은 모두 선형 및 비선형 관계에 있는 종속변수 Y와 독립변수 X의 관계강도가 어느 정도인지를 반영하는 것이며, 선형상관계수의 제곱(r^2, R^2)과 대응되는 의미를 갖는다.

에타제곱(η^2)은 종속변수의 전체 변산(SST)에서 집단간 변산(SSB)이 차지하는 비율을 의미한다.

$$\hat{\eta}^2 = \frac{SSB}{SST} \tag{3.3}$$

여기서 $\hat{\eta}^2$는 회귀분석에서의 $\hat{R}^2 = SSR/SST$과 동일한 의미를 갖는다. 즉, 종속변수의 변산에서 몇 %가 집단간 차이에 의하여 설명되는지를 알려준다. 예를 들어, 처치집단과 통제집단의 평균을 비교하는 분산분석에서 $\hat{\eta}^2 = .65$라는 것은 처치의 효과가 종속변수 변산의 65%를 설명한다는 것이므로 처치의 효과가 실제로 매우 강력하다는 정보를 제공한다. 통계량 η는 상관비(correlation ratio)라고 하며, 두 변수 X와 Y가 비직선적 상관을 갖는 경우에 적절한 상관의 통계량이다. 두 변수 X와 Y가 모두 연속변수이며 직선적 관계에 있다면 η와 적률상관계수 ρ는 같다($\eta = \rho$). 그러나 비직선적 관계에 있다면, 적률상관계수 $\hat{\rho} = r$은 비적절한 상관의 통계량이며, η로 상관의 정도를 추정하는 것이 적절하다. 상관계수의 제곱(ρ^2, r^2, R^2 등)이 '설명된 변산 비율'을 의미하는 것처럼, η^2도 독립변수 X가 비직선적 관계에 있는 Y의 변산을 몇 % 설명하는지를 알려준다.

η^2는 R^2와 마찬가지로 다소 부풀려진 통계를 제공한다. 즉, 전체 사례수(N)에 비하여 집단의 수(J)가 많으면 많을수록 η^2값은 커진다. 역으로 표현하면, 작은 표본으로 많은 집단을 비교하는 연구설계를 하면 η^2값이 크게 되는 것이다. 그러나 큰 표본에서는 양호한 통계를 제공한다.

분산분석에서 실제적 유의도를 밝히는 대표적인 방법은 η의 약점을 보완한 통계량으로, 종속변수의 분산에서 집단간 차이의 분산이 차지하는 비율이다. 고정효과 분산분석모형에서는 ω^2(오메가 제곱)이라고 하며, 무선효과 분산분석모형에서는 ICC (Intra-Class Correlation)이라고 한다. ω^2과 ICC는 자승합(SS)에 기초한 통계량이 아니고, 분산에 기초한 통계량이므로 객관성이 높다. ω^2과 ICC가 제공하는 정보의 의미는 유사하지만 이 정보를 활용하는 맥락은 동일하지 않다.

우선 고정효과 분산분석모형은 $Y_{ij} = \mu + \alpha_j + e_{ij}, \quad e_{ij} \sim N(0, \sigma_e^2)$ 이므로, 전체분

산은 다음과 같다.

$$Var(Y_{ij}) = Var(\mu + \alpha_j + e_{ij}) = \sigma_\alpha^2 + \sigma_e^2$$

이에 기초하여, ω^2은 고정효과 분산분석모형에서의 통계량으로 다음과 같이 정의된다.

$$\omega^2 = \frac{\sigma_\alpha^2}{\sigma_\alpha^2 + \sigma_e^2} \tag{3.4}$$

여기서 $\sigma_\alpha^2 = \frac{\sum_j^J \alpha_j^2}{J}$ 이며 $\alpha_j = \mu_j - \mu$ 이다.

$\sigma_e^2 = Var(e_{ij})$ 이다.

식(3.4)는 통계량 ω^2의 의미를 전체 분산에서 집단간 분산이 차지하는 비율로 정의하고 있다. 따라서 처치집단과 통제집단을 비교하는 실험연구에서 $\hat{\omega}^2 = .65$ 라면, 종속변수 분산의 65%가 처치효과에 의한 분산이라는 의미이다. 또는 처치효과가 종속변수 분산의 65%를 설명한다고 할 수도 있다. $\hat{\omega}^2$의 값이 크면, 집단간 평균의 차이가 크다는 실제적 의미를 갖는다.

고정효과 분산분석에서는 σ_α^2의 값은 알려지지 않은 모수일 뿐만 아니라, 그 추정치를 분산분석표에서 바로 구할 수 없으므로, $\hat{\omega}^2$의 값을 분산분석표에서 구하기 위하여 다음 식을 사용한다.

$$\hat{\omega}^2 = \frac{SSB - (J-1)MSW}{SST + MSW} \tag{3.5}$$

식(3.4)와 식(3.5)의 관계는 분산분석이론에서 제시하는 $E(MSB)$와 $E(MSW)$ 에서 유도가 가능하다(Hays, 1994). 즉,

$$E(MSB) = \sigma_e^2 + \frac{n\sum_{j=1}^{J}\alpha_j^2}{J-1}, \quad \text{그리고} \quad E(MSW) = \sigma_e^2 \text{ 이다.} \tag{3.6}$$

$$\text{따라서 } \hat{\sigma}_\alpha^2 = \frac{\sum\hat{\alpha}_j^2}{J} = \frac{J-1}{nJ}(MSB - MSW), \quad \text{그리고} \quad MSW = \hat{\sigma}_e^2 \text{ 이다.}$$

식(3.6)을 식(3.4)에 대입하여 정리하면 식(3.5)에 도달한다.

무선효과 분산분석모형에서도 같은 개념의 *ICC*(Intra-Class Correlation) 통계량이 사용된다. 무선효과 모형에서는 각 집단이 모집단에서 추출되는 표집단위(sampling unit)이므로, 집단간 차이는 모집단에서의 집단간 차이로 해석된다. 무선효과 분산분석모형과 분산성분은 다음과 같다.

$$Y_{ij} = \mu + a_j + e_{ij}, \qquad a_j \sim N(0, \sigma_a^2), \qquad e_{ij} \sim N(0, \sigma_e^2)$$

$$Var(Y_{ij}) = Var(\mu + a_j + e_{ij}) = \sigma_a^2 + \sigma_e^2 \text{ 이다.}$$

즉, 무선효과 모형에서는 전체 분산이 집단간 분산, σ_a^2, 과 집단내 분산, σ_e^2, 로 분해된다. 여기서는 두 분산이 직접 추정되므로, *ICC*는 다음과 같이 정의된다.

$$ICC = \frac{\sigma_a^2}{\sigma_a^2 + \sigma_e^2} \tag{3.9}$$

따라서 *ICC*의 의미는 종속변수 Y의 전체분산에서 집단간 분산이 차지하는 비율이다. *ICC*는 ω^2처럼 집단수준의 분산이 차지하는 비율의 어느 정도 큰지 실질적 유의도 정보를 제공하지만, 무선효과 모형에서는 많은 경우에 진단적 정보가치가 크다. 무선효과 모형에서는 집단도 표집단위이기 때문에, 집단간 분산은 연구자가 분석하려는 표본자료의 특징을 요약하는 1차적인 정보가 된다. *ICC*가 높으면, 연구자들은 집단들 사이에 왜 그 같은 격차가 있는지 탐구하게 된다. ICC가 낮으면, 집단들 사이의 차이가 적은 것이므로 추가적으로 집단간 차이를 설명하려는 동기는 약화된다. 무선효과 분산분석모형에 의한 자료분석에서 더 나아가 집단간 분산에 대한 설명을 추구하는 통계모형으로는 다층모형(multilevel model)이 있으나(Aitkin & Longford, 1986; Raudenbush & Bryk, 1992;2001; 강상진, 1996), 이 책의 범위를 벗어난 고급통계방법이므로 생략한다. 그러나 무선효과 분산분석과 회귀분석 모형을 학습하고 나면 다층모형에 대한 학습이 쉽다.

η^2, ω^2, 그리고 ICC의 값은 실제적 유의도 정보를 반영하므로 상관계수의 제곱, r^2, R^2처럼 절대적인 해석이 가능하다. 또한 그 값의 범위는 모두 $0 \le \{\eta^2, \omega^2, ICC\} \le 1.0$이다. 통계학적 관점에서는 두 변수의 상관, 또는 관계의 강도가 크다 작다는 것을 일반적으로 서술할 수는 있으나, 연구영역에 따라서 절대적인 의미는 달라진다. 예를 들어, 도시와 읍면 지역간 부동산 가격의 차이가 10%가 있다면 그 차이는 실질적 의미가 큰 것인가? 동일한 조건의 아파트가 읍면지역에서 2억원에 구입가능하며, 도시지역에서는 2억 2천만원이라면, 그 가격차이는 큰 것인가? 우리나라의 부동산 시장에서 10%의 아파트 가격의 차이를 실질적으로 지역간의 큰 차이로 해석하는 국민은 적을 것이다. 그러나 의학연구에서 어떤 새로운 처방이 기존의 처방보다 환자의 생존율을 10% 높인다고 하면, 이는 큰 의미가 있는 것이다. 또는 운동역학에서 스윙교정에 의하여 200미터의 골프공 비거리를 220미터로 늘려서 10%향상되었다고 하면 실질적 의미가 큰 것이다. 따라서 관계의 강도를 해석하는 것은 상관계수의 해석방법처럼, 객관적인 수치의 크기와 각 연구영역에서 갖는 실질적 의미를 함께 고려하여야 한다.

교육학, 심리학 등의 행동과학에서는 두 변수의 관계강도에 대한 해석도 영역에 따라 다르다고 할 수 있다. Cohen(1988; 1992)은 그의 연구에서 ω^2의 크기를 다음과 같이 해석하기를 제안한다.

$\omega^2 = .010$: 작은 상관

$\omega^2 = .059$: 중간수준의 상관

$\omega^2 = .138$ 또는 그 이상: 큰 상관

무선효과 모형에서 관계의 강도를 제공하는 *ICC*도 마찬가지로 연구영역에 따라 다르다고 할 수 있다. 흔히 학교효과 연구에서 여러 학교들 사이의 학업성취도 차이가 어느 정도인지를 국가별로 살펴보면 다음과 같은 경향이 관찰된다.

$ICC \leq .05$: 집단간 차이가 미미함

$.06 \leq ICC \leq .10$: 실질적인 집단간 차이가 존재함

$.11 \leq ICC \leq .20$: 집단간 차이가 크게 존재함

$.21 \leq ICC \leq .40$: 집단간 차이가 매우 크게 존재함

$.41 \leq ICC$: 집단간 차이가 매우 극심함

PISA(Programme for International Student Assessment)연구에 의하면 북유럽국가들은 고교간 학력격차(*ICC*)가 대체로 .05 내외였으며, 미국은 $.11 \leq ICC \leq .20$ 수준이었고, 독일처럼 중등교육부터 엘리트 교육을 시행하거나, 일본처럼 중등학교 입학시험제도를 운영하는 국가들은 $.40 \leq ICC$ 로 극심한 학교간 격차가 있었다. 우리나라도 고교간 격차가 심하여 과목에 따라 $.21 \leq ICC \leq .40$ 수준이었다(강상진, 2010).

8.3 효과크기

효과크기(effect size)는 집단간 평균의 차이가 실질적 의미가 있는지를 밝히는데 유용하다. 사회과학연구에서는 영역에 따라서 종속변수의 측정치가 물리적 특성(예; 소득, 가격, 매출액, 어휘량, 시간, 속도, 면적, 길이, 무게 등) 으로서 직접적인 수치 해석이 가능한 경우도 있으나, 많은 경우에 직접관찰이 불가능한 인지적 특성(예; 지능, 성취도, 적성)이나 정의적 특성(예; 동기, 흥미, 공격성, 자존감, 만족도)인 경우도 있으며, 추상적 의미의 전문용어(예; 학교효과, 지도성, 자율성, 효율성)도 있고, 수 많은 지수와 지표들이 존재한다. 물리적 특성이 아닌 변수의 척도들은 원점수의 의미가 분명치 않다. 사립학교와 공립학교 교장지도성의 차이점수가 3점이라면, 이를 어느 정도 큰 차이로 해석해야 하

는가? 도시지역과 읍면지역 학생들의 수학성취도 검사점수의 평균이 3점 차이가 난다면 그 크기가 큰 것인가?

효과크기는 표준점수처럼 종속변수 척도의 표준편차를 기본단위로 한 것이다. 즉, 두 집단의 평균의 차이를 효과크기로 표현하면 다음과 같다.

$$\delta = \frac{\mu_1 - \mu_2}{\sigma_Y}, \quad d = \frac{\overline{Y_1} - \overline{Y_2}}{s_Y} \tag{3.10}$$

위의 식에서 δ는 효과크기의 모수이며, d는 표본통계량이다. 효과크기의 분자는 집단간 평균의 차이이며, 분모는 종속변수의 표준편차이다. 독자들은 효과크기의 식이 표준점수 z, 또는 $t-$검정통계량과 분모가 다르다는 것을 유의해야 한다. 즉, 효과크기에서 분모는 종속변수 Y의 표준편차이며, 표준오차($\overline{Y}$의 표준편차, 또는 $\overline{Y_1} - \overline{Y_2}$의 표준편차)가 아니다. 효과크기는 두 집단의 평균의 차이가 원점수 Y의 척도에서 몇 표준편차 거리로 환산되는지 산출하는 것이다. 만약에 효과크기가 1.0이라면, 두 집단의 평균의 차이는 Y의 원점수 척도에서 약 1.0 표준편차 차이가 나는 것이다. Y가 정규분포를 갖는다면, 평균이 높은 A집단에서 50백분위 점수는 평균이 낮은 B집단에서 84백분위 점수가 된다는 것을 예측할 수 있다. 따라서 효과크기는 종속변수 Y의 분포와 표준편차를 이용하여 집단간 평균차이에 실제적인 의미를 부여하는 통계량이다.

효과크기의 분모를 Y변수의 표준편차로 정하는 것은 수리적으로 정당하지만, 표본통계량에서는 집단마다 표준편차가 다르므로 논쟁의 여지가 있다. 처음 효과크기를 제안한 Glass(1976)는 여러 처치집단과 하나의 통제집단과의 평균의 차이를 효과크기로 추정하는 방법으로서 통제집단의 표준편차를 효과크기의 분모로 제안하였다. 즉,

$$d = \frac{\overline{Y_E} - \overline{Y_C}}{s_C} \tag{3.11}$$

여기서 $s_C = \hat{\sigma}_Y$이다. 그러나 모집단에서 σ_Y의 바람직한 추정량은 통제집단의 표본만 활용하기 보다는 전체 표본자료에서 추정하는 것이 더 정확하므로, $s_p = \hat{\sigma}_Y$를 제안하는 것이 일반적이다(Glass, McGaw, & Smith, 1981).

$$d = \frac{\overline{Y_E} - \overline{Y_C}}{s_p} \tag{3.12}$$

여기서 s_p는 σ_Y의 통합추정량(pooled estimator)이다. 이와 유사하게 Cohen(1988)은 분산분석표에서 $\sqrt{MSW} = \hat{\sigma}_e$로 효과크기의 분모로 제안하였으나 $\hat{\sigma}_e = s_p$이므로 위의 식(3.12)와 동일한 것이다. 그러나 처치의 효과 때문에 실험집단의 분산에 변화가 일어난다면, 식(3.11)처럼 모집단에서 종속변수의 표준편차를 추정하는 통제집단의 표준편차, s_C가 효과크기의 분모로서 더 바람직하다(Hedge, 1981).

식(3.10)에서 식(3.12)까지 다룬 효과크기들은 모두 두개 집단을 비교할 때, 두 집단의 평균차이의 실제적 규모를 나타낸 것이다. 이와 같은 효과크기 통계량을 분산분석에서처럼 비교되는 집단의 수가 셋 또는 그 이상인 경우로 확대할 수 있다(Cohen, 1988). 우선 집단의 수가 셋 이상인 경우에 집단간 격차의 크기를 반영하는 통계량은 집단간 분산이며, 고정효과 모형에서는 집단간 산술평균자승합으로 표현한다. 즉,

집단간 분산: $\dfrac{\sum_j (\mu_j - \mu)^2}{J}$, 통계량: $\dfrac{\sum_j (\overline{Y}_j - \overline{Y}_{..})^2}{J}$ 이다.

또한 종속변수 Y의 표준편차는 $\sqrt{\sigma^2}$이며, 추정치 통계량은 $\sqrt{\hat{\sigma}^2} = \sqrt{MSW}$ 이다. 따라서 분산분석에서 효과크기는 다음과 같이 나타낸다.

$$\delta = \sqrt{\frac{\sum_j (\mu_j - \mu)^2 / J}{\sigma^2}}\ ; \quad \hat{\delta} = d = \sqrt{\frac{\sum_j (\overline{Y}_j - \overline{Y}_{..})^2 / J}{\hat{\sigma}^2}} \tag{3.13}$$

식(3.13)은 분산분석에서 독립변수의 종속변수에 대한 효과크기이다. 이를 수리적으로 해석하면, 집단간 격차(또는 거리)의 평균이 종속변수의 표준편차 단위로 어느정도인지를 반영하는 것이다. 만약에 $\hat{\delta} = .30$ 이라면, 분산분석모형에서 비교대상인 집단들 사이의 평균 격차는 약 0.3 종속변수 표준편차의 규모이다.

효과크기의 해석에 대하여 Cohen(1988)은 0.10은 작은 효과크기, 0.25는 보통 효과크기, 0.40 이상은 큰 효과크기로 해석할 것을 제안하였다. 정규분포의 면적분할이 표준편차와 체계적 관계를 가지므로 이와 같은 해석을 일반원칙으로 사용할 수 있다. 그러나. 본질적으로 효과크기의 해석은 표준편차에 대한 해석과 동일하다. 몇 표준편차의 차이를 실제적으로 유의한 차이라고 해석하는가는 연구영역에 따라 다르다고 할 수 있다. 종속변수가 고부담 검사나 선발시험점수인 경우는 0.1 표준편차의 효과크기도 수 많은 사람들의 합격과 불합격에 영향을 미치므로 매우 큰 효과크기이다. 또한 중환자의 치사율과 관련한 통계에서도 효과크기는 세밀한 차이도 의미있게 해석될 수 있다.

9 완전무선설계와 검정력

실험설계에서 완전무선설계는 복수집단의 평균을 비교하는 분산분석모형을 활용하는 설계로서는 가장 간단한 것이다. 완전무선설계에서 활용하는 실험적 통제는 비교대상인 집단들 사이에 사전 동등성을 확보하기 위한 무선배치(random assignment)가 유일하며, 추가적으로 통계적 검정력을 높이기 위한 실험적 통제는 없는 설계이다. 즉, 단일요인 완전무선설계에 의한 자료분석에 사용되는 일원분산분석모형의 구조는 관찰단위의 변산을 두 가지로 분류하고 있다.

$$Y_{ij} = \mu + \alpha_j + e_{ij},\ e_{ij} \sim N(0,\ \sigma_e^2)$$

$\mu + \alpha_j$: 모형의 체계적 부분

e_{ij} : 모형의 오차항 : 집단간 차이 이외의 모든 변산원 포괄

위의 분산분석모형은 관찰단위의 종속변수값, Y_{ij},의 변산이 두 가지 요인으로 구성된다고 모형화한 것이다. 즉,

$$SST = SSB + SSW$$

$SSB = n\sum \hat{\alpha}_j^2$: 연구자의 이론적 모형(집단간 차이)에 의하여 설명된 변산

$SSW = \sum_i \sum_j \hat{e}_{ij}^2$: 연구자가 설정한 집단간 차이 이외에 종속변수 변산에 영향을 미치는 모든 요인에 의한 변산

이와 같은 변산의 구조를 간단한 그림으로 표현하면 다음과 같다.

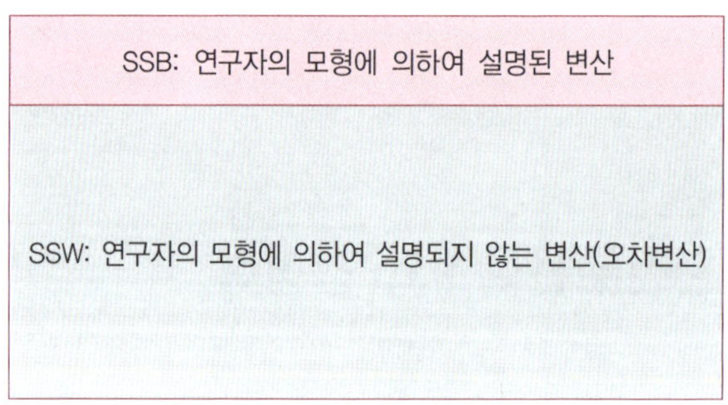

[그림 3-8] 일원분산분석모형의 변산 분할

위의 그림은 시각적으로 SSW를 크게 나타내었다. 그 이유는 완전무선설계가 통계적 검정력이 낮은 것을 암시하기 위한 것이다. 즉, 종속변수 Y_{ij}의 변산에 영향을 미칠만한 요인은 다양할 수 있으나, 연구자는 집단간 차이에 의한 변산(SSB)만 설명하고, 그 이외에 다른 가능한 요인들을 모두 오차요인(e_{ij})에 포함하므로, 오차변산(SSW)이 크게

되어, 통계적 검정력이 낮아진다는 것이다. 통계적 검정력이란 $\Pr(H_0$를 기각함 | H_0는 거짓임) 로서, 처치효과가 있을 때 H_0를 올바르게 기각할 확률이다. 실험연구에서 통계적 검정력은 중요한 주제이다. 즉, 많은 비용과 노력 그리고 시간을 들여서 실험을 끝내고 자료분석을 한 결과 SSB가 어느 정도 있음에도 SSW가 너무 커서 영가설을 거부하지 못하였다면, 그 연구는 실패한 것이기 때문이다.

통계모형에 의한 자료분석에서 통계적 검정력을 높이기 위한 전략은 두 가지이다. 하나는 실험적 통제를 활용하여 SSW의 크기를 줄이는 것이고, 다른 하나는 통계적 통제를 하여 SSW의 크기를 줄이는 것이다. 분산분석모형에서 통계적 검정력을 높이기 위한 방법은 분산분석표를 검토하며 이해하기 쉽다. 다음은 일원분산분석모형의 분산분석표에서 검정통계량의 속성을 표현한 것이다.

〈표 3-12〉 분산분석표와 검정통계량 F의 구성

변산원	자유도	$E(MS)$	F
집단간	$J-1$	$\sigma_e^2 + \frac{n\sum\alpha_j^2}{J-1}$	$\frac{E(\widehat{MSB})}{E(\widehat{MSW})} = \frac{\left(\hat{\sigma}_e^2 + \frac{n\sum\hat{\alpha}_j^2}{J-1}\right)}{\hat{\sigma}_e^2}$
집단내	$J(n-1)$	σ_e^2	

일원분산분석에서 영가설 $H_0: \mu_1 = \mu_2 = \ldots = \mu_J$은 $H_0: \sum\alpha_j^2 = 0$와 동일한 의미를 갖는다. 그리고 H_0를 기각하려면 위의 분산분석표에 제시된 검정통계량 $F-$값이 클수록 가능성이 높아진다. $F-$값이 크려면, 핵심이 되는 것은 $n\sum\hat{\alpha}_j^2$ 은 커야 하며, 반면에 $\hat{\sigma}_e^2$가 작아야 한다. 따라서 분산분석에서 $F-$값을 크게 하는 방법은 다음의 네 가지로 요약된다.

〈표 3-13〉 분산분석에서 통계적 검정력을 높이는 방법

1. $n\sum\hat{\alpha}_j^2$의 증가	1) 각 집단내 표본크기 n의 증가
	2) 처치효과 $\sum\hat{\alpha}_j^2$의 증가
2. $\hat{\sigma}_e^2$의 감소	3) 대안적 실험설계 또는 통계모형 활용
3. 일종오류 α −수준 증가	4) 과학적 신뢰도 추락. 추천대상이 아님.

〈표 3-13〉에서 $n\sum\hat{\alpha}_j^2$, 을 높이기 위한 전략은 두 가지로 제시되어 있다. 하나는 표본크기를 크게 하는 것이다. 더 많은 실험 참가자를 확보하거나 더 큰 표본을 확보하는 모든 행위가 여기에 해당한다. 연구자들은 표본의 크기를 충분히 확보하려는 노력을 하여야 한다. 다른 한편에서 실험연구에서 참가자를 확보하는 것은 비용과 직결된다. 예를 들어, 새로운 임상상담법의 효과를 검정하기 위하여 연구진이 개발한 10주간 상담프로그램의 효과를 검정하려면, 10주간 실험에 참가할 사람을 확보해야 하며, 확보된 참가자를 10주간 유지해야 한다. 대체로 실험에 참가하는 사람들에게는 어떤 형태로든 보상을 제공하는데, 그 보상은 현금, 학점, 성적, 선물, 상품, 서비스 등 매우 다양하다. 공통적인 것은 표본의 크기가 늘어나면 연구비, 관찰시간, 연구진의 노동이 모두 함께 늘어난다는 것이다. 따라서 첫 번째 고려사항인 표본크기를 늘리는 것은 연구기간, 연구비가 충분하거나 표본을 구하기 쉬운 연구인 경우에만 가능하다.

통계적 검정력을 높이기 위한 두 번째 고려사항은 $\sum\hat{\alpha}_j^2$를 크게 하는 것으로 이는 곧 처치효과를 부각시키는 작업이다. 따라서 연구자들은 실험설계를 할 때 처치의 강도가 약하지 않도록 설계를 하여야 한다. 새로운 교수법을 개발하여 그 효과를 검정하려면, 새로운 교수법에 의한 수업시간이 5시간인 경우보다 100시간인 경우에 그 효과를 더 선명히 관찰하기 쉽다. 새로운 시약을 개발하여 그 약의 병균에 대한 효과를 검정하려면, 0.001mg의 약을 병균에 투여하여 효과를 관찰하기 보다는 10000배에 해당하는 10g의 약을 투여하여 그 효과를 관찰하기가 더 쉬울 것이다. 즉, 처치의 양을 늘리는 것은 통계적 검정력을 높이는 방법이다. 처치의 양을 늘리는 것은 많은 경우에 실험기간을 늘리는 것이며, 처치비용을 늘리는 것이다. 또한 처치기간이 늘어나면 연구자의 노동량도 함께 증가한다. 따라서 처치의 강도를 높이는 것은 제한된 연구상황에서만 가능하다.

통계적 검정력을 높이는 세 번째 방법은 집단내 분산, $MSW = \hat{\sigma}_e^2$의 크기를 작게 하는 것이다. 앞에서 표본크기 n을 크게 하거나, 처치의 양 또는 강도, $\sum \hat{\alpha}_j^2$를 크게 하는 것과 달리 $\hat{\sigma}_e^2$를 작게하는 것은 돈과 비용의 문제라기 보다는 연구자의 통계학적 지식, 실험설계에 대한 지식과 더 관계된다. 더 나은 통계학적 지식을 갖춘 연구자는 더 효과적인 실험설계를 구상하여 $\hat{\sigma}_e^2$를 줄일 수 있다. 완전무선설계는 이 관점에서 가장 간단한 실험설계이며, $\hat{\sigma}_e^2$의 값이 가장 큰 유형의 실험설계이다. 따라서 완전무선설계는 통계적 검정력이 가장 낮은 실험설계이다. 실험설계를 학습하는 이유는 다양한 가설검정에 적합한 설계와 더불어 $\hat{\sigma}_e^2$를 줄이는 설계를 탐구하기 위한 것이다.

마지막으로 제안된 일종오류, α를 크게 하는 것은 진실을 규명하려는 과학의 세계에서 권장되는 것이 아니다. 연구자들은 이론적 기반이 튼튼한 경우에 단측검정을 하여 일종오류를 크게 할 수는 있으나, 이 방법도 권장되지는 않는다.

Chapter 04

중다비교 방법과 경향분석

1 개요

복수집단의 평균을 비교하는 통계적 방법(Multiple Comparison methods: MC methods)은 양적연구에서 매우 중요한 주제이다. 수 많은 경우에 연구자들은 복수집단간 평균의 차이를 통계적으로 검정하게 되며, 연구자에 따라 다양한 연구가설을 검정하게 된다. 분산분석 모형은 복수 집단의 평균을 비교하는 통계적 방법 중의 하나이며, $H_0 : \mu_1 = \mu_2 = \ldots = \mu_J$의 전반적 가설을 검정한다. 따라서 분산분석의 가설검정은 여러 개의 모평균이 동일한지 아닌지만 구분하는 것이다. 분산분석에서 영가설을 거부하는 것은, 적어도 어느 한 모집단의 평균은 다른 어떤 모집단의 평균과 다르다는 정보만 제공하며, 구체적으로 어느 특정 모집단들 사이에 평균의 차이가 있는지, 몇 개의 집단평균이 서로 다른지는 알려주지 않는다. 분산분석에서 $H_0 : \mu_1 = \mu_2 = \ldots = \mu_J$ 가설을 검정하는 것은 회귀분석에서 $H_0 : \beta_1 = \beta_2 = \ldots = \beta_P = 0$ 가설을 검정하는 것과 유사하다.

여기서는 복수집단의 평균을 비교하는 방법 중에서 구체적으로 특정 모집단들의 평균 사이에 차이가 있는지를 검정하는 방법을 제시한다. 특정 모집단의 평균들 사이에 차이가 있는지를 확인하는 절차와 방법을 중다비교법(Multiple Comparison methods)이라고 한다. 복수집단의 평균을 비교할 때 연구자가 당면하는 최대의 문제는 집단간 평균을 짝지워 비교하는 여러 대비가설(contrast hypothesis)을 동시에 검정해야 하는데, 이 경우 영가설을 잘 못 거부할 확률인 일종오류(type 1 error rate; α)가 증가하는 것을 통제해야 하기 때문이다. 즉, 대비가설의 수가 증가함에 따라 연구자가 일종오류를 범할 가능성이 1.0에 접근하는 문제를 극복해야 한다. 예를 들어, 대비가설의 수가 많으면, 연구자는 비상식적인 내용의 가설을 검정해도 통계적으로 유의한 결과를 얻을 수 있다.

복수집단의 평균을 비교하는 통계적 방법은 매우 다양하다. Toothaker(1991)는 40가지 이상의 복수집단 평균 비교법을 소개하고 있으며, Kirk(1995)는 그의 유명한 실험설계 저서에서 22가지의 복수집단 비교법을 검토하였다. 국내 연구물로는 강계남(2001)이 여섯 가지 핵심적인 다중비교법을 단행본 분량으로 서술한바 있다. 이 처럼 복수집단의 평균을 비교하는 다양한 방법이 존재하는 이유는, 연구자가 갖는 가설의 특징, 일종오류의 결정방법, 단계별 검정절차의 차이에 따라 검정통계량의 기각영역을 결정하는 방법이 달라지기 때문이다. 따라서 구체적으로 복수집단의 평균을 비교하는 특정 통계적 방법을 검토하기 이전에 연구자가 갖는 가설의 특징과 유형, 일종오류의 결정방법을 먼저 검토한다.

2 중다비교와 대비식

복수집단의 평균들 중에서 특정 집단간 평균을 비교하는 수학식을 대비식(contrast)이라고 한다. 대비식은 복수 집단들을 비교하는 모든 가능한 경우의 수를 일반식으로 표현하므로 다양한 가설을 표현하는데 매우 유용하다. 대비식은 ψ (psi)기호로 나타내며 두 집단 또는 두 집단군 사이의 평균 차이를 반영하는 식으로 정의된다.

예를 들어, 세 집단간 평균을 비교하는 어느 실험연구에서 연구자가 통제집단(집단3)과 다른 두 처치집단(집단1, 집단2)의 평균에 차이가 있는지 관심이 있다고 하자. 연구자는 다음의 두 가지 대비식으로 자신의 가설을 표현할 수 있다.

$\psi_1 = \mu_1 - \mu_3$: 집단1과 집단3의 모평균을 대비하는 식.

$\psi_2 = \dfrac{\mu_1 + \mu_2}{2} - \mu_3$: 집단1과 2의 묶음집단과 집단3의 모평균을 대비하는 식.

위의 대비식을 이용하여 연구자는 다음과 같이 가설을 제시한다.

$H_0 : \psi_1 = 0$ "집단1과 집단3의 모평균에 차이가 없다."

$H_0 : \psi_2 = 0$ "집단1과 집단2를 묶은 집단과 집단3의 모평균에 차이가 없다."

대비식에서 집단의 평균들을 대비시키는 방법은 비교대상 집단들을 둘로 나누는 모든 경우를 포괄한다. 즉, 때로는 ψ_1에서처럼 두 집단의 평균을 대비시키며, 혹은 ψ_2에서처럼 복합집단을 구성하여 다른 집단의 평균과 대비시킨다. 복수집단의 수가 $J \geq 3$이면, 연구자가 집단간 평균을 대비하는 경우의 수는 무한대이나, 대비가설의 수가 늘어나면, 전체적인 일종오류가 증가하므로, 실질적으로는 대비가설의 수가 적은 것이 통계적으로 간명하다. 집단간 평균을 비교하는 대비가설의 수는 비교대상인 전체 집단의 수와 연구자의 관심에 따라 많아질 수 있으며, 이 경우 많은 가설을 동시에 적절히 표현하는 방법에 대비식이 동원된다. 대비식은 다음과 같이 정의한다.

대비식(contrast) 정의: 대비식, ψ,은 대비계수의 합이 '0'인 조건을 충족하는 J개 모집단 평균들의 선형조합이다.

$\psi = \sum_{j=1}^{J} c_j\mu_j = c_1\mu_1 + c_2\mu_2 + \ldots + c_J\mu_J$, 여기서 $\sum c_j = 0$이다.

위의 대비식에서 c_j는 대비계수(contrast coefficient)이며, 대비계수의 합이 0이면, 즉, $\sum c_j = 0$이면, 대비식은 성립한다. 대비식을 이용한 영가설과 대립가설은 다음과 같은 형식으로 제시한다.

$$H_0 : \sum_{j}^{J} c_j\mu_j = 0 \qquad H_A : \sum_{j}^{J} c_j\mu_j \neq 0$$

또는

$$H_0 : \psi = 0 \quad H_A : \psi \neq 0 \text{ 여기서 } \psi = \sum_{j=1}^{J} c_j\mu_j \text{이다.}$$

앞에서 세 가지 교수법효과를 비교하는 연구에서 연구자의 관심이 1) 처치 교수법(집단1, 집단2)의 학업성취도 효과가 통제집단(집단3)의 교수법 보다 높은지, 2) 개별화 교수법(집단1)은 소규모 집단 교수법(집단2) 보다 더 효과적인지를 비교하는데 있다면, 연구자는 두 가지 가설을 다음의 대비식으로 표현할 수 있다.

〈표 4-1〉 복수집단 평균 비교를 위한 대비계수의 예

		대비 계수(Contrast coefficients)	$\sum_{j=1}^{J} c_j$
가설 1	$H_0 : \frac{\mu_1 + \mu_2}{2} - \mu_3 = 0$	$\psi_1 = \sum_j^J c_j \mu_j = \frac{1}{2}\mu_1 + \frac{1}{2}\mu_2 + (-1)\mu_3$ 즉, $c_1 = \frac{1}{2}, c_2 = \frac{1}{2}, c_3 = -1$ $H_0 : \psi_1 = 0$	0
가설 2	$H_0 : \mu_1 - \mu_2 = 0$	$\psi_2 = \sum_j^J c_j \mu_j = (1)\mu_1 + (-1)\mu_2 + (0)\mu_3$ 즉, $c_1 = 1, c_2 = -1, c_3 = 0$ $H_0 : \psi_2 = 0$	0

위의 예시에서 처럼 ψ_1과 ψ_2는 모두 대비계수의 합이 0인 조건을 충족하므로 적절한 대비식이다. 대비계수의 값을 정할 때는, $\sum_{j=1}^{J} c_j = 0$인 조건을 충족하면 된다. 또한 모든 '+' 값을 갖는 대비계수의 합이 +1이고, 모든 '-' 값을 갖는 대비계수의 합이 -1이면 대비식은 효과적이다. 즉 첫 번째 가설에서 $c_1 + c_2 = 1/2 + 1/2 = 1$이고, $c_3 = -1$로 정하는 것이, $c_1 + c_2 = 1/4 + 1/4 = 1/2$, $c_3 = -1/2$로 정하는 것보다 효과적이다.

위의 두 가지 대비식에서 가설1은 복합비교(complex comparison) 또는 복합대비식(complex contrast)을 적용한 것이며, 가설2는 짝비교(pairwise comparison) 또는 단순대비식(simple contrast)를 사용한 것이다. 대비식은 짝비교와 복합비교를 모두 표현하므로 다양한 가설을 표현하는데 유용하다. 연구자가 비교하는 집단의 수가 많다면, 복합비교와 짝비교를 나타내는 가설의 수 또는 대비식의 수는 많아진다. 따라서 일종오류가 매우 큰 상황에서 많은 가설검정을 하는 위험이 있다.

3 중다비교 가설과 대비식의 유형

3.1 사전비교와 사후비교

복수집단간 평균을 비교하는 연구자의 가설은 크게 이론적 기반을 가지고 있는 확인적 가설(confirmative hypothesis)과 평균의 차이가 있는 집단들을 찾는 탐색적 가설(exploratory hypothesis)로 분류할 수 있다. 확인적 가설은 이론적 기반이나 연구자 나름의 논리적 근거가 있으므로, 연구설계 단계에서 연구자가 자료수집 이전에 수립하므로 사전비교(a priori comparision; a priori contrast)또는 계획비교(planned comparision)라고 한다. 확인적 가설인 사전비교 검정을 할 때는 분산분석에서 수행하는 전반적 가설검정은 사실상 큰 의미가 없다. 연구자가 사전비교를 수행할 때는 계획된 여러 가설들이 서로 독립성을 갖는지, 상호 연관성을 갖는지에 따라 연구가설을 검정하는 복수집단 비교법은 달라진다.

복수집단간 평균의 차이에 대한 탐색적 가설은 비교대상인 집단들의 평균의 높낮이에 대한 이론적 입장이 분명하지 않은 경우에 사용된다. 탐색적 가설은 분산분석의 결과에서 전반적 가설, $H_0 : \mu_1 = \mu_2 = \ldots = \mu_J$이 기각되면, 적어도 한 집단은 다른 어떤 집단과 평균의 차이가 있는 것이므로, 구체적으로 어느 집단들 사이에 차이가 있는지 탐색하는 방법이다. 따라서 이 방법은 연구자가 분산분석에 의한 전반적 가설검정 이후에 시행하는 것이므로 사후비교(a posteriori contrast; post hoc comparison), 또는 사후비교검정(a posteriori tests; post hoc tests)이라고 한다. 사후비교에서 연구자는 비교대상인 집단들의 평균을 모든 대비시키는 절차를 가지므로, 많은 수의 대비가설을 검정하게 되며, 대비식들 사이의 독립성 여부는 크게 중요하지 않다. 연구자는 구체적으로 평균의 차이가 있는 집단을 확인하는데 더 관심이 있다. 그러나 연구자는 사후비교에서 집단간 평균을 비교할 때, 두 집단씩 비교하는 단순비교(simple contrast) 또는 짝비교(pairwise comparison)만 수행할 것인지, 복합비교(complex comparison; complex contrast)도 포함하여 집단간 비교를 수행할 것인지 선택을 하여야 한다.

지금까지 설명한 사전비교와 사후비교에 기초하여 복수집단 평균을 비교하는 가설을 다음과 같이 네 가지로 유형화 할 수 있다.

〈표 4-2〉 복수집단 평균비교 가설의 유형

사전비교 confirmative hypothesis		사후비교 exploratory hypothesis	
독립비교	종속비교	짝 비교	혼합비교
유형 I	유형 II	유형 III	유형 IV

〈표 4-2〉에서 유형 I의 연구가설은 집단간 평균을 비교하는 가설들이 서로 독립적이고 자료수집 이전에 결정된 것이므로, 한 가설의 검정여부가 다른 가설의 검정여부에 영향을 미치지 않는다. 즉, 두 개의 대비가설이 서로 독립이라면, 두 개의 독립적인 연구로 각 가설을 검정한 것과 같다. 따라서 이 경우는 복수집단비교를 위한 통계적 방법에서 일종오류의 증가를 염려할 필요가 없다.

유형 II의 대비식은 연구자가 사전계획을 하였으나, 대비식 사이에 독립성이 보장되지 않고 상호 상관이 있다면, 한 가설의 검정은 다른 가설의 검정에 영향을 미치며, 여러 가설들은 서로 연관된 하나의 묶음가설(familywise hypothesis)이 된다. 이 경우는 묶음가설에 대한 일종오류(familywise type I error rate; α^*)가 각 대비가설의 일종오류(α)보다 더 커지며, 대비가설의 수가 증가함에 따라 전체적인 일종오류(α^*)는 1.0에 접근하는 위험이 존재한다. 유형 II에 속하는 대비가설을 연구자가 원하는 일종오류 수준에서 검정하는 통계적 방법은 다양하다. 이 책에서는 Dunn 방법(또는 Bonferroni 방법), Dunn-Sidak 방법, Dunnet 방법, 그리고 Holm 방법을 검토한다.

유형 III에 속하는 대비식은 사후검정에서 짝비교를 반복하는 것이다. 사후검정은 비교대상인 집단들을 모두 두 집단씩 짝을 지어 비교하므로, 대비가설들 사이에 독립성은 유지되지 않는다. 따라서 전체 가설들에 대한 일종오류가 증가한다. 유형 III에 속하는 가설들은 단순비교 가설이므로 통계적 방법이 간단한 편이다. 이 책에서는 Tukey 방법, Newman Keuls 방법을 검토한다.

유형 IV에 속하는 대비식은 사후검정에서 모든 가능한 집단간 단순비교와 복합비교를 수행하는 것이므로, 전체 가설들에 대한 일종오류가 매우 커지는 단점이 있다. 이 경우 증가하는 일종오류를 통제하기 위한 통계적 방법은 검정력(power)이 약하므로, 연구자들이 선호하지 않는다. 이 책에서는 Scheffé 방법을 소개한다.

3.2 독립비교와 종속비교

세 개 이상의 집단간 평균을 비교하는 연구에서 대비식을 구성하는 경우의 수는 무수히 많다. 예를 들어, $J=4$ 이면 다음의 대비식들이 가능하다.

$$\psi_1 = \mu_1 - \mu_2$$

$$\psi_2 = \mu_1 - \mu_3$$

$$\psi_3 = \mu_1 - \mu_4$$

$$\psi_4 = \mu_2 - \mu_3$$

$$\psi_5 = \frac{\mu_1 + \mu_2 + \mu_3}{3} - \mu_4$$

$$\psi_6 = \frac{\mu_1 + \mu_2}{2} - \mu_3$$

$$\psi_7 = \frac{\mu_1 + 2\mu_2}{3} - \frac{\mu_3 + \mu_4}{2}$$

물론 이상의 일곱 가지 이외에도 얼마든지 더 많은 대비식을 강구할 수가 있다. 그러나 집단의 수가 $J=4$이므로 분산분석에서 집단간 평균을 비교할 때 집단간 자유도는 $J-1=3$이다. 자유도란 독립적인 정보개체의 수이다. 달리 표현하면, 평균의 차이로 인한 자승합, SSB는 $J-1=3$개의 정보개체에 의하여 결정된 것이다. 따라서 집단간 평균의 차이를 보이는 독립적인 대비식의 수는 $J-1=3$까지 가능하다.

일반적으로 비교대상 집단의 수가 J개 $(J \geq 3)$인 경우에, 대비식을 표현하는 방법은 무수히 많지만, 연구자가 동시에 설정할 수 있는 독립적인 대비식은 $J-1$개까지이다. 또한 대비식의 수가 $J-1$개라고 곧 상호 독립은 아니므로, 연구자는 대비식들이 상호독립성을 갖는 것이 적절한지 사전에 결정을 하여야 한다. 위에서처럼 $J=4$인 경우에, 연구자가 특별히 처음 세 집단간 평균의 차이에 관심이 있어서 ψ_1, ψ_2와 ψ_4를 동시가설로 검정한다면, 대비식들 사이에 다음의 관계가 성립한다.

$$\psi_1 = \psi_2 - \psi_4 = (\mu_1 - \mu_3) - (\mu_2 - \mu_3) = \mu_1 - \mu_2$$
$$\psi_2 = \psi_1 + \psi_4 = (\mu_1 - \mu_2) + (\mu_2 - \mu_3) = \mu_1 - \mu_3$$
$$\psi_4 = \psi_2 - \psi_1 = (\mu_1 - \mu_3) - (\mu_1 - \mu_2) = \mu_2 - \mu_3$$

즉, 각 대비식은 다른 대비식들의 조합이며 고유한 정보개체로서의 대비식은 아니다. 이처럼 한 대비식이 다른 대비식의 조합에 불과하면 대비식들은 상호 종속적인 관계에 있다. 역으로 대비식들은 상호독립이 아니다. 또는 직교비교(orthogonal contrasts)가 아니다. ψ_1, ψ_2, ψ_4의 대비식에 의한 집단간 변산들, $SS_{\psi_1}, SS_{\psi_2}, SS_{\psi_4}$은 서로 변산이 겹친다. 즉, $SSB \neq SS_{\psi_1} + SS_{\psi_2} + SS_{\psi_4}$이다. 대비식에 의한 변산이 겹치면, 각 대비식의 고유한 자승합의 크기를 동시에 결정할 수 없으며, 가설검정의 순서를 정해서, 마지막 대비식에 대한 자승합을 구해야 한다.

가설검정이 순서가 ψ_1, ψ_2, ψ_4라면,

$SS^*_{\psi_4} = SSB - (SSB_{\psi_1} + SSB_{\psi_2})$이다. 즉, $SSB = SS_{\psi_1} + SS_{\psi_2} + SS^*_{\psi_4}$ 이다.

가설검정의 순서가 ψ_1, ψ_4, ψ_2 라면,

$SS^*_{\psi_2} = SSB - (SSB_{\psi_1} + SSB_{\psi_4})$이다. 즉, $SSB = SS_{\psi_1} + SS_{\psi_4} + SS^*_{\psi_2}$ 이다.

마찬가지로, 가설검정의 순서가 ψ_2, ψ_4, ψ_1 이면,

$SS^*_{\psi_1} = SSB - (SSB_{\psi_2} + SSB_{\psi_4})$이다. 즉, $SSB = SS_{\psi_2} + SS_{\psi_4} + SS^*_{\psi_1}$ 이다.

이때, $SS^*_{\psi_1} \neq SS_{\psi_1}$; $SS^*_{\psi_2} \neq SS_{\psi_2}$; $SS^*_{\psi_4} \neq SS_{\psi_4}$이다.

이처럼, 대비식들이 상호종속인 경우에는, 각 대비식의 고유한 자승합은 결정할 수가 없다. 따라서 가설검정의 순서에 따라 그 결과도 달라질 수 있으므로 가설검정의 의미도

모호해진다.

그러나 위의 가설에서 연구자가 ψ_1, ψ_5, ψ_6의 대비식을 세웠고, 세 가지 대비식이 상호 독립이라면, $SSB = SS_{\psi_1} + SS_{\psi_5} + SS_{\psi_6}$이며, 가설의 순서를 바꾸어 자승합을 산출하여도 그 값은 변하지 않으며, $SS^*_{\psi_1} = SS_{\psi_1}$; $SS^*_{\psi_5} = SS_{\psi_5}$; $SS^*_{\psi_6} = SS_{\psi_6}$이다. 즉, 각 대비식은 고유한 자승합을 가진다.

중다비교에서 대비식이 상호 독립적이려면 다음 두 가지 조건을 갖추어야 한다.

▌$\psi = \sum c_j \mu_j$ 에서 독립비교를 위한 대비계수의 조건

조건 1: $\sum c_j = 0$ 각 대비식에서 대비계수의 합은 0이다.

조건 2: $\sum c_j c_{j'} = 0$ 두 개의 대비식이 독립적이려면, 상호 대응하는 대비계수 곱의 합은 0이다.

앞에서 다룬 ψ_1, ψ_5, ψ_6 세 가지 대비식이 상호 독립이라고 하였다. 이들 대비식의 독립성을 확인하는 방법은 위의 독립성 기준을 충족하는지 검토하는 것이다.

		C_1	C_2	C_3	C_4	$\sum c_j$
ψ_1		1	−1	0	0	0
ψ_5		1/3	1/3	1/3	−1	0
ψ_6		1/2	1/2	−1	0	0
ψ_1과 ψ_5	$c_j c_{j'}$	1/3	−1/3	0	0	$\sum c_j c_{j'} = 0$
ψ_1과 ψ_6	$c_j c_{j'}$	1/2	−1/2	0	0	$\sum c_j c_{j'} = 0$
ψ_5와 ψ_6	$c_j c_{j'}$	1/6	1/6	−1/3	0	$\sum c_j c_{j'} = 0$

첫 번째 조건, $\sum c_j$=0은 각 대비의 구성조건이고, 둘째의 조건, $\sum c_j c_{j'} = 0$은 두 개의 대비식이 상호 독립적이기 위한 조건이다. 위의 독립성 검토에서 {ψ_1과 ψ_5}, {ψ_1과 ψ_6}, {ψ_5과 ψ_6}의 각 쌍의 대비식은 $\sum c_j c_{j'} = 0$로서 모두 서로 독립적이다.

4 중다비교와 일종오류

가설 검정에서 일종오류(type I error; α)는 연구자가 영가설을 잘 못 거부할 확률을 의미한다. 즉, $\alpha = \Pr(reject \quad H_0 \mid H_0 \ is \ true)$이다. 즉, 연구자는 α만큼의 위험부담을 감수하고 영가설을 기각하는 것이다. 반대로 확신수준(Confidence Level)은 $CL = 1-\alpha$이다. 일종오류와 확신수준의 관계는 $\alpha = 1 - CL = 1-(1-\alpha)$으로도 나타낸다. 이 같은 일종오류와 확신수준의 개념은 연구자가 단 하나의 가설을 검정할 때 적용되는 것이다.

그러나 다중비교에서 일종오류 수준을 결정할 때, 연구자는 각 대비식별로 $\alpha-$수준을 적용할 것인지, 여러 대비식을 묶음단위로 한 대비족을 대상으로 일종오류 수준(familywise $\alpha-$수준, 또는 experimentwise $\alpha-$수준, α_Σ)을 적용할 것인지 고려해야 한다. 대비족 일종오류 수준(α_Σ)은 동일한 자료에서 $t-$검정을 반복할 때 증가하는 일종오류 수준이다. 복수의 대비식이 대비족을 구성하게 되면, α_Σ를 대비식의 수 만큼 쪼개어 일률적으로 동일한 $\alpha-$수준을 각 대비가설에 적용할 수도 있으며, 단계적으로 $\alpha-$수준을 적용하는 경우도 있다. 한편, 연구자가 적용하는 대비식들이 상호 독립적이며, 동시에 자료를 수집하기 이전에 결정된 것이라면, 각 대비식은 독립적인 연구가설의 성격을 갖게 되고, 대비족 일종오류를 적용하지 않고, $\alpha-$수준은 각 대비식별로 적용된다.

이제 한 연구에서 동일한 자료를 대상으로 복수의 대비식으로 가설검정(혹은 $t-$검정)을 하는 경우, 대비족의 일종오류 수준과 개별 대비가설에 적용되는 일종오류 수준의 관계를 살펴보자.

$J=3$개 집단의 평균을 비교하는 연구에서 연구자가 두 개의 대비식을 사용하여 가설검정을 한다면, 그리고 각 가설의 유의수준이 $\alpha=.05$이고, 두 개의 가설이 상호 독립이라면, 연구자가 두 가설을 모두 거부할 때의 확신수준은 다음과 같이 달라진다.

$$CL_\Sigma = (1-\alpha)(1-\alpha) = .95^2 = .9025$$

즉, 연구자가 두 개의 대비가설을 모두 거부하는 경우에 확신수준은 .9025이며, 더 이상 .95가 아니다. 마찬가지로 두 개의 대비가설을 모두 거부하는 경우에 연구자가 적용되는 유의수준은

$$\alpha^{*} = 1 - CL_{\Sigma} = 1 - (1-\alpha)^{2} = 1 - .9025 = 0.0975 \text{ 이다.}$$

이는 연구자가 자신의 연구에서 실제로 적용한 유의수준은 $\alpha = .0975 \simeq .10$임을 나타낸다. 만일 10개의 독립적인 대비가설을 동시에 검정한다면, $\alpha^{*} = 1-(1-.95)^{10} = 1-.1937 = .8062$이다. 적어도 하나의 대비가설을 잘못 거부할 가능성은 80%이상인 셈이며, 이는 전혀 과학적인 기준에 미치지 못하는 일종오류 수준이다. 즉, 대비가설의 수를 늘리면 무조건 통계적으로 유의한 결과를 얻는다고 할 수 있다.

무수히 많은 대비가설을 동시에 검정한다면, 연구자가 적어도 하나의 대비가설을 거부할 때의 확신수준은 0에 접근한다. 즉 $\lim_{c\to\infty}(1-\alpha)^{C} = 0$ 이다. 연구자는 아무런 확신수준이 없이 영가설을 거부하게 되는 것이다. 역으로 많은 동시에 검정할 때 연구자가 실질적으로 적용하는 일종오류는 1.0에 접근한다. 즉, 연구자는 언제나 적어도 하나 또는 그 이상의 영가설들을 잘못 거부하는 것이다.

$$\text{즉, } \alpha^{*} = 1 - \lim_{c\to\infty}(1-\alpha)^{C} = 1.0 \text{ 이다.}$$

대비족일종오류와 개별 대비가설에 적용되는 일종오류들 사이의 관계를 보인 것이 유명한 Bonferroni 부등식(Bonferroni's Inequality)과 이를 수정한 Sidak 부등식(Sidak's Inequality)이다.

Bonferroni 부등식은 개별 가설에 적용하는 일종오류의 합이 전체 동시가설들에 적용되는 대비족일종오류의 상한계(upper bound)라는 것을 의미한다. 즉,

$$\alpha_{\Sigma} \leq \sum_{j=1}^{C} \alpha_j \tag{4.1}$$

또는 $\alpha_{\Sigma} \leq \alpha_1 + \alpha_2 + . \ . \ . + \alpha_C$ 이다.

여기서 α_j 각 대비가설의 유의수준이며 α_{Σ}는 C의 대비가설 전체에 적용되의 대비족유의수준이다. 연구자가 자신의 연구에서 일종오류가 0.05 수준에서 모든 가설을 검정하려고 한다면, 그 연구자는 $\alpha_{\Sigma} = .05$로 설정하고, 각 개별 가설들에 적용되는 유의수준은 위의 Bonferroni 부등식을 이용하여 결정하여야 한다. 예를 들면, $\alpha_j = \alpha_{\Sigma}/C$로 계산하는 것이다. 예를 들어, 한 연구에서 동시에 검정하는 대비가설이 5개이고, 연구자가 자신의 연구에서 일종오류를 $\alpha_{\Sigma} = .05$라고 하면, 개별 대비가설의 일종오류는 $\alpha = .05/5 = .01$로 적용해야, 전체적으로 일종오류가 .05를 넘지 않게 된다. 따라서 한 연구에서 대비가설의 수가 많으면, 당연히 개별 가설에 대한 일종오류 α는 매우 작아져야 하는 부담이 있다.

Bonferroni 부등식은 개별 대비가설의 일종오류를 매우 낮추는 경향이 있으므로, 이를 수정하여 대비족일종오류의 상한계(upper bound)를 정한 것이 Sidak 부등식이다(sidák, 1967).

$$\alpha^* \leq 1 - (1 - \alpha)^C \tag{4.2}$$

여기서 α^*는 대비족 일종오류수준이며, C는 대비가설의 수이다. Sidak의 부등식은 대비족 일종오류가 개별 대비가설이 모두 독립일 때 가장 크다는 것을 보고한다. 즉, 대비족 안에서 모든 대비가설이 상호독립이면, 대비족 전체의 가설에 적용되는 일종오류의 유의수준은 다음과 같다.

$$\alpha^* = 1 - (1 - \alpha)^C \tag{4.3}$$

만약에 대비족 내의 개별 대비식들이 서로 상관을 갖는다면

$$\alpha^* < 1-(1-\alpha)^C \tag{4.4}$$

이다. 복수집단의 평균을 비교하는 많은 방법들이 전체적으로 일종오류 수준을 과학적 기준에 맞게 (예: $\alpha^* = .05$) 유지하기 위하여 Sidak의 부등식을 사용한다. 또한 Sidak의 부등식은 Bonferroni의 부등식보다 상한계의 값이 항상 낮다. 즉, 각 개별 대비가설의 일종오류인 α와 Sidak의 부등식, 그리고 Bonferroni 부등식의 상한계는 다음의 관계를 갖는다.

$$\alpha \leq \left[\alpha^* = 1-(1-\alpha)^C\right] \leq \left[\alpha_\Sigma = \sum_{j=1}^{C}\alpha_j\right] \tag{4.5}$$

따라서 대체로 Sidak의 부등식을 사용하는 다중비교방법이 Bonferroni의 부등식을 사용하는 방법보다 통계적 검정력이 높은 경향이 있다.

Bonferroni의 부등식에 의한 α_Σ는 실험단위 일종오류(edperinenfwise $\alpha-$rate), Sidak의 부등식에 의한 일종오류 α^*는 대비족 일종오류(famieywise $\alpha-$rate)이라고도 한다. 그러나 α_Σ와 α^*의 개념적 구분은 명확하지 않다. α_Σ는 단일 연구에서 동시에 검정하는 모든 가설들에 대한 일종오류의 개념이고, α^*는 묶음가설에 적용하는 일종오류의 개념이다. 예를 들어 이원분산분석(Two-Way Anova)을 한다면, 연구자는 요인A에서 J개 집단, 요인B에서 K개 집단, 그리고 상호작용AB에서 $J \times K$개 집단의 평균의 비교를 시도할 수 있다. 이 경우, 각 요인별로 묶음가설에 대한 일종오류를 α_A^*, α_B^*, 그리고 α_{AB}^*로 적용한다면, 연구자는 그 연구에서 검정하는 모든 연구가설의 일종오류의 상한계를 다음과 같이 정할 수 있다.

$$\alpha_\Sigma \leq \alpha_A^* + \alpha_B^* + \alpha_{AB}^*$$

여기서

$$\alpha_A^* \le 1-(1-\alpha)^{C_1};\quad \alpha_B^* \le 1-(1-\alpha)^{C_2};\quad \alpha_{AB}^* \le 1-(1-\alpha)^{C_3} \text{ 이다.} \tag{4.6}$$

C_1, C_2, C_3는 각 요인별 대비식의 수이다.

위의 식은 두위의 부등식의 상한계가 갖는 의미를 개념적으로 구분한 것이다.

5 대비가설의 검정통계량

모든 통계적 가설검정은 검정통계량의 확률분포에 의거하여 의사결정이 이루어진다. 복수집단 대비식에 의한 가설은 기본적으로 두 개 집단의 평균들을 비교하거나, 또는 집단들을 두 가지로 나누어 비교하는 것이다. 따라서 두 집단의 평균을 비교하는 $t-$분포를 사용하거나, $t^2(df)=F(1,df)$ 분포를 사용한다. 아울러 두 개 또는 두 가지 집단을 비교하므로 집단간 자유도는 항상 1이다. 다음은 집단의 표본크기가 모두 같은 경우에, 검정통계량과 확률분포 정보이다. 즉, $H_0:\psi=0$이라면, 영가설 H_0가 참인 상태에서 검정통계량은 다음과 같다.

$$t=\frac{\hat{\psi}-\psi}{s_{\hat{\psi}}}=\frac{\hat{\psi}}{s_{\hat{\psi}}}=\frac{\hat{\psi}}{\sqrt{MSW\left(\frac{\sum c_j^2}{n}\right)}}\sim t(df_w) \tag{4.7}$$

또는

$$F = t^2 = \frac{\hat{\psi}^2 / \left(\frac{\sum c_j^2}{n} \right)}{MSW} = \frac{MS_\psi}{MSW} = \frac{SS_\psi}{MSW} \sim F(1, df_w) \tag{4.8}$$

위의 식은 $t-$분포와 $F-$분포의 관계를 보여준다. 또한 대비법에 의한 분산분석표에서는 집단간 자유도가 $J-1=1$ (즉, J=2)이므로, $MS_\psi = SS_\psi / df_b = SS_\psi / 1$이다. 또한 t 검정통계량은 추정치와 표준오차의 비로 구성된다. 따라서 표준오차는 $s_{\widehat{\psi^2}}$의 제곱근이다.

$$s_{\hat{\psi}}^2 = \widehat{var}(\sum c_j \overline{Y_j}) = (c_1^2 \frac{\widehat{\sigma^2}}{n_1} + c_2^2 \frac{\widehat{\sigma^2}}{n_2} + \cdots + c_J^2 \frac{\widehat{\sigma^2}}{n_J}) = \widehat{\sigma^2}(\sum \frac{c_j^2}{n_j}) = MSW(\sum \frac{c_j^2}{n_j})$$

이다. 여기서 각 집단의 크기가 $n_1 = n_2 = \cdots = n_J = n$으로 동일하다면, $t-$검정통계량의 표준오차는 $s_{\hat{\psi}} = \sqrt{s_{\hat{\psi}}^2} = \sqrt{MSW\left(\frac{\sum c_j^2}{n}\right)}$이다.

$t-$와 $F-$검정통계량은 대비가설이 짝비교이거나 복합비교인 경우에 모두 적용가능한 검정통계량이다. 그러나 대비가설이 짝비교에 국한되는 경우에, 짝비교 가설만을 위하여 개발된 검정통계량으로 $q-$범위 통계량($q-$studentized range statistic)이 있다. 영가설 $H_0 : \psi = 0$가 참인 상태에서 검정통계량은 다음과 같다.

$$q = \frac{\hat{\psi} - \psi}{s_{\overline{Y}}} = \frac{\hat{\psi}}{s_{\overline{Y}}} = \frac{\sum_{j=1}^{p} c_j \overline{Y_{.j}}}{\sqrt{\frac{MSW}{n}}} \tag{4.9}$$

복수집단의 평균비교에서 짝비교만 수행한다면, 비교대상인 집단의 수와 짝비교의 수가 정확하게 결정되므로, 짝비교 가설의 수도 정확하게 결정된다. $q-$범위통계량은 집단의 수에 기초하여 대비족 일종오류 수준, α^*, 을 유지하면서 기각영역에서의 검정통계량 값을 알려준다.

$q-$범위통계량이 $t-$와 $F-$검정통계량과 다른 점은, 검정통계량의 분모 부분인 표

준오차, $\sqrt{MSW/n}$ 가 모든 짝비교에서 동일하다는 것이다. 즉, 짝비교에서는 모든 대비계수의 제곱합이 항상 $\sum c_j^2=2$ 이므로, 다양한 복합대비식을 고려한 $t-$와 $F-$검정통계량의 분모에서처럼, 대비계수의 변화에 대응할 필요가 없다.

$t-$와 $F-$검정통계량으로 짝비교 가설을 검정하는 경우에는 $\sum c_j^2=2$ 이므로,

$$t = \frac{\hat{\psi}}{\hat{\sigma}_{\psi}} = \frac{\hat{\psi}}{\hat{\sigma}_{\overline{Y}}\sqrt{2}}, \quad t = \sqrt{F} \tag{4.10}$$

이다. 따라서 세 가지 검정통계량의 관계는 다음과 같이 요약할 수 있다.

$$t = \frac{q}{\sqrt{2}} = \sqrt{F} \tag{4.11}$$

일반적으로 $t-$와 $F-$검정통계량이 $q-$범위통계량보다 작은 값으로 영가설을 기각하므로, 통계적 검정력이 높은 경향이 있다. 그러나 $t-$ 와 $F-$검정통계량을 사용한다고 하여도 대비족 일종오류를 정하는 방법에 따라 통계적 검정력은 달라진다.

6 사전 독립비교 방법: 가설 유형 I

사전 독립비교는 연구자가 연구설계 단계에서 이론적 관점에 따라 미리 정한 구체적인 집단들 사이의 평균비교 가설들을 검정하기 위한 것이다. 또한 대비식에 의한 가설들이 상호 독립적인 직교비교(orthogonal contrasts)이면, 각 가설검정의 결과해석에서 모호성

이 없으므로, 사전독립비교는 이론적 기반을 많이 갖춘 주제의 연구에서 선호한다. 또한 J개 집단의 평균비교를 위한 사전독립비교에서 대비가설의 수는 항상 $J-1$ 이하이다.

사전독립비교는 자료수집 이전에 계획된 것이므로, 사전비교라고 한다. 동시에 각 대비식들 사이의 대비계수들이 $\sum c_j c_{j'} = 0$인 조건을 만족한다. 사전독립비교를 수행하는 경우에는 분산분석에서 전반적인 가설검정(omnibus hypothesis test)은 별 의미가 없다. 즉, $H_0 : \mu_1 = \mu_2 = \ . \ . \ . = \mu_J$를 기각하는 것은 "모집단들 사이에 평균이 다른 경우가 있다"는 정보만 제공하므로, 만일 연구자가 이 보다 더 구체적인 가설을 이미 계획하였다면, 전반적인 가설검정은 의미가 없는 것이다.

사전독립비교는 각 가설검정이 독립적인 의미를 갖는 동시에 집단간 평균비교의 자유도인 $J-1$ 이하의 가설을 검정하므로, 대비족 일종오류의 증가를 염려할 필요가 없다. 즉, 한 연구에서 $J-1$개의 독립적인 대비가설을 검정하나, $J-1$개의 독립적인 연구를 수행하여 각 대비가설을 검정하거나 차이가 없다. 따라서 사전독립비교에서는 각 가설검정의 일종오류 α는 변화가 없다. 즉, $\alpha^* = \alpha_j$ 인 셈이다. 달리 설명하면 이원분산분석에서 두 개의 주요인과 상호작용효과를 검정할 때 모두 $\alpha = .05$로 동일하게 검정하는 이유와 같다.

사전독립비교의 가설을 검정하는데 사용하는 검정통계량은 $t-$검정통계량 또는 $F-$검정통계량이다. 앞의 식 (4.7)과 식 (4.8)에서 설명한 바와 같이 두 검정통계량은 다음과 같다.

$$t = \frac{\hat{\psi}}{s_{\hat{\psi}}} = \frac{\hat{\psi}}{\sqrt{MSW\left(\frac{\sum c_j^2}{n}\right)}} \sim t(df_w)$$

또는

$$F = t^2 = \frac{\hat{\psi}^2 / \left(\frac{\sum c_j^2}{n}\right)}{MSW} = \frac{MS_\psi}{MSW} = \frac{SS_\psi}{MSW} \sim F(1, df_w)$$

만약에 각 집단별 표본의 크기가 동일하지 않다면, 즉, $n_j \neq n_{j'}$ $(j \neq j')$ 이면, 다음과 같은 일반식을 적용한다.

$$t = \frac{\hat{\psi}}{s_{\hat{\psi}}} = \frac{\hat{\psi}}{\sqrt{MSW\left(\sum \frac{c_j^2}{n_j}\right)}}$$

또는

$$F = t^2 = \frac{\hat{\psi}^2 / \left(\sum \frac{c_j^2}{n_j}\right)}{MSW} = \frac{MS_\psi}{MSW} = \frac{SS_\psi}{MSW}$$

6.1 자료분석 예시

3장에서의 예시처럼, 개별화 교수법과 소규모 집단 교수법의 효과에 관심이 있는 연구자가 분산분석으로 사전비교를 하려는 경우에 연구자는 다음과 같은 절차로 가설검정을 한다. 여기서 세가지 교수법집단은

1=개별한 교수법

2=소규모 집단교수법

3=통제집단인 전체집단 강의법이다.

각 교수법집단의 사례수는 $n_1 = n_2 = n_3 = 40$명이다.

① 대비계수의 결정

$$\psi_1 = \frac{1}{2}\mu_1 + \frac{1}{2}\mu_2 - \mu_3$$
$$\psi_2 = \mu_1 - \mu_2$$

두 경우 모두 $\sum c_j = 0$이고 $\sum c_j c_{j'} = 0$이므로, ψ_1과 ψ_2는 독립대비식이다.

② 가설의 제시

$H_0 : \psi_1 = 0, \qquad H_A : \psi_1 \neq 0$

$H_0 : \psi_2 = 0, \qquad H_A : \psi_2 \neq 0$

③ 1종 오류: $\alpha = 0.05$

④ 검정통계량과 확률분포

$$t = \frac{\hat{\psi}}{s_{\hat{\psi}}} = \frac{\hat{\psi}}{\sqrt{MSW\left(\frac{\sum c_j^2}{n}\right)}} \sim t(117)$$

또는 $F = t^2 = \dfrac{MS_{\hat{\psi}}}{MSW} \sim F(1,117)$

⑤ 분산분석표 작성

3장에서 예시분석으로 사용한 〈표 3-4〉와 〈표 3-5〉에 제시된 통계량은 다음과 같았다.

$\overline{Y_1} = 105; \quad \overline{Y_2} = 103; \quad \overline{Y_3} = 96$

$MSW = 14.98; \quad n_1 = n_2 = n_3 = 40$

가설 $H_0 : \psi_1 = 0$에 대하여,

$$t = \frac{\widehat{\psi_1}}{\sqrt{MSW\left(\frac{\sum c_j^2}{n}\right)}} = \frac{\frac{1}{2}(\overline{Y_{.1}} + \overline{Y_{.2}}) - \overline{Y_{.3}}}{\sqrt{MSW\left(\frac{\sum c_j^2}{n}\right)}} = \frac{8}{\sqrt{14.98(1/4+1/4+1)/40}} = 10.67$$

$F = t^2 = 10.67^2 = 113.83$

가설 $H_0 : \psi_2 = 0$에 대하여

$$t = \frac{\widehat{\psi_1}}{\sqrt{MSW\left(\frac{\sum c_j^2}{n}\right)}} = \frac{\overline{Y_{.1}} - \overline{Y_{.2}}}{\sqrt{MSW\left(\frac{\sum c_j^2}{n}\right)}} = \frac{2}{\sqrt{14.99(1+1+0)/40}} = 2.31$$

$F = t^2 = 2.31^2 = 5.336$

분산분석표의 자승합(SS)을 구하면,

$$SS_{\widehat{\psi}_1} = MS_{\widehat{\psi}_1} = \frac{\widehat{\psi}_1^2}{\left(\frac{\sum c_j^2}{n}\right)} = 8^2/\left(\frac{1/4+1/4+1}{40}\right) = 1706.67$$

$$SS_{\widehat{\psi}_2} = MS_{\widehat{\psi}_2} = \frac{\widehat{\psi}_2^2}{\left(\frac{\sum c_j^2}{n}\right)} = 2^2/\left(\frac{1+1}{40}\right) = 80$$

이제 분산분석표는 다음과 같이 구성된다.

〈표 4-3〉 사전비교와 분산분석표

변산원	자승합	자유도	평균자승합	F
집단간	$SSB = 1786.67$	$J-1=2$	893.835	$\frac{MSB}{MSW} = 59.58$
ψ_1	$SS_{\widehat{\psi}_1} = 1706.67$	1	1706.670	$\frac{MS_{\widehat{\psi}_1}}{MSW} = 113.831$
ψ_2	$SS_{\widehat{\psi}_2} = 80$	1	80.000	$\frac{MS_{\widehat{\psi}_2}}{MSW} = 5.336$
집단내	$SSW = 1753.18$	117	14.984	
전체	$SST = 3540.89$			

ψ_1과 ψ_2의 가설검정을 위한 $\alpha = .05$ 수준에서의 F값은 $F_{.95}(1,117) = 3.92$이다. 따라서 $H_0 : \psi_1 = 0$와 $H_0 : \psi_2 = 0$는 모두 거부되었다. 즉, 대안적 교수법이 전통적 교수법 보다 학업성취도에 대한 효과가 더 크고, 개별화 교수법은 또한 소규모 집단 교수법보다 학업성취도에 대한 추가적인 교수법 효과가 있다는 충분한 증거가 발견된 것이다.

위의 분산분석표에서 확인할 수 있는 것은 $SSB = SS_{\psi_1} + SS_{\psi_2}$이다. 즉 SSB는 각 대비가설에서의 집단간 자승합으로 분해되었다.

6.2 사전독립비교의 신뢰구간

일반적으로 신뢰구간은 가설검정을 위한 의사결정과 더불어, 모수 추정치의 정밀도 정보도 함께 제공하므로, 점추정에 의한 가설검정보다 유용성이 높으나, 적지않은 경우에 연구자가 별도로 산출하여야 하는 불편이 있다. 신뢰구간은 $100(1-\alpha)\%$ 의 모수치 신뢰구간으로 제시한다. 대비가설의 경우는 $\psi = \sum c_j \mu_j$ 의 $100(1-\alpha)\%$ 신뢰구간을 구한다. 대비식의 $100(1-\alpha)\%$ 신뢰구간을 구하는 일반식은 다음과 같다.

$$\hat{\psi} - t_{(1-\alpha/2)} s_{\hat{\psi}} \le \psi \le \hat{\psi} + t_{(1-\alpha/2)} s_{\hat{\psi}} \tag{4.12}$$

만일 $\alpha = .05$ 이며, $\psi = \mu_1 - \mu_2$ 라면,

$(\overline{Y_1} - \overline{Y_2}) - t_{.975} s_{\hat{\psi}} \le \mu_1 - \mu_2 \le (\overline{Y_1} - \overline{Y_2}) + t_{(1-\alpha/2)} s_{\hat{\psi}}$ 이며,

$s_{\hat{\psi}} = \sqrt{MSW\left(\sum \frac{c_j^2}{n_j}\right)} = \sqrt{MSW\left(\frac{1}{n_1} + \frac{1}{n_2}\right)}$ 이다.

위의 $100(1-\alpha)\%$ 대비식 신뢰구간이 $H_0 : \psi = 0$ 의 값을 포함하면 영가설을 유지하는 것이고, 0의 값을 포함하지 않으면 영가설, $H_0 : \psi = 0$ 을 거부하는 것이다. 동시에 신뢰구간의 폭은 모집단에서 $\psi = \mu_1 - \mu_2$ 의 차이가 어느 정도의 범위에 있는지 알려준다. 만약에 폭이 매우 좁다면, 연구자가 산출한 $\hat{\psi} = \overline{Y}_1 - \overline{Y}_2$ 는 매우 정밀한 $\mu_1 - \mu_2$ 의 추정치라고 할 수 있다.

7 사전 종속비교 방법: 가설 유형 II

사전비교는 계획비교(planned comparison)이므로 연구자가 비교대상 집단들의 특성에 대한 이론적 근거를 갖고 자료 수집 이전에 세밀한 가설을 수립하고 검정하는 절차이다. 그러나 연구자가 구상하는 여러 가설들이 독립적이지 않은 경우가 많다. 특히 이론적 관심이 가는 대비가설의 수가 많을 때는 모든 대비식들이 직교비교의 관계를 갖도록 대비식을 설정하는 것은 현실적이지 않다. 따라서 많은 경우에 사전비교에서도 대비가설들 사이에 상관이 존재하며, 이 경우 단일 연구내에서 서로 상관을 갖는 가설들이 반복되므로 대비족 일종오류는 증가한다. 사전종속비교를 할 때도 연구자는 구체적인 이론적 관점에서 가설을 미리 계획하므로, 전반적인 가설검정, $H_0 : \mu_1 = \mu_2 = ... = \mu_J$, 은 연구자에게 큰 의미가 없다. 연구자는 자신의 이론을 검정하는 구체적인 가설검정에 더 관심을 갖는다. 여기서는 Dunn의 비교법, Dunn-Sidak 비교법, Dunnett 비교법, 그리고 Holm의 비교법을 소개한다. 이들 비교법들은 사전비교라는 묶음에 들어가지만, 대비족 일종오류, 혹은 실험단위 일종오류의 결정방법과 각 개별 대비가설검정에서의 일종오류 수준을 정하는 방법에서 차이가 있다.

7.1 Dunn의 사전비교법

Dunn의 복수집단 비교법(Dunn, 1961)은 가장 흔히 사용되는 사전비교법이다. Dunn의 비교법은 일종오류의 결정과정에서 Bonferroni의 부등식을 사용하므로, Bonferroni 방법이라고도 한다.

$$\alpha_\Sigma \le \alpha_1 + \alpha_2 + \ . \ . \ . \ + \alpha_C \text{ 이다.}$$

여기서 α_Σ는 대비족 일종오류이며, C개의 비교가 이루어지는 경우, 연구자가 범하는 일종오류이다. $\alpha_1, \alpha_2, \cdots, \alpha_C$ 등은 개별 비교에서 적용되는 일종오류이다. 따라서 만일에, 각 개별 대비가설이 α/C 수준에서 이루어 진다면, 대비족 일종오류 α_Σ는 α이하가 될 것이다. Dunn의 방법은 대비족 일종오류 α_Σ,를 C개의 대비가설에 사전에 쪼개어 배정하는 것이다. 만약에 연구자가 집단간 비교를 4회(즉, C=4)하는데, 대비족 일종오류를 $\alpha_\Sigma \leq .05$로 유지하고 싶다면, 각 개별 비교는 $.05/4 = .0125$를 적용할 수 있다. 그러면 $\alpha_\Sigma \leq 0.0125 + 0.0125 + 0.0125 + 0.0125 = .05$가 된다. 또는 연구자가 각 가설에 대하여 상이한 일종오류로 검정을 하고 싶으면, α_Σ, 를 넘지 않는 범위에서 각 비교를 상이한 일종오류로 검정할 수도 있다.

Dunn의 방법이 대중적인 이유는 사용하기가 쉽기 때문이다. Dunn의 방법에서는 첫째, 몇 개의 집단간 비교를 할 것인지 연구자가 미리 정해야 한다. 즉, 위의 식에서 C를 정한다. 둘째, 대비족 전체의 일종오류, α_Σ, 를 정한다. 셋째, 각 비교의 일종오류를 정한다. 각 일종오류의 합은 α_Σ을 넘지 않는다.

1) Dunn−검정통계량

Dunn의 비교법은 $t-$분포를 사용하지만, 일종오류의 적용조건에 따라 $tD-$검정통계량의 유의수준 값을 제시하였으므로, 검정통계량은 tD라고 표기한다. 그러나 $tD-$검정통계량의 유의수준 값은 모두 $t-$확률분포에서 구해진 것이다. 즉, 대비족에 속한 개별 대비가설의 검정을 위한 유의수준 값을 $t-$분포에서 구한 후, 별도로 정리한 비교표를 제시하였다. 따라서 $tD-$검정통계량 수식의 내용은 t-검정통계량과 같다.

$$tD = \frac{\sum_{j=1}^{J} c_j \overline{Y_j}}{\sqrt{MSW \sum \frac{c_j^2}{n_j}}} = \frac{c_1 \overline{Y_{.1}} + c_2 \overline{Y_{.2}} + \ . \ . \ . \ + c_p \overline{Y_{.p}}}{\sqrt{MSE\left(\frac{c_1^2}{n_1} + \frac{c_2^2}{n_2} + \ . \ . \ . \ + \frac{c_p^2}{n_p}\right)}} \qquad (4.13)$$

여기서 $tD \sim t(df = N-J)$ 이다.

또한 임계점에서의 값은 $tD_{\alpha, C}(df = N-J) = t_{\alpha/C}(df = N-J)$이다.

즉, Dunn의 검정통계량 tD는 기각영역을 결정할 때, 대비가설의 수 (C)와 대비족 일종오류의 크기, 그리고 자유도에 따라 임계값(critical value)이 달라진다. 따라서 각 대비가설을 검정할 때 기준은 다음과 같다.

단측방향 의사결정 기준: $tD \geq \mid tD_{\alpha;C}(df = N-J) \mid = \mid t_{\alpha/C}(df = N-J) \mid$

양측방향 의사결정 기준: $tD \geq \mid tD_{\alpha/2;C}(df = N-J) \mid = \mid t_{\alpha/2C}(df = N-J) \mid$

따라서 연구자들은 $tD-$통계량의 유의수준 값을 제시한 Dunn의 비교표에서 {α, 대비가설의 수, 자유도} 등의 정보로 유의수준값을 찾아도 되고, $t-$분포에서 일종오류값만 α/C 또는 $\alpha/2C$로 적용하여 각 개별 가설들 검정하여도 된다. 유의할 점은 Dunn(1961)이 제시한 복수집단비교표에서 $\alpha_{\Sigma} = .05$는 곧 $tD_{.05/2;C}(df)$의 양방향 검정에서의 α이다. 만약에 $\alpha_{\Sigma} = .05$로 단측방향 검정을 한다면, 연구자는 Dunn의 복수집단비교표에서 $\alpha = 0.10$의 오류수준에서 유의수준 t-값을 찾아야 한다. 다음은 유의수준 t-값을 찾은 두 가지 예시이다.

단측방향 검정, $\alpha_{\Sigma} = .05$: $tD_{.010/2;4}(40) = t_{.05/4}(40) = t_{.0125}(40) \simeq 2.42$

즉, Dunn의 비교표에서는 $\alpha = .10$에서 찾아야 함.

양측방향 검정, $\alpha_{\Sigma} = .05$: $tD_{.05/2;4}(40) = t_{.05/8}(40) = t_{.0063}(40) = 2.62$

Dunn의 비교표에서는 $\alpha = .05$에서 찾아야 함.

2) 자료분석 예시

세 가지 교수법의 학업성취도 효과를 비교하는 연구에서, 연구자는 두 처치집단(집단 1, 집단2)의 교수법효과가 통제집단(집단 3)의 교수법 효과보다 큰지를 비교하고자 하였다. 세 집단에 배정된 표본의 크기는 각 40명으로 N=40×3=120명이다. 연구자는 세 개의 대비식을 다음과 같이 세웠다.

(1) 대비식과 가설

$\psi_1 = \mu_1 - \mu_3$; 처치집단1과 통제집단3의 학업성취도 평균은 같다.

$\psi_2 = \mu_2 - \mu_3$; 처치집단2와 통제집단3의 학업성취도 평균은 같다.

$\psi_3 = \frac{\mu_1 + \mu_2}{2} - \mu_3$; 두 처치집단의 평균학업성취도와 통제집단3의 학업성취도 평균은 같다.

가설:

$H_0 : \psi_1 = 0; \quad H_0 : \psi_2 = 0; \quad H_0 : \psi_3 = 0$

$H_A : \psi_1 \neq 0; \quad H_A : \psi_2 \neq 0; \quad H_A : \psi_3 \neq 0$

세 가지 사전가설의 독립성 검토: $J=3$인 집단간 비교에서 이미 대비가설의 수가 $J-1=2$를 넘었으므로 제시된 대비가설들은 독립적일 수가 없다. 또한 대비식간의 독립성 검토 기준인 $\sum c_j c_{j'} = 0$을 적용해 보면 다음과 같다.

	C_1	C_2	C_3	$\sum c_j$
ψ_1	1	0	−1	0
ψ_2	0	1	−1	0
ψ_3	1/2	1/2	−1	0

ψ_1 $vs.$ ψ_2의 독립성 검토: $\sum c_{j1}c_{j2} = 1\times0 + 0\times1 + (-1)\times(-1) = 1 \neq 0$

ψ_1 $vs.$ ψ_3의 독립성 검토: $\sum c_{j1}c_{j3} = (1\times1/2) + (0\times1/2) + (-1)\times(-1)$

$= 1.5 \neq 0$

ψ_2 $vs.$ ψ_3의 독립성 검토: $\sum c_{j2}c_{j3} = (0\times1/2) + (1\times1/2) + (-1)\times(-1)$

$= 1.5 \neq 0$

따라서 세 대비가설은 독립적이지 않다.

(2) 일종오류의 결정

이 연구의 모든 영가설은 $\alpha_{\Sigma} = .05$의 일종오류 수준에서 검정한다.

(3) 검정통계량

Dunn의 비교법 적용: $tD = \dfrac{\hat{\psi}}{s_{\hat{\psi}}} \sim t(117)$

검정통계량 tD는 자유도가 117인 $t-$분포를 갖는다.

(4) 기각영역의 결정

만일 $tD = \dfrac{\hat{\psi}}{s_{\hat{\psi}}} > tD_{.05/2,3}(117) = 2.43$이면 (Dunn의 비교표를 사용하는 경우),

$H_0 : \psi_1 = 0;\quad H_0 : \psi_2 = 0;\quad H_0 : \psi_3 = 0$는 거부된다.

또는 $|\,t_{.05/6}(117)\,| = |\,t_{.0083}(117)\,| = 2.43$보다 크면 H_0는 기각된다.)

(5) 검정통계량의 산출 및 의사결정

$$tD = \frac{\hat{\psi}_1}{s_{\hat{\psi}_1}} = \frac{105-96}{\sqrt{14.99\left(\dfrac{1}{40}+\dfrac{1}{40}\right)}} = \frac{9}{\sqrt{0.749}} = 10.399$$

$$tD = \frac{\hat{\psi}_2}{s_{\hat{\psi}_2}} = \frac{103-96}{\sqrt{14.99\left(\dfrac{1}{40}+\dfrac{1}{40}\right)}} = \frac{7}{\sqrt{0.749}} = 8.088$$

$$tD = \frac{\hat{\psi}_3}{s_{\hat{\psi}_3}} = \frac{104-96}{\sqrt{14.99\left(\dfrac{1}{40}+\dfrac{1}{40}\right)}} = \frac{8}{\sqrt{0.749}} = 9.243$$

위의 tD-값은 모두 $tD = \dfrac{\hat{\psi}}{s_{\hat{\psi}}} > tD_{.05/2,3}(117) = 2.43$ 이다.

따라서 $H_0 : \psi_1 = 0;\ H_0 : \psi_2 = 0;\ H_0 : \psi_3 = 0$를 모두 거부할 만한 충분한 증거가 발견되었다. 연구자는 95%의 확신수준을 갖고 모든 영가설을 기각한다.

7.2 Dunn-Sidak 사전 비교법

Dunn-Sidak의 사전비교법은 Sidak(1967)이 Dunn의 방법을 수정한 것이므로, Dunn-Sidak의 사전비교법이라고 한다. Dunn의 사전비교법은 대비족의 일종오류 α_{Σ}를 통제하는 효과는 있지만, 묶음가설에 속한 대비가설들이 많으면, 개별 가설검정에서의 일종오류, α, 가 너무 작아지는 문제가 있다. Sidak(1967)은 묶음가설에 속한 대비족 일종오류의 상한계가 $1-(1-\alpha)^{C}$임을 보이고 동시에 Bonferroni의 부등식이 제시하는 상한계 $\sum_{j}^{C}\alpha_{j}$ 보다 작음을 제시하였다. 즉, Sidak의 부등식은 다음과 같다.

$\alpha^{*} \leq 1-(1-\alpha)^{C}$

여기서 α는 개별 가설에 적용되는 일종오류이며,

C는 대비족 안에 속한 대비가설의 수이다.

Sidak의 부등식과 Bonferroni 부등식의 관계는 다음과 같다.

$$\alpha^{*} \leq \{1-(1-\alpha)^{C}\} \leq \left\{\sum_{j}^{C}\alpha_{j}\right\} \tag{4.14}$$

따라서 Sidak은 대비족 안에 C개의 대비가설이 있고, C개의 대비가설을 모두 $\alpha^{*} \leq .05$ 수준 에서 검정하려면, 각 대비가설의 일종오류는 $\alpha = 1-(1-\alpha^{*})^{1/C}$로 결정하는 방법을 제시한 것이다. 이는 Dunn(1961)이 사용한 Bonferroni의 부등식 보다 더 유리한 조건(즉, α가 더 큰 조건)에서 각 대비가설을 검정하는 효과가 있다. 즉,

$$1-(1-\alpha^{*})^{1/C} > \frac{\alpha_{\Sigma}}{C} \text{ 이다.}$$

Dunn의 방법은 Bonferroni의 부등식을 이용하므로, 가법 부등식(Additive Inequality)

의 기준이며, Dunn-Sidak의 방법은 승법 부등식(Multiplicative Inequality)에 의한 기준이라고 한다. 대비족 안에 5개의 대비식이 있다면, 두 기준에 의한 α를 구체적으로 비교하면 그 차이가 경미한 것임을 알 수가 있다.

가법 부등식 기준에서의 α: $\alpha = \frac{\alpha_{\Sigma}}{C} = \frac{.05}{5} = .01$

승법 부등식 기준에서의 α: $\alpha = 1-(1-\alpha^{*})^{1/C} = 1-(1-.05)^{1/5} = .0102$

따라서 Dunn-Sidak 방법은 Dunn의 비교법 보다 통계적 검정력이 높은 편이므로, 연구자들이 선호한다.

1) Dunn-Sidak의 검정통계량

Dunn-Sidak의 비교법은 Dunn의 비교법과 모든 점에서 동일하며, 다만 유의수준에서의 t-검정통계량의 임계값만 다른 셈이다. Sidak(1967)은 승법 부등식에 의한 기준에 따라 개별 대비가설의 일종오류 수준에 맞는 $t-$검정통계량의 임계값의 표를 별도로 정리하였으므로, 이 표를 이용하는 통계량은 tDS로 구분하여 표기한다. 그러나 tDS 검정통계량의 내용은 앞서의 $tD-$검정통계량 및 $t-$검정통계량의 내용과 동일하다.

$$tDS = \frac{\sum_{j=1}^{J} c_j \overline{Y_j}}{\sqrt{MSW \sum \frac{c_j^2}{n_j}}} = \frac{c_1 \overline{Y_{.1}} + c_2 \overline{Y_{.2}} + . . . + c_p \overline{Y_{.p}}}{\sqrt{MSE\left(\frac{c_1^2}{n_1} + \frac{c_2^2}{n_2} + . . . + \frac{c_p^2}{n_p}\right)}} \qquad (4.15)$$

여기서 $tDS \sim t(df = N-J)$이다.

또한 임계점에서의 값은 $tDS_{\alpha, C}(df = N-J) = t_{\alpha}(df = N-J)$이며, $t-$검정통계량의 유의수준은 $\alpha = 1-(1-\alpha^{*})^{1/C}$이다.

Dunn의 비교법과 마찬가지로, Dunn-Sidak의 검정통계량 tDS는 기각영역을 결정할 때, 대비가설의 수 (C)와 대비족 일종오류의 크기(α^*), 그리고 자유도에 따라 임계값(critical value)이 달라진다. 구체적으로 $tDS-$검정통계량의 임계값을 예시하면 다음과 같다.

단측방향 검정, $\alpha^* = .05$: $tDS_{.010/2;4}(40) = t_{.0127}(40) \simeq 2.312$

즉, Dunn-Sidak의 비교표에서는 $\alpha = .10$에서 찾아야 함.

양측방향 검정, $\alpha^* = .05$: $tD_{.05/2;4}(40) = t_{.05/8}(40) = t_{.0063}(40) \simeq 2.608$

Dunn-Sidak의 비교표에서는 $\alpha = .05$에서 찾아야 함.

따라서 Dunn-Sidak 비교법에서의 $t-$검정통계량 임계값은 Dunn 비교법에서의 임계값 보다 다소 작은 값이므로, 영가설을 기각하는 검정력이 다소 높다고 할 수 있다.

7.3 Dunnett 사전 비교법

실험연구에서는 흔히 처치집단과 통제집단과의 평균의 차이를 검정하는 경우가 많다. 특히 새로운 처치들의 효과를 검정하는 방법은 기존의 방법과 비교하는 것은 흔히 있는 경우이다. Dunnett의 사전비교법은 J개 집단의 평균비교에서 한 집단은 통제집단(처치가 없는 경우)이고, 다른 $J-1$개 집단이 처치집단인 경우에, $J-1$개 처치집단과 통제집단의 평균을 모두 짝비교(pairwise comparison)하는 방법이다. Dunnett이 제시한 방법은 $J-1$개의 짝비교만 수행하므로, 비교집단간 모든 짝비교를 수행하는 Tukey(1953)의 방법이나 복합비교까지 수행하는 Scheffé(1953)의 방법보다 검정력이 높다. 또한 Dunnett의 방법은 다양한 처치집단들과 하나의 통제집단 사이의 평균비교 방법이므로, 사후검정으로도 사용될 수 있으나, 사실상 계획비교의 성격이 강하다.

만일 $J=4$개 집단이고, 4번째 집단이 통제집단이라면, Dunnett의 사전비교는 $J-1=3$개의 짝비교를 다음과 같이 미리 계획하는 것이다.

〈표 4-4〉 Dunnett의 사전비교법에서 J−1=3개의 짝비교 대비식 예

	집단1	집단2	집단3	집단4	$\sum c_j$
ψ_1	1	0	0	−1	0
ψ_1	0	1	0	−1	0
ψ_1	0	0	1	−1	0

이를 영가설로 표현하면 다음과 같다.

$$H_0 : \psi_1 = \mu_1 - \mu_4 = 0$$

$$H_0 : \psi_2 = \mu_2 - \mu_4 = 0$$

$$H_0 : \psi_3 = \mu_3 - \mu_4 = 0$$

Dunnett의 짝비교는 대비가설들 사이에 상관이 존재한다. 즉, $\sum c_j c_{j'}$ 의 독립성 기준을 적용하면, 언제나 $\sum c_j c_{j'} = 1$ 이다. 이 같은 종속관계는 짝비교들이 상관을 갖는다는 것이며, Dunnett의 짝비교에서 대비식들 사이의 상관계수는 언제나 $\rho = .50$ 이다. 즉, 상관계수의 정의를 이용하면,

$$\rho(\hat{\psi}_1, \hat{\psi}_2) = \frac{Cov(\hat{\psi}_1, \hat{\psi}_2)}{\sqrt{Var(\hat{\psi}_1)\,Var(\hat{\psi}_2)}} \text{ 이다.}$$

여기서

$$Var(\hat{\psi}_1) = Var(c_1\overline{Y}_1 - c_4\overline{Y}_4) = (c_1^2 + c_4^2)\frac{\sigma^2}{n} = 2\left(\frac{\sigma^2}{n}\right)$$

$$Var(\hat{\psi}_2) = Var(c_2\overline{Y}_2 - c_4\overline{Y}_4) = (c_2^2 + c_4^2)\frac{\sigma^2}{n} = 2\left(\frac{\sigma^2}{n}\right)$$

$$Cov(\hat{\psi}_1, \hat{\psi}_2) = Cov(c_1\overline{Y}_1 - c_4\overline{Y}_4, c_2\overline{Y}_2 - c_4\overline{Y}_4) = c_4^2\,Var(\overline{Y}_4) = 1\left(\frac{\sigma^2}{n}\right) \text{ 이다.}$$

이를 위의 식에 대입하면,

$$\rho(\hat{\psi}_1, \hat{\psi}_2) = \frac{1}{\sqrt{4}} = 0.5 \text{이다.}$$

Dunnett은 한 개 짝비교의 경우는, $t-$분포를 이용하여, 신뢰구간의 상한계와 하한계를 구하는 것처럼, 복수의 짝비교에서 대비족 전체에 적용하는 신뢰구간의 임계값을 다변량 $t-$분포에서 구하는 방법을 제시하고, 구체적으로 가설검정에 사용될 $t-$임계값 표를 제시하였다. Dunnett이 작성한 표는 짝비교간의 상관이 $\rho_{jj'} = .50$인 경우에 전체 집단의 수, 유의수준($\alpha = .05$, $\alpha = .01$), 자유도에 따라 단측방향과 양방향에서 $t-$임계값을 찾도록 구성되었다.

2) Dunnett 검정통계량

Dunnett의 비교법은 $t-$검정통계량을 사용하지만, 유의수준에서의 임계값이 기존의 $t-$분포에서의 값과 다르다. 따라서 Dunnett의 비교법에 사용하는 검정통계량은 별도로 tDN으로 표기한다. tDN은 $t-$검정통계량과 같으며 $t-$분포를 갖는다.

$$tDN = \frac{\hat{\psi}}{s_{\hat{\psi}}} = \frac{c_j \overline{Y_{.j}} + c_{j'} \overline{Y_{.j'}}}{\sqrt{\dfrac{2MSW}{n}}} \sim t(N-J) \tag{4.16}$$

그러나 α수준에서 영가설을 기각하는 임계값은 $t-$분포에서 직접 찾는 것은 비현실적이며, Dunnett이 제시한 tDN-검정통계량의 임계값 표를 사용하여야 한다. 즉, 앞의 절에서 Dunn의 tD-통계량이나, Dunn-Sidak의 tDS-통계량의 임계값은 Bonferroni 부등식과 Sidak 부등식을 이용하여 간단한 산술변환으로 $t-$분포에서 임계값을 찾을 수 있다. 그러나 Dunnett은 다변량 $t-$분포를 적분하여 임계값을 산출하였으므로 이를 반복하는 것은 비현실적이다.

tDN-검정통계량의 임계값은 {일종오류 수준(α), 전체 집단의 수(J), 자유도($N-J$)}에 따라 다르다. 즉,

$$tDN = \frac{c_j \overline{Y_{.j}} + c_{j'} \overline{Y_{.j'}}}{\sqrt{\frac{2MSW}{n}}} \geq tDN_{\alpha/2, J}(N-J) \text{이면}$$

영가설 $H_0 : \psi = 0$는 거부된다. $tDN_{\alpha/2,J}(N-J)$ 의 값은 일반 통계교과서에 부록으로 제시되어 있는 Dunnett(1955)이 제공한 표에서 쉽게 찾을 수 있다.

Dunnett의 방법은 기존의 Tukey의 짝비교 방법이나, Scheffé의 비교법 보다 더 검정력이 높다. 또한 Dunn의 방법이나, Dunn-Sidak의 방법이 대비족 일종오류의 상한계에서 임계값을 정하지만, Dunnett의 방법은 대비식 사이의 상관계수가 항상 0.50이므로 정확한 일종오류 수준 (또는 신뢰수준)에서 임계값을 제공하는 장점이 있다.

3) Dunnett의 간편 평균차이 검정

Dunnett의 대비가설 검정은 모두 짝비교이므로, Tukey의 HSD(Honestly Significant Difference)방법에서처럼, 통계적으로 "유의한 평균 차이"를 산출한 이후에 짝비교대상인 평균들의 차이가 이 "유의한 평균 차이"보다 크냐 작으냐에 따라 가설검정을 하는 것이다. 이는 $J-1$개의 tDN 값을 구하여 매번 가설검정을 하는 것보다 훨씬 간단하다. "유의한 평균 차이 '$\hat{\psi}(CD)$'"는 다음의 절차로 간단하게 구할 수 있다.

$$\frac{c_j \overline{Y_{.j}} + c_{j'} \overline{Y_{.j'}}}{\sqrt{\frac{2MSW}{n}}} \geq tDN_{\alpha/2, J}(N-J) \text{이면}$$

$H_0 : \psi = 0$이 α 수준에서 기각되는 것이므로,

$$\hat{\psi}(CD) = tDN_{\alpha/2, J}(N-J)\sqrt{\frac{2MSW}{n}} \text{ 이다.}$$

$$c_j \overline{Y_{.j}} + c_{j'} \overline{Y_{.j'}} = \overline{Y_{.j}} - \overline{Y_{.j'}} \geq \hat{\psi}(CD) \text{ 이면,}$$

대비식이 보이는 평균간의 차이는 통계적으로 유의한 것이다.

4) 자료분석 예시

세 가지 교수법의 효과를 비교하는 연구에서 두 가지 처치 교수법(개별화 방법, 소규모 집단 교수법)집단의 평균과 전통적인 교수법(강의식 교수법) 집단의 평균을 비교한다.

(1) 가설제시

$\psi_1 = \mu_1 - \mu_3; \quad \psi_2 = \mu_2 - \mu_3$

$H_0 : \psi_1 = 0; \quad H_0 : \psi_2 = 0$

$H_A : \psi_1 \neq 0; \quad H_A : \psi_2 \neq 0$

(2) 일종오류 $\alpha = .05$ (즉, $\alpha_\Sigma = .05$)

(3) 검정통계량

$$tDN = \frac{\hat{\psi}}{s_{\hat{\psi}}} = \frac{c_j \overline{Y_{.j}} + c_{j'} \overline{Y_{.j'}}}{\sqrt{\frac{2MSW}{n}}} \sim t(N-J)$$

(4) 기각영역 결정

방법 1:

$H_0 : \psi_1 = 0; \quad H_0 : \psi_2 = 0$가 참인 상태의 $t-$분포에서

$tDN \geq tDN_{.05/2,3}(117) = 2.25$이면,

$H_0 : \psi_1 = 0; \quad H_0 : \psi_2 = 0$는 거부된다.

방법 2:

$$\hat{\psi}(CD) = \sqrt{\frac{2(MSW)}{n}} \times tDN_{\alpha/2,J}(N-J) = \sqrt{\frac{2(14.99)}{40}} \times 2.25 = 1.947$$

이다.

따라서 $\hat{\psi}=\overline{Y_j}-\overline{Y_{j'}}\geq 1.947$이면, $H_0:\psi_1=0;\quad H_0:\psi_2=0$는 거부된다.

(5) 검정통계량 $tDN-$값 산출

방법 1:

$\widehat{\psi_1}=\overline{Y_1}-\overline{Y_3}=105-96=9 \qquad \hat{\psi}_2=\overline{Y_2}-\overline{Y_3}=103-96=7$

$$tDN(\widehat{\psi_1})=\frac{\overline{Y_1}-\overline{Y_3}}{\sqrt{\frac{2MSW}{n}}}=\frac{9}{0.865}=10.40,$$

$tDN(\hat{\psi}_1)\geq tDN_{.05/2,3}(117)=2.25$이므로 $H_0:\psi_1=\mu_1-\mu_3=0$는 거부할 만한 충분한 증거가 발견되었다. 개별화 교수법은 강의식 보다 학업성취도 효과가 높다는 충분한 증거가 있다.

$$tDN(\widehat{\psi_2})=\frac{\overline{Y_2}-\overline{Y_3}}{\sqrt{\frac{2MSW}{n}}}=\frac{7}{0.865}=8.09,$$

$tDN(\hat{\psi}_2)\geq tDN_{.05/2,3}(117)=2.25$이므로,

$H_0:\psi_2=\mu_2-\mu_3=0$는 거부할 만한 충분한 증거가 발견되었다. 소규모집단 교수법은 강의식 보다 학업성취도 효과가 높다는 충분한 증거가 있다.

방법 2:

$\widehat{\psi_1}=\overline{Y_1}-\overline{Y_3}=105-96=9 \qquad \hat{\psi}_2=\overline{Y_2}-\overline{Y_3}=103-96=7$

$\hat{\psi}(CD)=1.947$이다.

$\widehat{\psi_1}>\hat{\psi}(CD),\quad \hat{\psi}_2>\hat{\psi}(CD)$이므로 $H_0:\psi_1=0;\quad H_0:\psi_2=0$는 거부된다.

7.4 Holm의 다단계 사전 비교법

지금까지 제시한 Dunn의 비교법, Dunn-Sidak 비교법, 그리고 Dunnett 비교법은 모두 대비족에 속한 모든 가설을 단 하나의 검정통계량 임계값으로 검정하는 방법이다. 즉,

모든 대비가설을 동일한 일종오류 수준에서 동시에 검정하는 방법이다.

그러나 Holm의 방법은 기존의 Dunn 비교법과 Dunn-Sidak 비교법을 다단계 검정절차로 수정하여 통계적 검정력이 더 높은 복수집단 비교법으로 제시한 것이다. Holm(1979)이 Dunn 비교법을 수정하여 제시한 절차를 소개하면 다음과 같다.

(1) 각 가설에 해당하는 tD-검정통계량의 절대값이 큰 순서대로 정렬한다. 만약 대비가설이 5개(즉, C=5)라면, 다섯 개의 $tD-$검정통계량을 가장 큰 것에서 가장 작은 것으로 순서를 정한다.

(2) 가장 절대값이 큰 $tD-$검정통계량은 일종오류가 α/C 인 수준에서 임계값을 정하여 검정한다.

(3) 첫 번째 $tD-$검정통계량이 α/C 수준에서 유의하였다면, 둘째 순위의 $tD-$검정통계량은 $\alpha/(C-1)$ 수준에서 임계값을 정하여 검정한다. 셋째 순위의 $tD-$검정통계량은 $\alpha/(C-2)$ 수준에서, 그 다음은 $\alpha/(C-3)$, . . . 등 차례로 검정한다.

(4) 위의 절차는 영가설을 거부하지 못하는 경우까지 지속한다. 즉, 다섯 개의 가설 중에서 세 번째 가설까지 검정통계량이 통계적으로 유의하였으나, 네 번째 가설에서 통계적 유의도에 도달하지 못하였다면 더 이상의 가설 검정은 무의미하다. Holm의 방법은 Dunn-Sidak 비교법도 동일한 방법으로 수정할 수가 있다. 즉, Bonferroni의 부등식 대신에 Sidak의 부등식을 대비족 일종오류의 상한계로 사용하는 것이다. 이 방법에서는 $tDN-$의 검정통계량의 절대값이 큰 순서로 정렬한 이후에, 가장 큰 $tDN-$검정통계량은 $1-(1-\alpha^*)^{1/C}$로 일종오류 수준을 정하고, 둘째로 큰 $tDN-$검정통계량은 $1-(1-\alpha^*)^{1/(C-1)}$로, 셋째 크기의 $tDN-$검정통계량은 $1-(1-\alpha^*)^{1/(C-2)}$ 등으로 정하여 통계적 유의도에 도달하지 못하는 순서까지 계속하는 것이다.

따라서 Holm의 방법은 개별 대비가설에 적용하는 일종오류의 값이 Dunn 비교법과 Dunn-Sidak 비교법 보다 크므로, Holm 방법에서의 검정통계량(tH)의 임계값은 tD와 tDN보다 작고, 영가설을 거부할 확률이 높아진다. 즉 검정력이 높다.

1) Holm의 다단계 사전 비교법의 검정통계량

Holm의 비교법은 사실상 새로운 검정통계량을 개발한 것이 아니고, 대비족 일종오류를 다단계로 설정하여 $t-$검정통계량의 임계값만 수정한 절차이다. 가설검정의 임계값이 다른 방법과 다르므로, Holm의 검정통계량은 편의상 tH-검정통계량으로 표기한다. 그러나 그 식은 Dunn 방법, Dunn-Sidak 방법에서와 마찬가지로 $t-$검정통계량과 같다.

$$tH = \frac{\hat{\psi}_j}{s_{\hat{\psi}_j}} = \frac{\sum_{j=1}^{J} c_j \overline{Y}_{.j}}{\sqrt{MSW\left(\sum_{j=1}^{J} \frac{c_j^2}{n_j}\right)}} \sim t(N-J) \qquad (4.17)$$

즉, Holm 비교법의 $tH-$검정통계량은 $t-$분포를 갖는다.

$tH-$검정통계량의 임계값은 다단계로 결정되기 때문에, 각 대비가설에 적용하는 대비족 일종오류는 연구자가 순서대로 산출하여야 한다. 구체적으로 Holm의 비교법에서 임계값과 Dunn- 및 Dunn-Sidak-비교법에서의 $t-$임계값은 다음과 같이 다르다.

〈표 4-5〉 Dunn 비교법 , Dunn-Sidak 비교법, Holm 비교법의 임계값 비교

단측 검정 대비족 일종오류 = .05 자유도= 117 대비가설 수=3 (즉, C=3) $H_0: \psi_1 = 0$; $H_0: \psi_2 = 0$; $H_0: \psi_3 = 0$ 표본평균의 차이 순서: $\hat{\psi}_1 > \hat{\psi}_2 > \hat{\psi}_3$	
Dunn 비교법의 $t-$임계값	$t_{.05/3}(117) = t_{.0166}(117) = 2.25$ 검정 가설: $H_0: \psi_1 = 0$; $H_0: \psi_2 = 0$; $H_0: \psi_3 = 0$
Dunn-Sidak 비교법의 $t-$임계값	$t_{1-(1-.05)^{1/3}}(117) = t_{.017}(117) \simeq 2.23$ 검정 가설: $H_0: \psi_1 = 0$; $H_0: \psi_2 = 0$; $H_0: \psi_3 = 0$
Holm 비교법의 $t-$임계값	Dunn-수정 경우: $t_{.05/3}(117) = t_{.0166}(117) = 2.25$ Dunn-Sidak 수정 경우: $t_{1-(1-.05)^{1/3}}(117) = t_{.017}(117) \simeq 2.23$ 검정 가설: $H_0: \psi_1 = 0$
	Dunn-수정 경우: $t_{.05/2}(117) = t_{.025}(117) = 1.98$ Dunn-Sidak 수정 경우: $t_{1-(1-.05)^{1/2}}(117) = t_{.0253}(117) \simeq 1.97$ 검정 가설: $H_0: \psi_2 = 0$
	Dunn-수정 경우: $t_{.05/1}(117) = t_{.05}(117) = 1.658$ Dunn-Sidak 수정 경우: $t_{1-(1-.05)}(117) = t_{.05(117)} \simeq 1.658$ 검정 가설: $H_0: \psi_3 = 0$

위의 표는 $H_0 : \psi_2 = 0$와 $H_0 : \psi_3 = 0$의 검정에서는 Holm의 비교법이 더 검정력이 높다는 것을 보여준다.

대비가설 수: C=3, 자유도=117, 대비족 일종오류: $\alpha_{\Sigma} = .05$

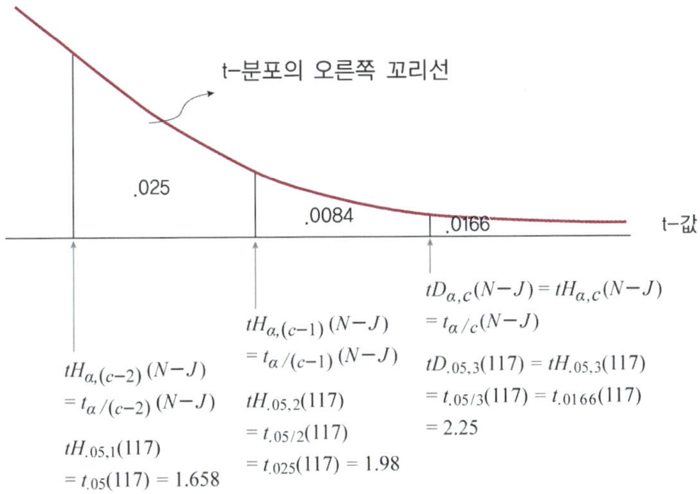

[그림 4-1] Dunn 비교법과 Holm 비교법의 t-임계값 비교(단측방향 검정)

1) 자료분석 예시

세 가지 교수법의 학업성취도 효과를 비교하는 연구에서, 연구자는 세 개의 대비식을 다음과 같이 세웠다.

(1) 대비식과 가설

$\psi_1 = \mu_1 - \mu_3$; 처치집단1과 통제집단3의 학업성취도 평균은 같다.

$\psi_2 = \dfrac{\mu_1 + \mu_2}{2} - \mu_3$; 두 처치집단의 평균학업성취도와 통제집단3의 학업성취도 평균은 같다.

$\psi_3 = \mu_1 - \mu_2$; 처치집단1과 처치집단2의 학업성취도 평균은 같다.

가설:

$H_0 : \psi_1 = 0; \quad H_0 : \psi_2 = 0; \quad H_0 : \psi_3 = 0$

$H_A : \psi_1 \neq 0; \quad H_A : \psi_2 \neq 0; \quad H_A : \psi_3 \neq 0$

(2) 일종오류의 결정

$\alpha_\Sigma = .05$의 일종오류 수준에서 검정한다.

(3) 검정통계량

Holm의 비교법 적용: $tH = \dfrac{\hat{\psi}}{s_{\hat{\psi}}} \sim t(117)$

검정통계량 tH는 자유도가 117인 $t-$분포를 갖는다.

(4) 기각영역의 결정

[Dunn-임계값 수정 방법 적용 경우]

$tH = \dfrac{\hat{\psi}}{s_{\hat{\psi}}}$ 값이 가장 큰 경우:

$tH_{.05/2,3}(117) = t_{.05/6}(117) = t_{.003}(117) \simeq 2.90$의 임계값 적용

$tH = \dfrac{\hat{\psi}}{s_{\hat{\psi}}}$ 값이 둘째로 큰 경우:

$tH_{.05/2,2}(117) = t_{.05/4}(117) = t_{.0125}(117) = 2.378$의 임계값 적용

$tH = \dfrac{\hat{\psi}}{s_{\hat{\psi}}}$ 값이 가장 작은 경우:

$tH_{.05/2,1}(117) = t_{.05/2}(117) = t_{.025}(117) = 1.98$의 임계값 적용

(5) 검정통계량의 산출 및 의사결정

$$tH = \frac{\hat{\psi}_1}{s_{\hat{\psi}_1}} = \frac{105-96}{\sqrt{14.99\left(\frac{1}{40}+\frac{1}{40}\right)}} = \frac{9}{\sqrt{0.749}} = 10.399$$

$$tH = \frac{\hat{\psi}_2}{s_{\hat{\psi}_2}} = \frac{104 - 96}{\sqrt{14.99\left(\frac{1}{40} + \frac{1}{40}\right)}} = \frac{8}{\sqrt{0.749}} = 9.243$$

$$tH = \frac{\hat{\psi}_3}{s_{\hat{\psi}_3}} = \frac{106 - 103}{\sqrt{14.99\left(\frac{1}{40} + \frac{1}{40}\right)}} = \frac{3}{\sqrt{0.749}} = 3.466$$

$\hat{\psi}_1 > \hat{\psi}_2 > \hat{\psi}_3$ 이므로, 각 $tH-$ 검정통계량의 임계값에 따른 의사결정은 다음과 같다.

$$tH = \frac{\hat{\psi}_1}{s_{\hat{\psi}_1}} = 10.399 > t_{.003}(117) = 2.90$$ 이므로, $H_0 : \psi_1 = 0$을 거부한다.

$$tH = \frac{\hat{\psi}_2}{s_{\hat{\psi}_2}} = 9.243 > t_{.0125}(117) = 2.378$$ 이므로, $H_0 : \psi_2 = 0$을 거부한다.

$$tH = \frac{\hat{\psi}_3}{s_{\hat{\psi}_3}} = 3.466 > t_{.025}(117) = 1.98$$ 이므로, $H_0 : \psi_3 = 0$을 거부한다.

따라서 $H_0 : \psi_1 = 0$; $H_0 : \psi_2 = 0$; $H_0 : \psi_3 = 0$를 모두 거부할 만한 충분한 증거가 발견되었다. 연구자는 95%의 확신수준을 갖고 모든 영가설을 기각한다.

8 사후 짝비교 방법: 가설 유형 III

분산분석에서 전반적인 영가설 $H_0 : \mu_1 = \mu_2 = \ . \ . \ . = \mu_J$를 기각하면, "J개의 모집단들 중에서 적어도 하나의 모집단은 다른 모집단과 평균이 다르다"는 충분한 증거가 발견된 것이다. 따라서 연구자의 다음 작업은 구체적으로 어느 집단들 사이에 평균의 차이가 있는지 확인하는 것이다. 이처럼, 전반적인 가설검정(omnibus hypothesis testing)에서 유의한 결과를 얻은 후에, 평균의 차이가 유의한 집단을 확인하는 절차를 사후비교(post hoc comparison)라고 한다. 사후비교에는 다양한 방법이 존재한다. 여기서는 대비가설의 유형에 따라, 모든 짝비교를 동시검정하는 Tukey의 HSD(Honestly Significant Difference) 방법, 짝비교를 단계별로 검정하는 Newman Keuls의 방법, 그리고 짝비교와 복합집단비교를 모두 수행하는 Scheffé 방법 등을 소개한다.

8.1 Tukey의 짝비교 방법

Tukey의 비교법은 J개 모집단 평균들을 대상으로 모든 가능한 짝비교(paired comparison) 가설을 검정하면서 대비족 일종오류를 통제하는 방법이다. 예를 들어, 4개 집단간 평균비교를 위하여 분산분석을 하고 영가설, $H_0 : \mu_1 = \mu_2 = \mu_3 = \mu_4$, 을 기각하였다면, 적어도 한 집단의 평균은 다른 집단과 다른 것이므로, {집단1, 집단2}, {집단1, 집단3}, {집단1, 집단4}, {집단2, 집단3}, {집단2, 집단4}, {집단3, 집단4}의 여섯 가지 짝 중에서 적어도 하나는 평균의 차이가 있을 것이다. Tukey의 방법은 이 모든 짝비교를 동시에 수행하여, 구체적으로 어느 짝의 모집단 사이에 평균에서 차이가 있는지 검정한다. 즉, J개의 집단평균을 Tukey의 비교법으로 두 집단씩 비교하면, 모두 $J(J-1)/2$개의 짝비교를 수행한다.

Tukey 방법은 우선 모든 집단의 표본평균들을 큰 값에서 작은 값으로 순위를 정한다. 가장 평균의 차이가 큰 두 집단부터 평균의 차이가 작은 순서대로 평균의 차이를 검정하는 것이다. J개의 집단 중에서 가장 평균이 큰 집단의 평균을 μ_1, 가장 평균이 작은 것을 μ_J라고 하면, Tukey의 가설검정 순서는 $H_0 : \mu_1 - \mu_J = 0$이고, 그 다음 가설은 $H_0 : \mu_1 - \mu_{J-1} = 0$이다.

1) Tukey 짝비교법의 검정통계량

Tukey의 비교검정에서는 두 집단간 평균의 차이를 q-범위통계량(q-studentized range

statistic)의 확률분포로 검정한다. 검정통계량 $q-$범위통계량의 확률분포는 비교하는 집단의 수에 따라서 일종오류가 커지는 것을 방지하기 위한 것이다.

$$q = \frac{\hat{\psi}}{s_{\overline{Y}}} = \frac{\overline{Y_L} - \overline{Y_S}}{s_{\overline{Y}}} \sim q(J, df_e) \tag{4.13}$$

여기서 $s_{\overline{Y}} = \sqrt{MSW/n}$[1] 또는 $s_{\overline{Y}} = \sqrt{\frac{MSW}{2}\left(\frac{1}{n_L} + \frac{1}{n_S}\right)}$ $(n_L \neq n_S)$ 이다.

$\overline{Y_L}$와 $\overline{Y_S}$는 두 집단 중에서 각 각 표본평균이 큰 집단과 작은 집단의 평균을 지칭하는 것이다. $q(J, df_e)$의 분포에서 J는 전체 집단 수이며, $df_e = J(n-1)$로서 분산분석에서 SSW의 자유도이다.

Tukey의 짝비교는 $J(J-1)/2$개 이지만, 모든 짝비교에서 영가설을 기각하는 $q-$검정통계량의 임계값은 동일하다. 즉,

$$q \geq q_{(1-\alpha)}(J, df_e) \text{ 이면,}$$

짝비교 가설, $H_0 : \psi = 0$은 양방향 검정에서 기각된다.

따라서 Tukey의 비교법에서는 $q-$검정통계량의 값과 임계값을 비교할 수 있으면 모든 짝비교의 가설검정이 가능하다.

2) Tukey의 HSD 검정법

만약에 J개 표본집단의 크기가 동일하여, $n_1 = n_2 = \ldots = n_J = n$이라면, Tukey의

1) 비교대상 집단의 표본 크기가 다른 경우에 짝비교를 위한 $q-$검정통계량은 Kramer(1956)가 개발하였으므로, Tukey-Cramer 검정이라고도 한다.

검정은 소위 HSD(honestly significant difference)를 적용하여 보다 간편해진다. HSD는 영가설을 기각하는데 필요한 최소한의 평균의 차이를 의미한다. 즉, 표본집단의 크기가 같다면, 위의 q-범위통계량의 기각조건을 이용하여 HSD는 다음 식으로 산출한다.

영가설의 기각조건은 $\dfrac{\overline{Y_L} - \overline{Y_S}}{\sqrt{MSW/n}} \geq q_{(1-\alpha)}(J, df_e)$이며,

$HSD = (\overline{Y_L} - \overline{Y_S}) = \sqrt{MSW/n} \times q_{(1-\alpha)}(J, df_e)$이다.

즉, 어느 짝을 비교하던, $\overline{Y_L} - \overline{Y_S} > HSD$ 이면 영가설 $H_0 : \mu_L - \mu_S = 0$을 거부하는 것이다. $HSD = \sqrt{MSW/n} \times q_{(1-\alpha)}(J, df_e)$이다.

3) 자료분석 예시: Tukey의 HSD 방법

세 가지 교수법의 효과를 분산분석으로 검정한 결과, $H_0 : \mu_1 = \mu_2 = \mu_3$가 기각되었다. 연구자는 구체적으로 어느 교수법 집단 사이에 평균의 차이가 있는지 파악하기 위하여 다음의 절차로 Tukey방법을 적용한다.

(1) 표본평균이 높은 집단 순서대로 정렬한다.

개별화 교수법	소규모 집단 교수법	전체 집단 교수법
$\overline{Y_1}$	$\overline{Y_2}$	$\overline{Y_3}$
105	103	96

(2) 연구자가 원하는 일종오류 수준을 정하고, (예, $\alpha = .05$), 기각 수준에서 q-범위통계량의 값을 확률분포표에서 찾는다. 즉, $q_{.95}(3, 117) = 3.36$ 이다.

(3) HSD값을 산출한다.

$$HSD = \sqrt{MSW/n} \times q_{(1-.05)}(3, 117) = \sqrt{14.993/40} \times 3.36 = 2.05$$

(4) 짝비교 표를 구성하여 HSD보다 집단간 평균의 차이가 큰 짝을 확인한다.

	$\overline{Y_1}$	$\overline{Y_2}$	$\overline{Y_3}$	HSD
$\overline{Y_1}$		2	9	2.05
$\overline{Y_2}$			7	

위의 표에서 $HSD = 2.05$ 보다 평균의 차이가 큰 짝은 {집단1, 집단3}, {집단2, 집단3} 이다. 따라서 {개별화 교수법과 전체집단 교수법}, 그리고 {소규모 집단 교수법과 전체집단 교수법} 사이에 교수법의 학업성취도 효과에 차이가 있다고 추리한다.

8.2 Newman-Keuls 짝비교 방법

Newman-Keuls 복수집단 비교법도 모든 가능한 짝비교를 검정하는 방법이다[2]. 또한 모든 절차와 $q-$검정통계량을 사용하는 것이 Tukey의 비교법과 동일하나, 영가설을 기각하는 $q-$검정통계량의 임계값이 짝비교의 순서에 따라 단계적으로 달라지는 것만 다르다. Newman-Keuls 방법과 Tukey 방법의 임계값의 차이는 각 짝비교의 가설이 몇 개의 집단을 포괄하는 가설인가에 따라 다르다. 예를 들어, J개의 표본집단 평균을 크기에 따라 $\{\overline{Y_1}, \overline{Y_2}, . , , \overline{Y_J}\}$의 순서로 정렬한 이후에, $H_0 : \mu_1 - \mu_J = 0$의 가설을 검정한다면, 이 가설이 포괄하는 집단의 수는 J 개이다. 그러나 $H_0 : \mu_1 - \mu_{J-1} = 0$이면, 이 가설이 포괄하는 집단의 수는 $J-1$개이다. 이 경우 Tukey 방법의 임계값은 항상 $q_{(1-\alpha)}(J, df_e)$이나, Newman-Keuls 방법에서는 각 대비가설이 포괄하는 집단의 수가 감소함에 따라, $q-$검정통계량의 임계값도 감소한다.

다음은 $J=4$인 경우에, 가능한 6개의 짝비교에서 Newman-Keuls의 임계값이 어떻게 달라지는지 나타낸 것이다. 아래 표에서 표본집단 평균의 크기는 $\overline{Y_1} > \overline{Y_2} > \overline{Y_3} > \overline{Y_4}$ 이다.

---

2) Newman-Keuls 비교법은 Newman(1939)이 처음 제안하였으나, 후에 Keuls(1952)가 다시 개발한 것이다.

〈표 4-6〉 Newman-Keuls 짝비교에서의 대비가설과 단계별 임계값

	$\overline{Y_1}$	$\overline{Y_2}$	$\overline{Y_3}$	$\overline{Y_4}$
$\overline{Y_1}$		$H_0: \mu_1 - \mu_2$ $q_{(1-\alpha)}(2, df_e)$	$H_0: \mu_1 - \mu_3$ $q_{(1-\alpha)}(3, df_e)$	$H_0: \mu_1 - \mu_4$ $q_{(1-\alpha)}(4, df_e)$
$\overline{Y_2}$			$H_0: \mu_2 - \mu_3$ $q_{(1-\alpha)}(2, df_e)$	$H_0: \mu_2 - \mu_4$ $q_{(1-\alpha)}(3, df_e)$
$\overline{Y_3}$				$H_0: \mu_3 - \mu_4$ $q_{(1-\alpha)}(2, df_e)$

즉, Newman-Keuls 비교법에서는 대비가설 $H_0: \psi = \mu_j - \mu_{j'}$가 포함하는 집단의 수에 따라 대비족 일종오류를 달리 반영한다. 보다 정확히 표현하면, Tukey 방법에서는 대비가설의 수가 $J(J-1)/2$의 기준으로 대비족 일종오류 α_Σ에 해당하는 임계값을 적용하지만, Newman-Keuls 방법에서는 대비가설의 수를 $J(J-1)/2$; $(J-1)(J-2)/2$; . . . ; 2/2 로 단계별로 낮추어진 기준으로 대비족 일종오류 α_Σ에 해당하는 임계값을 정한다.

다음은 두 가지 비교법의 임계값을 집단의 수가 $J=3$개인 경우에 비교한 것이다.

〈표 4-7〉 Newman-Keuls방법과 Tukey 방법의 q-임계값 비교($J=3, n=40, df_e=117$)

가 설	임 계 값	
	Tukey	Newman Keul
$H_0: \mu_1 - \mu_3$	$q_{.95}(3,117) = 3.36$	$q_{.95}(3,117) = 3.36$
$H_0: \mu_1 - \mu_2$	$q_{.95}(3,117) = 3.36$	$q_{.95}(2,117) = 2.80$
$H_0: \mu_2 - \mu_3$	$q_{.95}(3,117) = 3.36$	$q_{.95}(2,117) = 2.80$

따라서 Newman-Keuls의 방법은 Tukey의 방법보다 영가설을 거부하기가 더 쉽다. 즉, Newman-Keuls는 검정력(power)이 더 높다.

9 사후 혼합비교 방법: 가설 유형 IV

9.1 Scheffé 의 복수집단 비교법

분산분석의 전반적인 가설 검정에서 $H_0 : \mu_1 = \mu_2 = . . . = \mu_J$이 기각되면, 적어도 어느 한 집단의 평균은 다른 집단과 다르다는 의미이지만, 이를 더 정확하게 서술하면 적어도 하나의 대비가설은 통계적으로 유의한 차이가 있다는 것이다. 따라서 전반적인 가설이 기각된 이후에, 각 집단의 평균을 검토한 결과 단순히 짝비교의 가설이 아니고, 복합대비가설이 통계적으로 유의할 수 있다고 판단되면, Scheffé의 사후 비교법(1953)은 유용하다. Scheffé의 사후검정법은 $F-$검정통계량을 사용하고, $F-$확률분포에서 임계값을 바로 찾을 수 있으므로 사용이 편리한 장점도 있으며, 또한 모든 가능한 사후대비가설을 검정할 수 있으므로, 대부분의 통계책에서 설명하는 방법이다. 그러나, 짝비교에서는 Tukey의 HSD 방법이나, Newman-Keuls 방법보다 사후비교검정으로서 통계적 검정력이 낮으므로 연구자들에게 추천되지는 않는다.

1) Scheffé 비교법의 검정통계량

Scheffé의 비교법은 $F-$검정통계량을 사용하며, $F-$확률분포를 갖는다.

$$F = t^2 = \frac{\left(\sum_{j=1}^{J} c_j \overline{Y_j}\right)^2}{MSE \sum_{j=1}^{J} \frac{c_j^2}{n_j}} = \frac{(c_1 \overline{Y_{.1}} + c_2 \overline{Y_{.2}} + . . . + c_J \overline{Y_{.J}})^2}{MSE\left(\frac{c_1^2}{n_1} + \frac{c_2^2}{n_2} + . . . + \frac{c_p^2}{n_p}\right)} \sim F(1, df_e) \qquad (4.19)$$

그러나 Scheffé 비교법에서 α_Σ 수준에서의 임계값은 다음과 같다.

$$t_{(1-\alpha/2)} = \sqrt{(J-1) F_{(1-\alpha)}(df_b, df_w)}$$

교수법의 효과를 검정하는 예시에서, $J=3$, $df_b=2$; $df_w=117$이면, Scheffé 비교법에서 $\alpha_\Sigma=.05$ 임계값은

$$t_{(1-\alpha/2)}=\sqrt{(2)F_{(1-.05)}(2,117)}=\sqrt{6.14}=2.478$$ 이다.

Scheffé의 방법은 모든 사후비교검정에서 동일한 임계값을 적용한다.

Scheffé 임계값을 $t-$검정통계량을 사용하는 Dunn의 비교법, Dunn-Sidak 비교법에서의 임계값과 비교를 하면, Scheffé의 임계값이 높은 것을 알 수 있다. 〈표 4-6〉에 제시된 $J=3$, $df_b=2$; $df_w=117$ 조건에서 Dunn 비교법과 Dunn-Sidak 비교법의 $\alpha_\Sigma=.05$ 수준에서 임계값은 각 각 2.25와 2.23이었다.

9.2 종합정리

복수집단의 평균을 비교하는 실험연구에서 연구자는 항상 다양한 대비가설을 검정하게 된다. 따라서 대비가설의 검정에 적합한 복수집단 평균비교법을 선택하여야 한다. 이 장에서 소개한 복수집단 비교법은 모두 자료가 $t-$검정과 $F-$검정의 가정에 부합되는 경우에 제한하였다. 그러나 현존하는 다중비교법은 그 수가 40여 가지에 달하므로, 연구자가 다중비교법을 선택할 때 고려하는 기준을 표로 정리하여 제시하면 다음과 같다.

〈표 4-8〉 복수집단 평균비교법의 유형 분류표

	사전비교 confirmative hypothesis		사후비교 exploratory hypothesis	
	독립비교	종속비교	짝 비교	혼합비교
단일 일종오류	t-검정 F-검정	Dunn(Bonferroni) Dunn-Sidak Dunnett	Tukey Tukey-Cramer	Scheffé
다단계 일종오류	없음.	Holm's	Newman Keuls	
통계적 검정력		Dunn〈Dunn-Sidak〈Holm's	Tukey〈Newman Keuls	가장 낮음.

따라서 연구자는 다음 사항을 고려하여 적절한 복수집단 평균비교법을 선택한다.

첫째, 실험설계 또는 연구설계 단계에서 구체적으로 연구자의 이론적 관점에서 구체적인 대비식이 계획되어 있는가? 만약에 연구자가 관심이 있는 대비식이 미리 계획되어 있다면, 사전비교방법이고, 그렇지 않다면 사후비교방법이다.

둘째, 사전비교방법인 경우에는 연구자가 계획한 대비식들이 직교대비인지, 종속대비인지 판단한다.

$\sum c_j c_{j'} = 0$의 조건을 충족하여 직교대비인 경우는 개별 대비가설을 $\alpha = \alpha_{\Sigma}$ 수준에서 $t-$ 또는 $F-$ 검정한다.

$\sum c_j c_{j'} \neq 0$인 경우에는 종속비교에 해당하는 다양한 복수집단평균법 중에서 선택을 하여야 한다. 이 경우 편리한 방법을 선택할 것인지, 통계적 검정력이 높은 방법을 선택할 것인지는 연구자가 선택을 한다. 만약에 집단간 평균의 차이가 충분히 큰 경우는 어느 방법으로도 대비가설을 거부할 수 있으므로, 편리성을 추구할 수 있다. 그러나 집단간 평균의 차이가 크지 않을 것으로 예상되면, 통계적 검정력이 높은 Holm의 비교법이 추천된다. 그러나 단계별 검정을 하는 경우에는 1) 집단간 사례수가 같아야 하며, 2) 대비식의 동시 신뢰구간을 구할 수가 없고, 3) 연구자가 단계별 일종오류를 결정해야 하는 번거로움이 있다.

셋째, 사후비교방법인 경우는 짝비교만 수행할 것인지, 복합비교도 포함하여 수행할 것인지 결정을 한다. 짝비교를 선택하는 경우에 유의할 사항은 표본의 크기가 모든 집단에서 동일하면, Tukey의 HSD 방법 또는 Newman-Keuls방법을 사용하고, 표본크기가 서로 다르면, Tukey-Cramer 방법을 사용한다. 표본크기가 다르면, Newman Keuls 방법은 사용할 수 없다. 사후검정이면서 복합비교를 하게 되면 Scheffé검정을 한다.

넷째, 대부분의 복수집단평균 비교법은 자료가 분산분석의 가정인 자료의 독립성, 정규성, 등분산성을 만족하지 못하는 경우에도 강인성(robustness)을 갖는 것으로 알려져 있으나, 심하게 $t-$검정이나 $F-$검정의 가정을 충족하지 못하는 경우에는 Kirk(1995) 또는 Toothaker(1991)에서 제시한 방법을 참조한다.

10 경향분석

복수집단의 평균을 비교할 때, 독립변수$X = \{\ 1,\ 2,\ 3,\ 4\ \}$의 값은 집단을 지칭하는 변수이다. 즉, X변수는 집단을 구분 또는 지칭하는 기능만 하며, 양의 많고 적음을 의미하지 않는다. X의 값은 명명척도(nominal scale)이며, 독립변수 X는 질적변수(qualitative variable)이다. 그러나 독립변수 X의 값이 양의 많고 적음을 반영한다면, X는 양적변수(quantitative variable)이다. 예를 들어, 연구자가 비교하는 네 개의 집단이 연령 또는 소득 등이 많고 적음으로 구분되었다면, 연구자는 연령, 소득 등의 많고 적음에 따라 종속변수에 차이가 있는지 비교하는 것이다. 예를 들어, 유아의 연령집단을 여섯 집단($J = 6$)으로 분류하고, 집단간 언어능력에 차이가 있는지 모든 짝비교를 수행하였다. 이 때, 다른 영가설들은 모두 유지되고, $H_0 : \mu_1 - \mu_6$만 기각되었다면, 유아의 연령에 따른 언어발달효과는 집단6의 연령수준에 도달해서만 효과가 있다는 것이므로, 매우 비현실적인 해석이 된다. 이 같은 경우는 연령수준1에서 수준6에 도달하는 과정까지 유아의 언어능력이 어떤 패턴으로 증가하는지를 밝히는 것이 과학적으로 더 의미 있다.

독립변수 X가 양적변수인 경우에 $H_0 : \mu_1 = \mu_2 . \ . \ . = \mu_J$가 유지되었다면, 독립변수의 값이 증가함에 따라 종속변수에 아무런 경향성이 발견되지 않는다는 것이다. 그러나 전반적 가설 $H_0 : \mu_1 = \mu_2 . \ . \ . = \mu_J$ 이 거부되었다면, 독립변수의 값에 따라 종속변수의 값에 경향성이 있다는 증거이다.

경향분석(trend analysis)의 목적은 독립변수와 종속변수와의 관계성을 상세하게 드러내는데 있다. 연구자들은 경향분석을 통하여 독립변수와 종속변수와의 관계가 선형관계(linear relationship)인지, 비선형관계(nonlinear relationship)인지 파악할 수 있으며, 비선형관계라면, 독립변수과 종속변수의 관계가 몇 차항의 관계인지를 밝힐 수가 있다.

다음의 그림은 독립변수가 양적변수인 경우에 종속변수의 경향성이 선형(linear), 비선형(nonlinear)인 경우들을 예시한 것이다.

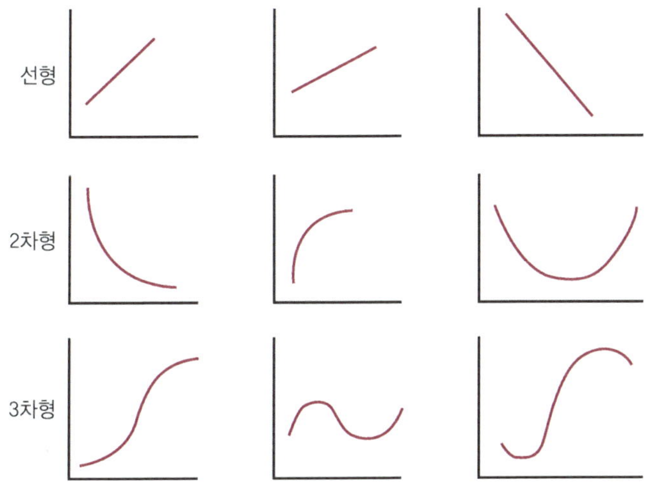

[그림 4-2] 선형, 2차형, 3차형 경향성 예시

위의 그림들은 독립변수와 종속변수와의 관계가 1차, 2차, 3차 함수관계로 다양할 수 있다는 것을 보여준다.

경향분석은 비교집단의 평균들 사이에 어떠한 경향성이 있는 것인지를 밝히는 것이다. 집단의 수가 J개라면, J개의 평균들이 보일 수 있는 경향성은 선형관계가 아니면 비선형관계이며, 비선형관계라면 최대 $(J-1)$차 까지의 경향성이 가능하다. 여러 집단의 평균들 사이의 경향성을 반영하는 통계적 방법은 대표적으로 두 가지가 고려된다. 하나는 다차항으로 집단간 평균의 경향성을 설명하는 것이다.

$$\mu_j = \beta_0 + \beta_1 X + \beta_2 X^2 + \beta_3 X^3 . \; . \; . + \beta_{J-1} X^{J-1} \tag{4.20}$$

평균의 수가 $j = 1, 2, ...J$이므로 위의 식은 평균들의 분포를 100% 설명하는 회귀모형이다. 위의 모형에서 $X = \{1, \; 2, \; . \; . \; . \; J\}$는 집단을 구분하는 독립변수이며, 각 항의 의미는 다음과 같다.

β_0 : 상수이며, 절편의 의미를 갖는다.

$\beta_1 X$: 선형성 성분이다.

$\beta_2 X^2$: 2차항의 비선형 성분이다.

$\beta_3 X^3$: 3차항의 비선형 성분이다.

.

.

.

$\beta_{J-1} X^{J-1}$: $(J-1)$차항의 비선형 성분이다.

연구자가 여러 집단 평균들의 경향성을 위의 모형으로 설명한다면, 연구자는 $\beta_j \neq 0$인 항의 경향성이 있는 것으로 종속변수와 독립변수의 관계를 설명한다. 예를 들어, $\beta_1 \neq 0$이며 다른 모든 항이 $H_0 : \beta_j = 0$를 유지하였다면, 연구자의 모형은 $\overline{Y_j} = \hat{\beta}_0 + \hat{\beta}_1 X$이다. 즉, 종속변수는 독립변수의 양이 증가(또는 감소)함에 따라 직선의 관계로 변한다.

연구자가 $H_0 : \beta_1 = 0$, $H_0 : \beta_2 = 0$, $H_0 : \beta_3 = 0$를 기각하고 다른 $H_0 : \beta_j = 0$ 가설들은 유지하였다면, 연구자의 모형은

$\overline{Y_j} = \hat{\beta}_0 + \hat{\beta}_1 X + \hat{\beta}_2 X^2 + \hat{\beta}_3 X^3$ 이다. 즉, 독립변수 X와 종속변수 Y는 3차항의 관계까지 갖는 것으로 설명된다.

위와 같은 다차항식은 하나의 독립변수 X의 증감에 따른 종속변수 Y의 경향성은 파악할 수 있지만, 하나의 독립변수가 반복적으로 회귀분석모형에 사용되므로, 세 가지 성분의 경향성을 분해하여 제시하기가 어렵다. 즉, 선형성, 2차 비선형성, 3차 비선형성에 따른 자승합(SS)의 규모를 비교하는 것이 불가하다.

경향분석의 또 다른 방법은 다차항의 회귀분석을 사용하는 대신에, J개 집단의 평균에 경향가중치들을 부여하여 구성한 독립적인 경향대비식(orthogonal trend contrasts)으로 자료의 변산을 설명하는 것이다. 즉, 선형, 2차항의 비선형, 3차항의 비선형을 반영하는 경향대비식을 구성한다. 즉,

$\psi_{lin} = \sum c_{1j}\mu_j \qquad \psi_{quad} = \sum c_{2j}\mu_j \qquad \psi_{cubic} = \sum c_{3j}\mu_j$ 이며,

$\sum c_{1j}c_{2j} = 0; \quad \sum c_{1j}c_{3j} = 0; \quad \sum c_{2j}c_{3j} = 0$ 이다.

여기서 c_j는 대비계수이며 경향계수이기도 하다. 각 경향성을 반영하는 경향계수(즉, 대비계수)는 비교집단의 수 J에 따라 다르다. 경향계수가 정해지면 연구자의 모형은 다음과 같다.

$$\mu_j = \beta_0 + \beta_1 c_{1j} + \beta_2 c_{2j} + . . . \beta_{J-1} c_{J-1,j} \tag{4.21}$$

위의 식은 앞서 제시한 식(4.14)의 독립변수 X대신에 각 집단별 평균가중치를 독립변수로 사용한 것이다. 위의 방법은 종속변수 Y이 변산을 각 경향성 변산으로 분해할 수가 있다. 즉,

$$SSB = SS\hat{\psi}_{lin} + SS\hat{\psi}_{quad} + SS\hat{\psi}_{cubic} + . . . + SS\hat{\psi}_{J-1}$$

등으로 분해할 수 있으며, 각 경향성의 자유도는 $df = 1$이므로 $SS\hat{\psi} = MS\hat{\psi}$이다. 따라서 각 경향성이 차지하는 자승합($SS\hat{\psi}$) 또는 평균자승합($MS\hat{\psi}$)의 규모와 $F-$검정으로 결과해석을 명료하게 할 수가 있다.

만약에 연구자가 $H_0 : \beta_1 = 0$, $H_0 : \beta_2 = 0$, $H_0 : \beta_3 = 0$를 기각하고 다른 $H_0 : \beta_j = 0$ 가설들은 유지하였다면, 연구자의 모형은 $\overline{Y_j} = \hat{\beta}_0 + \hat{\beta}_1 c_{1j} + \hat{\beta}_2 c_{2j} + \hat{\beta}_3 c_{3j}$이다. 따라서 연구자는 경향계수(즉, 대비계수)를 정할 수 있어야 한다. $J = 6$인 경우에 각 집단에 부과하는 대비계수로서 1차, 2차, 3차의 독립적인 경향계수(orthogonal polynomial coefficients)는 다음과 같다.

〈표 4-9〉 선형, 2차 비선형, 3차 비선형 경향계수 ($J = 6$)

경향성분	독립변수 X (집단)					
	X_1	X_2	X_3	X_4	X_5	X_6
선형(Linear) c_{1j}	−5	−3	−1	1	3	5
2차비선형(Quadratic) c_{2j}	5	−1	−4	−4	−1	5
3차비선형(Cubic) c_{3j}	−5	7	4	−4	−7	5

〈표 4-8〉의 경향계수들을 대상으로 독립성을 검증하면, $\sum c_j c_{j'} = 0$임을 알 수가 있다. 비교대상인 집단의 수가 많아지면 경향계수를 결정하기가 쉽지 않다[3]. 따라서 연구자들은 비교대상 집단의 수 J의 크기에 따라 미리 정리해 놓은 부록 xx을 참조한다. 사회과학 연구에서 3차 비선형관계를 초월하는 경향성은 실질적인 의미가 적다. 또한 두 변수 X와 Y의 3차 비선형 관계도 선형관계로 많은 부분이 설명되는 경향이 있기 때문에, 대부분의 경향분석은 1차(선형) 또는 2차까지의 비선형 경향분석에 머무는 경향이 있다. 그러나 집단의 수 J가 크면 3차 비선형관계도 흔히 통계적 유의도를 갖는다.

1) 직교 경향분석의 검정통계량

경향분석의 가설검정절차는 사전독립비교(planned orthogonal comparison)와 동일하다. 연구자의 가설은 $H_0 : \psi_{lin} = 0;\ H_0 : \psi_{quad} = 0\ ...$ 등과 같이 제시되며, 각 경향성은 $\alpha_{\Sigma} = \alpha$의 일종오류 수준에서 검정된다. 또한 $t-$검정통계량 또는 $F-$검정통계량을 사용한다. 즉, 일원분산분석의 경우처럼 독립변수가 1개인 경우는

$$t_{\hat{\psi}} = \frac{\hat{\psi}}{s_{\hat{\psi}}} = \frac{\hat{\psi}}{\sqrt{MSE\left(\frac{\sum c_j^2}{n}\right)}} \sim t(N-J)$$

또는

$$F_{\psi} = t_{\psi}^2 = \frac{MS_{\hat{\psi}}}{MSE} \sim F(1, N-J)$$

여기서 $MS_{\hat{\psi}} = \dfrac{\hat{\psi}^2}{\sum c_j^2/n}$ 이다.

$t_{\hat{\psi}}$와 $F_{\hat{\psi}}$의 자유도는 오차항 MSE의 자유도에 의하여 결정된다.

3) 경향계수를 결정하는 상세한 방법은 Kirk(1995)의 부록 C 참조.

2) 경향분석 예시

유아의 언어능력이 연령의 증가에 따라 어떤 경향으로 발달하는지를 밝히기 위하여, 여섯 개 연령집단에 다섯 명씩 유아들을 배치하고 언어능력을 관찰하는 실험연구를 계획하였다. 연구자의 가설은 유아의 언어능력이 선형 경향성과 비선형 경향성이 모두 존재한다고 가정하였다.

(1) 연구가설

비교집단의 수가 $J=6$인 경우에 경향대비계수는 위의 〈표 4-8〉에 제시한 바와 같다. 연구자는 세 가지 경향대비식을 수립하여 가설을 설정하였다.

$$\psi_{lin} = -5\mu_1 - 3\mu_2 - 1\mu_3 + 1\mu_4 + 3\mu_5 + 5\mu_6$$

$$\psi_{quad} = 5\mu_1 - 1\mu_2 - 4\mu_3 - 4\mu_4 - 1\mu_5 + 5\mu_6$$

$$\psi_{cubic} = -5\mu_1 + 7\mu_2 + 4\mu_3 - 4\mu_4 - 7\mu_5 + 5\mu_6$$

$$\begin{array}{ll} H_0 : \psi_{lin} = 0; & H_A : \psi_{lin} \neq 0 \\ H_0 : \psi_{quad} = 0; & H_A : \psi_{quad} \neq 0 \\ H_0 : \psi_{cubic} = 0; & H_A : \psi_{cubic} \neq 0 \end{array}$$

(2) 일종오류

$\alpha_{\Sigma} = .05$ (즉, $\alpha = .05$)

(3) 검정통계량

$$\frac{MS_{\hat{\psi}}}{MSE} \sim F(1,24)$$

(4) 기각영역

$\dfrac{MS_{\hat{\psi}}}{MSE} \geq F_{.95}(1,24) = 4.26$ 이면, H_0를 기각함.

(5) 자료수집 및 분석

유아의 언어능력척도는 어린이집의 교사의 평정척도로서 0점~60점의 범위를 갖는다.

다음은 가상적인 연령집단별 유아의 언어능력 평균점수이다.

〈표 4-10〉 유아의 연령집단별 언어능력 평균점수

연령집단						
j	1	2	3	4	5	6
연령	3세	3.5세	4세	4.5세	5세	5.5세
$\overline{Y_{.j}}$	36	37	40	49	53	55
n	5	5	5	5	5	5
s_j^2	12.5	12.5	10	17	15	17
SS_j	50	50	40	68	60	68

$\overline{Y_{..}}=45$ $s_p^2=14$ $s_y^2=SST/(N-1)=2086/29=71.931$

[자승합 계산]

$$SSB=n\sum_{j=1}^{6}(\overline{Y_{.j}}-\overline{Y_{..}})^2=5(81+64+25+16+64+100)=5\times 350=1750$$

$$SSW=\sum_i\sum_j(Y_{ij}-\overline{Y_{.j}})^2=(n-1)\sum_j s_j^2=\sum_j SS_j=336$$

$$SST=\sum_i\sum_j(Y_{ij}-\overline{Y_{..}})^2=455+370+165+148+380+568=2086$$

[경향대비식 추정치]

$$\hat{\psi}_{lin}=-5(36)-3(37)-1(40)+1(49)+3(53)+5(55)=152$$

$$\hat{\psi}_{quad}=5(36)-1(37)-4(40)-4(49)-1(53)+5(55)=9$$

$$\hat{\psi}_{cubic}=-5(36)+7(37)+4(40)-4(49)-7(53)+5(55)=-53$$

[검정통계량 계산]

$$MS\hat{\psi}_{lin}=\frac{\hat{\psi}_{lin}^2}{\sum c_j^2/n}=\frac{152^2}{70/5}=\frac{23104}{14}=1650.28$$

$$MS\hat{\psi}_{quad} = \frac{\hat{\psi}^2_{quad}}{\sum c_j^2/n} = \frac{9^2}{84/5} = \frac{81}{16.8} = 4.82$$

$$MS\hat{\psi}_{cubic} = \frac{\hat{\psi}^2_{cubic}}{\sum c_j^2/n} = \frac{(-53)^2}{180/5} = \frac{2809}{36} = 78.03$$

$$MSE = SSW/df_e = 336/24 = 14$$

[분산분석표 작성]

변산원	자승합	자유도	평균자승합	F
집단간	1750	5	350	25
$\hat{\psi}_{lin}$	1650.28	1	1650.28	117.87
$\hat{\psi}_{quad}$	4.82	1	4.82	.34
$\hat{\psi}_{cubic}$	78.53	1	78.53	5.61
잔차경향	16.37	2	16.37	1.17
집단내	336	24	14	
전체	2086	29		

[결과해석]

따라서 $H_0 : \psi_{lin} = 0$; $H_0 : \psi_{cubic} = 0$을 기각한다. 유아의 언어능력은 전체적으로 직선형으로 성장하며, 성장률은 상대적으로 4세 전후(중간 연령집단)에 가파른 것으로 나타났다(주: 이는 가상 자료의 분석 결과임).

Chapter 05

무선요인설계와 다원분산분석

1 개요

분산분석모형은 복수집단의 평균을 비교하는 통계모형이다. 3장에서 소개한 일원분산분석모형은 비교대상 집단을 구분하는 독립변수가 하나인 경우이다. 분산분석모형에서 독립변수의 수는 하나로 고정된 것이 아니고, 두 개, 세 개, 그리고 그 이상일 수가 있다. 독립변수가 두 개인 경우는 이원분산분석모형, 세 개 이면 삼원분산분석모형이다. 대체로 독립변수의 수가 세 개를 넘으면 요인들 간의 상호작용이 복잡하여 실제 연구에 잘 활용되지 않는다. 이원분산분석모형 부터는 독립변수의 수가 복수이므로, 다원분산분석모형이라고 칭한다.

독립변수가 두 개인 분산분석모형에서 각 독립변수를 A요인, B요인으로 칭하면, 연구자는 기본적으로 세 가지의 가설을 동시에 검정할 수가 있다. 이 중에 두 가지 가설은 일원분산분석모형에서와 동일하다: (1) A요인에 의한 J개 집단간 평균의 차이 검정으로 $H_0 : \mu_{1.} = \mu_{2.} = . . . = \mu_{J.}$의 영가설검정; (2) B요인에 의한 K개 집단간 평균의 차이검정으로 $H_0 : \mu_{.1} = \mu_{.2} = . . . = \mu_{.K}$의 영가설검정이다. 이 두 가지 가설은 주효과(main effects) 가설이라고 한다. 두 가지 주효과 가설은 일원분산분석을 각 각 시행하여 검정하여도 동일한 결과를 얻는다. 그러나 세 번째 가설은 일원분산분석이 수행할 수 없는 A요인과 B요인의 상호작용효과(interaction effects) 가설이다. 즉, A요인과 B요인의 효과 이외에, 두 요인의 조합에 의하여 발생하는 효과를 검정한다. 상호작용효과는 독립변수들의 효과가 서로 상관을 가지면 발생한다. 이원분산분석과 그 이상의 다원분산분석에서는 상호작용효과를 검정하는 것이 핵심적인 과제라고 할 수 있다.

행동과학과 사회과학에서는 독립변수의 수가 하나인 경우 보다는 두 개 이상인 연구가 훨씬 일반적이다. 또한 실험연구에서 두 가지 이상의 처치조건을 조합하는 설계가 더 보편적이다. 즉, 한 처치의 효과가 모든 실험단위에 동일한 것인지, 또는 다른 변수의 조건에 따라 처치의 효과가 달라지는지를 검정하는 것은 모두 상호작용효과를 검정하는 것이다. 두 가지 이상의 독립변수를 포함하는 설계를 요인설계(factorial design)라고 한다. 실험설계에서는, 일원분산분석을 제외하면, 거의 대부분이 요인설계이다. 요인설계에서는 복수의 독립변수가 포함되므로, 각 독립변수는 고정효과를 가질 수도 있고, 무선효과를 가질 수도 있다. 이 같은 변화가 가능하기 때문에 연구자는 한 독립변수의 효과를 정교하게 검정하기 위하여, 다른 독립변수를 전략적으로 생성하여 실험설계에 활용할 수 있다. 예를 들어 무선구획설계(Randomized Block Design), 라틴방정식 설계(Latin-Square Design), 분할구획설계(Split-Plot Design)등은 모두 두 개 이상의 독립변수가 포함된 요인설계의 변형이다.

요인설계의 가장 간단한 형태는 독립변수가 두 개이며 모두 고정효과를 갖는 완전무선요인설계이다. 또한 두 개의 요인이 모두 고정효과를 갖는 완전무선요인설계에 의한 자료 분석에 적합한 통계모형은 이원분산분석모형이다. 이 장에서는 고정효과 이원분산분석모형을 상세하게 다루고, 삼원분산분석모형은 개념적으로 서술한다.

2 요인설계와 이원분산분석

요인설계에서 가장 간단한 형태는 고정효과를 갖는 독립변수가 2개 이며, 두 독립변수의 유목들이 완전히 교차하는 경우이다. 아래 그림은 이요인 완전무선설계의 자료구조를 예시한 것이다.

		B요인		
		b_1	b_2	
A 요인	a_1	$Y_{111}, \cdots, Y_{i11}, \cdots, Y_{n11}$	$Y_{112}, \cdots, Y_{i12}, \cdots, Y_{n12}$	$\overline{Y_{.1.}}$ (j=1)
	a_2	$Y_{121} \cdots, Y_{i21}, \cdots, Y_{n21}$	$Y_{122}, \cdots, Y_{i22}, \cdots, Y_{n22}$	$\overline{Y_{.2.}}$ (j=2)
	a_3	$Y_{131}, \cdots, Y_{i31}, \cdots, Y_{n31}$	$Y_{132}, \cdots, Y_{i32}, \cdots, Y_{n32}$	$\overline{Y_{.3.}}$ (j=3)
		$\overline{Y_{..1}}$ (k=1)	$\overline{Y_{..2}}$ (k=2)	

[그림 5-1] 이요인 완전무선설계의 자료구조

[그림 5-1]은 A요인과 B요인의 독립변수들이 서로 교차하는 설계이다. 여기서 A요인의 독립변수는 $\{a_1, a_2, a_3\}$의 값을 가지므로, J=3개의 유목으로 집단을 분류하고, B요인의 독립변수는 $\{b_1, b_2\}$의 값을 가지므로, K=2개의 유목으로 집단을 분류하며, J개의 집단과 K개의 집단이 완전히 교차하여 JK=6개의 상호작용 칸이 만들어진 것을 알 수 있다. 이와 같은 요인설계는 모두 고정효과 이원분산분석모형으로 자료분석이 가능한 설계이며, A요인의 효과, B요인의 효과, $A \times B$의 상호작용효과(interaction effects)의 가설검정을 동시에 수행할 수 있고, 또한 세 가지 가설검정을 위한 $F-$검정통계량의 분모인 오차항(MSW)이 모두 동일한 편리함도 있다.

2.1 이요인 완전무선설계와 무선배치

이요인 설계를 하는 방법은 3장에 제시된 일요인 완전무선설계를 하는 절차와 동일하다. 다만 일요인 완전무선설계에서는 J개의 칸에 n명을 무선배치하였으나, 이요인 완전무선 설계에서는 JK개의 칸에 n명을 무선배치하는 것이다. 즉, 두 개의 독립변수가 모두 연구자가 조작할 수 있는 처치변수라면, 연구자는 다음의 절차에 의하여 실험연구를 수행한다.

이요인 완전무선설계 연구절차

① 처치의 결정: 연구자가 동시에 효과를 검정하려는 두 개의 처치와 각 처치의 수준을 결정한다. A요인의 처치수준이 $J=\{a_1, a_2, . . . a_J\}$이고, B요인의 처치수준이 $K=\{b_1, b_2, . . . b_K\}$이면, 두 요인이 교차하여 만들어지는 칸 수는 $\{a_1, b_1\}$, $\{a_1, b_2\}$, . . . $\{a_J, b_{K-1}\}$, $\{a_J b_K\}$으로 JK개의 처치가 설정된다.

② 분석대상의 확보: 요인설계에 의하여 결정되는 JK 개의 각 칸에 배당될 분석대상의 수를 결정한다. 각 집단에 1명을 무선배치할 경우 표본의 크기는 $N=JK$이며, n명씩 무선배치할 경우는 $N=nJK$명을 확보해야 한다. 분석대상을 확보하는 방법은 무선표집(random sampling)에 의할 수도 있으며, 실험참가 자원자를 모집하여 구할 수도 있고, 일정한 보상을 지급하여 확보할 수도 있다.

③ 무선배치: 이요인설계에서 무선배치의 방법은 처치의 수준이 JK개인 일요인설계와 마찬가지이다. 즉, $N=nJK$명을 각 집단에 n명씩 JK개의 집단에 무선배치한다. 무선배치하는 방법은 분석대상에 일련번호를 부여한 다음, 난수표를 이용하여 처음 (a_1, b_1) 집단에 일련번호가 {1, 2, , ... , n}인 n명을 배치하고, 다음 (a_1, b_2) 집단에 일련번호가 {n+1, n+2, . . ., 2n}인 n명을 배치하는 작업을 계속하여 마지막 (a_J, b_K) 집단에까지 난수표에서 선정되는 순서대로 n명을 배정한다. 또 다른 방법은 JK개의 집단 중에 하나를 표시하는 쪽지를 n개씩 만들어서 바구니에 넣은 후, 각 쪽지를 각 참여자에게 무작위로 배정한다. 무선배치가 적절히 이루어지면, JK개의 집단들에 포함된 분석대상들은 모든 변수에 대하여 확률적으로 동등한 집단이라고 할 수 있으며, 종속변수를 비롯한 기타 변수의 분포에서 집단간 차이가 존재한다면 우연에 의한 것이다.

④ 처치의 시행: JK집단에 n명씩 무선배치가 이루어진 이후에는 일정 기간 동안 A요인과 B요인의 처치를 실행한다. 예를 들어, A요인은 세 가지 교수법이며, B요인은 4가지 교과목이라면, $J \times K=12$개의 집단에서 처치를 시행하는 셈이다. 처치 실행기간은 처치의 효과가 충분히 드러날 만큼 기간을 정하는 것이 바람직하다. 이 경우, 처치의 실행기간은 처치의 강도와 관련이 있다.

⑤ 자료 관찰: 처치의 실행이 끝나면 학업성취도 검사를 시행하여 학생들의 성취도 점수를 구한다.

⑥ 자료 분석: 이원분산분석모형(Two-Way ANOVA)으로 $H_0 : \sum \alpha_j^2 = 0$; $H_0 : \sum \beta_k^2 = 0$; $H_0 : \sum \sum \alpha\beta_{jk}^2 = 0$의 세 가지 가설을 검정한다. 분산분석표를 작성하고 $F-$검정통계량에 의하여 가설을 기각할 만한 충분한 평균의 차이가 관찰되었는지 판단한다.

이와 같은 이요인 완전무선설계는 두 가지 독립변수가 모두 연구자가 조작 또는 선정할 수 있는 경우에 해당한다. 예를 들어, 세 가지 교수법(A요인)과 네 가지 교과목 집단(B요인); 세 가지 교수법(A요인)과 네 가지 처치기간(B요인); 세 가지 교수법(A요인)과 두 가지 학급규모(B요인) 등의 설계들은 연구자가 인위적으로 선택하고 조정할 수 있는 변수들이다. 즉, 처치(A요인)×처치의 시행조건(B요인), 또는 처치1(A요인) × 처치2(B요인)의 설계는 전형적인 이요인 완전무선설계에 해당한다.

한 가지 유의할 사항은 교수법(A요인)×학급규모(B요인)과 같은 설계는 학급규모 변수가 집단별 사례수를 달리하므로 필연적으로 불균형 자료(unbalanced data)설계가 된다. 이 경우에 A요인에 의한 행들의 사례수 분포 비율이 일정하고, B요인에 의한 열들의 사례수 분포비율도 같다면, A요인과 B요인은 상호 독립이며, 고정효과 이원분산분석 모형에 의한 자료분석절차와 분산분석표에서 $F-$검정통계량의 산출, 결과의 해석은 모두 동일하다. 이는 각 교수법이 적용되는 조건(즉, 학급규모)이 동일하다면, 두 독립변수인 교수법과 학급규모는 상호 독립이라는 의미와 같다. 다음의 [그림 5-2]는 교수법의 수준이 3개이고($J=3$), 학급규모 처치는 두 가지 수준($K=2$)으로서 불균형자료이나, 행과 열의 사례수 비율이 같은 완전무선-32 설계에 의한 자료구조를 예시한 것이다.

		요인 2 (학급규모)	
		b_1(n=20)	b_2(n=40)
요인 1 교수법	a_1 (개별화 교수법)	$Y_{111}, \dots, Y_{i11}, \cdots Y_{20.11}$	$Y_{112}, \dots, Y_{i12}, \cdots Y_{40.12}$
	a_2 (소규모 교수법)	$Y_{121}, \dots, Y_{i21}, \cdots Y_{20.21}$	$Y_{122}, \dots, Y_{i22}, \cdots Y_{40.22}$
	a_3 (전체 집단 강의법)	$Y_{131}, \dots, Y_{i31}, \cdots Y_{20.31}$	$Y_{132,} \cdots, Y_{i32}, \cdots Y_{40.32}$

각 행의 사례수 비율: a_1행: $\frac{b_1}{b_2}=\frac{20}{40}=0.5$ a_2행: $\frac{b_1}{b_2}=\frac{20}{40}=0.5$ a_3행: $\frac{b_1}{b_2}=\frac{20}{40}=0.5$

각 열의 사례수 비율: b_1열: $\frac{a_1}{a_2}=\frac{a_1}{a_3}=\frac{a_2}{a_3}=\frac{20}{20}=1.0$ b_2열: $\frac{a_1}{a_2}=\frac{a_1}{a_3}=\frac{a_2}{a_3}=\frac{40}{40}=1.0$

[그림 5-2] 이요인 설계에서 행·열의 사례수 비율이 같은 경우

위의 [그림 5-2]에서 교수법 요인의 유목인 모든 행(a_1, a_2, a_3)내에서 학급규모의 차이로 인한 사례수 비율은 항상 $n_{j1}/n_{j2}=0.5$이다. 또한 학급집단 요인의 모든 열(b_1, b_2)내에서 교수법 요인에 의한 유목간 사례수 비율은 $n_{1k}/n_{2k}=n_{1k}/n_{3k}=n_{2k}/n_{3k}=1.0$이다. 즉, 요인설계의 행-요인($j=1,2,3$)에서 각 칸별 사례수 비율은 0.5로 동일하고, 열-요인($k=1,2$)에서 각 칸별 사례수 비율은 1.0으로 동일하다.

이요인 완전무선설계가 위와 같은 자료구조를 가질 때도 무선배치의 절차는 동일하다. 즉, (a_1, b_1), (a_2, b_1), (a_3, b_1)의 집단 중 하나를 표시하는 쪽지를 $n_{j1}=20$씩 만들고, (a_1, b_2), (a_2, b_2), (a_3, b_2)의 집단중 하나를 표시한 쪽지를 $n_{j2}=40$개 만들어 모두 바구니에 넣은 다음에 무작위로 각 개인에게 배당하여 소속집단을 정하는 것이다.

이요인 완전무선설계에서 두 개의 독립변수가 연구자가 통제할 수 없는 변수라면, 무선배치 절차는 달라진다. 흔히 실험참가자의 性, IQ, 학년, 연령, 경력 등, 개인특성변수가 처치의 효과와 관련이 있다는 가설이 성립한다면, 연구자의 관심은 두 가지가 된다. 하나는 연구자가 관심을 갖는 교수법 처치의 정확한 효과를 검정할 필요가 있다. 다른 하나는 교수법 처치의 효과와 개인특성과 어떠한 상호작용효과를 갖는지 보다 정교한 설명체계를 수립할 수 있다.

3장에서 제시한 일요인 완전무선설계에서는 무선배치를 통하여 이들 개인특성변수들의 분포가 모든 처치집단에서 확률적으로 동등하며 우연에 의한 차이 밖에 없는 것으로 기대하고 오직 처치변수만 독립변수로 사용하는 것이다. 그러나 개인특성변수의 효과 또는 핵심적인 잡음변수(nuisance variable)나 혼재변수(confounding variable)의 효과를 우연에 맡기지 않고 확실하게 통제하는 방법은, 이 변수들을 독립변수처럼 분석모형에 반영하는 것이다. 연구자가 처치와 더불어 하나의 개인특성변수를 독립변수로 고려한다면 이요인 완전무선설계가 가능하다. 흔히 처치(A요인)×실험대상의 특성(B요인)은 처치의 효과를 검정하기 위한 전형적인 이요인 완전무선설계에 해당한다.

그러나, 개인특성변수들은 연구자가 조작할 수가 없으며 주어진 조건변수이므로, 연구자가 무작위로 JK개 집단에 실험단위를 배정하면 우연에 의한 분포가 이루어질 뿐이다. 따라서 이 경우는 개인특성변수를 일종의 구획변수(blocking variable)처럼 활용한다.

즉, 개인특성변수의 수준에 따라 K개의 구획을 정한 후에, 각 구획별로 nJ명의 무선배치를 구상하는 것이다. 다음의 자료구조는 교수법(A요인)과 남녀(B요인) 변수를 독립변수로 하는 이요인 완전무선설계의 자료구조를 예시한 것이다.

		요인 2(성)	
		집단 1(남자)	집단 2(여자)
요인 1 교수 법	집단 1 (개별화 교수법)	$Y_{111}, Y_{211}, \cdots, Y_{i11}, \cdots Y_{n11}$	$Y_{112}, Y_{212}, \cdots, Y_{i12}, \cdots Y_{n12}$
	집단 2 (소규모 교수법)	$Y_{121}, Y_{221}, \cdots, Y_{i21}, \cdots Y_{n21}$	$Y_{122}, Y_{222}, \cdots, Y_{i22}, \cdots Y_{n22}$
	집단 3 (전체 집단 강의법)	$Y_{131}, Y_{231}, \cdots, Y_{i31}, \cdots Y_{n31}$	$Y_{132}, Y_{232}, \cdots, Y_{i32}, \cdots Y_{n32}$

[그림 5-3] 완전무선-32 설계의 자료구조

위의 [그림 5-3]에 제시한 설계에 적절한 무선배치를 하려면 연구자는 다음 절차를 수행한다.

① 전체 사례수를 우선 남자집단과 여자집단($K=2$)으로 분류한다. 각 집단에는 nJ명의 동일한 性의 실험대상이 존재한다.

② $J=3$개의 처치 중에 하나가 적힌 쪽지를 nJ개 만들어 남자집단에 무선으로 배치한다.

③ $J=3$개의 처치 중에 하나가 적힌 쪽지를 nJ개 만들어 여자집단에 무선으로 배치한다.

즉, 남자집단과 여자집단을 나누어 두 번 무선배치를 하는 셈이다. 이 같은 무선배치 절차는 일반화무선구획설계(Generalized Randomized Block Design)의 경우와도 동일하다.

2.2 이요인 완전무선설계와 상호작용효과

이요인 완전무선설계는 두 독립변수(즉, A요인, B요인)의 효과를 동시에 검정할 뿐만 아니라 두 독립변수들 사이의 상호작용효과도 검정한다고 하였다. 예를 들어 어느 연구자가 개별화 교수법과 소규모 교수법 프로그램의 개발을 위한 연구과제를 수행하였다. 연구자는 이 두 가지 교수법이 기존의 전체강의 교수법보다 학업성취도에 더 큰 효과를 미치는지 과학적인 증거를 제출하여야 한다. 이를 위하여 연구자가 두 가지 교수법과 전통적인 강의식 교수법을 비교하는 연구를 수행한다면, 연구자가 선택하는 연구설계는 처치수준이 $J=3$인 교수법을 독립변수로 하는 일요인 완전무선설계일 수가 있다.

그러나 연구자의 가설이 세 가지 교수법의 효과가 학급규모에 따라 다를 것인지, 학급규모와 무관하게 항상 전통적 교수법 보다 우월한 효과를 갖는지에 증거를 확보하려면 연구자는 이요인 완전무선설계를 하고 이원분산분석모형으로 자료를 분석한다. 이 경우 학급규모는 두 번째 독립변수이다. 학급규모가 작으면(예: $n=20$) 교사-학생의 상호작용 빈도가 증가할 가능성이 높으므로, 개별화 교수법과 소규모집단 수업진행이 더 큰 효과를 가질 수가 있다. 그러나 학급규모가 크면(예: $n=40$), 개별화 교수법은 일대일 학습지도가 비현실적이므로 효과가 적을 수 있다. 반면에 전체집단 강의의 효과는 학급규모에 큰 영향을 받지 않을 수 있다. 이 같은 가설들은 모두 교수법×학급규모의 상호작용효과가 있다고 가정하는 것이다. 다음의 그림은 이 같은 가설을 가상적으로 표현한 것이다.

	학급규모	
	소(n=20)	대(n=40)
개별화 교수법	$\overline{Y_{11}}=105$	$\overline{Y_{12}}=90$
소규모 집단교수법	$\overline{Y_{21}}=100$	$\overline{Y_{22}}=98$
전체집단 강의법	$\overline{Y_{31}}=95$	$\overline{Y_{32}}=94$

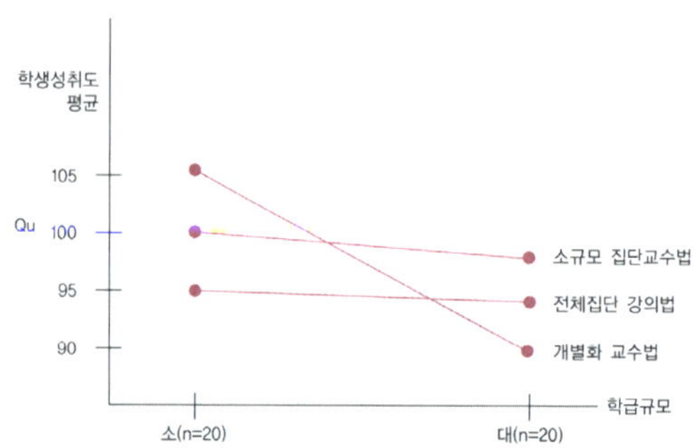

[그림 5-4] 이요인 설계에서의 상호작용 예시

위의 [그림 5-4]에서 교수법과 학급규모 요인의 영향을 동시에 받는 집단은 여섯 개이며, 각 집단의 학업성취도 평균이 제시되어 있다. 대체로 소규모 학급규모에서 모든 교수법이 더 높은 학업성취도 평균을 보이고 있으므로, 학급규모의 효과를 예상할 수 있다. 그러나 교수법의 효과는 엇갈린 반응을 보이고 있다. 이 같은 현상을 가시적으로 보인 것이 왼편의 그림이다. 왼편의 그림에서는 여섯 개 집단의 평균점수를 표시하여 각 교수법의 효과가 학급규모에 따라 어떻게 다르게 나타나는지를 간명하게 보이고 있다. 개별화 교수법은 소규모 집단에서만 우수한 효과를 보이고 있으며, 소규모 집단 교수법과 전체집단 강의법은 학급규모와 무관한 효과를 보이고 있다. 이와 같은 결과는 일요인 무선설계에서는 구할 수가 없는 것이다. 즉, 일요인 무선설계연구에서는 $n = 20$인 학급을 대상으로 교수법의 효과를 검정한 연구자는 개별화 교수법이 우수하다고 주장하는 반면에, $n = 40$인 학급을 대상으로 교수법의 효과를 연구한 연구자는 개별화 교수법이 최악의 교수법이라고 주장할 수가 있는 것이다. 실험연구에 의한 과학적인 연구결과들 사이에 이 같은 충돌이 발생하는 이유는 연구자들이 사용한 연구방법이 일원분산분석으로서 교수법과 학급규모를 동시에 고려하지 못하였기 때문이다. 과학의 세계에서는 언제나 최선의 방법과 최선의 이론에 의한 결과가 그 시점에서의 최선의 지식이 된다. 따라서 여기서는 이요인 완전무선설계에 의한 결과가 일요인 완전무선설계에 의한 결과보다 더 과학적인 지식이라고 할 수 있다.

이요인 완전무선설계는 연구자가 관심을 갖는 독립변수의 효과가 다른 조건이나 처치와 관련이 있다고 판단될 때는 항상 고려될 수 있는 실험설계이다. 연구자들은 매우 다양한 연구질문에 응답을 시도하기 때문에, 교수법의 학업성취도 효과에 대한 연구가 나타나면, 그 같은 교수법의 효과가 어디까지 일반화가 가능한지 검정하는 후속연구를 수행하게 된다. 즉, 학급규모가 달라도 연구자가 제기하는 개별화 교수법의 효과는 유지되는가? 교과목이 달라도 개별화 교수법의 효과는 같은가? 실험대상의 연령이 달라도 개별화 교수법의 효과는 유지되는가? 개별화 교수법은 모든 학업성취도 수준의 학생에게 효과적인가? 등 등 무수한 연구주제들이 제기될 수 있으며, 이요인 완전무선설계는 이 같은 가설들을 검정하는데 유용하다. 요약하면 이요인 완전무선설계는 두 요인의 주효과와 더불어 상호작용효과를 동시에 검정하는 설계이며, 상호작용효과는 과학적 탐구에서 매우 중요한 주제이다.

2.3 상호작용효과와 일반화

이요인 완전무선설계를 하여 자료를 분석한 결과 위의 [그림 5-4]에서처럼 상호작용효과가 존재한다면, 세 가지 교수법의 효과의 크기가 "개별화교수법 > 소규모 교수법 > 전체 집단교수법"의 순서라는 주장은 일반화될 수 없다. 교수법의 효과는 학급규모에 따라 다르기 때문이다. 반면에 학급규모의 효과는 소규모 학급에서의 효과가 모든 교수법 집단에서 평균이 높으므로, 학급규모의 효과는 "소규모 학급 > 대규모 학급"의 순서라는 주장은 일반화 된다. 따라서 상호작용효과가 존재하면 주효과의 일반화가 제한될 수도 있고 유지될 수도 있다. 따라서 이요인 완전무선설계에 의한 자료분석에서 상호작용효과가 발견되면, 연구자는 위의 [그림 5-4]에서처럼 각 집단평균을 좌표에 표시하여 상호작용의 양상을 그림으로 파악한 후에, 결과해석을 하는 것이 주효과와 상호작용효과의 적절한 해석을 위한 가장 안전한 방법이다. 다음의 [그림 5-5]는 이요인 완전무선설계에서 예상할 수 있는 모집단에서의 주효과와 상호작용효과를 가상적으로 표현한 것이다. A요인은 $\{a_1, a_2\}$의 두 개의 수준을 갖고, B요인도 $\{b_1, b_2\}$의 두 개의 수준을 갖는다. [그림 5-5]에서 모든 숫자는 모집단에서의 종속변수의 평균 값이다. 각 칸의 숫자는 μ_{jk}의 값이며, A요인의 각 수준별 평균은 $\mu_{j.}$으로 표현되어 있고, B요인의 수준별 평균은 $\mu_{.k}$로 표현되어 있다.

(a) A효과 있음. B효과 있음. 상호작용효과 없음 → 주효과의 일반화 가능. $a_2 > a_1$

A \ B	b_1	b_2	
a_1	10	5	$\mu_{1.}=7.5$
a_2	15	10	$\mu_{2.}=12.5$
	$\overline{\mu}_{.1}=12.5$	$\overline{\mu}_{.2}=7.5$	

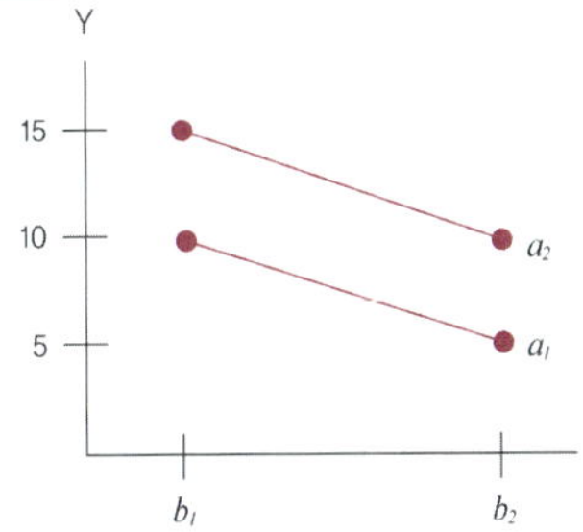

(b) A효과 없음. B효과 없음. 상호작용효과 있음. a_1, a_2 각각 적절한 일요인. $a_1 > a_2$, $a_2 > a_1$

A \ B	b_1	b_2	
a_1	15	5	$\mu_{1.}=10$
a_2	5	15	$\mu_{2.}=10$
	$\overline{\mu}_{.1}=10$	$\overline{\mu}_{.2}=10$	

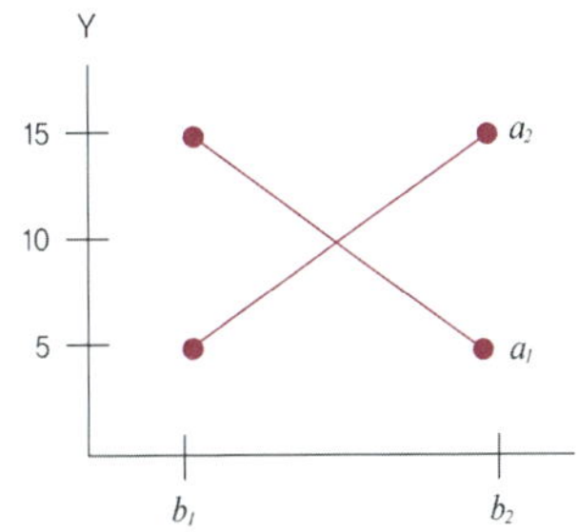

(c) A효과 있음. B효과 있음. 서열적 상호작용효과 있음 → 주효과의 일반화 가능 $a_2 > a_1$

A \ B	b_1	b_2	
a_1	5	10	$\mu_{1.}=7.5$
a_2	11	13	$\mu_{2.}=12$
	$\overline{\mu}_{.1}=8$	$\overline{\mu}_{.2}=11.5$	

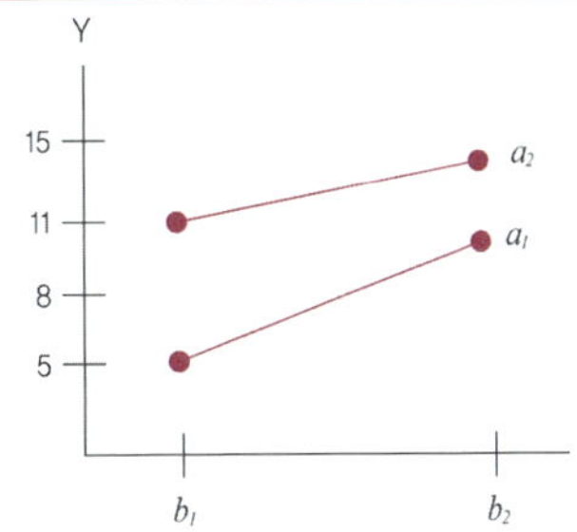

(d) A효과 있음. B효과 있음. 비서열적상호작용효과 있음.

A \ B	b_1	b_2	
a_1	5	18	$\mu_{1.}=11.5$
a_2	8	10	$\mu_{2.}=9$
	$\overline{\mu}_{.1}=6.5$	$\overline{\mu}_{.2}=14$	

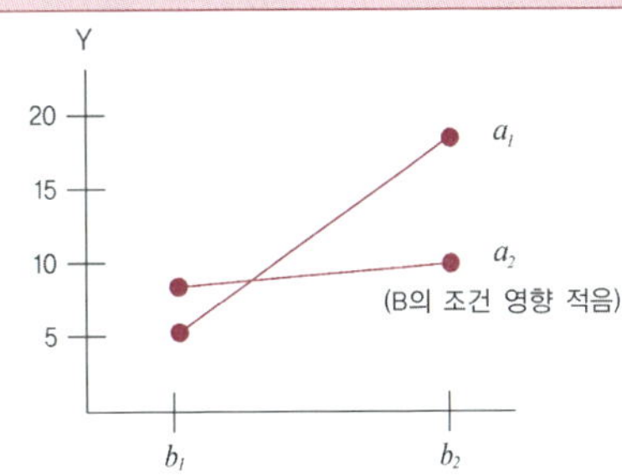

[그림 5-5] 이요인 완전무선설계에서 주효과와 상호작용효과의 다양성

위의 [그림 5-5]에서 (a)의 경우는 A와 B의 주효과는 모두 있으나, 상호작용효과는 없는 경우이다. 즉, A요인에 대한 영가설 $H_0 : \mu_{1.} = \mu_{2.}$과 B요인에 대한 영가설 $H_0 : \mu_{.1} = \mu_{.2}$ 모두 거부된다. 또한 B요인의 조건과 무관하게 $A = a_2$일때의 평균은 $A = a_1$일때의 평균보다 항상 높다. B요인의 효과도 A요인의 조건에 영향을 받지 않는다. 즉, A와 B요인의 효과는 모두 일반화가 가능하다. 오른편의 그림에서 보면, 처치 $A = a_2$의 효과와 $A = a_1$의 처치효과를 반영하는 두 직선은 평행이다. 즉, $B = b_1$일때나 $B = b_2$일때나, A요인에서 두 처치의 효과차이는 일정하다. 이처럼 모집단에서 한 요인에서 처치들 간의 효과차이가 다른 요인에 의한 처치조건에 영향을 받지 않으면, 상호작용효과는 없는 것이다. 또한 상호작용효과가 없으면 그림(a)에서처럼, 상호작용 집단의 평균점을 이용한 직선은 항상 평행을 이룬다. 각 처치의 평균점을 이은 직선들이 평행을 이루면 상호작용이 없는 것이고, 비평행이면 상호작용이 있는 것이다. 상호작용효과가 없는 경우는 A요인과 B요인에 대하여 각 각 일요인 무선설계를 하여도 이요인 무선설계와 동일한 결과를 얻을 수 있으며, 각 요인의 효과에 대한 일반화가 가능하다.

(b)의 경우는 A요인과 B요인의 효과는 없으나, A와 B요인의 상호작용효과는 있는 경우로 (a)와는 반대되는 모집단 상황이다. 모집단에서 A와 B요인의 효과가 (b)와 같은 경우에, 일요인 완전무선설계에 의하여 일원분산분석을 A요인과 B요인에 대하여 각각 시행하면, 연구자는 딜렘마에 빠지게 된다. 즉, $B = b_1$인 조건에서 a_1 처치와 a_2 처치를 비교한 연구자는 a_1 처치가 더 효과가 있는 것으로 주장할 것이다. 반면에 $B = b_2$인 조건에서 연구를 수행한 연구자는 a_2 처치가 더 효과가 크다고 주장할 것이다. 또한 일요인 무선설계가 적절히 이루어져서 b_1과 b_2의 조건이 적절히 무선배치되었다면, $\mu_{j.} = \mu_{j'.} (j \neq j')$이므로 연구자는 a_1과 a_2 처치의 효과에는 차이가 없다고 주장할 것이다. 동일한 딜렘마 현상은 B요인의 검정을 위한 일요인완전무선설계에서도 반복된다. 그러나 (b)에서처럼 이요인 완전무선설계를 한다면, 두 처치의 효과가 서로 다른 조건에서 상이한 결과를 갖는다는 상세한 정보를 구할 수가 있다. 즉 두 처치의 속성은 일요인 완전무선설계에서 보다 더 정교하게 설명될 수 있다. 이 경우, $B = b_1$인 조건에서 a_1 처치와 a_2 처치를 비교하거나, $B = b_2$인 조건에서 a_1 처치와 a_2 처치를 비교하는 행위를 단순주효과 검정이라

고 한다. 역으로 B요인의 효과를 $A=a_1$인 조건과 $A=a_2$인 조건에서 각각 검정하는 것도 단순주효과 검정이다. 즉, 단순주효과란 복수의 주효과 요인이 있을 때, 한 요인의 조건을 고정한 상태에서 다른 요인의 효과를 검정하는 것이다. 이는 이요인 설계에서 일요인분산분석을 수행하는 경우와 같다.

(c)와 (d)의 경우는 A요인과 B요인의 효과가 모두 있으며 동시에 A와 B요인의 상호작용효과도 모두 있는 경우이다. 그러나 두 그림에서 보여주는 상호작용효과의 양상은 서로 다르다. (c)에서의 상호작용효과는 A요인의 처치효과가 항상 $a_2 > a_1$이다. 즉, A요인에서 두 처치효과의 차이는 변하지만 그 서열은 바뀌지 않는다. 이 같은 상호작용효과를 서열적 상호작용효과(ordinal interaction effect)라고 한다. 서열적 상호작용효과가 있는 경우에는 일요인 완전무선설계에 의하여 A요인과 B요인의 효과를 검정하여도 유의한 결과를 얻을 수 있다. 그러나 상호작용현상은 밝힐 수가 없으며, 어느 조건에서 처치들 사이의 효과차이가 큰지를 알 수가 없다. 반면에 (d)의 경우는 A요인의 두 처치효과가 B요인의 조건에 따라 역전현상이 일어난다. 이 경우는 비서열적 상호작용효과(disordinal interaction effect)이다. 비서열적 상호작용효과가 있을 때, 일요인 완전무선설계를 하면 연구자는 이요인 완전무선설계에서의 결과와 다른 결과를 얻게 된다.

요약하면, 두 개의 요인사이에 상호작용효과가 있으면, 일요인 완전무선설계에 의한 결과는 언제나 의심스럽다고 할 수 있으며, 많은 경우에 타당하지 않다. 또한 요인설계에 의한 자료분석에서는 상호작용효과의 유무에 따라 결과해석에 신중할 필요가 있다. 요인설계에 의한 자료를 이원분산분석을 하는 경우에 결과의 해석은 다음 절차에 따를 것을 권한다.

상호작용효과 영가설이 기각되었는가?

영가설을 기각한 경우

① 각 칸의 평균을 좌표에 표시하여 [그림 5-5]와 같은 상호작용효과 그림을 그린다.
② 그림을 보고 상호작용의 구체적인 현상을 기술한다.
③ 상호작용에 따른 주효과의 일반화 여부에 대하여 논의한다.

영가설을 기각하지 못한 경우

① 주효과에 대하여 해석을 한다.
② 상호작용효과가 없음을 독자에게 알린다.
③ 주효과에 대하여 각 요인별로 사후 검정을 한다.

[그림 5-6] 이원분산분석에서 결과해석 절차

3 이원분산분석모형과 추정개요

통계모형은 종속변수의 관찰값이 개체들 사이에 다른 까닭을 설명하는 모형이다. 즉, 왜 관찰값들은 서로 다른지 알기 위하여 이론을 설정하고, 연구자의 이론이 자료의 변산을 설명하는데 적절한지 확인하는 것이다. 이요인 완전무선설계를 채택하는 연구자의 이론은 N개의 관찰값인 종속변수 Y의 값이 변산을 갖는 이유는 크게 네 가지라고 다음과 같이 가정하는 것이다.

이요인 완전무선설계의 변산원

1) 관찰된 개체가 $A = \{a_1, a_2, ..., a_J\}$ 요인의 J개 집단 중에 어느 집단에 속하는 가에 따라 Y의 값은 다를 수 있다. 즉, A요인의 소속집단의 효과에 따라 다를 수 있다. A요인의 주효과에 따라 다를 수 있다.
2) 관찰된 개체가 $B = \{b_1, b_2, ... b_K\}$ 요인의 K개 집단 중에 어느 집단에 속하는 가에 따라 Y의 값은 다를 수 있다. 즉, B요인의 소속집단의 효과에 따라 다를 수 있다. B요인의 주효과에 따라 다를 수 있다.
3) 관찰된 개체가 A와 B요인이 교직하여 생성한 조합인 $J \times K$개의 집단중에 어디에 속하는 가에 따라 다를 수 있다. $A \times B$의 상호작용효과에 따라 다를 수 있다.
4) A요인, B요인, $A \times B$의 상호작용효과 이외에 종속변수에 상관을 갖는 다른 모든 영향요인의 효과에 의하여 관찰단위의 값은 다를 수 있다.

이와 같은 연구자의 이론을 수학식으로는 다음과 같이 제시한다.

〈이원분산분석모형〉

$$Y_{ijk} = \mu + \alpha_j + \beta_k + \alpha\beta_{jk} + e_{ijk}, \quad e_{ijk} \sim N(0, \sigma^2) \tag{5.1}$$

여기서 이원분산분석모형의 각 항의 정의는 다음과 같다.

〈표 5-1〉 이원분산분석모형의 정의

이원분산분석모형의 정의	
Y_{ijk}	A요인의 j번째 집단(집단 a_j)과, B요인의 k번째 집단 (집단 b_k)의 조합인 (a_j, b_k)칸에 속한 n명 중에 i번째 개체의 종속변수 Y의 값이다.
μ	모집단에서 종속변수 Y의 평균이다.
α_j	A요인의 j번째 집단 (집단 a_j)의 효과이다.
β_k	B요인의 k번째 집단 (집단 b_k)의 효과이다.
$\alpha\beta_{jk}$	A와 B요인이 교직하여 생성한 조합인 $J \times K$개의 집단중에 jk 번째 집단(집단 a_j, b_k)의 효과이다.
e_{ijk}	$\alpha_j, \beta_{jk}, \alpha\beta_{jk}$의 효과이외에 관찰단위의 Y값에 영향을 미치는 알려지지 않은 모든 변수들의 효과로서 오차항이라고 한다. e_{ijk}의 각 관찰단위의 값은 개인고유의 값이며, 연구자 마다 서로 다른 표본자료를 사용하므로 고정되어 있지 않다. 따라서 연구자들은 e_{ijk}의 불확실성이 특정 분포를 갖는 것으로 가정한다.

위에 제시된 식(5.1)의 모형에서 각 항은 〈표 5-1〉로 정의된 의미를 갖는다. 또한 〈표 5-1〉의 내용은 완전무선설계의 변산원과 각 항이 대응되는 것을 알 수 있다. 즉, 식(5.1)의 통계모형은 이요인완전무선설계가 반영하는 상식적인 이론을 수식으로 표현한 것이라고 할 수 있다.

식(5.1)의 이원분산분석모형에서 가장 핵심적인 사항은 종속변수 Y_{ijk}값의 변산에 영향을 미치는 모든 요인이 모형에 포함되어 있다는 것이다. 즉, 식(5.1)에 제시되지 않은 영향요인은 존재하지 않으며, 연구자가 모르는 요인들의 영향은 모두 e_{ijk}에 묻어있다고 할 수 있다. 식 (5.1)에서 연구자가 탐구하는 것은 의도적으로 설정한 A요인의 효과(α_j), B요인의 효과 (β_k), 그리고 $A \times B$의 상호작용효과($\alpha\beta_{jk}$)이다. 이 효과들은 연구자가 설정한 요인(즉, 독립변수)의 효과이므로 모집단에는 분명히 고정된 값으로 존재하지만 알려지진 않은 값이다. 따라서 표본자료의 분석을 통하여 모집단에서의 값을 추정하려는 것이다. 이 같은 맥락에서 식(5.1)의 모형의 $\mu, \alpha_j, \beta_k, \alpha\beta_{jk}$는 모집단에 고정된 값이 존재하는 고정효과 모수이다.

오차항인 e_{ijk}는 모형의 불확실성을 반영하는 무선효과 모수이다. 식(5.1)의 이원분산분석모형이 이요인설계에 의한 자료를 적절히 분석하기 위하여는 분석대상인 자료가 연구자가 설정한 오차항 e_{ijk}의 분포가정을 충족하여야 한다. 오차항 e_{ijk}의 분포가정이 충족되지 않으면, 이원분산분석모형에 의한 결과는 왜곡된 것일 수 있다.

▌이원분산분석모형의 가정

오차항 e_{ijk}는 다음의 분포를 갖는다.

$e_{ijk} \sim N(0, \sigma^2)$.

1) 모집단에서 평균이 '0'이며, 분산이 σ^2인 정규분포를 갖는다(정규분포 가정).
2) 이요인설계에 의한 모든 집단의 분산은 σ^2로 같다(등분산성 가정).
3) e_{ijk}의 값들은 상호 독립이다(독립성 가정).

▌고정효과 모수의 가정

1) $\sum_j \alpha_j = 0$ 2) $\sum_k \beta_k = 0$ 3) $\sum_j \sum_k \alpha\beta_{jk} = 0$; $\sum_j \alpha\beta_{jk} = 0$; $\sum_k \alpha\beta_{jk} = 0$

위의 가정에서 고정효과 모수의 가정들은 이원분산분석모형의 자료분석에 편리함을 제공하기 위하여 설정한 제약조건이다. 고정효과 모수의 조건들은 제약조건이긴 하지만 이요인설계에 의한 모든 자료의 분석에 적용될 수 있다. 즉, 이요인설계에 의한 자료의 분석모형으로서 이원분산분석모형의 일반성을 해치지 않는다.

$e_{ijk} \sim N(0, \sigma^2)$은 모형이 갖는 가정이며, 연구자들은 분석자료가 이 분포가정을 충족하는지 검토하여야 한다. 다행인 것은 분산분석모형이 사용하는 검정통계량인 $F-$통계량은 분석자료가 정규성에서 다소 벗어나거나(정규분포 가정 위배), 집단들 사이의 분산의 크기가 다소 달라도(등분산성 가정 위배), $F-$값에 의한 가설검정은 거의 왜곡되지 않는 특징이 있다. 즉, 일종오류와 이종오류의 크기가 크게 변하지 않는다(Glass, Peckham, & Sanders, 1979). 이 같은 $F-$검정통계량의 특성을 강인성(robustness)이라고 한다. 즉, 분석자료가 분산분석모형의 가정을 어느 정도 벗어나도, 가설검정의 결과는 왜곡되지 않는다.

이원분산분석모형은 다른 분산분석모형과 마찬가지로, 독립성의 가정에는 취약하다. 독립성의 가정이란, 한 관찰단위의 값이 다른 관찰단위의 값에 영향을 받지 않는 것을 의미한다. 표본자료를 수집할 때, 군집표집방법(cluster sampling)으로 표본을 확보하거나, 처치의 시행을 집단을 대상으로 하면, 개체들 사이의 공유하는 정보가 많아지므로, 독립성이 위배될 수 있다(강상진, 1995).

3.1 이원분산분석모형의 가설

모든 가설검정은 독립변수의 효과가 없다는 진술을 영가설(null hypothesis)로 제시하고, 자료분석을 통하여 영가설을 거부할 만한 충분한 증거가 있는지 밝히는 것이다. 따라서 일반적으로 영가설은 두 가지 의미를 갖는다.

1) 영가설의 진술내용은 독립변수의 효과가 없다는 것이다.
2) 영가설은 연구자가 그 진술내용을 의심하는 가설이다.

즉, 연구자들은 영가설의 진실을 의심하며, 이를 거부하는 증거를 찾는 작업을 한다. 영가설을 거부하는 경우에 연구자가 채택하는 것은 곧 대립가설(alternative hypothesis)이다. 영가설과 대립가설은 연구자가 가설검정을 한 결과의 모든 경우의 수를 포괄한다. 따라서 영가설 H_0를 거부하는 것은 곧 대립가설 H_A를 채택하는 것이다. H_0를 거부하지 못하면, 곧 H_0의 진술내용인 독립변수의 효과는 없다는 주장이 유지된다. 그러나 H_0를 수용한다는 것이 H_0가 참이라고 주장하는 것이 아니고, 이를 거부할 만한 충분한 증거가 아직 발견되지 않았을 뿐이며, 연구자는 여전히 H_0를 의심한다는 것이다. 즉, 영가설은 연구자가 의심하는 가설이다.

이원분산분석에서는 독립변수가 A요인, B요인, $A \times B$ 상호작용이므로 이들 세 요인의 효과가 없다는 진술이 영가설이 된다. 그러나 동일한 의미이지만, 영가설을 수학적으로 표기하는 방법은 다양하다.

A요인의 효과에 대한 영가설의 표현방법은 다음과 같다. 연구자들은 이 중에 편한 것을 한 가지 사용하면 된다.

1) $H_0 : \mu_{1.} = \mu_{2.} = \ldots = \mu_{J.}$ A요인 집단들의 모평균은 모두 같다.

2) $H_0 : \sum_{j=1}^{J} (\mu_{j.} - \mu_{..})^2 = 0$ A요인 집단들의 모평균은 전체집단의 모평균과 같다. A요인의 효과는 없다.

3) $H_0 : \sum_{j=1}^{J} \alpha_j^2 = 0$ A요인의 효과는 없다.

4) $H_0 : \alpha_1 = \alpha_2 = \ldots = \alpha_J = 0$ A요인의 각 처치(집단)효과는 차이가 없다.

위의 영가설에서 $\alpha_j = \mu_{j.} - \mu_{..}$이므로, 2)와 3)의 영가설은 사실상 동일한 표현이다. 위의 영가설은 일반적인 표현을 한 것이다. 만일 A요인이 교수법 변수이고, 세 가지 교수법의 효과에 대한 영가설이라면, $J = 3$이므로 $H_0 : \mu_{1.} = \mu_{2.} = \mu_{3.}$으로 표현하고, 진술문은 "교수법 집단들의 모평균은 모두 같다" 또는 "교수법들의 효과에 차이가 없다" 는 등의 구체적인 서술한다.

영가설의 표현방법에 대응하는 대립가설의 표현방법도 마찬가지로 다양하다. 그러나 대립가설의 의미는 모두 "영가설은 참이 아니다"는 것이므로, A 요인의 효과에 대한 대립가설은 "A 요인의 효과는 없다"는 의미이다. 대립가설은 다음과 같이 표현한다.

1) $H_A : \mu_{j.} \neq \mu_{j'.} (j \neq j')$. 적어도 어느 한 집단(j)의 평균, $\mu_{j.}$,은 다른 집단(j')의 평균, $\mu_{j'.}$과 다르다.

2) $H_A : \sum_{j=1}^{J} (\mu_{j.} - \mu_{..})^2 \neq 0$ A 요인 집단들 중에 적어도 한 집단의 모평균은 전체집단의 모평균과 다르다. A 요인의 효과는 있다("0"이 아니다).

3) $H_A : \sum_{j=1}^{J} \alpha_j^2 \neq 0$ A 요인의 효과는 있다("0"이 아니다).

4) $H_A : \alpha_j \neq 0 \, (j = 1, 2, \ldots J)$ A 요인의 집단들 중에 적어도 한 집단의 효과는 있다.

앞의 영가설 H_0가 거부되면 위에 제시된 모든 대립가설들은 참이라고 할 수 있다. 즉, 대립가설들의 내용은 "영가설이 참이 아니다" 또는 "A 요인의 효과가 있다"는 것이다. 위의 대립가설도 일반식을 제공한 것이며, 연구자가 다루는 A 요인이 무엇인가에 따라 구체적으로 서술하여야 한다. 즉, A 요인이 세 가지 교수법이라면, "교수법 집단 중에서 적어도 한 집단의 모평균은 다른 집단과 다르다," "세 가지 교수법에서 적어도 한 교수법의 효과는 다르다" 등으로 각 요인의 맥락에 맞게 진술한다.

이요인 완전무선설계에서 A 요인과 B 요인은 모두 주효과이므로, 이들 주효과의 가설을 제시하는 방법은 같다. 따라서 B 요인에 대한 영가설과 대립가설을 제시하는 방법은 A 요인의 경우와 같다.

1) $H_0 : \mu_{.1} = \mu_{.2} = \ldots = \mu_{.K}$ B 요인 집단들의 모평균은 모두 같다.

2) $H_0 : \sum_{k=1}^{K} (\mu_{.k} - \mu_{..})^2 = 0$ B요인 집단들의 모평균은 전체집단의 모평균과 같다. B요인의 효과는 없다.

3) $H_0 : \sum_{k=1}^{K} \beta_k^2 = 0$ B요인의 효과는 없다.

4) $H_0 : \beta_1 = \beta_2 = \ldots = \beta_K = 0$ B요인 집단들의 효과는 모두 없다.

여기서 $\beta_k = \mu_{.k} - \mu_{..}$ 이므로, 2)와 3)은 동일한 표현인 셈이다. 여기서도 구체적으로 B요인이 무엇인가에 따라 맥락에 맞게 영가설을 제시하고 진술을 한다. 즉, B요인이 {학령전 어린이, 초등학교 저학년 어린이, 초등학교 고학년 어린이}의 세 가지 연령집단이라면, 영가설은 $K=3$이므로, $H_0 : \mu_{.1} = \mu_{.2} = \mu_{.3}$가 된다.

A요인의 경우와 마찬가지로 B요인에 대한 대립가설은 다음 중의 하나로 제시할 수 있다.

1) $H_A : \mu_{.k} \neq \mu_{.k'}$ $(k \neq k')$. 적어도 어느 한 집단(k)의 평균, $\mu_{.k}$,은 다른 집단(k')의 평균, $\mu_{.k'}$과 다르다.

2) $H_A : \sum_{k=1}^{K} (\mu_{.k} - \mu_{..})^2 \neq 0$ B요인 집단들 중에 적어도 한 집단의 모평균은 전체집단의 모평균과 다르다. B요인의 효과는 있다("0"이 아니다).

3) $H_A : \sum_{k=1}^{K} \beta_k^2 \neq 0$ B요인의 효과는 있다("0"이 아니다).

4) $H_A : \beta_k \neq 0$ $(k = 1, 2, \ldots K)$ B요인의 집단들 중에 적어도 한 집단의 효과는 과는 있다.

마찬가지로 B요인에 대한 영가설이 거부되면, 위의 대립가설들은 모두 참이다. 또한 구체적으로 B요인의 의미에 맞는 맥락으로 대립가설을 기술한다.

이원분산분석모형에서 두 개의 주효과에 대한 가설검정은 일원분산분석모형의 경우와 동일하다. 즉, 두 개의 주효과는 일원분산분석모형을 각 각 시행하여도 가설검정이 가능하다. 그러나 두 개 주효과들 사이의 상호작용효과는 요인설계에 의하여만 가설검정이 가능하다. 상호작용효과가 없다는 것은 곧 식(5.1)이 제시하는 이원분산분석모형에서 $\alpha\beta_{jk} = 0$라는 의미이다. 식(5.1)에서 두 요인의 조합으로 만들어진 칸의 모평균, μ_{jk},을 구하면 $(\sum_i^n e_{ijk})/n = \bar{e}_{.jk} = 0$이므로, 식은 다음과 같이 변형된다.

$$\mu_{jk} = \mu + \alpha_j + \beta_{jk} + \alpha\beta_{jk}$$

그리고

$$\begin{aligned} \alpha\beta_{jk} &= \mu_{jk} - [\mu + \alpha_j + \beta_k + \alpha\beta_{jk}] \\ &= \mu_{jk} - [\mu_{..} + (\mu_{j.} - \mu_{..}) + (\mu_{.k} - \mu_{..})] \\ &= \mu_{jk} - \mu_{j.} - \mu_{.k} + \mu_{..} \end{aligned} \tag{5.2}$$

따라서 상호작용효과에 대한 영가설은 위의 식에서 $\alpha\beta_{jk} = 0$의 의미가 반영되도록 진술한다. 다음은 두 요인의 상호작용효과의 영가설과 대립가설을 대응하여 제시한 것이다.

A와 B요인의 상호작용효과에 대한 H_0의 진술	A와 B요인의 상호작용효과에 대한 H_A
1) 모든 μ_{jk}에 대하여; $H_0 : \mu_{jk} - \mu_{j.} - \mu_{.k} + \mu_{..} = 0$	1) 적어도 하나의 μ_{jk}는; $H_A : \mu_{jk} - \mu_{j.} - \mu_{.k} + \mu_{..} \neq 0$
2) 모든 jk 집단에서; $H_0 : \alpha\beta_{jk} = 0$	2) 적어도 하나의 jk 집단은; $H_A : \alpha\beta_{jk} \neq 0$
3) $H_0 : \sum_j \sum_k (\mu_{jk} - \mu_{j.} - \mu_{.k} + u_{..})^2 = 0$	3) $H_A : \sum_j \sum_k (\mu_{jk} - \mu_{j.} - \mu_{.k} + u_{..})^2 \neq 0$
4) $H_0 : \sum_j \sum_k \alpha\beta_{jk}^2 = 0$	4) $H_A : \sum_j \sum_k \alpha\beta_{jk}^2 \neq 0$

결국 왼편의 영가설의 의미는 모두 "모든 jk 집단에서 상호작용효과($\alpha\beta_{jk}$)는 없다"는 것이다. 일부 H_0에서는 각 집단의 평균으로 표현하고, 일부 H_0에서는 $\alpha\beta_{jk}$로 표현한 것만 다르다. 오른 편의 대립가설도 표현하는 기호의 사용만 다를 뿐이며, "적어도 한 집단

에서 상호작용효과가 있다"는 의미이다. 즉, 상호작용효과가 있다는 것은 두 요인 A와 B의 결합효과(joint effect)가 있다는 것이다. 또는 A요인의 J개 집단들 중에서 적어도 한 집단의 효과는 B요인의 K개 조건에 따라 다른 효과를 갖는다는 의미이며, A요인과 B요인의 경우를 바꾸어 표현하여도 이 말은 성립한다.

3.2 이원분산분석모형의 추정

이원분산분석모형은 관찰단위의 종속변수 값, Y_{ijk},에 영향을 미치는 모든 요인들과 Y_{ijk}와의 관계를 하나의 수학식으로 제시한 것이다. 식(5.1)에서 제시한 이원분산분석모형은 $Y_{ijk}=\mu+\alpha_j+\beta_k+\alpha\beta_{jk}+e_{ijk}$, $e_{ijk}\sim N(0,\sigma^2)$이다. 이 모형은 Y_{ijk}의 값이 A요인의 효과(α_j), B요인의 효과(β_k), $A\times B$의 상호작용효과($\alpha\beta_{jk}$)에 의하여 영향을 받으며, 또한 이들 요인들의 효과는 모두 가산적(additive)이다. 즉, 각 요인의 효과는 서로 중첩되지 않으며, 벽돌이 쌓이는 것처럼 그 효과가 합산되는 구조이다. 이들 세 요인의 효과 이외에 연구자가 모르는 영향요인의 효과는 모두 오차항 e_{ijk}가 포괄한다. 분산분석모형으로 자료분석을 한다는 것은 모형에 제시된 각 요인의 효과를 추정하여, 그 효과가 "0"이 아니라는 증거가 있는지를 확률로 판단하는 것이다. 여기서, 각 요인의 효과가 "0"이 아니라는 의미는, 각 요인의 집단간 모평균이 다르다는 것과 같다. 따라서 각 요인의 효과를 표본자료에서 추정하는 방법은 각 요인의 집단들 사이의 평균의 편차를 활용한다. 이원분산분석모형에서 각 요인의 효과와 이에 대응하는 표본추정치는 다음과 같이 대비된다.

$$\begin{array}{ccccccccccc} Y_{ijk} & = & \mu & + & \alpha_j & + & \beta_k & + & \alpha\beta_{jk} & + & e_{ijk} \\ Y_{ijk} & = & \overline{Y}_{...} & + & (\overline{Y}_{.j.}-\overline{Y}_{...}) & + & (\overline{Y}_{..k}-\overline{Y}_{...}) & + & (\overline{Y}_{.jk}-\overline{Y}_{.j.}-\overline{Y}_{..k}+\overline{Y}_{...}) & + & (Y_{ijk}-\overline{Y}_{.jk}) \end{array} \tag{5.3}$$

관찰점수 전체평균 집단 j 효과 집단 j와 집단 k의 상호작용효과 개인효과 집단내 오차효과

위의 두 식은 이원분산분석모형의 모수인 각 요인의 효과를 표본추정치로 대비시킨 것이다. 즉, 이원분산분석모형의 각 효과는 다음과 같이 추정된다.

$\hat{\mu} = \overline{Y}_{...}$	표본의 전체평균
$\widehat{\alpha_j} = \overline{Y}_{.j.} - \overline{Y}_{...}$	전체평균으로부터 A요인 j번째 집단평균의 편차
$\widehat{\beta_k} = \overline{Y}_{..k} - \overline{Y}_{...}$	전체평균으로부터 B요인 k번째 집단평균의 편차
$\widehat{\alpha\beta_{jk}} = \overline{Y}_{.jk} - \overline{Y}_{.j.} - \overline{Y}_{..k} + \overline{Y}_{...}$	전체평균으로부터 jk번째 상호작용 집단평균의 편차에서 A와 B요인에 의한 편차를 제거한 이후의 편차.
$\widehat{e_{ijk}} = Y_{ijk} - \overline{Y}_{.jk}$	jk번째 상호작용집단평균과 개별 관찰점수와의 편차

이들 모수 추정치들을 이용하여 각 요인의 Y_{ijk}에 대한 효과를 계량화한 것이 변산의 양인 자승합(SS)이다. 또한 분산분석모형에서 각 모수의 효과는 가산적(additive)이므로 모수들의 추정치와 이를 이용한 자승합을 대응하여 표현하면 다음과 같은 식이 성립한다.

$$Y_{ijk} - \mu = \alpha_j + \beta_k + \alpha\beta_{jk} + e_{ijk}$$

$$Y_{ijk} - \overline{Y}_{...} = (\overline{Y}_{.j.} - \overline{Y}_{...}) + (\overline{Y}_{..k} - \overline{Y}_{...}) + (\overline{Y}_{.jk} - \overline{Y}_{.j.} - \overline{Y}_{..k} + \overline{Y}_{...}) + (Y_{ijk} - \overline{Y}_{.jk}) \qquad (5.4)$$

$$SST = SSA + SSB + SSAB + SSE \qquad (5.5)$$

Y_{ijk}의 전체변산 A요인의 효과 B요인의 효과 AB상호작용 효과 오차효과

A요인 자승합 B요인 자승합 AB상호작용의 자승합 오차자승합

위의 식 (5.5)는 분산분석모형이 가산적이라는 이론을 반영하는 것으로, 전체 자승합 SST는 각 요인의 효과에 의한 자승합으로 분해된다는 것을 보여준다. 역으로 각 요인의 자승합을 합치면 전체 자승합과 같다는 것이다. 이는 각 요인에 의한 자승합(SS)

이 서로 중복되지 않는다는 것으로, 이원분산분석모형에서 모든 요인의 효과는 직교적(orthogonal)이며, 독립적인 의미를 갖는 것을 나타낸다.

일원분산분석모형과 마찬가지로 이원분산분석모형도 복수집단의 평균을 비교하기 위하여 개발된 통계모형이다. 복수집단의 평균을 비교하는 가설을 검정하는 것은 곧 각 요인의 효과 유무를 검정하는 것이다. 따라서 분산분석모형에서 각 요인의 효과인 모수의 추정방법이 정해지면, 이를 바탕으로 영가설의 확률정보를 제공하는 $F-$검정통계량을 산출한다. 일원분산분석의 경우와 마찬가지로 $F-$값을 산출하는데 기본요소가 되는 내용을 조직화 한 것이 분산분석표(ANOVA table)이다. 분산분석표는 $F-$값을 산출하기 위한 표이므로, 언제나 {변산원, 자승합, 자유도, 평균자승합, $F-$값}의 다섯 가지 내용이 분산분석표의 각 열을 구성한다.

이원분산분석모형은 $Y_{ijk} = \mu + \alpha_j + \beta_k + \alpha\beta_{jk} + e_{ijk}$, $e_{ijk} \sim N(0, \sigma^2)$로서, 이 모형이 이론적으로 가정한 Y_{ijk}의 변산원은 α_j, β_k, $\alpha\beta_{jk}$, 그리고 e_{ijk}의 네 가지이다. 네 가지 변산의 원인을 각 각 A 요인, B요인, $A \times B$요인, 오차요인으로 표현하면 이원분산분석모형의 검정을 위한 분산분석표의 구조는 다음과 같다.

〈표 5-2〉 이원분산분석표의 구조(고정효과 모형)

변산원	자승합	자유도	평균자승합	E(MS)	F
$(\alpha_j) A$ 요인	SSA	df_a	$MSA = \frac{SSA}{df_a}$	$\sigma_e^2 + \frac{nK\sum_{j=1}^{J}\alpha_j^2}{df_a}$	$\frac{MSA}{MSE}$
$(\beta_k) B$ 요인	SSB	df_b	$MSB = \frac{SSB}{df_b}$	$\sigma_e^2 + \frac{nJ\sum_{k=1}^{K}\beta_k^2}{df_b}$	$\frac{MSB}{MSE}$
$(\alpha\beta_{jk}) A \times B$요인	SSAB	df_{ab}	MSAB=SSAB/df_{ab}	$\sigma_e^2 + \frac{n\sum_{j=1}^{J}\sum_{k=1}^{K}\alpha\beta_{jk}^2}{df_{ab}}$	$\frac{MSAB}{MSE}$
(e_{ij}) 집단내	SSE	df_e	MSE=SSE/df_e	σ_e^2	
전체	SST	N−1			

위의 분산분석표의 구조에서 가장 왼편의 열에는 변산원이 제시되어 있다. 이미 언급한 것처럼, 이원분산분석모형에서는 Y_{ijk}의 변산을 초래하는 원인을 네 가지로 설정한 것이 분산분석표에 반영되었다. 각 변산원에 의한 변산의 크기가 자승합이다. 분산분석표가 바르게 산출되었는지 확인하는 방법은 자승합과 자유도의 분해가 적절한지 확인하는 것이다. 즉,

$$SST = SSA + SSB + SSAB + SSE$$

그리고

$$N-1 = df_a + df_b + df_{ab} + df_e$$ 이다.

자승합과 자유도의 분해가 가산적(additive)이면, 분산분석표는 바르게 작성된 것이다. 또한 자승합과 자유도가 정해지면 평균자승합과 F-검정통계량은 체계적으로 산출되는 구조를 가지고 있다.

그러나 위의 분산분석표에서 주목할 사항은 $F-$검정통계량의 구조이다. $F-$검정통계량은 $F-$분포에서 영가설의 확률을 알려주는 것이다. 따라서 이원분산분석에서 각 영가설과 이론적인 $F-$검정통계량의 관계를 대비시키면 다음과 같은 점을 확인할 수 있다.

〈표 5-3〉 영가설과 $F-$검정통계량의 이론적 구조

영가설		$F-$검정 통계량의 이론적 구조
A요인의 효과	$H_0 : \sum_j \alpha_j^2 = 0$	$F_A = \frac{E(MSA)}{E(MSE)} = \frac{\sigma_e^2 + \frac{nK\sum_{j=1}^{J}\alpha_j^2}{df_a}}{\sigma_e^2}$
B요인의 효과	$H_0 : \sum_k \beta_k^2 = 0$	$F_B = \frac{E(MSB)}{E(MSE)} = \frac{\sigma_e^2 + \frac{nJ\sum_{k=1}^{K}\beta_k^2}{df_b}}{\sigma_e^2}$
$A \times B$ 상호작용효과	$H_0 : \sum_j \sum_k \alpha\beta_{jk}^2 = 0$	$F_{AB} = \frac{E(MSAB)}{E(MSE)} = \frac{\sigma_e^2 + \frac{n\sum_{j=1}^{J}\sum_{k=1}^{K}\alpha\beta_{jk}^2}{df_{ab}}}{\sigma_e^2}$

왼편의 영가설이 진술하는 것처럼, A 요인의 효과가 "0"이면, $\sum_j \alpha_j^2 = 0$이므로, 이때 $F-$값은 $F_A = E(MSA)/E(MSE) = (\sigma_e^2 + 0)/\sigma_e^2 = 1.0$ 이 되는 것을 알 수 있다. 만약에 $\sum_j \alpha_j^2 > 0$ 이라면, $F_A > 1.0$이 될 것이다. 즉, 검정통계량 $F-$값이 1.0보다 크게 될 가능성은 $\sum_j \alpha_j^2 > 0$이 유일하다. F_A의 값이 1.0보다 아주 크면, $\sum_j \alpha_j^2$의 값이 아주 큰 것이며, F_A의 값이 1.0보다 미세하게 크면, $\sum_j \alpha_j^2$값이 미세하게 "0"보다 큰 것이다. 그 어느 경우든, 연구자가 $\sum_j \alpha_j^2$의 모수값을 알아낼 수 있다면, $H_0 : \sum_j \alpha_j^2 = 0$이라는 영가설을 거부 또는 수용하는 것은 간단하다. 그러나 모집단에서의 값을 모르므로 연구자는 분석자료에서 산출한 추정치를 사용하여 $F-$값을 구한다. 이는 다른 요인의 효과를 검정하는 경우에도 마찬가지이다. 예를 들어,

$$F_A = \frac{E(\widehat{MSA})}{E(\widehat{MSE})} = \frac{\hat{\sigma}_e^2 + \dfrac{nK\sum_{j=1}^{J}\hat{\alpha}_j^2}{df_a}}{\hat{\sigma}_e^2} = \frac{MSA}{MSE} \text{ 이다.}$$

분산분석표에서 얻은 $F_A = MSA/MSE$은 $\hat{\sigma}_e^2$, $\hat{\alpha}_j^2$ 등의 표본통계량에서 구한 것이므로, 모수 σ_e^2, 와 α_j^2 그 자체의 값이 아니며 표집오차를 포괄한 값이다. 따라서 실제 자료분석을 통하여 구해지는 $F-$값이 1.0보다 미세하게 크다면, 그 차이는 $\sum_j \alpha_j^2 = 0$ 임에도 표집오차의 영향으로 $F-$값이 1.0 이상일 수도 있고, 실제로 $\sum_j \alpha_j^2 > 0$일 수도 있다. 따라서 영가설을 검정할 때는 $F-$값이 1.0보다 훨씬 커서, $\sum_j \alpha_j^2 > 0$이라는 충분한 증거가 된다면 영가설을 기각하는 것이다. 충분한 증거가 된다는 것은 $F \geq F_{.95}(df_a, df_e)$이므로, $H_0 : \sum_j \alpha_j^2 = 0$가 참일 확률이 거의 없다(예: 일종오류 $\alpha \leq 0.05$ 수준에서)는 것을 의미한다. 위의 〈표 3-3〉과 〈표 3-4〉에 제시된 F_B와 F_{AB}의 경우도 F_A와 같은 맥

락에서 검정통계량 값이 산출되며 영가설을 거부하는 논리도 동일하다.

〈표 5-2〉는 분산분석표의 구조를 제시한 것이다. 이미 언급한 것처럼, 분산분석표는 자승합과 자유도만 정해지면 평균자승합(MS)과 $F-$검정통계량은 쉽게 산출된다. 다음의 〈표 5-4〉는 이원분산분석표의 자승합, 그리고 자유도의 산출방법을 제시한 것이다.

〈표 5-4〉 이원분산분석표의 자승합과 자유도 산출방법

변산원	자승합	자유도
A 요인	$SSA = nK\sum_j \hat{\alpha}_j^2 = nK\sum_j (\overline{Y_{.j.}} - \overline{Y_{...}})^2$	$J-1$
B 요인	$SSB = nJ\sum_k \hat{\beta}_k^2 = nJ\sum_k (\overline{Y_{..k}} - \overline{Y_{...}})^2$	$K-1$
$A\times B$요인	$SSAB = n\sum_j\sum_k \hat{\alpha\beta}_{jk}^2$ $= n\sum_j\sum_k (\overline{Y_{.jk}} - \overline{Y_{.j.}} - \overline{Y_{..k}} + \overline{Y_{...}})^2$	$(J-1)(K-1)$
오차	$SSE = \sum_i\sum_j\sum_k \hat{e}_{ijk}^2$ $= \sum_i\sum_j\sum_k (Y_{ijk} - \overline{Y_{.jk}})^2$	$JK(n-1)$
전체	$SST = \sum_i\sum_j\sum_k (Y_{ijk} - \overline{Y_{...}})^2$	$N-1$

위의 〈표 5-4〉에서 $SSA = nK\sum_j \hat{\alpha}_j^2$는 α_j의 효과가 j 행에 속한 모든 nK개의 사례수에 적용된다는 것을 의미한다. 마찬가지로 SSB의 식은 β_k의 효과가 k 열에 속한 모든 nJ개의 사례수에 적용되는 것이며, $SSAB$의 식은 $\alpha\beta_{jk}$의 효과가 jk 칸에 속한 모든 n개의 사례수에 적용된다는 것을 나타내고 있다. 위의 자승합과 자유도는 모두 각 행과 열, 그리고 상호작용 칸의 사례수가 동일한 경우를 가정한 것이다. 또한 각 요인집단들 사이의 사례수가 행과 열에서 모두 비율적 분포를 가지면 불균형자료라도 각 효과는 가산적이며, $SST = SSA + SSB + SSAB + SSE$ 는 성립한다. 그러나 분산분석에서 각 요인의 집단규모가 다르면, 분산분석모형이 가정하는 각 효과들의 관계는 가산적(additive)이지 않으며, 각 요인의 자승합은 고유성을 상실한다. 따라서 분산분석에서 각 요인집단의 사례수가 크게 다르면, $SS(reduction)$방법(Searl, 1971), 사례수의 조화평균(harmonic mean) 사용, 사례수 대체(imputation), 등 다양한 불균형자료 분석방법 중에서 적절한 방법을 채택하여야 한다.

4 이원분산분석모형에 의한 자료분석 예시

4.1 자료분석 단계 예시

개별화 교수법과 소규모집단 교수법의 효과가 모두 학업성취도에 효과가 있다는 주장과 학급규모가 크면 교사-학생의 상호작용 빈도가 감소하기 때문에, 두 교수법의 효과가 큰 학습집단에서는 전통적인 전체집단 교수법과 차이가 없을 것이라는 가설을 동시에 검정하기 위하여 실험을 하였다. 연구자는 학급규모가 소규모($n_1 = 20$)와 대규모($n_2 = 40$)인 조건을 설정하여 교수법과 학급규모를 독립변수로 하는 이요인 완전무선설계를 구상하였으며, 종속변수는 과학성취도 검사점수로 선정하였다.

1) 연구자의 가설

연구자의 가설은 앞의 절에서 소개한 다양한 가설제시방법 중에서 한가지를 선택하면 된다. 다음은 두 가지 요인의 주효과에 대한 가설과 상호작용효과에 대한 가설을 제시한 것이다. 연구자가 논문이나 연구보고서에서 가설을 제시할 때는 왼편의 수식으로 된 가설과 오른편의 진술문으로 된 가설 중에서 전달이 쉬운 것을 선택하여 제시한다.

$H_0 : \mu_{1.} = \mu_{2.} = \mu_{3.}$ 　　세 가지 교수법 집단의 모평균은 같다. 교수법의 과학성취도

효과는 차이가 없다.

$H_A: \mu_{j.} \neq \mu_{j'.} (j=1,2,3$ 중에서, 어떤 j에 대하여, $j \neq j')$

적어도 한 교수법 집단의 모평균은 다른 교수법 집단의 모평균과 다르다. 교수법의 효과는 있다. 영가설은 참이 아니다.

$H_0: \mu_{.1} = \mu_{.2}$ 두 가지 학급규모집단의 모평균은 같다. 학급규모의 차이에 의한 과학성취도의 효과는 없다.

$H_A: \mu_{.1} \neq \mu_{.2}$ 두 가지 학급규모 집단의 과학성취도 모평균은 다르다. 학급규모의 차이에 따라 과학성취도 효과는 다르다. 영가설은 참이 아니다.

$H_0: \mu_{jk} - \mu_{j.} - \mu_{.k} + \mu_{..} = 0$

$(j=1,2,3; \quad k=1,2)$

교수법과 학급규모 요인의 상호작용효과는 없다.

모든 jk 집단에서 상호작용효과는 없다.

$H_A: \mu_{jk} - \mu_{j.} - \mu_{.k} + \mu_{..} \neq 0$

$(j=1,2,3$와 $k=1,2$ 중에서 어떤 j와 k에 대하여$)$

교수법과 학급규모 요인의 상호작용효과는 있다.

적어도 한 jk 집단에서 교수법과 학급규모 요인의 상호작용 효과가 있다. 영가설은 참이 아니다.

2) 일종오류

$\alpha = .05$ 영가설이 참임에도 영가설을 기각하는 오류 가능성의 상한계는 5%이다. 영가설을 기각할 때의 확신수준(confidence level; 1-α)은 95% 이다.

3) 검정통계량과 확률분포

세 가지 가설검정을 위한 검정통계량의 확률분포는 다음의 자유도를 갖는 F-분포이다.

$$F_A = \frac{MSA}{MSE} \sim F(2,174)$$

$$F_B = \frac{MSB}{MSE} \sim F(1,174)$$

$$F_{AB} = \frac{MSAB}{MSE} \sim F(2,174)$$

4) 실험설계

① 소규모 학급으로 실험에 참가할 교사 3명과 중학생 60명을 모집하고, 대규모 학급으로 실험에 참가할 교사 3명과 중학생 120명을 모집하였다(N=180명).

② 소규모 학급집단으로 참여하는 60명의 학생을 각 교수법 집단에 20명씩 무선으로 배치하였다.

대규모 학급집단으로 참여하는 120명의 학생을 세 가지 교수법 집단에 40명씩 무선으로 배치하였다.

③ 각 교수법에 의하여 수업을 진행하는 교사들을 연구자가 마련한 교수법지침서에 따라 교육을 하고, 해당 교수법으로 3주간 과학의 세 단원을 수업하였다.

④ 3주간의 수업이 완료된 이후에 모든 학생들에게 표준화과학성취도 검사를 시행하여 검사점수를 확보하였다.

5) 연구자가 확보한 실험자료는 다음과 같다.

처 치	학급규모		평균
	소(n=20)	대(n=40)	
개별화 교수법	$105(s_{11}^2=25)$	$90(s_{12}^2=26)$	$\overline{Y_{.1.}}=95$
소규모 집단 교수법	$100(s_{21}^2=22)$	$98(s_{22}^2=22)$	$\overline{Y_{.2.}}=98.66$
전체 집단 강의법	$95(s_{31}^2=23)$	$94(s_{32}^2=24)$	$\overline{Y_{.3.}}=94.33$
평균	$\overline{Y_{..1}}=100$	$\overline{Y_{..2}}=94$	$\overline{Y_{...}}=96$

〈참조〉

$$\overline{Y_{1.}} = \frac{\sum_k n_{1k}\overline{Y_{1k}}}{\sum_k n_{1k}} = (n_{11}\overline{Y_{11}} + n_{12}\overline{Y_{12}})/(n_{11}+n_{12})$$

$$= (20\times105 + 40\times90)/(20+40) = 5700/60 = 95$$

$\overline{Y_{2.}} = 98.66$; $\overline{Y_{3.}} = 94.33$

$$\overline{Y_{.1}} = \frac{\sum_j n_{j1}\overline{Y_{j1}}}{\sum_j n_{j1}} = (n_{11}\overline{Y_{11}} + n_{21}\overline{Y_{21}} + n_{31}\overline{Y_{31}})/(n_{11}+n_{21}+n_{31})$$
$$= (20\times105 + 20\times100 + 20\times 95)/60 = 100$$

$\overline{Y_{.2}} = 94.0$

$$\overline{Y_{..}} = \frac{\sum_j\sum_k n_{jk}\overline{Y_{jk}}}{\sum_j\sum_k n_{jk}} = [20(105+100+95)+40(90+98+94)]/180$$

$$= [6000+11280]/180 = 96$$

6) 분산분석표 작성(계산)

− A 요인 각 효과의 추정

$$\widehat{\alpha_1} = \overline{Y_{1.}} - \overline{Y_{..}} = 95 - 96 = -1$$
$$\widehat{\alpha_2} = \overline{Y_{2.}} - \overline{Y_{..}} = 98.66 - 96 = 2.66$$
$$\widehat{\alpha_3} = \overline{Y_{3.}} - \overline{Y_{..}} = 94.33 - 96 = -1.67$$

$$SSA = \sum_j\sum_k n_{jk}\widehat{\alpha_j^2} = (n_{11}\widehat{\alpha_1^2} + n_{12}\widehat{\alpha_1^2}) + (n_{21}\widehat{\alpha_2^2} + n_{22}\widehat{\alpha_2^2}) + (n_{31}\widehat{\alpha_3^2} + n_{32}\widehat{\alpha_3^2})$$
$$= 20(\widehat{\alpha_1^2} + \widehat{\alpha_2^2} + \widehat{\alpha_3^2}) + 40(\widehat{\alpha_1^2} + \widehat{\alpha_2^2} + \widehat{\alpha_3^2})$$
$$= 20[(-1)^2 + (2.66)^2 + (-1.67)^2] + 40[(-1)^2 + (2.66)^2 + (-1.67)^2]$$
$$= 20(10.8645) + 40(10.8645) = 651.87$$

– B요인 각 효과의 추정

$$\hat{\beta}_1 = \overline{Y_{.1}} - \overline{Y_{..}} = 100 - 96 = 4$$
$$\hat{\beta}_2 = \overline{Y_{.2}} - \overline{Y_{..}} = 94 - 96 = -2$$

$$\begin{aligned} SSB &= \sum_j \sum_k n_{jk} \widehat{\beta}_k^2 = (n_{11} + n_{21} + n_{31}) \widehat{\beta}_1^2 + (n_{12} + n_{22} + n_{32}) \widehat{\beta}_2^2 \\ &= \widehat{\beta}_1^2 \sum_j n_{j1} + \widehat{\beta}_2^2 \sum_j n_{j2} = 4^2(60) + (-2)^2(120) \\ &= 16(60) + 4(120) = 1440 \end{aligned}$$

– $A \times B$ 상호작용효과의 추정

$$\widehat{\alpha\beta}_{11}^2 = \overline{Y_{11}} - \overline{Y_{1.}} - \overline{Y_{.1}} + \overline{Y_{..}} = 105 - 95 - 100 + 96 = 6$$

$$\widehat{\alpha\beta}_{21}^2 = \overline{Y_{21}} - \overline{Y_{2.}} - \overline{Y_{.1}} + \overline{Y_{..}} = 100 - 98.66 - 100 + 96 = -2.66$$

$$\widehat{\alpha\beta}_{31}^2 = \overline{Y_{31}} - \overline{Y_{3.}} - \overline{Y_{.1}} + \overline{Y_{..}} = 95 - 94.33 - 100 + 96 = -3.33$$

$$\widehat{\alpha\beta}_{12}^2 = \overline{Y_{12}} - \overline{Y_{1.}} - \overline{Y_{.2}} + \overline{Y_{..}} = 90 - 95 - 94 + 96 = -3$$

$$\widehat{\alpha\beta}_{22}^2 = \overline{Y_{22}} - \overline{Y_{2.}} - \overline{Y_{.2}} + \overline{Y_{..}} = 98 - 98.6 - 94 + 96 = 1.4$$

$$\widehat{\alpha\beta}_{32}^2 = \overline{Y_{32}} - \overline{Y_{3.}} - \overline{Y_{.2}} + \overline{Y_{..}} = 94 - 94.33 - 94 + 96 = 1.67$$

$$\begin{aligned} SSAB &= \sum_j \sum_k n_{jk} \widehat{\alpha\beta}_{jk}^2 = n_{j1} \sum_j \widehat{\alpha\beta}_{j1}^2 + n_{j2} \sum_j \widehat{\alpha\beta}_{j2}^2 \\ &= 20[\sum_j (\overline{Y_{j1}} - \overline{Y_{j.}} - \overline{Y_{.1}} + \overline{Y_{..}})^2] + 40[\sum_j (\overline{Y_{j2}} - \overline{Y_{j.}} - \overline{Y_{.2}} + \overline{Y_{..}})^2] \\ &= 20[6^2 + (-2.66)^2 + (-3.33)^2] + 40[(-3)^2 + (1.4)^2 + (1.67)^2] \\ &= 20(54.1645) + 40(13.7489) = 1633.246 \end{aligned}$$

– 집단내 효과의 추정

$$\begin{aligned} SSW &= \sum_j \sum_k SS_{jk} = \sum_j (n_{j1} - 1) s_{j1}^2 + \sum_j (n_{j2} - 1) s_{j2}^2 \\ &= [(20 - 1)(25 + 22 + 23)] + [(40 - 1)(26 + 22 + 24)] \\ &= 19 \times 70 + 39 \times 72 = 4138 \end{aligned}$$

– 변산원의 분할 확인

$SST = SSA + SSB + SSAB + SSW = 651.87+1440+1633.246+4138=7863.12$

〈표 5-5〉 분산분석표 작성

SV	SS	df	MS	F
교수법(A)	651.87	2	325.94	13.71
학급규모(B)	1440.00	1	1440.00	60.56
상호작용(AB)	1633.25	2	816.62	34.34
W	4138	174	23.78	
Total	7863.12	179		

7) 의사결정

$F_A = 13.71 > F_{.95}(2,174) \simeq 3.05$이므로, $H_0 : \mu_{1.} = \mu_{2.} = \mu_{3.}$을 기각.

$F_B = 60.56 > F_{.95}(1,174) \simeq 3.90$이므로, $H_0 : \mu_{.1} = \mu_{.2}$를 기각.

$F_{AB} = 34.34 > F_{.95}(2,174) \simeq 3.05$이므로, $H_0 : \mu_{jk} - \mu_{j.} - \mu_{.k} + \mu_{..} = 0$를 기각.

해석: 이원분산분석의 결과, 두 가지 주효과 뿐만 아니라, 상호작용효과도 통계적으로 유의한 것으로 나타났으므로, 우선 상호작용효과의 양상을 파악하여 종합적인 해석을 할 필요가 있다. 이요인설계에 의한 여섯 개의 상호작용 칸의 평균값을 구하면 다음과 같다.

$$\{\overline{Y_{.11}}, \overline{Y_{.21}}, \overline{Y_{.31}}, \overline{Y_{.12}}, \overline{Y_{.22}}, \overline{Y_{.32}}\} = \{105,\ 100,\ 95,\ 90,\ 98,\ 94\}$$

여섯 개 칸의 평균값들을 X축=학급규모, Y축=과학성취도 좌표에 그려서 상호작용 현상을 나타내면 다음과 같다.

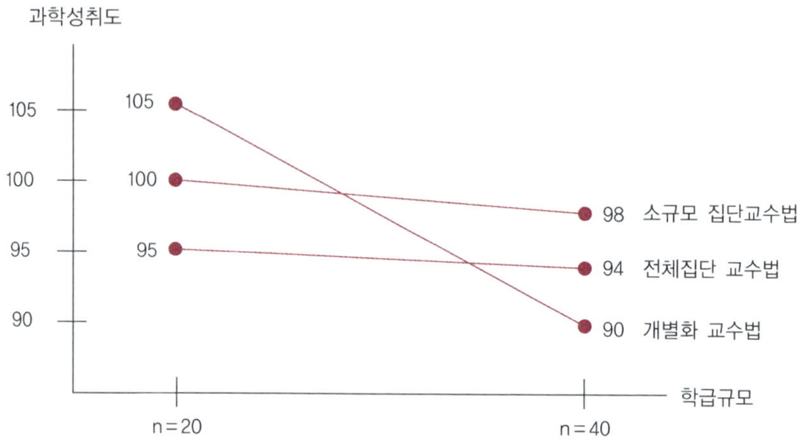

[그림 5-7] **교수법과 학급규모의 상호작용효과**

위의 [그림 5-7]은 개별화 교수법의 효과가 학급규모에 따라 매우 다르다는 것을 보여준다. 개별화 교수법은 소규모 학급에서는 과학성취도에 미치는 효과가 가장 컸으나 ($\overline{Y_{.11}} = 105$), 학급규모가 40명으로 커진 상태에서는 세 가지 교수법 중에서 가장 낮은 효과($\overline{Y_{.13}} = 90$)를 나타냈다. 반면에 소규모 집단 교수법과 대규모 집단 교수법은 학급규모가 커짐에 따라 미세하게 평균의 감소가 있으나 학급의 크기에 크게 영향을 받지 않는 것으로 나타났다.

학급규모의 효과는 전반적으로 작은 학급이 큰 학급보다 과학성취도 향상에 유리한 것으로 나타났다. 특히 개별화 교수법은 학급규모의 영향을 많이 받는다. 그러나 소규모 집단 교수법과 전체 집단 교수법은 학급규모의 영향을 상대적으로 적게 받는다.

4.2 SPSS 분석 예시

여기서는 완전무선요인설계에 의한 실험자료를 SPSS 프로그램으로 분석하는 방법을 시연한다.

실험개요:

① 실험주제: 효능감 증진 프로그램의 효과 검정

② 실험처치 및 절차: 효능감 척도로 32명의 피험자를 검사하여, 상위집단과 하위집단을 각 16명씩 구성함. 세 가지 효능감 증진 프로그램과 통제집단의 네 집단으로 실험집단을 구성함. 효능감 사전검사로 구성된 효능감 상위집단과 하위집단에 속한 학생들을 각 처치집단에 4명씩 무선으로 배치함. 효능감 프로그램을 4주 시행한 이후에, 사후 효능감 검사를 시행함.

③ 독립변수1(X): 효능감척도 사전검사 점수 구분

1. 상위집단
2. 하위집단

독립변수2(Z): 효능감 증진 프로그램.

1. 통제집단(처치 없음)
2. 칭찬(너는 할 수 있다. 잘한다)프로그램
3. 성공경험(쉬운 문제, 난이도 점진성) 프로그램
4. 실패에 대한 내성, 건전한 대처방법 프로그램.

④ 종속변수: 효능감척도 변화점수

⑤ 〈SPSS data file〉 Ch5exp_2.sav

자료분석 전략:

위의 실험에 의한 자료구조는 두 개의 독립변수 요인이 교차하여 만들어지는 8개의 칸에 4명의 학생들이 무선으로 배치된 자료구조이다. 독립변수가 2개이고, 종속변수가 연속변수(효능감 변화점수)로서 1개이므로, 이요인 분산분석모형으로 자료분석이 가능하다. SPSS Window 프로그램에서 메뉴바를 이용하여 이요인분산분석으로 자료를 분석하는 방법은 [일반선형모형]의 분석방법을 이용한다. 즉, 분산분석모형에서 독립변수 요인이 두 개 이상인 경우는 일반선형모형(General Linear Model)의 일변량 통계모형(Univariate Statistical Model)으로 자료분석방법을 이용한다.

[그림 5-4] SPSS의 이요인분산분석 실행 명령 창 (반복)SPSS WINDOW 프로그램에 의한 자료분석:

① Data 입력: SPSS 프로그램에서 Data Editor 창을 연 이후에, 다음의 SPSS 화면처럼 자료를 입력한다. 창의 맨 윗줄에 보면 File 이름은 'Ch5exp_2.sav'로 저장하였다. Group변수는 효능감 사전검사에 의하여 분류된 상위집단(Group=1)과 하위집단(Group=2)을 반영한다. Group변수의 첫째 집단에 16명이 입력되었고, ID=17번부터 둘째 집단에 속한다. Efficacy_Program은 4가지 실험집단이며, Group=1인 상태에서 각 Efficacy_Program에 속한 피험자수가 4명인 것을 알 수 있고, 이어서 Group=2인 집단에 속한 자료가 입력된 것을 알 수 있다.

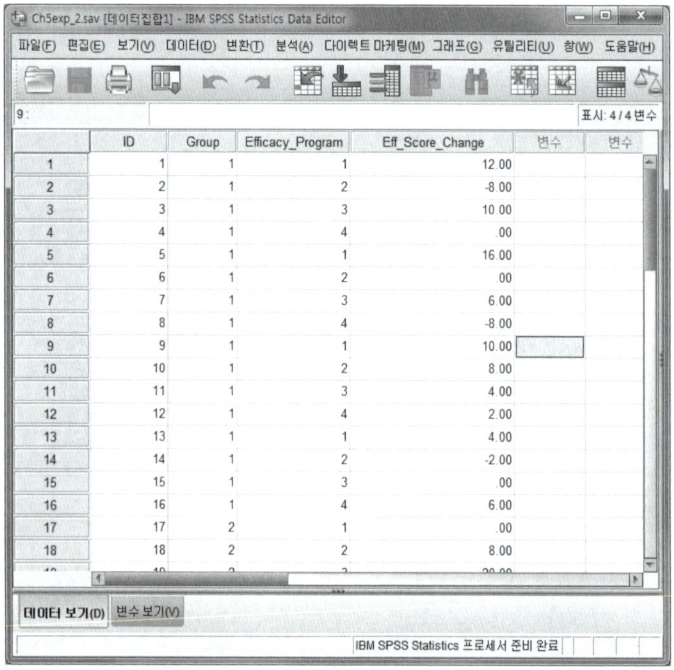

[그림 5-1] 이요인완전무선설계(CR-2 · 4) 자료입력결과(SPSS Data Editor 창)

위의 SPSS Data Editor 창에서, 하단의 [변수보기] 단추를 누르면, 각 변수의 의미(Variable Label)와 각 변수값의 의미(Value Label)를 입력할 수 있다.

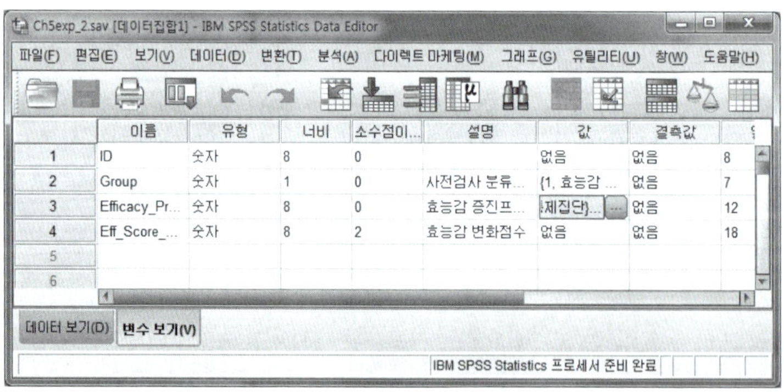

[그림 5-2] SPSS Data Editor의 [변수보기] 창

이요인 완전무선설계에 의한 위의 자료는 SPSS에서 [일반선형모형(G)]으로 분석한다. 아래의 Data Editor 창에 나타난 [그림 5-3]에서와 같이 메뉴에서 [분석] → [일반선형모형(G)] → [일변량(U)]을 순서대로 누른다.

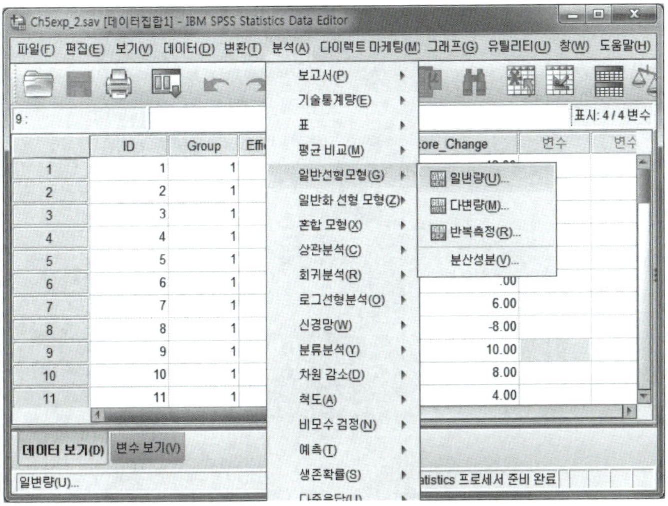

[그림 5-3] SPSS의 이요인분산분석 명령창 선택절차

위의 화면에서 [일변량(U)]을 누르면 아래의 작은 창이 화면위로 겹쳐서 나타난다.

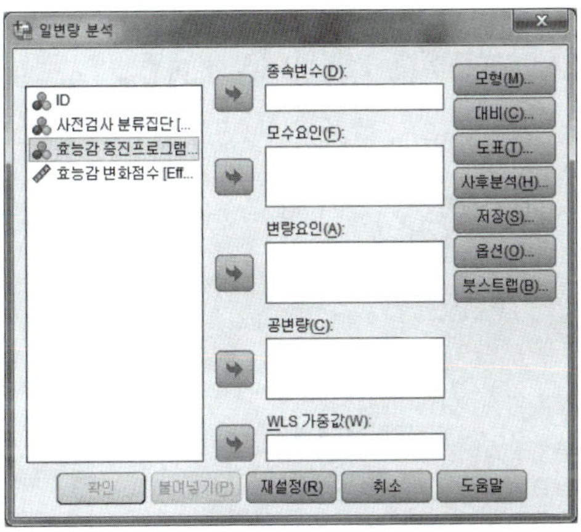

[그림 5-4] SPSS의 이요인분산분석 실행 명령 창

아래 화면에 같이 종속변수(D)와 모수요인(F)을 선택한다. 일반선형모형에서는 고정효과 요인은 모수요인(F), 무선효과 요인은 변량요인(A)이라고 한다. 여기서는 두 개의 독립변수가 모두 고정효과 요인이다.

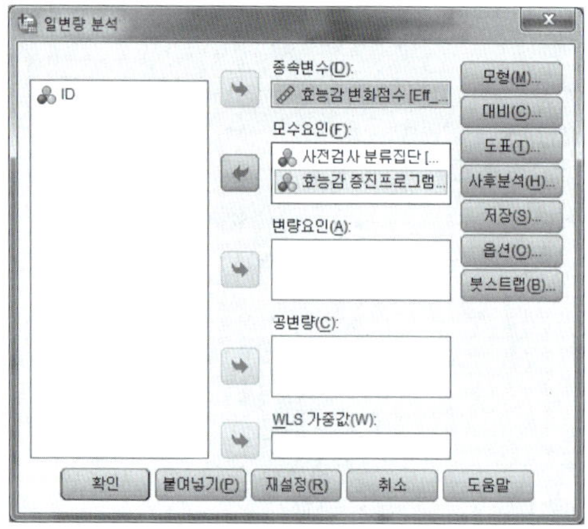

위의 화면 왼편에 여러 가지 선택단추가 있다. [그림 5-4]는 이요인분산분석을 위한 SPSS 실행명령 창이므로 이 창에서 연구자는 원하는 자료분석방법을 선택하고, 분석명령을 내릴 수 있다. 여기서는 분석모형을 결정한 이후에 사후분석을 시도하는 절차를 소개한다. 우선 상단의 [모형(M)]을 누르면 아래의 일변량 모형의 창이 나타난다. 이요인완전무선설계는 모든 요인이 서로 교차하는 요인설계이므로, [완전요인모형(A)]을 선택한다. 제곱합(Sum of Squares)은 [제III유형]을 선택하고, [모형에 절편포함(I)]을 선택한다. 일반선형모형에 의한 단변량 분석은 절편을 포함한다.

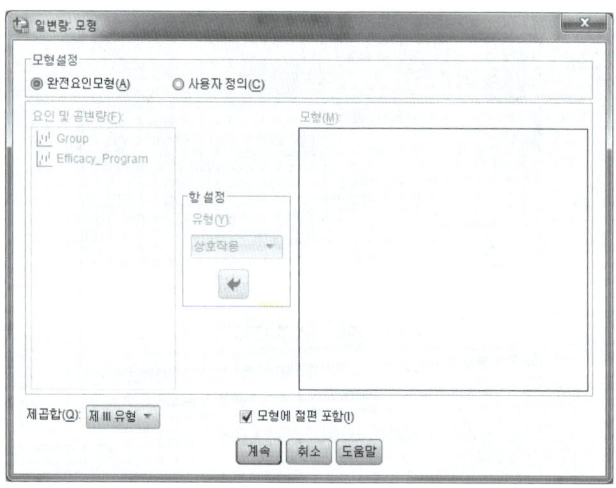

위의 창에서 [계속]을 누르면, 다시 이요인분산분석 실행명령창인 [그림 5-4]가 나타난다. 이 창에서 계속하여 추가적인 자료분석을 시도할 수 있다. 사후분석을 원하는 경우, [사후분석(H)]를 누르면, 아래의 창이 나타난다.

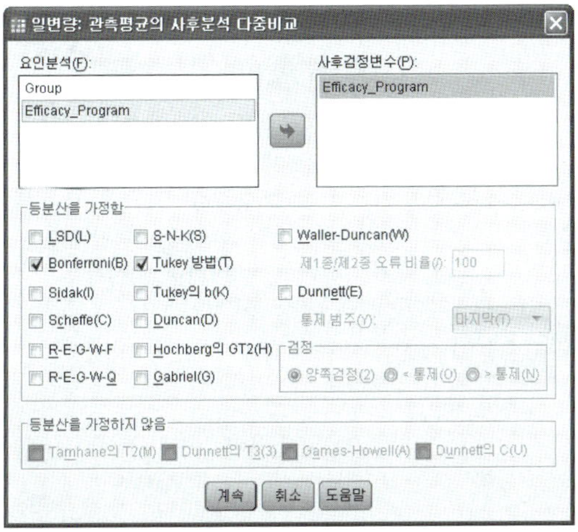

위의 창에서는 4가지 실험집단간 짝비교를 위하여 Bonferroni(B)와 Tukey방법으로 사후검정을 지시하였다. [계속] 단추를 누르면, 다시 [그림 5-4]가 다음처럼 나타난다.

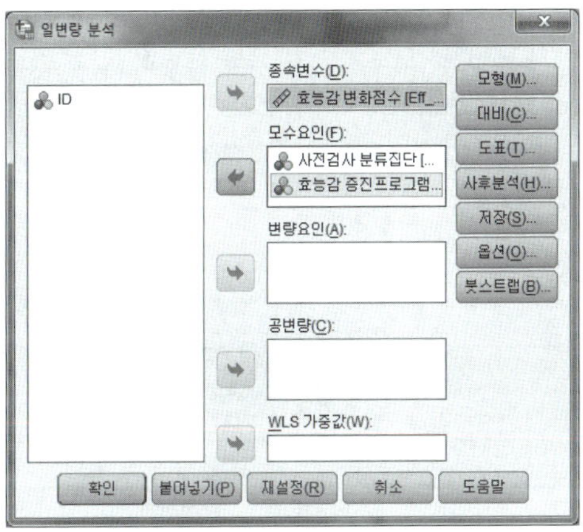

[그림 5-4] SPSS의 이요인분산분석 실행 명령 창 (반복)

위의 [그림 5-4]의 창에서 [확인] 단추를 누르면 지금까지 연구자가 선택한 자료분석내용이 모두 수행된 결과파일이 화면에 나타난다. 또한 지금까지 SPSS Window에서 시행한 자료분석절차를 SPSS syntax 프로그램으로 나타내면 아래와 같다.

```
UNIANOVA Eff_Score_Change BY Group Efficacy_Program
  /METHOD=SSTYPE(3)
  /INTERCEPT=INCLUDE
  /POSTHOC=Efficacy_Program(TUKEY BONFERRONI)
```

```
/CRITERIA=ALPHA(0.05)
/DESIGN=Group Efficacy_Program Group*Efficacy_Program.
```

위의 명령프로그램의 의미는 첫째 줄에서 단일변량분산분석 명령어(UNIANOVA)를 사용하여, 종속변수(Eff_Score_Change)가 1개이고, 독립변수가 두 개인(Group과 Efficacy_Program) 이요인분산분석을 지시하고 있다. 둘째줄에서 자승합자료(Sum of Squares)는 TYPE III를 사용하며, 셋째 줄에서 절편을 모형에 포함하여 일반선형모형의 접근임을 나타내고 있다. 넷째 줄에서 사후검정방법으로 네 개의 실험집단간 짝비교 방법으로서 Tykey와 Bonferroni방법을 지시하고, 다섯째 줄에서 가설검정을 위한 1종오류는 $\alpha=0.05$이다. 마지막 줄의 Design 명령어에서 두 개 독립변수의 주효과와 상호작용효과를 모두 요청하고 있다.

SPSS OUTPUT(결과물)

〈표 5-1〉 효능감증진프로그램의 효과 검정결과(이요인분산분석표)

개체-간효과검정					
종속변수: 효능감변화점수					
소스	제III 유형제곱합	자유도	평균제곱	F	유의확률
수정모형	1268.000a	7	181.143	5.009	.001
절편	512.000	1	512.000	14.157	.001
Group	2.000	1	2.000	.055	.816
Efficacy_Program	726.000	3	242.000	6.691	.002
Group * Efficacy_Program	540.000	3	180.000	4.977	.008
오차	868.000	24	36.167		
합계	2648.000	32			
수정합계	2136.000	31			

a. R 제곱= .594 (수정된R 제곱= .475)

위의 〈표 5-1〉은 SPSS 프로그램으로 이요인분산분석을 수행하여 얻은 분산분석표이다. 표의 상단에 종속변수가 효능감변화점수로 나타나 있다. 독립변수는 Group과 Efficacy_Program인데, 자유도를 보면 Group은 두 집단이므로 자유도가 $J-1=1$이고, Efficacy_Program은 네 집단으로서 $K-1=3$인 것을 알 수 있다. 이 분산분석표가 검정하는 가설은 두 개의 주효과와 상호작용효과의 유무를 나타내는 세 가지이다. 즉,

1) $H_0 : \mu_{상위} = \mu_{하위}$ (사전검사 점수의 상위집단과 하위집단 사이에 종속변수 평균(효능감 변화점수의 평균)의 차이는 없다).
2) $H_0 : \mu_{.1} = \mu_{.2} = \mu_{.3} = \mu_{.4}$ (통제집단과 세 가지 효능감 증진프로그램 집단간 종속변수 평균의 차이는 없다).
3) $H_0 : \sum_j \sum_k \alpha\beta^2_{jk} = 0$ (사전검사 상하위 집단과 네 가지 효능감프로그램 집단간 상호작용효과는 없다).

이상이 세 가지 가설검정 결과 Group변수의 효과는 통계적으로 유의하지 않았다. 즉, 사전검사점수로 분류한 효능감 상하위 수준에 따라 효능감 점수의 변화에 차이가 있다는 증거는 발견되지 않았다. 그러나 Efficacy_Program 집단의 효과는 $F=6.691$로서 유의확률($p=.002$)이 일종오류 $\alpha=0.05$ 보다 작아서 통계적으로 의미가 있었다. 즉, 영가설 $H_0:\mu_{.1}=\mu_{.2}=\mu_{.3}=\mu_{.4}$이 참인 상태에서 F=6.691의 값이 관찰될 가능성은 $p=.002$ 수준 밖에 되지 않아서 거의 불가능하다. 따라서 영가설을 기각하고 대립가설 ($H_A:\mu_{.k}\neq\mu_{.k'}\,(k\neq k',\ k=1,2,3,4)$)을 받아들인다. 즉, 적어도 한 집단은 다른 효능감 프로그램 집단과 비교하여 효능감 변화점수량이 다르다는 충분한 증거가 발견된 것이다. 네 가지 프로그램 집단 사이에 구체적으로 어떤 집단이 효능감 변화점수에 차이가 있는지를 밝히기 위하여는 사후검정이 필요하다.
그러나 Group과 Efficacy_Program 변수의 상호작용효과를 검정한 결과에서도 $F=4.977$로서 유의확률($p=0.008$)이 일종오류 수준보다 작아서 통계적으로 유의하다. 따라서 효능감 수준에 따라 효능감 프로그램의 효과는 다르다는 증거가 발견되었다. 이를 그래프로 나타낸 것이 아래의 [그림 5-5]이다.

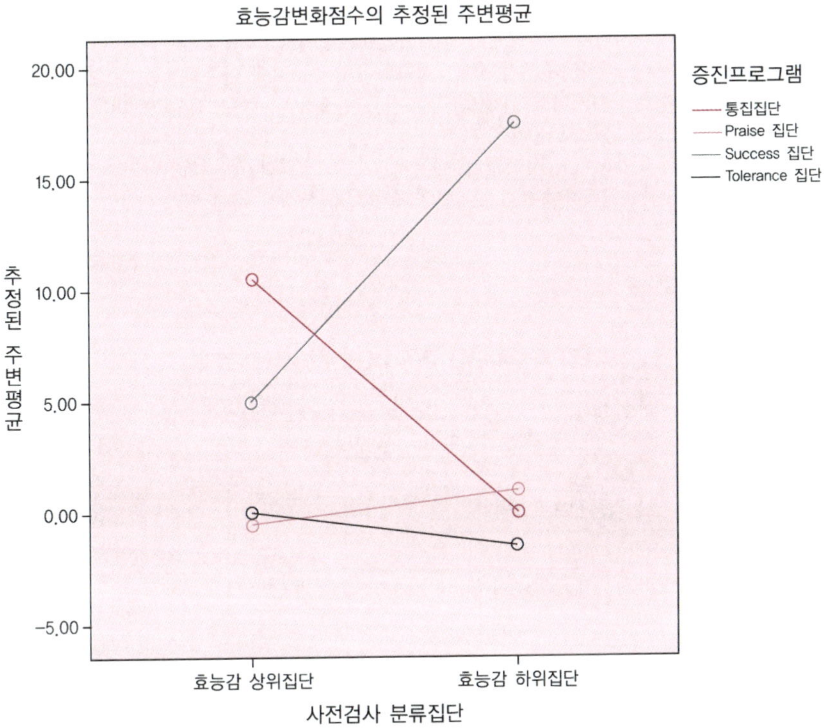

[그림 5-5] 효능감 상하위 집단과 효능감 프로그램의 상호작용효과

[그림 5-5]는 위의 [그림 5-4]에서 왼편의 선택사항 중에서 [도표(T)]를 누르고, 이후의 화면에서 수평축은 Group으로 선구분은 Efficacy_Program으로 선택하여 실행한 것이다. 위의 그래프에 의하면, 효능감 수준이 높게 분류된 집단내에서는 통제집단이 가장 효능감 변화가 많았으며, 다음은 Success 집단이었다. 그러나 Praise 집단과 Tolerance집단은 효능감 점수의 변화가 매우 미미하였다. 이와는 달리 효능감 하위집단에서는 통제집단, Success집단, 그리고 Tolerance집단은 모두 효능감 점수의 변

화가 미미하였다. 위의 [그림 5-5]는 결국 Success 프로그램이 모든 효능감 수준집단에서 유의한 효과가 있으며, 특히 사전검사로 효능감 수준이 낮았던 학생들에게 더 큰 효과가 있다는 것을 보여준다. 이처럼 상호작용효과가 통계적으로 유의하면, 앞서 SPSS 프로그램에서 Efficacy_Program집단간 종속변수의 평균을 비교하는 사후분석의 결과는 큰 의미가 없게 된다. 오히려 한 요인의 각 조건에서 다른 요인집단 간 평균을 사후검정하는 단순주효과 검정이 유용하다.

단순주효과 검정에서 연구자의 관심은 효능감증진 프로그램의 효과가 피험자의 특성에 따라 차별적인가를 검정하는데 있으므로, Group=1인 경우에 Efficacy_Program 집단간 사후검정을 하고, 다시 Group=2인 경우에서 Efficacy_Program 집단간 사후검정을 반복하면 된다. 이를 위한 SPSS Window 프로그래밍의 절차는 아래와 같다.

① Data Editor 창의 메뉴바: [데이터(D)]→[케이스 선택(S)]→조건을 만족하는 케이스 [조건(I)]의 창에 도달하여, Group=1 를 표기한 후, [계속]을 눌러서 Data Editor 창으로 돌아온다.
② Data Editor 창에서 Group=1에 속하는 사례들은 그대로이나, Group=2인 사례들은 모두 빗금으로 지워진 사례임이 나타난다. 이 상태의 Data Editor 창에서 [그림 5-4]에서 처럼 이요인분산분석 실행명령창에 도달한 후 [사후분석(H)]를 선택하여 Group=1인 단순주효과 분석을 한다.
③ 다음에 다시 [데이터(D)]→[케이스 선택(S)]→조건을 만족하는 케이스 [조건(I)]의 창에서 Group=2를 표기한 후, Data Editor 창으로 돌아온다.
④ Data Editor 창에서 Group=1인 사례들이 빗금으로 모두 지워진 것을 확인하고, [그림 5-4]의 화면에서 [사후분석(H)]를 선택하여 Group=2인 단순주효과 분석을 하면 된다.

아래의 표는 Group=1 (효능감 상위집단)인 경우에 4가지 효능감 프로그램의 단순주효과 분석을 Tukey 방법으로 검정한 결과이다.

〈표 5-2〉 Group=1인 경우의 단순주효과 분석결과

다중비교

효능감변화점수 Tukey HSD

(I) 효능감증진프로그램		(J) 효능감증진프로그램		평균차(I-J)	표준오차	유의확률	95% 신뢰구간	
							하한값	상한값
dimension2	통제집단	dimension3	Praise집단	11.0000	3.88373	.063	-.5304	22.5304
			Success집단	5.5000	3.88373	.514	-6.0304	17.0304
			Tolerance집단	10.5000	3.88373	.079	-1.0304	22.0304
	Praise집단	dimension3	통제집단	-11.0000	3.88373	.063	-22.5304	.5304
			Success집단	-5.5000	3.88373	.514	-17.0304	6.0304
			Tolerance집단	-.5000	3.88373	.999	-12.0304	11.0304
	Success집단	dimension3	통제집단	-5.5000	3.88373	.514	-17.0304	6.0304
			Praise집단	5.5000	3.88373	.514	-6.0304	17.0304
			Tolerance집단	5.0000	3.88373	.587	-6.5304	16.5304

(I) 효능감증진프로그램		(J) 효능감증진프로그램		평균차(I-J)	표준오차	유의확률	95% 신뢰구간	
							하한값	상한값
	Tolerance 집단	dimension3	통제집단	-10.5000	3.88373	.079	-22.0304	1.0304
			Praise집단	.5000	3.88373	.999	-11.0304	12.0304
			Success십난	-5.0000	3.88373	.587	-16.5304	6.5304

관측평균을기준으로합니다.
오류조건은평균제곱(오류)=30.167입니다.

위의 표에 의하면, Group=1 (효능감 사전검사 점수가 높은 집단) 인 경우에는 효능감 증진프로그램에 따른 효과는 통계적으로 유의하지 않은 것을 알 수 있다.
다음의 〈표 5-3〉dms Group=2 (효능감 사전검사 점수가 낮은 집단)인 경우에 사후검사를 수행한 결과이다.

〈표 5-3〉 Group=2인 경우의 단순주효과 분석결과

다중비교

효능감변화점수 Tukey HSD

(I) 효능감증진프로그램		(J) 효능감증진프로그램		평균차(I-J)	표준오차	유의확률	95% 신뢰구간	
							하한값	상한값
dimension2	통제 집단	dimension3	Praise집단	-1.0000	4.59166	.996	-14.6322	12.6322
			Success집단	-17.5000*	4.59166	.011	-31.1322	-3.8678
			Tolerance집단	1.5000	4.59166	.987	-12.1322	15.1322
	Praise 집단	dimension3	통제집단	1.0000	4.59166	.996	-12.6322	14.6322
			Success집단	-16.5000*	4.59166	.017	-30.1322	-2.8678
			Tolerance집단	2.5000	4.59166	.946	-11.1322	16.1322
	Success 집단	dimension3	통제집단	17.5000*	4.59166	.011	3.8678	31.1322
			Praise집단	16.5000*	4.59166	.017	2.8678	30.1322
			Tolerance집단	19.0000*	4.59166	.007	5.3678	32.6322
	Tolerance 집단	dimension3	통제집단	-1.5000	4.59166	.987	-15.1322	12.1322
			Praise집단	-2.5000	4.59166	.946	-16.1322	11.1322
			Success집단	-19.0000*	4.59166	.007	-32.6322	-5.3678

관측평균을기준으로합니다.
오류조건은평균제곱(오류) = 42.167입니다.

*. 평균차는.05 수준에서유의합니다.

〈표 5-3〉에서 Group=2(효능감 사전검사 점수가 낮은 집단)인 경우에는 Success집단이 다른 세 집단들 보다 유의하게 종속변수(효능감 점수 변화량)의 평균이 높은 것을 알 수 있다. 따라서 이요인분산분석을 수행하는 경우에 연구자들은 〈표 5-2〉, 〈표 5-3〉, 그리고 [그림 5-5]를 종합하여 결과를 해석하는 것이 적절하다.

5 회귀분석모형에 의한 이원분산분석

회귀분석모형과 분산분석은 모두 일반선형모형의 갈래이며, 회귀분석모형으로 일원분산분석을 수행하는 방법을 3장에서 제시하였다. 회귀분석모형은 분산분석보다 일반모형이므로 회귀분석모형으로 이원분산분석도 가능하다. 다만 회귀분석모형이 상관관계에 기초하므로 통상적으로 독립변수가 연속변수이지만, 분산분석모형은 복수집단을 비교하는 모형으로서 독립변수가 범주형 변수인 특징에 유의할 필요가 있다. 따라서 회귀분석모형에서 범주형 변수를 독립변수로 활용하는 방법을 알면, 분산분석을 수행할 수가 있는 것이다.

회귀분석모형에서 독립변수는 양적변수이기 때문에 집단을 구분하는 질적변수인 범주형 변수를 독립변수로 그대로 사용할 수는 없다. 일원분산분석모형을 회귀분석모형으로 표현하는 방법이 집단을 구분하는 범주형 변수를 집단을 지칭하는 더미변수(dummy variable)로 전환하는 것처럼, 이원분산분석모형을 회귀분석모형으로 전환하는 것도 집단을 지칭하는 더미변수를 독립변수로 사용하는 것이다. 즉, 범주형 변수를 더미변수로 전환하는 동일한 원리가 분산분석모형을 회귀분석모형으로 표현하는 데 적용된다. 다만 이원분산분석에서는 두 개의 범주형 변수에 의하여 집단이 구분되고, 두 범주형 변수가 교차하는 상호작용 칸도 있으므로, 이 모든 집단들을 더미변수로 지칭하는 방법을 고안하는 것이 과제라고 할 수 있다.

어느 사회학자가 결혼 및 이혼 그리고 혼전 동거 등에 관한 가치관의 진보적 경향이 연령에 따라서 다르며, 또한 남녀 간에도 다르다는 가설을 검정한다고 가정하자. 연구자는 연령집단을 20대, 30대, 40대 이상으로 구분하였다. 연구자가 이원분산분석모형으로 가설을 검정한다면, 연구자의 설계에서 A 요인(연령집단)은 3개의 수준이 있고($J=3$), B 요인(남녀의 성)은 2개의 수준이 있으며($K=2$), 연구자의 이원분산분석모형은 상호작용 효과의 유무에 따라 다음과 같이 제시할 수 있다.

〈상호작용 효과가 있는 경우〉

$$Y_{ijk} = \mu + \alpha_j + \beta_k + \alpha\beta_{jk} + e_{ijk}, \qquad e_{ijk} \sim N(0, \sigma^2)$$

위의 식은 앞에서 제시한 식(5.1)과 동일한 모형이다. 여기서, Y_{ijk}는 j 연령집단에 속하며, 성별이 k인 개인의 진보적 결혼관 측정치이며, α_j는 연령집단(A 요인)의 효과이고, β_k는 남녀 성(B요인)의 효과이며, $\alpha\beta_{jk}$는 두 요인의 상호작용효과이다. 오차항 e_{ijk}는 정규분포와 등분산성, 그리고 독립성의 가정을 갖는다.

만약에 연구자가 상호작용효과를 가정하지 않는다면, 즉, 결혼에 대한 진보적 경향이 남녀 모두 동일한 패턴으로 연령에 따라 다르다고 가정하면, 연구자의 모형은 다음과 같이 간단하여 진다.

〈상호작용 효과가 없는 경우〉

$$Y_{ijk} = \mu + \alpha_j + \beta_k + e^*_{ijk}, \qquad e^*_{ijk} \sim N(0, \sigma^2)$$

즉, 앞서의 모형에서 $\alpha\beta_{jk}$의 상호작용효과가 없다고 가정한 것이며, 만약 상호작용효과가 실제로 존재한다면, $e^*_{ijk} = \alpha\beta_{jk} + e_{ijk}$의 관계가 성립한다. 즉, $\alpha\beta_{jk}$의 크기에 따라 e^*_{ijk}의 오차 분산은 더 커질 수가 있다.

이상의 두 가지 이원분산분석모형을 회귀분석모형으로 제시하는 방법은 분산분석모형에서 독립변수인 A 요인과 B요인의 범주형 변수를 집단을 지칭하는 더미변수로 전환하는 것이다. A 요인에 J개의 집단을 지칭하는데는 $J-1=3-1=2$개의 더미변수가 필요하며, B요인의 K개의 집단을 지칭하는데는 $K-1=2-1=1$개의 더미변수가 필요하다. 따라서 각 집단을 지칭하는 더미변수는 다음과 같이 구성된다.

〈표 5-6〉 $J=3$인 연령집단을 지칭하는 더미변수

연령 집단	$D1$	$D2$
20대	1	0
30대	0	1
40대	0	0

즉, $J=3$인 연령집단을 지칭하는 더미변수는 $D1$과 $D2$의 조합이며, $D1=1$이면 20대를 지칭하고, $D2=1$이면 30대를 지칭한다. $D1$과 $D2$가 모두 0의 값을 가지면 40대를 지칭하는 것이다. 마찬가지로 $K=2$인 집단을 지칭하는 더미변수는 하나이다.

〈표 5-7〉 $K=2$인 성별 집단을 지칭하는 더미변수

성별 집단	G
남자	1
여자	0

즉, $G=1$이면 남자집단을 지칭하고, $G=0$이면 여자집단을 지칭한다. 이상의 두 가지 더미변수를 회귀분석모형의 독립변수로 사용하여 이원분산분석모형을 재현할 수 있다. 또한 이원분산분석모형에서 상호작용효과의 유무에 따라 회귀분석모형에서의 독립변수의 조합은 달라지게 된다. 다음의 표는 상호작용효과가 없는 이원분산분석모형을 회귀분석모형으로 표현하는 경우에 독립변수인 더미변수들의 표기 방법을 제시한 것이다.

〈표 5-8〉 상호작용이 없는 이원분산분석 모형의 각 집단을 지칭하는 더미변수

A요인 집단	B요인 집단	$D1$	$D2$	G
20대	남자	1	0	1
	여자	1	0	0
30대	남자	0	1	1
	여자	0	1	0
40대	남자	0	0	1
	여자	0	0	0

〈표 5-8〉에 나타난 $D1, D2, G$ 변수로 회귀분석모형을 제시하면 다음과 같다.

$$Y_i = \beta_0 + \beta_1 D1_i + \beta_2 D2_i + \beta_3 G_i + e_i \qquad e_i \sim N(0, \sigma^2) \qquad (5.6)$$

식(5.6)에서 β_0는 모든 독립변수의 값이 0일 때 Y값의 평균이고, 〈표 5-8〉에 나타난 바와 같이 $D1, D2, G$가 모두 0인 경우는 곧 40대 여자집단을 지칭하므로, β_0는 40대 여성의 Y값 평균이다. 회귀계수 β_1, β_2, β_3의 표준해석법은 다른 독립변수들의 값을 고정한 상태에서 각 독립변수의 값이 한 단위 증가할 때 Y값의 평균변화량이었다. $D1, D2, G$는 모두 0과 1의 값만 가지므로, 그 값이 한 단위 증가한다는 의미는 더미변수가 지칭하는 집단이 바뀐다는 의미이다. 즉, β_1, β_2, β_3의 의미는 결국 더미변수가 0과 1로 지칭하는 집단간 평균의 차이이다. 따라서 회귀분석모형에서 독립변수가 더미변수일 때의 회귀계수의 표준해석법은 '$D=1$과 $D=0$인 두 집단간 평균의 차이'이다. 〈표 5-8〉를 이용하여 각 집단의 평균값을 구하기 위하여 식(5.6)의 상호작용효과가 없는 회귀분석모형을 제시하면 다음과 같다.

$$E(Y \mid D_1, D_2, G) = \mu_{jk} = \beta_0 + \beta_1 D_1 + \beta_2 D_2 + \beta_3 G \qquad (5.7)$$

식(5.7)과 〈표 5-8〉의 더미변수 입력값을 이용하면 각 집단의 평균을 구하는 식은 다음과 같다.

〈표 5-9〉 회귀분석모형에 의한 이원분산분석에서 각 집단의 평균

A요인 집단	B요인 집단	더미변수			Y 값의 집단별 평균
		$D1$	$D2$	G	$\beta_0+\beta_1 D_1+\beta_2 D_2+\beta_3 G$
20대	남자	1	0	1	$\mu_{11}=\beta_0+\beta_1+\beta_3$
	여자	1	0	0	$\mu_{12}=\beta_0+\beta_1$
30대	남자	0	1	1	$\mu_{21}=\beta_0+\beta_2+\beta_3$
	여자	0	1	0	$\mu_{22}=\beta_0+\beta_2$
40대	남자	0	0	1	$\mu_{31}=\beta_0+\beta_3$
	여자	0	0	0	$\mu_{32}=\beta_0$

위의 〈표 5-9〉의 오른편에 각 집단의 평균값을 산출하는 식이 제시되어 있다. 따라서 회귀분석모형에 의하여 β_0, β_1, β_2, β_3의 추정치 값을 구하면, 각 집단의 모평균을 추정한 값을 구할 수 있다.

〈표 5-9〉에서 유의할 사항은 여기서의 모형은 상호작용효과가 없는 이원분산분석모형을 회귀분석모형으로 추정하는 것이므로, 남녀간의 평균의 차이가 모든 연령대에서 동일하며, 동시에 연령집단간의 평균의 차이가 남녀간에 동일하다고 가정하는 모형이다. 즉, $\alpha\beta_{jk}=0$이며, 이는 곧 $\mu_{11}-\mu_{12}=\mu_{21}-\mu_{22}=\mu_{31}-\mu_{32}$이다. 또 다른 유의사항은 회귀분석모형에서 절편계수 β_0가 반영하는 집단은 40대 여성의 평균값이다. 즉, 위의 회귀분석모형에서 준거집단은 40대 여성이다. 준거집단을 어느 집단으로 할 것인지는 연구자의 연구상황에 따라 임의적으로 정할 수 있다. 위의 경우는 결혼에 대한 가치관의 차이를 반영하는 것이므로, 가장 보수적으로 기대되는 40대여성을 준거집단으로 하여, 다른 연령대 및 남성들과의 결혼가치관이 어느 정도 진보적인지를 파악하려는 것이다. 만약 20대 남성을 준거집단으로 하려면, $D1$은 30대를 지칭하고, $D2$는 40대를 지칭하는 더미변수로 하고, G는 여성을 지칭하는 더미변수로 입력을 하면 된다.

이제 회귀분석에서 더미변수를 사용하는 경우에, 각 회귀계수가 반영하는 의미를 더 정확히 해석하면 다음과 같다.

〈표 5-10〉 이원분산분석을 위한 회귀분석모형에서 회귀계수의 의미

각 집단별 Y값의 평균	회귀계수의 의미
	$\beta_0 = \mu_{32}$ 40대 여성의 결혼관 평균
20대 남자 $\mu_{11} = \beta_0 + \beta_1 + \beta_3$ 여자 $\mu_{12} = \beta_0 + \beta_1$	$\beta_1 = \mu_{12} - \mu_{32}$ 20대 여성과 40대 여성의 평균의 차이 $\beta_1 = \mu_{11} - \mu_{31}$ 20대 남성과 40대 남성의 평균의 차이 $\beta_1 =$ 20대와 40대의 결혼관 차이
30대 남자 $\mu_{21} = \beta_0 + \beta_2 + \beta_3$ 여자 $\mu_{22} = \beta_0 + \beta_2$	$\beta_2 = \mu_{22} - \mu_{32}$ 30대 여성과 40대 여성의 평균 차이 $\beta_2 = \mu_{21} - \mu_{31}$ 30대 남성과 40대 남성의 평균 차이 $\beta_2 =$ 30대와 40대의 결혼관 차이
40대 남자 $\mu_{31} = \beta_0 + \beta_3$ 여자 $\mu_{32} = \beta_0$	$\beta_3 = \mu_{11} - \mu_{12}$ 20대에서 남성과 여성의 결혼관 차이 $\beta_3 = \mu_{21} - \mu_{22}$ 30대에서 남성과 여성의 결혼관 차이 $\beta_3 = \mu_{31} - \mu_{32}$ 40대에서 남성과 여성의 결혼관 차이 $\beta_3 =$ 남성과 여성의 결혼관 차이

〈표 5-10〉의 오른편에 게시된 회귀계수의 해석에서 β_1, β_2, β_3의 의미는 상호작용효과가 없는 모형이라고 이해하면 자명해진다. 즉, β_1, β_2의 의미는 세대간 결혼관의 차이가 남녀가 동일한 패턴을 가지므로, 결국 세대간 차이로 해석되는 것이다. β_3의 경우도, 남녀간의 차이는 모든 연령에서 동일하다는 모형의 가정이 반영된 것이다. 만약에 상호작용이 없다는 가정이 진실이 아니라면 연구자의 모형은 이론적으로 오류가 있는 것이며, 연구자는 상호작용이 있는 모형으로 자료분석을 해야 한다.

이제 연구자의 이원분산분석모형이 상호작용효과가 있는 식(5.1)과 같다고 하면, 회귀분석모형에는 상호작용효과를 반영하는 독립변수가 추가로 포함된다. 회귀분석에서 상호작용효과를 반영하는 방법은 독립변수간의 곱으로 나타낸다. 따라서 식(5.6)의 회귀분석모형은 다음의 식(5.8)로 전환된다.

$$Y_i = \beta_0 + \beta_1 D1_i + \beta_2 D2_i + \beta_3 G_i + \beta_4 D1\,G_i + \beta_5 D2\,G_i + e_i \qquad e_i \sim N(0, \sigma^2) \qquad (5.8)$$

위의 식을 이용하여 이요인설계에서의 각 집단별 모평균을 추정하는 회귀분석모형을 제시하면 다음과 같다.

$$E(Y_i \mid D1, D2, G) = \beta_0 + \beta_1 D1_i + \beta_2 D2_i + \beta_3 G_i + \beta_4 D1\,G_i + \beta_5 D2\,G_i \qquad (5.9)$$

식(5.9)를 이용하여 회귀분석모형으로 이요인설계의 각 집단별 모평균을 추정하는 식은 다음과 같다.

〈표 5-11〉 회귀분석모형에 의한 이원분산분석에서 각 집단의 평균

A요인 집단	B요인 집단	더미변수					Y 값의 집단별 평균
		$D1$	$D2$	G	$D1\,G$	$D2\,G$	$\beta_0+\beta_1 D_1+\beta_2 D_2+\beta_3 G+\beta_4 D1\,G+\beta_5 D2\,G$
20대	남자	1	0	1	1	0	$\mu_{11}=\beta_0+\beta_1+\beta_3+\beta_4$
	여자	1	0	0	0	0	$\mu_{12}=\beta_0+\beta_1$
30대	남자	0	1	1	0	1	$\mu_{21}=\beta_0+\beta_2+\beta_3+\beta_5$
	여자	0	1	0	0	0	$\mu_{22}=\beta_0+\beta_2$
40대	남자	0	0	1	0	0	$\mu_{31}=\beta_0+\beta_3$
	여자	0	0	0	0	0	$\mu_{32}=\beta_0$

〈표 5-11〉에서 각 집단의 평균을 회귀계수로 표기하는 식이 더미변수의 값에 따라 결정되는 것은 동일한 원리이다. 따라서 상호작용효과가 있는 이원분산분석모형의 경우에도 각 집단의 모평균을 회귀분석모형으로 추정할 수가 있다. 상호작용효과가 있는 이원분산분석모형을 회귀분석모형으로 대체하는 경우에 각 회귀계수의 의미가 어떻게 정의되는지 파악하려면 위의 〈표 5-11〉에 제시된 각 집단의 평균 추정식을 이용하여 도출할 수 있다.

〈표 5-12〉이원분산분석을 위한 회귀분석모형에서 회귀계수의 의미

각 집단별 Y값의 평균	회귀계수의 의미
20대 남자 $\mu_{11}=\beta_0+\beta_1+\beta_3+\beta_4$	$\beta_0=\mu_{32}$ 40대 여성의 결혼관 평균
여자 $\mu_{12}=\beta_0+\beta_1$	$\beta_1=\mu_{12}-\mu_{32}$ 20대 여성과 40대 여성의 평균 결혼관의 차이
	$\beta_2=\mu_{22}-\mu_{32}$ 30대 여성과 40대 여성의 평균 결혼관의 차이
30대 남자 $\mu_{21}=\beta_0+\beta_2+\beta_3+\beta_5$	$\beta_3=\mu_{31}-\mu_{32}$ 40대에서 남성과 여성의 결혼관 차이
여자 $\mu_{22}=\beta_0+\beta_2$	$\beta_4=(\mu_{11}-\mu_{12})-(\mu_{31}-\mu_{32})$ 20대에서 남녀간 결혼관 차이와 40대에서 남녀간 결혼관 차이의 차이
40대 남자 $\mu_{31}=\beta_0+\beta_3$ 여자 $\mu_{32}=\beta_0$	$\beta_5=(\mu_{21}-\mu_{22})-(\mu_{31}-\mu_{32})$ 30대에서 남녀간 결혼관 차이와 40대에서 남녀간 결혼관 차이의 차이

〈표 5-12〉의 오른편에 제시된 회귀계수의 의미는 회귀분석모형으로 검정가능한 가설의 내용을 알려준다. 즉, $H_0:\beta_1=0$, $H_0:\beta_2=0$, $H_0:\beta_3=0$, $H_0:\beta_4=0$, $H_0:\beta_5=0$의 영가설의 의미가 명백해진다. 특히 $H_0:\beta_4=0$과 $H_0:\beta_5=0$의 영가설은 20대와 40대, 그리고 30대와 40대의 남녀간 결혼관의 차이가 동일한 패턴으로 존재하는지 아니면 연령에 따라 남녀간 결혼관이 달라졌는지를 검정하는 상호작용효과에 대한 가설이다.

회귀분석모형은 분산분석모형보다 일반적인 모형이므로, 분산분석모형이 수행하는 복수 집단의 모평균을 비교하는 가설을 검정할 수가 있으며, 한 걸음 나아가, 구체적으로 각 요인에서 집단간 평균의 차이와 상호작용효과도 검정하는 효과도 있다. 즉, 전반적 가설을 검정하는 모형으로서는 분산분석모형보다 더 구체적인 정보를 제공한다고 할 수 있다. 그러나 회귀분석에서는 준거집단과의 평균의 차이를 반영하는 회귀계수가 추정되므로, 준거집단의 설정이 연구맥락에 적합하도록 연구자가 결정할 필요가 있다. 만약에 위의 예시에서 40대 연령집단을 기준으로 20대와 40대, 30대와 40대의 결혼관 차이를 검정하고, 동시에 20대와 30대의 결혼관도 검정한다면, 연구자는 분산분석에서 다중비교를 수행하는 것처럼, 다변량가설검정을 수행해야 하는 불편함이 있다. 이 같은 제한점은 상호작용효과의 검정에서도 마찬가지로서, 40대를 기준으로 하여 다른 세대에서 발견되는 남녀간의 차이가 40대와 같은지 검정하는 것이며, 20대에서 남녀간의 차이가 30대의 경우와 동등한지는 검정하지 못한다.

6 고정효과, 무선효과, 혼합효과 모형

이요인설계에 의한 자료를 분석하는 통계모형으로 이원분산분석모형은 두 개의 요인이 독립변수로 활용된다. 이 두 개의 요인은 고정효과 또는 무선효과를 갖는 독립변수일 수 있다. 독립변수가 고정효과 또는 무선효과인가에 따라 연구자가 검정하는 가설의 의미는 달라지고, 검정통계량 F의 값도 달라진다. 따라서 이원분산분석모형은 독립변수의 성격에 따라 세 가지로 구분된다.

첫째, 두 개의 독립변수가 모두 고정효과를 갖는 경우이다. 이 경우 이원분산분석모형은 고정효과 모형이다.

둘째, 두 개의 독립변수가 모두 무선효과를 갖는 경우로서, 이원분산분석 모형은 무선효과 모형이다.

셋째, 한 변수는 고정효과를 다른 한 변수는 무선효과를 갖는 경우로서, 이 경우는 혼합효과 이원분산분석모형이라고 한다.

6.1 고정효과 이원분산분석모형

독립변수가 고정효과를 갖는지 무선효과를 갖는지 구분하는 방법은 가설검정의 대상인 그 변수의 효과가 고정되어 있는지, 아니면 변화하는지에 달려있다. 어느 연구자가 세 가지 교수법(개별화 교수법, 소규모 집단 교수법, 전체 집단 교수법)의 효과가 남녀간에 동등한지에 관심이 있어서 이요인 설계를 하여 자료를 수집하였다고 하자. 이 경우 연구자의 설계와 분석모형은 다음과 같다.

		B 요인 (남 녀)	
		남자	여자
A요인(교수법)	개별화 교수법		
	소규모 집단 교수법		
	전체 집단 교수법		

[그림 5-8] 고정효과 이요인설계 예시

모형: $Y_{ijk} = \mu + \alpha_j + \beta_k + \alpha\beta_{jk} + e_{ijk}$, $\qquad e_{ijk} \sim N(0, \sigma^2)$

위의 이원분산분석모형에서 $\alpha_j + \beta_k + \alpha\beta_{jk}$ 는 고정효과 부분이고, 오차항인 e_{ijk}만 무선효과 항이다. 이 같은 이유는 다른 제 3의 연구자가 동일한 연구문제를 가지고 반복 연구를 수행하는 경우에 이 제3의 연구자가 추정하는 효과는 여전히 교수법간의 차이와 남녀간의 차이로 고정되어 있기 때문이다. 즉, 연구를 반복하여도 추정대상인 효과와 추리의 대상은 변하지 않는다. 그러나 오차항 e_{ijk}는 개인효과이므로, 제 3의 연구자가 사용하는 표본은 원래의 연구자가 사용한 표본과 다르기 때문에 개인효과의 크기는 다르게 된다. 즉, 연구를 반복함에 따라 e_{ijk}값은 고정되어 있지 않으며 변화하는 것이다. 따라서 이 경우는 각 연구에서 고정된 값을 추정할 수 없으며 또한 무의미 하다. 따라서 e_{ijk}가 어떠한 행동패턴을 보이는지 무작위 분포로 설명하는 것이다. 다만 그 변화의 크기인 분산은 모집단에서 고정되어 있을 뿐이다.

고정효과 이원분산분석모형에 의한 자료분석결과인 분산분석표의 작성법은 〈표 5-5〉와 예시에서 설명한 바와 같다.

6.2 무선효과 이원분산분석모형

두 개의 독립변수가 모두 무선효과를 갖는 경우는 모집단을 구성하는 다수의 집단을 동시에 탐구하는 경우에 흔히 이용된다. 즉, 각 요인이 분류하는 집단은 무선으로 표집된 단위로서 이해하면, 각 요인의 효과는 고정된 것이 아니고 연구가 반복될 때 마다 새로 표집된 단위가 연구대상이 된다. 예를 들어, 서울시 교육청에서 지역내 중학교를 졸업하는 학생들이 영어성취도가 년도별로 향상되고 있는지, 아니면 퇴보하는지 2011년부터 K 학년도 까지 진단하는 정책을 시행하기 위하여 J개 중학교를 표집하여 매학년도 졸업생을 대상으로 성취도 평가를 하였다면, 교육청의 연구설계는 다음과 같이 된다.

		B 요인			
		2011학년도	2012학년도	. . .	K 학년도
A 요인	학교 1	Y_{i11}	Y_{i12}	. . .	Y_{i1K}
	. . .	. . .	. . .	. . .	. . .
	학교 J	Y_{iJ1}	Y_{iJ2}	. . .	Y_{iJK}

[그림 5-9] 무선효과 이요인 설계 예시

또한 연구자의 이원분산분석모형은 다음과 같다.

무선효과 이원분산분석모형:

$$Y_{ijk} = \mu + a_j + b_k + c_{jk} + e_{ijk},$$
$$a_j \sim N(0, \sigma_a^2), b_k \sim N(0, \sigma_b^2), c_{jk} \sim N(0, \sigma_c^2), \quad e_{ijk} \sim N(0, \sigma^2)$$

위의 모형에서 a_j는 j번째 학교의 효과이며, b_k는 k학년도의 효과이고, c_{jk}는 두 요인의 상호작용효과로 정의하는 것은 고정효과 모형과 같다. 그러나, 이 모형에서는 모든 요인의 효과가 무선효과이며, 고정된 값을 갖지 않는다. 즉, 다른 교육청에서 학교를 표집하면 다른 학교들이 표본에 포함되기 때문이다. 또한 동일한 연구를 반복하는 경우에, 각 학년도는 반드시 2011년부터 시작하는 것으로 고정되어 있지 않다. 이 경우는 구체적인 개별 학교의 효과나 각 학년도의 효과를 추정하는 것이 목적이 아니고, 학교간의 격차가 어느 정도 인지, 각 학년도간 차이가 어느 정도 인지를 탐구하는 것이 연구자의 목적이다. 또한 무선으로 표집된 각 학교의 효과와 학년도의 효과를 추정하는 것은 가능하지도 않다. 다만 수 많은 학교 평균들의 분포정보와 학년도간의 분포정보를 파악하는 것이 목적이다.

무선효과 이원분산분석모형에서 영가설과 그 의미를 예시하면 다음과 같다.

$H_0 : \sigma_a^2 = 0$ 서울시 중학교 졸업생의 영어성취도는 학교간 격차가 없다.

$H_0 : \sigma_b^2 = 0$ 서울시 중학교 졸업생의 영어성취도는 학년도간 격차가 없다.

$H_0 : \sigma_c^2 = 0$ 서울시 중학교 졸업생의 영어성취도의 학교간 격차는 학년도가 바뀌어도 일정하다. 또는 학년도간 영어성취도 평균의 차이는 모든 학교에서 동일하다. 또는 두 요인의 상호작용효과는 없다.

위의 영가설에서 알 수 있는 것처럼, 무선효과 모형에서는 집단간 격차 정보를 분산으로 요약하며, 영가설은 분산을 대상으로 이루어지는 것이다.

무선효과 이원분산분석모형에서 영가설을 검정하기 위한 검정통계량은 F-분포를 갖지만, 분산분석표에서 검정통계량 F-값을 구하는 식은 다르다. 이를 정확히 표현하는 방법은 분산분석표의 평균자승합의 기댓값[$E(MS)$]을 검토하는 것이다. 다음은 무선효과 이원분산분석모형에 의한 자료분석결과인 분산분석표의 구성과 $E(MS)$에 의한 검정통계량 F의 구조를 제시한 것이다.

〈표 5-13〉 이원분산분석표의 구조(무선효과 모형)

변산원	자승합	자유도	평균자승합	E(MS)	F
$(a_j)A$ 요인	SSA	df_a	$MSA = \dfrac{SSA}{df_a}$	$\sigma_e^2 + n\sigma_c^2 + nK\sigma_a^2$	$\dfrac{MSA}{MSAB}$
$(b_k)B$ 요인	SSB	df_b	$MSB = \dfrac{SSB}{df_b}$	$\sigma_e^2 + n\sigma_c^2 + nJ\sigma_b^2$	$\dfrac{MSB}{MSAB}$
$(c_{jk})A \times B$요인	SSAB	df_c	MSAB=SSAB/df_c	$\sigma_e^2 + n\sigma_c^2$	$\dfrac{MSAB}{MSE}$
(e_{ij})집단내	SSE	df_e	MSE=SSE/df_e	σ_e^2	
전체	SST	N−1			

〈표 5-13〉은 무선효과 이원분산분석모형에 의한 분산분석표의 구성을 나타내고 있다. 주의할 사항은 이원분산분석표의 모든 항목의 계산방법은 고정효과 모형인 〈표 5.3〉의 경우와 동일하지만, 가설검정의 기준이 되는 F-검정통계량을 산출하는 오차항은 요인에 따라 달라진다는 것이다. 즉, 상호작용효과를 검정할 때는 고정효과 모형과 검정통계량의 구조가 동일하지만, 주요인의 효과를 검정할때의 F-검정통계량의 오차항(error term)인 분모는 $MSAB$로 달라지는 것을 볼 수 있다. 즉, $H_0 : \sigma_a^2 = 0$을 검정하기 위한 F-검정통계량의 수리적 구조는 다음과 같다.

$$F = \frac{E(\widehat{MSA})}{E(\widehat{MSAB})} = \frac{MSA}{MSAB} = \frac{\hat{\sigma}^2 + n\hat{\sigma}_c^2 + nK\hat{\sigma}_a^2}{\hat{\sigma}^2 + n\hat{\sigma}_c^2}$$

즉, F 검정통계량의 오차항을 $MSAB$로 선택하여야, F 검정통계량이 $H_0 : \sigma_a^2 = 0$을 검정하는데 적절한 값을 제공하는 것이다.

무선효과 이원분산분석모형에서 각 요인효과를 검정하기 위한 F 통계량의 오차항을 적절히 선택하기 위해서는 〈표 5-13〉의 내용을 참고하여야 한다. 이 같은 검정통계량의 오차항 변화를 수리적으로 확인하기 위해서는 기댓값(expected values)구하는 수식전개를 통하여 가능하며, 다른 고급통계 문헌(예: Kirk(1995))을 참고하여야 한다.

6.3 혼합효과 이원분산분석모형

이원분산분석모형에서 한 요인은 고정효과를 갖는 변수이고, 다른 한 요인은 무선효과를 갖는 변수라면, 혼합효과 이원분산분석모형(mixed effects two-way Anova)라고 한다. 예를 들어, 다양한 교수법의 효과가 모든 교사들에게 똑 같이 효과적인 방법인지를 검정하기 위하여 A 요인은 실험에 참가한 J명의 학급교사들이며, B요인은 세 가지 교수법이라면, 연구자의 이요인 설계는 다음과 같다.

		B요인(교수법)		
		개별화 교수법	소규모 집단 교수법	전체 집단 교수법
A요인(교사)	교사 1	$s_{111}, s_{211}, \cdots s_{n11}$	$s_{112}, s_{212}, \cdots s_{n12}$	$s_{113}, s_{213}, \cdots s_{n13}$
	교사 2	$s_{121}, s_{221}, \cdots s_{n21}$	$s_{122}, s_{222}, \cdots s_{n22}$	$s_{123}, s_{223}, \cdots s_{n23}$
	⋮	⋮	⋮	⋮
	교사 J	$s_{1J1}, s_{2J1}, \cdots s_{nJ1}$	$s_{1J2}, s_{2J2}, \cdots s_{nJ2}$	$s_{1J3}, s_{2J3}, \cdots s_{nJ3}$

[그림 5-10] 혼합효과 이요인설계 예시

위의 그림에서 실험에 참가한 J명의 교사들은 전체 교사들 중에 일부를 표집한 경우에 해당한다. 따라서 동일한 연구가 반복되어도 동일한 교사들이 실험에 참여하지 않는다. 각 개별 교사들의 효과를 추정하는 것은 무의미하며, 의미있는 가설은 교사들 사이에 교사효과가 어느 정도 격차를 갖는지 검정하는 것이다. 이 경우 교사효과는 무선효과이다. 반면에 다른 연구자가 교수법 효과에 관심이 있다면 학생표본과 교사는 다르게 되지만 연구자의 교수법 가설은 고정된다. 따라서 교수법은 고정효과이다. 교수법과 교사의 상호작용효과는 무선효과이다. 즉, 두 요인 중에 한 요인이라도 무선효과를 가지면 두 요인의 조합효과는 무선효과를 갖게 되는 것이다. 교수법이 학생들의 성취도에 미치는 효과의 차이가 교사에 따라 다른지를 검정하는 것은 상호작용효과를 검정하는 것이다.

이와같은 맥락에서 혼합효과 이원분산분석모형을 제시하면 다음과 같다.

$$\text{혼합효과 이원분산분석모형: } Y_{ijk} = \mu + a_j + \beta_k + c_{jk} + e_{ijk},$$
$$a_j \sim N(0, \sigma_a^2), \quad c_{jk} \sim N(0, \sigma_c^2), e_{ijk} \sim N(0, \sigma^2)$$

즉, 교사효과 a_j는 고정되어 있지 않으므로, 그 분포정보로 제시하며, 교사들 사이의 격차를 반영하는 모수는 σ_a^2이다. 또한 상호작용효과 c_{jk}도 무선효과를 가지며, 상호작용의 크기는 σ_c^2이다. 학생 개인의 효과와 기타 모형에 포함하지 않은 제반 요인들의 효과는 e_{ijk}이며, 무선효과이다.

위의 혼합효과 이원분산분석모형으로 검정하려는 영가설은 다음과 같다.

$H_0 : \sigma_a^2 = 0$ 교사들이 학생의 성취도에 미치는 효과는 차이가 없다.

$H_0 : \mu_1 = \mu_2 = \mu_3$ 세 가지 교수법의 효과는 동일하다.

$H_0 : \sigma_c^2 = 0$ 세 가지 교수법이 학생들의 성취도에 미치는 효과의 차이는 어느 교사에게나 똑같다.

위의 세 가지 영가설을 검정하려면 연구자는 자료를 분석하고 검정통계량 $F-$값을 산출하기 위하여 이원분산분석표를 작정하여야 한다. 또는 SPSS나 SAS 와 같은 통계 패키지를 이용하여 산출된 이원분산분석표를 해석하여야 한다. 따라서 이원분산분석표의 구조를 이해하면 결과해석을 할 수가 있다.

〈표 5-14〉 혼합효과 이원분산분석표(A요인: 무선효과, B요인: 고정효과)

변산원	자승합	자유도	평균자승합	E(MS)	F
$(a_j)A$ 요인	SSA	df_a	$MSA = \frac{SSA}{df_a}$	$\sigma_e^2 + nK\sigma_a^2$	$\frac{MSA}{MSAB}$
$(b_k)B$ 요인	SSB	df_b	$MSB = \frac{SSB}{df_b}$	$\sigma_e^2 + n\sigma_c^2 + \frac{nJ\sum_k \beta_k^2}{K-1}$	$\frac{MSB}{MSAB}$
$(c_{jk})A \times B$요인	SSAB	df_c	MSAB=SSAB/df_c	$\sigma_e^2 + n\sigma_c^2$	$\frac{MSAB}{MSE}$
(e_{ij})집단내	SSE	df_e	MSE=SSE/df_e	σ_e^2	
전체	SST	N−1			

〈표 5-14〉의 이원분산분석표에서 맨 왼편은 이원분산분석모형의 변산원을 나타내고 있다. 즉 연구자가 제기한 모형 $Y_{ijk} = \mu + a_j + \beta_k + c_{jk} + e_{ijk}$에서 Y_{ijk}값이 변산을 갖는 근거는 $\{a_j, \beta_k, c_{jk}, e_{ijk}\}$이다. 이 중에서 A요인(예: 교사요인)은 무선효과를 가지며, B요인(예: 교수법 요인)은 고정효과를 갖는 경우이다. 따라서 $A \times B$ 상호작용효과도 무선효과이다. 위의 분산분석표의 구성에서 유의할 사항은 SSA, SSB, SSAB, SSE 등의 자승

합을 구하는 과정과 자유도는 앞서 〈표 5-2〉에 제시한 고정효과 이원분산분석표, 그리고 〈표 5-13〉의 무선효과 이원분산분석표의 경우와 동일하다. 따라서 표본자료분석에서 MSA, MSB, MSAB, MSE를 계산하는 방법도 똑 같다. 그러나 검정통계량 F 값을 산출할 때 분모를 차지하는 오차분산항은 각 요인의 효과가 고정효과인가 무선효과인가에 따라 다른 것을 알 수 있다. 즉, 영가설에서 검정대상인 효과가 무엇인가에 따라 검정통계량의 구조는 달라진다. 영가설과 검정통계량의 구조를 대비하면 쉽게 그 이유를 알 수 있다.

$H_0 : \sigma_a^2 = 0$의 검정통계량을 이론적으로 제시하면 다음과 같다.

$$F = \frac{\sigma^2 + nK\sigma_a^2}{\sigma^2} = \frac{E(MSA)}{E(MSE)}$$

따라서 만약 $H_0 : \sigma_a^2 = 0$ 이 참이라면, 이론적으로 F=1.0인 셈이다. 즉, A 요인의 효과가 존재하지 않는다면 $F = 1.0$이다. 만약에 $H_0 : \sigma_a^2 = 0$이 참이 아니고 $\sigma_a^2 > 0$이며 그 값이 크다면 $F-$값은 1보다 커지게 되며, 충분히 크면(즉, $F_{.95}(df_A, df_e)$ 보다 크면) $H_0 : \sigma_a^2 = 0$를 거부하게 된다. 이론적 F값을 표본통계량으로 구한 것이 검정통계량이며, 이때는 추정치를 사용하므로, 분산분석표에 제시된 평균자승합 정보를 이용한다. 따라서 $H_0 : \sigma_a^2 = 0$를 검정하기 위한 검정통계량은 다음과 같다.

$H_0 : \sigma_a^2 = 0$ 검정을 위한 표본자료에서 F의 수식: $F = \dfrac{E(\widehat{MSA})}{E(\widehat{MSE})} = \dfrac{MSA}{MSE}$

이와 마찬가지로 고정효과 요인(예: 교수법)의 가설인 $H_0 : \mu_1 = \mu_2 = \mu_3$를 달리 표현하면 $H_0 : \sum_k \beta_k^2 = 0$이므로 이를 검정하기 위한 이론적 F 값의 수식과 표본자료에서의 F값 수식은 다음과 같다.

$H_0 : \sum_k \beta_k^2 = 0$ 검정을 위한 이론적 F의 수식:

$$F = \frac{\sigma^2 + n\sigma_c^2 + nJ\sum_k \beta_k^2}{\sigma^2 + n\sigma_c^2} = \frac{E(MSB)}{E(MSAB)}$$

$H_0 : \sum_k \beta_k^2 = 0$ 검정을 위한 표본자료에서의 F의 수식:

$$F = \frac{E(\widehat{MSB})}{E(\widehat{MSAB})} = \frac{MSB}{MSAB}$$

즉, B요인의 효과를 검정하는 경우에도 $H_0 : \sum_k \beta_k^2 = 0$이 참이 아니라면 $F > 1.0$이 되고, $F > F_{.95}(df_b, df_e)$이면 영가설을 거부할 만한 충분한 증거가 있는 것이므로 영가설을 거부한다. 상호작용효과를 검정하는 경우에도 이와 동일한 원리가 적용된다.

$H_0 : \sigma_c^2 = 0$ 검정을 위한 이론적 F의 수식: $F = \dfrac{\sigma^2 + n\sigma_c^2}{\sigma^2} = \dfrac{E(MSAB)}{E(MSE)}$

$H_0 : \sigma_c^2 = 0$ 검정을 위한 표본자료에서 F의 수식: $F = \dfrac{E(\widehat{MSAB})}{E(\widehat{MSE})} = \dfrac{MSAB}{MSE}$

따라서 연구자들은 이원분산분석모형이 무선효과이거나 혼합효과 모형인 경우는 $E(MS)$의 수식을 검토하여 검정통계량이 적절히 산출되었는지 유의해야 한다. 다음의 표는 이원분산분석모형에서 각 요인이 고정효과 또는 무선효과를 갖는 경우에 따라 $E(MS)$가 어떻게 달라지는지 요약한 것이다.

〈표 5-15〉 이원분산분석표에서 평균자승합의 기댓값의 수식

자승합	df	평균자승합의 기댓값 $E(MS)$		
		고정효과 모형 (A와 B 모두 고정효과)	무선효과 모형 (A와 B 모두 무선효과)	혼합효과 모형 (A는 고정효과, B는 무선효과)
MSA	$J-1$	$\sigma_e^2 + \dfrac{nK\sum_j \alpha_j^2}{J-1}$	$\sigma_e^2 + n\sigma_c^2 + nK\sigma_a^2$	$\sigma_e^2 + n\sigma_c^2 + \dfrac{nK\sum_j \alpha_j^2}{J-1}$
MSB	$K-1$	$\sigma_e^2 + \dfrac{nJ\sum_k \beta_k^2}{K-1}$	$\sigma_e^2 + n\sigma_c^2 + nJ\sigma_b^2$	$\sigma^2 + nJ\sigma_b^2$
$MSAB$	$(J-1)(K-1)$	$\sigma_e^2 + \dfrac{n\sum_j \sum_k \alpha\beta_{jk}^2}{(J-1)(K-1)}$	$\sigma_e^2 + n\sigma_c^2$	$\sigma_e^2 + n\sigma_c^2$
MSE	$JK(n-1)$	σ_e^2	σ_e^2	σ_e^2

〈표 5-15〉를 참조하면, 연구자들은 이요인설계에서 고정효과 모형, 무선효과모형 그리고 혼합효과 모형에서 검정하려는 영가설에 따라 검정통계량 F의 수식을 결정할 수가 있다.

7 이원분산분석모형과 관계의 강도

분산분석에서 F-검정에 의한 가설검정결과 영가설을 거부하였다는 것은 독립변수와 종속변수 사이에 유의한 관계가 있다는 증거이지만, 독립변수가 종속변수와 어느 정도 크게 관계를 갖는지를 반영하지는 않는다. 따라서 분산분석에서 가설검정에 의한 통계적 유의도 뿐만 아니라, 실질적인 관계의 강도를 제공하는 통계량이 필요하며, 이를 위한 통계량으로 η^2, ω^2, ICC, 그리고 효과크기(effect size)에 대한 자세한 내용을 3장의 일원분산분석모형에서 이미 설명하였다.

이요인설계에 의한 자료를 분석하는 통계모형으로 이원분산분석모형을 적용하는 경우에도 동일한 문제가 제기된다. 즉, $F-$검정에 의한 가설검정의 결과는 독립변수와 종속변수가 관계가 있다는 충분한 정보는 되지만, 가설검정의 결과가 실질적으로 관계의 강도를 제공하는 것은 아니다. 따라서 연구자들은 통계적 가설검정 결과와 더불어 실질적인 관계강도를 반영하는 통계량을 보고하도록 요구를 받는다.

7.1 관계의 강도

이원분산분석모형에 의한 자료분석결과에서 η^2, ω^2, ICC, 그리고 효과크기(effect size) 등의 통계량을 산출하는 원리는 일원분산분석모형의 경우와 동일하다. 이 중에서

η^2, ω^2, ICC 등은 회귀분석에서 실질적 유의수준 정보를 제공하는 선형상관계수의 제곱(r^2, R^2)과 유사한 의미를 갖는다.

우선 에타제곱(η^2)은 자승합(SS)에 기초한 통계량으로 전체 변산(SST)에서 집단간 변산이 차지하는 비율을 의미한다. 이원분산분석에서는 두 개의 독립변수 요인과 상호작용 요인이 있으므로, 다양한 에타제곱의 통계량을 산출할 수 있다. 다음은 분산분석표에 제시된 통계량을 이용하여 산출되는 에타제곱과 그 의미를 제시한 것이다.

$$\hat{\eta}_A^2 = \frac{SSA}{SST}$$ 전체 변산에서 A 요인에 의하여 설명된 번신의 비율.

$$\hat{\eta}_B^2 = \frac{SSB}{SST}$$ 전체 변산에서 B요인에 의하여 설명된 변산의 비율.

$$\hat{\eta}_{AB}^2 = \frac{SSAB}{SST}$$ 전체 변산에서 $A \times B$ 상호작용효과로 설명된 변산의 비율.

$$\hat{\eta}^2 = \frac{SSA + SSB + SSAB}{SST}$$ 전체 변산에서 이원분산분석모형으로 설명된 변산의 비율.

위의 네 가지 통계량 중에서 마지막의 $\hat{\eta}^2$는 중다회귀분석모형에서의 $R^2 = SSR/SST$와 동일한 값을 갖는다. 반면에 $\hat{\eta}_A^2$, $\hat{\eta}_B^2$, $\hat{\eta}_{AB}^2$ 등은 각 독립변수가 종속변수의 전체변산에서 몇 %를 설명하는지를 알려준다. 3장에서 설명한 바와 같이 에타제곱은 독립변수와 종속변수가 직선적 관계에 있다면 선형상관계수의 제곱(r^2, R^2)과 동일한 값을 가지며, 비직선적 관계에 있다면 에타제곱이 실질적인 효과에 대한 더 정확한 정보를 제공한다. 일원분산분석을 설명하는 3장에서도 언급한 것처럼, η^2은 R^2처럼 다소 부풀려진 정보를 제공한다. 즉, 표본의 크기는 작은 반면에 비교하는 집단의 수(J, K, $J \times K$)가 많으면, η^2의 추정치는 커지는 경향이 있다. 그러나 표본의 크기가 충분히 크다면, 예를 들어, $J \times K$ 보다 20배 이상 크다면, 안정적인 값을 제공한다. η^2의 추정치는 자료분석결과인 분산분석표에서 쉽게 산출할 수 있는 편의성이 높은 통계량이다.

일원분산분석모형의 경우에서 설명한 것처럼, 분산분석에서 실제적 유의도 정보를 제공하는 대표적인 통계량은 분산정보를 활용하는 ω^2(오메가 제곱)과 ICC(Intra Class Correlation)이다. 두 개의 통계량은 분산정보를 사용하므로, 집단수준의 자유도에 의하여 부풀려지는 자승합(SSA, SSB, SSAB 등)의 한계를 극복하는 장점이 있다. ω^2은 고정효과 분산분석모형에 적용되는 통계량이며, ICC는 무선효과 모형에 적용된다. 두 개의 통계량은 개념적으로 동일한 것이다. 먼저 고정효과 이원분산분석모형의 경우를 검토한다. 모형은 다음과 같다.

$$Y_{ijk} = \mu + \alpha_j + \beta_k + \alpha\beta_{jk} + e_{ijk}, \qquad e_{ijk} \sim N(0, \sigma^2)$$

위의 모형에서 종속변수 전체의 분산을 구하면,

$$Var(Y_{ijk}) = \frac{\sum_j \alpha_j^2}{J} + \frac{\sum_k \beta_k^2}{K} + \frac{\sum_j \sum_k \alpha\beta_{jk}^2}{JK} + \sigma^2 \tag{5.10}$$

이다. 식(5.10)에서 무선효과의 분산과 대응하는 값을 고정효과에서는 산술평균자승합으로 표현하였다. 이제 각 독립변수의 효과를 반영하는 ω^2를 구하는 방법은 두 가지가 있다. 하나는 종속변수의 전체 평균자승합(즉, 분산)에서 각 요인의 분산이 차지하는 비율을 산출하는 것이다. 즉,

$$\hat{\omega}_A^2 = \frac{\sum_j \hat{\alpha}_j^2 / J}{\widehat{Var}(Y_{ijk})}; \ \hat{\omega}_B^2 = \frac{\sum_k \hat{\beta}_k^2 / K}{\widehat{Var}(Y_{ijk})}; \ \hat{\omega}_{AB}^2 = \frac{\sum_j \sum_k \widehat{\alpha\beta}_{jk}^2 / JK}{\widehat{Var}(Y_{ijk})} \tag{5.11}$$

등이다. 위 식의 분모는 식(5.10)을 추정한 값이다. 식(5.11)은 각 요인에 의한 집단분류의 실질적인 효과를 반영하는 통계량이며, 동시에 다른 요인들에 의한 집단분류효과의 크기에도 영향을 받는다. 따라서 B요인과 AB상호작용 요인들에 집단분류의 효과가 크다면 A요인의 효과인 $\hat{\omega}_A^2$의 값은 작아진다. 따라서 $\hat{w}_A^2$는 종속변수 Y의 전체 분산 중에서 A요인이 차지하는 상대적 분산비율을 의미한다. 보다 구체적으로는 '종속변수 Y값의

분산에서 A요인에 의한 집단분류의 상대적 영향력' 또는 '종속변수 Y값의 분산에서 관련된 모든 요인 중에서 A요인의 지배적 영향력'을 의미한다. 즉, A요인에 의하여 분류된 집단들의 평균의 차이로 인한 분산이 종속변수 Y의 전체 분산에서 차지하는 비율이다. 만약 $\hat{w}_A^2 = .35$라면, 종속변수 분산의 35%가 A요인에 의하여 분류된 집단평균들의 분산이라고 할 수 있다. 또는 A요인에 의하여 분류된 집단의 소속에 따른 분산이 전체 분산에서 차지하는 비율이 35%라고 할 수도 있다. 종속변수가 결혼에 대한 가치관이고, A요인이 연령대라면, 결혼관에 대한 전체 분산에서 연령대의 차이가 상대적으로 차지하는 비율은 .35라고 할 수 있다. 분산 $\hat{w}_B^2$ 와 $\hat{w}_{AB}^2$도 동일한 방법으로 해석할 수 있다.

이원분산분석에서 각 요인과 종속변수와의 또 다른 방법은 각 요인의 종속변수에 대한 고유효과(partial effect)의 크기를 산출하는 것이다(Cohen, 1988). 즉, 다른 요인들의 효과를 배제한 상태에서 각 요인이 차지하는 설명력을 제시하는 방법이다. 고정효과 이원분산분석모형으로 자료를 분석한 이후에, A, B, 그리고 AB요인의 고유효과는 다음과 같이 산출된다.

$$\hat{\omega}^2_{A \cdot B,AB} = \frac{\sum_j \hat{\alpha}_j^2 / J}{\hat{\sigma}^2 + \sum_j \hat{\alpha}_j^2 / J}$$

$$\hat{\omega}^2_{B \cdot A,AB} = \frac{\sum_k \hat{\beta}_k^2 / K}{\hat{\sigma}^2 + \sum_k \hat{\beta}_k^2 / K} \tag{5.12}$$

$$\hat{\omega}^2_{AB \cdot A,B} = \frac{\sum_j \sum_k \widehat{\alpha\beta}_{jk}^2 / JK}{\hat{\sigma}^2 + \sum_j \sum_k \widehat{\alpha\beta}_{jk}^2 / JK}$$

위의 세 가지 오메가 제곱은 타요인들의 효과와 무관한 각 요인의 효과를 반영한 것이다. 앞에서 $\hat{\omega}_A^2$, $\hat{\omega}_B^2$, 그리고 $\hat{\omega}_{AB}^2$ 등에서는 각 요인의 효과가 다른 요인 효과의 크기에 따라 영향을 받는 상대적 지수였다면, $\hat{\omega}^2_{A \cdot B,AB}$, $\hat{\omega}^2_{B \cdot A,AB}$, 그리고 $\hat{\omega}^2_{AB \cdot A,B}$의 효과는 다른 요인의 효과 크기와 무관한 각 요인의 실질 효과를 집단내 분산(즉, 오차항 분산)

에 대한 각 요인의 집단간 분산의 비중으로 나타낸 것이다. 따라서 각 요인의 고유효과라고 할 수 있다. 즉, 이요인설계에서 A와 B요인과 AB상호작용 요인 등에 의하여 분류된 집단들 사이의 분산과 집단내 분산(오차항의 분산)이 종속변수의 분산을 구성하는데, 이 중에서 각 요인에 의한 집단간 분산의 비중을 집단내 분산에 대한 상대적 크기로 나타낸 것이다. 집단내 분산은 각 요인분산의 비중을 반영하는데 공통적인 기준인 셈이다. $\hat{\omega}^2_{A \cdot B, AB}$=.35라면, 다른 요인들에 의한 효과를 배제하면, A요인에 의한 집단간 격차가 종속변수의 분산에서 35%를 차지한다고 할 수 있다. 만일에 종속변수가 학생들의 성취도 검사성적이고, A요인이 상, 중, 하 수준으로 분류된 SES집단 변수라면, 학생들의 성취도 개인차의 35%는 SES(A요인)에 의한 집단간 격차의 효과라고 할 수 있다. $\hat{\omega}^2_{A \cdot B, AB}$는 분모가 작으므로 $\hat{w}^2_A$ 보다 그 값이 크게 된다. B요인과 AB상호작용 요인에 대한 통계량들도 마찬가지이다. 이는 이원분산분석모형이 일원분산분석모형보다 각 요인의 실질적인 효과를 더 크게 부각시킬 수 있다는 점을 알려준다.

이원분산분석을 수행한 이후에 분산분석표에 기초하여 지금까지 논의한 $\hat{\omega}^2$의 값을 구한다면, $E(MS)$의 식을 응용하여야 한다. 앞의 〈표 5-15〉의 이원분산분석표에서 각 요인에 의한 자승합의 기댓값을 반영하는 식은 다음과 같았다.

$$E(MSA) = \sigma^2 + \frac{nK\sum_j \alpha_j^2}{J-1};\ E(MSB) = \sigma^2 + \frac{nJ\sum_k \beta_k^2}{K-1}\ ;$$

$$E(MSAB) = \sigma^2 + \frac{n\sum_j\sum_k \alpha\beta_{jk}^2}{(J-1)(K-1)}$$

$$E(MSW) = \sigma^2.$$

이상의 식으로부터, 각 요인분산의 추정치는 다음과 같이 구할 수 있다.

$$\widehat{\sigma^2} = MSE;\ \frac{\sum_j \widehat{\alpha_j^2}}{J} = \frac{J-1}{nJK}(MSA - MSE);\ \frac{\sum_k \widehat{\beta_k^2}}{K} = \frac{K-1}{nJK}(MSB - MSE);$$

$$\frac{\sum_j \sum_k \alpha \widehat{\beta^2_{jk}}}{JK} = \frac{(J-1)(K-1)}{nJK}(MSAB - MSE) \tag{5.13}$$

따라서 위의 요인분산의 추정치를 이용하여 $\widehat{Var}(Y_{ijk})$와 관련된 모든 값을 구할 수 있다.

무선효과 이원분산분석모형에서 독립변수와 종속변수와의 관계가 어느 정도 큰지를 밝히는 방법도 고정효과 모형의 경우와 동일하다. 또한 무선효과모형에서는 각 요인분산이 직접 추정되므로 각 독립변수와 종속변수의 관계강도를 추정하는 과정은 더 직접적이다. A 요인과 B 요인이 모두 무선효과를 갖는 이원분산분석모형과 분산성분은 다음과 같다.

$$Y_{ijk} = \mu + a_j + b_k + c_{jk} + e_{ijk},$$
$$a_j \sim N(0, \sigma_a^2), \quad b_k \sim N(0, \sigma_b^2), \quad c_{jk} \sim N(0, \sigma_c^2), \quad e_{ijk} \sim N(0, \sigma^2)$$

따라서 종속변수 Y의 전체 분산은 $Var(Y_{ijk}) = \sigma_a^2 + \sigma_b^2 + \sigma_c^2 + \sigma^2$이다. 이와 같은 분산성분의 분해에 따라 전체 분산에서 각 요인분산이 차지하는 비중으로 관계의 강도를 나타낼 수 있으며, 이 경우 관계의 강도는 집단내 상관계수(Intra Class Correlation: ICC)로 표현한다.

$$ICC_A = \frac{\widehat{\sigma_a^2}}{\widehat{Var}(Y_{ijk})} = \frac{\widehat{\sigma_a^2}}{\widehat{\sigma_a^2} + \widehat{\sigma_b^2} + \widehat{\sigma_c^2} + \widehat{\sigma^2}}$$: 전체 분산 중에 A 요인분산의 비율

$$ICC_B = \frac{\hat{\sigma}_b^2}{\widehat{Var}(Y_{ijk})} = \frac{\hat{\sigma}_b^2}{\hat{\sigma}_a^2 + \hat{\sigma}_b^2 + \hat{\sigma}_c^2 + \hat{\sigma}^2}$$: 전체 분산 중에 B 요인분산의 비율

$$ICC_{AB} = \frac{\hat{\sigma}_{ab}^2}{\widehat{Var}(Y_{ijk})} = \frac{\hat{\sigma}_{ab}^2}{\hat{\sigma}_a^2 + \hat{\sigma}_b^2 + \hat{\sigma}_c^2 + \hat{\sigma}^2}$$: 전체 분산 중에 상호작용 분산의 비율

이상은 집단내 상관계수에 대한 수리적인 해석이고, 이를 의미있게 해석하면, ICC_A는 A 요인에 의한 집단분류가 종속변수의 값을 차별화하는 영향의 크기라고 할 수 있다. 즉, A 요인의 어느 집단에 속하는가가 종속변수 Y의 값을 결정하는데 얼마나 중요한지를 반영하는 것이다. ICC_B와 ICC_{AB}도 같은 맥락으로 해석한다.

고정효과 모형에서와 마찬가지로 무선효과 이요인설계에서 각 요인의 실질효과를 고유효과로 나타낼 수가 있다(Cohen, 1988).

$$ICC_{A\cdot B,AB} = \frac{\hat{\sigma}_a^2}{\hat{\sigma}_a^2 + \hat{\sigma}^2};\ ICC_{B\cdot A,AB} = \frac{\hat{\sigma}_b^2}{\hat{\sigma}_b^2 + \hat{\sigma}^2};\ ICC_{AB\cdot A,B} = \frac{\hat{\sigma}_c^2}{\hat{\sigma}_c^2 + \hat{\sigma}^2} \tag{5.14}$$

식(5.14) 제시된 통계량의 해석하는 방법은 고정효과 모형에서의 경우와 동일하다. 즉, '다른 요인들의 효과를 배제하면, 각 요인에 의한 집단간 격차분산이 종속변수의 분산에서 차지하는 비중이 몇 %이다' 라고 해석한다. 또한 연구의 맥락에 따라 독립변수와 종속변수의 의미를 구체화하면 연구결과를 풍부하게 할 수 있다.

무선효과 이원분산분석표에서 위의 집단내 상관계수를 구하는 방법은 앞서의 경우와 마찬가지로 평균자승합의 기댓값 수식을 알면 쉽게 구할 수 있다.

$$E(MSA) = \sigma^2 + n\sigma_c^2 + nK\sigma_a^2\ ;\ E(MSB) = \sigma^2 + n\sigma_c^2 + nJ\sigma_b^2;$$
$$E(MSAB) = \sigma^2 + n\sigma_c^2$$
$$E(MSE) = \sigma^2$$

따라서 분산분석표의 결과에 따라 각 분산성분을 다음과 같이 구할 수 있다.

$$\hat{\sigma}^2 = MSE;\ \hat{\sigma}_a^2 = \frac{MSA - MSAB}{nK};\ \hat{\sigma}_b^2 = \frac{MSB - MSAB}{nJ};$$
$$\hat{\sigma}_c^2 = \frac{MSAB - MSE}{n} \tag{5.15}$$

위의 분산성분 추정치를 이용하여 관련된 집단내 상관계수(ICC)를 모두 구할 수 있다.

7.2 효과크기

3장의 일원분산분석모형에서 효과크기를 설명한 바와 같이 비교대상인 집단의 수가 셋 이상인 경우는 집단간 격차정보를 집단간 분산으로 구하며, 그 크기를 종속변수의 표준편차로 나누어 표준화 한 값을 효과크기로 정의하였다. 이요인설계에서는 복수의 요인들이 종속변수의 분산에 영향력을 가지므로, 각 요인의 효과크기를 산출하는 방법은 각 요인에 의한 집단간 분산을 종속변수의 표준편차로 나누어 표준화 하는 것이다. 그러나 이요인설계에서는 종속변수의 분산에 영향을 미치는 요인들이 다수이므로, 다른 요인의 효과가 크고 작은 것에 영향을 받지 않는 각 요인의 고유효과를 효과크기로 산출하는 통계량이 필요하다. 다음의 $\hat{f}$ 통계량은 Cohen(1988)이 제시한 각 요인의 고유효과의 크기를 다양한 수식으로 표현한 것이다.

$$\widehat{f_A} = \sqrt{\frac{\sum_j \widehat{\alpha_j^2}/J}{\widehat{\sigma^2}}} = \sqrt{\frac{\sum_j (\overline{Y_{.j.}} - \overline{Y_{...}})^2/J}{MSE}} = \sqrt{\frac{\widehat{\omega^2_{A \cdot B,AB}}}{1-\widehat{\omega^2_{A \cdot B,AB}}}}$$

$$\widehat{f_B} = \sqrt{\frac{\sum_k \widehat{\beta_k^2}/K}{\widehat{\sigma^2}}} = \sqrt{\frac{\sum_k (\overline{Y_{..k}} - \overline{Y_{...}})^2/K}{MSE}} = \sqrt{\frac{\widehat{\omega^2_{B \cdot A,AB}}}{1-\widehat{\omega^2_{B \cdot A,AB}}}} \qquad (5.16)$$

$$\hat{f}_{AB} = \sqrt{\frac{\sum_j \sum_k \widehat{\alpha\beta_{jk}^2}/JK}{\widehat{\sigma^2}}}$$

$$= \sqrt{\frac{\sum_j \sum_k (\overline{Y_{.jk}} - \overline{Y_{.j.}} - \overline{Y_{..k}} + \overline{Y_{...}})^2/JK}{MSE}}$$

위의 식(5.16)에서 왼편은 각 효과크기의 개념을 수리적으로 표현한 것이다. 즉, 고정효과 모형에서 분산에 대응하는 자승합의 산술평균을 각 요인별로 구하고, 이를 오차분산과 대비하여 제곱근을 구한 것이다. 따라서 식(5.16)의 분자는 각 요인의 효과를 표준편차로 표현한 것이고, 분모는 종속변수의 표준편차로 나타낸 것이므로, 논리적으로 두 집단간 거리를 종속변수의 표준편차 단위로 표현하는 효과크기와 일맥상통한다. 식(5.16)의 오른편은 각 효과크기를 산출하는 수식을 제시한 것이다. 위의 통계량을 자료분석결과인 분산분석표에서 계산하는 방법은 식(5.13)에서 제시한 수식으로 각 요인의 분산을 구하여 식(5.16)에 적용하면 구할 수 있다.

8 다요인 설계와 다원분산분석

지금까지의 분산분석모형은 집단을 분류하는 요인이 하나인 일원분산분석모형, 그리고 두 개의 요인으로 집단을 분류하는 이요인분산분석모형이었다. 연구자들이 탐구하는 문제들은 흔히 두 개 이상의 요인이 관련된 주제이다. 예를 들어, 인간을 포함한 모든 생명체는 성장과 발달을 한다. 또한 남자와 여자의 성장과 발달은 신체적 조건이나 사회적 조건에서 동일하지가 않다. 이때 남녀의 차이가 자연적 차이일 수도 있으며, 사회적 조건에 의한 차이일수도 있다. 따라서 연구자들의 어떤 처치의 효과를 검정하고자 할 때, 그 처치의 효과가 모든 연령대에서 남녀간에 동일한지에 관심이 있다면, 연구자는 처치, 남녀, 연령대의 세 가지 요인을 고려하는 것이며, 삼요인 분산분석모형에서 검정이 가능한 가설에 관심이 있는 것이다. 연구자가 관심을 갖는 처치는 학문분야에 따라 무한대로 다양할 수 있다.

처치의 효과를 인과관계로 추리하려면, 독립변수를 제외한 모든 다른 변수의 분포가 비교대상인 집단에서 동등하다는 증거가 있어야 한다. 실험설계에서는 이를 확보하기 위하여 무선배치를 하거나, 구획을 만들거나, 반복측정을 하는 실험적 통제 기법을 사용한다. 이때, 구획변수도 구획으로 집단을 분류하는 변수의 기능을 하고, 반복측정도 동일한 집단이 반복관찰되므로 여러 집단으로 설계에 나타나게 된다. 따라서 구획을 만들거나 반복측정을 하는 실험설계에서는 두 개의 독립변수 요인만 고려하여도 A요인, B요인, 그리고 구획 또는 반복측정의 삼요인 설계가 된다. 대표적으로 9장에서 설명하는 분할구획설계(split-plot design)는 삼요인 설계의 특수한 경우이다. 삼요인 설계는 단일요인 설계나 이요인 설계보다 더 많은 변수들을 활용하므로, 더 정교한 실험설계의 성격을 갖는다.

이상적으로는 더 많은 요인들을 실험설계에 반영하여, 비교되는 집단들의 동등성을 실험적으로 통제할 수 있으면 좋지만, 요인설계에서 요인의 수가 셋 이상인 경우는 매우 다양한 상호작용효과 요인이 발생하게 되며, 삼요인 이상의 상호작용효과는 실제적으로 해석하기가 용이하지 않고 복잡하므로, 요인의 수가 셋을 넘는 설계나, 삼요인 이상의 다원분산분석은 연구자들이 잘 사용하지 않는다. 그러나 이론적으로는 충분히 가능하다. 여기서는 삼요인 설계와 자료분석방법을 설명한다.

현대사회에서 젊은 세대의 결혼시기가 늦어지고 많은 사람들이 혼자서 생활을 하므로, 어느 사회학자가 젊은 세대의 결혼관에 진보적 성향(결혼, 이혼, 동거의 당위성 또는 허용정도)이 어느 정도인지 관심을 갖고 연구계획을 세웠다. 이 사회학자는 결혼관이 남녀에 따라 다를 수 있으며, 미혼과 기혼인 경우에 다르고, 또한 교육수준(고등교육 여부)에 따라서도 다를 수 있다고 가정하였다. 이 경우 연구자는 자료를 수집할 때, 다음의 설계를 참조하여야 한다.

<table>
<tr><th rowspan="2">결혼여부(A)</th><th rowspan="2">남녀의 성(B)</th><th colspan="2">고등교육 (C)</th></tr>
<tr><th>대학졸업 이상</th><th>고교 졸업 이하</th></tr>
<tr><td rowspan="2">기혼</td><td>남자</td><td>Y_{i111}
$s_{1111}, s_{2111}, \cdots s_{n111}$</td><td>$Y_{i112}$
$s_{1112}, s_{2112}, \cdots s_{n112}$</td></tr>
<tr><td>여자</td><td>Y_{i121}
$s_{1121}, s_{2121}, \cdots s_{n121}$</td><td>$Y_{i122}$
$s_{1122}, s_{2122}, \cdots s_{n122}$</td></tr>
<tr><td rowspan="2">미혼</td><td>남자</td><td>Y_{i211}
$s_{1211}, s_{2211}, \cdots s_{n211}$</td><td>$Y_{i212}$
$s_{1212}, s_{2212}, \cdots s_{n212}$</td></tr>
<tr><td>여자</td><td>Y_{i221}
$s_{1221}, s_{2221}, \cdots s_{n221}$</td><td>$Y_{i222}$
$s_{1222}, s_{2222}, \cdots s_{n222}$</td></tr>
</table>

[그림 5-11] 삼요인설계의 자료구조 예시

위의 설계에 의하면 연구자는 A, B, C의 각 요인이 분류하는 집단에 적합한 표본을 구하여야 한다. 위의 예시에서는 각 요인이 두 개의 수준을 가지므로, $2 \times 2 \times 2 = 8$ 개의 칸에 해당하는 n명의 표본을 확보하여야 한다. 예를 들면, 대학을 졸업한 기혼 남성을 n 명 확보하고, 동일한 조건의 여성도 n명 확보하는 등이다.

삼요인설계가 이요인설계와 차이가 있다면 더 많은 종류의 상호작용요인이 발생한다는 것이다. 즉, 위의 [그림 5-11]에 제시된 설계에서는 모든 요인이 완벽하게 교차하므로, 즉, 모든 개체가 세 가지 요인에 다 적용을 받으므로, 복수의 요인들이 중복되는 AB, AC, BC, ABC의 상호작용효과의 검정이 가능하다.

8.1 주효과와 상호작용효과

삼원분산분석모형은 세 가지의 요인과 이들 요인들이 교차하여 만들어내는 상호작용요인들이 있으므로, 매우 다양한 효과를 검정하게 된다. 이원분산분석모형에서와 마찬가지로 삼원분산분석모형에서도 상호작용효과가 발견되면, 주효과에 대한 해석은 타당하지 않을 수 있다. 따라서 상호작용효과가 발견되는 경우에는 상호작용하는 요인들의 효과가 어떻게 나타나는지 관련된 집단의 평균을 검토하여야 하며, 가장 효과적인 방법은 그림으로 상호작용효과를 표현하여, 그 실상을 파악하는 것이다. 이원분산분석에서는 상호작용효과가 두 개의 요인들 사이에만 발생하므로, 이차원 평면에 그림으로 상호작용현상을 표현할 수 있다. 그러나 삼원분산분석에서는 AB, AC, BC 등 두 개의 요인들 사이의 상호작용과 더불어 ABC 세 요인의 상호작용도 가능하다. 두 개의 요인이 상호작용하는 경우를 '1차 상호작용(first order interactions)' 또는 '이중상호작용(double interactions)'이라고 하며, 세 개의 요인이 상호작용하면 '2차 상호작용(second order interactions)' 또는 '삼중상호작용(triple interactions)'이라고 한다.

두 요인간의 상호작용은 평면에 도식으로 나타낼 수가 있으므로, 이 경우의 해석 방법은 이원분산분석모형에 의한 자료분석결과를 해석하는 방법과 동일하다. 그러나 세 요인간의 상호작용은 평면에 도식으로 나타낼 수가 없으므로, 이 경우는 단순주효과(simple main effects)를 보는 것과 동일한 원리로 2차 상호작용을 검토할 수 있다. [그림 5-11]에서처럼 세 가지 요인들이 모두 2개의 유목만 갖는다면, $A=\{a_1, a_2\}$, $B=\{b_1, b_2\}$, 그리고 $C=\{c_1, c_2\}$로 각 요인에 의한 집단분류가 이루어지고, ABC 세요인의 삼중 상호작용효과를 검토하려면, 이요인설계에서 단순주효과를 나타내는 것처럼, 삼요인 설계에서는 단순상호작용효과를 나타내는 것이다. 즉, AB 상호작용 현상을 $C=c_1$일 때와 $C=c_2$일 때로 분리하여 각각 제시하는 것이다. 따라서 삼원분산분석모형에서 단순상호작용효과를 검정하는 것은 한 요인의 조건을 고정시킨 후에 이원분산분석모형을 검정하는 것과 동일한 원리이다.

다음의 그림은 결혼관의 진보적 성향에 대하여 A(결혼여부), B(남녀), C(교육수준)의 가상적인 상호작용을 단순상호작용효과로 나타낸 것이다.

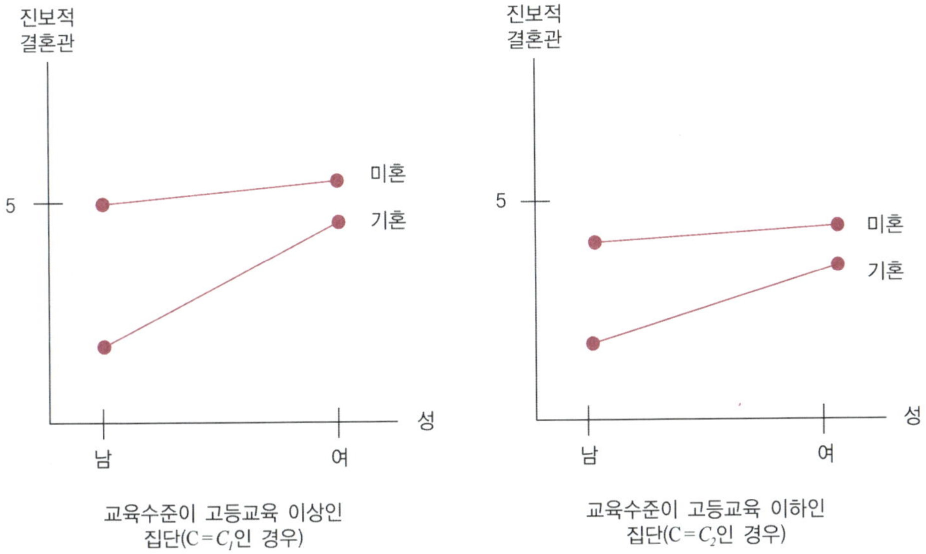

[그림 5-12] 삼요인설계와 단순상호작용효과

위의 [그림 5-12]에서 C요인(교육수준)을 고등교육 이상($C=c_1$)인 조건에서 AB (결혼여부와 남녀)의 상호작용효과를 검토하면, 미혼인 젊은 세대가 남녀 공통으로 결혼에 대하여 진보적인 사고를 갖고 있으며, 기혼자는 남녀간에 큰 차이를 보고 있다. 그러나 여성인 경우 기혼자와 미혼자 사이에 큰 차이를 보이지 않았다. 이와 같은 해석은 $C=c_1$인 조건에서 AB상호작용 효과를 해석하는 것이므로 단순상호작용효과를 설명한 것이다. 또한 단순상호작용효과를 설명하는 과정에서 또 다시 '여성인 경우($B=b_2$)로 조건을 설정하여 미혼자와 기혼자를 비교한 것은 결국, 두 개 요인의 조건을 고정한 이후에 (즉, $C=c_1$; $B=b_2$), A요인의 주효과를 설명하는 것이므로, 이원분산분석모형에서 단순주효과를 설명하는 것과 동일하다. [그림 5-12]의 오른편에는 교육수준이 고교 졸업 이하($C=c_2$)인 젊은 세대의 결혼관에서 기혼자와 미혼자 요인(A요인)과 남녀 요인(B요인)의 상호작용효과를 나타낸 것이다. 이 경우도 해석은 동일한 방법으로 할 수 있으며, 또한 왼편의 그림과 비교하여 단순상호작용효과가 교육수준에 따라 차별적인지 서술 할 수가 있다. 가상적 자료인 위의 그림에서는 두 학력집단의 단순상호작용 효과의 양상은 유사하나 고등교육 이상의 학력을 가진 사람들이 결혼관이 더 진보적인 것으로 나타내고 있다.

8.2 삼원분산분석모형

세 개의 요인이 모두 고정효과를 가지며, [그림 5-11]과 같은 세 요인이 모두 완전히 교차하는 삼요인설계를 갖는 자료구조를 분석하는 모형으로서 삼원분산분석모형을 다음과 같이 생각할 수 있다.

$$Y_{ijkl} = \mu + \alpha_j + \beta_k + \gamma_l + \alpha\beta_{jk} + \alpha\gamma_{jl} + \beta\gamma_{kl} + \alpha\beta\gamma_{jkl} + e_{ijkl},\ e_{ijkl} \sim N(0, \sigma^2) \quad (5.17)$$

위 모형에서 세 가지 요인의 주효과는 $\alpha_j, \beta_k, \gamma_l$이며, $\alpha\beta_{jk}, \alpha\gamma_{jl}, \beta\gamma_{kl}$은 이중상호작용효과이며, $\alpha\beta\gamma_{jkl}$은 A, B, C 세 요인의 삼중상호작용 효과이다. 이상의 일곱가지 효과는 모두 고정효과를 가진다. 그러나 e_{ijkl}은 오차항으로서 식(5.17)이 고려하는 세 가지 요인과 모든 상호작용 요인 이외에 종속변수 Y_{ijkl}의 값에 영향을 미치는 모든 알려지지 않은 요인들의 효과이며, $N(0, \sigma^2)$의 분포를 갖는다.

8.3 삼원분산분석모형의 가설

분산분석모형은 복수집단의 평균을 비교하는 통계모형이다. 식(5.17)에 제시된 삼원분산분석모형의 경우, 세 개의 요인과 세 개의 이중상호작용, 그리고 하나의 삼중상호작용의 효과를 검정할 수 있다. 한 걸음 나아가, 이중 상호작용효과에 대한 추가적인 정보로서 단순주효과 검정이 가능하며, 삼중 상호작용효과에 대한 추가적인 정보로서 단순상호작용효과 검정이 가능하다.

그러나 통상적으로 삼요인 분산분석모형에서 검정하는 전반적인 가설(omnibus hypothesis)은 주효과와 상호작용효과들이다. 전반적인 영가설을 표로 정리하면 다음과 같다.

〈표 5-16〉 삼요인설계에서 전반적 영가설의 종류

전반적 영가설(omnibus hypotheses)	
주효과	$H_0 : \mu_{j..} = \mu_{j'..}$ $(j \neq j')$; $H_0 : \sum_j \alpha_j^2 = 0$ (모든 j에 대하여)
	$H_0 : \mu_{.k.} = \mu_{.k'.}$ $(k \neq k')$; $H_0 : \sum_k \beta_k^2 = 0$ (모든 k에 대하여)
	$H_0 : \mu_{..l} = \mu_{..l'}$ $(l \neq l')$; $H_0 : \sum_l \gamma_l^2 = 0$ (모든 l에 대하여)
이중 상호작용효과	$H_0 : \mu_{jk.} - \mu_{j..} - \mu_{.k.} + \mu_{...} = 0$; $H_0 : \sum_j \sum_k \alpha\beta_{jk}^2 = 0$ (모든 jk에 대하여)
	$H_0 : \mu_{j.l} - \mu_{j..} - \mu_{..l} + \mu_{...} = 0$; $H_0 : \sum_j \sum_l \alpha\gamma_{jl}^2 = 0$ (모든 jl에 대하여)
	$H_0 : \mu_{.kl} - \mu_{.k.} - \mu_{..l} + \mu_{...} = 0$; $H_0 : \sum_k \sum_l \beta\gamma_{kl}^2 = 0$ (모든 kl에 대하여)
삼중 상호작용효과	$H_0 : \mu_{jkl} - \mu_{jk.} - \mu_{j.l} - \mu_{.kl} + \mu_{j..} + \mu_{.k.} + \mu_{..l} - \mu_{...} = 0$ (모든 jkl에 대하여) $H_0 : \sum_j \sum_k \sum_l \alpha\beta\gamma_{jkl}^2 = 0$

위의 영가설 중에서 주효과와 이중 상호작용효과에 대한 가설은 이원분산분석모형의 경우와 유사한 의미를 갖는다. 또한 삼원분산분석모형으로 자료를 분석하면, 분산분석표는 위의 전반적 영가설을 검정하는데 필요한 자승합, 평균자승합, 그리고 $F-$값을 제공한다.

삼원분산분석모형에서는 세 가지 이중 상호작용과 하나의 삼중 상호작용효과가 추정되므로, 이들 상호작용효과가 통계적으로 유의하면, 이에 대한 추가적인 해석을 위한 단순주효과 검정과 단순 상호작용효과를 검정할 필요가 생긴다. 이원분산분석모형에서의 단순주효과 검정은 이중 상호작용효과가 통계적으로 유의한 경우에 한 요인의 조건을 고정한 상태에서 다른 요인의 주효과검정을 하는 것이었다. 삼원분산분석모형에서도 이중 상호작용효과가 통계적으로 유의하면 이원분산분석의 경우와 동일한 방법으로 단순주효과 검정을 할 수 있다. 한 걸음 나아가, 삼중 상호작용효과가 발견되면, 한 요인의 조건을 고정하여, 단순 상호작용효과를 검정할 수 있다.

삼원분산분석모형에서 이중상호작용효과가 통계적으로 유의한 경우, 단순주효과검정을 위한 영가설의 제시방법은 이원분산분석모형과 동일한 원리이다. 다음의 〈표 5-17〉에 제시된 단순주효과는 AB, AC, BC의 세 가지 1차 상호작용효과에서 각 요인의 주효과를 검정하는 영가설들이다. 예를 들어, AB 상호작용효과가 통계적으로 유의한 경우에, A요인의 단순주효과를 검정하려면, $\{\overline{Y}_{11.}, \overline{Y}_{21.}, \overline{Y}_{12.}, \overline{Y}_{22.}\}$의 네 개의 평균으로 AB 상호작용효과의 도면을 그릴 때, B요인의 집단을 X축에 $k=1$, $k=2$로 표시하면, 〈표 5-17〉의 첫 번째 경우로 주어진 A요인 단순주효과 영가설의 의미가 분명해 진다. 삼원분산분석모형에서의 단순주효과 영가설이 이원분산분석모형과 차이가 나는 점은 두 개의 요인이 상호작용을 가질 때 다른 나머지 한 요인에 대하여는 주변평균값(marginal mean)을 사용하는 것 뿐이다. 즉, AB상호작용에서 사용하는 평균들은 $\overline{Y}_{11.}$, $\overline{Y}_{21.}$, $\overline{Y}_{12.}$, $\overline{Y}_{22.}$로서 C요인에 대하여 주변평균을 구한 것이다. 〈표 5-17〉에 제시된 단순주효과 영가설을 검정하는 것은 연구자의 연구맥락에 따라 필요한 것이다. 즉, 이중상호작용 효과가 통계적으로 유의한 경우에, 이 같은 상호작용효과가 결국은 어느 요인이 주도한 효과인지 세부적으로 확인할 필요가 있을 때, 단순주효과 검정은 유효하다.

삼원분산분석에서 전반적인 영가설검정결과 AB 이중 상호작용효과가 통계적으로 유의 하였으며, A요인에 대한 단순주효과 검정을 수행하려면, 〈표 5-17〉에 제시된 영가설의 내용을 통계분석에 반영하면 된다. 즉, 전체 분석자료에서 $k=1$인 자료만 분석대상으로 선택한 이후에, A요인에 대한 일원분산분석을 하여, 주효과를 검정하고, 다시 $k=2$인 자료만 선택한 이후에, A요인에 대한 일원분산분석을 하여, 주효과를 검정하는 것이 단순주효과를 검정한 결과가 된다. 다른 단순주효과도 동일한 원리로 검정할 수 있다.

삼원분산분석모형에서는 세 가지 요인들에 의한 삼중 상호작용효과도 검정이 가능하다. 이 경우에 평면상에 도면으로 삼중 상호작용효과를 나타낼 수 없으므로, 이를 효과적으로 나타내는 방법은 한 요인의 조건을 고정한 상태에서 이중 상호작용효과를 [그림 5-12]에서 처럼 표현하는 것이다. 앞의 [그림 5-12]에 제시된 단순상호작용 효과의 영가설은 다음과 같이 제시할 수 있다.

〈표 5-17〉 삼원분산분석에서 단순주효과 가설

AB 상호작용	A요인 단순 주효과	$H_0 : \mu_{j1.} = \mu_{j'1.}(j \neq j')$ ($k=1$일때 모든 j에 대하여) $H_0 : \mu_{j2.} = \mu_{j'2.}(j \neq j')$ ($k=2$일때 모든 j에 대하여)
	B요인 단순 주효과	$H_0 : \mu_{1k.} = \mu_{1k'.}(k \neq k')$ ($j=1$일때 모든 k에 대하여) $H_0 : \mu_{2k.} = \mu_{2k'.}(k \neq k')$ ($j=2$일때 모든 k에 대하여)
AC 상호작용	A요인 단순 주효과	$H_0 : \mu_{j.1} = \mu_{j'.1}(j \neq j')$ ($l=1$일때 모든 j에 대하여) $H_0 : \mu_{j.2} = \mu_{j'.2}(j \neq j')$ "($l=2$일때 모든 j에 대하여)"
	C요인 단순 주효과	$H_0 : \mu_{1.l} = \mu_{1.l}(\ell \neq l')$ ($j=1$일때 모든 l에 대하여) $H_0 : \mu_{2.l} = \mu_{2.l}(l \neq l')$ ($j=2$일때 모든 1에 대하여)
BC 상호작용	B요인 단순 주효과	$H_0 : \mu_{.k1} = \mu_{.k'1}(k \neq k')$ ($l=1$일때 모든 k에 대하여) $H_0 : \mu_{.k2} = \mu_{.k'2}(k \neq k')$ ($l=2$일때 모든 k에 대하여)
	C요인 단순 주효과	$H_0 : \mu_{.1l} = \mu_{.1l}(l \neq l')$ ($k=1$일때 모든 l에 대하여) $H_0 : \mu_{.2l} = \mu_{.2l}(l \neq l')$ ($k=2$일때 모든 l에 대하여)

단순상호작용 효과에 대한 서술방법은 삼중상호작용효과가 통계적으로 유의할 때 언제나 필요한 기법이다. 즉, 〈표 5-18〉에 제시된 단순상호작용효과에 대한 영가설을 통계적으로 검정하지 않는 경우에도, 단순상호작용 효과를 그림으로 표현하고 설명하는 것이 삼중상호작용효과를 설명하는 유일한 방법이기 때문이다. 단순상호작용 효과를 서술하는 과정에서 어떤 단순 상호작용효과가 특별히 통계적으로 유의한 지를 밝힐 필요가 있을 때는 〈표 5-18〉에 제시된 영가설을 검정하여야 한다. 위의 영가설을 통계적으로 검정하는 방법은 영가설에 제시된 조건을 통계분석에 반영하면 된다. 즉, $l=1$일 때, AB 단순상호작용효과를 검정하려면, 분석자료에서 $l=1$인 자료만 선택한 이후에 A와 B요인만을 이용한 이원분산분석을 수행하여, AB상호작용효과를 검정하고, 다시 $l=2$인 자료만

선택한 이후에 A와 B요인의 이원분산분석을 해서 AB상호작용효과를 다시 검정하는 것이다.

〈표 5-18〉 삼원분산분석에서 단순 상호작용효과 가설($J = 2; K = 2; L = 2$)

ABC 상호작용효과	AB 단순 상호작용효과	$H_0 : \mu_{jk1} - \mu_{j.1} - \mu_{.k1} + \mu_{..1} = 0$ ($l = 1$일 때, AB 상호작용효과) $H_0 : \mu_{jk2} - \mu_{j.2} - \mu_{.k2} + \mu_{..2} = 0$ ($l = 2$일 때, AB 상호작용효과)
	AC 단순 상호작용효과	$H_0 : \mu_{j1l} - \mu_{j1.} - \mu_{.11} + \mu_{.1.} = 0$ ($k = 1$일때, AC 상호작용효과) $H_0 : \mu_{j2l} - \mu_{j2.} - \mu_{.2l} + \mu_{.2.} = 0$ ($k = 2$일때, AC 상호작용효과)
	BC 단순 상호작용효과	$H_0 : \mu_{1kl} - \mu_{1k.} - \mu_{1.l} + \mu_{1..} = 0$ ($j = 1$일때, BC 상호작용효과) $H_0 : \mu_{2kl} - \mu_{2k.} - \mu_{2.l} + \mu_{2..} = 0$ ($j = 2$일때, BC 상호작용효과)

8.4 삼원분산분석모형의 추정

삼원분산분석모형의 수리적 모형은 다음과 같이 식(5-17)에 제시하였다.

$$Y_{ijkl} = \mu + \alpha_j + \beta_k + \gamma_l + \alpha\beta_{jk} + \alpha\gamma_{jl} + \beta\gamma_{kl} + \alpha\beta\gamma_{jkl} + e_{ijkl},\ e_{ijkl} \sim N(0, \sigma^2)$$

위 모형은 세 개의 주효과 요인이 모두 교차하는 삼요인설계 자료에 적합한 모형이다. 위 모형에서 추정대상은 전체 평균, 세 개의 주효과, 세 개의 이중 상호작용효과, 그리고 하나의 삼중 상호작용효과 등 여덟 개의 고정효과 모수와 오차분산인 하나의 무선효과 모수이다. 각 모수는 다음과 같이 추정된다.

〈고정효과 모수〉

$\hat{\mu} = \overline{Y}_{....}$; $\hat{\alpha}_j = \overline{Y}_{.j..} - \overline{Y}_{....}$; $\hat{\beta}_k = \overline{Y}_{..k.} - \overline{Y}_{....}$; $\hat{\gamma}_l = \overline{Y}_{...l} - \overline{Y}_{....}$

$$\widehat{\alpha\beta}_{jk} = \overline{Y}_{.jk.} - \overline{Y}_{.j..} - \overline{Y}_{..k.} + \overline{Y}_{....} \;;\; \widehat{\alpha\gamma}_{jl} = \overline{Y}_{.j.l} - \overline{Y}_{.j..} - \overline{Y}_{...l} + \overline{Y}_{....} \qquad (5.18)$$

$$\widehat{\beta\gamma}_{kl} = \overline{Y}_{..kl} - \overline{Y}_{..k.} - \overline{Y}_{...l} + \overline{Y}_{....}$$

$$\widehat{\alpha\beta\gamma}_{jkl} = \overline{Y}_{.jkl} - \overline{Y}_{.jk.} - \overline{Y}_{.j.l} - \overline{Y}_{..kl} + \overline{Y}_{.j..} + \overline{Y}_{..k.} + \overline{Y}_{...l} - \overline{Y}_{....}$$

$$\hat{e}_{ijkl} = Y_{ijkl} - \overline{Y}_{.jkl}$$

식(5.18)에 제시된 각 모수 추정식을 유도하는 방법은 식(5.17)의 삼원분산분석모형에서 다음의 〈표 5-19〉에 제시된 각 집단평균들을 추정하는 모형(mean model)을 수립하면 간단하게 정의된다.

〈표 5-19〉 삼요인설계의 집단평균표

A요인	a_1				a_2			
B요인	b_1		b_2		b_1		b_2	
C요인	c_1	c_2	c_1	c_2	c_1	c_2	c_1	c_2
$\overline{Y}_{.jkl}$	$\overline{Y}_{.111}$	$\overline{Y}_{.112}$	$\overline{Y}_{.121}$	$\overline{Y}_{.122}$	$\overline{Y}_{.211}$	$\overline{Y}_{.212}$	$\overline{Y}_{.221}$	$\overline{Y}_{.222}$
$\overline{Y}_{.jk.}$	$\overline{Y}_{.11.}$		$\overline{Y}_{.12.}$		$\overline{Y}_{.21.}$		$\overline{Y}_{.22.}$	
$\overline{Y}_{.j..}$	$\overline{Y}_{.1..}$				$\overline{Y}_{.2..}$			
$\overline{Y}_{..k.}$	$\overline{Y}_{..1.} = \frac{\overline{Y}_{.11.} + \overline{Y}_{.21.}}{2}$; $\overline{Y}_{..2.} = \frac{\overline{Y}_{.12.} + \overline{Y}_{.22.}}{2}$							
$\overline{Y}_{...l}$	$\overline{Y}_{...1} = \frac{\overline{Y}_{.111} + \overline{Y}_{.121} + \overline{Y}_{.211} + \overline{Y}_{.221}}{4}$; $\overline{Y}_{...2} = \frac{\overline{Y}_{.112} + \overline{Y}_{.122} + \overline{Y}_{.212} + \overline{Y}_{.222}}{4}$							

위의 표는 삼요인설계에서 각 요인이 분류하는 집단들의 평균과, 두 요인이 교차하여 만들어지는 칸의 평균, 그리고 세 요인이 교차하여 만들어지는 칸의 평균을 제시한 것이다. 맨 왼편 열에는 세 개의 요인과 각 집단의 평균을 일반기호로 표시한 것이며, 오른편의 열들은 각 요인이 모두 2개의 수준을 갖고 모든 집단이 균형자료(balanced data)인 경우에 해당하는 평균들을 표기한 것이다.

식(5.17)의 삼원분산분석모형으로 각 집단의 평균모형으로 전환하면 다음과 같다.

삼요인설계에서 각 집단의 평균모형

$\mu_{j..} = \mu + \alpha_j$; $\mu_{.k.} = \mu + \beta_k$; $\mu_{..l} = \mu + \gamma_l$

$\mu_{jk.} = \mu + \alpha_j + \beta_{jk} + \alpha\beta_{jk}$; $\mu_{j.l} = \mu + \alpha_j + \gamma_l + \alpha\gamma_{jl}$; $\mu_{.kl} = \mu + \beta_k + \gamma_l + \beta\gamma_{kl}$

$\mu_{jkl} = \mu + \alpha_j + \beta_k + \gamma_l + \alpha\beta_{jk} + \alpha\gamma_{jl} + \beta\gamma_{kl} + \alpha\beta\gamma_{jkl}$

위의 모형으로부터 각 고정효과 모수를 추정하는 식을 유도할 수 있다. 예를 들면, 위의 $\mu_{j..} = \mu + \alpha_j$ 식으로부터 $\hat{\alpha}_j = \hat{\mu}_{j..} - \hat{\mu} = \overline{Y}_{.j..} - \overline{Y}_{....}$ 이 된다. 모든 주효과 모수의 추정식에 기초하여 이중 상호작용 모수의 추정식을 산출하고, 이들을 모두 이용하여 삼중 상호작용 모수의 추정식을 산출한다.

식(5.17)로 정의한 삼원분산분석모형은 종속변수의 변산이 발생하는 요인을 세 가지 주효과(즉, $\alpha_j, \beta_k, \gamma_l$), 세 가지 이중 상호작용효과 ($\alpha\beta_{jk}, \alpha\gamma_{jl}, \beta\gamma_{kl}$), 한 가지 삼중상호작용 효과 ($\alpha\beta\gamma_{jkl}$), 그리고 알려지지 않은 요인들의 효과인 오차요인(e_{ijkl})으로 정의하고 있다. 따라서 이 모든 변산원의 자유도와 자승합을 구하면 삼원분산분석표를 작성할 수 있다. 삼원분산분석표는 다음의 구조를 갖는다.

〈표 5-20〉 삼원분산분석표의 구조(고정효과 모형)

변산원	자승합	자유도	평균자승합	E(MS)	F
$(\alpha_j)A$ 요인	SSA	df_a	$MSA = \frac{SSA}{df_a}$	$\sigma_e^2 + \frac{nKL\sum_{j=1}^{J}\alpha_j^2}{df_a}$	$\frac{MSA}{MSE}$
$(\beta_k)B$ 요인	SSB	df_b	$MSB = \frac{SSB}{df_b}$	$\sigma_e^2 + \frac{nJL\sum_{k=1}^{K}\beta_k^2}{df_b}$	$\frac{MSB}{MSE}$
$(\gamma_l)C$ 요인	SSC	df_c	$MSC = \frac{SSC}{df_c}$	$\sigma_e^2 + \frac{nJK\sum_{l=1}^{L}\gamma_l^2}{df_c}$	$\frac{MSC}{MSE}$
$(\alpha\beta_{jk})AB$요인	SSAB	df_{ab}	MSAB=SSAB/df_{ab}	$\sigma_e^2 + \frac{nL\sum_{j=1}^{J}\sum_{k=1}^{K}\alpha\beta_{jk}^2}{df_{ab}}$	$\frac{MSAB}{MSE}$
$(\alpha\gamma_{jl})AC$요인	SSAC	df_{ac}	MSAC=SSAC/df_{ac}	$\sigma_e^2 + \frac{nK\sum_{j=1}^{J}\sum_{l=1}^{L}\alpha\gamma_{jl}^2}{df_{ac}}$	$\frac{MSAC}{MSE}$

변산원	자승합	자유도	평균자승합	E(MS)	F
$(\beta\gamma_{kl})$ BC요인	SSBC	df_{bc}	MSBC	$\sigma_e^2 + \frac{nJ\sum_{k=1}^{K}\sum_{l=1}^{L}\beta\gamma_{kl}^2}{df_{bc}}$	$\frac{MSBC}{MSE}$
$(\alpha\beta\gamma_{jkl})$ ABC	SSABC	df_{abc}	MSABC	$\sigma_e^2 + \frac{n\sum_{j=1}^{J}\sum_{k=1}^{K}\sum_{l=1}^{L}\alpha\beta\gamma_{jkl}^2}{df_{abc}}$	$\frac{MSAB}{MSE}$
(e_{ij})집단내	SSE	df_e	MSE=SSE/df_e	$\sigma_e^2 = MSE$	
전체	SST	N-1			

위의 삼원분산분석표의 구조는 다른 분산분석표와 마찬가지로 자승합(SS)과 자유도(df)만 결정이 되면 나머지 부분의 통계량은 모두 구할 수 있는 구조이다. 즉, 자승합과 자유도가 검정통계량 F를 구하는 충분통계량(sufficient statistics)이다.

삼원분산분석표에서 자승합은 다음과 같이 정의된다.

$$SSA = nKL\sum_{j=1}^{J}\hat{\alpha}_j^2 \;;\; SSB = nJL\sum_{k=1}^{K}\hat{\beta}_k^2 \;;\; SSC = nJK\sum_{l=1}^{L}\hat{\gamma}_l^2$$

$$SSAB = nL\sum_j^J\sum_k^K\widehat{\alpha\beta}_{jk}^2 \;;\; SSAC = nK\sum_j^J\sum_l^L\widehat{\alpha\gamma}_{jl}^2 \;;\; SSBC = nJ\sum_k^K\sum_l^L\widehat{\beta\gamma}_{kl}^2 \quad (5.19)$$

$$SSABC = n\sum_j^J\sum_k^K\sum_l^L\alpha\widehat{\beta}\gamma_{jkl}^2 \;;\; SSE = \sum_i^n\sum_j^J\sum_k^K\sum_l^L\hat{e}_{ijkl}^2$$

식(5.19)에 제시된 모수 추정식은 앞의 식(5.18)에 제시되어 있다. 예를 들어, $\hat{\alpha}_j = \overline{Y}_{.j..} - \overline{Y}_{....}$이다. 따라서

$$SSA = nKL\sum_{j=1}^{J}\hat{\alpha}_j^2 = nKL\sum_{j=1}^{J}(\overline{Y}_{.j..} - \overline{Y}_{....})^2$$

이다. 다른 자승합도 식(5.18)과 식(5.19)를 이용하여 구할 수 있다.

〈표 5-20〉에서 자유도는 고정효과 일원분산분석모형과 이원분산분석모형에서와 동일한 구조를 갖는다. 즉, 주효과 요인의 자유도는 각 각 $(J-1)$, $(K-1)$, $(L-1)$이며, 이중 상호작용의 자유도는 해당 주효과 요인 자유도의 곱으로 나타낸다. 예를 들면, AC 요인의 자유도는 $(J-1)(L-1)$이다. ABC 삼중상호작용의 자유도는 $(J-1)(K-1)(L-1)$이다.

9 다원분산분석모형과 평균자승합의 기댓값 산출방법

연구자들은 다원분산분석모형에서 다양한 영가설을 검정할 수 있으며, 연구설계에 따라 고정효과 모형, 무선효과 모형, 또는 혼합효과 모형으로 자료를 분석할 수 있다. 그러나 복잡한 분산분석모형에서는 각 요인의 효과를 검정하는 F 통계량을 정할 때, $F-$통계량의 분모를 차지하는 오차분산(error term)을 선택하는데 유의하여야 한다. 〈표 5-15〉은 이원분산분석모형에서 각 요인이 고정효과인지 무선효과인지에 따라 이론적인 평균자승합, 즉 $E(MS)$가 다르다는 것을 제시하였다. 〈표 5-15〉에 의하면, 이원분산분석모형에서 A 요인의 고정효과에 대한 영가설 $H_0 : \sum_j \alpha_j^2 = 0$, 또는 무선효과 영가설 $H_0 : \sigma_a^2 = 0$을 검정하는 F 통계량은 다음과 같이 다르게 구성된다.

$$\text{고정효과 모형: } F = \frac{\sigma_e^2 + \dfrac{nK\sum_j \alpha_j^2}{J-1}}{\sigma_e^2} = \frac{E(MSA)}{E(MSE)},\ \text{따라서 } \hat{F} = \frac{MSA}{MSE}$$

$$\text{무선효과 모형: } F = \frac{\sigma_e^2 + n\sigma_c^2 + nK\sigma_a^2}{\sigma_e^2 + n\sigma_c^2} = \frac{E(MSA)}{E(MSAB)},\ \text{따라서 } \hat{F} = \frac{MSA}{MSAB}$$

만약에 연구자가 이와 같은 원리를 무시하고, 무선효과 이원분산분석모형에서도 고정효과 모형에서처럼, A 요인의 효과를 검정하는 F 값을 $F = MSA/MSE$ 로 산출하면, F 값도 달라질뿐더러, 자유도도 다르게 되어 전혀 타당하지 않은 가설검정을 하게 된다.

F 검정통계량을 바르게 결정하는 방법은 정확한 평균자승합의 기댓값을 확인하여 각 요인의 효과를 검정하기에 적절한 오차분산(즉, F의 분모)을 결정하는 것이다. 평균자승합의 기댓값을 수리적으로 결정하는 방법은 연구자의 모형에 근거하여 이루어진다. 여기서는 고정효과 이원분산분석모형에서 $E(MSA)$를 구하는 수리적 절차만 예시하고, 그 후에 다양한 다원분산분석모형에 따른 요인별 $E(MS)$를 구하는 간편 방법을 종합적으로 제시한다.

9.1 집단평균모형에 의한 방법

수리적 절차로 $E(MS)$를 구하는 방법은 연구자의 모형에서 자승합(SS)의 기댓값을 구하고 자유도로 나누는 것이다. 예를 들어, 고정효과 이원분산분석모형에서 $E(MSA)$를 구하려면 $E(SSA)$를 다음의 식에 의하여 유도하여야 한다.

$$E(SSA) = E[nK\sum_j \hat{\alpha}_j^2] = E[nK\sum_j (\overline{Y}_{.j.} - \overline{Y}_{...})^2] \tag{5.20}$$

그 다음, $E(MSA) = E(SSA)/(J-1)$이다. 따라서 남은 과제는 식(5.20)의 $(\overline{Y_{.j.}} - \overline{Y_{...}})$의 이론적 모형을 제시하면 된다. 따라서 이 방법은 $\overline{Y}_{.j.}$, $\overline{Y}_{...}$ 등을 이론적으로 모형화 하면 되므로, 소위 집단평균모형(cell means model)을 이용하는 것이다. 우선 고정효과 이원분산분석모형은 다음과 같았다.

$$Y_{ijk} = \mu + \alpha_j + \beta_k + \alpha\beta_{jk} + e_{ijk}, \qquad e_{ijk} \sim N(0, \sigma_e^2)$$

위 모형에서 각 집단평균모형을 구하면,

$$\begin{aligned}
\overline{Y}_{...} &= \mu + \overline{\alpha}_{.} + \overline{\beta}_{.} + \overline{\alpha\beta}_{..} + \overline{e}_{...} \qquad (5.21)\\
\overline{Y_{.j.}} &= \mu + \alpha_j + \overline{\beta}_{.} + \overline{\alpha\beta}_{j.} + \overline{e_{.j.}}\\
\overline{Y}_{..k} &= \mu + \overline{\alpha}_{.} + \beta_k + \overline{\alpha\beta}_{.k} + \overline{e}_{..k}\\
\overline{Y}_{.jk} &= \mu + \alpha_j + \beta_{.k} + \alpha\beta_{jk} + \overline{e}_{.jk}
\end{aligned}$$

이다. 식 (5.21)은 이요인설계에서 모든 집단들의 평균모형을 제시한 것이며, 식(5.21)에서 식(5.20)의 $(\overline{Y}_{.j.} - \overline{Y}_{...})$에 해당하는 모형은 $\overline{Y}_{...}$와 $\overline{Y}_{.j.}$의 모형이다. 이 두 식을 식(5.20)에 대입하면,

$$E(SSA) = E[nK\sum_j(\overline{Y}_{.j.} - \overline{Y}_{...})^2]$$
$$= E[nK\sum_j(\alpha_j - \overline{\alpha}_{.} + \overline{\alpha\beta}_{j.} - \overline{\alpha\beta}_{..} + \overline{e}_{.j.} - \overline{e}_{...})^2] \quad (5.22)$$

이다. 식(5.22)는 이원분산분석모형에서 $E(SSA)$를 구하는 일반식이다. 만일 연구자의 모형이 고정효과 모형이라면, 고정효과 모형은 다음의 가정을 갖는다.

$$\sum_j \alpha_j = 0; \quad \sum_k \beta_k = 0; \quad \sum_j \alpha\beta_{jk} = 0; \quad \sum_k \alpha\beta_{jk} = 0; \quad \sum_j\sum_k \alpha\beta_{jk} = 0$$

따라서 $\overline{\alpha}_{.} = 0$; $\overline{\beta}_{.} = 0$; $\overline{\alpha\beta}_{j.} = 0$; $\overline{\alpha\beta}_{.k} = 0$이다. 또한 오차항 e_{ijk}의 평균은 0이고, 상호 독립이므로, e_{ijk}와의 곱은 항상 0이 된다. 여기서 유의할 사항은 이와 같은 원리에 따라 고정효과 이원분산분석모형에서의 $E(SSA)$는 식(5.22)에서 다음과 같이 결정된다.

$$E(SSA) = E[nK\sum_j(\overline{Y_{.j.}} - \overline{Y_{...}})^2] = E[nK\sum_j(\alpha_j + \overline{e_{.j.}} - \overline{e_{...}})^2] \quad (5.23)$$
$$= E[nK\sum_j(\alpha_j^2 + 2\alpha_j(\overline{e_{.j.}} - \overline{e_{...}}) + (\overline{e_{.j.}} - \overline{e_{...}})^2)]$$
$$= nK\sum_j E(\alpha_j^2) + nK\sum_j E(\overline{e_{.j.}} - \overline{e_{...}})^2 = nK\sum \alpha_j^2 + nK\sum_j (J-1)\sigma_e^2/JKn$$

따라서

$$E(MSA) = \frac{E(SSA)}{J-1} = \frac{nK\sum_j \alpha_j^2}{J-1} + \sigma_e^2 \quad (5.24)$$

이다. 식(5.23)에서 수리적으로 난해한 부분은 $E(\overline{e}_{.j.} - \overline{e}_{...})^2$이다. 이는 오차항의 분포가정 $e_{ijk} \sim N(0, \sigma_e^2)$에 기초하여, 다음의 기댓값을 적용하여 구한다(Searl, 1971, p. 396).

$$E(\overline{e}_{.j.}^2) = \sigma_e^2/Kn; \qquad E(\overline{e}_{.j.}\overline{e}_{..k}) = \sigma_e^2/JKn \quad (5.25)$$
$$E(\overline{e}_{.j.}\overline{e}_{...}) = E(\overline{e}_{..k}\overline{e}_{...}) = E(\overline{e}_{.jk}\overline{e}_{...}) = \sigma_e^2/JKn$$

따라서 식(5.21)에서 식(5.24)까지의 과정이 $E(MSA)$를 구하는 절차이다. 식(5.22)까지는 모든 모형에 적용되는 일반식이며 식(5.23)부터는 고정효과 이원분산분석모형의 가정이 적용된 수식이다. 아울러 식(5.21)과 식(5.25)를 이용하여 이와 동일한 방법으로 $E(SSB)$와 $E(SSAB)$를 구하면 $E(MSB)$, $E(MSAB)$ 등의 일반식도 유도할 수 있다.

9.2 분산성분의 선형조합법

분산분석모형에서 이론적인 평균자승합의 기댓값을 평균모형으로 구하는 절차는 상대적으로 지루한 작업이므로, Kirk(1995)는 분석자료가 균형자료인 경우에, 다양하고 복잡한 분산분석모형의 $E(MS)$를 구하는 간편절차를 제시하였다. 이 방법은 각 요인효과의 평균자승합을 구성하는 분산성분들이, 각 요인효과가 고정효과와 무선효과에 따라 다르게 되며, 또한 요인들이 상호 교차하는 설계인지, 아니면 위계적 설계인지에 따라 다르게 되는 것을 체계화 시킨 것이다. 이 방법에서는 우선 모든 효과를 분산의 선형조합으로 표현하므로 고정효과 모형에서도 각 요인의 효과를 분산으로 표기한다. 즉,

$$\frac{\sum_j \alpha_j^2}{J-1} = \sigma_\alpha^2; \quad \frac{\sum_k \beta_k^2}{K-1} = \sigma_\beta^2; \quad \frac{\sum_j \sum_k \alpha\beta_{jk}^2}{(J-1)(K-1)} = \sigma_{\alpha\beta}^2$$

등으로 표현하여, 모든 $E(MS)$를 분산성분의 조합으로 나타내어 무선효과 모형과 고정효과 모형을 하나의 틀에서 모두 다룬다.

분산성분의 선형조합법은 분산분석모형에서 변산원인 각 효과모수들에 대한 분산성분의 선형조합규칙만 습득하면, 모든 효과에 대한 $E(MS)$를 구할 수 있다. 이 절차는 크게 세 가지로 나뉜다. 첫째, 분산분석모형의 각 효과확인, 둘째, 효과모수별 분산성분의 행렬표의 구성, 셋째, 각 분산성분의 계수결정이다. 여기서는 고정효과, 무선효과, 그리고 혼합효과의 이원분산분석모형에서 $E(MS)$를 구하는 방법과 삼원분산분석모형에서 $E(MS)$를 구하는 방법을 소개한다. 이원분산분석모형에서 무선효과와 혼합효과 모형의 $E(MS)$를 구할 수 있으면, 삼원분산분석모형에서도 동일한 원리로 해당 모형들의 $E(MS)$를 구할 수 있다.

이원분산분석모형과 $E(MS)$:

단계1. 모형을 확인한다. 이원분산분석모형은 다음과 같았다.

$$Y_{ijk} = \mu + \alpha_j + \beta_k + \alpha\beta_{jk} + e_{i(jk)}, \qquad e_{i(jk)} \sim N(0, \sigma_e^2)$$

여기서

$$i = 1, 2, ..n; \quad j = 1, 2, ...J; \quad k = 1, 2, ...K$$

위의 식에서 $e_{i(jk)}$의 아래첨자에 괄호 ( )를 사용한 것은, i번째 개체가 jk 번째 칸에 내재하여 있다는 표현이다. 이원분산분석모형은 Y_{ijk}값의 변산이 α_j, β_k, $\alpha\beta_{jk}$, 그리고 $e_{i(jk)}$의 네 가지 효과에 의하여 결정된다는 모형이다. 여기서 α_j, β_k, $\alpha\beta_{jk}$ 효과모수들은 고정효과일 수도 있고 무선효과일 수도 있다.

단계2. 효과모수별 분산성분 행렬표를 구성한다. 이 행렬표는 (가) 모형에서의 각 효과모수 행렬, (나) 분산성분의 계수 행렬, 그리고 (다) $E(MS)$ 행렬로 구성된다.

〈표 5-21〉 이원분산분석모형의 $E(MS)$ 행렬표

(가) 효과모수	(나) i n	 j J	 k K	(다) $E(MS)$
α_j	n	$1-\frac{J}{J^*}$	K	$\sigma_e^2 + n\left(1-\frac{K}{K^*}\right)\sigma_{\alpha\beta}^2 + nK\sigma_\alpha^2$
β_k	n	J	$1-\frac{K}{K^*}$	$\sigma_e^2 + n\left(1-\frac{J}{J^*}\right)\sigma_{\alpha\beta}^2 + nJ\sigma_\beta^2$
$\alpha\beta_{jk}$	n	$1-\frac{J}{J^*}$	$1-\frac{K}{K^*}$	$\sigma_e^2 + n\sigma_{\alpha\beta}^2$
$e_{i(jk)}$	$1-\frac{n}{N}$	1	1	σ_e^2

〈표 5-21〉에서 (가), (나), (다) 행렬을 정하는 방법은 설명이 필요하다. (가)열은 이원분산분석모형의 각 효과모수를 확인한 것이다. 따라서 네 개의 행으로 효과모수가 제시되어 있다.

(나)행렬은 각 효과모수와 관련된 분산성분의 계수 행렬이다. 즉, 효과모수 α_j와 관련

된 계수행렬은 {n, $1-J/J^*$, K}이다. 여기서 '*' 표시가 있는 J^*는 모집단에서의 A요인의 사례수, 즉 집단 수, 이다. α_j가 고정효과인 경우는 $J=J^*$이다. 그러나 α_j가 무선효과인 경우, 모집단 J^*에서 J개의 처치만 표집된 경우이므로, 통상 모집단이 매우 크다면, $\lim\limits_{J^*\to\infty}\dfrac{J}{J^*}=0$이다. 다른 효과모수 β_k, $\alpha\beta_{jk}$, $e_{i(jk)}$에 대한 계수 행렬도 (나)행렬에 제시되어 있다. (나)행렬의 계수행렬은 4개의 효과모수 행과 i, j, k 3개의 아래 첨자 열로 구성되어 있다. 각 효과모수에 해당하는 계수를 정하는 방법은 관련효과의 아래첨자가 있는 열의 계수만 $(1-J/J^*)$ 또는 $(1-K/K^*)$ 등으로 표기하고, 나머지 계수들은 모두 아래첨자의 사례수를 적는다. 예를 들어, α_j의 효과와 관련된 계수는 아래첨자 j가 있는 열에 $(1-J/J^*)$로 적고, 다른 계수들은 i의 사례수인 n, k의 사례수인 K로 적는다. β_k 관련효과의 계수는 아래 첨자 k가 있는 열에 $(1-K/K^*)$로 적고, 다른 열들은 사례수를 적는다. 다만 $e_{i(jk)}$ 효과모수의 계수는 아래첨자 i, j, k가 모두 관련되는데, 아래첨자 i 열은 $(1-n/N)$가 계수가 되지만, (jk)는 내재되어 있으므로, 내재된 열은 모두 1로 적는다.

(다)행렬은 효과모수가 고정효과와 무선효과인 경우를 모두 포괄하는 $E(MS)$의 일반식을 표기한 것이다. (나)행렬에서 계수의 표기가 완성되면, (다)행렬을 완성할 수가 있다. 첫째, 각 효과모수와 관련된 분산성분을 결정한다. α_j와 관련된 분산성분은 모형에서 아래첨자 j가 있는 효과의 분산성분 들이다. α_j, $\alpha\beta_{jk}$, 그리고 $e_{i(jk)}$가 아래첨자 j를 포함하므로, 이들의 분산성분인 σ^2_α, $\sigma^2_{\alpha\beta}$, σ^2_e가 α_j와 관련된 $E(MSA)$를 구성하는 분산성분이 된다. 마찬가지로 β_k는 아래첨자 k가 포함된 β_k, $\alpha\beta_{jk}$, $e_{i(jk)}$ 효과의 분산성분인 σ^2_β, $\sigma^2_{\alpha\beta}$, σ^2_e가 $E(MSB)$를 구성하는 분산성분이 된다.

둘째, 각 분산성분의 계수를 정한다. 즉, $E(MSA)$를 구하는 경우, 분산성분은 σ^2_α, $\sigma^2_{\alpha\beta}$, σ^2_e이었다. 이들의 계수를 정하는 것이다. 이때, (나)의 계수행렬을 이용하는데, $E(MSA)$의 계수를 정하는 방법은 우선 관련 아래첨자 j가 있는 열을 가린 후에 남은 계수만 사용한다. (나)에서 아래첨자 j가 있는 열을 가리면 〈표 5-21〉의 계수행렬은 다음과 같이 된다.

〈표 5-22〉 $E(MSA)$의 계수행렬표

(가) 효과모수	(나) i n	k K	(다) $E(MS)$
α_j	n	K	$\sigma_e^2 + n\left(1-\frac{K}{K^*}\right)\sigma_{\alpha\beta}^2 + nK\sigma_\alpha^2$
β_k	n	$1-\frac{K}{K^*}$	$\sigma_e^2 + n\left(1-\frac{J}{J^*}\right)\sigma_{\alpha\beta}^2 + nJ\sigma_\beta^2$
$\alpha\beta_{jk}$	n	$1-\frac{K}{K^*}$	$\sigma_e^2 + n\sigma_{\alpha\beta}^2$
$e_{i(jk)}$	$1-\frac{n}{N}$	1	σ_e^2

〈표 5-22〉는 $E(MSA)$에서 σ_α^2, $\sigma_{\alpha\beta}^2$, σ_e^2 분산성분의 계수를 정하기 위한 (나)행렬을 보이고 있다. 여기서 σ_α^2의 계수는 관련효과인 α_j의 계수의 곱이다. 즉, nK이다. $\sigma_{\alpha\beta}^2$의 계수는 관련효과인 $\alpha\beta_{jk}$의 계수의 곱이다, 즉, $n(1-K/K^*)$이다. 끝으로 σ_e^2의 계수는 $e_{i(jk)}$의 계수의 곱이므로 $(1-n/N)(1)=(1-n/N)$이다. 이들을 함께 제시하면,

$$E(MSA) = (1-\frac{n}{N})\sigma_e^2 + n\left(1-\frac{K}{K^*}\right)\sigma_{\alpha\beta}^2 + nK\sigma_\alpha^2 \qquad (5.26)$$

가 된다.

셋째로, 마지막 단계는 식(5.26)에서 각 효과가 무선효과인지, 고정효과인지에 다라 분산성분의 계수를 결정한다. $e_{i(jk)}$는 언제나 무선효과이므로, $N\to\infty$ 이고, 1-n/N = 1이 된다. $\alpha\beta_{jk}$가 고정효과이면, $K=K^*$이므로, $(1-K/K^*)=0$이 되고, 최종적인 식은 $E(MSA)=\sigma_e^2+nK\sigma_\alpha^2$ 가 된다. 만일 α_j 나, β_k 중에 하나라도 무선효과여서, $\alpha\beta_{jk}$가 무선효과라면, $(1-K/K^*)=1$이 되므로 $E(MSA)=\sigma_e^2+n\sigma_{\alpha\beta}^2+nK\sigma_\alpha^2$가 된다.

지금까지의 절차를 반복해서 $E(MSB)$, $E(MSAB)$를 구할 수 있으며, 집단내 분산인 $E(MSE)=\sigma_e^2$로 항상 정한다.

Chapter 06

완전무선요인설계와 중다비교

1 요인설계와 중다비교법

복수집단의 평균을 비교하는 일반적인 방법으로서 중다비교법(Multiple Comparison methods)을 4장에서 설명하였다. 4장에서의 중다비교법은 단일 요인에 의하여 분류된 여러 집단들의 평균을 비교하는 방법이었다. 즉, 특정한 복수집단들 사이의 모평균에 차이가 있는지를 검정하기 위하여 확인적 중다비교법인 사전검정을 수행하거나, 일원분산분석에 의한 전반적 가설검정(omnibus hypothesis test) 이후에, 평균에 차이가 있는 집단을 탐색하기 위한 사후검정방법을 4장에서 설명하였다.

따라서 복수집단의 평균을 비교하는 방법은 개념적으로 크게 두 가지로 나눌 수 있다. 하나는 분산분석모형의 전반적 가설검정에서처럼 독립변수 요인에 의하여 분류된 집단들의 평균이 전반적으로 모두 같은지를 검정하는 것이고, 다른 하나는 중다비교법에 의하여 여러 집단들 중에서 특정한 집단들을 대비시켜 평균에 차이가 있는지를 밝히는 것이다. 이요인설계에서도 두 요인의 효과에 대한 전반적 가설검정과 각 요인에 의하여 분류된 집단들 사이의 중다비교가 가능하다.

이요인설계가 일요인설계와 차별성을 갖는 부분은 두 요인들 사이의 상호작용효과에 대한 검정이다. 이원분산분석모형에서 상호작용효과의 검정은 모든 상호작용 칸들의 평균이 같은지를 다루는 전반적 가설검정이다. 따라서 상호작용효과에 대해서도 구체적으로 어느 집단에서 차이가 있는지를 밝히는 중다비교가 가능하다. 상호작용효과와 관련된 복수집단간 평균비교는 다시 두 가지로 나누어 생각할 수 있다. 하나는 소위 단순주효과(simple main effects) 전반적 검정을 하는 것이고, 다른 하나는 단순효과(simple-effects) 중다비교를 하는 것이다. 단순주효과 검정은 한 요인의 조건을 통제한 상태에서 다른 요인집단들 사이의 평균이 전반적으로 모두 같은지를 검정하는 것이고, 단순효과 중다비교는 한 요인의 조건을 통제한 상태에서 다른 요인의 집단들 중에 구체적으로 어떤 특정 집단들을 대비시켜서 평균에 차이가 있는지 밝히는 것이다. 이요인설계는 일요인설계에 비하여 단순히 하나의 요인이 추가되는데 그치지 않고 매우 다양한 연구문제에 응답할 수 있는 토대를 마련한다. 이요인설계에서 연구자가 제기할 수 있는 다양한 복수집단간 평균을 비교하는 방법을 전체적으로 조망하기 위하여 우선 표로 요약하면 다음과 같다.

〈표 6-1〉 이요인설계에서의 전반적 영가설과 중다비교 영가설의 종류

<table>
<tr><th colspan="2">전반적 영가설
(omnibus hypotheses)</th><th>중다비교 영가설
(multiple comparison hypotheses)</th></tr>
<tr><td rowspan="2">주효과</td><td>$H_0 : \mu_{j.} = \mu_{j'.}\ (j \neq j')$
(모든 j에 대하여)</td><td>$\psi_A = \sum_j^J c_j \mu_{j.}\ \ H_0 : \psi_A = 0$</td></tr>
<tr><td>$H_0 : \mu_{.k} = \mu_{.k'}\ (k \neq k')$
(모든 k에 대하여)</td><td>$\psi_B = \sum_k^K c_k \mu_{.k}\ \ H_0 : \psi_B = 0$</td></tr>
<tr><td>상호작용효과</td><td>$H_0 : \mu_{jk} - \mu_{j.} - \mu_{.k} + \mu_{jk} = 0$
(모든 jk에 대하여)</td><td>$\psi_{AB} = \sum_j^J \sum_k^K c_{jk} \mu_{jk}\ \ H_0 : \psi_{AB} = 0$</td></tr>
<tr><td rowspan="2">단순
주효과</td><td>$H_0 : \mu_{j1} = \mu_{j'1}\ (j \neq j')$
($k = 1$일때 모든 j에 대하여)
·
·
$H_0 : \mu_{jK} = \mu_{j'K}\ (j \neq j')$
($k = K$ 일때 모든 j에 대하여)</td><td>$\psi_{A(k)} = \sum_j^J c_j \mu_{j(k)}\ \ H_0 : \psi_{A(k)} = 0$
($B = b_k$ 일 때 모든 j에 대하여)</td></tr>
<tr><td>$H_0 : \mu_{1k} = \mu_{1k'}\ (k \neq k')$
($j = 1$일때 모든 k에 대하여)
·
·
$H_0 : \mu_{Jk} = \mu_{Jk'}\ (k \neq k')$
($j = J$일때 모든 k에 대하여)</td><td>$\psi_{B(j)} = \sum_k^K c_k \mu_{(j)k}\ \ H_0 : \psi_{B(j)} = 0$
($A = a_j$ 일 때 모든 k에 대하여)</td></tr>
</table>

〈표 6-1〉에서 왼편 열에 제시된 전반적 영가설에서는 현재 장의 3절에서 설명한 주효과와 상호작용효과의 검정을 위한 영가설 이외에 단순주효과 검정을 위한 영가설이 추가되었다. 또한 전반적 영가설의 공통적인 내용은 소위 "모든 j에 대하여" 또는 "모든 k에 대하여", 그리고 "모든 jk에 대하여"라는 표현이다. 전반적 영가설을 나타내는 수식들 사이에서 드러나는 차이점은 집단평균의 아래첨자가 서로 다르다는 것이다. 따라서 집단평균의 아래첨자가 주효과, 상호작용효과, 단순주효과의 영가설에서 다르다는 점에 유의하면 전반적 영가설의 의미를 이해하기가 쉽다. 전반적 영가설은 비교대상 집단의 평균 중에서 적어도 어느 한 집단의 평균이 다른 어떤 집단평균과 다르다면 거부되는 영가설이

다. 전반적 영가설검정에 의한 결과는 구체적으로 어느 집단들 사이에 평균의 차이가 있는지에 대한 정보는 제공하지 못한다. 따라서 모든 전반적 영가설검정에 대응하여 구체적으로 평균의 차이를 보이는 집단들을 확인하기 위해서는 중다비교가 필요하다.

〈표 6-1〉의 오른편 열에는 모든 전반적 영가설에 대응하는 중다비교검정의 대비식과 영가설이 제시되어 있다. 중다비교를 위한 일반대비식은 모두 같은 형태이며, 다만 대비되는 집단평균의 아래첨자가 왼편에 대응하는 주효과검정의 집단평균 아래첨자와 같다는 것을 알 수 있다. 〈표 6-1〉에 제시된 중다비교의 방법을 보다 상세하게 설명하기 위하여 여기서는 주효과와 중다비교검정, 상호작용효과와 중다비교검정, 그리고 단순주효과와 중다비교검정으로 구분하여 제시한다.

2 주효과와 중다비교검정

이미 3절에서 상세하게 설명한 바와 같이 이요인설계자료의 분석을 위한 이원분산분석모형에서 주효과검정을 위한 영가설은 일요인설계에서의 전반적 가설검정과 동일하다. 두 개의 주효과 요인이 A와 B인 이요인설계에서 각 요인집단들 사이의 중다비교를 하는 것도 4장에 소개한 다양한 방법 및 절차와 동등하다. 4장에서 중다비교검정에 활용되는 검정통계량을 t, q, 그리고 F검정통계량의 세 가지로 제시하였다. 일요인설계의 전반적 가설검정과 이요인설계에서 주효과검정을 위한 영가설은 다음과 같다.

〈표 6-2〉 완전무선 일요인설계와 이요인설계의 주효과 가설

<table>
<tr><th></th><th>일요인 설계
(일원분산분석모형)</th><th colspan="2">이요인설계
(이원분산분석모형)</th></tr>
<tr><td rowspan="2">전반적 가설</td><td rowspan="2">$H_0 : \mu_j = \mu_{j'}$
(모든 j에 대하여)</td><td>A 요인</td><td>$H_0 : \mu_{j.} = \mu_{j'.} \quad (j \neq j')$
(모든 j에 대하여)</td></tr>
<tr><td>B 요인</td><td>$H_0 : \mu_{.k} = \mu_{.k'} \quad (k \neq k')$
(모든 k에 대하여)</td></tr>
</table>

〈표 6-2〉에 제시된 주효과 가설에 대응하는 중다비교의 검정통계량을 비교한 것이 아래의 〈표 6-3〉이다. 〈표 6-3〉을 통하여 중다비교를 위한 검정통계량의 원리는 일요인 설계와 이요인설계에서 같다는 것을 알 수 있다.

〈표 6-3〉 완전무선 일요인설계와 이요인설계의 중다비교검정통계량 비교

<table>
<tr><td colspan="2">일요인 설계</td><td>$t = \frac{\hat{\psi} - \psi}{s_{\hat{\psi}}} = \frac{\hat{\psi}}{s_{\hat{\psi}}} = \frac{\hat{\psi}}{\sqrt{MSW\left(\frac{\sum c_j^2}{n}\right)}} \sim t(df_w = J(n-1))$
$F = t^2 = \frac{\hat{\psi}^2 / \left(\frac{\sum c_j^2}{n}\right)}{MSW} = \frac{MS_\psi}{MSW} = \frac{SS_\psi}{MSW} \sim F(1, J(n-1))$
$q = \frac{\hat{\psi} - \psi}{s_{\overline{Y}}} = \frac{\hat{\psi}}{s_{\overline{Y}}} = \frac{\sum_{j=1}^{p} c_j \overline{Y_{.j}}}{\sqrt{\frac{MSW}{n}}} \sim q(J(n-1))$</td></tr>
<tr><td>이요인 설계</td><td>A요인</td><td>$t = \frac{\hat{\psi}_A}{\hat{s}_{\psi_A}} = \frac{\hat{\psi}_A}{\sqrt{MSE\left(\sum \frac{c_j^2}{nK}\right)}} \sim t(df_e = JK(n-1))$
$F = t^2 = \frac{\hat{\psi}^2 / \left(\frac{\sum c_j^2}{nK}\right)}{MSE} = \frac{MS_\psi}{MSE} = \frac{SS_\psi}{MSE} \sim F(1, JK(n-1))$
$q = \frac{\hat{\psi}_A}{\hat{s}_{\overline{Y}}} = \frac{c_j \overline{Y_{.j.}} + c_{j'} \overline{Y_{.j'.}}}{\sqrt{\frac{MSE}{nK}}} \sim q(JK(n-1))$</td></tr>
</table>

	B요인	$t = \frac{\hat{\psi}_B}{\hat{s}_{\psi_B}} = \frac{\hat{\psi}_B}{\sqrt{MSE\left(\sum \frac{c_k^2}{nJ}\right)}} \sim t(df_e = JK(n-1))$ $F = t^2 = \frac{\hat{\psi}^2 / \left(\frac{\sum c_k^2}{nJ}\right)}{MSE} = \frac{MS_\psi}{MSE} = \frac{SS_\psi}{MSE} \sim F(1, JK(n-1))$ $q = \frac{\hat{\psi}_B}{\hat{s}_{\overline{Y}}} = \frac{c_k \overline{Y}_{.k.} + c_{k'} \overline{Y}_{.k'.}}{\sqrt{\frac{MSE}{nJ}}} \sim q(JK(n-1))$

〈표 6-3〉에 제시된 이요인설계에서의 중다비교를 위한 검정통계량들은 결국 일요인설계의 경우와 두 가지 차이점만 갖는다. 한 가지 차이점은 이요인설계이기 때문에, A와 B요인에서 각각 중다비교가 가능하다. 따라서 A요인에서는 집단의 크기가 nK가 되고, B요인에서는 nJ가 된다. 둘째는 일요인설계에서의 오차항과 자유도는 일원분산분석표에서 구한 것이며, 이요인설계의 A와 B요인에서 중다비교검정통계량의 오차항과 자유도는 이원분산분석표에서의 오차항(MSE)과 자유도(df_e)를 사용한다. 이요인설계에서 주효과검정과 관련한 중다비교는 결국 일요인설계를 A와 B요인에 각각 시행하여 중다비교를 하는 것과 동일한 셈이다.

3 상호작용효과와 중다비교검정

이요인설계가 일요인설계와 특별히 다른 점은 상호작용효과를 검정할 수 있다는 것이다. 즉, 상호작용효과가 있다는 것은 한 요인의 효과가 다른 요인의 조건에 따라 다르다는 것이므로, 이 경우 중다비교검정은 구체적으로 어떤 상호작용 칸들 사이에 평균이 다른지를 밝히는 것이다. 상호작용효과 검정과 관련한 중다비교검정은 그 대상이 $J\times K$개의 집단이며, 집단의 크기가 n인 점만 고려하면 쉽게 검정통계량을 구할 수 있다. 다음은 상호작용 칸들 사이의 중다비교를 위한 검정통계량이다.

$$t=\frac{\hat{\psi}_C}{\hat{s}_{\psi_C}}=\frac{\hat{\psi}_C}{\sqrt{MSE\left(\sum_j\sum_k\frac{c_{jk}^2}{n}\right)}}\sim t(df_e=JK(n-1))$$

$$F=t^2=\frac{\hat{\psi}^2\Big/\left(\frac{\sum\sum c_{jk}^2}{n}\right)}{MSE}=\frac{MS_\psi}{MSE}=\frac{SS_\psi}{MSE}\sim F(1,JK(n-1))$$

$$q=\frac{\hat{\psi}_C}{\hat{s}_{\overline{Y}}}=\frac{c_{jk}\overline{Y_{.jk}}+c_{jk'}\overline{Y_{.jk'}}}{\sqrt{\frac{MSE}{n}}}\sim q(JK(n-1))$$

위의 검정통계량들은 결국 상호작용 칸들의 평균들 사이를 비교하는 것이다. 따라서 집단의 크기는 n이고, 오차항과 자유도는 이원분산분석표에서의 오차항과 자유도를 사용한다.

4 단순주효과와 중다비교검정

4.1 단순주효과 검정

이요인설계에서의 단순주효과 검정은 일요인설계에서의 복수집단간 평균비교를 새로 도입된 다른 요인의 조건 수 만큼 여러 번 수행하는 것이다. 예를 들어, A요인이 세 가지 교수법이고($J=3$) B요인이 두 가지 학급규모($K=2$)라면, 학급규모가 20명일 때 ($k=1$) 세 가지 교수법 집단 중에서 적어도 한 집단은 다른 집단과 평균이 다른지 전반적 가설검정을 하고, 다시 학급규모가 40명일 때 ($k=2$), 세 가지 교수법 집단 중에 어느 한 집단의 평균이 다른지를 검정하는 것은 단순주효과 검정이다. 동일한 맥락에서 각 교수법의 효과가 학급규모에 따라 다른지를 교수법별로 검정하는 것도 단순주효과 검정이다. 단순주효과 검정은 이요인설계에서 두 요인의 수준이 다수여서, 상호작용 칸이 많이 생성되는 경우에 상호작용의 내용을 보다 정교하게 드러낼 필요가 있을 때 특별히 필요하다.

이요인설계에서 단순주효과 검정의 가설과 검정통계량을 수리적으로 확인하려면 이요인설계의 구조를 다시 숙지할 필요가 있다. 다음의 [그림 6-1]은 이요인설계에 의한 자료에서 각 집단의 평균과 사례수를 표현한 것이다.

		B 요인			
		b_1	b_2	b_3	
A 요인	a_1	$\overline{Y_{.11}}$ $n=20$	$\overline{Y_{.12}}$ $n=20$	$\overline{Y_{.13}}$ $n=20$	$\overline{Y_{.1.}}$
	a_2	$\overline{Y_{.21}}$ $n=20$	$\overline{Y_{.22}}$ $n=20$	$\overline{Y_{.23}}$ $n=20$	$\overline{Y_{.2.}}$
	a_3	$\overline{Y_{.31}}$ $n=20$	$\overline{Y_{.32}}$ $n=20$	$\overline{Y_{.33}}$ $n=20$	$\overline{Y_{.3.}}$
	a_4	$\overline{Y_{.41}}$ $n=20$	$\overline{Y_{.42}}$ $n=20$	$\overline{Y_{.43}}$ $n=20$	$\overline{Y_{.4.}}$
		$\overline{Y_{..1}}$	$\overline{Y_{..2}}$	$\overline{Y_{..3}}$	$\overline{Y_{...}}$

[그림 6-1] 이요인설계의 자료구조

[그림 6-1]에서 A요인은 4개의 수준($J=4$), B요인은 3개의 수준($K=3$)이 있고, 전체적으로 $J \times K = 12$개의 상호작용 칸이 있다. 이 같은 이요인설계에서 A요인에 대한 단순주효과 분석을 하는 방법은, $B=b_k$일 때 A요인 집단간 평균비교를 하는 것이다. 다음의 그림은 $B=b_1$일 때 A요인 집단간 단순주효과 분석을 위한 자료구조를 따로 떼어서 제시한 것이다.

	b_1	
A 요인	a_1	$\overline{Y_{.11}}$ $n=20$
	a_2	$\overline{Y_{.21}}$ $n=20$
	a_3	$\overline{Y_{.31}}$ $n=20$
	a_4	$\overline{Y_{.41}}$ $n=20$
	$\overline{Y_{..1}}$	

[그림 6-2] $B=b_1$일 때 A요인의 단순주효과 검정자료

위의 그림은 B요인의 조건이 b_1으로 고정된 상태에서 A요인 효과에 대한 전반적 가설검정을 하는 자료구조이다. 이때 영가설은 다음과 같이 제시한다.

$H_0 : \mu_{11} = \mu_{21} = \mu_{31} = \mu_{41}$ 또는

$H_0 : b_1$조건에서의 $\alpha_j = 0$(모든 j에 대하여)

여기서 A요인의 $J=4$개 집단효과는 다음과 같이 정의된다.

b_1 조건에서

$\alpha_1 = \mu_{11} - \mu_{.1}$; $\alpha_2 = \mu_{21} - \mu_{.1}$; $\alpha_3 = \mu_{31} - \mu_{.1}$; $\alpha_4 = \mu_{41} - \mu_{.1}$

$\hat{\alpha}_1 = \overline{Y_{.11}} - \overline{Y_{..1}}$; $\hat{\alpha}_2 = \overline{Y_{.21}} - \overline{Y_{..1}}$; $\hat{\alpha}_3 = \overline{Y_{.31}} - \overline{Y_{..1}}$; $\hat{\alpha}_4 = \overline{Y_{.41}} - \overline{Y_{..1}}$

이와 같은 $B=b_1$ 조건에서 A 요인의 단순주효과 검정을 $B=b_2; B=b_3$ 에서도 생각할 수 있다.

마찬가지로 $A=a_j$ 조건에서의 B 요인에 대한 단순주효과 검정이 가능하다. 다음은 $A=a_2$ 일 때 B 요인에 대한 단순주효과 분석을 위한 자료를 따로 떼어서 제시한 것이다.

	B 요인			
	b_1	b_2	b_3	
a_2	$\overline{Y_{.21}}$ $n=20$	$\overline{Y_{.22}}$ $n=20$	$\overline{Y_{.23}}$ $n=20$	$\overline{Y_{.2.}}$

[그림 6-3] $A=a_2$ 일 때 B 요인의 단순주효과 검정자료

위의 그림은 A 요인의 조건이 a_2 로 고정된 상태에서 B 요인 효과에 대한 전반적 가설검정을 하는 자료구조이다. 이때 영가설은 다음과 같이 제시한다.

$H_0 : \mu_{21} = \mu_{22} = \mu_{23}$ 또는

$H_0 : a_2$ 조건에서의 $\beta_k = 0$ (모든 k 에 대하여)

또한 B 요인의 $K=3$ 개 집단효과는 다음과 같이 정의된다.

a_2 조건에서

$$\beta_1 = \mu_{21} - \mu_{2.}; \quad \beta_2 = \mu_{22} - \mu_{2.}; \quad \beta_3 = \mu_{23} - \mu_{2.}$$

$$\hat{\beta}_1 = \overline{Y_{.21}} - \overline{Y_{.2.}}; \quad \hat{\beta}_2 = \overline{Y_{.22}} - \overline{Y_{.2.}}; \quad \hat{\beta}_3 = \overline{Y_{.23}} - \overline{Y_{.2.}}$$

B 요인의 단순주효과 검정도 $A=(a_1, a_2, a_3, a_4)$ 의 모든 조건에서 생각할 수 있다.

다요인설계에서의 단순주효과 검정은 결국은 상호작용효과 검정을 보다 구체적으로 하는 것이다. 즉, 상호작용효과가 존재한다면, 단순주효과 검정은 B 요인의 어떤 조건에

서 A요인의 집단간 평균의 차이가 있는지를 알려준다. 이원분산분석 결과 상호작용효과가 존재하지 않는다면 주효과검정 결과가 유효한 것이며, 이 경우 단순주효과 검정결과는 주효과검정 결과와 일치한다. 따라서 상호작용효과가 없을 때 단순주효과 검정은 의미가 없다. 상호작용효과와 단순주효과의 이러한 관계는 개념적으로 다음과 같다.

A요인 단순주효과 = A요인 주효과 + 상호작용효과
B요인 단순주효과 = B요인 주효과 + 상호작용효과

따라서 상호작용효과는 다음과 같이 정의되며,

$$\alpha\beta_{jk} = \mu_{jk} - \mu_{j.} - \mu_{.k} + \mu_{..}$$ 이다.

A요인의 단순주효과는 다음과 같이 정리될 수 있다.

$$\mu_{jk} - \mu_{.k} = (\mu_j - \mu_{..}) + \alpha\beta_{jk} = \alpha_j + \alpha\beta_{jk}$$ = A요인 주효과 + 상호작용효과

구체적으로 각 요인의 조건에서 단순주효과의 가설을 표현하면 다음의 〈표 6-4〉와 같다.

〈표 6-4〉 단순주효과 가설의 수리적 개념

$H_0 : B = b_k$에서 $\alpha_j = 0$(모든 j에 대하여)	$H_0 : \alpha_j + \alpha\beta_{j(k)} = 0$(모든 j에 대하여)
$H_0 : B = b_1$에서 $\alpha_j = 0$(모든 j에 대하여) $H_0 : B = b_2$에서 $\alpha_j = 0$(모든 j에 대하여) · · · $H_0 : B = b_K$에서 $\alpha_j = 0$(모든 j에 대하여)	$H_0 : \alpha_j + \alpha\beta_{j(1)} = 0$(모든 j에 대하여) $H_0 : \alpha_j + \alpha\beta_{j(2)} = 0$(모든 j에 대하여) · · · $H_0 : \alpha_j + \alpha\beta_{j(K)} = 0$(모든 j에 대하여)

위의 〈표 6-4〉에서 왼편 열에 제시한 단순주효과 가설을 수리적으로 표현한 것이 오른편의 영가설이다. 오른편의 영가설에서 만일 상호작용효과 $\alpha\beta_{j(k)} = 0$이라면, 결국은 단순주효과 가설은 "$H_0 : \alpha_j = 0$(모든 j에 대하여)"라는 주효과 가설과 동일하게 된다. 결국 단순주효과 가설은 이원분산분석 결과 상호작용효과가 존재하는 경우, 이에 대한 추가적인 분석이 필요하다고 판단될 때 수행하는 것이다.

단순주효과의 이와 같은 개념은 이원분산분석모형에 의한 자승합과 자유도의 분할에서도 동일하게 적용된다. 다음은 이요인설계에서 주효과의 자승합과 단순주효과의 자승합을 예시한 것이다.

〈표 6-5〉 주효과와 단순주효과의 자승합과 자유도

주효과		단순주효과	
자승합	자유도	자승합	자유도
$SSA = nK\sum_j(\overline{Y_{.j.}} - \overline{Y_{...}})^2$	$J-1$	$SSA_{(k)} = n\sum_j(\overline{Y_{.jk}} - \overline{Y_{..k}})^2$	$J-1$
$SSB = nJ\sum_k(\overline{Y_{..k}} - \overline{Y_{...}})^2$	$K-1$	$SSB_{(j)} = n\sum_k(\overline{Y_{.jk}} - \overline{Y_{.j.}})^2$	$K-1$

위의 자승합 수식에서 유의할 사항은 단순주효과의 자승합이 주효과 부분과 상호작용효과 부분을 함께 점유하고 있다는 것이다. 즉, "단순주효과 = 주효과 + 상호작용효과"의 보다 정확한 표현은 다음과 같다.

$$\sum_k SSA_{(k)} = SSA_{(1)} + SSA_{(2)} + \,.\,.\,.\, + SSA_{(K)} = SSA + SSAB$$

$$\sum_j SSB_{(j)} = SSB_{(1)} + SSB_{(2)} + \,.\,.\,.\, + SSB_{(J)} = SSB + SSAB$$

즉, 한 요인의 단순주효과를 모두 합치면, 해당 요인의 주효과와 상호작용효과의 자승합을 합한 것과 같다. 따라서 자유도도 동일하게 분화된다. A요인의 단순주효과 자승합의 자유도는 $SSA_{(k)}$가 K개 있으므로, $K(J-1)$이다. 즉,

$$\sum_k df_{A(k)} = K(J-1) \text{ 이다.}$$

이는 SSA와 $SSAB$의 자유도를 합친 것과 같다. 즉,

$$df_A + df_{AB} = (J-1) + (J-1)(K-1) = K(J-1) \text{이다.}$$

마찬가지로

$$\sum_j SSB_{(j)} \text{의 자유도는 } J(K-1) \text{이며,}$$

$$df_B + df_{AB} = (K-1) + (J-1)(K-1) = J(K-1) \text{이다.}$$

지금까지의 내용을 종합하여 [그림 6-1] 자료의 이요인설계에서 단순주효과 분석이 이루어진 경우에 분산분석표의 자승합과 자유도의 분해를 제시하면 다음과 같다.

〈표 6-6〉 이요인설계($J=4$, $K=3$)에서 단순주효과 분석이 포함된 분산분석표

변산원	자승합	자유도	평균자승합	F
1. A	SSA	$J-1=3$	$MSA=\frac{SSA}{J-1}$	$\frac{MSA}{MSE}$
2. B	SSB	$K-1=2$	$MSB=\frac{SSB}{K-1}$	$\frac{MSB}{MSE}$
3. $A \times B$	$SSAB$	$(J-1)(K-1)=6$	$MSAB=\frac{SSAB}{(J-1)(K-1)}$	$\frac{MSAB}{MSE}$
4. $A_{(k=1)}$	$SSA_{(1)}$	$J-1=3$	$MSA_{(1)}=\frac{SSA_{(1)}}{J-1}$	$\frac{MSA_{(1)}}{MSE}$
5. $A_{(k=2)}$	$SSA_{(2)}$	$J-1=3$	$MSA_{(2)}=\frac{SSA_{(2)}}{J-1}$	$\frac{MSA_{(2)}}{MSE}$
6. $A_{(k=3)}$	$SSA_{(3)}$	$J-1=3$	$MSA_{(3)}=\frac{SSA_{(3)}}{J-1}$	$\frac{MSA_{(3)}}{MSE}$
7. $B_{(j=1)}$	$SSB_{(1)}$	$K-1=2$	$MSB_{(1)}=\frac{SSB_{(1)}}{K-1}$	$\frac{MSB_{(1)}}{MSE}$
8. $B_{(j=2)}$	$SSB_{(2)}$	$K-1=2$	$MSB_{(2)}=\frac{SSB_{(2)}}{K-1}$	$\frac{MSB_{(2)}}{MSE}$
9. $B_{(j=3)}$	$SSB_{(3)}$	$K-1=2$	$MSB_{(3)}=\frac{SSB_{(3)}}{K-1}$	$\frac{MSB_{(3)}}{MSE}$
10. $B_{(j=4)}$	$SSB_{(4)}$	$K-1=2$	$MSB_{(4)}=\frac{SSB_{(4)}}{K-1}$	$\frac{MSB_{(4)}}{MSE}$
11. 오차항	SSE	$JK(n-1)=228$	$MSE=\frac{SSE}{JK(n-1)}$	
전체	SST	$N-1=239$		

〈표 6-6〉의 분산분석표는 단순주효과 분석이 포함된 경우에 자승합과 자유도의 분할, 그리고 검정통계량의 구성을 명확하게 보여준다. 이요인설계에서 두 요인이 모두 고정효과를 갖는 경우는 주효과, 상호작용효과, 그리고 단순주효과 검정에서 모두 오차항이 MSE로 고정되어 있다.

단순주효과의 검정 결과를 해석하는 데 연구자들이 유의할 사항은, 단순주효과 가설에 대한 정확한 이해이다. 이미 〈표 6-4〉와 이전의 내용에서 단순주효과 가설의 의미를 설명한 바 있다. 이제 구체적으로 예를 들어, $B=b_2$일때의 A요인의 효과인 $A_{(2)}$의 경우에 검정통계량 $F=MSA_{(2)}/MSE > F_{.95}(3,228)$=2.11로 영가설이 기각되었다고 가정하자. 이에 대한 해석을 하려면, 기각된 영가설의 의미에 충실하여야 해석에 오류가 없다. 이 경우 단순주효과의 영가설은 다음과 같다.

$$H_0 : \mu_{j2} - \mu_{.2} = 0 \text{ (모든 j에 대하여)}$$
$$H_0 : \alpha_j + \alpha\beta_{j(2)} = 0 \text{ (모든 j에 대하여)}$$

위의 두 가지 가설은 본질적으로 동일한 내용이지만 해석의 방법은 다르다. 이 중에서 첫째 가설은 직접적인 해석이 가능하다. 즉, $A_{(2)}$의 효과가 있다는 것은 $B=b_2$인 조건에서 A요인 집단들의 평균 중에 적어도 하나는 다른 평균과 다르다. 그러나 둘째의 가설은 해석이 모호해질 수밖에 없다. 둘째의 가설을 반영하여 결과 해석을 하려면, $\alpha_j \neq 0$이거나, $\alpha\beta_{j(k)} \neq 0$이거나 또는 양쪽이 다 "0이 아니다"라는 것이다. 만약에 이요인설계에서 상호작용효과가 없다면, 영가설은 $H_0 : \alpha_j + \alpha\beta_{j(2)} = \alpha_j = 0$ 의미로 전환되어 주효과 검정의 결과와 동일하다. 즉, 상호작용효과가 없는데 단순주효과가 통계적으로 유의하였다면 결국은 주효과 분석을 반복한 셈이다. 따라서 거듭 강조하지만 상호작용효과가 없을 때 단순주효과 분석은 의미가 없다. 만약에 주효과 분석의 영가설, $H_0 : \alpha_j = 0$(모든 j에 대하여)이 유지되고 $H_0 : \alpha\beta_{jk} = 0$(모든 jk에 대하여) 가설만 기각되었다면, 위의 $H_0 : \alpha_j + \alpha\beta_{j(2)} = \alpha\beta_{j(2)} = 0$이 기각된 것과 같으며, $B=b_2$ 조건에서 A요인 집단간 평균이 다르다고 해석한다. 즉, A요인의 효과는 $B=b_2$ 조건에서 차별적으로 나타난 것이다. 또는 A요인과 B요인의 상호작용은 $B=b_2$ 일 때 유의하다고 해석할 수도 있다. 연구자는 자신의 연구주제와 맥락에 따라서 의미를 부여하면 된다. 그러나 A요인의 주효과와 상호작용효과, 그리고 단순주효과가 모두 통계적으로 유의하다면, $H_0 : \alpha_j + \alpha\beta_{j(2)} = 0$의 가설은 해석이 용이하지 않으나 가장 안전한 해석은 "$B=b_2$조건에서 A요인 집단간 평균이 다르다"는 것이다. 따라서 $H_0 : \mu_{j2} - \mu_{.2} = 0$의 가설을 해석할 때는 직접적인 서술이 바람직하며, $H_0 : \alpha_j + \alpha\beta_{j(2)} = 0$의 가설에서는 주효과 및 상호작용효과의 검정 결과를 연계한 풍부한 해석이 가능하다.

〈표 6-6〉의 분산분석표는 단순주효과 분석으로 인하여 $J+K=7$가지의 가설을 추가로 검정하는 경우이다. 즉, 단순주효과 검정을 포함하면 검정대상인 가설의 수가 많아지고, 분산분석표도 매우 커지므로, 연구자는 단순주효과 분석이 필요한지 신중하게 판단할 필요가 있다. 이요인설계에서 A요인과 B요인의 수준 수가 작다면 ($J=2, K \le 3$ 또는 $J \le 3, K=2$), 상호작용효과의 전반적 검정만으로도 상호작용의 구체적인 내용을 쉽게 파악할 수 있다. 그러나 A요인과 B요인의 수준 수가 많아지면(예: $J>3, K>3$), 단순주효과 분석은 상호작용효과를 정교하게 설명하는데 도움이 된다.

4.2 단순주효과 요인의 중다비교검정

앞에서 전반적 영가설과 중다비교 영가설의 전체적인 관계를 조망하는 내용을 〈표 6-6〉에서 제시한 바 있다. 여기서 단순주효과 검정은 상호작용효과를 더욱 구체화하는 방법이지만 여전히 "모든 j에 대하여" 또는 "모든 k에 대하여"의 표현이 들어가는 전반적 가설검정의 성격을 띠고 있다. 연구자들에게 거듭 강조하지만 각 요인에 의하여 분류된 집단의 수가 많고, 집단들 사이의 통계적 유의도 검정이 필요한 경우에 상호작용효과를 가장 정교하게 드러내는 방법은 단순주효과 분석과 더불어 중다비교를 하는 것이다. 단순주효과 분석에서 중다비교를 하는 원리는 영가설의 의미와 검정통계량의 구조 파악을 통하여 쉽게 이해할 수 있다.

단순주효과 가설의 수는 A요인에서 J개, B요인에서 K개다. 중다비교의 수는 J,

$K \geq 3$이면 무한대이므로, 연구자는 이론에 의거하여 사전검정을 할 것인지, 사후검정을 할 것인지 결정할 필요가 있다. 그러나 많은 경우에 단순주효과 검정은 상호작용효과가 발견된 이후에 사후검정을 위한 목적으로 사용된다. 사후검정인 경우에, 중다비교는 단순주효과 검정에서 통계적으로 유의한 결과가 있는 조건에서만 해당 요인집단들을 대상으로 시행하게 된다. 〈표 6-1〉에 제시한 단순주효과 검정과 대응하는 중다비교 영가설의 일반식을 이용하여, [그림 6-1]에 제시한 A요인의 수준이 $J=4$이고, B요인의 수준이 $K=3$인 이요인설계에서의 중다비교 대비식을 예시하면 다음과 같다.

〈표 6-7〉 단순주효과 검정에서의 중다비교 일반식 예시

A요인 관련 중다비교 가설 일반식: $\psi_{A(k)} = \sum_{j}^{J} c_j \mu_{j(k)} \quad H_0 : \psi_{A(k)} = 0$ $(B = b_k)$	B요인 관련 중다비교 가설 일반식: $\psi_{B(j)} = \sum_{k}^{K} c_k \mu_{(j)k} \quad H_0 : \psi_{B(j)} = 0$ $(A = a_j)$
〈$B = b_1$에서의 A요인 집단의 대비식〉 $\psi_{A1} = \sum_{j}^{J} c_j \mu_{j1} = c_1\mu_{11} + c_2\mu_{21} + c_3\mu_{31} + c_4\mu_{41}$ $\hat{\psi}_{A1} = \sum_{j}^{J} c_j \overline{Y_{j1}} = c_1 \overline{Y_{11}} + c_2 \overline{Y_{21}} + c_3 \overline{Y_{31}} + c_4 \overline{Y_{41}}$	〈$A = a_1$에서의 B요인 집단의 대비식〉 $\psi_{B1} = \sum_{k}^{K} c_k \mu_{1k} = c_1\mu_{11} + c_2\mu_{12} + c_3\mu_{13}$ $\hat{\psi}_{B1} = \sum_{k}^{K} c_k \overline{Y_{1k}} = c_1 \overline{Y_{11}} + c_2 \overline{Y_{12}} + c_3 \overline{Y_{13}}$
〈$B = b_2$에서의 A요인 집단〉 $\psi_{A2} = \sum_{j}^{J} c_j \mu_{j2} = c_1\mu_{12} + c_2\mu_{22} + c_3\mu_{32} + c_4\mu_{42}$ $\hat{\psi}_{A2} = \sum_{j}^{J} c_j \overline{Y_{j2}} = c_1 \overline{Y_{12}} + c_2 \overline{Y_{22}} + c_3 \overline{Y_{32}} + c_4 \overline{Y_{42}}$	〈$A = a_2$에서의 B요인 집단〉 $\psi_{B2} = \sum_{k}^{K} c_k \mu_{2k} = c_1\mu_{21} + c_2\mu_{22} + c_3\mu_{23}$ $\hat{\psi}_{B2} = \sum_{k}^{K} c_k \overline{Y_{2k}} = c_1 \overline{Y_{21}} + c_2 \overline{Y_{22}} + c_3 \overline{Y_{23}}$
〈$B = b_3$에서의 A요인 집단〉 $\psi_{A3} = \sum_{j}^{J} c_j \mu_{j3} = c_1\mu_{13} + c_2\mu_{23} + c_3\mu_{33} + c_4\mu_{43}$ $\hat{\psi}_{A3} = \sum_{j}^{J} c_j \overline{Y_{j3}} = c_1 \overline{Y_{13}} + c_2 \overline{Y_{23}} + c_3 \overline{Y_{33}} + c_4 \overline{Y_{43}}$	〈$A = a_3$에서의 B요인 집단〉 $\psi_{B3} = \sum_{k}^{K} c_k \mu_{3k} = c_1\mu_{31} + c_2\mu_{32} + c_3\mu_{33}$ $\hat{\psi}_{B3} = \sum_{k}^{K} c_k \overline{Y_{3k}} = c_1 \overline{Y_{31}} + c_2 \overline{Y_{32}} + c_3 \overline{Y_{33}}$
	〈$A = a_4$에서의 B요인 집단〉 $\psi_{B4} = \sum_{k}^{K} c_k \mu_{4k} = c_1\mu_{41} + c_2\mu_{42} + c_3\mu_{43}$ $\hat{\psi}_{B4} = \sum_{k}^{K} c_k \overline{Y_{4k}} = c_1 \overline{Y_{41}} + c_2 \overline{Y_{42}} + c_3 \overline{Y_{43}}$

위의 가설들은 모든 경우의 수를 포괄하여 중다비교 대비식을 제시한 것이며, 이처럼 단순주효과 요인집단인 상호작용 칸들 사이의 평균을 대비하는 것을 특별히 단순효과 대비(simple-effects contrasts)라고 한다. 연구자가 특별히 사전검정의 계획에 따라 중다비교를 한다면, 위의 표에 제시된 대비식 중에서 선택하여 사용할 수 있을 것이다. 그러나 연구자가 사후검정을 한다면, 단순주효과 검정에서 통계적으로 유의한 결과가 나온 경우만을 중다비교의 대상으로 고려하게 된다. 즉, 위의 표에서 A 요인의 단순주효과는 $K=3$개가 있고, 이 중에서 $B=b_2$에서만 단순주효과 영가설이 기각되었다면, $B=b_2$인 조건에서 A 요인의 J개 집단들 중에서 어떤 집단들 사이에 평균의 차이가 있는지를 짝비교를 통해서 검정할 수 있다. 그리고 이론적으로 연구자의 관점이 있다면 복합비교도 할 수 있을 것이다. 마찬가지로 $A=a_j$에서 B요인의 K개 집단 사이에 평균의 차이가 있다면, 구체적으로 평균의 차이를 보이는 집단을 확인하는 절차를 중다비교검정을 통하여 밝을 수 있다. 4장에 제시된 다양한 중다비교검정은 이요인설계에서도 모두 가능하며, 연구자의 의도에 따라서 독립비교(orthogonal comparison)를 수행할 수도 있을 것이다.

다음은 A 요인의 단순주효과 검정과 관련하여 $B=b_k$로 고정된 상태에서 중다비교검정을 위한 검정통계량을 제시한 것이다.

$$t=\frac{\hat{\psi}_{A(k)}}{\hat{s}_{\psi_{A(k)}}}=\frac{\hat{\psi}_{A(k)}}{\sqrt{MSE\left(\sum_j \frac{c_j^2}{n}\right)}}\sim t(df_e=JK(n-1))$$

$$F=t^2=\frac{\hat{\psi}^2_{A(k)}/\left(\frac{\sum c_j^2}{n}\right)}{MSE}=\frac{MS_\psi}{MSE}=\frac{SS_\psi}{MSE}\sim F(1,JK(n-1))$$

$$q=\frac{\hat{\psi}_{A(k)}}{\hat{s}_{\overline{Y}}}=\frac{c_j\overline{Y_{.jk}}+c_{j'}\overline{Y_{.j'k}}}{\sqrt{\frac{MSE}{n}}}\sim q(JK(n-1))$$

이와 마찬가지로 B요인의 단순주효과 검정과 관련하여 $A=a_j$로 고정된 상태에서

B요인 집단들 사이의 중다비교검정을 위한 검정통계량을 제시하면 다음과 같다.

$$t = \frac{\hat{\psi}_{B(j)}}{\hat{s}_{\psi_{B(j)}}} = \frac{\hat{\psi}_{B(j)}}{\sqrt{MSE\left(\sum_k \frac{c_k^2}{n}\right)}} \sim t(df_e = JK(n-1))$$

$$F = t^2 = \frac{\hat{\psi}_{B(j)}^2 / \left(\frac{\sum c_k^2}{n}\right)}{MSE} = \frac{MS_\psi}{MSE} = \frac{SS_\psi}{MSE} \sim F(1, JK(n-1))$$

$$q = \frac{\hat{\psi}_{B(j)}}{\hat{s}_{\overline{Y}}} = \frac{c_k \overline{Y_{.jk}} + c_{k'} \overline{Y_{.jk'}}}{\sqrt{\frac{MSE}{n}}} \sim q(JK(n-1))$$

따라서 중다비교를 위한 검정통계량에서 사용하는 통계량들은 표본의 크기가 n이고 집단 평균이 $\overline{Y_{.jk}}$ 인 각 상호작용 칸의 통계량들인 것을 알 수 있다.

단순주효과 검정과 연계된 중다비교도 4장에 소개된 바와 마찬가지로 일종오류의 증가에 대한 통제가 필요하다. 이 경우에 혼란이 오는 것은 단순주효과 검정의 수가 $J+K$ 개이고, 중다비교는 각 단순주효과 검정마다 무수히 많을 수 있다는 것이다. 이 경우의 논쟁은 대비족 일종오류, $\alpha_\Sigma \le \sum \alpha_k$, 또는 $\alpha^* \le 1-(1-\alpha)^K$의 크기를 결정하는 것에 있다. 이요인설계에서 전반적 가설검정에 적용된 일종오류가 $\alpha = .05$였다면, A, B, 그리고 $A \times B$ 상호작용에 적용된 일종오류의 합은 α_Σ이다. 이는 단순주효과의 자승합이 주효과와 상호작용효과의 부분을 공유하고 있고, 단순주효과검정이 동일 자료를 $J+K$ 번 반복 분석함으로써 증가하는 일종오류는 결국 주효과와 상호작용효과에서의 일종오류를 합친 것과 같다는 논리이다. 따라서 A, B, 그리고 $A \times B$ 상호작용에 적용된 일종오류의 합인 $\alpha_\Sigma = .05 + .05 + .05 = .15$을 대비족 일종오류로 한다(Kirk, 1995). 대비족 일종오류를 정하면, 각 중다비교를 위한 일종오류를 정한 후, 방법으로 Kirk(1995)은 두 가지를 방법을 소개한다. 하나는 Scheffé의 방법이다.

Scheffé의 중다비교 임계값 = $v_1 F_{1-\alpha}(v_1, v_2)$

Scheffé의 임계값에서 α는 전반적 가설검정의 일종오류를 사용하므로, 각 단순주효과의 일종오류는 $\alpha_\Sigma/(J+K)$이다. 예시자료에 의하면 $.15/(4+3)=.0214$가 단순주효과 전반적 가설검정의 일종오류이다. 따라서 〈표 6-6〉의 분산분석표에서 단순주효과 $A_{(2)}$가 거부된 후, Scheffé 방법으로 중다비교를 한다면, 가설검정의 임계값과 의사결정은 다음과 같이 이루어진다.

만일

$\frac{MSA_{(2)}}{MSE} > (J-1)F_{(1-.0214)}(J-1, JK(n-1)) = 3F_{(1-.0214)}(3,228) = 3.53\times 3 = 10.59$이면,

i번째 대비가설 $H_0 : \psi_{iA(2)} = 0$는 거부된다.

대비족의 일종오류를 결정하는 또 다른 방법은 동시적 가설검정(simultaneous test procedure; STP)을 하는 것이다. 이 경우는 주효과 요인에 의한 집단의 수가 크지 않을 때 특히 유리하다는 점에서, 연구자가 사용하는 자료의 성격에 따라 고려되는 한계가 있다. STP에 의한 임계값은 Scheffé 의 방법과 유사하므로, 연구자들은 둘 중에 유리한 방법을 사용하면 된다. STP에 의한 임계값은 다음과 같이 정한다(Gabriel, 1969).

동시적 가설검정의 임계값: $v_1 F_{\alpha_\Sigma}(v_1, v_2)/v_3$

여기서, $v_1 = (J-1)+(K-1)+(J-1)(K-1)$

$v_2 = JK(n-1)$

$v_3 = J-1$ 또는 $K-1$

여기서 v_1은 A요인과 B요인의 주효과와 상호작용효과의 자유도를 합친 것이며, v_2

는 오차항의 자유도이고, v_3는 $MSA_{(k)}$ 또는 $MSB_{(j)}$의 자유도이다. α_Σ는 A요인과 B요인의 주효과와 상호작용효과의 일종오류를 합친 것이므로 $\alpha_\Sigma = .15$이다. Scheffé방법의 경우와 동일한 경우로 〈표 6-6〉의 $A_{(2)}$에 대한 중다비교에서 동시가설검정의 임계값을 산출하면 다음과 같다.

$$v_1 F_{\alpha_\Sigma}(v_1, v_2)/v_3 = 11F_{.85}(11, 228)/3 = 11 \times 1.49/3 = 5.46$$

따라서 대체로 동시가설검정의 임계값이 Scheffé의 임계값보다 작으며, 가설검정력을 더 높인다고 할 수 있다.

5 요인설계와 경향분석

완전무선설계에서의 독립변수는 모두 집단을 구분하는 요인이다. 그러나 경우에 따라서는 독립변수가 단순히 집단을 구분하는 기능을 넘어서 양적인 변수일 수가 있다. 예를 들어, 중학생의 사교육비가 학년에 따라 차이가 있는지를 밝히는 연구라면, 연구자의 독립변수가 학년이고 종속변수는 사교육비이다. 이 경우, 연구자는 학년이 증가함에 따라 사교육비가 선형적으로 증가하는지, 아니면 이차함수처럼 급격히 증가하는지 관심을 가질 수 있다. 즉, 독립변수가 양적변수인 경우에 집단간 종속변수 평균의 차이는 곧 종속변수의 경향성이기 때문이다. 완전무선설계에서 독립변수가 양적 변수인 경우는 학년, 연령, 소득, 성취수준, 학력, 경력, 처치기간, 시약의 투척량 처럼 매우 다양하다.

독립변수가 양적인 변수인 경우에 독립변수의 양이 증가함에 따라 종속변수가 어떤 경향성을 갖는지 검정하는 절차를 경향분석(trends analysis)이라고 한다. 일요인설계에서의 경향분석은 4장에서 설명하였다. 이요인설계에서의 경향분석은 일요인설계에서의 경향분석과 본질적으로 동일하다. 그러나 요인이 하나 추가됨에 따라 각 요인의 주효과에 대한 경향분석이 가능하며, 아울러 상호작용효과를 더 상세화하는 경향분석도 가능하다.

일요인설계에서와 마찬가지로, 경향분석은 사전검정일 수도 있으며, 사후검정일 수도 있다. 즉, 독립변수가 양적변수인 경우에 전반적 영가설이 기각되었다면, 이는 독립변수로 분류된 J개 또는 K개 집단의 평균들 사이에 어떠한 경향성이 있다는 증거이다. 한 걸음 더 나아가, 경향성을 선형성, 비선형성 등으로 더 상세하게 밝히고, 종속변수의 변산에서 각 경향성이 차지하는 비중을 밝히는 방법으로 직교경향분석이 있다. 이요인설계에서 직교경향분석은 A와 B요인이 모두 양적변수인 경우, 둘 중 한 요인만 양적변수인 경우, 양적변수가 있는 요인설계에서 상호작용효과가 있는 경우에 모두 가능하다.

5.1 이요인설계와 경향성 유무 검정

이요인설계에서 독립변수가 양적변수이면, 전반적 가설검정의 결과가 곧 경향성의 존재 여부를 검정하는 것이다. 따라서 각 요인이 양적변수인 경우, 다음의 전반적 영가설과 검정통계량이 경향성의 유무를 검정한다.

▌A요인이 양적변수인 경우 경향성 유무 검정:

$H_0 : \mu_{1.} = \mu_{2.} = . . . = \mu_{J.}$ (모든 j에 대하여) $\qquad F_A = \dfrac{MSA}{MSE}$

▌B요인이 양적변수인 경우 경향성 유무 검정

$H_0 : \mu_{.1} = \mu_{.2} = . . . = \mu_{.K}$ (모든 k에 대하여) $\qquad F_B = \dfrac{MSB}{MSE}$

▌$A \times B$ 상호작용에서 경향성 유무 검정

$H_0 : \mu_{jk} - \mu_{j.} - \mu_{.k} + \mu_{..} = 0$ (모든 jk에 대하여) $\qquad F_{AB} = \dfrac{MSAB}{MSE}$

따라서 이요인설계의 자료를 이원분산분석모형에 의하여 전반적 가설검정을 하는 결과, 영가설을 기각하였다면, 그 요인집단들의 평균에는 어떤 경향성이 존재하는 것이다. 연구자에게 남은 과제는 경향성의 내용을 밝히는 일이다. 즉, 독립변수의 양이 증가함에 따라 종속변수의 평균이 직선적으로 증가 또는 감소를 하는 것인지, 곡선으로 변화를 하는지, 어떤 곡선관계를 갖는지 4장의 [그림 4-2]처럼 밝힐 필요가 있다. 특히 어느 한 요인이 양적변수이면, 상호작용에서도 경향성이 발견될 수 있다.

5.2 두 요인이 모두 양적변수인 이요인설계와 경향성 검정

이요인설계에서 독립변수인 A요인과 B요인이 모두 양적변수라면 연구자는 A요인과 B요인의 효과에 대한 전반적 가설검정에 의하여 경향성의 유무를 확인할 수 있다. 전반적 영가설이 기각되었다면, 그 다음 단계는 어떤 경향성을 갖는지 밝히는 것이다. 연구자가 유의할 사항은 $A \times B$ 상호작용효과에 대한 전반적 영가설의 기각 여부이다. 만일 $A \times B$ 상호작용효과의 영가설이 거부되지 않았다면, 연구자의 경향분석은 주효과에 의한 경향분석에 머문다. 그러나 $A \times B$ 상호작용의 영가설이 기각되었다면, 연구자는 A요인과 B요인에 의한 경향성들이 상호작용을 갖는다는 증거이므로, 두 요인에 의한 경향성들끼리의 상호작용도 밝힐 수 있다. 다음의 〈표 6-8〉은 이요인설계에서 모든 주효과의 영가설과 상호작용효과의 영가설이 기각된 경우에, 주효과에 의한 경향성들의 상호작용효과와 자유도의 분할을 예시한 것이다.

〈표 6-8〉 두 요인이 모두 양적변수인 이요인설계에서, 두 요인의 주효과 및 상호작용효과의 경향성과 자유도 분할($J=4$; $K=3$)

변산원	자유도	변산원	자유도
A요인	$J-1=3$	AB 상호작용	$(J-1)(K-1)=6$
Linear 1	1	Linear x Linear	1
Quadratic	1	Linear x Quadratic	1
잔차	1	Quadratic x Linear	1
B요인	$K-1=2$	Quadratic x Quadratic	1
Linear	1	잔차	2
Quadratic	1		

〈표 6-8〉은 집단간 변산(SSBG)의 전체 자유도가 분할되는 맥락을 보여준다. 즉, 집단간 변산의 전체 자유도는 $(J-1)+(K-1)+(J-1)(K-1)=JK-1$이다. 자유도란 독립적인 정보개체의 수라고 개념적으로 정의한 바와 같이 자유도가 $JK-1$개 있고, 두 주효과 요인과 상호작용 요인이 모두 양적변수이고 전반적 영가설이 모두 기각되었다면, 집단간 변산은 $JK-1$개의 상호독립적인 경향성으로 분해될 수 있다는 것이다. 〈표 6-8〉에서 A요인의 경향성 중에 잔차경향성은 추가적인 경향성이 통계적으로 유의하지 않거나, 연구자의 연구관심 밖일 경우이다. 이미 4장에서 설명한 바와 같이 Linear 경향성은 직선적 관계, 또는 선형관계를 의미하고, Quadratic 경향성은 2차 함수적 관계를 의미한다. 두 가지 경향성은 각 요인에 의하여 분류된 집단들의 평균을 평면좌표에 그림으로 나타내보면 이해하기 쉽다. 즉, X축=A요인 축, Y축 = 종속변수 축으로 하는 좌표에 A요인 효과의 경향성을 나타낼 수 있으며, 같은 방법으로 X축 =B요인 축, Y축 = 종속변수 축으로 하여 B요인 효과의 경향성을 서술할 수 있다.

그러나 AB 상호작용효과에서 나타난 경향성들끼리의 상호작용은 평면좌표에 그림으로 그릴 수도 없으며, 분산분석표를 보고 직접 해석하기는 더 어렵다. 이 경우는 삼차원의 좌표에 그림으로 나타내어 서술하는 것이 최선이다. 즉, X축 =A요인 축, Z축 =B요인 축, Y축 = 종속변수 축으로 하는 삼차원 좌표에 두 요인이 교차하는 칸의 평균을 나타내는 것이다. 〈표 6-8〉의 경우는 A요인과 B요인이 교차하여 만들어지는 상호작용 칸이 $J\times K=12$ 이므로, 12개의 평균점이 존재한다. 이 평균점들의 삼차원 좌표상의 위치는 $(X=a_j, Z=b_k, Y=\overline{Y_{jk}})$이다. 이 지점들을 삼차원의 좌표에 표식하여 선으로 연결하면 곡선적 평면의 그림을 공간에 나타낼 수 있다. 다음의 [그림 6-4]는 A와 B요인 효과의 경향성이 상호작용한 결과를 그림으로 예시한 것이다.

Chapter 07

무선구획설계와 반복측정설계 : 이원분산분석

1 개요

실험연구에서나 조사연구에서나 독립변수의 효과가 분명히 존재함에도 영가설을 거부하지 못하는 확률을 줄여야 한다. 즉, 이종오류를 줄이고 통계적 검정력을 높여야 한다. 실험연구는 실험설계에 따라 통계적 검정력이 다르게 된다. 실험설계를 잘하면 통계적 검정력을 높일 뿐만 아니라, 연구의 내적타당도도 높일 수 있다. 이 장에서 설명하는 무선구획설계(randomized block design; RB-Design)와 일반화 무선구획설계(generalized randomized block design; GRB-Design)는 실험설계의 기법 중에서 연구자들이 가장 보편적으로 활용하는 설계이며, 오차분산의 크기를 줄여서, 처치의 효과를 증명할 확률을 높이는데 유용한 실험설계이다.

인간의 행동, 질병, 생태환경 등, 과학이 탐구하는 많은 현상들은 다양한 요인들의 영향을 받는다. 즉, 다양한 혼재변수(confounding variable)나 잡음변수(nuisance variable)등이 종속변수에 영향을 미칠 수 있으며, 실험집단간 종속변수 분포의 차이가 처치(독립변수)의 효과가 아니라, 혼재변수나 잡음변수의 불균형 분포로 발생한 것일 수도 있다. 또한 혼재변수나 잡음변수들은 연구자에게 알려진 것도 있으며, 알려지지 않은 불특정 다수의 변수들일 수도 있다. 만일 혼재변수가 연구자에게 알려진 경우라면, 무선구획설계는 혼재변수를 구획변수(blocking variable)로 활용하여, 실험집단간 혼재변수의 분포를 동등하게 한다. 한 걸음 나아가, 불특정 다수의 혼재변수 분포를 실험집단들 사이에 동등하게 하는 방법은 관찰대상(subject)을 각 실험집단에서 모두 반복측정하는 것이다. 즉, 동일한 개체의 종속변수 값을 모든 실험집단에서 확보하여, 실험집단간에 차이가 있는지 비교한다. 반복측정설계가 이루어지면, 동일한 개체들이 모든 실험집단에서 관찰되므로, 종속변수의 사전동등성이 높은 수준에서 확보된다. 이 경우, 관찰대상은 구획변수 역할을 하는 셈이다. 따라서 일요인 무선구획설계는 반복측정설계와 수학적으로 동일하다. 무선구획설계와 반복측정설계는 연구자가 구획변수를 생성하거나, 관찰대상을 반복측정하는 실험적 통제(experimental control)기법이 적용되는 설계이다. 실험적 통제는 크게 세 가지로 분류된다.

1. 종속변수와 높은 상관을 갖는 변수가 있으면, 그 변수의 값을 고정시킨 상태에서 자료를 수집한다. 예를 들어, 남녀의 성이 종속변수와 높은 상관이 있는 잡음변수라면, 남자 또는 여자만을 연구대상으로 정하여 모든 비교대상 집단에서 性을 같게 하는 것이다. 즉 性변수를 상수화한다. 연령이나 학년이 종속변수와 상관이 높은 잡음변수라면, 동갑내기나 동일 학년의 학생들만 연구대상으로 정한다. 이처럼 잡음변수를 상수화하는 전략은 실험적 통제의 한 방법이다.
2. 실험개체들을 처치집단들에 무선으로 배치하여 모든 불특정 다수의 잡음변수들이 처치집단들에 확률적으로 동등하게 분포하도록 한다. 실험개체들을 무선으로 배치한 이후에 집단간에 존재하는 잡음변수 분포의 차이는 우연에 의한 것이며, 이 같은 우연은 확률로 가설검정에 반영된다.
3. 연구자에게 잘 알려진 잡음변수를 독립변수처럼 요인으로 포함하여 실험설계를 하며, 자료분석 과정에서 잡음변수의 효과를 분리해 낸다.

실험연구를 하는 연구자들은 대체로 위의 세 가지 실험설계 기법을 모두 사용한다. 위에서 첫째의 경우는 연구자가 인위적으로 실험개체를 선정하는 것이고, 둘째는 무선으로 집단에 배치하는 것이고, 셋째는 잡음변수의 값에 따라서 대응을 시키거나 구획화(blocking)하는 것이다.

실험설계는 사전동등성을 더 많이 확보할수록 좋은 설계이라고 할 수 있으며, 무선구획설계는 완전무선설계보다 사전동등성을 더 잘 확보하는 설계이므로 더 양호한 실험설계이다. 다음은 무선구획설계의 한 예를 나타낸 것이다.

		처치변수		
		처치 1	처치 2	처치 3
구획	1	s_{11}	s_{12}	s_{13}
	2	s_{21}	s_{22}	s_{23}
	3	s_{31}	s_{32}	s_{33}
	4	s_{41}	s_{42}	s_{43}
	5	s_{51}	s_{52}	s_{53}
	6	s_{61}	s_{62}	s_{63}

[그림 7-1] 무선구획 설계의 예

위의 설계는 겉으로 보기에 처치변수와 구획변수의 두 개 요인에 의한 설계이다. 그러나 위의 설계가 이요인 완전무선설계와 다른 점은 한 요인이 구획변수로서 연구자가 임의로 생성한 변수라는 점이다. 구획변수는 종속변수의 분포와 높은 상관이 있는 잡음변수를 대상으로 하며, 연구자는 해당 잡음변수의 분포를 처치집단들 사이에 인위적으로 동등하게 배치한다. 연구자는 구획변수를 활용함으로써 적어도 하나의 핵심 잡음변수의 분포가 처치집단들 사이에 동등하다는 것을 확보할 수 있다. 아울러 다른 혼재변수나 잡음변수들의 분포는 무선배치에 의하여 우연에 의한 차이만 있을뿐 확률적으로는 집단간 분포가 동등하다고 본다. 3장과 5장에서 설명한 완전무선설계는 모든 실험개체 또는 처치를 무선배치함으로써 혼재변수나 잡음변수들의 분포가 우연에 의하여 차이가 발생할 수 있다. 그러니 무선구획설계는 구획 내에서는 모든 처치집단의 실험개체들이 동일하거나 유사한 구획변수의 값을 갖도록 설계함으로써, 처치집단간 구획변수의 분포에 대하여는 우연에 의한 차이마저도 없애는 설계방법이다.

예를 들어, 교수법의 학업성취도에 대한 효과를 검정하는 실험이라면, 사전성취도를 조사하여, 사전성취도가 같은 학생들끼리 구획을 만드는 것이다. 위의 그림에서처럼 세 개의 처치를 비교할 계획이고, 실험 참가자가 18명이라면, 사전성취도의 서열에 따라 {1등, 2등, 3등}{4등, 5등, 6등}... {16등, 17등, 18등}과 같이 세 명씩 여섯 구획을 만든 후에, 동일한 구획내에서 3명의 학생을 각 처치집단에 무선배치하는 작업을 구획마다 반복하면, 구획내에서는 학생들의 사전성취도가 유사하고, 구획간에는 격차가 있는 설계가 된다. 즉, 구획간 격차가 크다는 것은 구획변수의 효과가 커서, 결국은 전체 변산(SST) 중에서 구획변수가 차지하는 변산(SSBLK)이 크기 때문에 오차요인의 변산(SSE)을 작게하는 효과를 가져오게 된다. 오차변산(SSE)이 작으면 오차분산(MSE)도 작을 것이므로, 검정통계량 $F = MSA/MSE$의 값은 커진다.

무선구획설계는 일종의 반복측정설계이기도 하다. 보다 정확히는 일요인 반복측정설계는 곧 무선구획설계의 특수한 형태이다. 그 어느 설계이든 처치의 시행 이전에 실험단위들의 집단간 분포의 사전동등성을 확보하는 것이 관건이다. 반복측정설계는 동일한 실험개체를 각 처치조건에서 반복측정하여 처치의 효과를 검정하는 설계이다. 다음의 설계는 일요인 반복측정설계의 한 예를 제시한 것이다.

		처치변수		
		처치 1	처치 2	처치 3
실험 단위	학생1	s_{11}	s_{12}	s_{13}
	학생2	s_{21}	s_{22}	s_{23}
	학생3	s_{31}	s_{32}	s_{33}
	학생4	s_{41}	s_{42}	s_{43}
	학생5	s_{51}	s_{52}	s_{53}
	학생6	s_{61}	s_{62}	s_{63}
	학생7	s_{71}	s_{72}	s_{73}
	학생8	s_{81}	s_{82}	s_{83}
	학생9	s_{91}	s_{92}	s_{93}
	학생10	s_{101}	s_{102}	s_{103}

[그림 7-2] 일요인 반복측정설계의 예

위의 그림은 10명의 학생을 세 가지 처치조건에서 모두 측정하는 설계이다. [그림 7-2]는 앞에서 제시한 [그림 7-1]과 통계학적 관점에서는 서로 동일한 설계이다. 이 설계는 결국 동일한 학생이 구획(block)의 기능을 하는 설계이다. 또한, 세 가지 처치집단에서의 표본은 동일한 학생들이므로, 이들은 처치조건 이외에는 연구자가 알지 못하는 수 많은 혼재변수와 잡음변수들의 분포가 세 집단에서 동등하다고 할 수 있는 것이다. 반복측정설계는 모든 처치집단에서 표본이 동일하므로, 집단간의 사전동등성이 가장 확실하게 확보되는 설계이기도 하다. 다만 처치의 시행순서에 따라 기억효과나 피로효과가 작용할 수도 있으며, 처치의 특성에 따라 다른 잡음변수가 개입될 여지는 여전히 있다. 일요인 반복측정설계에서는 무선구획설계와 마찬가지로, 개인내에서의 변산(구획내 변산)은 작고, 개인간 변산(구획간 변산)은 크게 되므로, 전체 자승합에서 구획간 변산을 분리하면, 오차변산이 작아지는 효과가 있다.

무선구획설계를 사용하는 경우는 매우 빈번하다. 결혼한 부부를 비교하거나, 형제, 쌍둥이를 비교하는 연구들은 모두 많은 특성이 유사한 실험단위를 구획으로 활용하는 경우이다. 유전인자를 많이 공유하거나, 생활을 공유하는 개체들을 짝지어 표집하고, 이들을 각 처치집단에 무선배치하는 설계는 곧 무선구획설계이다.

무선구획설계나 일요인 반복측정설계는 모두 처치변수와 구획변수의 두 개의 요인이 작용하는 설계이므로, 이들 설계에 의하여 수집된 자료는 모두 이요인 분산분석모형에 의하여 분석이 가능하다. 특징적인 것은 여기서 구획변수가 무선효과를 갖는다는 것이다. 즉, 구획변수는 연구자가 임의로 생성한 것이므로 연구자에 따라 다를 수 있고, 구체적인 각 구획의 효과에 대해서는 관심이 없다. 반복측정설계에서도 반복측정대상인 실험단위들이 표본이므로 무선효과를 갖는다.

2 무선구획설계방법

무선구획설계(Randomized Block Design)방법은 구획변수를 생성하여 활용한다는 점에서 이전의 완전무선설계방법과는 그 절차가 다르다. 무선구획설계는 일요인 완전무선설계에서 J개 집단간 사전동등성을 더 확고하게 하는 설계이다. 연구자가 종속변수와 높은 상관을 갖는 혼재변수 또는 잡음변수를 알고 있고, 이 변수를 처치 시행 이전에 확보할 수 있다면 무선구획설계는 가능하다. 여기서는 구체적인 무선구획설계 절차로서 사전에 구획변수를 확보하여 사용하는 경우와, 실험단위(예: 실험참여자)를 반복측정함으로써 실험단위가 구획기능을 하는 두 개의 사례를 제시한다.

무선구획설계방법

연구자가 관심이 있는 처치의 조건이 J개 있다고 가정한다. J개 집단간 종속변수의 평균을 비교하는 무선구획설계의 방법은 다음과 같다.

① 실험단위 확보: 실험에 참가할 Jn명의 실험단위(실험대상 개체)를 확보한다.

② 구획변수 생성: 연구자가 선택한 잡음변수의 분포에 의하여 n개의 동질적인 구획을 만들되, 각 구획에는 J명이 포함된다. 만약에 $J=3$이고, $n=10$이면, 전체 실험참가자 수는 $Jn=3\times10=30$명이고, $n=10$개의 구획이 만들어지며, 각 구획은 3명으로 구성된다.

③ 무선배치: 각 구획에 속한 J명을 J개의 처치조건에 무선배치한다. 동일한 무선배치 작업을 첫째 구획, 둘째 구획, ... n번째 구획까지 반복한다.

④ 처치시행: n개의 구획별로 각 처치집단에 무선배치가 이루어지면, 각 처치집단에는 n명이 속한다. 연구자는 계획한 처치를 일정기간 동안 J개 집단에 각각 시행한다. 이때의 처치기간은 처치의 효과가 충분히 드러나도록 결정하여야 한다.

⑤ 자료관찰: 처치가 종결되면 종속변수를 관찰한 자료를 수집한다. 즉, 처치시행 결과를 반영하는 자료를 수집한다.

⑥ 자료분석: 처치변수와 구획변수를 두 개의 요인으로 고려하는, 이요인 혼합효과 분산분석모형에 의하여 수집된 자료를 분석한다. 이때, 구획변수는 무선효과를 가지며, 처치변수는 고정효과를 갖는다. 또한 무선구획설계에서의 영가설은 이요인 혼합효과 분산분석모형이 검정하는 가설과 같다. A요인이 처치이고, B요인이 구획이라면, $H_0:\sum_j \alpha_j^2=0$의 가설을 검정한다.

구획변수의 효과는 $H_0:\sigma_\pi^2=0$처럼 무선효과 영가설로 검정한다. 그러나 구획변수는 연구자가 실험의 목적을 성취하기 위하여 도구적으로 도입한 변수이기 때문에 그 효과를 검정하는 것은 연구자에게 중요하지 않다.

위의 무선구획설계 방법이 기존의 완전무선설계와 다른 점은, 연구자가 구획변수를 생성하는 부분이다. 또한, 위의 실험절차는 ② 구획변수를 생성하고, ③ 구획내에서 무선배치를 하는 점만 완전무선설계와 다르며, 다른 절차는 동일하다. 만약에 연구자가 세 가지 수학교수법의 학업성취도 효과를 비교하려는 실험을 할 계획이고, 실험에 참가하는 학생들이 36명이었으며, 이들의 사전 수학성취도 정보를 구할 수 있다면, 36명의 학생을 사전 수학성취도 점수에 따라 서열을 정한 후에 구획1={1등, 2등, 3등}, 구획2={4등, 5등, 6등}, ... , 구획12={34등, 35등, 36등}으로 12개의 구획을 만들면, 각 구획은 $J=3$명의 학생으로 구성이 된다. 구획을 완성한 다음에, 구획1에서 3명의 학생을 $J=3$인 교수법

집단에 각 1명씩 무선배치하고, 다음에 구획2에서 3명을 무선배치하는 등의 작업을 전체 12개 구획에서 모두 하면, 무선배치 작업은 완료된다. 이후 처치를 시행하고 자료를 수집하여 분석하면, 무선구획설계에 의한 실험이 완료된다.

반복측정설계에서 실험을 설계하는 과정은 위에 제시한 무선구획설계 절차와는 다르나, 실험단위를 구획으로 이해하면 통계적 속성은 동일하다. 즉, 통계적 검정력을 높이기 위하여 구획변수를 활용하는 전략과, 자료분석에 사용하는 통계모형이 동일하다. 반복측정설계는 연구자의 창의적인 아이디어와 연구맥락에 따라 다양할 수 있다. 다음은 반복측정설계의 예이다.

일요인 반복측정설계절차: 무선구획설계

마취학을 전공하는 연구자가, 새로 개발된 마취제와 기존의 마취제의 효과를 비교하기 위하여, 쥐를 대상으로 실험을 하였다. 이 연구자는 쥐의 건강상태, 유전적 차이가 다를 수 있으므로, 반복측정설계를 다음과 같이 계획하였다.

① 처치의 결정: 연구자는 시험용 마취제와 기존 마취제의 효과를 비교한다.
② 분석대상의 확보: 건강한 실험쥐 15마리를 확보한다.
③ 처치의 시행: 시험용 마취제 일정량을 15마리의 실험쥐에게 투여한 이후에, 마취가 지속되는 시간을 측정한다. 모든 실험쥐들이 마취에서 깨어난 이후, 하루가 지난 뒤에 기존의 마취제로 15마리의 쥐를 동일한 방법으로 마취하고, 마취가 지속되는 시간을 측정한다.
④ 마취가 지속된 시간을 종속변수로 하여, 두 가지 마취제 사이에 평균의 차이가 있는지를 혼합효과 이원분산분석으로 분석한다.

위의 반복측정설계는 단요인의 효과를 검정하기 위한 것이며, 수집된 자료는 처치집단이 둘인 점만 제외하면 [그림 7-2]와 동일한 자료구조를 갖는다. 이 실험에서는 동일한 실험쥐들이 두 개의 처치집단에 속하므로, 두 처치집단은 동등집단이라고 할 수 있다. 즉, 두 집단은 실험쥐의 연령, 건강상태, 유전인자, 성장배경 등 모든 변수들이 동일한 셈이다. 따라서 처치의 효과를 인과관계로 해석하는데 강력한 설계이다. 이처럼 반복측정설계는 실험단위 자체가 구획으로 기능을 한다. 즉, 각 구획(각 실험쥐) 내에서 모든 처치의 효과가 비교되는 구조이다.

실험설계의 목적은 실험적 통제 행위로 인과관계 추론을 위한 조건을 확보하고, 동시에 통계적 검정력이 높은 방법을 탐구하는 데 있다. 무선구획설계에서는 구획변수를 활용하므로써, 처치집단간의 사전 동등성을 높여 처치의 효과에 대한 인과관계 추론의 내적 타당도를 높일 뿐만 아니라, 구획변수의 효과로 오차분산의 크기를 줄임으로써 통계적 검정력을 높인다. 이 같은 무선구획설계의 장점을 얻기 위해서는 구획변수를 조작하는 방법에 익숙할 필요가 있다. 구획변수는 연구자의 연구맥락에 따라 다를 수 있으나 대체로 다음의 방법으로 구성한다.

구획변수의 선정과 조작방법

① 종속변수와 높은 상관을 갖는 잡음변수로서 사전에 확보 가능한 변수가 구획변수가 될 수 있다. 이 잡음변수 값의 빈도분포를 내림차순 혹은 오름차순으로 정리한 후에 점수 또는 순위가 근접한 실험단위(개체)들을 구획으로 묶는 방법이다. 이 방법은 유사한 실험개체들을 처치집단에 배치시키므로, 유사개체 묶음(subject matching)이라고 한다.

② 실험단위(개체)들이 자체적으로 구획기능을 할 수 있다. 실험맥락이 허락한다면, 실험단위들을 모든 실험조건에서 관찰하여 반복측정치(repeated measures)를 구하는 것이다.

③ 사람이나 동물의 형제, 쌍둥이처럼 유전자가 유사한 실험단위들은 구획변수가 될 수 있다. 유사한 유전자 집단으로 구획을 형성하는 방법이다.

④ 부부, 형제, 가족, 가장 친한 친구 등 생활환경과 문화, 종교, 가치관이 유사한 집단이 구획변수가 될 수 있다. 동일 환경집단의 동질성을 활용하는 것이다.

첫째의 경우는 가장 일반적으로 구획변수를 생성하는 방법이다. 종속변수와 높은 상관이 있는 잡음변수 값을 가진 유사한 실험단위들이 각 처치조건에 배치됨으로써, 잡음변수의 분포와 더불어 처치집단간 종속변수의 사전분포가 동등하기를 기대하는 것이다. 둘째의 경우는 동일한 실험개체들이 각 처치조건에서 반복측정되므로, 모든 처치집단의 표본이 동일한 성과를 거둔다. 그러나 반복측정에 따른 기억효과, 처치의 시행순서, 피로, 경험의 효과 등이 개입될 수 있다. 위의 실험의 경우는 첫 번째 마취제의 효과가 실험쥐에게서 사라지도록 하루 뒤에 다음 마취제를 투여하였다. 즉, 처치효과간에 상관을 갖지 않도록 하였다. 그러나 첫 번째 마취제의 효과가 하루동안 완전히 사라졌는지, 피로나 적응의 문제가 있는지는 보장할 수 없다. 즉, 처치간의 상관이 존재할 가능성이 있다. 만일 여러 처치의 영향들이 독립적이지 않으면, 반복측정설계는 통계적 검정의 타당도를 위협받는다. 셋째의 경우는 유전자의 유사성에 근거하여 구획을 만드는 것이다. 유전자가 유사하면, 인지적, 정의적, 신체적 조건이 유사하며, 유전자가 유사한 개체들은 유전자가 다른 개체들보다 더 동질적이라는데 근거한다. 넷째의 경우는 환경조건이 유사한 실험개체들을 구획으로 활용하는 것이다. 동일한 생활경험, 종교활동, 정치적 견해를 공유하는 실험개체들을 구획으로 묶어서, 생활환경이 같은 실험개체들이 다른 생활환경을 공유한 실험개체들보다 행동양식 또는 의사결정에서 더 동질적이라는데 근거한다.

구획변수를 선정하고 조작하는 원리는 그 어느 경우이든, 구획내 개체들은 동질적이며, 구획간에는 이질적인 구획들을 만드는 것이다. 구획변수가 적절히 만들어졌다면, 구획내에서는 동질성이 크고, 구획간에는 이질성이 커서, 처치가 실행된 이후에 각 처치집단에서의 종속변수의 값도 구획의 순서대로 분포하는 것이 무선구획설계의 가정이다. 즉, 구획변수의 효과와 처치변수의 효과 사이에 상호작용효과가 없는 것이 무선구획설계의 가정이다. 달리 표현하면, 처치 시행 이후에 관찰한 종속변수 값의 구획별 분포는 평행을 이루는 것이 이상적이며, 비서열적 상호작용(disordinal interaction)이 없는 것이 바람직하다. 구획무선구획설계에서 구획×처치의 상호작용효과가 발견된다면, 구획변수가 성공적으로 조작되지 못한 것이며, 통계적 검정력이 낮아진다. 무선구획설계에서는 상호작용효과가 발견되면, 처치효과와 구획효과 사이에 가법성(additivity)의 가정이 위배되고, 처치와 구획간에 상관이 존재한다. 구획내 실험개체들이 동질화될수록, 구획간에는 이질성이 커지므로, 구획변수의 선정과 조작방법은 중요하다.

3 무선구획설계 자료의 분석모형

앞서 제시한 [그림 7-1]과 [그림 7-2]의 설계에서 보면, 무선구획설계는 처치요인과 구획요인이 교차하는 칸에 각 실험개체가 속하는 구조이다. 따라서 이 같은 설계에서는 처치효과, 구획효과, 그리고 처치×구획의 상호작용효과가 존재한다. 그러나 구획을 생성하는 방법이 구획내에서는 실험개체들이 매우 동질적이지만, 구획간에는 이질적이므로, 연구자는 처치×구획의 상호작용효과는 없기를 기대한다. 한 걸음 나아가, [그림 7-1]과 [그림 7-2]는 처치와 구획이 교차하는 칸에 실험개체가 하나이므로, 처치×구획의 상호작용효과가 각 칸의 효과이고, 동시에 각 칸의 효과는 개별 실험개체의 효과이다. 즉, 각 칸의 효과(상호작용효과)와 칸 내의 실험개체 효과(within cell subject effects)를 분리할 수 없다. 따라서 [그림 7-1]과 [그림 7-2]의 설계에 의한 자료를 분석하는 통계모형은 다음과 같은 혼합효과 이요인분산분석모형이 된다.

$$Y_{ij} = \mu + \alpha_j + \pi_i + e_{ij}, \qquad e_{ij} \sim N(0, \sigma_e^2), \quad \pi_i \sim N(0, \sigma_\pi^2) \tag{7.1}$$

$$\begin{aligned} \mu &= \text{전체 모평균} \\ \alpha_j &= \mu_{j.} - \mu \\ \pi_{.i} &= \mu_{.i} - \mu \\ e_{ij} &= Y_{ij} - \mu_{j.} - \mu_{i.} + \mu \end{aligned}$$

위의 식에서 Y_{ij}는 j번째 처치조건과 i번째 구획이 교차하는 칸에 속한 실험개체의 종속변수 값이며, μ는 모집단의 전체평균, α_j는 j번째 처치조건의 효과이고, $\sum \alpha_j = 0$의 제약조건이 적용된다. π_i는 각 구획의 무선효과이며, $\pi_i \sim N(0, \sigma_\pi^2)$의 가정을 갖는다. e_{ij}는 각 실험개체의 효과이며 동시에 처치×구획으로 정의되는 각 칸의 효과이다. e_{ij}는 실험개체의 효과이므로 무선효과를 가지며, $e_{ij} \sim N(0, \sigma_e^2)$의 가정을 갖는다. 위의 모형은 두 개의 요인 중에서 처치는 고정효과이고, 구획은 무선효과이므로 혼합효과 이요인분산분석모형이라 칭한다.

식(7.1)의 모형은 처치와 구획간의 상호작용효과가 없는 것을 가정한 모형이다. 그러나 [그림 7-1]과 [그림 7-2]의 설계는 처치요인과 구획요인이 교차하므로 구획변수가 구획내에서는 매우 동질적이고, 반면에 구획간에는 이질적이지 않으면 상호작용효과가 발생할 여지는 항상 있는 것이다. 또한, 통계모형은 자료의 구조가 반영하는 모든 효과를 담아내야 한다. 따라서 두 개의 요인이 교차할 때는 상호작용효과가 있는지 여부를 검정하는 것이 필요하고 중요하다. 상호작용효과가 존재한다면, 식(7.1)의 모형은 다음과 같이 변형된다.

$$Y_{ij} = \mu + \alpha_j + \pi_i + \alpha\pi_{ij} + e^*_{ij},\ e^*_{ij} \sim N(0, \sigma^2_e),\ \pi_i \sim N(0, \sigma^2_\pi),\ \alpha\pi_{ij} \sim N(0, \sigma^2_{\alpha\pi}) \tag{7.2}$$

식(7.2)가 식(7.1)과 다른 점은 상호작용효과인 $\alpha\pi_{ij}$가 포함되었다는 것이다. 두 식의 관계를 보면, 식(7.1)에서 실험개체의 효과인 e_{ij}의 효과가 상호작용효과와 실험개체 효과로 분해되어 있는 것을 알 수 있다. 즉, $e_{ij} = \alpha\pi_{ij} + e^*_{ij}$이다. 만약 $\alpha\pi_{ij} = 0$이라면, 식(7.2)는 식(7.1)과 동일한 모형이 되며, $e_{ij} = e^*_{ij}$로서 식(7.1)은 합당한 모형이다. 여기서 문제는 e_{ij}를 $\alpha\pi_{ij}$, e^*_{ij}의 두 개의 효과로 분리하여 추정할 수 있는가이다. [그림 7-1]과 [그림 7-2]에서는 상호작용칸과 각 실험개체가 동일하므로 분산분석모형에서는 추정이 불가하지만, 분산분석 모형의 가법성검정(additivity test) 기법을 동원하면 상호작용효과를 검정할 수 있다. 가법성 검정방법은 이 장의 후반에 제시한다. 다른 한편에서 상호작용효과를 분산분석 모형에서 검정하려면, 처치×구획의 상호작용 칸에 복수의 실험개체가 포함되도록 자료의 수집을 확장하는 것이다. 이 경우는 일반화무선구획설계로서 상호작용효과의 추정과 검정이 가능하다. 일반화무선구획설계도 이 장의 후반에 제시한다.

3.1 통계적 가설

식(7.1)에 제시된 모형에서 연구자가 검정하려는 것은 처치효과이다. 따라서 연구자의 영가설은 처치효과가 없다는 것으로, 이를 달리 표현하면 모든 처치집단에서의 종속변수 모평균은 같다는 것이다. 대립가설은 영가설이 참이 아닌 모든 경우를 포괄한다. 즉,

적어도 한 처치집단의 평균은 다른 처치집단과 다르다는 것이다. 이를 분산분석모형의 가설로서 수리적으로 제시하면 다음과 같다.

처치효과의 가설:

$$H_0 : \sum_j \alpha_j^2 = 0\,; \quad H_A : \sum_j \alpha_j^2 > 0$$

또는

$H_0 : \mu_1 = \mu_2 = \ldots = \mu_J; \quad H_A : \mu_j \neq \mu_{j'}$ 적어도 한 집단에 대하여 $(j \neq j')$

한편 식(7.1)의 모형에서 구획의 효과는 통계적으로 검정은 가능하지만, 연구자가 그 효과를 탐구하는 것은 아니다. 연구자는 검정력을 높이기 위한 전략으로 구획변수를 사용했을 뿐이다. 여하튼 통계적 가설검정이 가능하므로 구획효과의 가설을 제시하면 다음과 같다.

구획효과의 가설:

$$H_0 : \sigma_\pi^2 = 0; \quad H_A : \sigma_\pi^2 > 0$$

식(7.1)에 제시된 구획효과는 무선효과를 가지므로, 분산의 크기로 그 효과를 검정한다. 즉, 구획간의 격차가 얼마나 큰가는 검정하지만, 구체적으로 몇 번째 구획과 몇 번째 구획간의 차이에는 관심이 없다. 구획변수는 종속변수와 높은 상관을 갖는 잡음변수이거나 실험개체 자체이므로 당연히 통계적 유의도가 높게 나온다.

식(7.1)의 모형은 이원분산분석모형이지만 처치와 구획간의 상호작용효과가 없는 것을 가정한 모형이다. 따라서 식(7.1)의 모형으로는 상호작용효과를 검정할 수가 없다. 식(7.2)의 모형은 이론적으로 가법성 검정을 위한 특수모형이며, 일반적인 통계패키지에서 지원하지 않는다.

3.2 모형의 추정

[그림 7-1]과 [그림 7-2]의 무선구획설계에 의한 자료를 분석하는 모형이 식(7.1)에 제시되어 있다. 식(7.1)은 혼합효과 이원분산분석모형으로서 이 모형의 추정방법은 5장의 다원분산분석모형에서 제시한 추정방법을 참조하면 도움이 된다. 5장에서의 이원분산분석모형은 모두 완전무선 이요인설계에 의한 자료의 분석모형이었으며, 상호작용효과가 있는 경우였다. 여기서는 그 원리는 동일하지만 상호작용효과가 없는 식(7.1)의 추정방법을 다룬다.

식(7.1)에 제시된 무선구획설계에 따른 분석모형과 각 모수의 추정식은 다음과 같다.

$$Y_{ij} = \mu + \alpha_j + \pi_i + e_{ij}, \qquad e_{ij} \sim N(0, \sigma_e^2), \quad \pi_i \sim N(0, \sigma_\pi^2)$$

$\hat{\mu} = \overline{Y_{..}}$	표본의 전체 평균
$\hat{\alpha}_j = \overline{Y_{.j}} - \overline{Y_{..}}$	j번째 처치집단 평균의 전체 평균과의 편차
$\hat{\pi}_i = \overline{Y_{i.}} - \overline{Y_{..}}$	i번째 구획평균의 전체 평균과의 편차
$\hat{e}_{ij} = Y_{ij} - \overline{Y_{.j}} - \overline{Y_{i.}} + \overline{Y_{..}}$	각 관찰점수의 전체 평균으로부터의 편차에서 처치효과와 구획 효과를 제거한 잔여 편차

위에 제시된 각 모수의 추정식에서 특이한 것은 오차항의 추정식 $\hat{e}_{ij}$이 상호작용효과로 정의된 것이다. 즉, $\hat{e}_{ij}$는 다음 식을 추정한 것이다.

$$\begin{aligned} e_{ij} &= Y_{ij} - (\mu + \alpha_j + \pi_i) = Y_{ij} - \mu - (\mu_{.j} - \mu) - (\mu_{i.} - \mu) \\ &= Y_{ij} - \mu_{.j} - \mu_{i.} + \mu \end{aligned}$$

각 모수의 추정치가 정해지면, 분산분석모형의 추정이론에 따라 다음과 같이 변산원을 정한다.

$$Y_{ij} - \overline{Y_{..}} = \hat{\alpha}_j + \hat{\pi}_i + \hat{e}_{ij} = (\overline{Y_{.j}} - \overline{Y_{..}}) + (\overline{Y_{i.}} - \overline{Y_{,.}}) + (Y_{ij} - \overline{Y_{.j}} - \overline{Y_{i.}} + \overline{Y_{..}})$$

위의 식에서 등호의 왼편은 전체 편차점수이며 등호의 오른편은 처치효과와 구획효과, 그리고 오차효과를 반영하는 편차점수이다. 따라서 식(7.1)의 모형은 α_j, π_i, e_{ij}의 세 가지 변산원을 가정한 것이다. 각 변산원의 편차로 다음과 같이 자승합을 구할 수 있다.

$$\sum_i\sum_j(Y_{ij}-\overline{Y_{..}})^2=\sum_i\sum_j[(\overline{Y_{.j}}-\overline{Y_{..}})+(\overline{Y_{i.}}-\overline{Y_{..}})+(Y_{ij}-\overline{Y_{.j}}-\overline{Y_{i.}}+\overline{Y_{..}})]^2 \quad (7.3)$$

$$=n\sum_j(\overline{Y_{.j}}-\overline{Y_{..}})^2+J\sum_i(\overline{Y_{i.}}-\overline{Y_{..}})^2+\sum_i\sum_j(Y_{ij}-\overline{Y_{.j}}-\overline{Y_{i.}}+\overline{Y_{..}})^2$$

$$=n\sum_j\widehat{\alpha_j^2} \qquad +J\sum_i\widehat{\pi_i^2} \qquad +\sum_j\sum_i\widehat{e_{ijk}^2}$$

$$SST \quad = SSA \quad + \quad SSBLK \quad + \quad SSE$$

전체 자승합 A 요인 자승합 구획자승합 오차자승합

식(7.3)은 자승합의 산출식을 요약한 것이며, 전체 자승합(SST)은 처치변수인 A 요인의 자승합(SSA), 구획자승합($SSBLK$), 그리고 오차자승합(SSE)이다. 오차자승합은 각 개체의 효과를 반영하는 자승합인데, 여기서는 각 칸의 효과를 반영하는 자승합으로 추정한다. 혼합효과 이원분산분석모형에 의한 분산분석표의 구조는 다음과 같다.

〈표 7-1〉 무선구획설계를 위한 혼합효과 이원분산분석모형의 분산분석표

변산원	자승합	자유도	평균자승합	E(MS)	F
(α_j)처치	SSA=$n\sum_j\hat{\alpha}_j^2$	$J-1$	$MSA=\frac{SSA}{J-1}$	$\sigma_e^2+\frac{n\sum_{j=1}^{J}\alpha_j^2}{J-1}$	$\frac{MSA}{MSE}$
(π_i)구획	SSBLK=$J\sum_i\hat{\pi}_i^2$	$n-1$	$MSB=\frac{SSBLK}{n-1}$	$\sigma_e^2+J\sigma_\pi^2$	$\frac{MSB}{MSE}$
(e_{ij})오차	SSE=$\sum_j\sum_i\hat{e}_{ij}^2$	$(J-1)(n-1)$	$MSE=\frac{SSE}{(J-1)(n-1)}$	σ_e^2	
전체	SST	$N-1$			

〈표 7-1〉의 분산분석표에서 유의할 사항은 오차항의 자유도가 $(J-1)(n-1)$로서 상호작용효과의 자유도가 적용된 것이다. 이는 결국 상호작용 칸의 효과가 실험개체의 효과이기도 하기 때문이다. 위의 분산분석표에서 $E(MS)$의 수식 구조를 보면, 영가설 $H_0 : \sum_j \alpha_j^2 = 0$을 검정하기 위한 검정통계량은 $F = MSA/MSE$인 것을 알 수 있다. 또한, 구획의 효과에 대한 영가설인 $H_0 : \sigma_\pi^2 = 0$을 검정하는 통계량도 $F = MSB/MSE$로서 두 요인의 효과를 검정하는 F 통계량의 분모가 모두 MSE가 되는 것을 알 수 있다.

식(7.1)이나 〈표 7-1〉과 같은 모형과 분석결과는 처치와 구획간의 상호작용효과가 없다는 것을 전제한 것이다. 그러나 무선구획설계는 그 기본 구조가 처치와 구획이 교차하는 구조이므로 실제 수집된 자료에서 상호작용효과가 존재할 가능성은 많다. [그림 7-1]이나 [그림 7-2]의 무선구획설계로 수집한 자료를 식(7.1)로 분석하였으나, 실제로는 상호작용효과가 있는 경우에, 분산분석표에서 $E(MS)$은 다음과 같이 바뀐다.

〈표 7-2〉 무선구획설계에서 상호작용효과가 존재하는 경우 분산분석표

변산원	자승합	자유도	평균자승합	E(MS)	F
(α_j)처치	$SSA = n\sum_j \hat{\alpha}_j^2$	$J-1$	$MSA = \frac{SSA}{J-1}$	$\sigma_e^2 + \sigma_{\alpha\pi}^2 + \frac{n\sum_{j=1}^{J}\alpha_j^2}{J-1}$	$\frac{MSA}{MSE}$
(π_i)구획	$SSBLK = J\sum_i \hat{\pi}_i^2$	$n-1$	$MSB = \frac{SSBLK}{n-1}$	$\sigma_e^2 + J\sigma_\pi^2$	$\frac{MSB}{MSE}$
(e_{ij})오차	$SSE = \sum_j \sum_i \hat{e}_{ij}^2$	$(J-1)(n-1)$	$MSE = \frac{SSE}{(J-1)(n-1)}$	$\sigma_e^2 + \sigma_{\alpha\pi}^2$	
전체	SST	$N-1$			

〈표 7-2〉의 분산분석표는 상호작용효과가 없다는 연구자의 가정이 위배된 경우의 분산분석표이다. 오차항 e_{ij}의 분산에 상호작용효과가 포함되어 있다. 즉, 연구자는 $Var(e_{ij}) = \sigma_e^2$이기를 가정하였으나, 실제로는 $Var(e_{ij}) = Var(\alpha\pi_{ij} + e_{ij}^*) = \sigma_{\alpha\pi}^2 + \sigma_e^2$인 경우이다. 〈표 7-2〉의 분산분석표에서 처치효과를 검정하는 통계량은 $F = MSA/MSE$가 적합한 것을 알 수 있다. 그러나 구획효과를 검정하는 적절한 검정통계량은 구할 수가 없다. 따라서 무선구획설계에 의한 자료분석에서 연구자는 다음 사항에 유의할 필요가 있다.

첫째, 〈표 7-1〉과 〈표 7-2〉의 분산분석표에서 처치효과를 검정하는 통계량을 비교하면, 무선구획설계자료에 처치×구획 상호작용효과가 있던 없던, $F = MSA/MSE$는 적합한 검정통계량이다. 즉,

$$\text{〈표 7-1〉 상호작용효과가 없는 가정이 충족된 경우: } F = \frac{\sigma_e^2 + \frac{n\sum_{j=1}^{J}\alpha_j^2}{J-1}}{\sigma_e^2}$$

$$\text{〈표 7-2〉 상호작용효과가 없는 가정이 위배된 경우: } F^* = \frac{\sigma_e^2 + \sigma_{\alpha\pi}^2 + \frac{n\sum_{j=1}^{J}\alpha_j^2}{J-1}}{\sigma_e^2 + \sigma_{\alpha\pi}^2}$$

이다. 따라서 $H_0 : \sum_{j}^{J}\alpha_j^2 = 0$을 검정하는 통계량으로서 F와 F^*는 모두 적절하다.

둘째, 상호작용효과가 없다는 가정이 위배되면, 식(7.1)에 제시된 모형으로는 구획효과를 검정할 수가 없다. 즉, 구획효과를 검정하는 적절한 F 통계량은 존재하지 않는다. 그러나 당초의 무선구획설계는 구획효과의 검정이 연구목적이 아니고, 처치효과 검정을 위한 통계적 검정력을 높이기 위한 전략이었으므로, 연구자에게 부담은 없다.

셋째, 무선구획설계자료 분석을 위하여 연구자가 사용하는 모형은 상호작용효과가 없다는 가정에 기초한 것이다. 즉, $Y_{ij} = \mu + \alpha_j + \pi_i + e_{ij}$에서 $Var(e_{ij}) = Var(\alpha\pi_{ij} + e_{ij}^*)$이다. 그러나 연구자는 $\sigma_{\alpha\pi}^2 = 0$이라고 가정하는 것이다. 그러나 이 가정이 위배되고 $\sigma_{\alpha\pi}^2 > 0$이 되면, 두 F-검정통계량의 기댓값은 다르며, 상호작용효과가 있는 경우에 통계적 검정력은 낮아진다. $\sigma_{\alpha\pi}^2 > 0$이면 언제나 $F > F^*$이다.

넷째, 무선구획설계에 의하여 수집한 자료에서 처치×구획의 상호작용 칸에 실험개체가 하나뿐인 경우에 $e_{ij} = \alpha\pi_{ij} + e_{ij}^*$로 분해할 수 있다면, $\sigma_{\alpha\pi}^2$의 크기를 알 수 있을 뿐만 아니라 구획효과를 검정하는 통계량으로 $F = (\sigma_e^2 + J\sigma_\pi^2)/\sigma_e^2$를 사용할 수 있다. 그러

나 $e_{ij} = \alpha\pi_{ij} + e^*_{ij}$로 분해하는 것이 용이치 않다. 따라서 무선구획설계를 하는 연구자는 구획변수의 효과가 크도록, 구획변수의 선정과 조작을 성공적으로 할 필요가 있다. 만약에 연구자가 $e_{ij} = \alpha\pi_{ij} + e^*_{ij}$로 분해하려는 경우는 연구자에게는 두 가지 선택이 있다. 하나는 처치×구획의 상호작용 칸에 복수의 실험개체를 포함하여 일반화 무선구획설계(Generalized Randomized Block Design)를 수행하는 것이다. 이 경우는 각 칸에 복수의 실험개체가 있으므로, 실험개체의 효과와 각 칸의 효과를 분리할 수 있다. 다른 하나는 연구자가 일반화 무선구획설계를 사용할 수 없는 경우인데, 이때는 다음 절에 설명하는 Tukey(1949)의 가법성검정(test for additivity) 방법 등을 사용할 수 있다. 그러나 Tukey의 가법성검정은 별도의 복잡한 계산이 요구된다.

연구자가 처치×구획의 상호작용효과를 쉽게 검정하는 방법은, X축은 처치조건, Y축은 종속변수의 값으로 한 좌표에 각 구획별로 J개 관찰값을 연결하여, 구획들 사이에 평행을 이루는지 시각적으로 검토하는 것이다. 다음은 처치×구획의 상호작용효과가 없는 경우와 있는 경우를 가상적으로 예시한 것이다.

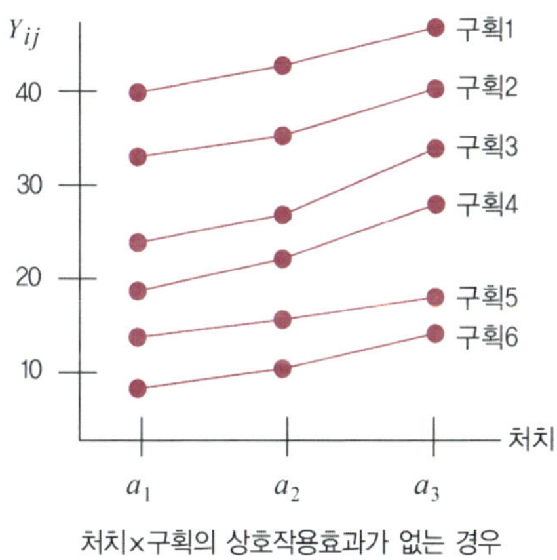

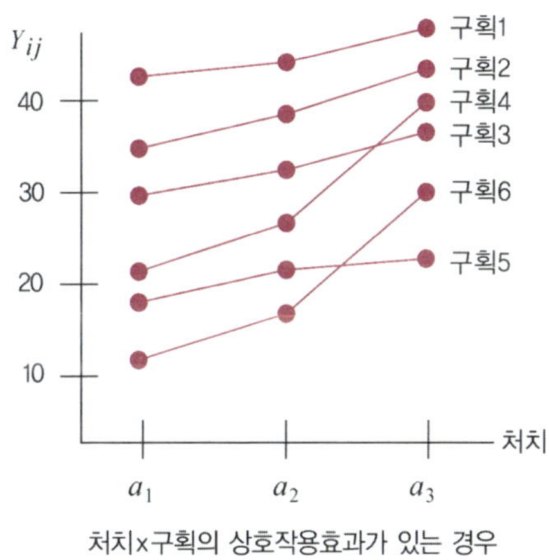

[그림 7-3] 처치×구획의 상호작용효과 예시

[그림 7-3]에서 왼편의 그림은 여섯 개의 구획들이 관찰값에서 평행을 이루고 있으며, 세 번째 처치조건이 가장 높은 관찰값을 나타내고 있다. 반면에 오른편 그림에서는 구획

간에 관찰값이 평행도 아니며, 때로는 비서열적 상호작용(disordinal interaction)효과가 관찰된다. 이 경우는 처치의 효과가 구획에 따라 다른 것이므로, 구획별로 처치의 효과를 서술하여야 한다.

처치×구획의 상호작용효과를 검토하는 또 다른 방법은 잔차분석(residual analysis)을 활용하는 것이다. 즉, 연구자는 식(7.1)에 제시된 바 있는 아래의 모형1로 자료를 분석하지만, 실제로는 모형2의 비가법모형이 적절하였는지를 판단하는 것이다.

모형1. 가법모형 $Y_{ij} = \mu + \alpha_j + \pi_i + e_{ij}$

모형2: 비가법모형(상호작용 모형) $Y_{ij} = \mu + \alpha_j + \pi_i + \alpha\pi_{ij} + e^*_{ij}$

만일 모형1이 올바른 모형이라면 $Y_{ij} = \mu + \alpha_j + \pi_i$와 e_{ij}는 상호독립이며 가법적 관계이다. 따라서 잔차분석에서 $\hat{e}_{ij}$와 $\hat{Y}_{ij} = \hat{\mu} + \hat{\alpha}_j + \hat{\pi}_i$ 의 산포도를 구하면, $\hat{e}_{ij}$와 $\hat{Y}_{ij}$는 아무런 체계적인 패턴을 보이지 않아야 한다. 만약에 $\hat{e}_{ij}$와 $\hat{Y}_{ij}$가 특정한 패턴을 보인다면 $e_{ij} = \alpha\pi_{ij} + e^*_{ij}$이므로 그러한 패턴이 $\alpha\pi_{ij}$의 영향으로 발생하는 것이라 할 수 있다.

4 무선구획설계의 가정

무선구획설계는 외형상 처치×구획의 이요인설계이나, 구획변수의 특성상 구획 내에서는 실험개체들이 동질적인 반면에 구획 간에는 이질적이 되도록 연구자가 인위적으로 조작한 것이다. 무선구획설계에 의한 자료는 혼합효과 이요인 분산분석모형으로 분석할 수 있다. 그러나 혼합효과 이요인 분산분석모형은, 일반적인 분산분석모형이 갖는 가정과 더불어, 처치집단들 사이의 공분산(covariance)이 동등하다는 가정이 추가된다. 이 가정은 흔히 합동대칭성(compound symmetry)의 가정, 그리고 구형성(sphericity) 가정이라고 일컬어진다. 문제는 무선구획설계에 의한 자료가 이 가정을 충족시키지 못할 가능성이 높다는 것이다.

4.1 혼합효과모형의 가정

여기서는 혼합효과 이원분산분석모형의 가정을 설명하고, 분석자료가 모형의 가정을 충족하지 못하는 경우의 대처방법을 제시한다. 혼합효과 이원분산분석모형은 식(7.1)에 제시된 바와 같다.

$$Y_{ij} = \mu + \alpha_j + \pi_i + e_{ij}$$

여기서, 고정효과 가정은 $\sum_j \alpha_j = 0$이다. 이 가정은 통계적 계산을 위하여 처치 효과를 전체 평균 μ에서의 편차로 구하기 위한 것으로 편의상 설정한 가정이므로, 언제나 충족이 된다. 그러나 무선효과 가정은 다음과 같다.

$$\text{구획효과 가정: } \pi_i \sim N(0, \sigma_\pi^2)$$

$$\text{개체효과 가정: } e_{ij} \sim N(0, \sigma_e^2)$$

구획효과 가정에서는 모든 구획에서 분산은 동일하다. 즉, $\sigma_{\pi_i}^2 = \sigma_{\pi_{i'}}^2 = \sigma_\pi$이다. 구획이 달라도 구획별 분산은 모집단에서 동일하다는 것이다. 또한, 오차항이며 실험단위인 각 개체효과 e_{ij}는 통계학적으로는 사실상 처치×구획의 상호작용 칸의 효과로 정의된 것이며, 상호작용 칸의 분산은 모든 처치집단과 구획간에 동일하다. 그리고 일원분산분석모형에서의 등분산성 가정처럼, 각 처치집단의 모집단 분산은 동일하다는 것이다. 즉, $\sigma_j^2 = \sigma_{j'}^2 = \text{상수}\,(j \neq j')$라는 것이다. 이 같은 구조에서 관찰변수의 전체 분산을 수리적으로 설명하면,

$$Var(Y_{ij}) = Var(\mu + \alpha_j + \pi_i + e_{ij}) = \sigma_\pi^2 + \sigma_e^2 = \sigma_j^2 = \sigma_{j'}^2 = 상수$$

라는 표현과 동일하다. 즉, 무선구획설계에 의한 자료에서 각 처치집단의 모분산은 $\sigma_\pi^2 + \sigma_e^2$ 로서 모든 처치집단에서 동일하다.

문제는 무선구획설계에서 구획내 실험개체들을 가능한한 동질적인 묶음으로 배치하고, 더구나 반복측정설계의 경우는 동일 실험개체가 모든 처치조건에 속하므로, 처치집단들이 상호독립적이지 않으며 상관이 존재한다는 것이다. 구획은 같으나 처치집단이 다른 관찰점수간 상관의 크기를 공분산으로 나타내면 다음과 같다.

$$Cov(Y_{ij}, Y_{ij'}) = Cov(\mu + \alpha_j + \pi_i + e_{ij}, \quad \mu + \alpha_{j'} + \pi_i + e_{ij'}) = \sigma_\pi^2$$

위의 식에서 무선효과인 π_i와 e_{ij}(또는 $e_{ij'}$)만 분산을 가질 수 있다. 또한, 분산분석 모형은 가법모형이기 때문에, π_i와 e_{ij}는 상호독립이므로 공분산이 0이다. e_{ij}와 $e_{ij'}$ $(j \neq j')$도 독립이다. 따라서 집단을 달리하는 두 개의 관찰점수간 공분산은 σ_π^2이다. 이는 구획의 효과만큼 집단간 관찰점수에 상관이 존재한다는 것이다.

여기서 발생하는 모형의 조건은 두 가지로 압축된다.

첫째, 모든 처치집단의 분산이 모집단에서 동일하다. 예를 들어 처치집단의 수가 $J=3$이라면, $\sigma_{j=1}^2 = \sigma_{j=2}^2 = \sigma_{j=3}^2 = \sigma_\pi^2 + \sigma_e^2 = 상수$ 로서 각 집단의 분산이 같다.

둘째, 처치집단간 공분산은 σ_π^2로서 모든 처치집단간 공분산은 동일하다. 즉, {집단1, 집단2}, {집단1, 집단3}, {집단2, 집단3}의 공분산이 모두 같다는 것이다.

이와 같은 조건을 충족하는 처치집단간 분산－공분산 행렬을 소위 합동대칭성 행렬(compound symmetry matrix; type S matrix)이라고 한다. 무선구획설계에 의하여 실제 연구에서 수집한 자료가 이 조건을 충족하지 못할 수도 있다.

식(7.1)과 같은 혼합효과 이원분산분석모형으로 분석하는 자료가 위의 합동대칭성의 가정을 위배하면, 처치효과를 검정하는 검정통계량 $F = MSA/MSE$ 의 분포가 영가설이 참일 때 이론적으로 가정한 F분포와 다르게 된다. 즉, 합동대칭성의 가정이 충족된다면, 검정통계량 F는 자유도가 $df_A = (J-1)$, $df_e = (J-1)(n-1)$인 F분포를 따르게 되어, 연구자가 정한 일종오류(α)수준에서 가설을 검정할 수가 있다(Box, 1954). 그러나 합동대칭성의 가정이 위배된다면, 연구자는 일종오류를 더 크게 범하게 된다. 즉, 실제로는 처치효과가 없음에도 불구하고 통계적으로 유의한 처치효과가 있다고 보고할 가능성이 미리 정한 α수준보다 큰 것이다.

통계학자들이 이 합동대칭성의 조건에 대하여 검토한 결과, 처치집단의 공분산 행렬이 합동대칭성보다는 느슨한 구형성(sphericity) 조건을 충족하여도, 검정통계량 $F = MSA/MSE$의 분포가 영가설이 참일 때 이론적으로 가정한 F분포를 충족한다는 것을 발견하였다(Huynh & Feldt, 1970; Rouanet & Lepine, 1970). 구형성 조건은 처치집단간 점수 차이의 분산이 동등하면, 구형성 가정이 충족된다는 것이다.

예를 들어, $J = 3$이라면,

$$Var(Y_{i1} - Y_{i2}) = Var(Y_{i1} - Y_{i3}) = Var(Y_{i2} - Y_{i3}) \tag{7.4}$$

의 조건이 충족되면, 검정통계량 F는 자유도가 $df_A = (J-1)$, $df_e = (J-1)(n-1)$인 F분포를 따르게 된다는 것을 제시하였다. 구형성 가정은 합동대칭성보다는 느슨한 가정이며, 합동대칭성 행렬(Type S matrix)은 구형성 행렬(Type H matrix)의 특수한 경우에 해당한다.

4.2 구형성(Sphericity) 가정과 가설검정

식(7.1)에 제시한 혼합효과 이요인 분산분석모형이 구형성 가정을 위배하면, 검정통계량 F는 영가설이 참일 때, 자유도가 $(J-1)$, $(J-1)(n-1)$인 이론적 F분포를 따르지 않는다(Box, 1954). 연구자가 분석하려는 무선구획설계에 의한 자료가 구형성 가정을 충족하는지 여부를 어떻게 알 수 있는가? 이 가정의 충족여부를 통계적으로 검정하는 방법을 수리적으로 설명하는 것은 선형대수에 의한 절차가 요구되므로 이 책의 범위를 넘는다. 그러나 SPSS 통계패키지는 모든 반복측정설계 또는 구획설계자료의 분석을 위한 분산분석에서 구형성가정을 검정하는 Mauchly(1940)의 W 검정통계량을 제공하여, 구형성가정이 충족되었는지를 검정할 수 있다. Mauchly의 W 검정에서 가설은 H_0 : '구형성 가정이 충족된다'는 것으로서, '구획내 집단간 점수차이의 분산은 모든 조합에서 동등하다'는 의미이며, 이는 식(7.4)와 같은 내용이다.

H_A : '구형성 가정이 위배된다'는 것으로 '구획내 집단간 점수차이의 분산중에 적어도 한 조합은 다르다'는 것이다.

Mauchly의 구형성 검정은 SPSS 통계패키지에서 활용되는 만큼 가장 대중적으로 통용되는 검정이나, 더 최신성을 갖는 구형성 검정 방법도 쉽게 문헌에서 찾을 수 있다(Rouanet & Le'pine, 1970).

무선구획설계나 반복측정설계에서 구형성 가정을 검정하는 것과, 구형성 가정이 위배되었을 때 일종오류의 증가를 방지하도록 검정통계량 F값을 교정하는 문제는 통계학자들의 중요한 연구주제였다. 통계학자들이 발견한 중요한 내용은 구형성 가정의 위배여부와 상관없이 영가설이 참인 상태에서 이요인 분산분석모형의 검정통계량 F의 이론적 분포는 '집단간 자유도는 $(J-1)$로 고정되어 있으며, 오차항 자유도는 $(J-1)(n-1)$과 $(n-1)$ 사이에 있다'는 것이다(Box, 1954). 즉,

가설 $H_0 : \sum_j \alpha_j^2 = 0$, $\quad H_A : \sum_j \alpha_j^2 \neq 0$의 검정을 위한 F 통계량의 확률분포는

$\frac{MSA}{MSE} \sim F(df_a, df_e)$ 이며, 여기서 $df_a = J-1$, $df_e = \varepsilon(J-1)(n-1)$ 이다.

위에 제시한 오차항 자유도의 크기는 $(J-1)(n-1)\varepsilon$ 이다. 여기서 ε(epsilon)은 구형성 가정이 위배되는 정도를 반영한다. 따라서 영가설을 검정하는 F통계량의 임계값은 ε의 추정값에 따라 다르게 된다. ε의 크기는 구형성 가정이 충족되면 $\varepsilon = 1$이며, 가정이 위배되는 경우에 하한계는 $\varepsilon = 1/(J-1)$이다. 따라서 ε의 정확한 값을 찾으면 오차항의

자유도를 정확히 구할 수 있다. 문제는 ε의 값을 추정하는 것이 용이하지 않을뿐더러, 현존하는 추정방법도 다양하다(Greenhouse & Geisser, 1959; Collier, Baker, Mandeville, & Hayes, 1967; Huynh & Feldt, 1976; Stoloff, 1970; Gary, 1981). SPSS 통계패키지는 Mauchly의 구형성 검정을 하면, 세 가지 ε의 추정치를 제공한다: 하한계 값, Greenhouse-Geisser 추정치, 그리고 Huynh-Feldt 추정치이다. 물론 세 개의 $\hat{\varepsilon}$ 값은 다르다. 이 중에서 하한계의 $\hat{\varepsilon}$값을 적용하는 것은 가장 보수적인 것이다. 그리고 Greenhouse-Geisser 추정치를 적용하는 것이 Huynh-Feldt 추정치를 적용하는 경우보다 상대적으로 보수적이다. 즉, 영가설을 잘못 거부할 확률이 낮거나, 영가설 거부에 실패할 확률이 높다. $\hat{\varepsilon} \geq .75$인 경우에는 Huynh-Feldt 추정치를 사용할 것을 권하며, $\hat{\varepsilon} < .75$인 경우는 Greenhouse-Geisser 방법을 추천한다(http//en.wikipidia.org).

이 같은 불편을 더는 방법으로 Geisser-Greenhouse(1958)는 연구자가 무선구획설계에 의하여 자료를 수집한 경우, 보수적인 F검정통계량의 임계값으로 처치효과를 검정하는 것을 추천하였다. 여기서 보수적인 F검정통계량이란, ε의 값을 하한계인 $1/(J-1)$로 하여, 오차항의 자유도가 $(J-1)(n-1)\varepsilon = (n-1)$인 F 값으로 가설검정하는 것을 말한다. 이 방법에는 세 가지 경우가 가능하다.

첫째, 처치효과에 대한 영가설을 타당하게 기각하는 경우이다. 즉, F검정통계량의 자유도가 $df_A = (J-1)$, $df_e = (J-1)(n-1)$인 경우의 임계값에서 가설을 검정하여, 처치효과의 영가설 $H_0 : \mu_j = \mu_{j'}(j \neq j')$이 거부되었다면, 그 다음 단계로 자유도가 $df_A = (J-1)$, $df_e = (n-1)$인 보수적인 F값으로 임계값을 구하여 가설을 검정한다. 여전히 영가설 $H_0 : \mu_j = \mu_{j'}(j \neq j')$을 거부한다면, 연구자의 영가설검정결과는 타당한 것이고, 처치효과에 대한 추리는 타당하다.

둘째, 처치효과에 대한 영가설을 기각하지 못하는 경우이다. 무선구획설계에서 F검정통계량은 자유도가 $df_A = (J-1)$, $df_e = (J-1)(n-1)$인 경우에 검정력이 가장 높다. 따라서 무선구획설계에 의한 자료를 분석한 이후에 제시되는 분산분석표의 F값으로 가설검정 결과 영가설을 기각하지 못한다면, 처치효과에 대한 증거를 찾지 못한 것이다.

셋째, 처치효과에 대한 영가설의 기각여부가 모호한 경우이다. 이 경우는 F값의 자유도가 $df_A = (J-1)$, $df_e = (J-1)(n-1)$인 경우에 분산분석표의 F값이 임계값보다 커서 처치효과의 영가설을 기각하였으나, 보수적인 F값의 임계값이 기준일 때는 영가설을 기각하지 못하는 경우이다. 이 같은 상황을 그림으로 표현하면 다음과 같다.

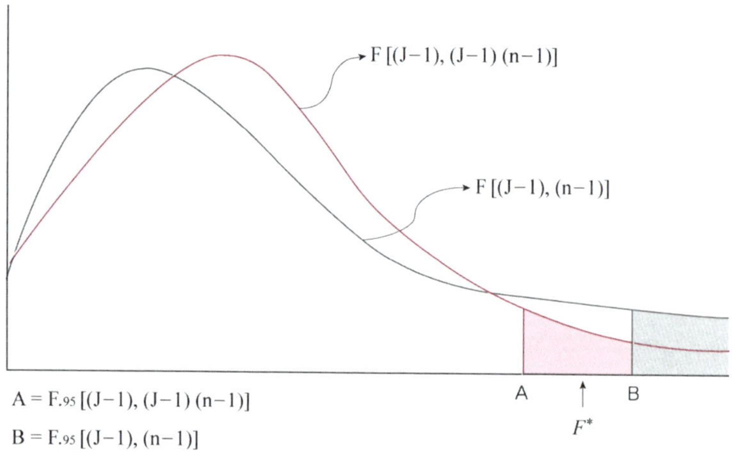

[그림 7-4] 구형성 가정이 위배된 경우, F 검정통계량의 임계값

위의 그림에서 F^*는 연구자가 자료분석 결과로 분산분석표에서 구한 F값이며, $A = F_{.95}[(J-1), (J-1)(n-1)]$은 구형성 가정이 충족된 경우의 임계값이며, $B = F_{.95}$ $[(J-1), (n-1)]$는 구형성 가정이 위배된 경우 최대한 보수적인 F 임계값이다. 이 같은 상황에서 연구자가 검정통계량의 정확한 자유도를 구하기 전에는 가설검정을 타당하게 할 수가 없다. 연구자가 취할 수 있는 선택은 ε의 값을 추정하여 정확한 검정통계량의 임계값을 구하거나, 위의 그림에 기초하여 연구자의 가설검정 상황을 보고하는 것이다. 만약에 A와 B의 거리가 충분히 짧아서 일종오류의 차이가 크지 않다면, 위의 그림과 같은 상황을 서술하는 것이 도움이 된다. 즉, "연구자의 자료가 구형성 가정을 충족하지 못하였으나, 가장 보수적인 F검정통계량으로 가설검정을 하여도 $\alpha < C$ 수준에서 $(C > .05)$ 처치효과에 대한 증거가 발견되었다."

5 중다비교

무선구획설계에서의 중다비교검정은 요인설계에서의 중다비교검정과 동일하다. 6장의 완전무선요인설계에서는 중다비교검정을 위한 통계량으로서, 사전비교를 위한 t검정통계량, 사후 짝비교를 위한 q검정통계량, 그리고 Scheffé의 F검정통계량을 소개한 바 있다. 무선구획설계에 의한 자료가 혼합효과 이원분산분석모형이 갖는 가정을 충족한다면, 중다비교와 경향비교의 방법은 완전무선설계의 경우와 동일하다. 따라서 세 가지 검정통계량의 수식은 다음과 같다.

사전비교를 위한 $t-$검정통계량:

$$t=\frac{\hat{\psi}_k}{\hat{\sigma}_{\hat{\psi}}}=\frac{\sum c_j \overline{Y_j}}{\sqrt{MSRES\left(\frac{\sum c_j^2}{n}\right)}}{}' \sim t(df_e), \quad df_e=(J-1)(n-1) \tag{7.3}$$

임계값: $t_{\alpha/2}(df_e)$

사후 짝비교를 위한 $q-$검정통계량:

$$q=\frac{\hat{\psi}_k}{\hat{\sigma}_{\overline{Y}}}=\frac{c_j\overline{Y_{.j}}+c_{j'}\overline{Y_{.j'}}}{\sqrt{MSRES\left(\frac{1}{n_j}+\frac{1}{n_{j'}}\right)/2}} \sim q(df_e), \quad df_e=(J-1)((n-1) \tag{7.4}$$

만일 $n_j=n_{j'}=n$이면,

$$q=\frac{\hat{\psi}_k}{\hat{\sigma}_{\overline{Y}}}=\frac{c_j\overline{Y_{.j}}+c_{j'}\overline{Y_{.j'}}}{\sqrt{\frac{MSRES}{n}}}$$ 이다.

임계값: $|q| \geq q_{\alpha/2}(df_e), \quad df_e=(J-1)(n-1)$

모든 경우의 사후비교를 위한 Scheffé 의 F검정통계량:

$$F = t^2 = \frac{\hat{\psi}_k^2}{\hat{\sigma}_{\hat{\psi}}^2} = \frac{\left(\sum c_j \overline{Y}_j\right)^2}{MSRES\left(\sum \frac{c_j^2}{n}\right)} \sim F[(J-1),(J-1)(n-1)] \tag{7.5}$$

임계값: $F \geq (J-1)F_\alpha[(J-1),(J-1)(n-1)]$

이상의 내용은 6장에서 소개한 완전무선요인설계의 경우와 동일한 원리에 의한 것이다. 오차항의 분산으로 $MSRES$를 사용하는 것과 검정통계량의 자유도만 완전무선설계와 다르다.

무선구획설계가 갖는 구형성 가정이 위배되는 경우에는 처치집단간 공분산이 다른 경우이다. 이를 달리 표현하면, 구획과 대비식의 상호작용이 존재하므로, 대비식의 효과를 모든 구획에 일반화할 수 없다. 따라서 일반적인 $MSRES$는 사용하지 못하고, 처치집단을 비교하는 대비식(contrast)마다 $MSRES$의 값이 다르게 된다. 만약에 연구자가 설정한 대비식의 수가 $K=3$개라면, 각 대비가설을 검정할 때마다 $MSRES$ 대신에 $MSRES_1$, $MSRES_2$, $MSRES_3$의 값을 식(7.3), (7.4), (7.5)에 사용하여야 한다. 이 경우 각 대비식 별로 가설을 검정하므로, 검정통계량의 오차항 자유도는 $(n-1)$이 된다.

$MSRES_k$의 값을 구하는 절차는 각 대비식의 대비계수에 따라 다르게 된다. 무선구획설계에서 오차항이 처치×구획으로 정의되는 것처럼, 구형성 가정이 위배되는 경우에, 오차항은 대비식×구획으로 정의된다. 이제 처치집단의 수는 $J=4$이며, 대비식의 수는 $K=3$으로 가정하고, $\psi_1 = \sum c_{1j}\mu_j$; $\psi_2 = \sum c_{2j}\mu_j$; $\psi_3 = \sum c_{3j}\mu_j$의 $MSRES_k$를 구하는 절차를 소개하면 다음과 같다.

1. 각 구획별로 대비식을 정의한다.

구획 i에서 k번째 대비식은 $\hat{\psi}_{ki} = \sum_j^J c_{jk} Y_{ij}$ 이다. 즉, 첫 번째 대비식($k=1$)과 두 번째 대비식($k=2$), 세 번째 대비식($k=3$)을 구획 i에서 표현하면,

$$\hat{\psi}_{1i} = \sum_j^J c_{j1} Y_{ij} = c_{11} Y_{i1} + c_{21} Y_{i2} + c_{31} Y_{i3} + c_{41} Y_{i4}$$

$$\hat{\psi}_{2i} = \sum_j^J c_{j2} Y_{ij} = c_{12} Y_{i1} + c_{22} Y_{i2} + c_{32} Y_{i3} + c_{42} Y_{i4}$$

$$\hat{\psi}_{3i} = \sum_j^J c_{j3} Y_{ij} = c_{13} Y_{i1} + c_{23} Y_{i2} + c_{33} Y_{i3} + c_{43} Y_{i4}$$

이다. 세 가지 대비식의 값을 모든 구획 i $(i = 1, 2, \ldots n)$에서 각각 구할 수 있다.

2. 각 구획별 ψ_{ki}의 평균을 구한다. 대비식 별로 평균을 구하면,

$$\overline{\psi}_k = \frac{\sum_i^n \hat{\psi}_{ki}}{n}$$ 이다.

3. 다음의 일반식으로 자승합 $SSRES_k$를 구한다.

일반식: $$SSRES_k = \frac{\sum_i^n \left(\hat{\psi}_{ki} - \overline{\psi}_k\right)^2}{\sum_j^J c_{kj}^2}$$

각 대비식별 자승합의 식은 다음과 같다.

첫째 대비식($k = 1$) 경우, $$SSRES_1 = \frac{\sum_i^n \left(\hat{\psi}_{1i} - \overline{\psi}_1\right)^2}{\sum_j^J c_{1j}^2}$$

둘째 대비식($k = 2$) 경우, $$SSRES_2 = \frac{\sum_i^n \left(\hat{\psi}_{2i} - \overline{\psi}_2\right)^2}{\sum_j^J c_{2j}^2}$$

셋째 대비식($k = 3$) 경우, $$SSRES_3 = \frac{\sum_i^n \left(\hat{\psi}_{3i} - \overline{\psi}_3\right)^2}{\sum_j^J c_{3j}^2}$$

4. 각 대비식별 오차항의 평균자승합은 $SSRES_k$를 구획수(즉, 자유도)로 나눈 것이다.

$$MSRES_1 = \frac{SSRES_1}{(n-1)};\ MSRES_2 = \frac{SSRES_2}{(n-1)};\ MSRES_3 = \frac{SSRES_3}{(n-1)}$$

위의 절차에 따라 구한 $MSRES_k$를 식(7.3)부터 식(7.5)까지에 적용하여, 영가설 H_0 : $\psi_k = 0$을 검정할 수 있다. 이때 검정통계량의 오차항 자유도는 $(n-1)$이다.

6 경향분석

무선구획설계에서 처치변수가 양적변수여서 처치집단의 분류가 처치의 양이 많고 적음으로 이루어진다면, 단순히 집단 간 평균비교를 하기 보다는 처치가 증가함에 따라 종속변수의 변화에 어떤 경향성이 존재하는지 탐구하는 것에 흥미를 가질 수 있다. 이 같은 경향분석(trends analysis)은 중다비교의 특수한 경우에 해당한다. 무선구획설계에 의한 자료가 혼합효과 이원분산분석의 가정을 충족한다면, 경향분석의 원리는 4장과 6장에 제시한 방법과 동일하다. 예를 들면, 선형경향성과 이차경향성의 검정통계량은 다음과 같이 구성된다.

$$F = \frac{MS\hat{\psi}_{lin}}{MSRES}, \qquad F = \frac{MS\hat{\psi}_{quad}}{MSRES}$$

여기서 $\psi_{lin} = \sum c_j \mu_j$ 이며, c_j의 대비계수를 선형조건에 맞추어 결정하면 된다. 마찬가지로 $\psi_{quad} = \sum c_j \mu_j$이고, c_j의 대비계수는 이차경향성 조건에 맞추어 결정한다. $MS\hat{\psi}_{lin}$이나, $MS\hat{\psi}_{quad}$ 를 구하는 방법도 4장과 6장에 제시한 방법과 동일하며, $MSRES$는 혼합효과 이원분산분석표 오차항의 평균자승합이다.

무선구획설계에 의한 자료가 구형성 가정을 충족하지 못하는 경우는, 앞의 중다비교에서 구형성 가정이 위배된 경우와 마찬가지 절차에 의하여 $MSRES_k$를 구하여 검정통계량을 구성한다. 여기서는 곧 $MSRES_k = \{MSRES_{lin}, MSRES_{quad}, \dots\}$ 인 셈이다.

7 무선구획설계 자료의 분석 SPSS 예시

여기서는 무선구획설계에 의한 실험자료를 SPSS 프로그램으로 분석하는 방법을 시연한다.

실험개요:

■ 선행학습조직자(Advanced Organizer)의 효과 검정

① 실험제목: 선행학습조직자의 효과 검정

② 실험절차: 30명의 5학년 초등학생에게 사회교과흥미도 검사를 시행하고, 이 점수의 서열대로 3명씩 학생들을 묶어서 10개의 소집단으로 구성하였다. 각 소집단에 속한 3명의 학생을 세 개의 선행조직자 실험집단에 무선으로 배치하였다. 첫 번째 실험집단은 통제집단이며, 둘째 집단은 사후 선행조직자 교수법을 사용하고, 셋째 집단은 사전 선행조직자 교수법을 사용하였다. 사전 선행조직자는 사회과 수업의 시작단계에서 수업에서 다룰 핵심주제의 개요를 먼저 설명한 이후에 수업을 진행하는 것이며, 사후 선행조직자 교수법은 수업 말미에 핵심내용을 요약해 주는 것이다. 통제집단은 일상적인 수업으로 선행조직자를 사용하지 않는다. 3주간 수업을 진행한 이후에 사회과 표준화 검사를 시행하였다.

③ 독립변수(X):
1= 사전 선행조직자 교수법
2= 사후 선행조직자 교수법
3= 통제집단

④ 구획변수(S): 피험자 소규모 집단
1= group 1
2= group 2
.
.
.
10=group 10

⑤ 종속변수; 사회과 검사성적.

⑥ 〈SPSS Data File〉 Ch7exp_2.sav

자료분석 전략 :

위의 실험에서 독립변수는 선행조직자 처치변수이며, 구획변수는 서열화된 10개의 소규모 집단이다. 독립변수와 구획변수가 교차하는 이요인 설계이지만, 구획변수는 서열화되어 구획간 종속변수 값의 격차가 클 것이므로, 독립변수와 구획변수는 상호작용이 없는 것을 가정한다. 따라서 상호작용이 없는 이요인 분산분석모형에 의한 자료분석이 가능하다. 이요인 분산분석모형은 요인의 특성에 따라 다양한 변화가 가능하므로, SPSS에서는 일반선형모형(General Linear Model)으로 접근하여 구체적인 분석모형을 결정한다. 즉, SPSS의 [일반선형모형(G)]에서 '상호작용이 없는 이요인 분산분석모형'을 명세화하면 무선구획설계에 의한 자료분석을 할 수 있는 것이다.

SPSS WINDOW 프로그래밍:

① Data 입력: SPSS 프로그램에서 Data Editor 창을 연 후에, 다음의 SPSS 화면처럼 자료를 입력한다. 창의 맨 윗줄에 보면 File 이름은 'Ch7exp_2.sav'로 저장하였다.

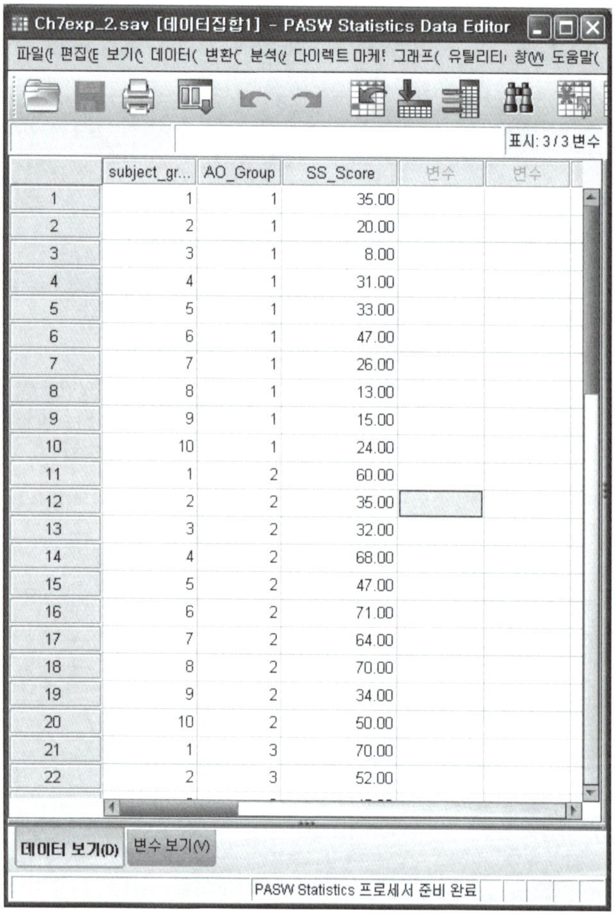

	subject_gr...	AO_Group	SS_Score	변수	변수
1	1	1	35.00		
2	2	1	20.00		
3	3	1	8.00		
4	4	1	31.00		
5	5	1	33.00		
6	6	1	47.00		
7	7	1	26.00		
8	8	1	13.00		
9	9	1	15.00		
10	10	1	24.00		
11	1	2	60.00		
12	2	2	35.00		
13	3	2	32.00		
14	4	2	68.00		
15	5	2	47.00		
16	6	2	71.00		
17	7	2	64.00		
18	8	2	70.00		
19	9	2	34.00		
20	10	2	50.00		
21	1	3	70.00		
22	2	3	52.00		

[그림 7-1] 무선구획설계 자료 입력결과 SPSS Data Editor 창

위의 SPSS 창에서 첫째 열은 소규모 집단(subject gr...)의 구획변수이며, 둘째 열은 AO_Group으로 선행조직자 실험집단이다. 각 실험집단에 10개의 소규모 집단이 있으므로, 두 요인은 교차하고 있다. 셋째 열은 실험 이후 관찰한 종속변수의 값이다. 화면 하단의 [변수보기(V)]를 누르면 나타나는 아래 화면에서 각 변수를 정의할 수 있다.

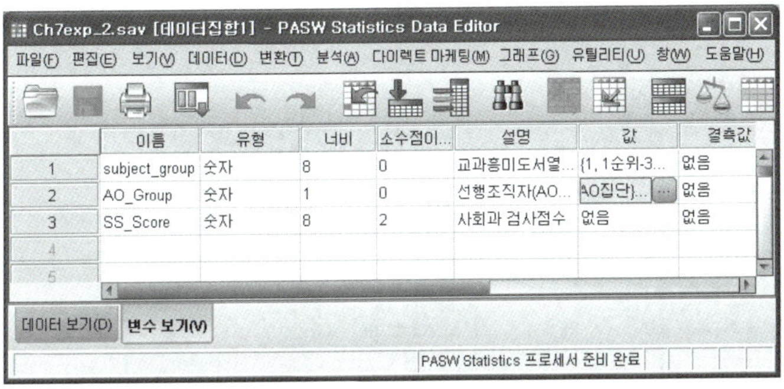

[그림 7-2] SPSS Data Editor의 [변수보기] 창

위의 화면 창에서 각 변수의 값을 정의할 수 있다.

SPSS에서 무선구획설계에 의한 자료는 일반선형모형의 명세화 절차에 따라 자료분석을 명령해야 한다. 아래의 Data Editor 창에서와 같이 메뉴에서 [분석] → [일반선형모형(G)] → [일변량(U)]을 순서대로 누른다.

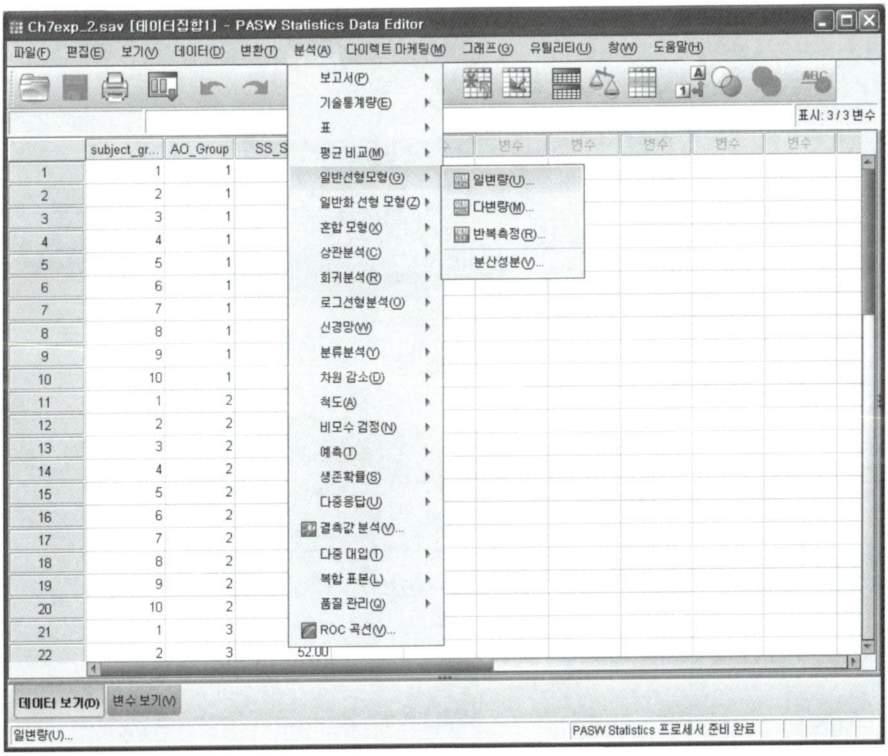

위의 화면에서 [일변량(U)]을 누르면, 다음의 일변량 일반선형모형(Univariate General Linear Model) 실행명령창이 나타난다. 이 창을 중심으로 다양한 모형명세화와 자료분석의 선택을 할 수 있다.

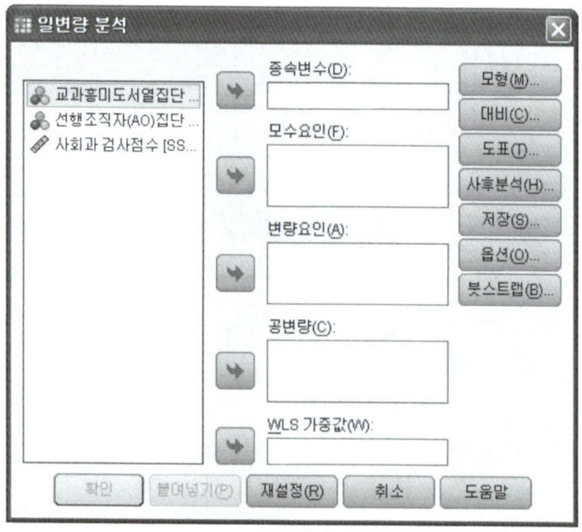

[그림 7-3a] SPSS의 일변량 일반선형모형 분석 명령창

왼편 상자에서 종속변수(D)를 선택하고, 모수요인(F)으로 교차하는 두 요인인 독립변수와 구획변수를 선택한다. 두 요인은 모두 고정효과 모수요인으로 가정한다.

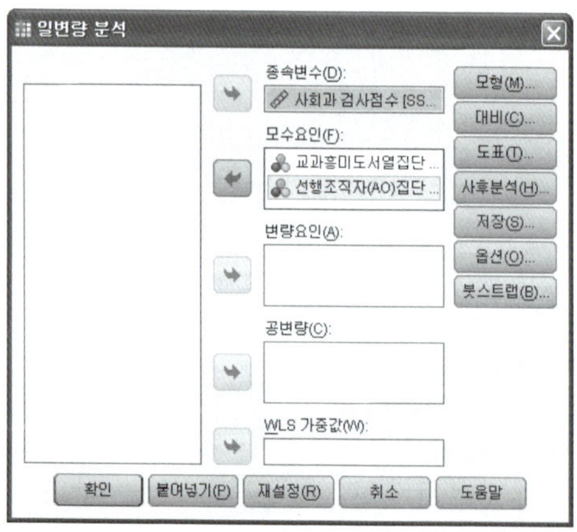

[그림 7-3b] SPSS의 일변량 일반선형모형 분석 명령창

위의 실행명령창에서 맨 오른편 열의 상단에 있는 [모형(M)]을 선택하면, 아래의 창이 나타난다. 아래 창에 보이는 것처럼, 상단에서 [사용자 정의(C)]를 선택하고, 왼편 상자에서 요인을 선택한 이후에 "항 설정"의 화살표를 누르면, 오른편의 "모형(M)"에 요인변수들이 나타난다.

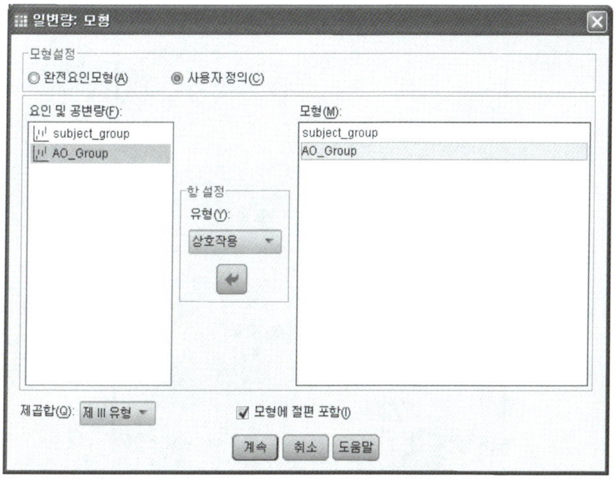

[그림 7-4] SPSS에서 상호작용이 없는 이요인분산분석모형이 명세화 방법

위의 창에서 연구자가 선택한 것은 두 개의 요인이 교차하지만 상호작용이 없는 모형명세화이다. 만일 위의 창에서 [상호작용] 단추를 누르면 다양한 상호작용 항을 선택할 수 있으나, 무선구획설계로 생성된 자료는 상호작용이 없도록 설계한 것이므로 위의 창에서 상호작용 항은 선택하지 않는다. 하단의 “제곱합(Q)"에서 [제III유형]을 선택하고, [모형에 절편포함(I)]을 선택한다. [계속] 단추를 누르면, 다시 [그림 7-3b] 일변량 일반선형모형 분석 명령창으로 돌아간다. [그림 7-3b]에서 오른편의 [도표]를 누르면 다음 창이 나타나, 분석결과를 시각적으로 확인할 수 있도록 도표를 제공한다. 여기서 요청하는 도표는 처치와 구획간 상호작용이 없어서 연구자가 설계한 목적에 맞게 구획의 설정이 효과적이었는지 확인할 수 있다.

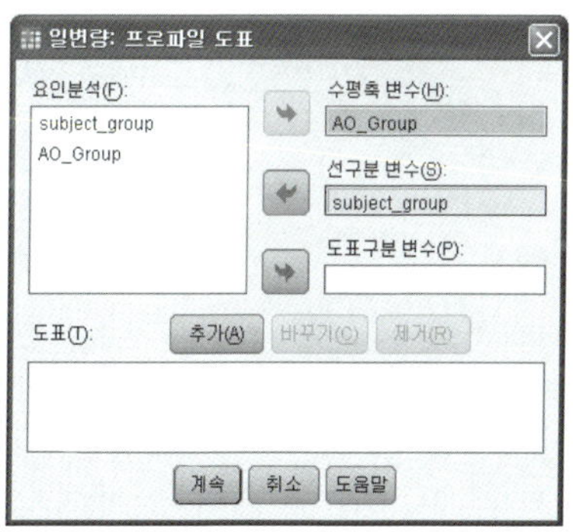

위의 창에서 [추가(A)]와 [계속]을 누르면 다시 [그림 7-3b] 일변량 일반선형모형 분석 명령창이 나타나는데, 추가적인 분석작업이 필요하면 계속해서 오른편의 단추를 누르면 된다. 예를 들어 실험집단이 세 개이므로, 사후비교를 원하면, [사후분석(H)]를 선택한다. [사후분석(H)] 화면에서 원하는 분석방법을 선택하고 [계속] 단추를 누르면 다시 [그림 7-3b]가 나타나고, 추가적인 통계량이 필요하여 [옵션(O)]을 누르면 다음 화면이 나타난다. 여기서는 각 집단의 기술통계량과 동질성 검정을 요청하였다.

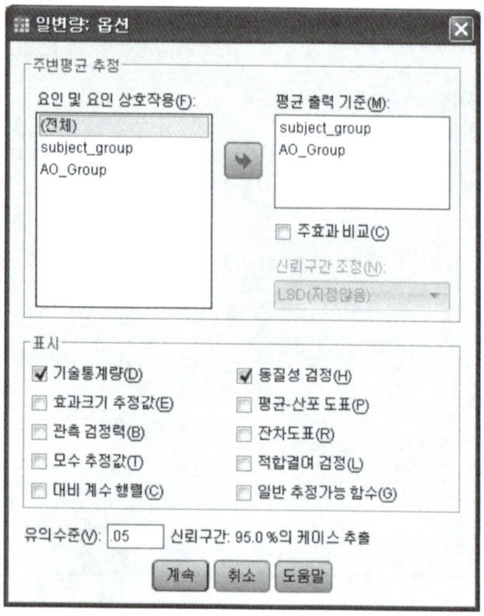

여기서 [계속]을 누르면 다시 [그림 7-3b]의 일반선형모형 실행명령창이 나타난다.

이제 모든 분석조건을 선택하여, 실제로 자료분석을 실행하려면 [그림 7-3b]에서 [확인]단추를 누르면 SPSS 자료분석결과(Output) 화면이 나타난다.

지금까지 연구자가 선택하여 상호작용이 없는 이요인분산분석모형을 SPSS의 syntex program으로 제시하면 아래와 같다. SPSS 결과파일의 [로그] 항목에서 확인할 수 있다.

```
GET
  FILE='F:₩Ch7exp_2.sav'.
DATASET NAME 데이터집합1 WINDOW=FRONT.
UNIANOVA SS_Score BY subject_group AO_Group
  /METHOD=SSTYPE(3)
  /INTERCEPT=INCLUDE
  /POSTHOC=AO_Group(TUKEY BONFERRONI)
  /EMMEANS=TABLES(subject_group)
  /EMMEANS=TABLES(AO_Group)
  /PRINT=HOMOGENEITY DESCRIPTIVE
  /CRITERIA=ALPHA(.05)
  /DESIGN=subject_group AO_Group.
```

위의 SPSS 명령 프로그램의 의미는, 일변량 분산분석 명령어 (UNIANOVA)로서 독립변수가 'subject_group'과 'AO_Group'이고, 종속변수가 'SS_Score' 인 자료를 분석하라는 것이다. 자승합은 제3유형의 자승합을 사용하고, 절편계수를 포함하며, 사후검정으로 TUKEY와 BONFERRONI 방법을 사용한다. 두 요인집단별평균을 산출하고, AO_Group 집단간 동질성 검정도 요청하였으며, 가설검정을 위한 기준으로서 1종오류는 5% 수준이다(ALPHA(0.05)). 맨 하단의 DESIGN을 보면, 두 개의 요인변수만 있고, 상호작용 항은 없는 것을 알 수 있다. 즉, 상호작용이 없는 이요인분산분석을 지시하는 명령문이다.

SPSS OUTPUT(결과물)

〈표 7-1〉 선행조직자 교수법 효과 검정결과(무선구획설계 분산분석표)

개체-간 효과검정					
종속변수: 사회과검사점수					
소스	제III 유형제곱합	자유도	평균제곱	F	유의확률
수정모형	13078.867a	11	1188.988	20.332	.000
절편	70470.533	1	70470.533	1205.082	.000
subject_group	3978.800	9	442.089	7.560	.000
AO_Group	9100.067	2	4550.033	77.808	.000
오차	1052.600	18	58.478		
합계	84602.000	30			
수정합계	14131.467	29			
a. R 제곱= .926 (수정된R 제곱= .880)					

위의 〈표 7-1〉은 SPSS 프로그램으로 세 가지 실험집단의 효과를 비교한 결과이다. 즉, 영가설 H_0 : $\mu_1 = \mu_2 = \mu_3$를 검정한 결과이다. 표의 상단에 종속변수의 의미가 '사회과 검사점수'로 나타났고, 두 요인의 효과는 모두 통계적으로 유의하였다. 구체적으로 구획변수인 subject_group은 F=7.560이고, p=0.000으로 나타나, $\alpha = 0.05$보다 작아서 연구자가 기대한 대로 구획간 평균의 차이가 유의한 것으로 나타났다. 위의 분산분석표에서 주목할 사항은 두 요인간 상호작용 항이 없다는 것이다. 이는 무선구획설계에서 의도한 대로 SPSS 실행명령창의 [모형(M)]에서 그와 같이 정의하였기 때문이다.

연구자의 영가설은 $H_0 : \mu_1 = \mu_2 = \mu_3$로서 AO_Group의 효과인데, F=77.808이며, 유의확률도 $\alpha =$ 0.05보다 작아서 영가설을 기각한다. 따라서 대립가설 "H_A : 적어도 한 집단은 사회과 검사점수의 평균이 다른 어느 집단과 다르다"는 가설을 채택한다. 비교대상인 실험집단이 셋이므로 구체적으로 어느 집단사이에 평균의 차이가 있는지 사후검정한 결과는 아래와 같다.

〈표 7-2〉 무선구획설계의 이요인 분산분석에서 사후검정결과표

다중비교										
종속변수: 사회과검사점수										
	(I) 선행조직자(AO) 집단		(J) 선행조직자(AO) 집단		평균차 (I-J)	표준 오차	유의 확률	95% 신뢰구간	
								하한값	상한값
Tukey HSD	dimension2	통제집단	dimension3	사후AO집단	-27.9000*	3.41988	.000	-36.6281	-19.1719
				사전AO집단	-41.9000*	3.41988	.000	-50.6281	-33.1719
		사후AO집단	dimension3	통제집단	27.9000*	3.41988	.000	19.1719	36.6281
				사전AO집단	-14.0000*	3.41988	.002	-22.7281	-5.2719
		사전AO집단	dimension3	통제집단	41.9000*	3.41988	.000	33.1719	50.6281
				사후AO집단	14.0000*	3.41988	.002	5.2719	22.7281

다중비교								
종속변수: 사회과검사점수								
	(I) 선행조직자(AO) 집단		(J) 선행조직자(AO) 집단		평균차 (I-J)	표준오차	유의확률	95% 신뢰구간	
								하한값	상한값
Bonferroni	dimension2	통제집단	dimension3	사후AO집단	-27.9000*	3.41988	.000	-36.9255	-18.8745
				사전AO집단	-41.9000*	3.41988	.000	-50.9255	-32.8745
		사후AO집단	dimension3	통제집단	27.9000*	3.41988	.000	18.8745	36.9255
				사전AO집단	-14.0000*	3.41988	.002	-23.0255	-4.9745
		사전AO집단	dimension3	통제집단	41.9000*	3.41988	.000	32.8745	50.9255
				사후AO집단	14.0000*	3.41988	.002	4.9745	23.0255

관측평균을 기준으로 합니다.
오류조건은평균제곱(오류) = 58.478입니다.

*. 평균차는.05 수준에서유의합니다.

위의 사후검정 결과를 보면 세 가지 실험집단간 사회과점수의 평균은 모두 유의한 차이가 있는 것을 알 수 있다. 구체적으로 사전 AO_Group의 평균이 가장 높고, 통제집단이 가장 낮다. 보다 구체적으로 각 집단의 평균을 요청한 결과는 아래와 같다.

1. 교과흥미도서열집단				
종속변수: 사회과검사점수				
교과흥미도서열집단	평균	표준오차	95% 신뢰구간	
			하한값	상한값
1순위-3순위집단dimension1	68.000	4.415	58.724	77.276
4순위-6순위집단	57.667	4.415	48.391	66.942
7순위-9순위집단	55.000	4.415	45.724	64.276
10-12순위	54.000	4.415	44.724	63.276
13-15순위집단	51.333	4.415	42.058	60.609
16-18순위	52.667	4.415	43.391	61.942
19-21순위	47.333	4.415	38.058	56.609
22-24순위	35.667	4.415	26.391	44.942
25-27순위	34.667	4.415	25.391	43.942
28순위-30순위집단	28.333	4.415	19.058	37.609

위의 교과흥미도집단의 서열구조는 종속변수의 분포에서도 잘 반영된 것을 알 수 있다. 즉, 교과흥미도 사전검사점수가 높은 집단에서 사회과 사후검사점수 평균이 높은 경향이 유지되었다. 다음은 선

행조직자 집단의 평균이다. 아래의 표는 세 실험집단의 종속변수 평균과 표준오차, 그리고 95% 신뢰구간을 추정한 결과를 제시하고 있다.

2. 선행조직자(AO)집단					
종속변수: 사회과검사점수					
선행조직자(AO)집단		평균	표준오차	95% 신뢰구간	
				하한값	상한값
dimension1	통제집단	25.200	2.418	20.120	30.280
	사후AO집단	53.100	2.418	48.020	58.180
	사전AO집단	67.100	2.418	62.020	72.180

위의 표와 앞의 분산분석표에서의 가설검정 결과와 사후검정 결과를 종합하면, 사전AO 교수법의 효과가 가장 우수하며, 다음으로 사후AO 교수법이 우수한 것을 알 수 있다. 각 구획(교과흥미도 서열집단) 별로 처치변수의 효과를 그래프로 나타내면 아래의 도표와 같다.

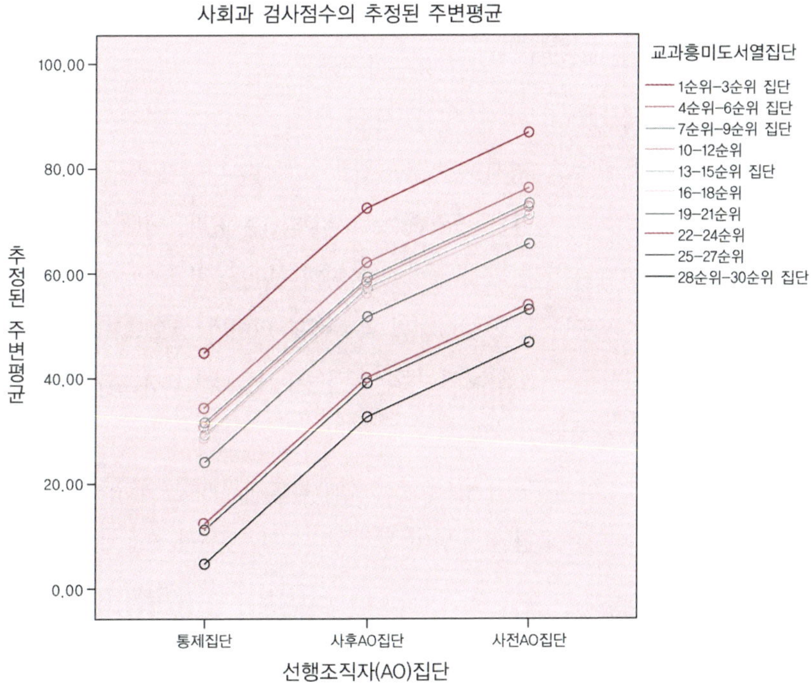

위의 도표는 AO교수법 처치의 효과가 모든 교과흥미도 집단에서 일관되게 관찰되고 있는 것을 알 수 있으며, 무선구획설계가 성공적이었음을 보이고 있다.

8 무선구획설계의 유형

무선구획설계는 외형상 처치와 구획요인에 의한 이요인설계와 동일하나, 구획변수를 생성할 때, 구획내 실험개체는 가능한한 동질적이며 구획간에는 이질적으로 구성하는 것이 특징이다. 구획변수가 효과적으로 구성되면, 오차항의 자승합(*SSRES*)이 구획변수에 의한 자승합(*SSBLK*) 만큼 작아지게 되어, 처치효과의 검정력이 높아진다. 이 같은 무선구획설계에서 가장 보편적인 것은 구획변수가 무선효과를 갖는 것이다. 즉, 연구자는 구획변수를 활용하는 목적이 처치효과에 대한 통계적 검정력을 높이기 위한 것이고, 구획변수 자체의 효과에는 관심이 없는 경우가 대부분이다. 또한, 연구가 반복되면, 연구자에 따라서 구획의 수가 달라질 것이므로, 구획변수는 흔히 무선효과를 갖는다.

그러나 이요인설계에서 처치 이외의 요인이 기본적으로 구획변수와 같은 기능을 하는 변수라면 모두 구획설계라고 할 수 있다. 예를 들면, 어린이의 연령수준에 따라 공간지각능력이 변화하는데, 새로운 영재교육법이 공간지각능력 향상에 도움이 되는지를 검정한다면, 연구자는 어린이의 연령을 구획변수로 사용할 수 있다. 이때 어린이의 연령대가 4세, 5세, 6세, 7세, 8세로 불과 다섯 집단에 불과하다면, 연령효과는 고정효과를 갖는 것이 더 일반적 해석이며, 또한 특정 연령대별 차이에도 의미가 있으므로, 연구자가 자료분석에 적용하는 통계모형은 구획변수(연령)와 처치변수가 모두 고정효과를 갖는다고 할 수 있다.

따라서 외형상 이요인설계의 모습을 갖는 무선구획설계 자료는 구획변수와 처치변수의 성질에 따라 이원분산분석모형의 유형이 달라진다. 그 경우의 수는 다음과 같다.

〈표 7-3〉 무선구획설계에 의한 이원분산분석모형의 유형

모형의 유형	처치효과	구획효과	모형의 명칭
I	고정효과	고정효과	고정효과 이원분산분석모형
II	고정효과	무선효과	혼합효과 이원분산분석모형
III	무선효과	고정효과	혼합효과 이원분산분석모형
IV	무선효과	무선효과	무선효과 이원분산분석모형

위의 〈표 7-3〉에서 맨 오른편의 열에 모형의 명칭이 제시되어 있다. 이 모형의 명칭들은 이미 6장에서 설명하였다. 그러나 무선구획설계에서는 처치×구획의 상호작용 칸에 실험개체가 하나만 있는 경우이므로, 상호작용효과가 없다고 가정한 이원분산분석모형이라고 할 수 있다.

각각의 수리적 모형과 가정, 그리고 영가설은 다음과 같이 정리할 수 있다.

〈표 7-4〉 무선구획설계에 의한 모형과 가설

모형의 유형	통 계 모 형	가설
I	$Y_{ij} = \mu + \alpha_j + \pi_i + e_{ij}$ $\sum_j \alpha_j = 0;\quad \sum_i \pi_i = 0;\quad e_{ij} \sim N(0, \sigma_e^2)$	$H_0 : \mu_1 = \mu_2 = \ldots = \mu_J$ $H_0 : \mu_{1.} = \mu_{2.} = \ldots = \mu_{n.}$
II	$Y_{ij} = \mu + \alpha_j + \pi_i + e_{ij}$ $\sum_j \alpha_j = 0;\quad \pi_i \sim N(0, \sigma_\pi^2);\quad e_{ij} \sim N(0, \sigma_e^2)$	$H_0 : \mu_1 = \mu_2 = \ldots = \mu_J$ $H_0 : \sigma_\pi^2 = 0$
III	$Y_{ij} = \mu + \alpha_j + \pi_i + e_{ij}$ $\alpha_j \sim N(0, \sigma_a^2);\quad \sum_i \pi_i = 0;\quad e_{ij} \sim N(0, \sigma_e^2)$	$H_0 : \sigma_a^2 = 0$ $H_0 : \mu_{1.} = \mu_{2.} = \ldots = \mu_{n.}$
IV	$Y_{ij} = \mu + \alpha_j + \pi_i + e_{ij}$ $\alpha_j \sim N(0, \sigma_a^2);\quad \pi_i \sim N(0, \sigma_\pi^2);\quad e_{ij} \sim N(0, \sigma_e^2)$	$H_0 : \sigma_a^2 = 0$ $H_0 : \sigma_\pi^2 = 0$

즉, 위의 〈표 7-4〉에 제시된 모형들은 모두 이요인설계에 의한 통계모형이지만, 상호작용효과가 없다고 가정한 모형이며, 처치변수와 구획변수는 그 특성에 따라 고정효과 또는 무선효과를 갖는다. 고정효과와 무선효과의 특성에 대해서는 2장, 3장, 6장에서 상세하게 설명하였다.

9 일반화 무선구획설계

지금까지 설명한 무선구획설계는 처치×구획의 칸에 실험개체가 하나만 있는 경우이므로, 실험개체의 효과와 처치×구획의 상호작용효과를 구분할 수 없으며, 두 개의 효과가 혼재하는 단점이 있는 설계이다. 이 같은 한계를 극복하는 방법은 처치×구획의 상호작용 칸에 복수의 실험개체를 배치하여 상호작용 칸의 평균과 실험개체의 값이 다르게 하는 것이다. 일반화 무선구획설계는 외형상 이요인설계이며, 이 설계에 의한 자료의 분석모형은 5장에서 설명한 이요인 분산분석모형과 동일하다.

다음은 일반화 무선구획설계에 의한 자료의 도해를 예시한 것이다.

구획	처치집단		
	집단1	집단2	집단3
구획1	$s_{111}, s_{211}, \cdots s_{n11}$	$s_{121}, s_{221}, \cdots s_{n21}$	$s_{131}, s_{231}, \cdots s_{n31}$
구획2	$s_{112}, s_{212}, \cdots s_{n12}$	$s_{122}, s_{222}, \cdots s_{n22}$	$s_{132}, s_{232}, \cdots s_{n32}$
⋮	⋮	⋮	⋮
구회K	$s_{11K}, s_{21K}, \cdots s_{n1K}$	$s_{12K}, s_{22K}, \cdots s_{n2K}$	$s_{13K}, s_{23K}, \cdots s_{n3K}$

[그림 7-5] 일반화 무선설계의 자료 구조

위의 [그림 7-5]가 이 장의 서두에 제시한 [그림 7-1와 다른점은 처치×구획의 상호작용칸에 복수의 실험개체가 배치되어 있다는 것 뿐이다. 구획변수의 특성은 지금까지의 내용처럼, 구획내 실험개체들이 핵심적인 잡음변수의 분포에서 동질적이며, 구획간에는 이질적이라는 점이다. 만약에 집단1에 속한 실험개체들이 집단2와 집단3에서 반복측정되어도 자료의 구조는 동일하다. [그림 7-5]와 같이 처치×구획의 상호작용칸에 복수의 실험개체가 존재하면, 각 칸의 평균으로부터 각 실험개체 점수의 편차를 구할 수 있으므로, 상호작용효과와 실험개체의 효과를 분리하여 추정할 수 있다.

일반화 무선구획설계 방법

연구자가 관심이 있는 처치의 조건이 J개 있고, 구획변수에 의한 집단의 수가 K개인 경우에, J개 집단간 종속변수의 평균을 비교하는 무선구획설계의 방법은 다음과 같다.

① 실험단위 확보: 실험에 참가할 nJK명의 실험단위(실험대상 개체)를 확보한다.

② 구획변수 생성: 연구자가 선택한 잡음변수의 분포에 의하여 K개의 동질적인 구획을 만들되, 각 구획에는 Jn 명이 포함된다. 만약에 $J=3$이고, $K=7$이며, $n=10$이면, 전체 실험참가자 수는 $nJK=10\times3\times7=210$명이고, $K=7$개의 구획이 만들어지며, 각 구획은 30명으로 구성된다.

③ 무선배치: 각 구획에 속한 Jn명을 n명씩 J개의 처치조건에 무선배치한다. 동일한 무선배치 작업을 첫째 구획, 둘째 구획, ... K번째 구획까지 반복한다.

④ 처치시행: K개의 구획별로 각 처치집단에 무선배치가 이루어지면, 각 처치집단에는 Kn명이 포함한다. 연구자는 계획한 처치를 일정기간 동안 J개 집단에 각각 시행한다. 이때의 처치기간은 처치의 효과가 충분히 드러나도록 결정하여야 한다.

⑤ 자료관찰: 처치가 종결되면 종속변수를 관찰한 자료를 수집한다.

⑥ 자료분석: 처치변수와 구획변수를 두 개의 요인으로 고려하는, 이요인 혼합효과 분산분석모형에 의하여 수집된 자료를 분석한다. 자료분석모형은 상호작용효과가 있는 이원분산분석모형이며, 처치효과와 구획효과는 연구맥락에 따라 고정효과 또는 무선효과를 가질 수 있다.

일반화 무선구획설계의 방법은 앞에서 설명한 무선구획설계와 동일하다. 다만 구획 내에서 복수의 개체를 각 처치집단에 무선배치한다는 점만 다르다.

일반화 무선구획설계 자료의 분석모형

일반화 무선구획설계에 의하여 수집한 자료의 분석모형은 상호작용효과가 있는 이원분산분석모형이다. 통상적으로 구획변수는 무선효과를 가지므로, 여기서는 혼합효과 이원분산분석모형을 제시한다.

$$Y_{ijk}=\mu+\alpha_j+\pi_k+\alpha\pi_{jk}+e_{i(jk)} \quad (7.4)$$
$$(i=1,2,3,\ldots n; j=1,2,\ldots J; k=1,2,\ldots K)$$

여기서

Y_{ijk}: j번째 실험조건집단과 k번째 구획에 속한 i번째 실험개체의 종속변수 점수.

μ: 모집단에서의 종속변수 전체 평균 모수.

α_j: j번째 실험조건 집단의 효과. 전체 평균으로부터 각 처치집단 평균의 편차로서

$\alpha_j = \mu_{j.} - \mu$ 이다. $\sum_{j}^{J} \alpha_j = 0$이다.

π_k: k번째 구획의 효과. 전체 평균으로부터 각 구획집단 평균의 편차로서

$\pi_k = \mu_{.k} - \mu$이다. 구획효과는 통상적으로 무선효과를 가지며, $\pi_k \sim N(0, \sigma_\pi^2)$ 이다.

$\alpha\pi_{jk}$: j번째 실험집단과 k번째 구획의 상호작용효과. 처치×구획의 상호작용 칸의 평균점수와 전체평균의 편차에서 처치효과와 구획효과를 배제하고 남는 효과. $\alpha\pi_{jk} = \mu_{jk} - (\mu + \alpha_j + \pi_k) = \mu_{jk} - \mu_{j.} - \mu_{.k} + \mu$이다. 구획변수가 무선효과를 가지면, 상호작용효과도 무선효과를 갖는다. $\alpha\pi_{jk} \sim N(0, \sigma_{\alpha\pi}^2)$ 이다.

$e_{i(jk)}$: j번째 실험집단과 k번째 구획의 상호작용 칸에 속한 i번째 실험개체의 효과. 각 상호작용 칸의 평균으로부터 각 실험개체 점수의 편차이며, $e_{i(jk)} = Y_{ijk} - \mu_{jk}$이다. 무선효과를 가지며, $e_{i(jk)} \sim N(0, \sigma_e^2)$ 이다.

위의 모형은 가법모형(additive model)이며 $\alpha_j, \pi_k, \alpha\pi_{jk}$, 그리고 $e_{i(jk)}$는 서로 독립이다.

식(7.4)에 제시된 모형은 상호작용효과인 $\alpha\pi_{jk}$의 효과와 실험개체 $e_{i(jk)}$의 효과를 분리하여 제시한다는 점에서, 지금까지 설명한 무선구획설계의 이원분산분석모형인 식(7.1)과 다르다. 식(7.4)에 제시된 모형은 오히려 수리적으로 5장의 완전무선 이요인설계에서 다룬 혼합효과 이원분산분석모형과 동일하다. 따라서 자료의 분석절차와 가설검정 절차도 5장의 혼합효과 이원분산분석모형과 동일하다. 다만 다른 것은 실험을 설계하는 절차가 구획을 활용하였으므로 완전무선설계의 절차로 수집한 자료와는 결과적으로 관찰 점수의 분포가 다를 것이라는 점이다. 따라서, 분석모형은 동일하더라도, 여기서 수집된 관찰점수의 분포는 구획내에서는 동질적인 분포를 갖고 구획간에는 이질적인 특성을 갖게 된다.

일반화 무선구획설계 자료를 분석하는 모형도, 연구맥락에 따라 처치변수와 구획변수의 효과가 고정효과 또는 무선효과를 가질 수 있다. 그 경우 위의 식(7.4)에 제시한 모형은 5장에서 설명한 고정효과 모형, 무선효과 모형, 그리고 혼합효과 모형으로 제시될 수 있다. 이 모형의 추정절차와 분산분석표의 구성도 5장에서 이미 설명하였다. 무선구획

설계를 위한 혼합효과 이원분산분석모형과의 차별성을 부연하기 위하여, 일반화 무선구획설계자료를 분석하는 모형의 분산분석표를 예시하면 다음과 같다.

〈표 7-5〉 일반화 무선구획설계를 위한 혼합효과 이원분산분석모형의 분산분석표
(A: 처치요인 고정효과, B: 구획요인 무선효과)

변산원	자승합	자유도	평균자승합	E(MS)	F
$(\alpha_j)A$요인	SSA	df_a	$MSA=\dfrac{SSA}{df_a}$	$\sigma_e^2+n\sigma_{\alpha\pi}^2+\dfrac{nK\sum_j^J\alpha_j^2}{J-1}$	$\dfrac{MSA}{MSAB}$
$(\pi_k)B$요인	SSB	df_b	$MSB=\dfrac{SSB}{df_b}$	$\sigma_e^2+nJ\sigma_\pi^2$	$\dfrac{MSB}{MSE}$
$(\alpha\pi_{jk})A\times B$요인	SSAB	df_{ab}	$MSAB=SSAB/df_{ab}$	$\sigma_e^2+n\sigma_{\alpha\pi}^2$	$\dfrac{MSAB}{MSE}$
$(e_{i(jk)})$집단내	SSE	df_w	MSE=SSE/df_e	σ_e^2	
전체	SST	N−1			

〈표 7-5〉에 제시한 분산분석표의 특징을 이해하기 위하여 이 장의 앞부분에 소개한 〈표 7-1〉과 〈표 7-2〉의 분산분석표를 함께 비교하면, 상호작용효과를 분리하여 추정하는 것이 어떠한 장점이 있는지 자명해진다. 우선 세 가지 분산분석표와 이에 대응하는 통계모형을 정리하여 제시하면 다음과 같다.

모형1. $Y_{ij}=\mu+\alpha_j+\pi_i+e_{ij}$ 분산분석표: 〈표 7–1〉
모형의 가정: 처치와 구획의 상호작용 없음.

모형2. $Y_{ij}=\mu+\alpha_j+\pi_i+\alpha\pi_{ij}+e_{ij}^*$ 분산분석표: 〈표 7–2〉
모형의 가정: 처치와 구획의 상호작용 존재.

모형3. $Y_{ijk}=\mu+\alpha_j+\pi_k+\alpha\pi_{jk}+e_{i(jk)}$ 분산분석표: 〈표 7–5〉
모형의 가정: 처치와 구획의 상호작용 존재.

모형1은 처치×구획의 상호작용 칸에 관찰단위가 1개인 경우이며, 상호작용효과와 개체효과가 혼재하여 추정될 수 밖에 없으나, 상호작용효과가 없다고 가정한 것이다. 즉, $e_{ij} = \alpha\pi_{ij} + e^*_{ij}$이지만, $\alpha\pi_{ij} = 0$이므로 $e_{ij} = e^*_{ij}$인 경우를 가정한 것이다. 무선구획설계가 성공적으로 이루어져서 구획변수의 효과가 크다면, 이 가정은 충족될 가능성이 높다. 모형 1에 의한 분산분석표 〈표 7-1〉의 내용은 $E(MSE) = \sigma^2_e$으로서 연구자의 무선구획설계의 자료가 위의 가정을 충족하여 처치의 효과와 구획효과를 검정하는 통계량이 적절함을 보이고 있다.

모형2는 처치×구획의 상호작용 칸에 관찰단위가 1개인 경우이며, 상호작용효과와 개체효과가 혼재하여 추정될 수 밖에 없으나, 상호작용효과가 있다고 가정한 것이다. 즉, $e_{ij} = \alpha\pi_{ij} + e^*_{ij}$인데, $\alpha\pi_{ij} \neq 0$이므로 $e_{ij} \neq e^*_{ij}$인 경우를 가정한 것이다. 분산분석표 〈표 7-2〉에서 보면, 이 경우는 $E(MSE) = \sigma^2_e + \sigma^2_{\alpha\pi}$이므로, 처치효과를 검정하기에는 적절한 오차항의 분산이지만, 구획효과를 검정할 수는 없는 구조이다.

여기서의 문제는 연구자가 무선구획설계로 자료를 수집하면, 관찰자료들이 모형1에 부합하는지 모형2에 부합하는지 모른다는 것이다. 다만 어느 경우든 처치효과를 검정하는 통계량, $F = MSA/MSE$가 적절하다. 하지만 상호작용효과가 존재하였다면 정확히 어느 정도였는지, 구획효과의 크기는 얼마인지 확인할 수가 없다.

모형3은 이 같은 고민을 모두 해결하는 것이다. 연구자가 처치×구획의 상호작용 칸에 복수의 관찰개체를 확보할 수 있다면, 〈표 7-5〉의 분산분석표의 $F-$통계량처럼 처치효과, 구획효과, 상호작용효과를 모두 타당하게 검정할 수 있다.

10 무선구획설계의 장점과 단점

실험설계기법은 연구자의 관심사항인 처치효과 또는 독립변수의 효과를 검정하는데, 별도의 비용과 시간, 노력의 낭비없이 통계학 지식에 의존하여 검정력을 높이기 위한 것이다. 이 장에서 설명한 무선구획설계 및 일반화 무선구획설계의 장점을 요약하여 제시하면 다음과 같다.

첫째, 무선구획설계는 완전무선설계와 비교하였을 때, 상대적으로 통계적 검정력이 높은 것이 최대 장점이다. 그 이유는 구획변수의 효과만큼 오차항의 자승합이 줄어들기 때문이다. 다음은 두 모형을 비교한 것이다.

	일요인 완전무선설계	일요인 무선구획설계
모형:	$Y_{ij}=\mu+\alpha_j+e_{ij}$	$Y_{ij}=\mu+\alpha_j+\pi_i+e_{ij}$
자승합 분할:	$SST=SSA+SSW$	$SST=SSA+SSBLK+SSE$
자유도 분할:	$Jn-1=(J-1)+J(n-1)$	$Jn-1=(J-1)+(n-1)+(J-1)(n-1)$

위의 대비표에서 보면, 일요인 완전무선설계에서의 오차항 자승합 SSW가 무선구획설계에서는 $SSBLK+SSE$로 분해됨을 알 수 있다. 즉, 무선구획설계에서의 SSE는 완전무선설계에서의 SSW 보다 $SSBLK$ 만큼 작게 된다. 구획변수의 효과인 $SSBLK$가 클수록 무선구획설계의 SSE는 작아지고, 결국 MSE도 작아져서 검정통계량 F 값이 커지는 효과가 있다. 이 같은 현상을 도해하면 다음과 같다.

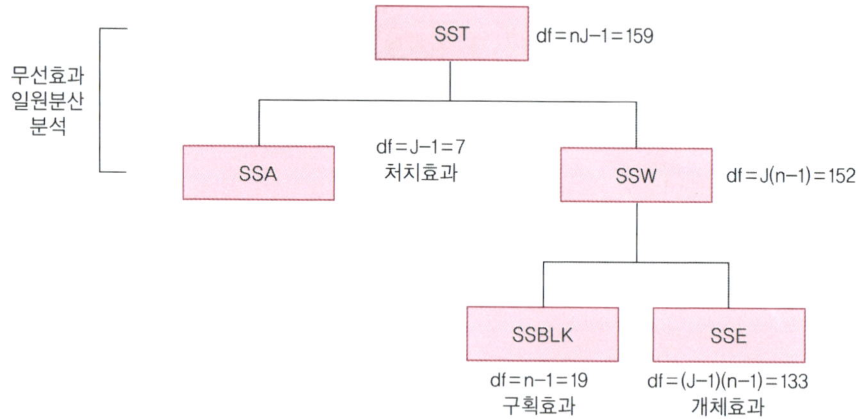

[그림 7-6] 완전무선설계와 무선구획설계에 의한 자승합의 분할

동일한 자료를 두 가지 설계로 분석하였다면, 두 설계에 의한 자승합의 크기와 분해는 다음과 같다.

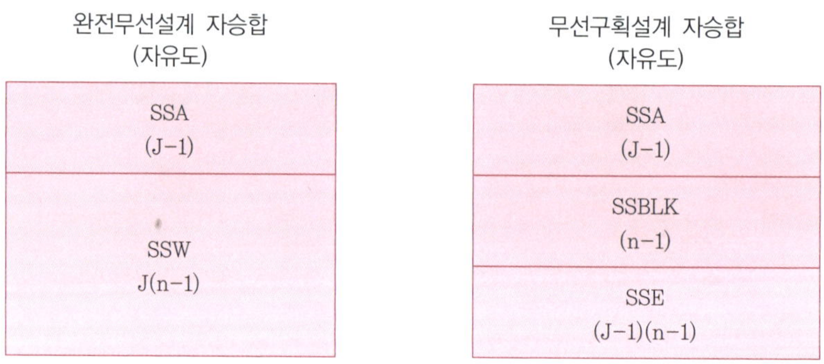

[그림 7-7] 완전무선설계와 무선구획설계에 의한 자승합 비교

둘째, 무선구획설계는 핵심적인 잡음변수를 사전에 확보하는 것이 가능하다면, 연구자의 편의대로 구획을 정할 수 있다. 구획의 수와 처치집단의 수에 구애받지 않으므로 활용도가 높다. 연구자는 구획을 정하는 과정에서, 구획내 충분한 개체의 확보가 가능하다면, 각 처치집단에 복수의 개체를 배치하여 일반화 무선구획설계를 선택할 수도 있다.

셋째, 자료분석 절차가 간명하며, 상호작용효과의 유무에 관계없이 처치효과를 검정할 수 있다.

넷째, 일반화 무선구획설계는 구획효과와 상호작용효과를 모두 검정할 수 있다.

무선구획설계는 다른 한편에서 단점을 가지고 있다. 즉 이 설계를 잘못 사용하면 오히려 통계적 검정력이 떨어지게 된다. 무선구획설계의 단점은 다음과 같다.

첫째, 구획변수의 구성에서 구획내 동질성이 부족하면, 구획간의 이질성도 줄어든다. 이 경우, 구획변수의 효과인 $SSBLK$만큼 오차항의 변산은 줄지만, 상대적으로 자유도도 $J(n-1)$에서 $(J-1)(n-1)$로 줄어들므로, 결과적으로 무선구획설계의 MSE가 완전무선설계의 MSW보다 더 커질 수도 있다. [그림 7-7]은 이를 잘 설명하고 있다. 즉, $SSW > SSE$ 이지만, $\dfrac{SSW}{J(n-1)} < \dfrac{SSE}{(J-1)(n-1)}$ 일 수가 있다. 이 같은 현상은 다음과 같은 간단한 산술식으로 예시할 수 있다.

무선구획설계의 실패 사례($J=4$; $n=10$; $N=Jn=40$)

완전무선설계: $SSA=25$; $SSW=100$; $SST=125$

$MSW=SSW/J(n-1)=100/4(10-1)=2.77$

$MSA=SSA/(J-1)=8.33$

$F=MSA/MSW=8.33/2.77=3.00$ $\quad F_{.95}(3,36)=2.98$

무선구획설계: $SSA=25$; $SSE=90$; $SSBLK=10$; $SST=125$

$MSA=SSA/(J-1)=8.33$

$MSE=SSE/(J-1)(n-1)=90/3(10-1)=3.33$

$F=MSA/MSE=8.33/3.33=2.50$ $\quad F_{.95}(3,27)=2.96$

위의 예시에서 보면, 완전무선설계에서는 처치효과가 통계적으로 유의한 반면, 무선구획설계에서는 오히려 영가설을 검정하는데 실패한 것을 알 수 있다. 구획효과에 의하여 오차항의 자승합이 $SSBLK=10$만큼 줄었으나, 자유도 역시 $J(n-1)=36$에서

$(J-1)(n-1)=27$로 줄어들어 9개의 자유도를 잃어버린 탓이다. 즉, 무선구획설계에서는 잃어버리는 자유도 보다 더 큰 폭으로 $SSBLK$가 추정되어야 통계적 검정력을 높일 수 있다. 위의 경우에, 구획의 효과가 $SSBLK=50$이었다면, 처치효과는 통계적으로 유의하다.

둘째, 처치집단의 수가 많을 경우에는 동질적인 구획을 만들기가 용이치 않다. 처치집단의 수가 늘어나면, 구획내 실험개체들의 동질성이 부족하게 되므로, 구획의 효과가 낮게 되며, 결과적으로 통계적 검정력을 높이는데 실패할 수 있다.

셋째, 무선구획설계는 처치×구획의 상호작용 칸에 실험개체가 하나이므로, 상호작용 효과가 없다는 가정을 하고 있으나, 상호작용효과가 존재하는 경우에는 처치효과를 검정하는 통계량 F는 작아져서 부적으로 편기되며 검정력이 떨어진다. 즉, $F=E(MSA)/E(MSE)$에서 상호작용효과 $\sigma^2_{\alpha\pi}$이 분모와 분자에 모두 포함되면 F 값은 작아진다.

넷째, 무선구획설계에 의한 자료분석모형은 구형성(Sphericity) 가정을 요구하므로, 완전무선설계의 경우보다 상대적으로 가정을 충족하기 어려운 한계가 있다.

Chapter **08**

위계설계와 분산분석모형

1 개요

행동과학자들과 사회과학자들이 연구가설을 검정하기 위하여 동원하는 통계모형의 적절성은, 연구자의 모형이 연구가설과 관련된 모수를 포함하며, 동시에 수집된 자료의 구조를 모형에 반영하여야 한다. 특히 연구자의 수리모형이 분석대상인 자료의 구조를 적절히 반영하지 못하면, 분석결과는 타당성을 잃는다. 역사적으로 중세기가 몇 백년을 지속한 이유는 과학자들이 사용하는 수리모형이 실제 관찰하는 자연현상을 적절히 반영하지 못하였기 때문이다. 너무나도 복잡한 자연현상은 당시에 과학자들이 시도한 원리로 설명되지 않는 경우가 너무나도 많았고, 연구자의 이론모형으로 자연을 설명하는데는 지난한 세월이 요구되었다고 할 수 있다.

이 장에서 설명하는 위계설계는 위계적 구조(hierarchical structure)를 갖는 자료를 생성하는 설계이다. 위계적 구조의 자료는 한 요인이 다른 요인에 내재된(nested) 구조이다. 사회현상은 그 자체가 위계적 구조를 갖고 있는 경우가 대부분이다. 예를 들어, 학생들은 학급에 속하며, 학급은 학교에 속하고, 학교는 교육청에 속하는 구조는 대표적인 위계적 구조이다. 만약에 연구자가 공립학교와 사립학교 학생들의 성취도를 비교하는 연구를 한다면, 학생-학급-학교-공사립 설립유형의 구조는 학급요인이 학교요인에 내재된 구조이며, 다시 학교요인은 공사립설립유형에 완전히 내재된 구조이다. 은행원들은 지점 또는 점포에 속하여 근무한다. 회사원들은 각 부서 또는 부처에 속해서 근무한다. 이때, 학급, 지점, 부서들은 사회체제상 현존하는 의미있는 집단들이며, 자료수집과정에서 이 같은 의미 있는 사회단위의 존재를 무시하면, 연구자의 일종오류(α)가 증가하는 오류를 범하게 된다.

행동과학자나 사회과학자들이 위계적 구조의 자료를 분석해야 하는 경우는 너무나 흔하다. 위계적 자료를 분석하는 과정에서 연구자가 타당한 연구결과를 얻으려면, 연구자의 통계모형은 위계적 구조를 반영하여야 한다. 1976년에 Lee J. Cronbach은 스탠포드 대학의 콜로퀴엄에서 유명한 선언을 하였다. 수 많은 교육학 연구와 거의 대부분의 평가관련 연구들이 교육자료의 위계적 특성을 무시하여, 타당한 결과를 발견하기 보다는 감추는 방법으로 자료를 분석하였다는 것이다(Cronbach, 1976, 1쪽). 연구자의 통계모형이 자료의 위계적 특성을 무시하면, 연구자들은 흔히 분석의 오류를 범하게 된다는 것은 오랫동안 방법론자들이 숙지하던 문제였다(Lindquist, 1940; Burstein, 1980; Hopkins, 1982).

이 장에서 설명하는 위계설계(hierarchical design)는 흔히 내재설계(nested design), 배속설계 또는 둥지요인설계(nested factor design)등 다양한 명칭으로 불리운다. 또한 위계적 자료(hierarchical data)는 내재적 자료(nested data) 또는 다층자료(multilevel data)라고도 한다. 여기서는 전통적으로 많이 활용되는 위계설계와 내재설계의 용어를 혼용하여 사용한다.

위계설계는 연구자가 연구를 설계하고 자료를 수집하는 과정에서 자연집단을 표집단위(sampling unit), 또는 무선배치의 단위(experimental unit)로 활용하는 경우에 발생한다. 예를 들어, 어느 중학교의 교장과 교사들은 경쟁관계에 있는 두 가지 수학 교과서의 효과를 비교하려고 한다. 학교운영의 특성상, 학생들을 각 교과서 집단에 무선배치할 수가 없으므로, 이 학교에서는 실험에 자원한 8명의 교사들이 담당하는 학급을 표본으로 활용하였다. 연구자는 4명의 교사를 각 교과서 집단에 무선배치하였다. 각 교사의 학급에 속한 학생들은 모두 표본에 포함되었다. 그 후 5주간의 수업을 시행하고, 수학성취도 검사점수로 두 교재의 효과를 비교하였다. 다음의 [그림 8-1]은 이 같은 실험설계의 자료구조를 나타낸 것이다.

교과서 1				교과서 2			
김 교사 학급	이 교사 학급	박 교사 학급	최 교사 학급	정 교사 학급	강 교사 학급	조 교사 학급	윤 교사 학급
s_{111}	s_{112}	s_{113}	s_{114}	s_{121}	s_{122}	s_{123}	s_{124}
s_{211}	s_{212}	s_{213}	s_{214}	s_{221}	s_{222}	s_{223}	s_{224}
.	.	.	.	.	.	.	.
.	.	.	.	.	.	.	.
.	.	.	.	.	.	.	.
s_{n11}	s_{n12}	s_{n13}	s_{n14}	s_{n21}	s_{n22}	s_{n23}	s_{n24}

[그림 8-1] $CRH-AB(A)$ 위계설계의 자료구조 예시

[그림 8-1]에서, 학생들은 학급(또는 교사)에 내재되어 있으며, 교사들은 두 가지 교과서 집단에 내재되어 있다. 학생-교사-처치집단의 구조로 완전히 내재된 설계이다. 즉, 한 처치집단에 속한 교사는 다른 처치집단에 속하지 않는다. 이를 달리 표현하면, 각 처치조건의 효과는 모든 교사에게 나타나는 것이 아니며, 각 처치조건에 내재된 교사에게만 나타난다. 이 같은 설계를 완전무선위계설계(Completely Randomized Hierarchical design)라고 하며, 약식명칭으로 $CRH-AB(A)$로 표기한다. 여기서 A요인은 J개의 집단이 있는 처치요인이며, B요인은 K개의 집단인 교사요인이다. $B(A)$의 표기는 B요인이 A요인에 내재되어 있다는 의미이다.

이 같은 위계설계의 특징은 현재집단인 학급(교사)을 표집단위(sampling unit)와 무선배치의 단위(experimental unit)로 사용하였으며, 학생들은 표집단위나 실험단위가 아니었다는 점이다. 이 경우 학생들은 관찰단위(observational unit)이다. 실험단위는 상호 독립적인 단위들이며, 관찰단위는 종속변수의 값을 제공하는 단위이다. 통상적으로 대부분의 실험설계에서는 관찰단위와 실험단위가 일치한다. 그러나 위계설계에서는 관찰단위와 실험단위가 많은 경우에 일치하지 않으므로 연구자들은 관찰단위를 실험단위로 잘 못 이해하고 분석의 오류를 범한다.

또 다른 예로서, 위계설계는 처치의 효과를 검정하는데, 중요한 잡음변수(nuisance variable)를 통제하는 설계이다. 예를 들어, 한 상담학자가 두 가지 상담방법의 효과를 비교하기 위하여 6명의 자원 상담가에게 실험을 하였다. 상담학자는 상담법의 효과가 상담가에 따라서 변화가 크다고 판단하고 있으며, 처치의 효과를 검정하는 과정에서 상담가의 효과를 통제하려고 한다. 상담학자는 자원상담가를 두 가지 상담방법의 조건에 3명씩 무선배치하였다. 그 후 자신의 상담소를 찾는 내담자를 여섯 명의 상담가에게 각 각 6명씩 무선으로 배정하였다. 즉, 처치요인은 2개 집단이며, 상담가 요인은 6개 집단이다. 이 경우도 자료의 구조는 위의 [그림 8-1]과 동일하다. 즉, 내담자-상담가-처치집단으로 완전내재된 구조이다. 만약에 상담가가 무선 배정된 6명의 내담자를 개별적으로 각 각 상담하였다면, 이 설계에서는 반응변수의 독립이 보장되는 실험단위가 내담자와 자원상담가의 두 가지이다. 이 경우 내담자는 관찰단위이며 동시에 실험단위이다. 그러나 상담가가 집단

상담을 하였다면, 동일 상담가에 속한 여섯 명의 내담자들의 반응변수는 상호독립이 아니므로 내담자는 관찰단위이지만 실험단위는 아니다. 그 어느 경우든 실험설계의 자료구조는 [그림 8-1]과 동일하다.

위계설계 또는 내재설계는 교차설계(crossed design)와 상반된 개념이다. 교차설계에서는 A와 B의 요인이 서로 교차하여 A요인의 J개 집단의 효과가 B요인의 모든 K개 집단에 나타나며, 역으로 B요인의 K개 효과가 A요인의 J개 집단에 나타난다. 따라서 실험개체는 두 요인의 상호작용 칸에 내재되어 있다. 그러나 [그림 8-1]과 같은 내재설계에서는 교과서1의 효과는 김교사~최교사 학급까지만 존재하며, 교과서2의 효과는 정교사~윤교사 학급에만 존재한다. 즉, 두 가지 처치효과가 모든 교사에게 나타나는 것이 아니고, 각 처치효과는 네 명의 교사에게만 각 각 나타난다. 마찬가지로 교사효과는 한 가지 처치조건에서만 나타난다. 두 번째로 예시한 상담연구에서도 각 상담방법의 효과가 모든 상담가에게 적용되는 것이 아니다. 상담가는 상담방법에 내재되어 있으며, 내담자는 상담가에 내재되어 있다. 요약하면, 교차설계의 특징은 각 요인의 모든 수준의 효과가 다른 요인들의 모든 수준에 노출되는 것이며, 두 개의 요인은 상하위의 개념이 없이 대등하다. 내재설계는 상위요인과 하위요인이 있으며, 하위요인의 단위들은 상위요인의 각 수준에 속해 있다. 따라서 상위요인의 각 효과는 내재된 하위 단위들에서만 나타난다.

내재설계와 교차설계의 특징을 그림으로 비교하면 다음과 같다.

(가) 위계설계

교사	처치	
	교과서1	교과서2
김	학급1, n_{11}	
이	학급2, n_{12}	
박	학급3, n_{13}	
최	학급4, n_{14}	
정		학급5, n_{21}
강		학급6, n_{22}
조		학급7, n_{23}
윤		학급8, n_{24}

(나) 교차설계

교사	처치	
	교과서1	교과서2
김	학급1, n_{11}	학급5, n_{21}
이	학급2, n_{12}	학급6, n_{22}
박	학급3, n_{13}	학급7, n_{23}
최	학급4, n_{14}	학급8, n_{24}

[그림 8-2] 위계설계와 교차설계의 자료구조 비교

[그림 8-2]에서 왼편의 (가)그림은 위계설계를 반영한 것이다. 이 설계에서 김교사~최교사 까지는 오직 교과서1의 효과만 받으며, 정교사~윤교사까지는 오직 교과서2의 효과만 받는다. 여기서 처치요인은 상위요인이며, 교사요인은 하위요인이다. 처치요인의 효과는 그 처치에 내재된 하위요인의 단위(교사)들에만 나타난다. 따라서 교사요인(B)은 처치요인(A)에 내재되어 있으므로, $CRH-AB(A)$의 구조이다. 반면에 [그림 8-2]의 오른편의 (나)그림은 8개의 학급이 있으나, 교사가 4명이므로, 모든 처치조건이 모든 교사에게 나타나며, 모든 교사의 효과가 모든 처치조건에 나타난다. 학생들은 두 가지 요인이 완전히 교차하여 만들어지는 칸에 내재되어 있다. 따라서 처치요인(A)과 교사요인(B)은 서로 교차하는 설계이다[1].

위계설계와 교차설계를 간명하게 표현하는 방법은 계보를 사용하는 것이다. 다음에 제시한 [그림 8-3]의 두 그림은 위의 [그림 8-2]를 다르게 나타낸 것이다. [그림 8-3]에서 왼편의 (가)그림은 A요인 집단에 포함된 B요인의 각 집단이 서로 다르다. 즉, a_1집단에는 b_1에서 b_4까지만 포함되고, a_2집단에는 b_5에서 b_8까지가 포함되어 B요인의 모든 집단들은 A요인의 한 집단에만 나타난다. 따라서 B 요인은 A요인에 내재한 $CRH-AB(A)$의 구조이다. 오른편의 그림은 B요인의 b_1~b_4에 이르는 모든 집단들은 A요인의 a_1과 a_2 집단에 모두 나타난다. 이 설계는 $CR-AB$로 표기한다.

---

1) 이 경우에 각 학생들이 무선으로 각 칸에 배치되었다면 이 설계는 $CR-AB$이며, 고정효과 이원분산분석모형으로 자료를 적절히 분석할 수 있다. 그러나 무선배치의 단위가 학생이 아니고 학급이었으므로, 학급은 실험단위이며 무선효과를 갖는다. 두 개의 주효과 요인은 고정효과 요인이지만, 상호작용 요인인 학급은 무선효과를 갖는 독특한 구조이다. 따라서 이 설계는 $CRH-ABC(AB)$의 독특한 구조이다. 여기서 $C(AB)$는 학급이 AB 상호작용 칸에 내재되어 있다는 의미이다. 학급효과가 무선효과인 증거는 동일 학급내 학생들의 반응은 상관을 가지며, 그 크기는 학급분산이며 곧 상호작용효과의 분산이기도 하다.
즉 $Cov(Y_{ijk}, Y_{i'jk}) = Cov(\mu_{jk}+e_{ijk},\ \mu_{jk}+e_{i'jk}) = Var(\mu_{jk})$이다.

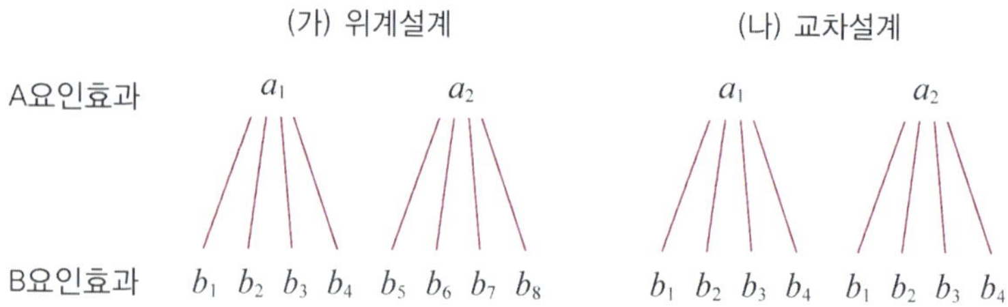

[그림 8-3] 위계설계와 교차설계의 비교

위계설계는 하위요인이 상위요인에 완전히 내재하는 완전무선위계설계도 있으며, 상위요인과 하위요인의 층위가 두 개가 아니라, 처치(A)-학교(B)-학급(C)처럼 3개의 요인이 위계적 관계를 갖는 $CRH-AB(A)C(AB)$ 설계도 흔하다. 또한 3개의 요인이 있는 경우에 B요인은 A요인에 내재되어 있으나, C요인은 A와 B요인에 모두 교차하는 부분적으로 위계적인 설계도 가능하다. 이 같은 다양한 설계를 간명하게 비교할 수 있는 기법으로 위에 제시한 계보 그림은 매우 유용하다. 이 장에서는 위계설계의 가장 간단한 형태인 $CRH-AB(A)$를 집중적으로 검토하고, 이 장의 후반부에서, 다양한 완전무선위계설계와 부분무선위계설계에 대한 계보그림과 모형, 그리고 분산분석표의 구성을 논의한다.

2 위계설계 자료의 분석모형

[그림 8-1]에 제시된 설계를 보면, 위계설계는 복수의 요인이 있으나 한 요인이 다른 요인에 내재된 구조를 갖는 설계이다. 위계설계의 특징은 곧 교차설계와의 차이점이라고 할 수 있다. 즉, A와 B의 요인이 있는 교차설계에서는 $A \times B$의 상호작용이 존재하지만, [그림 8-1]과 같은 위계설계에서는 B요인(교사)이 A요인(교과서)에 내재되어 있어서 두

요인사이에 상호작용은 나타나지 않는다. 그 이유는 B요인의 각 집단이 A요인의 여러 조건들을 모두 겪어야 A요인의 조건에 따라 B요인의 효과가 다르다는 상호작용의 가능성이 있는데, 위계설계에서는 B요인의 각 집단이 A요인의 여러 조건들 중에서 단 하나의 조건에만 나타나므로, 상호작용효과에 대한 추리는 원천적으로 배제되어 있는 것이다.

[그림 8-1]에 제시된 위계설계 자료를 분석하는 통계모형은 두 개의 요인이 있으나, 두 요인의 상호작용이 없으며, 상위요인에 하위요인이 귀속하는 구조를 갖는다. 다음은 $CRH-AB(A)$의 설계에 부합하는 분산분석모형이다.

$$Y_{ijk} = \mu + \alpha_j + \beta_{k(j)} + e_{i(jk)},\ \beta_{k(j)} \sim N(0, \sigma_\beta^2) \quad e_{i(jk)} \sim N(0, \sigma_e^2) \tag{8.1}$$

$\mu =$ 전체 모평균

$\alpha_j = \mu_j - \mu$: j 번째 처치의 효과

$\beta_{k(j)} = \mu_{k(j)} - \mu_j$: j번째 처치집단에 내재된 k번째 B요인의 효과

$e_{i(jk)} = Y_{ijk} - \mu_{k(j)}$: 각 관찰단위의 효과.

위의 식(8.1)에서, Y_{ijk}는 각 관찰단위의 종속변수값이며, μ는 모집단 전체 종속변수 평균이고, α_j는 j번째 처치집단(교과서)의 효과이며, $\sum \alpha_j = 0$인 제약조건을 갖는다. 위의 식에서 특징적인 것은 하위요인의 효과(즉, 교사효과)인 $\beta_{k(j)}$가 상위요인인 처치에 내재되어 있다는 것이다. 아래첨자의 $k(j)$는 B요인의 k번째 집단이 A요인의 j번째 집단에 내재되어 있다는 표기이다. B요인의 각 집단들처럼 다른 요인에 내재된 단위들은 흔히 무선효과를 갖는다. [그림 8-1]에서처럼 교사요인은 무선배치의 대상인 실험단위이며 무선효과를 갖는다고 할 수 있다. 따라서 $\beta_{k(j)}$는 무선효과를 가지며, 모집단에서 정규분포를 이루고, 일정한 분산, σ_β^2, 을 갖는다. 아울러 $e_{i(jk)}$는 각 관찰단위(즉, 학생)가 jk번째 집단에, 즉, A요인의 j번째 집단과 B요인의 k번째 집단에 동시에 내재되어 있다는 의미이다. $e_{i(jk)}$는 무선효과를 가지며, 정규분포를 갖고, 일정한 분산, σ_e^2,을 갖는다.

식(8.1)에서 중요한 사항은 내재된 요인(학급 또는 교사)은 사실상 핵심적인 잡음변수(nuisance variable)이거나, 사회체제상 의미 있게 존재하는 있는 그대로의 집단으로서

관찰단위의 행동에 유의한 영향을 미치는 요인이다. 그 어느 경우든 위계설계에서는 내재되는 요인의 선택이 매우 중요하다. 내재된 요인을 연구설계단계에서 무시하거나 누락하면, 처치의 효과를 검정하는 통계량에 정적 편기(positively biased)가 발생하여, 일종오류가 증가하므로, 부당하게 영가설을 거부할 확률이 높아진다.

영가설

식(8.1)에서 연구자가 검정하려는 영가설은 고정효과를 갖는 처치효과이다. 분산분석모형이 복수집단의 평균을 모형인 것처럼, 다른 모형에서의 영가설과 마찬가지로, 위계설계의 영가설도 복수집단간 평균의 차이가 없다는 것이다. 처치효과의 수리가설은 다음과 같다.

처치효과의 가설:

$$H_0 : \sum_{j}^{J} \alpha_j^2 = 0; \qquad H_A : \sum_{j}^{J} \alpha_j^2 > 0.$$

또는

$$H_0 : \mu_1 = \mu_2 = \ldots = \mu_J; \qquad H_A : \mu_j \neq \mu_{j'} \, (j \neq j')$$

위의 가설은 모집단에서의 평균이 모두 같다는 것으로 일원분산분석모형에서의 가설과 동일하다. 한편 식(8.1)에서 내재된 요인의 효과는 연구자에 따라 의미있는 가설이 될 수도 있으며, 잡음변수의 효과를 통제하여 처치효과의 가설검정을 타당하게 하는 기능으로만 의미가 있을 수도 있다. 그러나 내재요인(nested factor)의 효과가 통계적으로 유의하지 않은 경우에는 처치효과를 검정하는 $F-$통계량의 검정력이 강화될 수 있으므로, 내재요인 효과의 가설검정은 여전히 중요하다고 할 수 있다.

내재요인효과의 가설:

$$H_0 : \sigma_\beta^2 = 0; \qquad H_A : \sigma_\beta^2 > 0.$$

위의 영가설은 내재요인의 효과가 없다는 것이다. 통계적 가설검정에서는 내재요인이 효과유무를 확률로 검정을 하지만, 실제 연구에서는 많은 경우에 σ_β^2의 크기에 관심이 많다. 즉 식(8.1)에서 $Var(Y_{ijk}) = \sigma_\beta^2 + \sigma_e^2$이므로, σ_β^2가 크면 전체 분산에서 내재요인이 차지하는 비중이 크다는 것이다. 즉, 내재요인이 사회체제의 의미있는 단위라면 어느 정도 영향력이 있는지 가늠할 수 있는 통계량이 σ_β^2 추정치의 크기이다. 따라서 위계설계에서은 위의 영가설의 검정도 중요하지만, $\hat{\sigma}_\beta^2$의 값을 구하는 것도 중요하다.

모형의 추정

식(8.1)에 제시된 위계적 분산분석모형에서 각 모수의 추정식은 다음과 같다.

$$Y_{ijk} = \mu + \alpha_j + \beta_{k(j)} + e_{i(jk)},\ \beta_{k(j)} \sim N(0, \sigma_\beta^2) \quad e_{i(jk)} \sim N(0, \sigma_e^2)$$

$\hat{\mu} = \overline{Y}_{...}$	표본의 전체평균
$\hat{\alpha}_j = \overline{Y}_{.j.} - \overline{Y}_{...}$	j번째 처치집단 평균과 전체평균과의 편차
$\hat{\beta}_{k(j)} = \overline{Y}_{.jk} - \overline{Y}_{.j.}$	j번째 처치집단의 평균과 그 안에 속한 k번째 집단평균과의 편차.
$\hat{e}_{i(jk)} = Y_{ijk} - \overline{Y}_{.jk}$	j번째 처치집단에 속한 k번째 집단의 평균과 각 관찰단위의 점수와의 편차.

위에 제시한 위계적 분산분석모형은 관찰단위의 종속변수 값(Y_{ijk})이 처치효과(α_j)와 내재요인의 효과($\beta_{k(j)}$) 그리고 각 관찰단위의 효과($e_{i(jk)}$)에 따라 다르다는 이론을 표현한 것이다. 즉, 위의 모형에서 관찰점수의 변산원은 α_j, $\beta_{k(j)}$, $e_{i(jk)}$의 세 가지이며, 다른 요인은 없다고 가정한 것이다. 모형에 근거하여 각 변산원은 다음과 같이 나타낼 수 있다.

$$Y_{ijk} - \overline{Y}_{...} = \hat{\alpha}_j + \hat{\beta}_{k(j)} + \hat{e}_{i(jk)} = (\overline{Y}_{.j.} - \overline{Y}_{...}) + (\overline{Y}_{.jk} - \overline{Y}_{.j.}) + (Y_{ijk} - \overline{Y}_{.jk}) \quad (8.2)$$

위의 식(8.2)에서 등호의 왼편에 나타낸 전체편차 점수, $Y_{ijk} - \overline{Y}_{...}$는 결국 모형이 설정한 각 모수추정치의 합인 것을 알 수 있다. 이처럼 각 모수가 추정하는 편차의 합이 전체 편차로 구성되는 모형을 가법모형(additive model)이라고 한다. 또한 각 편차는 소위 변산원이며 자승합을 구성한다.

식(8.2)에서 자승합을 유도하면, 전체 자승합은 다음과 같이 합산적 관계를 갖는다.

$$\begin{aligned}\sum_i\sum_j\sum_k(Y_{ijk} - \overline{Y}_{...})^2 &= \sum_i\sum_j\sum_k\left[(\overline{Y}_{.j.} - \overline{Y}_{...}) + (\overline{Y}_{.jk} - \overline{Y}_{.j.}) + (Y_{ijk} - \overline{Y}_{.jk})\right]^2 \quad (8.3)\\ &= nK\sum_j(\overline{Y}_{.j.} - \overline{Y}_{...})^2 + n\sum_j\sum_k(\overline{Y}_{.jk} - \overline{Y}_{.j.}) + \sum_i\sum_j\sum_k(Y_{ijk} - \overline{Y}_{.jk})^2\\ &= nK\sum_j\hat{\alpha}_j^2 \qquad + n\sum_j\sum_k\hat{\beta}_{k(j)}^2 \qquad + \sum_i\sum_j\sum_k\hat{e}_{i(jk)}^2\\ SST \quad &= \quad SSA \qquad + SSB(A) \qquad + \quad SSE\end{aligned}$$

전체 자승합 $\quad$ A 요인 자승합 $\quad$ 내재요인자승합 $\quad$ 오차자승합

식(8.3)은 전체 자승합의 분할구조를 나타낸 것이다. 분산분석이론은 모든 요인의 자승합이 전체 자승합과 가법적 관계 혹은 합산적 관계에 있다는 것으로, 이처럼 가법적 관계에 있으면, 각 요인에 의하여 설명되는 변산의 크기가 분명하므로, 분석결과에서 각 요인의 효과에 대한 해석이 정확한 장점이 있다. 각 자승합의 자유도는 식(8.2)에 제시한 편차의 개수라고 할 수 있다. 즉, $Y_{ijk} - \overline{Y}_{...}$의 독립적인 편차정보는 전체적으로 $nJK-1$개가 존재한다. 마찬가지로 독립적인 $\hat{\alpha}_j$는 $J-1$개이며, $\hat{\beta}_{k(j)}$의 숫자는 $J(K-1)$개다. 즉, J개 처치집단별로 $(K-1)$개의 자유도가 있는 셈이다. 오차항의 자유도는 $JK(n-1)$이다.

위의 자승합의 분할 구조를 이해하면 위계적 분산분석모형에 의한 분산분석표를 구성할 수 있다. 다음의 〈표 8.1〉은 위계적 분산분석모형의 분산분석표를 나타낸 것이다.

〈표 8-1〉 위계적 분산분석표의 구조

변산원	자승합	자유도	평균자승합	E(MS)	F
(α_j) A	$\text{SSA} = nK\sum_j \hat{\alpha}_j^2$	$J-1$	$MSA = \frac{SSA}{J-1}$	$\sigma_e^2 + n\sigma_\beta^2 + \frac{nK\sum_j \alpha_j^2}{J-1}$	$\frac{MSA}{MSB(A)}$
$(\beta_{k(j)})$ B(A)	$SSB(A)$ $= n\sum_j\sum_k \hat{\beta}_{k(j)}^2$	$J(K-1)$	$MSB(A)$ $= \frac{SSB(A)}{J(K-1)}$	$\sigma_e^2 + n\sigma_\beta^2$	$\frac{MSB(A)}{MSE}$
(e_{ijk}) S(AB)	SSE $= \sum_i\sum_j\sum_k \hat{e}_{i(jk)}^2$	$JK(n-1)$	MSE $= \frac{SSE}{JK(n-1)}$	σ_e^2	
전체	SST	$N-1$ $= JKn-1$			

〈표 8.1〉의 분산분석표에서 유의할 사항은 B요인은 A요인에 내재되어 있으며, 각 관찰개체들은 B요인에 내재되어 있는 점이다. 따라서 자유도의 변화도 내재된 특성을 반영하고 있다. 위의 분산분석표에서 $E(MS)$의 구조도 위계구조의 특성을 반영하고 있다. 즉, 위계구조에서는 각 요인별 집단내 요인이 분명하다. A요인의 오차항은 A요인에 속한 B요인이다. 따라서 A요인의 검정통계량은 $F = MSA/MSB(A)$가 된다. 마찬가지로 B요인의 오차항은 B요인에 속한 개체요인(S)이며, 검정통계량은 $F = MSB(A)/MSE$가 된다. 연구자들은 〈표 8.1〉과 같은 위계적 구조의 분산분석표에서 처치요인을 검정하는 통계량의 오차항이 MSE가 아니고 $MSB(A)$인점에 특히 유의해야 한다. 만약에 연구자가 $F = MSA/MSE$로 A요인의 효과를 검정하면 영가설을 잘 못 기각할 확률(일종오류)가 높아진다. 즉, $\sigma_\beta^2 \neq 0$라면, 실제로는 유의한 효과가 없으나, 가설검정에서 통계적으로 유의하다고 보고할 가능성이 높아진다.

3 자료분석 예시

현대인은 사회생활에서 많은 스트레스를 받고, 실패를 경험하게 되는 과정에서 동기가 저하되고 무기력해 지는 경우가 흔하다. 동기를 연구하는 상담임상학자가 무기력증상을 겪는 환자들에게 자기효능감(self-efficacy)를 높이는 치료법을 개발하였다. 이 (갑)연구자는 기존의 자기효능감 증진 상담프로그램(처치A)과 본인이 개발한 상담프로그램(처치B)의 효과를 비교하려고 한다. 연구자는 이 실험에 참가할 8명의 자원 상담치료사를 확보하였으며, 처치 A와 B에 각 각 4명의 상담치료사를 무선배치하였다. 그리고 각 상담치료사별로 4명의 무기력증상이 있는 성인들이 배정되었다. 상담은 8주간 진행되었으며, 상담이 종료된 이후에 자기효능감 척도로 참여자들을 측정하였다. 상담연구자가 확보한 자료는 다음과 같았다.

자료

	상담치료법							
	A				B			
상담치료사	1	2	3	4	5	6	7	8
내담환자	s_{111}, s_{211}, s_{311}, s_{411}	s_{112}, s_{212}, s_{312}, s_{412}	s_{113}, s_{213}, s_{313}, s_{413}	s_{114}, s_{214}, s_{314}, s_{414}	s_{121}, s_{221}, s_{321}, s_{421}	s_{122}, s_{222}, s_{322}, s_{422}	s_{123}, s_{223}, s_{323}, s_{423}	s_{124}, s_{224}, s_{324}, s_{424}
치료사 집단별 평균($\overline{Y_{.jk}}$)	3.75	1.75	5.5	3.3	7.0	4.0	8.0	10.0
처치집단 통계 평균($\overline{Y_{.j.}}$), 분산(s_j^2) 사례수(n_j)	$\overline{Y_{.1.}}$ = 3.50, s_1^2 = 2.67, n_1 = 16				$\overline{Y_{.2.}}$ = 7.25, s_2^2 = 5.53, n_2 = 16			
전체 집단평균($\overline{Y_{...}}$), 분산(s_y^2) 사례수(N)	$\overline{Y_{...}}$ = 5.375, s_y^2 = 7.597, N= 32							

[그림 8-4] 위계설계에 의한 자료의 분석 예시

〈분석방법 1〉

위의 자료를 확보한 (갑)연구자는 상담치료사의 효과에는 관심이 없었으므로, 처치효과의 가설검정에 집중하여 다음의 통계모형으로 분석을 하였다.

$$Y_{ij} = \mu + \alpha_j + e_{i(j)}, \qquad e_{i(j)} \sim N(0, \sigma_e^2)$$

위의 모형에서 α_j는 j번째 상담치료법의 효과이며, $e_{i(j)}$는 내담환자의 효과이다. 연구자의 가설은 다음과 같았다.

$H_0 : \mu_1 = \mu_2$ 두 처치집단의 자기효능감 모평균은 같다.

$H_0 : \mu_1 \neq \mu_2$ 두 처치집단의 자기효능감 모평균은 다르다.

위의 가설을 검정하는 F-값을 구하기 위하여 분산분석표를 작성한 결과는 다음과 같았다.

〈표 8-2〉 내재요인이 배제된 분산분석 결과

변산원	자승합	자유도	평균자승합	F
상담법(α_j)	$n\sum_j(\overline{Y}_{.j} - \overline{Y}_{..})^2 = 112.50$	$J-1=1$	112.50	27.44***
오차($e_{i(j)}$)	$\sum_i\sum_j(Y_{ij} - \overline{Y}_{.j})^2 = 123.00$	$J(n-1)=30$	4.10	
전체	$\sum_i\sum_j(Y_{ij} - \overline{Y}_{..})^2 = 235.50$	$N-1=31$		

위의 분산분석결과 검정통계량 $F=27.44$는 $F_{.95}(1,30)$, $F_{.99}(1,30)$ 보다 매우 커서 통계적으로 유의하였다. 이 결과에 기초하여 (갑)연구자는 본인이 개발한 상담치료법(처치B)이 기존의 치료법(A)보다 내담환자들의 자기효능감을 높이는데 우수하다는 결론을 내렸다.

〈분석방법 2〉

상담치료법을 개발한 연구자의 발표를 접한 다른 (을)연구자가 원 연구자료를 검토한 결과, 상담치료사의 효과가 원래 연구의 분석과정에서 누락되었다는 것을 발견하였다. 즉, 원래 연구설계는 내담환자들이 상담치료사에 내재한 설계이다. 이 경우, 상담치료사들의 행동은 상호 독립성이 있지만, 동일 상담치료사에 속한 내담환자들은 동일한 상담치료사를 경험하기 때문에 그 들의 반응은 서로 상관이 존재한다. 즉, (을)연구자는 원 연구의 자료구조는 다음의 그림처럼 위계설계였다고 파악하였다.

상담자	상담치료법	
	A	B
1	$s_{111}, s_{211}, s_{311}, s_{411}$	
2	$s_{112}, s_{212}, s_{312}, s_{412}$	
3	$s_{113}, s_{213}, s_{313}, s_{413}$	
4	$s_{114}, s_{214}, s_{314}, s_{414}$	
5		$s_{121}, s_{221}, s_{321}, s_{421}$
6		$s_{122}, s_{222}, s_{322}, s_{422}$
7		$s_{123}, s_{223}, s_{323}, s_{423}$
8		$s_{124}, s_{224}, s_{324}, s_{424}$

[그림 8-5] 위계설계에 의한 자료구조 예시

이 같은 실험설계 지식에 기초하여, (을)연구자는 상담치료사의 효과를 포함하는 다음의 모형으로 자료를 분석하였다.

$$Y_{ijk} = \mu + \alpha_j + \beta_{k(j)} + e_{i(jk)}, \qquad \beta_{k(j)} \sim N(0, \sigma_\beta^2), \qquad e_{i(jk)} \sim N(0, \sigma_e^2)$$

여기서 α_j는 각 상담치료법의 효과이며, $\beta_{k(j)}$는 각 치료법을 활용하는 개별 상담치료사의 효과이다. $e_{i(jk)}$는 각 내담환자의 효과이다. 상담치료사와 내담환자는 무선효과를 갖는다. 연구자의 영가설은 다음과 같았다.

상담치료법 효과 가설:

$$H_0 : \mu_1 = \mu_2 \qquad H_A : \mu_1 \neq \mu_2$$

상담치료사 효과 가설:

$$H_0 : \sigma_\beta^2 = 0 \qquad H_A : \sigma_\beta^2 > 0$$

위의 가설을 검정하기 위하여 분산분석표를 작성한 결과는 다음과 같았다.

〈표 8-3〉 내재요인을 반영한 분산분석표

변산원	자승합	자유도	평균자승합	F
상담법(α_j)	$nK\sum_j(\overline{Y_{.j.}} - \overline{Y_{...}})^2 = 112.50$	$J-1=1$	112.50	6.46*
상담가($\beta_{k(j)}$)	$n\sum_j\sum_k(\overline{Y_{.jk}} - \overline{Y_{.j.}})^2 = 104.50$	$J(K-1)=6$	17.42	22.62***
오차($e_{i(j)}$)	$\sum_i\sum_j\sum_k(Y_{ijk} - \overline{Y_{.jk}})^2 = 18.50$	$JK(n-1)=24$	4.10	
전체	$\sum_i\sum_j\sum_k(Y_{ijk} - \overline{Y_{...}})^2 = 235.50$	$N-1=31$		

〈표 8-3〉에 나타난 분석결과는 (갑)연구자가 제시한 〈표 8-2〉의 결과와 다른 양상을 보여준다. 우선 상담치료법의 효과에서 〈표 8-2〉에서는 $F = 27.44$로서 통계적으로 $\alpha = .01$ 수준에서도 의미가 있었으나, 상담치료사의 효과를 분석에 반영한 〈표 8-3〉에서는 $F = 6.46$로서 $\alpha = .01(F_{.99}(1,6) = 13.7)$ 수준에서는 의미가 없었고, $\alpha = .05$ 수준($F_{.95}(1,6) = 5.99$)에서는 유의하였다. 즉, 상담법의 효과가 있다고 주장하는 신뢰수준(confidence level)은 99% 이상인 수준에서 95% 수준으로 낮아졌다. 반면에 상담치료사의 효과는 통계적으로 매우 유의하였으며, $\alpha = .01$ 수준에서 의미가 있었다.

이 같은 분석결과의 차이는 (을)연구자가 상담치료사에 내담환자가 내재한 자료구조의 특징을 모형에 반영하였기 때문이다. 따라서 〈표 8-2〉의 분산분석결과는 오류이며, 오차분산 MSE와 $F-$값에 인플레이션이 발생한 결과이다. 두 분석결과를 수리적으로 비교하면 다음의 관계가 성립하는 것을 알 수 있다.

모형 비교:

(갑)연구자의 모형: $Y_{ij} = \mu + \alpha_j + e_{i(j)}$

(을)연구자의 모형: $Y_{ijk} = \mu + \alpha_j + \beta_{k(j)} + e_{i(jk)}$

따라서 $e_{i(j)} = \beta_{k(j)} + e_{i(jk)}$의 관계인 것을 알 수 있으며, 추정결과는 이를 증명한다.

즉, 〈표 8-2〉의 결과는 $SSE = 123$ 이고,

〈표 8-3〉의 결과는 $SSB(A) + SSE^* = 104.5 + 18.5 = 123$ 이므로,

$SSE = SSB(A) + SSE^*$ 의 관계가 성립한다.

〈분석방법 3〉

제 3의 (병)연구자가 (갑)과 (을)연구자의 분석결과를 보고, 상담치료법의 효과에 대하여 보다 실질적인 해석방법을 모색하였다. 이 연구자는 신뢰구간 정보를 구하는 것이 상담치료법의 효과를 실질적으로 규명하는데 도움이 된다고 판단하였다. (병)연구자의 연구가설과 신뢰구간 수식은 다음과 같았다.

$H_0 : \psi = 0$ $\qquad\qquad$ $H_A : \psi \neq 0$

여기서, $\psi = \mu_2 - \mu_1$ 이다.

$\psi = \mu_2 - \mu_1$ 의 95% 신뢰구간은 다음과 같다.

ψ에 대한 .95 CI : $\quad \hat{\psi} - Se_{\hat{\psi}}(t_{.975}(df_{error})) \le \psi \le \hat{\psi} + Se_{\hat{\psi}}(t_{.975}(df_{error}))$

위의 신뢰구간 수식을 완성하는 데 필요한 통계량들은 다음과 같다.

① $\hat{\psi} = \overline{Y}_{.2.} - \overline{Y}_{.1.} = 7.25 - 3.5 = 3.75$ 두 처치집단간 관찰점수 평균

② $Se_{\hat{\psi}} = \sqrt{MS_{error}(\sum_j c_j^2/n_j)} = \sqrt{17.42 \times 1/8} = 1.48$

여기서

$MS_{error} = MSB(A) = 17.42;$ MS_{error} : 검정통계량 F의 오차분산

$\sum_j c_j^2/n_j = \left(\frac{1}{nK} + \frac{1}{nK}\right) = (1/16 + 1/16) = 1/8.$ nK: 처치집단의 표본크기

③ $t_{.975}(df_{error}) = t_{.975}(6) = 2.45.$ df_{error}: 검정통계량 F의 오차항 자유도.

따라서 신뢰구간의 크기는 다음과 같다.

$\hat{\psi} \pm Se_{\hat{\psi}}(t_{.975}(df_{error})) = 3.75 \pm (1.48)(2.45) = 3.75 \pm 3.626.$

ψ에 대한 .95 CI = [.124, 7.38]

위의 결과에 비추어 (병)연구자는 다음과 같은 결론을 제시하였다.

1) 두 처치집단의 모평균 차이에 대한 95% 신뢰구간은 "0"의 값을 간신히 벗어난 수준이다. 즉, 통계적 유의수준이 높은 편이 아니다.
2) 95% 신뢰구간의 폭이 너무 크다. 따라서 새로 개발된 자기효능감 증진프로그램의 효과에 대한 더 정확한 추정이 요구된다.

〈후속연구를 위한 제언〉

(병)연구자는 자기효능감 증진프로그램의 효과에 대한 신뢰구간의 폭이 큰 이유를 밝히고, 이를 개선하기 위한 대안을 탐구하였다. 신뢰구간의 수식에서 구간의 폭을 결정하는 통계량은 다음과 같다.

ψ에 대한 .95 $CI = \hat{\psi} \pm Se_{\hat{\psi}} t_{.975}(df_{error})$ 이며, 신뢰구간의 폭을 결정하는 통계량은 $Se_{\hat{\psi}} t_{.975}(df_{error})$ 이다.

여기서 $Se_{\hat{\psi}} = \sqrt{MS_{error}(\sum_j c_j^2/n_j)}$ 이며, $MS_{error} = MSB(A) = \hat{\sigma}_e^2 + n\hat{\sigma}_\beta^2$ 이다.

또한 $\sum_j c_j^2/n_j$에서 $n_j = nK$ (처치집단의 표본크기)이고, $c_j = \{1, -1\}$ 이다.

따라서

$$Se_{\hat{\psi}} = \sqrt{MS_{error}(\sum_j c_j^2/n_j)} = \sqrt{(\hat{\sigma_e}^2 + n\hat{\sigma}_\beta^2)(1/nK + 1/nK)} = \sqrt{2\left(\frac{\hat{\sigma}_e^2}{nK} + \frac{\hat{\sigma}_\beta^2}{K}\right)}$$

이다.

이제 연구자가 $Se_{\hat{\psi}}$의 값을 줄이는 방법은 다음과 같다.

① K가 클수록 $Se_{\hat{\psi}}$의 값이 작아진다. 따라서 상담치료사의 수(K)를 늘리는 것이다. K가 늘어나면, $\hat{\sigma}_e^2$와 $\hat{\sigma}_\beta^2$를 모두 줄이는 효과가 있다.

② n이 클수록 $Se_{\hat{\psi}}$의 값이 작아진다. 따라서 상담치료사별 내담환자수(n)을 늘리는 것이다. n이 늘어나면, $\hat{\sigma}_e^2$의 값을 줄이는 효과가 있다. 그러나 $\hat{\sigma}_\beta^2$를 줄이는 효과는 없다.

위의 자기효능감 증진 프로그램 효과의 분석결과에서 연구자가 참조할 사항은, 상담치료사의 효과(σ_β^2)가 클수록, 처치효과의 가설검정력은 떨어진다는 것이다. 〈표 8-3〉의 분산분석표의 자료에 기초하면, 상담치료사의 효과 추정치($\hat{\sigma}_\beta^2$)의 크기는 다음과 같다.

$$\hat{\sigma}_\beta^2 = \frac{MSB(A) - MSE}{n} = \frac{(\hat{\sigma}_e^2 + n\hat{\sigma}_\beta^2) - \hat{\sigma}_e^2}{n} = \frac{17.42 - .77}{4} = 4.16$$ 이다.

반면에,

$\hat{\sigma}_e^2 = .77$이므로, 위의 연구자료에서는 상담치료사의 효과의 영향력이 내담환자의 효과보다 더 크다. 따라서 상담치료사의 수(K)를 늘리는 것이 가장 효과적으로 처치효과의 검정력을 높이는 것이다.

4 위계적 자료의 변산원, 자승합, 자유도

위계설계에 의한 자료의 분석과정에서 많은 연구자들은 두 가지 실수 또는 고민을 하게 된다. 하나는 내재요인(nesting factor)의 존재를 무시하고 처치효과 또는 독립변수 효과의 가설을 검정하는 것이다. 앞 절의 자료분석 예시에서 (갑)연구자의 경우가 여기에 해당한다. 또 다른 실수 또는 고민은 내재요인의 효과가 클수록 독립변수의 효과에 대한 가설검정력은 약해진다. 즉, 연구자의 고민은 내재요인을 분석에 반영하면, 통계적 검정력이 떨어지게 되며, 내재요인을 무시하면, 연구자의 가설검정은 일종오류의 증가로 통계적 타당도를 잃는 딜레마가 있다.

위계설계자료를 분석하는 연구자는 내재요인을 반영하는 경우와 내재요인을 무시하는 경우, 그리고 내재요인의 효과가 큰 경우와 통계적으로 무시할 수 있는 경우 등을 함께 고려하며 자료분석을 할 필요가 있다. 이 절에서는 연구자의 대안적 분석모형으로서 세 가지 통계모형과 자승합, 그리고 자유도의 분할을 논의하고, 내재요인의 효과에 따른 분석방법의 선택에 대하여 논의한다.

분석방법 1: 위계설계와 위계적 분산분석모형

연구자가 다음과 같은 위계설계에 의하여 자료를 수집하였다고 가정한다.

처 치(교수법)							
교수법 A				교수법 B			
학급1	학급2	학급3	학급4	학급5	학급6	학급7	학급8
Y_{111} Y_{211} . . . Y_{n11}	Y_{112} Y_{212} . . . Y_{n12}	Y_{113} Y_{213} . . . Y_{n13}	Y_{114} Y_{214} . . . Y_{n14}	Y_{121} Y_{221} . . . Y_{n21}	Y_{122} Y_{222} . . . Y_{n22}	Y_{123} Y_{223} . . . Y_{n23}	Y_{124} Y_{224} . . . Y_{n24}

[그림 8-6] 위계설계에 의한 자료수집

위의 자료구조를 반영하는 모형으로 연구자에게 적절한 모형은 위계적 분산분석모형이다. 즉,

모형 1: $$Y_{ijk} = \mu + \alpha_j + \beta_{k(j)} + e_{i(jk)}$$
$$\beta_{k(j)} \sim N(0, \sigma_\beta^2) \qquad e_{i(jk)} \sim N(0, \sigma_e^2)$$

위의 모형에서 $i = 1,2,. \ . \ . \ ,20$ (즉, $n = 20$) 이라면, $N = nJK = 20 \times 2 \times 4 = 160$ 이다.

분석방법 2: 내재요인을 무시한 경우의 자료구조와 모형.

연구자가 내재요인을 무시하면, 연구자는 자료구조를 다음과 같이 이해한 경우이다.

처 치(교수법)	
교수법A	교수법B
Y_{11}	Y_{12}
Y_{21}	Y_{22}
.	.
.	.
.	.
$Y_{20.1}$	$Y_{20.2}$
$Y_{21.1}$	$Y_{21.2}$
$Y_{22.1}$	$Y_{22.2}$
.	.
.	.
.	.
$Y_{40.1}$	$Y_{40.2}$
$Y_{41.1}$	$Y_{41.2}$
$Y_{42.1}$	$Y_{42.2}$
.	.
.	.
.	.
$Y_{60.1}$	$Y_{60.2}$
$Y_{61.1}$	$Y_{61.2}$
$Y_{62.1}$	$Y_{62.2}$
.	.
.	.
.	.
$Y_{80.1}$	$Y_{80.2}$

[그림 8-7] 내재요인을 무시한 경우의 자료구조

즉, 학생들은 교수법 처치집단에 내재하였으며, 학생이 속한 학급은 무시되었다. 이 경우 연구자의 모형은 다음과 같다.

$$Y_{ij} = \mu + \alpha_j + e_{i(j)}, \qquad \sum_j \alpha_j = 0; \qquad e_{i(j)} \sim N(0, \sigma_e^2)$$

여기서 $i = 1,2,...\ 80$ (즉, $n = 80$), $j = 1,2$ 이며, $N = nJ = 80 \times 2 = 160$이다.

분석방법 3: 내재요인만 반영한 경우의 모형.

위계설계의 특징을 더 부각시키기 위하여 처치의 효과를 검정하기 이전에 내재요인의 효과에 관심이 있는 경우의 자료구조와 모형은 다음과 같다.

학급1	학급2	학급3	학급4	학급5	학급6	학급7	학급8
Y_{111}	Y_{112}	Y_{113}	Y_{114}	Y_{121}	Y_{122}	Y_{123}	Y_{124}
Y_{211}	Y_{212}	Y_{213}	Y_{214}	Y_{221}	Y_{222}	Y_{223}	Y_{224}
.	.	.	.	.	.	.	.
.	.	.	.	.	.	.	.
.	.	.	.	.	.	.	.
Y_{n11}	Y_{n12}	Y_{n13}	Y_{n14}	Y_{n21}	Y_{n22}	Y_{n23}	Y_{n24}

[그림 8-8] 내재요인만 반영한 자료구조

이와 같은 자료구조의 경우, 연구자의 모형은 다음과 같다.

$$Y_{ig} = \mu + \beta_g + e_{i(g)}, \qquad \beta_g \sim N(0, \sigma_\beta^2), \qquad e_{i(g)} \sim N(0, \sigma_e^2)$$

여기서, $i = 1,2,...\ 20$ $(n = 20)$이며, $g = 1,2,...\ 8$ $(G = 8)$,
그리고 $N = nG = 160$이다.

〈세 모형의 비교 논의〉

세 가지 모형으로 동일 자료를 분석하면, 자승합 및 자유도의 분할은 다음과 같다.

모형2	모형1	모형
$Y_{ijk} = \mu + \alpha_j + e_{i(j)}$	$Y_{ijk} = \mu + \alpha_j + \beta_{k(j)} + e_{i(jk)}$	$Y_{ig} = \mu + \beta_g + e_{i(g)}$

α_j	SSA 집단간 자승합
$e_{i(j)}$	SSW 집단내 자승합

α_j	SSA 집단간 자승합
$\beta_{k(j)}$	$SSB(A)$ 학급간 자승합
$e_{i(jk)}$	SSE 집단내 자승합

β_g	SSG 전체 학급간 자승합
$e_{i(g)}$	SSE 집단내 자승합

변산원	자유도	변산원	자유도	변산원	자유도
α_j	$J-1=1$	α_j	$J-1=1$	β_g	$G-1=7$
$e_{i(j)}$	$J(n-1)$ $=2(80-1)=158$	$\beta_{k(j)}$	$J(K-1)=6$		
$e_{i(jk)}$	$JK(n-1)$ $=2\times 4\times(20-1)=152$	$e_{i(g)}$	$G(n-1)$ $=8(20-1)=152$		

[그림 8-9] 위계자료의 분석모형에 따른 자승합 분할과 분산분석표

위에 제시한 자료는 연구자가 세 가지 모형으로 동일한 자료를 분석한다면 얻게 되는 결과를 체계적으로 비교한 것이다. 세 가지 모형에 의한 자료분석방법을 비교한 결과를 요약하면 다음과 같다.

① 모형2는 고정효과 일원분산분석모형이며, 모형3은 무선효과 일원분산분석모형이다. 그림의 가운데 위치한 모형1은 위계적 분산분석모형으로서 연구자의 관점에 따라 왼편의 모형2를 세분화하거나, 오른편의 모형3을 세분화 한 모형이다.

② 세 가지 모형으로 동일한 자료를 분석하는 것이므로, 전체 자승합(SST)과 자유도는 세 모형의 결과에서 같다. 전체 자승합의 자유도는 모두 $N-1=169$ 이다.

③ 모형2는 내재요인의 존재를 무시한 모형이며, 모형1과 모형3은 내재요인의 효과를 모형에 반영한 것이다. 모형2는 처치효과를 검정하기 위한 오차항의 자유도($df_{error}=158$)가 커서, MS_{error}를 지나치게 축소하는 효과가 있다. 즉, 모형2에 의한 결과는 오차분산을 과소추정하여 일종오류가 인플레이션이 되는 모형이다.

모형1과 모형3의 오차항($e_{i(jk)}, e_{i(g)}$)은 모두 내재요인(예: 학급)의 효과를 검정하는 오차항이며, 자유도는 모두 152이다.

④ 모형2와 모형1의 관계에서 독립변수의 효과는 동일하다. 즉 $SSA^{(2)} = SSA^{(1)}$이다. 아울러 모형2의 오차항은 $e_{i(j)} = \beta_{k(j)} + e_{i(jk)}$의 구조로서, $SSW = SSB(A) + SSE$의 구조적 관계가 성립한다. 이 같은 관계는 두 모형의 자유도의 분포에서도 동일한 구조로 확인된다. 즉, 모형1의 $SSB(A)$의 자유도와 SSE의 자유도를 합치면, 모형2에서 SSW의 자유도가 된다.

⑤ 모형3의 내재요인 효과(β_g)의 자승합(SSG)은 모형2의 처치효과와 내재요인 효과에 의한 자승합을 합친 것과 같다. 즉, $SSG = SSB(A) + SSE$이다. 이 같은 관계는 자유도의 분포에서도 동일하게 확인된다. 이 같은 현상은 처치요인의 효과는 내재요인들 사이의 변산에서 밝혀지는 것이며, 관찰개체의 변산과 관련은 없다는 것을 의미한다. 즉, SSG의 일부가 처치효과(SSA)라는 것이다.

모형3에서 내재요인(학급)의 효과는 모형1의 처치효과를 포함하므로, 이 두 모형의 자승합과 자유도의 분포를 모두 반영하는 분산분석표를 다음과 같이 작성할 수가 있다.

〈표 8-4〉 위계설계에서 내재요인의 효과와 처치효과의 관계

변산원	자승합	자유도	$E(MS)$	F
내재요인 전체(β_g)	SSG	$G-1=7$	$\sigma_e^2 + n\sigma_g^2$[2)]	$\frac{MSG}{MSE}$
처치요인(α_j)	SSA	$J-1=1$	$\sigma_e^2 + n\sigma_\beta^2 + \frac{nK\sum\alpha_j^2}{J-1}$	$\frac{MSA}{MSB(A)}$
내재요인($\beta_{k(j)}$)	$SSB(A)$	$J(K-1)=6$	$\sigma_e^2 + n\sigma_\beta^2$	$\frac{MSB(A)}{MSE}$
오차항 ($e_{i(g)} = e_{i(jk)}$)	SSE	$G(n-1)$ $= JK(n-1) = 152$	σ_e^2	
전체	SST	$N-1=159$		

2) 증명: $E(MSG) = E(SSG)/(G-1)$,
여기서 $E(SSG) = (J-1)E(MSA) + J(K-1)E(MSB(A))$이다.

〈표 8-4〉의 위계적 모형의 분산분석표에서 자승합과 자유도의 구조를 그림으로 도해하면 다음과 같다.

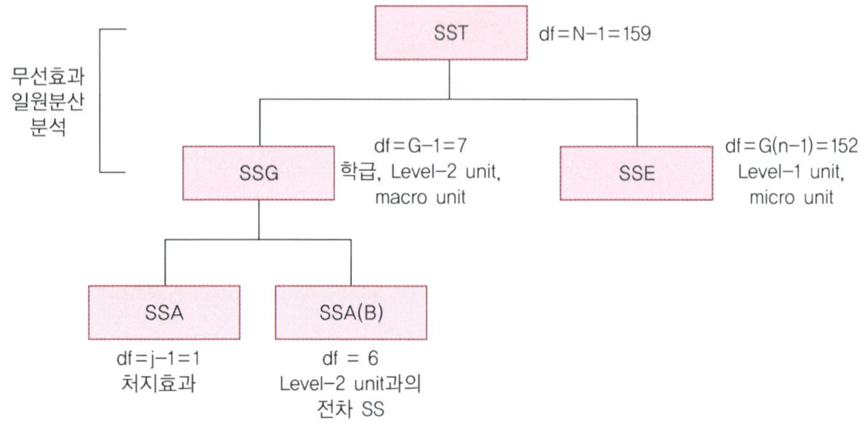

[그림 8-10] 내재요인과 처치요인의 자승합과 자유도 분할

[그림 8-10]에서 전체 자승합(SST)은 학급간 자승합(SSG)와 학급내 자승합(SSE)로 분해된다. 그리고 학급간 자승합(SSG)을 일부 설명한 것이 처치효과(SSA)이고, 나머지는 여전히 남아있는 학급간 잔차 자승합($SSB(A)$)이다. 이 같은 구조는 자유도의 분포에서도 동일하게 나타난다. [그림 8-10]과 〈표 8-4〉에서 자유도 부분을 보면, 내재요인 전체의 자유도($G-1=7$)는 처치요인과 내재요인의 자유도를 합친 것과 같다. 따라서 자승합도 $SSG = SSA + SSB(A)$이다.

〈표 8-4〉에서 $E(MS)$ 부분을 검토하면, 각 요인의 효과를 검정하는 F-통계량의 적절한 오차분산(MS_{error})을 결정할 수 있다. 우선 처치효과의 영가설인 $H_0 : \sum \alpha_j^2 = 0$을 검정하는 F- 통계량은 $MSA/MSB(A)$이다. 내재요인의 전체 효과를 검정하는 통계량은 MSG/MSE이며, 내재요인의 효과 중에서 처치의 효과를 설명한 이후에 내재요인의 잔차변산이 여전히 통계적으로 유의한지를 검정하는 F 통계량은 $MSB(A)/MSE$이다.

$$E(MSG) = \sigma_e^2 + n\sigma_\beta^2 + \frac{nK\sum_j \alpha_j^2}{JK-1} = \sigma_e^2 + n\left(\sigma_\beta^2 + \frac{K\sum_j \alpha_j^2}{JK-1}\right) = \sigma_e^2 + n\sigma_g^2$$

지금까지의 논의에서 연구자들이 유의할 사항은 어떤 통계모형을 자료분석에 적용하느냐에 따라 자승합과 자유도의 분해과정이 다르다는 것이며, 내재요인의 존재를 무시하면 일종오류의 증가로 타당한 분석결과를 얻지 못한다는 것이다. 그러나 특별한 경우에, 내재요인의 효과가 무시할 수 없을 만큼 작을 때는, 즉 $\sigma_{\beta}^2 = 0$라고 연구자가 주장할 수 있을 때는, 〈표 8-4〉의 분산분석표에서 $E(MS)$의 수식은 완전무선설계에서와 같이 일원분산분석모형의 분산분석표와 동일하게 된다. 즉 처치효과, 내재요인 효과에서 모두 $\sigma_{\beta}^2 = 0$이라면, $F = MSA/MSE$로 가설을 검정하게 되며 통계적 검정력은 향상된다. 여기서 주제가 되는 것은 통계적 검정력(statistcal power)과 결과 해석의 타당도(inferential validity) 중에서 연구자가 어디에 가치를 두는가이다. 위계설계의 목적이 의미 있는 사회적 단위, 또는 자연집단의 효과를 통제하거나 핵심적인 잡음변수의 효과를 통제하기 위한 것이므로, 이와 같이 $\sigma_{\beta}^2 = 0$인 경우를 미리 가정하고 위계설계를 한다는 것은 비현실적이다. 또한 $H_0 : \sigma_{\beta}^2 = 0$의 가설을 기각하지 못한 결과를 $\sigma_{\beta}^2 = 0$로 해석하는 것도 모순이다. 한 걸음 나아가 σ_{β}^2이 작다고 하여도 절대영일 수는 없는 것이므로, 연구자가 $F = MSA/MSE$로 처치효과 또는 독립변수의 가설을 검정하는 것은 언제나 타당도를 위협한다고 할 수 있다.

5 중다비교와 신뢰구간

위계설계자료에서 처치집단간의 평균을 비교하는 중다비교 방법은 4장에서 설명한 절차와 동일하다. 다만 오차항의 평균자승합, 대비계수, 그리고 자유도를 판별할 수 있으면, 쉽게 구할 수 있다.

우선 4장에서 설명한 바와 같이 중다비교의 일반식은 다음과 같다.

중다비교 $t-$검정통계량의 일반식

$$t = \frac{\hat{\psi}_i}{\hat{\sigma}_{\psi_i}} = \frac{\sum_j c_{ij}\hat{\mu}_j}{\sqrt{\widehat{var}\left(\sum_j c_{ij}\hat{\mu}_j\right)}} = \frac{\sum_j c_{ij}\hat{\mu}_j}{\sqrt{MS_{error}\left(\sum \frac{c_{ij}^2}{n_j}\right)}}$$

위의 식에서 대비식, ψ,는 연구자가 결정하는 것이며, MS_{error}는 $F-$검정통계량의 오차분산이며, n_j는 j번째 처치집단의 사례수이다. 자료를 수집하는 실험설계에 따라 이 통계량의 적절한 값을 결정하는 것이 연구자의 몫이다. 일요인 위계설계자료에서의 오차항은 $MSB(A)$로서 내재요인의 평균자승합이며, 각 처치집단의 사례수는 $n_j = nK$ 이다. 여기서 J는 처치집단의 수 또는 독립변수 집단의 수이며, K는 각 처치집단에 속한 내재요인의 수이다. 따라서 위의 식을 위계설계에서 중다비교에 적합한 검정통계량으로 전환하면 다음과 같다.

$$t = \frac{\hat{\psi}_i}{\hat{\sigma}_{\psi_i}} = \frac{\sum_j c_{ij}\hat{\mu}_j}{\sqrt{MS_{error}\left(\sum \frac{c_{ij}^2}{n_j}\right)}} = \frac{\sum_j c_{ij}\hat{\mu}_j}{\sqrt{MSB(A)\left(\sum \frac{c_{ij}^2}{nK}\right)}} \quad (8.4)$$

위의 식은 위계설계에서 각 처치집단의 사례수가 같은 균형설계의 경우이다. 만약 처치집단별로 사례수가 다르면, nK는 각 처치집단별 사례수, n_j가 된다.

중다비교에서 구체적인 두 집단 간 짝 비교를 위한 $q-$검정통계량의 일반식과 위계설계를 위한 식은 다음과 같다.

짝 비교 $q-$검정통계량의 일반식

$$q = \frac{\hat{\psi}_i}{\hat{\sigma}_{\overline{Y}}} = \frac{c_j \overline{Y_j} + c_j \overline{Y_j}}{\sqrt{\frac{MS_{error}}{n_j}}}$$

위의 식을 위계설계에 부합하는 통계량으로 전환하면, 검정통계량은 다음과 같다.

$$q = \frac{\hat{\psi}_i}{\hat{\sigma}_{\overline{Y}}} = \frac{c_j \overline{Y_j} + c_j \overline{Y_j}}{\sqrt{\frac{MSB(A)}{nK}}} \tag{8.5}$$

중다비교를 위한 $t-$와 $q-$검정통계량의 자유도는 모두 $J(K-1)$이다.

6 위계설계 자료의 분석 SPSS 예시

6.1 SPSS 분석 예시

여기서는 완전위계설계에 의한 실험자료를 SPSS 프로그램으로 분석하는 방법을 시연한다.

실험개요:

■ 유아의 시험초과시간이 언어유창성 검사에 미치는 영향

① 실험제목: 시험초과시간이 유아의 표준화 언어검사 점수에 미치는 영향

② 실험절차: 36명의 5학년 학생들을 9명의 교사에게 각 4명씩 무선배치하였다. 9명의 교사들은 배정 받은 아동을 대상으로 언어교육을 한 단원 수업한 후에, 언어검사를 시행하였다. 언어검사를 시행하는 과정에서 3명의 교사는 시험시간을 5분 초과하고(처치1), 다른 3명은 10분을 초과하여 시험시간을 허용하였으며(처치2), 나머지 3명의 교사는 지정된 시험시간을 정확히 지키도록 하였다(통제집단). 만약 언어검사가 측정학에서 규정하는 최대역량검사(Power test)라면 지정된 검사시간내에 피검자 아동들의 언어지식은 충분히 검사에 반영되어, 시험시간을 초과하여도 학생들의 언어성적은 영향을 받지 말아야 한다. 학생들의 언어성적에 차이가 있다면, 언어유창성 검사는 최대역량검사로서 검사시간을 교정할 필요가 있다.

③ 독립변수(X): 시험시간 초과 집단

1= 5분 초과

2= 10분 초과

3= 통제집단(0분 초과)

독립변수(G): 교사

1= 교사1, 2=교사2, . . . 9=교사9.

④ 종속변수(Y): 언어성적

⑤〈SPSS Data File〉 Ch8exp_2a.sav

자료분석 전략:

위의 실험설계는 36명의 아동들이 4명씩 9명의 교사에게 할당되어 수업을 진행하고, 각 실험집단에 3명의 교사가 내재되어 있으므로, 학생이 교사에게 속하고, 교사는 실험집단에 속하는 완전위계설계이다.

SPSS에서는 위계모형에 의한 자료분석을 syntex program으로 수행하는 것은 가능하지만, Window 프로그램에서 메뉴바를 이용하여 분석하는 방법은 없다. 그러나 위계모형과 이요인분산분석모형의 수리적 관계를 잘 이해하면, Window 프로그램에서도 위계설계 자료를 타당하게 분석할 수 있다. 여기서는 Window 프로그램으로 위계설계 자료를 분석하는 과정을 설명한다. 다음은 완전위계모형과 이요인분산분석모형을 비교한 것이다.

이요인분산분석모형과 분산분석표 구조(CR-3 · 3 설계):

$$Y_{ijk} = \mu + \alpha_j + \beta_k + \alpha\beta_{jk} + e_{ijk}, \quad e_{ijk} \sim N(0, \sigma^2)$$

변산원	자유도	자승합 (이요인설계)	평균자승합	F
처치집단(α_j)	J-1=2	SSA	MSA=SSA/(J-1)	MSA/MSE
교사(β_k)	K-1=2	SSB	MSB=SSB/(K-1)	MSB/MSE
처치X교사($\alpha\beta_{jk}$)	(J-1)(K-1)=4	SSAB	MSAB=SSAB/(J-1)(K-1)	MSAB/MSE
집단내 학생($e_{i(jk)}$)	JK(n-1)=27	SSE	SSE	

위의 분산분석표는 실험집단과 교사요인이 교차하여 상호작용효과가 발생하는 이요인분산분석모형으로 분석하여 얻는 결과이다. 맨 오른편의 F-값을 구성할때의 오차항은 모두 MSE이다. 위의 분산분석표는 위계모형의 분석결과와 내용은 다르나, 위계모형에 의한 분산분석표를 구성하는데 필요한 통계량은 모두 갖추고 있다.

완전위계모형과 분산분석표 구조:

$Y_{ijk} = \mu + \alpha_j + \beta_{k(j)} + e_{i(jk)}, \quad e_{i(jk)} \sim N(0, \sigma^2)$

여기서 μ: 전체 평균, α_j : j 번째 실험집단의 효과

$\beta_{k(j)}$: j번째 실험집단내 k번째 교사의 무선효과

$e_{i(jk)}$: 각 교사 내 i번째 학생의 효과 무선효과

앞의 이요인분산분석모형과 비교하면

여기에서 $\beta_{k(j)}$(위계모형)$= \beta_k + \alpha\beta_{jk}$(이요인분산분석모형)의 관계가 성립한다.

〈Anova Table 구조〉

변산원	자유도	자승합 (위계설계)	자승합 (이요인설계)	평균자승합 (위계설계)	F
처치집단(α_j)	J-1=2	SSA	SSA	$MSA = \frac{SSA}{J-1}$	$\frac{MSA}{MSB(A)}$
교사($\beta_{k(j)}$)	J(K-1)=6	SSB(A)	SSB + SSAB	$MSB(A) = \frac{SSB(A)}{J(K-1)}$	$\frac{MSB(A)}{MSE}$
집단내 학생($e_{i(jk)}$)	JK(n-1)=27	SSE	SSE	$MSE = \frac{SSE}{JK(N-1)}$	

위의 분산분석표에서 SSB(A)의 자유도는 이요인교차설계에서 SSB+SSAB의 자유도와 같으므로, SSB(A)(위계모형)=SSB+SSAB(이요인분산분석모형)의 관계를 이용하여, 위계모형의 F-값을 타당하게 산출하는 방법을 보여준다. 따라서 SPSS Window프로그램으로 위계설계에 의한 자료분석을 하려면, 위와 같이 이요인분산분석을 수행한 이후에 얻은 분산분석표의 자료를 완전위계설계의 분산분석표로 전환하면 가능하다.

SPSS WINDOW 프로그래밍:

① Data 입력: SPSS 프로그램에서 Data Editor 창을 연 이후에, 다음의 SPSS 화면처럼 자료를 입력한다. Window 창의 변수들을 보면, Teacher1과 Teacher2가 있다. Teacher1은 위계설계의 특징을 반영한 교사요인변수이며, 각 처치집단에 속한 교사들의 번호가 다른 것을 알 수 있다. 즉, 처치집단에 속한 교사들은 처치집단마다 다르다. Teacher2는 교사요인과 실험집단요인이 교차하는 이요인설계에 적절한 자료입력방식으로, 각 처치집단에 같은 교사들 3명이 반복 배치된 것으로 나타나고 있다. 즉, 모든 교사들이 모든 처치집단에 모두 참여하는 구조이다. 맨 윗줄에 보면 File 이름은 'Ch8exp_2a.sav'로 저장하였다.

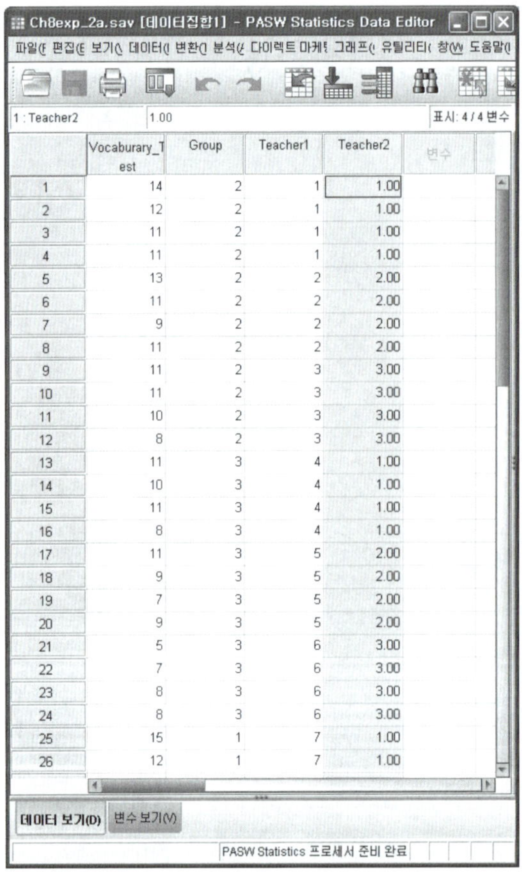

	Vocaburary_Test	Group	Teacher1	Teacher2
1	14	2	1	1.00
2	12	2	1	1.00
3	11	2	1	1.00
4	11	2	1	1.00
5	13	2	2	2.00
6	11	2	2	2.00
7	9	2	2	2.00
8	11	2	2	2.00
9	11	2	3	3.00
10	11	2	3	3.00
11	10	2	3	3.00
12	8	2	3	3.00
13	11	3	4	1.00
14	10	3	4	1.00
15	11	3	4	1.00
16	8	3	4	1.00
17	11	3	5	2.00
18	9	3	5	2.00
19	7	3	5	2.00
20	9	3	5	2.00
21	5	3	6	3.00
22	7	3	6	3.00
23	8	3	6	3.00
24	8	3	6	3.00
25	15	1	7	1.00
26	12	1	7	1.00

[그림 8-1] 완전위계설계와 완전무선이요인설계의 자료 입력결과 SPSS Data Editor 창

위의 SPSS Data Editor 창에서, 하단의 [변수보기] 단추를 누르면, 각 변수의 의미를 입력할 수 있다.

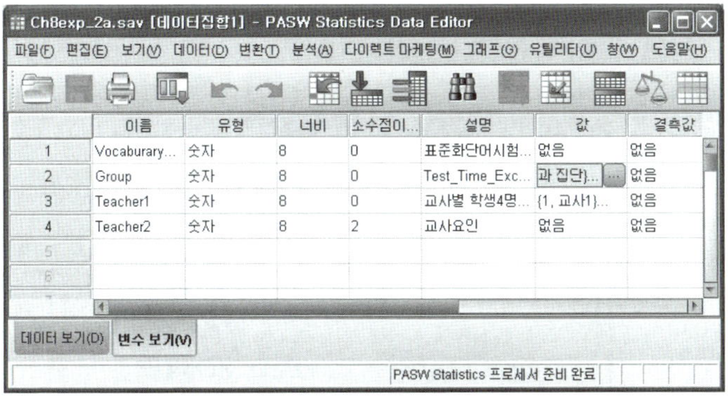

[그림 8-2] SPSS Data Editor의 [변수보기] 창

완전위계설계에 의한 자료는 우선 이원분산분석모형으로 분석을 해야 하므로, 이하의 절차는 5장에 소개한 완전무선이요인 설계 자료를 분석하는 과정과 동일하다. 아래의 Data Editor 창에 나타난 [그림 8-3]에서와 같이 메뉴에서 [분석] → [일반선형모형(G)] → [일변량(U)]을 순서대로 누른다.

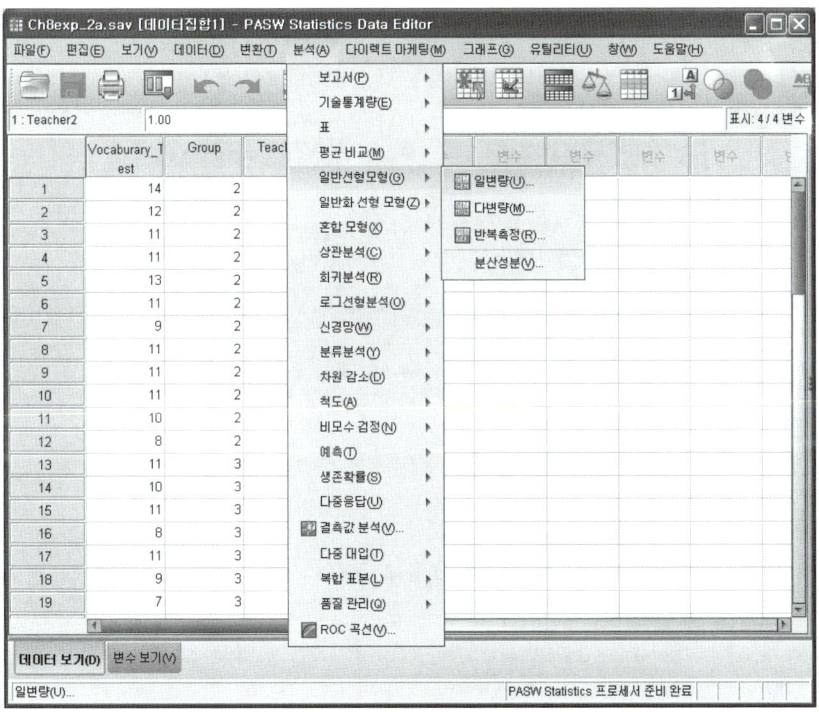

[그림 8-3] SPSS 분석

위의 화면에서 [일변량(U)]를 누르면, 일변량 일반선형모형 분석명령창이 나타나고, 이 창에서 연구자의 의도에 맞는 분석을 선택하여 수행할 수 있다.

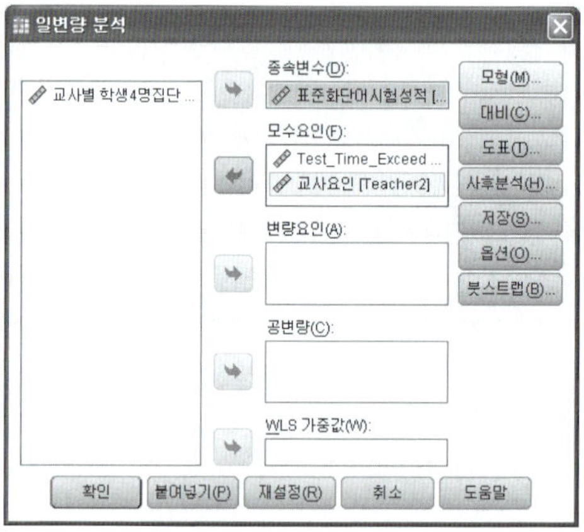

[그림 8-4] SPSS의 일변량 일반선형모형 분석 실행 명령 창

이요인분산분석을 위하여 모수요인에 실험집단과 Teacher2 변수를 선택하였다. 여기서 [모형(M)]을 누르면 다음 창이 나타난다. 이 창에서 [완전요인모형(A)]를 선택하였다.

이제 [계속]을 누르면, 다시 [그림 8-4]로 돌아간다. 추가적인 분석이 필요하면 오른편의 선택사항 중에서 선택하고 [확인]을 누르면 이원분산분석모형에 의한 자료분석은 완결된다.

지금까지의 이요인분산분석에 의한 분석과정은 결과파일(Output)의 로그에 아래처럼 syntex program으로 나타난다.

```
UNIANOVA Vocaburary_Test BY Group Teacher2
  /METHOD=SSTYPE(3)
  /INTERCEPT=INCLUDE
  /POSTHOC=Group(TUKEY BONFERRONI)
  /CRITERIA=ALPHA(0.05)
  /DESIGN=Group Teacher2 Group*Teacher2.
```

하단의 /DESIGN에서 두 개의 독립변수 요인과 상호작용 요인이 표기된 것을 알 수 있다.

SPSS Window 창의 메뉴바를 사용하지 않고, 위계분산분석모형으로 자료를 분석하기 위한 Syntex program은 일반선형모형(General Linear Model)의 명령어로 접근하면, 위계적 구조의 자료분석을 할 수 있다. 우선 위계분산분석모형의 수리모형을 참조하여, 어느 요인이 내재된 것인지 확인한다.

즉, $Y_{ijk} = \mu + \alpha_j + \beta_{k(j)} + e_{i(jk)}, \quad \beta_{k(j)} \sim N(0, \sigma_\beta^2), \quad e_{i(jk)} \sim N(0, \sigma^2)$

이 모형은 실험집단 요인의 효과(α_j), 실험집단에 내재한 교사의 효과($\beta_{k(j)}$)와 오차항($e_{i(jk)}$)으로 구성되어 있다. 그리고 교사요인은 실험집단에 내재되어 있다. 따라서 오차항을 제외한 효과를 /DESIGN에 다음과 같이 반영하면 된다.

```
GLM Vocaburary_Test BY Group Teacher1
  /METHOD=SSTYPE(3)
  /INTERCEPT=INCLUDE
  /POSTHOC=Group(TUKEY BONFERRONI)
  /CRITERIA=ALPHA(0.05)
  /DESIGN=Group Teacher1(Group).
```

주목할 사항은 여기서는 Teacher1 (Teacher2가 아닌)변수를 사용하였다. 앞의 Data Editor 창에서 변수의 입력내용을 보면, Teacher1은 Group에 Teacher가 내재한 입력방식이고, Teacher2는 Group과 Teacher가 교차하는 입력방식이다.

SPSS OUTPUT(결과물)

여기서는 이요인분산분석모형에 의한 분석을 SPSS WINDOW창의 메뉴바를 이용하여 분석한 결과에서 위계분산분석의 결과로 전환하는 과정을 설명한다.

이요인분산분석모형에 의한 결과는 아래의 〈표 8-1〉과 같다.

〈표 8-1〉 이요인분산분석표(위계설계자료 분석)

개체-간효과검정					
종속변수: 표준화단어시험성적					
소스	제III 유형제곱합	자유도	평균제곱	F	유의확률
수정모형	142.222a	8	17.778	8.000	.000
절편	4181.778	1	4181.778	1881.800	.000
Group	96.889	2	48.444	21.800	.000
Teacher2	43.556	2	21.778	9.800	.001
Group * Teacher2	1.778	4	.444	.200	.936
오차	60.000	27	2.222		
합계	4384.000	36			
수정합계	202.222	35			
a. R 제곱= .703 (수정된R 제곱= .615)					

위의 분산분석표를 위계모형의 분산분석표로 전환하면, 아래와 같다.

〈표 8-2〉 위계분산분석모형의 분산분석표

개체-간효과검정					
종속변수: 표준화단어시험성적					
소스	제III 유형제곱합	자유도	평균제곱	F	유의확률
수정모형	142.222a	8	17.778	8.000	.000
절편	4181.778	1	4181.778	1881.800	.000
Group	96.889	2	48.444	6.417	.p〈.05
Teacher1	45.334	6	7.556	3.400	.p〈.05
오차	60.000	27	2.222		
합계	4384.000	36			
수정합계	202.222	35			
a. R 제곱= .703 (수정된R 제곱= .615)					

위의 분산분석표는 〈표 8-1〉의 결과와 가설검정 결과로는 같으나, Group과 Teacher1의 효과는 앞서의 이원분산분석표의 결과 F-값이 적은 것을 알 수 있다. 정확한 결과는 〈표 8-2〉이다. 만일 〈표 8-2〉에서 Teacher1의 효과가 통계적으로 유의하지 않았다면, Group의 오차항(Error term)은 Teacher1과 오차의 통합자승합을 사용할 수 있다. 이 경우 새로운 오차항인 통합자승합은 45.334+60=105.334이고, 자유도는 6+27=33이므로, 통합 오차항의 평균자승합은 3.192이며, F=15.177로 커져서 검정력은 높아진다. Teacher1의 효과가 통계적으로 유의하지 않을 경우에 사용하는 이 선택은 위의 실험설계에서 핵심적인 분석단위인 교사요인의 존재를 무시하는 방법이므로, 크게 권장되지 않으나 연구결과를 방어할 때는 요긴하다.

아래의 결과는 Group의 효과에 대하여 다중비교를 수행한 결과이다.

〈표 8-3〉 위계분산분석 예시자료의 다중비교

다중비교

표준화단어시험성적 Tukey HSD

(I) Test_Time_Exceed		(J) Test_Time_Exceed	평균차 (I–J)	표준오차	유의확률	95% 신뢰구간 하한값	95% 신뢰구간 상한값
10분초과집단	dimension3	5분초과집단	1.67*	.609	.028	.16	3.18
		통제집단(0분초과)	4.00*	.609	.000	2.49	5.51
5분초과집단	dimension3	10분초과집단	-1.67*	.609	.028	-3.18	-.16
		통제집단(0분초과)	2.33*	.609	.002	.82	3.84
통제집단(0분초과)	dimension3	10분초과집단	-4.00*	.609	.000	-5.51	-2.49
		5분초과집단	-2.33*	.609	.002	-3.84	-.82

관측평균을기준으로합니다.
오류조건은평균제곱(오류) = 2.222입니다.

*. 평균차는0.05 수준에서유의합니다.

위의 다중비교는 SPSS WINDOW에서 이원분산분석을 통하여 얻은 결과이나, 두 모형은 오차항과 Group의 효과에서 동일하므로, 중다비교의 결과도 두 모형의 결과는 같다. 검사시간을 초과한 시간이 많은 집단일수록 평균 검사점수가 높은 것을 알 수 있다. 따라서 언어유창성 검사는 표준화 Power Test(역량검사)로서 결격사유가 있으며, 이 검사의 검사시간은 새로운 표준화작업이 필요하다는 충분한 증거가 발견되었다.

7 위계설계 자료분석 결과의 실제적 유의도

상관의 크기

위계설계에 의한 자료의 분석결과, 연구자의 처치변수 또는 독립변수가 종속변수의 변산과 어느 정도 실질적인 관계가 있는지를 밝히는 통계량은 3장에서 설명한 바와 같이 다양하다. 이 중에서 종속변수의 변산 중에서 독립변수가 설명한 변산의 비율 정보를 반영하는 통계량은 η^2, ω^2, 그리고 ICC의 세 가지이다.

η^2은 회귀분석의 결과에서 흔히 사용하는 R^2과 동일한 의미를 갖는다. 즉 전체 종속변수의 변산에서 독립변수의 효과가 차지하는 비중, 또는 전체 종속변수 변산에서 독립변수가 설명한 변산의 비율이라고 할 수 있다. 위계설계에서 독립변수 A요인의 효과에 대한 η^2의 추정치는 다음과 같이 구한다.

$$\hat{\eta}_A^2 = \frac{SSA}{SST}$$

여기서, SSA 는 독립변수인 A요인의 자승합이며, SST는 종속변수 Y의 전체 변산이다. 연구자가 A요인에 내재한 B요인의 효과에 관심이 있다면, η^2의 추정치는

$$\hat{\eta}_{B(A)}^2 = \frac{SSB(A)}{SST}$$

이다. $SSB(A)$는 독립변수 A요인에 내재한 B요인의 변산이다. 3장에서 언급한 것처럼, η^2의 추정치는 독립변수에 의하여 분류된 집단의 수(J)나, 내재요인의 수(K)가 표본의 크기(N)에 비하여 상대적으로 많으면 인플레이션이 발생한다. 따라서 η^2은 대규모 표본 자료를 분석하는 경우에 적절한 통계량이다.

독립변수의 집단 수나, 내재요인의 집단 수에 영향을 받지 않는 객관적인 통계량분산 정도를 사용하는 오메가 제곱(ω^2)과 집단내 상관계수(Intra Class Correlation; ICC)이다.

ω^2은 연구자가 그 효과에 관심을 갖는 변수가 고정효과를 갖는 경우에 적절한 통계량이며, *ICC*는 무선효과를 갖는 요인의 효과를 반영하는 데 적절한 통계량이다. 위계설계에 의한 자료는 통상적으로 처치요인인 A요인은 고정효과를 가지며, 내재요인인 B요인은 무선효과를 갖는다. $CRH-AB(A)$ 설계인 경우에, 고정효과인 A요인의 실제적 유의수준을 반영하는 오메가제곱(ω^2)의 추정치는 다음의 두 가지를 생각할 수 있다.

$$\hat{\omega}_A^2 = \frac{\hat{\sigma}_\alpha^2}{\hat{\sigma}_e^2 + \hat{\sigma}_\alpha^2 + \hat{\sigma}_\beta^2} \qquad \hat{\omega}_{A\,|\,B(A)}^2 = \frac{\hat{\sigma}_\alpha^2}{\hat{\sigma}_e^2 + \hat{\sigma}_\alpha^2}$$

여기서

$\hat{\sigma}_\alpha^2 = \sum_j \hat{\alpha}_j^2 / J$ 이며 $\hat{\alpha}_j = \overline{Y_{.j.}} - \overline{Y_{...}}$; $\hat{\sigma}_e^2 = \widehat{Var}(e_{ijk})$; $\hat{\sigma}_\beta^2 = \widehat{Var}(\beta_k)$ 이다.

$\hat{\omega}_A^2$는 종속변수 Y의 전체 분산에서 A요인(처치요인)에 의하여 설명된 분산의 비율이다. 또는 종속변수 Y의 전체 분산에서 A요인이 차지하는 비중이다. $\hat{\omega}_{A\,|\,B(A)}^2$는 내재요인 B의 영향을 배제한 상태에서 처치요인 A의 영향력을 비율로 표현한 것이다. 예를 들어, $\hat{\omega}_A^2 = .20$ 이라면, 종속변수 전체 분산에서 20%가 A요인(처치요인)에 의하여 설명되었다고 할 수 있으며, 또는 전체 관찰분산에서 20%는 A요인이 차지한다고 할 수 있다. 그러나 $\hat{\omega}_{A\,|\,B(A)}^2 = .30$이라면, 종속변수의 분산에서 내재요인에 의한 분산을 배제하고 난 이후에 A요인의 종속변수 분산에 대한 고유한 설명력은 30%라고 할 수 있다. $\hat{\omega}_{A\,|\,B(A)}^2$는 다른 요인의 효과를 배제하였기 때문에 편오메가 제곱(partial omega squared)이라고 하며, A요인의 종속변수에 대한 고유효과(net effect)라고 표현한다(Cohen, 1973; Maxwell, Camp, & Arvey, 1981).

처치요인과 종속변수의 관계가 얼마나 강한지를 보여주는 $\hat{\omega}_A^2$와 $\hat{\omega}_{A\,|\,B(A)}^2$의 두 가지 통계량 중에서, 실험을 수행한 연구자에게 더 의미있는 통계량은 $\hat{\omega}_{A\,|\,B(A)}^2$라고 할 수 있다. 즉, 다른 알려진 요인을 배제하면 연구자가 검정하려는 처치의 효과를 정확하게 추정하기 때문이다. 예를 들어, 실제로 A요인의 효과가 있음에도 만약에 내재요인 B의 효

과가 지나치게 크면, $\hat{\omega}^2_A$의 값은 매우 작아질 수 있기 때문이다. 내재요인은 또한 핵심적인 잡음변수일 수도 있다. 즉, $\hat{\omega}^2_A$의 크고 작음은 A와 B요인의 효과에 모두 영향을 받으나, $\hat{\omega}^2_{A\mid B(A)}$는 B요인의 효과와는 무관하며 오직 A요인의 영향만 받기 때문이다.

집단내 상관계수(Intra-Class Correlation; ICC)는 무선효과모형에서 사용하는 통계량이다. 처치요인에 의한 집단분류가 고정된 것이 아니고, 매우 다양할 수 있다면, 처치요인의 효과는 무선효과를 갖는다. 예를 들어, 처치요인이 양적인 변수라서 양이 많고 적음으로 여러집단을 분류할 수 있다면, 연구자에 따라서 처치요인에 의한 집단분류는 달라질 수 있다. 집단내 상관계수는 고정효과 모형에서의 오메가 제곱(ω^2)에 대응하는 통계량이라고 할 수 있다. 처치요인이 무선효과를 갖는 위계설계라면, 연구자의 $CRH-AB(A)$의 설계에서, 처치요인과 종속변수의 상관계수는 다음의 두 가지로 나타낸다.

$$ICC_A = \frac{\hat{\sigma}^2_\alpha}{\hat{\sigma}^2_e + \hat{\sigma}^2_\alpha + \hat{\sigma}^2_\beta} \qquad ICC_{A\mid B(A)} = \frac{\hat{\sigma}^2_\alpha}{\hat{\sigma}^2_e + \hat{\sigma}^2_\alpha}$$

여기서

$\hat{\sigma}^2_\alpha = \widehat{Var}(\hat{\alpha}_j)$ 이며 $\hat{\alpha}_j = \overline{Y}_{.j.} - \overline{Y}_{...}$; $\hat{\sigma}^2_e = \widehat{Var}(\hat{e}_{ijk})$; $\hat{\sigma}^2_\beta = \widehat{Var}(\hat{\beta}_k)$ 이다. 왼편의 ICC_A는 관찰변수의 전체 분산 중에서 A요인 분산이 차지하는 비율을 의미한다. 만약 그 비율이 20%가 넘는 다면, 처치요인의 집단간 격차가 크다고 할 수 있다. 또는 종속변수와 처치요인간 상관이 실질적으로 높다고 할 수 있다. 예를 들어, 종속변수가 교사-학생간의 친밀도이고, A요인이 학교규모 변수이고, $ICC = .20$ 이라면, 학교규모에 따른 학교간 교사-학생의 친밀도 격차는 매우 크다고 할 수 있다. ICC_A는 내재요인인 B요인의 분산의 크기에 영향을 받는다. 만약 $\hat{\sigma}^2_\beta$의 크기가 매우 크다면, 분명히 실질적인 A요인의 효과가 있음에도 ICC_A는 미미한 값일 수가 있다. 따라서 처치요인의 실질 효과를 정확히 추정하는 데 한계가 있다. 이 같은 약점을 보완하기 위한 것이 편집단내상관계수(partial ICC)인 $ICC_{A\mid B(A)}$이다. $ICC_{A\mid B(A)}$는 내재요인의 효과를 설명한 이후에, 또는 배제한 이후에, 처치요인 A와 종속변수 Y와의 상관정도를 반영한다.

편오메가 제곱이나 편집단내 상관계수의 크기에 대하여 Cohen(1973)은 .01은 작은 작은 값, .059는 중간 수준의 상관, .138 이상은 큰 상관이라고 해석방법을 제시하였다. 이는 심리학을 비롯한 행동과학 분야에서 어느 정도 수용할 수 있는 것이며, 상관계수의 크고 작음에 대한 해석은 연구영역에 따라 다르다. 예를 들어 통계학에서는 상관계수가 $r = .30$이면 낮은 상관으로 해석하지만, 직접관찰이 불가능한 변수(구인; construct)들을 다루는 교육학, 아동학, 심리학 등에서는 단일변수가 종속변수와 .30 정도의 상관을 가지면 높은 상관을 갖는 것으로 해석할 수 있다.

효과크기

전통적으로 효과크기(effect size)를 추정하는 방법은 두 가지로 요약된다. 하나는 Cohen(1973)이 주장하는 것으로 편오메가제곱과 편집단내상관계수를 이용하는 것이다. Cohen의 효과크기를 산출하는 식은 다음과 같다.

$$\hat{f}_A = \sqrt{\frac{\hat{\omega}_{Y \mid A.B(A)}}{1 - \hat{\omega}_{Y \mid A.B(A)}}}\ ,\ \hat{f}_A = \sqrt{\frac{ICC_{A \mid B(A)}}{1 - ICC_{A \mid B(A)}}}$$

Cohen의 효과크기는 앞에서 제시한 편오메가제곱과 편집단내상관계수의 수식을 검토하면, 결국은 $\hat{f}_A = \sqrt{\frac{\text{설명된 분산}}{\text{잔차 분산}}}$ 이다. 즉, 잔차분산에 비하여 설명된 분산의 상대적 크기에 따라 종속변수에 대한 처치요인의 효과크기를 제시하는 것이다.

보다 최근에 제시된 효과크기의 개념은 처치집단간 평균의 차이가 실질적으로 어느 정도 큰지를 관찰변수(종속변수)의 표준편차의 단위로 표현하는 것이다(Glass, 1981; Hedges & Olkin, 1985). 만약에 처치요인에 의한 집단분류가 실험집단과 통제집단의 둘이라면, 효과크기는 다음과 같이 산출된다.

$$\hat{\delta}_A = \frac{\overline{Y}_E - \overline{Y}_C}{\hat{\sigma}_Y}$$

위의 효과크기에서 중요한 것은 S_Y가 종속변수 Y의 표준편차이며, 위계설계에서의 잔차분산의 제곱근 ($\hat{\sigma}_e$)이 아니라는 것이다. 잔차분산의 제곱근은 처치요인과 내재요인의 효과를 설명한 이후에 남은 관찰변수의 표준편차이므로, $\hat{\sigma}_e < \hat{\sigma}_Y$이다. 정규분포이론에서는 표준편차가 실질적 의미가 있는 단위척도이다. 두 사람의 점수 차이가 0.5 표준편차 이상 차이가 난다면, 실질적으로 의미있는 차이이다. 마찬가지로 $\hat{\delta}_A = .50$으로서 만일 처치집단과 통제집단간 평균의 차이가 0.5 표준편차 차이가 난다면 실질적으로 큰 차이가 있다고 할 수 있다. $\hat{\delta}$ 효과크기에서 논란이 되는 것은 σ_Y의 추정치를 선택하는 것이다. 만일 실험집단과 통제집단의 표준편차가 유사하다면, 즉, $S_{Y_E} \doteq S_{Y_C}$라면, 모집단의 표준편차(σ_Y)를 추정하는 통계량으로서 두 집단의 표준편차는 모두 양호하다고 할 수 있다. 이 경우는 흔히 합동추정량, S_{pooled}를 사용한다. 그러나 처치가 도입됨에 따라 실험집단의 표준편차가 영향을 받는 다면, S_{Y_C}만이 σ_Y의 추정치로서 적절하다고 할 수 있다.

효과크기 δ의 개념은 처치요인에 의한 집단 수가 3개 이상이 되면 결국 Cohen이 제시한 f 수식의 분자와 동일하게 된다. 즉, 표준편차는 집단간 평균거리의 개념이므로, 처치집단간 평균거리(σ_α)가 되는 것이다. 그러나 두 가지 효과크기의 분모를 차지하는 표준편차는 서로 다르다. 집단의 크기가 셋 이상이 되면 $\hat{\delta}_A \leq \hat{f}_A$의 관계가 성립한다.

8 기타 위계적 설계와 모형

지금까지 설명한 위계설계는 처치요인(A)와 내재요인(B) 하나만 존재하는 설계이다. 즉, 실험개체들은 내재요인 B에 속해있으며, 내재요인 B는 A 요인에 속한 구조이다. 예를 들어, 학생들은 내재요인인 학급에 속하며, 학급은 각 처치집단에 무선배치된 구조라고 할 수 있다. 이 같은 설계를 완전무선내재설계(Completely Randomized Hierarchical design)이라고 하며 구체적으로는 $CRH-A{\cdot}B(A)$로 표기하였다.

$CRH-A{\cdot}B(A)$ 설계는 위계설계에서 가장 간단한 형태이다. 여기에는 A와 B의 두 개의 요인만 있으며, B요인은 A 요인에 내재한 설계이다. 그러나 위계설계는 다른 설계와 달리 다양한 형태가 존재한다. 우선 요인이 세 개 이상인 경우가 가능하며, 요인의 수가 늘어남에 따라 모든 요인들이 상위 요인에 내재한 완전내재설계(Completely Hierarchical Design)도 있으며, 일부 요인은 다른 요인에 교차하는 부분내재설계(Partial Hierarchical design)도 가능하다. 여기서는 완전위계설계에서 요인이 셋인 경우, 부분위계설계, 그리고 무선구획설계에 내재요인이 도입된 경우 등을 검토한다.

삼요인 완전무선위계설계

세 개의 요인이 완전히 내재한 설계이며, $CRH-A{\cdot}B(A){\cdot}C(AB)$ 로 표명할 수 있다. 즉, A 요인(처치변수)에 B요인(예: 학교)이 내재되어 있고, B요인에 C요인(예: 학급)이 내재한 구조이다. 편의상 세 요인이 모두 두 개의 집단을 갖는다면, $CRH-A{\cdot}B(A){\cdot}C(AB)$의 구조를 도해하면 다음과 같다.

A 요인: a_1 a_2

B 요인: b_1 b_2 b_3 b_4

C 요인: c_1 c_2 c_3 c_4 c_5 c_6 c_7 c_8

S: 실험개체:							
s_{1111}	s_{1112}	s_{1123}	s_{1124}	s_{1235}	s_{1236}	s_{1247}	s_{1248}
s_{2111}	s_{2112}	s_{2123}	s_{2124}	s_{2235}	s_{2236}	s_{2247}	s_{2248}
.	.	.	.	.	.	.	.
.	.	.	.	.	.	.	.
.	.	.	.	.	.	.	.
s_{n111}	s_{n112}	s_{n123}	s_{n124}	s_{n235}	s_{n236}	s_{n247}	s_{n248}

[그림 8-11] 삼요인 완전무선위계설계[$CRH-A{\cdot}B(A){\cdot}C(AB)$]의 도해

위의 삼요인 완전무선위계설계에서 관찰단위인 실험개체 s_{ijkl}는 C요인에 내재되어 있으며, C요인은 AB의 칸에 내재되어 있고, 다시 B요인은 A요인에 내재한 구조이다. 즉, 한 집단이 어느 상위집단에 속하면, 다른 집단에 동시에 속할 수 없는 구조이다. 모든 집단은 단 하나의 상위집단 멤버쉽만 갖는 완전위계설계이다.

위의 자료구조에 적합한 통계모형은 삼수준 위계적 분산분석모형(Three-level Hierarchical Anova)라고 할 수 있다.

$$Y_{ijkl} = \mu + \alpha_j + \beta_{k(j)} + \gamma_{l(jk)} + e_{i(jkl)} \qquad (8.6)$$

$$(i = 1,2,\ldots n; j = 1,2,\ldots J; k = 1,2,\ldots K; l = 1,2,\ldots L)$$

여기서 $e_{i(jkl)} \sim N(0, \sigma_e^2)$이며, $\beta_{k(j)}$는 내재요인 B의 효과이며, $\gamma_{l(jk)}$는 내재요인 C의 효과이다. B와 C의 내재요인 집단들이 표집단위였으면 무선효과를 가지며, 고정된 분류체계를 가졌으면 고정효과를 갖는다. 그리고 $\beta_{k(j)}$와 $\gamma_{l(jk)}$가 무선효과를 갖는다면 적절한 분포가정이 추가된다. 여하튼 식(8.6)의 분산분석모형은 관찰변수 Y의 값이 네 개의 변산원을 갖는 것을 상정한 것이다. 이에 대한 자승합과 자유도는 다음과 같이 분해된다.

〈표 8-5〉 삼요인 완전위계설계의 자승합과 자유도 분해

변산원	자승합	자유도
$A(\alpha_j)$	$SSA = nKL\sum_j \hat{\alpha}_j^2 = nKL\sum_j (\overline{Y}_{.j..} - \overline{Y}_{....})^2$	J-1
$B(A)\ (\beta_{k(j)})$	$SSB(A) = nL\sum_j \sum_k \hat{\beta}_{k(j)}^2 = nL\sum_j \sum_k (\overline{Y}_{.jk.} - \overline{Y}_{.j..})^2$	J(K-1)
$C(AB)$	$SSC(AB) = n\sum_j \sum_k \sum_l \hat{\gamma}_{l(jk)}^2 = n\sum_j \sum_k \sum_l (\overline{Y}_{.jkl} - \overline{Y}_{.jk.})^2$	JK(L-1)
$S(ABC)$	$SSE = \sum_i \sum_j \sum_k \sum_l \hat{e}_{ijkl}^2 = \sum_i \sum_j \sum_k \sum_l (Y_{ijkl} - \overline{Y}_{.jkl})^2$	JKL(n-1)

〈표 8-5〉에서 보면, 자료의 위계적 구조가 잘 드러나 있다. 예를 들어, $J=2$; $K=2$; $L=2$ 인 경우를 고려해 보자. $B(A)$의 경우를 보면은 $J=2$인 A요인의 각 집단에 속한 B요인 집단의 수가 $K=2$이므로(따라서 B요인의 전체 집단의 수는 $J \times K = 4$이다), A요인의 각 집단의 평균 $\overline{Y}_{.j..}$가 알려진 이후에, $j=1$인 경우에 $(K-1)$개의 자유로운 $(\overline{Y}_{.jk.} - \overline{Y}_{.j..})$통계량이 존재하고, $j=2$인 경우에도 $(K-1)$개의 자유로운 $(\overline{Y}_{.jk.} - \overline{Y}_{.j..})$ 통계량이 존재한다. 따라서 전체적으로 독립적인 B요인 집단의 수는 $J(K-1) = 2(2-1) = 2$가 된다. 동일한 논리가 $C(AB)$에도 적용된다. 즉, 독립적인 C요인집단의 수는 $JK(L-1) = 2 \cdot 2(2-1) = 4$가 된다. 물론 이 모든 자유도의 분해는 균형자료(balanced data)를 기준으로 한 것이다.

어느 설계에서나 검정통계량을 결정하는 방법은 $E(MS)$를 파악하는 것이다. 위계설계에서는 상위요인의 효과가 모든 하위요인에 전달되는 구조이며, 요인간 상호작용효과는 없기 때문에, $E(MS)$를 구성하는 분산성분을 결정하는 것은 간단하다. 다만 내재요인이 고정효과 또는 무선효과를 갖는지를 결정하면 된다. 통상적으로 내재요인은 군집표집(cluster sampling)에 의하여 결정되는 경우가 있는데, 이처럼 표집의 단위로 내재요인 집단들이 구성되면 내재요인은 무선효과를 갖는다. 그러나 내재요인에 의한 집단이 특정유형으로 고정되어 있으면 고정효과를 갖는다. 다음은 삼요인완전무선설계에서 각 요인효과의 $E(MS)$를 제시한 것이다.

〈표 8-6〉 삼요인 완전위계설계의 평균자승합 기댓값($E(MS)$)의 일반식

변산원	자유도	$E(MS)$
$A(\alpha_j)$	J-1	$\sigma_e^2 + n\left(1-\frac{L}{L^*}\right)\sigma_\gamma^2 + nL\left(1-\frac{K}{K^*}\right)\sigma_\beta^2 + nKL\sigma_\alpha^2$
$B(A)$ $(\beta_{k(j)})$	J(K-1)	$\sigma_e^2 + n\left(1-\frac{L}{L^*}\right)\sigma_\gamma^2 + nL\sigma_\beta^2$
$C(AB)$	JK(L-1)	$\sigma_e^2 + n\sigma_\gamma^2$
$S(ABC)$	JKL(n-1)	σ_e^2

〈표 8-6〉의 오른편에 제시된 $E(MS)$는 5장에서 설명한 일반식 구성원리에 따른 것으로, 고정효과 모형과 무선효과 모형을 포괄하는 식이다. 자유도와 $E(MS)$에 표기된 J, K, L은 설계에 포함된 각 요인의 유목 수를 나타낸 것이고, L^*, K^*는 모집단에서 각 요인의 유목 수이다. 만일 고정효과 모형이라면, 각 요인의 모든 유목이 실험설계에 포함되므로, 연구가 반복되어도 유목의 수는 변하지 않을 것이다. 따라서 고정효과 모형에서는 $J=J^*$; $K=K^*$이다. 따라서 삼요인 완전위계설계에서 B와 C의 내재요인이 고정효과를 갖는다면, 자유도와 $E(MS)$, 그리고 검정통계량 F의 식을 다음의 〈표 8-7〉과 같이 정리할 수 있다.

〈표 8-7〉 삼요인 완전위계설계의 평균자승합 기댓값($E(MS)$)
[내재요인 B와 C가 고정효과를 갖는 경우]

변산원	자유도	$E(MS)$	F
$A(\alpha_j)$	J-1	$\sigma_e^2 + nKL\sigma_\alpha^2$	$\frac{MSA}{MSE}$
$B(A)$ $(\beta_{k(j)})$	J(K-1)	$\sigma_e^2 + nL\sigma_\beta^2$	$\frac{MSB(A)}{MSE}$
$C(AB)$	JK(L-1)	$\sigma_e^2 + n\sigma_\gamma^2$	$\frac{MSC(AB)}{MSE}$
$S(ABC)$	JKL(n-1)	σ_e^2	

다른 고정효과 모형에서와 마찬가지로, 만약 자료가 균형자료라면, 각 요인의 효과를 검정하기 위한 F통계량의 오차항(error term)은 모두 MSE이다. 연구자는 $SPSS$ 또는

SAS 등으로 삼요인 완전위계설계에 의한 자료분석을 수행한 경우에, 내재요인이 고정효과를 갖는다면 위의 〈표 8-7〉에 제시된 F통계량의 식을 이용해야 한다.

다음의 〈표 8-8〉은 삼요인 완전위계설계에서 내재요인인 B와 C요인이 모두 무선효과를 갖는 경우이다. 이 경우는 두 요인의 유목들이 모두 표집단위(sampling unit)인 경우이므로, $J < J^*$; $K < K^*$ 이고, 이상적으로는 모집단에서의 유목 수인 J^*와 K^*는 무한대에 접근한다. 따라서 J^*와 K^*의 값이 커짐에 따라 J/J^*와 K/K^*는 "0"에 접근한다. 이 경우에 자유도와 $E(MS)$ 그리고 검정통계량 F의 식은 다음의 〈표 8-8〉로 정리된다.

〈표 8-8〉 삼요인 완전위계설계의 평균자승합 기댓값($E(MS)$)
[내재요인 B와 C가 무선효과를 갖는 경우]

변산원	자유도	$E(MS)$	F
$A(\alpha_j)$	J−1	$\sigma_e^2 + n\sigma_\gamma^2 + nL\sigma_\beta^2 + nKL\sigma_\alpha^2$	$\frac{MSA}{MSB(A)}$
$B(A)\ (\beta_{k(j)})$	J(K−1)	$\sigma_e^2 + n\sigma_\gamma^2 + nL\sigma_\beta^2$	$\frac{MSB(A)}{MSC(AB)}$
$C(AB)$	JK(L−1)	$\sigma_e^2 + n\sigma_\gamma^2$	$\frac{MSC(AB)}{MSE}$
$S(ABC)$	JKL(n−1)	σ_e^2	

〈표 8-8〉에서 $E(MS)$의 수식을 유심히 살펴보면, A 요인의 효과를 검정하는 $H_0 : \sigma_\alpha^2 = 0$ (여기서 $\sigma_\alpha^2 = \sum \alpha_j^2/(J-1)$)의 가설을 검정하기 위해서는 $MSB(A)$가 오차항이 되는 것을 알 수 있다. 즉, 각 요인의 효과를 검정하는 통계량 F의 오차항은 하위 내재요인의 평균자승합이 된다. 삼요인위계설계의 자료분석모형이 고정효과를 갖던 무선효과를 갖던 각 요인의 자승합(SS)을 계산하는 수식은 〈표 8-5〉에 제시된 바와 같이 동일하다. 즉, 자료의 구조가 동일하면, 자승합의 계산은 같다.

삼요인 부분위계설계 I: $CRPH-A \cdot B(A) \cdot C$

지금까지의 설명한 위계설계는 하위수준의 요인들이 상위수준에 온전히 속하는 완전위계설계였다. 그러나 연구자들이 자료를 수집하는 상황과 관심 있는 요인의 효과는 매우 다양한 경우가 존재한다. 삼요인 부분위계설계는 내재요인과 교차요인이 포함된 설계이다. 이 경우에 어느 요인이 교차하고 내재하는 가에 따라 실험설계에 따른 자료구조는 다르게 된다.

$CRPH-A\cdot B(A)\cdot C$ 설계는 처치요인 A요인에 B요인이 속하지만, C요인은 A와 B요인에 모두 교차하는 구조이다. 따라서 $A\times C$, $B(A)\times C$의 상호작용효과가 발생한다. 이 같은 자료구조를 도해하면 다음의 [그림 8-12]와 같다.

A 요인:	a_1				a_2			
B 요인:	b_1		b_2		b_3		b_4	
C 요인:	c_1	c_2	c_1	c_2	c_1	c_2	c_1	c_2
S: 실험개체:	s_{1111}	s_{1112}	s_{1121}	s_{1122}	s_{1231}	s_{1232}	s_{1241}	s_{1242}
	s_{2111}	s_{2112}	s_{2121}	s_{2122}	s_{2231}	s_{2232}	s_{2241}	s_{2242}
	.	.	.	.	.	.	.	.
	.	.	.	.	.	.	.	.
	.	.	.	.	.	.	.	.
	s_{n111}	s_{n112}	s_{n121}	s_{n122}	s_{n231}	s_{n232}	s_{n241}	s_{n242}

[그림 8-12] 삼요인 부분무선위계설계[$CRPH-A\cdot B(A)\cdot C$]의 도해

[그림 8-12] 자료구조에서 보면, A요인에 B요인이 내재되어 있는 것을 알 수 있다. 즉, A요인의 a_1, a_2 집단에 속한 B요인의 집단은 각기 다르다. 반면에, C요인의 유목은 2개이며 (c_1, c_2; 예: 남녀 변수), A요인과 B요인의 모든 유목집단에 두 개의 C요인 집단(즉, c_1, c_2)이 동일하게 나타난다. 따라서 이 경우는 C요인 집단간 평균의 차이(예: 남녀간 평균의 차이)가 A요인과 B요인의 유목집단에 따라서 다르게 나타나는지를 검정할 수가 있다. 즉, $A\times C$, $B(A)\times C$ 의 상호작용효과를 검정할 수 있는 것이다. B요인이 A요인에 내재한 구조는 이전의 모형과 같다. 따라서$CRPH-A\cdot B(A)\cdot C$ 설계에 적합

한 분산분석모형은 다음과 같다.

$$Y_{ijkl} = \mu + \alpha_j + \beta_{k(j)} + \gamma_l + \alpha\gamma_{jl} + \beta\gamma_{k(j)l} + e_{i(jkl)} \tag{8.7}$$

$$(i = 1, \ldots, n; \quad j = 1, \ldots, J; \quad k = 1, \ldots, K; \quad l = 1, \ldots, L)$$

위의 수리모형은 [그림 8-11]의 자료구조를 반영한 것으로, 관찰단위 s_{ijkl}의 값의 변산원을 모형에 포함한 것이다. 즉, $ijkl$번째 실험개체 s_{ijkl}의 종속변수의 값 Y_{ijkl}가 변산을 갖는 근거(즉, 변산원)를 여섯 가지로 상정한 것이며, 각 효과에 대한 정의에 기초하여 분산분석표의 자승합(SS)을 구하는 추정식을 제시하면 다음과 같다.

〈표 8-9〉 삼요인 부분위계설계 $CRPH-A{\cdot}B(A){\cdot}C$의 자승합과 자유도 분해

변산원	자승합	자유도
$A(\alpha_j)$	$SSA = nKL\sum_j \hat{\alpha}_j^2 = nKL\sum_j (\overline{Y}_{.j..} - \overline{Y}_{....})^2$	$J-1$
$B(A)\ (\beta_{k(j)})$	$SSB(A) = nL\sum_j\sum_k \hat{\beta}_{k(j)}^2 = nL\sum_j\sum_k (\overline{Y}_{.jk.} - \overline{Y}_{.j..})^2$	$J(K-1)$
$C(\gamma_l)$	$SSC = nJK\sum_l \hat{\gamma}_l^2 = nJK\sum_l (\overline{Y}_{...l} - \overline{Y}_{....})^2$	L−1
AC	$SSAC = nK\sum_j\sum_l \widehat{\alpha\gamma}_{jl}^2 = nK\sum_j\sum_l (\overline{Y}_{.j.l} - \overline{Y}_{.j..} - \overline{Y}_{...l} + \overline{Y}_{....})^2$	(J−1)(L−1)
$B(A)C$	$SSB(A)C = n\sum_j\sum_k\sum_l \widehat{\beta\gamma}_{k(j)l}^2 = n\sum_j\sum_k\sum_l (\overline{Y}_{.jkl} - \overline{Y}_{.jk.} - \overline{Y}_{.j.l} + \overline{Y}_{.j..})^2$	J(K−1)(L−1)
$S(ABC)$	$SSE = \sum_i\sum_j\sum_k\sum_l \widehat{e_{ijkl}^2} = \sum_i\sum_j\sum_k\sum_l (Y_{ijkl} - \overline{Y_{.jkl}})^2$	JKL(n−1)
전체	$SST = \sum_i\sum_j\sum_k\sum_l (Y_{ijkl} - \overline{Y_{....}})^2$	nJKL−1

위의 분산분석표의 자승합과 자유도에서 유의할 사항은 B요인의 유목 수를 K_j로 표기하여, A요인의 j번째 집단에 내재한 B요인의 집단 수를 의미한다. 만약 $K_{j=1} \neq K_{j=2}$라면, $B(A)$요인 효과의 정확한 자유도는 $\sum_j^J (K_j - 1)$가 된다. 마찬가지로 $B(A)C$요인

효과의 자유도는 $\sum_{j}^{J}(K_j-1)(L-1)$이다.

〈표 8-9〉에 제시된 자승합과 자유도는 자료분석결과인 분산분석표를 구성할 수 있는 모든 정보를 제공한다. 다만 각 요인의 효과를 검정하는 통계량 F값을 결정하기 위한 오차항을 $E(MS)$를 파악하여 결정할 필요가 있다. 다음의 〈표 8-10〉은 〈표 8-9〉에 대응하는 각 요인의 자유도와 $E(MS)$를 제시한 것이다. 편의상 여기서는 A요인과 C요인은 고정효과를 가지며, 내재요인 B요인은 무선효과를 갖는 것을 가정한다.

〈표 8-10〉 삼요인 부분위계설계 $CRPH-A\cdot B(A)\cdot C$의 E(MS)과 검정통계량 F

변산원	자유도	$E(MS)$	F
$A(\alpha_j)$	$J-1$	$\sigma_e^2+nL\sigma_\beta^2+nK_jL\frac{\sum\alpha_j^2}{J-1}$	$\frac{MSA}{MSB(A)}$
$B(A)\ (\beta_{k(j)})$	$J(K-1)$	$\sigma_e^2+nL\sigma_\beta^2$	$\frac{MSB(A)}{MSS(ABC)}$
$C(\gamma_l)$	L−1	$\sigma_e^2+n\sigma_{\beta\gamma}^2+nJK_j\frac{\sum\gamma_l^2}{(L-1)}$	$\frac{MSC}{MSB(A)C}$
AC	(J−1)(L−1)	$\sigma_e^2+n\sigma_{\beta\gamma}^2+nK_j\frac{\sum\sum\alpha\gamma_{jl}^2}{(J-1)(L-1)}$	$\frac{MSAC}{MSB(A)C}$
$B(A)C$	J(K−1)(L−1)	$\sigma_e^2+n\sigma_{\beta\gamma}^2$	$\frac{MSB(A)C}{MSS(ABC)}$
$S(ABC)$	JKL(n−1)	σ_e^2	
전체	$nJKL-1$		

〈표 8-10〉에 제시된 $E(MS)$는 이 책의 다원분산분석(5장)에 제시된 방법으로 구한 것이며, 보다 상세한 서술은 Kirk(1995)에서도 발견할 수 있다. 〈표 8-10〉에서 중요한 것은 부분위계설계인 $CRPH-A\cdot B(A)\cdot C$ 설계에서는 모든 효과에 대한 검정통계량이 존재한다는 것이다. 따라서 연구자는 의도하는 모든 가설을 통계적으로 검정할 수가 있다.

삼요인 부분위계설계 II: $CRPH-A\cdot B\cdot C(A)$

$CRPH-A\cdot B\cdot C(A)$ 설계는 A요인과 B요인은 교차를 하고, B와 C요인도 교차를 하지만, C요인은 A요인에 내재하는 설계이다. 이와 같은 설계를 도해하면 다음과 같다. 편의상 교차하는 요인은 2개의 유목(수준)을 갖는 것으로 가정한다.

A 요인:		$\underline{a_1}$				$\underline{a_2}$		
B 요인:	$\underline{b_1}$		$\underline{b_2}$		$\underline{b_1}$		$\underline{b_2}$	
C 요인:	c_1	c_2	c_1	c_2	c_3	c_4	c_3	c_4
S: 실험개체:	s_{1111}	s_{1112}	s_{1121}	s_{1122}	s_{1213}	s_{1214}	s_{1223}	s_{1224}
(s_{ijkl})	s_{2111}	s_{2112}	s_{2121}	s_{2122}	s_{2213}	s_{2214}	s_{2223}	s_{2224}
	.	.	.	.	.	.	.	.
	.	.	.	.	.	.	.	.
	.	.	.	.	.	.	.	.
	s_{n111}	s_{n112}	s_{n121}	s_{n122}	s_{n213}	s_{n214}	s_{n223}	s_{n224}

[그림 8-13] 삼요인 부분무선위계설계[$CRPH-A\cdot B\cdot C(A)$]의 도해

위의 [그림 8-13]에서 B요인의 b_1과 b_2는 A요인의 모든 유목에 동일하게 포함되어 있으므로 B요인의 효과가 $A=a_1$과 $A=a_2$에서 동일한지 다른지를 비교할 수가 있으므로, A요인과 B요인은 상호작용효과를 갖는 교차적 관계이다. B요인과 C요인도 서로 교차적 관계이다. 즉, C요인의 모든 유목조건($c_1, c_2, c_3,\ c_4$)이 b_1과 b_2에 모두 나타나므로, $B=b_1$인 조건과 $B=b_2$인 조건에서 C요인의 효과가 같은지를 검정할 수 있으므로, B요인과 C요인의 상호작용효과의 검정이 가능하다. 그러나 $A=a_1$인 경우에 C요인은 c_1과 c_2가 포함되고, $A=a_2$인 경우에는 c_3과 c_4가 포함되어 C요인은 A요인에 내재되어 있으며, $A\times C$의 상호작용효과 검정은 가능하지 않다.

예를 들어, A요인은 학교이고, B요인은 교사의 교과목이며, C요인은 학급이고, 학생들이 학급에 내재되어 있는 경우가 위의 부분위계설계에 해당한다. $A=a_1$인 학교에서도 $B=b_1$(국어)교과와 $B=b_2$(수학)교과가 있고, $A=a_2$인 학교에서도 $B=b_1$(국어)교과와 $B=b_2$(수학)교과가 있으므로, 두 학교에서 교과간 차이가 동일한지 다른지를 검정하는 학교×교과의 상호작용효과 검정이 가능하다. 또한 a_1 학교에서 $B=b_1$(국어)교과 성적이 c_1, c_2의 두 학급에서 존재하고, $B=b_2$(수학)교과 성적도 c_1, c_2의 두 학급에 존재하며, a_2학교에서도 $B=b_1$(국어)교과 성적과 $B=b_2$(수학)교과 성적이 c_3, c_4학급에 존재하므로, 두 교과의 성적은 c_1, c_2, c_3, c_4학급에 모두 가능하므로, $B\times C$의 상호작용효과도 검정할 수 있는 설계이다. 그러나 C(학급)요인은 A(학교)요인에 내재되어 있어서 두 요인간 상호작용효과는 존재하지 않는다.

따라서 $CRPH-A{\cdot}B{\cdot}C(A)$ 설계에 적합한 분산분석모형은 다음과 같다.

$$Y_{ijkl}=\mu+\alpha_j+\beta_k+\gamma_{l(j)}+\alpha\beta_{jk}+\beta\gamma_{kl(j)}+e_{i(jkl)} \tag{8.8}$$

$$(i=1,\ldots,n;\quad j=1,\ldots,J;\quad k=1,\ldots,K;\quad l=1,\ldots,L_j)$$

위의 모형은 A요인의 효과(α_j)와 B요인의 효과(β_k)간 상호작용이 있으며, B요인과 C요인 사이에도 상호작용효과($\beta\gamma_{kl(j)}$)가 있으나, A요인과 C요인은 상호작용이 없다는 것을 가정한 것이다. 따라서 앞에서 제시한 [그림 8-13]의 설계에서 관찰단위인 s_{ijkl}의 관찰값인 Y_{ijkl}의 값이 변산을 갖는 원인을 여섯 가지로 상정하여 모형화한 것이다. 그러므로 분산분석표에서 변산원은 식(8.8)에 제시된 모형이 가정한 바와 같다. 다음의 〈표 8-11〉는 분산분석표의 자승합(SS)과 자유도를 제시한 것이다.

〈표 8-11〉 삼요인 부분위계설계 $CRPH-A\cdot B\cdot C(A)$의 자승합과 자유도 분해

변산원	자승합	자유도
$A(\alpha_j)$	$SSA=nKL\sum_j \hat{\alpha}_j^2=nKL\sum_j(\overline{Y}_{.j..}-\overline{Y}_{....})^2$	$J-1$
$B(\beta_k)$	$SSB=nJL\sum_k \hat{\beta}_k^2=nJL\sum_k(\overline{Y}_{..k.}-\overline{Y}_{....})^2$	$K-1$
$C(A)(\gamma_{l(j)})$	$SSC=nK\sum_j\sum_l \hat{\gamma}_{l(j)}^2=nK\sum_j\sum_l(\overline{Y}_{..l(j)}-\overline{Y}_{.j..})^2$	J(L-1)
AB	$SSAB=nL\sum_j\sum_k \widehat{\alpha\beta}_{jk}^2$ $=nL\sum_j\sum_k(\overline{Y}_{.jk.}-\overline{Y}_{.j..}-\overline{Y}_{..k.}+\overline{Y}_{....})^2$	(J-1)(K-1)
BC(A)	$SSBC(A)=n\sum_j\sum_k\sum_l \widehat{\beta\gamma}_{kl(j)}^2$ $=n\sum_j\sum_k\sum_l(\overline{Y}_{.jkl}-\overline{Y}_{.jk.}-\overline{Y}_{...l(j)}+\overline{Y}_{.j..})^2$	J(K-1)(L-1)
$S(ABC)$	$SSE=\sum_i\sum_j\sum_k\sum_l \hat{e}_{ijkl}^2=\sum_i\sum_j\sum_k\sum_l(Y_{ijkl}-\overline{Y}_{.jkl})^2$	JKL(n-1)
전체	$SST=\sum_i\sum_j\sum_k\sum_l(Y_{ijkl}-\overline{Y}_{....})^2$	nJKL-1

〈표 8-11〉의 분산분석표도 균형자료를 가정하여 자유도와 자승합을 제시한 것이다. 만약에 불균형 자료라고 하면, $C(A)$ 효과의 자유도는 $\sum_j(L_j-1)$; $BC(A)$ 상호작용효과의 자유도는 $\sum_j(K-1)(L_j-1)$가 된다.

〈표 8-11〉은 분산분석표를 작성하는 데 필요한 모든 정보를 제공하지만, 가설검정을 위해서는 검정통계량 F의 값을 구성하는 오차항을 결정하여야 한다. 이를 위하여 부분무선위계설계에서의 $E(MS)$를 도출하면 다음과 같다. 편의상 여기서는 A요인과 B요인은 고정효과를 가지며, 내재요인 C요인은 무선효과를 갖는 것을 가정한다.

〈표 8-12〉 삼요인 부분위계설계 $CRPH-A\cdot B\cdot C(A)$의 E(MS)과 검정통계량 F

변산원	자유도	$E(MS)$	F
$A(\alpha_j)$	$J-1$	$\sigma_e^2+nK\sigma_l^2+nKL_j\frac{\sum\alpha_j^2}{J-1}$	$\frac{MSA}{MSC(A)}$
$B(\beta_k)$	$K-1$	$\sigma_e^2+n\sigma_{\beta\gamma}^2+nJL_j\frac{\sum\beta_k^2}{K-1}$	$\frac{MSB(A)}{MSBC(A)}$
$C(A)(\gamma_l)$	J(L-1)	$\sigma_e^2+nK\sigma_l^2$	$\frac{MSC}{MSS(ABC)}$
AB	(J-1)(K-1)	$\sigma_e^2+n\sigma_{\beta\gamma}^2+nL\frac{\sum\sum\alpha\beta_{jk}^2}{(J-1)(K-1)}$	$\frac{MSAC}{MSBC(A)}$
BC(A)	J(K-1)(L-1)	$\sigma_e^2+n\sigma_{\beta\gamma}^2$	$\frac{MSB(A)C}{MSS(ABC)}$
$S(ABC)$	JKL(n-1)	σ_e^2	
전체	$nJKL-1$		

〈표 8-10〉에 제시된 $E(MS)$의 식을 보면 앞서의 〈표 8-10〉과 체계적인 관련성을 갖는 것을 알 수 있다. 즉, 내재요인이 있는 경우에 $E(MS)$의 구성과 각 효과를 검정하는 통계량 F의 오차항(error term)이 어떻게 변화하는지도 유사한 패턴을 갖고 변화한다. 앞에서 다룬 부분무선위계설계 $CRPH-A\cdot B(A)\cdot C$와 마찬가지로 위에 제시된 $CRPH-A\cdot B\cdot C(A)$설계에서도 모든 요인의 효과를 검정하는 통계량 F가 존재한다.

무선구획 부분위계설계: RBH-AB(A)C

RBH-AB(A)C 설계는 처치 B가 처치 A에 내재한 위계적 설계에서 C 구획 변수가 포함된 설계이다. 이 장의 도입부분에서 소개한 [그림 8-1]의 완전무선위계설계(CRH-AB(A))에 구획변수(C)가 추가된 설계라고 할 수 있다. 또는 처치 A와 구획 C가 교차하는 무선구획설계이나 새로운 처치조건 B가 처치 A에 내재된 형태로 개입된 설계라고 할 수도 있다. 예를 들어, 교육프로그램의 효과를 검정하기 위하여, 비교집단을 설정하여, 편의상 A요인인 처치변수가 두 개의 조건(a_1, a_2)을 갖는다고 하고, 이 처치가 네 개의 교실에서 이루어지며, 두 명의 교사가 처치조건 a_1을 , 다른 두 명의 교사가 처치조건 a_2에 무선배치된다면, 교사가 B요인이고, B요인(b_1, b_2, b_3, b_4)은 A 요인에 내재하게 된다. 다음에 학생들을 사전성취도 기준으로 각 구획에 4명씩 n개의 구획을 만들어 배정을 각 교실에

배정하는 설계이다. 이를 그림으로 도해하면 다음과 같다.

A 요인:	$\underline{a_1}$		$\underline{a_2}$	
B 요인:	$\underline{b_1}$	$\underline{b_2}$	$\underline{b_3}$	$\underline{b_4}$
C 요인:	$c_1 \cdot \cdot \cdot \cdot \cdot c_n$	$c_1 \cdot \cdot \cdot \cdot \cdot c_n$	$c_1 \cdot \cdot \cdot \cdot \cdot c_n$	$c_1 \cdot \cdot \cdot \cdot \cdot c_n$
S 실험개체:	$s_{111.} \cdot \cdot \cdot \cdot s_{n11}$	$s_{112.} \cdot \cdot \cdot \cdot s_{n12}$	$s_{123.} \cdot \cdot \cdot \cdot s_{n23}$	$s_{124.} \cdot \cdot \cdot \cdot s_{n24}$

[그림 8-14] 무선구획 부분위계설계[RBH-AB(A)C]의 도해(A)

위의 [그림 8-14]는 각 구획별로 학생 한 명씩 각 교실에 배정된 것이다. 이 그림은 다음 [그림 8-15] 같이 표현할 수도 있다.

처 치(A)		a_1		a_2	
교 사(B)		b_{11}	b_{12}	b_{21}	b_{22}
구획 (C)	c_1	s_{111}	s_{112}	s_{121}	s_{122}
	c_2	s_{211}	s_{212}	s_{221}	s_{222}
	c_3	s_{311}	s_{312}	s_{321}	s_{322}
	⋮	⋮	⋮	⋮	⋮
	c_n	s_{n11}	s_{n12}	s_{n21}	s_{n22}

[그림 8-15] 무선구획 부분위계설계[RBH-AB(A)C]의 도해(B)

만일 구획의 수가 10개라면, 전체 실험개체의 수는 $10 \times 4 = 40$명인 셈이다. [그림 8-15]와 같은 실험설계는 교육연구에서 쉽게 적용할 수 있는 설계라고 할 수 있다. 이 설계에 적합한 분산분석모형은 다음과 같다.

$$Y_{ijk} = \mu + \alpha_j + \beta_{k(j)} + \pi_i + e_{i(jk)} \qquad (8.10)$$

$$(i = 1, \ldots . n; \quad j = 1, , , J; \quad k = 1, , , K)$$

여기서, $e_{i(jk)} \sim N(0, \sigma_e^2)$, $\pi_i \sim N(0, \sigma_\pi^2)$이다. 만일 실험의 규모가 커서 교사(B)의 수가 많아지고, B요인도 무선효과를 갖는다면, $b_k \sim N(0, \sigma_b^2)$를 가정할 수도 있다. 무선구획설계에서와 마찬가지로, 여기서 오차항은 $e_{i(jk)} = \alpha\pi_{ij} + \beta\pi_{ik(j)} + e^*_{i(jk)}$의 효과이며, 구획이 적절히 이루어졌다면, 처치와 구획, 교사와 구획의 상호작용효과는 모두 $\alpha\pi_{ij} = 0$; $\beta\pi_{ik(j)} = 0$이다. 만일 구획이 잘못 이루어지면, 즉, $\alpha\pi_{ij} > 0$, $\beta\pi_{ik(j)} > 0$라면, 오차분산은 커지고, F-검정력이 낮아진다.

구획이 적절히 이루어져서, 처치 및 교사와의 상호작용효과가 없다면, 위의 설계에 기초한 분산분석표는 다음과 같다.

〈표 8-13〉 무선구획 부분위계설계 RBH−AB(A)C의 E(MS)와 검정통계량 F

변산원	자유도	E(MS)	F
$A(\alpha_j)$	J−1	$\sigma_e^2 + nJ\sigma_b^2 + \frac{nK\sum\alpha_j^2}{J-1}$	MSA/MSB(A)
$B(\beta_{k(j)})$	J(K−1)	$\sigma_e^2 + nJ\sigma_b^2$	MSB(A)/MSS(BC)
$C(\pi_i)$	n−1	$\sigma_e^2 + JK\sigma_\pi^2$	MSC/MSS(BC)
$S(e_{i(jk)})$	J(K−1)(n−1)	σ_e^2	

그러나 구획이 비효율적으로 이루어졌다면, 그래서 구획(C)과 처치(A) 및 교사요인(B) 간에 상호작용이 존재한다면, $E(MSE) = \sigma_e^2 = Kn\sigma_{\alpha\pi}^2 + \sigma_{b\pi}^2 + \sigma_e^{2*}$가 되어 모형의 검정력은 낮아지게 된다. 즉, 위의 설계에서 $\sigma_e^2 = \sigma_e^{2*}$가 성립할수록, 그리고 교사효과($\beta_{k(j)}$)가 작을수록, 모형의 검정력은 높아진다. 또한 위의 분산분석표가 [그림 8-15]에 의한 자료를 분석한 결과라면, J=2; K=2이고 구획의 수가 n인 설계가 된다.

9 위계적 설계의 장점과 단점

위계적 설계의 장점은 첫째, 처치를 반복 시행할 필요가 없이 각 집단마다 상이한 처치조건이 적용되어 설계가 쉽다는 것이다. 둘째, 각 요인별 효과를 분리 추정하여 모든 요인의 효과를 동시에 검정할 수 있는 장점이 있다. 셋째, 통계학적인 관점에서 내재한 요인의 효과는 흔히 무선으로 처리되어, 적은 표본으로 모수추정이 가능한 장점이 있다. 고정효과는 각 집단별 효과를 추정하여 추정대상인 모수의 수가 많으나, 무선효과는 내재한 요인의 분산성분 1개만 추정하므로, 자유도에 여유가 있게 된다.

위계적 설계의 단점은 만일 처치의 수가 많아지면, 표본의 크기가 많이 필요한 단점이 있다. 예를 들어, $CRH-AB(A)C(B(A))$와 같이 삼요인 완전무선위계설계의 경우처럼, B요인(K개 유목)은 A요인(J개 유목)에 내재하고, C요인(L개 유목)은 $B(A)$요인에 내재한다면, 실험에 필요한 사례수는 $nJKL$이 된다. 둘째로, 내재된 요인의 유목수, 또는 사례 수가 적은 경우는 자유도의 부족으로 검정력이 낮을 수 있다. 따라서 위계적 설계는 내재된 요인의 유목도 많고, 내재한 실험개체 수도 많은 경우에 이상적이다.

Chapter 09

분할구획 요인설계와 반복측정설계 : 삼원분산분석

1 개요

실험을 통하여 처치 또는 독립변수의 효과를 검정하려는 연구자는 두 가지 전략적 선택을 하게 된다. 하나는 통계적 분석결과의 해석에서 인과관계 추론이 가능하도록 논리적 정당성(내적타당도)을 확보하는 설계를 하는 것이다. 3장과 5장에 제시된 완전무선설계(Completely Randomized Design)는 실험집단과 통제집단에 속한 개체들의 관찰변수에 대한 사전동등성을 확보하기 위하여 실험개체의 무선배치를 적용하는 설계였다. 또 다른 전략은, 가능하다면 가설검정을 위한 통계적 검정력이 높은 설계를 적용하는 것이다. 예를 들어, 무선구획설계(Randomized Block Design) 또는 반복측정설계(Repeated Measures Design)는 비교집단간의 사전동등성을 확보하는 데도 기여하지만, 통계적 검정력(statistical power)을 높이기 위한 설계전략이다. 특히 무선구획설계의 장점은 종속변수와 높은 상관을 갖는 혼재변수가 있다면 구획을 만들기가 쉽다.

이 장에서 공부하는 분할구획 요인설계(Split-Plot Fatorial Design)는 완전무선설계와 무선구획설계를 합친 것이다. 즉, 연구자가 복수의 처치 또는 독립변수의 효과를 검정하는 경우에, 인과관계 추론의 정당성을 확보하고, 동시에 검정력을 높이기 위한 설계라고 할 수 있다. 분할구획설계는 복수의 처치효과를 검정하는 경우에, 복수의 요인에 모두 검정력이 높은 구획설계를 적용하기 어려우므로, 한 요인에 대하여만 무선구획설계가 이루어지도록 하고, 다른 한 요인은 원래대로 완전무선설계를 유지하는 것이다. 분할구획설계는 복수의 독립변수에 모두 적용되는 구획을 구성하기 어렵기 때문에, 한 처치변수에만 구획설계를 적용하고 나머지 요인들은 완전무선설계를 적용하는 타협적인 방법이라고 할 수 있다. 이 같은 상황을 보다 효과적으로 설명하는 방법은 연구자가 관심을 갖는 독립변수가 두 개인 경우에, 연구자에게 가능한 두 개의 설계방법을 비교하는 것이다. 다음의 [그림 9-1]은 [분할구획 요인설계]와 [무선구획 요인설계]의 자료구조를 제시한 것이다. [그림 9-1]에서 A요인은 $\{a_1, a_2\}$의 두 개의 유목이 있고, B요인은 $\{b_1, b_2, b_3, b_4\}$의 네 개의 유목이 있는 경우이다. 또한 두 요인은 교차하여 $A \times B$의 상호작용효과도 연구자는 검정하려고 한다. 편의상 A요인은 성별(남, 여) 변수이고, B요인은 4개의 수학교수법 (예: 사전 선행조직자 사용, 사후 선행조직자 사용, 사전+사후 선행조직자 사용, 통제집단)이라고 하자.

[분할구획 요인설계]

처치 A	구획	처치(B)			
		b_1	b_2	b_3	b_4
a_1	1				
	2				
	3				
	4				
	5				
a_2	6				
	7				
	8				
	9				
	10				

[무선구획 요인설계]

처치A		a_1				a_2			
처치 B		b_1	b_2	b_3	b_4	b_1	b_2	b_3	b_4
구획	1								
	2								
	3								
	4								
	5								

[그림 9-1] 이요인설계에서 분할구획설계와 무선구획설계의 비교

[그림 9-1]에 제시된 두 개의 설계는 모두 처치A와 처치B가 있는 요인설계에서 두 처치(또는 독립변수)의 효과를 검정하는 설계이다. 위쪽의 [분할구획 요인설계]는 $A = a_1$(남학생 집단)인 경우와, $A = a_2$(여학생 집단)인 경우에 각각 5개의 구획을 만들어서, 결

국 두 개의 무선구획설계가 병합된 형태이다. 반면에 아래쪽의 [무선구획 요인설계]는 $A \times B$의 조합으로 만들어지는 8개의 칸에 모두 적용되는 구획을 생성하여 적용한 온전한 무선구획설계이다. 아래쪽의 [무선구획 요인설계]에서는 A요인과 B요인에 모두 공통적인 구획변수가 적용되어, A요인의 효과나, B요인의 효과, 그리고 $A \times B$의 효과를 검정하는데 모두 구획변수에 의하여 통계적 검정력이 향상되는 효과가 있다. 즉, 구획내에서는 동질성이 향상되므로, A요인에서 비교대상인 $A = a_1$, $A = a_2$ 두 집단간 사전동등성이 향상되고, $B = \{b_1, b_2, b_3, b_4\}$ 집단간에도 동등성이 향상되는 효과를 기대할 수 있으며, $A \times B$의 조합으로 생성되는 8개의 칸들 사이에도 동등성이 향상된다. 따라서 이 경우에는 모든 가설검정에서 구획의 효과를 기대할 수 있다. 연구자에게는 무선구획 요인설계를 활용하는 것이 바람직하지만, 이처럼 독립변수가 두 개인 경우에는 $A \times B$의 조합으로 만들어지는 8개의 칸에 모두 적용되는 구획을 생성하는 것이 현실적으로 어렵거나 불가능하다. 즉, A요인이 남녀변수이고, B요인이 교육프로그램의 처치변수인 경우에, 사전성취도로 학생들을 서열화 하고, 그 서열에 따라 구획1={1위, 2위, . . . , 8위}, 구획2={9위, 10위, . . . 16위} . . ., 구획5={33위, 34위, . . . 40위} 로 구획을 구성했을 때, 각 구획마다 정확하게 남학생이 4명, 여학생이 4명인 경우가 되어야 위의 [무선구획 요인설계]가 성립하는 것인데 이는 현실적으로 가능하지 않은 것이다. 따라서 연구자는 [분할구획 요인설계]를 고려하게 되는데, 이 경우는 처치 $A = a_1$(남자)인 남학생만을 대상으로 사전성취도 서열에 따라 구획1={1위, 2위, 3위, 4위}, 구획2={5위, 6위, 7위, 8위} . . . 구획5={17위, 18위, 19위, 20위}로 5개의 구획을 만들었고, 또한 $A = a_2$(여자)인 집단만을 대상으로 별도의 5개의 구획을 생성하여, 결국 두 개의 무선구획설계가 처치 $A = a_1$인 경우와, $A = a_2$인 경우로 각각 이루어진 셈이다. 위와 같은 [분할구획 요인설계]에서는 처치 A요인의 효과는 완전무선설계로 검정하고 이를 개체간 비교검정(between subject comparison)이라 하며, 처치 B요인과 $A \times B$요인의 효과는 무선구획설계로 검정을 하고, 이를 개체내 비교검정(within subject comparison)이라 한다.

처치변수 또는 독립변수가 복수인 경우에는 무선구획설계보다는 분할구획설계가 더 현실적이며, 실제 실험연구에서 독립변수가 복수인 경우가 빈번하므로, 분할구획설계는 매우 보편적인 설계이다. 독립변수가 3개인 경우에도, 동일한 현상이 발생한다. 즉, 모든 독립변수의 조합으로 이루어진 집단에 공통적으로 적용되는 구획변수를 생성하는 것은 현실적으로 불가능하기 때문에, 연구자는 하나의 독립변수의 효과검정에만 무선구획설계가 적용되도록 하고, 다른 2개 독립변수의 효과는 완전무선설계로 검정하는 것이다. 어떤 독립변수의 효과를 검정하는데 무선구획설계를 적용하는 가는 연구맥락에 따라 다르다고 할 수 있다. 다음의 [그림 9-2]는 독립변수가 3개인 경우에 적용되는 분할구획설계를 예시한 것이다. [그림 9-2]에서 연구자가 관심을 갖는 독립변수는 A, B, C의 세 가지이다. 그러나 모든 독립변수의 처치조건에 부합하는 구획을 만드는 것이 현실적으로 어려우므로, $A \times B$ 요인의 교차로 생성되는 집단별로 구획을 생성하여 처치 C에 대하여는 무선구획설계를 적용하는 것이다.

처치(A)	처치(B)	구획	처치(C)			
			c_1	c_2	c_3	c_4
a_1	b_1	1				
		2				
		3				
		4				
	b_2	5				
		6				
		7				
		8				
a_2	b_1	9				
		10				
		11				
		12				
	b_2	13				
		14				
		15				
		16				

[그림 9-2] 삼요인 분할구획 요인설계

이 경우에도 A요인과 B요인의 효과, $A \times B$ 상호작용효과는 완전무선설계가 적용되고, C요인, $A \times C$ 상호작용효과, 그리고 $B \times C$ 상호작용효과는 무선구획설계의 효과가 적용되는 것이다.

분할구획설계에서 처치변수의 효과를 검정하는데 동원되는 분산분석모형은 요인에 따라 다르게 된다. A요인(예: 성별)과 B요인(예: 4개의 처치조건 집단)이 포함된 분할구획요인설계에서, A요인에는 각 유목에 구획이 내재된다. 즉, 성별의 효과는 남자집단에 속한 구획들과 여자집단에 속한 구획들을 비교하는 것이다. 이처럼 A요인의 효과는 구획간 비교(between blocks comarison), 또는 남녀집단간 비교로서 소위 개체간 비교(between subject comparison)로 그 효과를 검정한다. 간단히 표현하면 일원분산분석모형으로 검정하는 것과 같다. 그러나 B요인의 효과는 동일 구획에 속한 개체간의 차이로 드러나므로, B요인의 효과는 구획내 비교(within blocks comparison), 또는 개체내 비교(within subject comparison)로 그 효과를 검정한다. 이 경우는 무선구획설계와 같다. 즉, 이요인(B요인과 구획)분산분석모형을 적용한다.

무선구획설계에서 실험개체가 반복측정되면, 각 개체가 구획의 기능을 하는데, 분할구획설계에서도 동일한 논리가 적용된다. 즉, 남녀로 구성된 실험개체들이 4회 반복측정되어 측정시점간의 변화로 처치의 효과를 검정한다면, 각 개인은 4개의 관찰값을 갖는 구획으로 기능하게 되며 이 때 분할구획설계는 반복측정설계의 특수한 형태이다.

따라서 분할구획설계의 특징을 요약하면, 첫째 무선구획설계와 완전무선설계가 혼합된 것이다. 둘째 두 개 이상의 독립변수가 개입되는 설계이며, 한 요인에 대하여만 구획이 적용되는 설계이다. 셋째, 반복측정설계의 특수한 경우이다. 넷째, 무선구획설계에서처럼, 구획은 무선효과를 가지므로, 분할구획설계는 혼합효과를 갖는 설계이다. 따라서 혼합설계(mixed design)(Lindquist, 1953)라고도 한다.

2 분할구획 요인설계의 방법

분할구획 요인설계는 완전무선설계와 무선구획설계가 혼합된 설계이나, 사실상 무선구획설계를 J번 반복하여 수행하는 셈이다. 즉, $A \times B$요인설계에서 A요인이 $\{a_1, a_2, ..., a_J\}$의 J개의 유목으로 분류된 집단이고, B 요인은 $\{b_1, b_2, ..., b_K\}$의 K개 유목으로 분류된 집단이라면, 연구자는 $A = a_j$인 경우마다 크기가 K인 구획을 n개 씩 만들어서 무선구획설계를 하는 것이다. $A = a_j$인 경우마다 무선구획을 하는 절차는 7장의 무선구획설계에서 제시한 내용과 동일하다. 무선구획설계에서와 마찬가지로 분할구획설계는 연구자가 종속변수와 높은 상관을 갖는 잡음변수를 알고 있으며, 또한 이 변수를 실험이전에 확보할 수 있어야 한다. 즉, 구획변수를 사전에 확보하여야 한다. 반복측정설계를 도입하는 경우는 각 실험개체가 반복측정되므로, 자연스럽게 구획변수가 생성이 되는 셈이다. 여기서는 구획변수를 사전에 확보하는 경우에, 분할구획 요인설계의 방법을 소개한다.

분할구획 요인설계 절차

연구자가 관심이 있는 처치가 A요인과 B요인 두 개이며, $A=\{a_1, a_2, ..., a_J\}$, $B=\{b_1, b_2, ..., b_K\}$의 유목을 갖는다고 가정하자. 분할구획 요인설계의 방법은 다음과 같으며, [그림 9-1]에 제시된 분할구획설계를 참조하면 이해가 쉽다.

① 실험단위 확보: 실험에 참가할 JKn 명의 실험대상을 확보한다. 이때 A요인의 유목 수인 J개 집단의 사례수는 동일하다. 즉 A 요인의 유목 a_j에 각각 Kn명의 동일한 수의 실험개체를 확보한다.

② 구획변수의 분할 생성: 연구자가 선택한 잡음변수에 대한 JKn 명의 분포를 확보한다. 구획효과를 반영하여 검정력을 높이고자 하는 요인이 B요인이라면, A요인의 J개 하위집단별로 각각 Kn명의 잡음변수 분포를 확보한다. Kn명의 잡음변수 분포에서 크기가 K인 n개의 구획을 생성한다. 만약에 $J=3, K=4$이고, 구획의 수를 $n=10$이라면, 실험개체의 수는 $JKn=120$명이고, A요인의 각 하위집단에는 $Kn=40$명이 존재한다. 이때 40명의 잡음변수 분포에 따라 10개의 구획을 생성하며, 각 구획에 포함된 개체수는 4명이다. 동일한 절차를 J개의 집단별로 반복하여, 크기가 K=4인 $n=10$개의 구획을 J세트 생성한다.

③ 무선배치: 각 구획에 속한 K명을 K개의 처치조건에 무선배치한다. 동일한 무선배치 작업을 $A=a_j$ 조건별로 첫째 구획, 둘째 구획, . . . , n째 구획까지 반복한다. 즉, 전체적으로 Jn개의 구획에서 무선배치가 이루어진다.

④ 처치시행: 무선배치가 이루어지면, $A=a_j$인 집단에는 n개의 구획과 Kn명의 실험개체가 있으며, $B=b_k$인 집단에는 Jn명이 실험개체가 속하게 된다. 또한 $A\times B = \{ab_{jk}\}$의 JK칸에는 n명이 속하게 된다. 만약에 A와 B가 모두 연구자가 통제하는 처치조건이라면, 연구자는 $A\times B$ 처치조합을 크기가 n인 JK개의 집단에 일정기간 시행한다. 그러나 B요인만 연구자가 조작하는 처치이고, A요인은 고정변수(예: 성별)라면, 연구자는 크기가 Jn인 K개 집단에 계획한 처치를 일정기간 시행한다.

⑤ 자료관찰: 처치가 종결되면, 종속변수를 관찰한 자료를 수집한다. 즉, 처치시행 결과를 반영하는 자료를 수집한다.

⑥ 자료분석: 분할구획 요인설계의 자료구조는 연구자가 관심을 갖는 A요인의 효과, B요인의 효과, 그리고 $A\times B$의 상호작용효과를 검정하기 위한 것이다. 또한 구획변수를 생성하였으므로, 이 설계에 개입된 요인들은 $A,B,$ 그리고 구획($BL:Block$)변수이다. 이 중에서 구획변수는 연구자가 임의로 생성한 것이므로 무선효과를 갖는다. 따라서 삼요인 혼합효과 분산분석모형에 의하여 자료분석을 한다. 분할구획 요인설계에서의 영가설은 A요인의 효과검정 가설, $H_0:\sum\alpha_j^2=0$, B요인의 효과 검정 가설, $H_0:\sum\beta_k^2=0$, 그리고 $A\times B$의 상호작용 가설, $H_0:\sum\sum\alpha\beta_{jk}^2=0$ 이며, 무선효과를 갖는 구획변수 효과의 가설, $H_0:\sigma_\pi^2=0$이다. 그러나 구획변수의 효과는 연구가설은 아니며, 연구자의 구획변수 설계가 적절했는지 평가하는 기능을 한다.

분할구획 요인설계는 기본적으로 한 요인에 적용되는 무선구획설계와 동일한 절차를 갖는다고 할 수 있으며, 다만 구획설계의 적용을 받지 않는 나머지 요인의 유목수 만큼, 무선구획설계가 반복되는 것으로 이해할 수 있다.

실험설계에서 연구자가 관심을 갖는 처치의 효과를 검정하기 위하여, 실험개체를 반복하여 관찰한다면, 반복측정 횟수가 처치의 유목 수가 된다. 또한 각 실험개체는 반복측정횟수가 크기인 구획이 된다. 반복측정설계에서 실험개체는 통계적으로 구획의 기능을 하는 것이며, 이는 7장의 무선구획설계에서도 설명하였다. 다음의 [그림 9-3]은 분할구획 요인설계와 통계학적 속성이 동일한 반복측정설계를 제시한 것이다.

처치 A	실험개체	처치(B)			
		관찰시점 1 b_1	관찰시점 2 b_2	관찰시점 3 b_3	관찰시점 4 b_4
a_1	1				
	2				
	3				
	4				
	5				
a_2	6				
	7				
	8				
	9				
	10				

[그림 9-3] 분할구획설계로서의 반복측정설계

[그림 9-3]과 같은 실험설계는 전형적인 반복측정설계이며, 이처럼 반복측정된 자료를 패널자료라고 한다. 패널자료는 대표적인 종단자료이며, 실험자료가 아닌 조사자료에서도 흔히 수집하는 자료이다. 그러나 조사자료는 무선배치가 적용되지 않는 자료이며, 자연집단을 추적 조사한 자료이므로, 이 자료의 분석절차는 실험자료의 분석방법과 다르다. 즉, 조사자료는 분산분석모형으로 분석하는 것이 적절하지 않다. 또한 조사자료는 연구자의 개입이 제한되므로 불균형자료일 가능성이 높으며, 실험자료는 연구자의 의도가 반영되어 균형자료일 가능성이 높다. 그러나 외형상으로 자료의 구조는 조사자료나 실험자료나 위의 [그림 9-3]과 동일하다.

실험연구에서 위의 [그림 9-3]과 같은 설계를 수행하는 방법을 예를 들어 설명하면 다음과 같다.

이요인 반복측정설계 방법

중등학생의 학교폭력에 관심이 많은 상담학자가 가해경험이 있는 중학생 5명과 고등학생 5명을 대상으로 8주간 상담을 하였다. 상담자는 청소년들이 상담회기 중에 어느 정도 상담자와 공감하는지를 공감척도로 격주간 4회 측정하였으며, 상담회기가 진척됨에 따라 공감수준이 잘 진척이 되었는지를 검정하고자 하였다. 연구자의 반복측정설계는 다음과 같이 이루어진다.

① 연구자는 중학생과 고등학생 내담자에게 시행할 공감척도(측정도구)를 선정한다. 공감척도는 측정학적 양호도(신뢰도와 타당도)가 우수한 것을 선정한다.
② 실험단위 확보: 중학생 5명과 고등학생 5명의 내담자를 확보한다.
③ 처치 시행: 내담자들을 8주간 상담을 한다.
④ 자료 관찰: 상담회기 1주, 3주, 5주, 7주에 내담자들이 공감척도에 응답하도록 한다.
⑤ 자료 분석: [그림9-3]에서 A요인은 $a_1 =$ 중학생, $a_2 =$고등학생이며, B요인은 공감척도 관찰시점으로서 4회의 반복측정을 의미한다. 또한 반복측정된 각 학생은 구획이 되며, 중학생 집단에 5명, 고등학생 집단에 5명이 있으므로, 각 집단에 5개의 구획씩 만들어진 셈이다. 이 경우의 자료분석방법은 이요인 분할구획 요인설계에서의 자료분석방법과 동일하다.

이요인 반복측정설계는 분할구획 요인설계와 통계학적으로 동일한 속성을 갖는 설계이다. 이는 7장에서 일요인 반복측정설계가 무선구획설계와 통계학적으로 동일하다는 것과 같은 맥락이다. 무선구획설계에서와 마찬가지로 분할구획 요인설계에서도 구획변수의 선정은 매우 중요하다. 7장에서 설명한대로, 구획변수로는 종속변수와 높은 상관을 갖는 잡음변수의 관찰치, 실험개체의 반복측정, 유전자가 유사한 집단, 생활환경이 유사한 집단(부부, 가족, 형제, 친구 등) 등을 활용할 수 있다.

분할구획 요인설계에서도 구획변수는 구획내에서는 동질적이며, 구획간에는 이질적인 분포를 갖도록 구성한다. [그림 9-1]과 [그림 9-2]에서 구획변수의 분포가 구획내에서는 매우 동질적이며, 구획간에는 측정된 잡음변수의 점수 차이가 크게 된다. 또한 [그림 9-3]에서는 동일한 개체가 반복측정되는 경우에, 개인내에서는 측정치의 유사성이 높은 반면에, 개인간에는 점수차가 크다는 것을 기대한 것이다. 그 어느 경우든 분할구획 요인설계에서는 무선구획설계에서와 마찬가지로 구획변수가 적절히 만들어졌다면, 구획과 처치B는 상호작용을 하지 않는 것을 기대한다. 즉, 구획내 변산은 작고, 구획간 점수 차이는 뚜

렷하므로, 처치B의 조건에 따라 구획간 점수의 서열이 바뀌지 않는 것을 가정한다. 이 같은 원리는 무선구획설계와 동일하다. 즉, 구획과 처치사이에 상호작용이 유의하다면, 구획변수의 효과는 성공적이지 못한 것이며, 무선구획설계에서 가정한 구획변수와 처치변수의 가법성(additivity)의 가정이 위배된 것이고, 특히 B요인과 $A \times B$요인의 효과검정력은 오히려 낮아진다.

3 분할구획 요인설계 자료의 분석모형

앞에서 [그림 9-1]의 첫째 설계와 [그림 9-3]에 제시한 설계에서 독립변수는 A요인, B요인이다. 또한 연구자는 A요인의 각 하위 집단내에 구획을 생성하여, B요인의 효과검정에서 무선구획설계가 적용되도록 하였다. 따라서 이와 같은 설계에서 각 관찰단위의 값을 Y_{ijk}라고 하면, Y_{ijk}의 값은 A요인의 효과(α_j), B요인의 효과(β_k), $A \times B$의 상호작용효과 ($\alpha\beta_{jk}$), 그리고 A요인에 내재한 구획변수(C요인)의 효과($\pi_{i(j)}$)에 영향을 받는다. 여기서 구획변수인 C요인은 B요인과 교차하는 요인이지만, 구획변수의 목적이 구획내에서는 동질적이며, 구획간에는 이질적이어서, B요인과의 상호작용이 없도록 기대하는 요인이다. 따라서 $B\times C$ 상호작용효과인 $\beta\pi_{i(j)k} = 0$이다. 동시에 $B\times C$의 상호작용칸에 속한 개체는 하나이므로 1개의 관찰값만 존재한다. 따라서 개인효과인 오차항 e^*_{ijk}과 $\beta\pi_{i(j)k}$는 중복된 효과로서 분리추정이 불가능한 모수이다. $\beta\pi_{i(j)k} = 0$을 가정한 이 요인 분할구획 요인설계의 분산분석모형은 다음과 같이 제시할 수 있다.

$$Y_{ijk} = \mu + \alpha_j + \beta_k + \pi_{i(j)} + \alpha\beta_{jk} + e_{ijk},\ \ \pi_{i(j)} \sim N(0, \sigma_\pi^2),\ \ e_{ijk} \sim N(0, \sigma_e^2) \quad (9.1)$$

$$\begin{aligned}
\mu \quad &= \text{전체 모평균} \\
\alpha_j \quad &= \mu_{.j.} - \mu \\
\beta_k \quad &= \mu_{..k} - \mu \\
\pi_{i(j)} &= \mu_{ij.} - \mu_{.j.} \\
\alpha\beta_{jk} &= \mu_{.jk} - \mu_{.j.} - \mu_{..k} + \mu \\
e_{ijk} \quad &= Y_{ijk} - \mu_{ij.} - \mu_{.jk} + \mu_{.j.}
\end{aligned}$$

여기서 α_j는 A요인의 j번째 집단의 효과이며, β_k는 B요인의 k번째 집단의 효과이다. 아울러 $\pi_{i(j)}$는 $A = a_j$인 집단내에서 i번째 구획의 효과이며 무선효과를 갖고 $\pi_{i(j)} \sim N(0, \sigma_\pi^2)$이다. $\alpha\beta_{jk}$는 A요인의 j번째 집단과 B요인의 k번째 집단의 상호작용효과이다. $e_{ijk} = \beta\pi_{i(j)k} + e^*_{ijk}$ 로서, 개인효과 e^*_{ijk}와 구획 $i(j)$와 B요인의 상호작용효과가 합쳐진 것이나, 위의 모형은 $\beta\pi_{i(j)k} = 0$을 가정한 모형이다. 각 개인은 곧 구획과 B요인의 상호작용칸으로 확인되므로, 개인효과를 추정할 때는 상호작용효과로 추정을 하게 된다.

만약에 구획변수가 B요인과 상호작용하는 효과를 갖는다면, 즉 구획의 설정이 성공적이지 못하다면, 이요인 분할구획 요인설계에 적절한 분산분석모형은 개념적으로 아래의 식(9-2)와 같다.

$$Y_{ijk} = \mu + \alpha_j + \beta_k + \pi_{i(j)} + \alpha\beta_{jk} + \beta\pi_{i(j)k} + e^*_{ijk}, \quad (9.2)$$

$$\pi_{i(j)} \sim N(0, \sigma_\pi^2), \quad \beta\pi_{i(j)k} \sim N(0, \sigma_{\beta\pi}^2) \quad e_{ijk} \sim N(0, \sigma_e^2)$$

$$\begin{aligned}
\mu \quad &= \text{전체 모평균} \\
\alpha_j \quad &= \mu_{.j.} - \mu \\
\beta_k \quad &= \mu_{..k} - \mu \\
\pi_{i(j)} \quad &= \mu_{ij.} - \mu_{.j.} \\
\alpha\beta_{jk} \quad &= \mu_{.jk} - \mu_{.j.} - \mu_{..k} + \mu \\
\beta\pi_{i(j)k} + e^*_{ijk} &= Y_{ijk} - \mu_{ij.} - \mu_{.jk} + \mu_{.j.}
\end{aligned}$$

식(9-2)의 모형은 사실상 식(9-1)과 동일한 모형이며, 개념적으로 B요인과 구획변수가 상호작용을 갖는다는 것을 표현한 것이다. 이 모형의 문제는 이론적으로는 B요인과 구획변수가 상호작용을 가진다고 $\beta\pi_{i(j)k}$항을 포함하였으나, $\beta\pi_{i(j)k}$와 e^*_{ijk}의 개인효과를 분리하여 추정할 방법이 없다는 것이다. 즉, 구획과 B요인이 교차하여 만들어지는 상호작용 칸에는 사례수가 1개이기 때문이다. $\beta\pi_{i(j)k}$의 효과가 실제로 유의한지를 검정하는 것은 무선구획설계의 경우와 마찬가지로 두 가지 선택이 있다. 하나는 구획과 B요인의 상호작용칸에 복수의 사례수가 포함되도록 설계를 하는 것이다. 상호작용 칸에 복수의 사례수가 있으면, 각 개체의 효과와 상호작용 칸의 효과를 분리할 수 있다. 즉, B요인에 대하여 일반화무선구획설계(Generalized Randomized Block Design)가 적용되는 경우와 같다. 다른 하나는 Tukey의 가법성 검정(additivity test; Tukey, 1949)을 수행하여, 오차항에서 $\beta\pi_{i(j)k}$의 효과가 있는지 통계적으로 검정하는 것이다. 만일 $\beta\pi_{i(j)k}$효과가 유의하다면 문제는 복잡해진다. 즉, 상호작용효과가 있다는 것은 처치요인 B의 효과가 구획에 따라 다르다는 것이므로, 적어도 한 구획에서는 처치효과가 다른 구획에서와 다르다는 것이다. 따라서 각 구획별로 처치효과를 설명하는 것이 정확한 해석방법이다. 또한 $\beta\pi_{i(j)k}$ 효과가 유의하다면, 처치 B요인의 효과에 대한 통계적 검정력은 낮아지게 된다. 따라서 무선구획설계에서와 마찬가지로, 이요인 분할구획 요인설계에서도 구획변수가 구획내에서는 동질적이고 구획간에는 차이가 크도록 설정하는 것이 설계의 장점을 높이는 핵심전략이다.

가설

이요인 분할구획 요인설계는 두 개의 요인이 교차하는 설계에서 한 요인에 대하여 구획이 설정된 설계이다. 따라서 연구자가 검정하려는 가설은 A요인과 B요인의 효과, 그리고 $A \times B$ 상호작용효과이다. 구획변수의 효과도 검정할 수가 있다. 그러나 구획변수는 연구자가 검정력을 높이기 위한 조치일 뿐 그 자체가 연구가설로 의미를 갖지는 않는다. 따라서 연구자가 관심을 갖는 연구가설은 이요인 완전무선설계에서의 가설들과 같다. 즉, A요인의 효과에 대한 가설검정은 '모집단에서 A요인 집단들의 모평균은 같다'는 영가설의 진술을 검정하는 것이고, B요인의 효과에 대한 영가설은 'B요인 집단들의 모평균은 같다'는 것이다. $A \times B$ 상호작용효과의 영가설은 'A요인 집단들 사이의 모평균의 차이가 B요인의 모든 집단에 걸쳐서 동일하다'는 의미이다. A요인이 남녀의 성별변수이고, B요인이 3개의 처치집단이라면, 남녀간 모평균의 차이가 3개의 처치집단에서 모두 같으면 상호작용효과는 없는 것이고, 처치집단에 따라 남녀간 모평균의 차이가 있으면 상호작용효과가 있는 것이다. 이와 같은 의미의 A요인과 B요인의 효과, 그리고 $A \times B$ 상호작용효과에 대한 통계적 가설은 이요인 완전무선설계의 경우와 동일하다.

A요인의 효과에 대한 가설:

$H_0 : \mu_{.j.} = \mu_{.j'.}$ 또는 $H_0 : \sum_j^J \alpha_j^2 = 0$

$H_A : \mu_{.j.} \neq \mu_{.j'.}$ 또는 $H_A : \sum_j^J \alpha_j^2 \neq 0\,(j \neq j'), \quad j = 1, 2, \ldots J$

B요인의 효과에 대한 가설:

$H_0 : \mu_{..k} = \mu_{..k'},$ 또는 $H_0 : \sum_k^K \beta_k^2 = 0$

$H_A : \mu_{..k} \neq \mu_{..k'}$ 또는 $H_A : \sum_k^K \beta_k^2 \neq 0\ \ (k \neq k'), \quad k = 1, 2, \ldots K$

$A \times B$ 상호작용효과에 대한 가설:

$H_0 : \mu_{.jk} - \mu_{.j'k} = \mu_{.jk'} - \mu_{.j'k'} \quad (j \neq j'; k \neq k')$ 모든 j와 k에 적용

또는 $H_0 : \sum_j^J \sum_k^K \alpha\beta_{jk}^2 = 0$

$H_A : \mu_{.jk} - \mu_{.j'k} \neq \mu_{.jk'} - \mu_{.j'k'} \quad (j \neq j'; k \neq k')$ 일부 j와 k에 적용

또는 $H_A : \sum_j^J \sum_k^K \alpha\beta_{jk}^2 \neq 0$

연구자의 연구가설은 아니지만, 이요인 분할구획 요인설계에서 활용하는 구획변수의 효과에 대하여도 가설검정을 할 수가 있다. 구획변수는 무선효과를 가지므로, 분산으로 가설을 제시한다.

$$H_0 : \sigma_\pi^2 = 0; \quad H_A : \sigma_\pi^2 > 0$$

이는 기존의 무선구획설계의 경우와 동일하다. 구획변수는 연구자가 의도적으로 종속변수와 상관이 높은 잡음변수로 생성하여, 구획간 분산이 크도록 만들어진 것이므로, 가설검정을 하면 당연히 통계적으로 유의한 결과를 기대할 수 있다.

모형의 추정

[그림 9-1]의 첫째 설계도의 자료를 분석하는데 적절한 통계모형은 식(9.1)에 제시되어 있다. 이 모형에 포함된 모수들을 추정하는 것이 곧 자료를 분석하는 것이다. 식(9.1)의 모형과 모수 추정량을 제시하면 다음과 같다.

모형: $Y_{ijk} = \mu + \alpha_j + \beta_k + \pi_{i(j)} + \alpha\beta_{jk} + e_{ijk}, \quad \pi_{i(j)} \sim N(0, \sigma_\pi^2),\ e_{ijk} \sim N(0, \sigma_e^2)$

여기서 각 모수는 다음과 같이 추정한다.

$$\hat{\mu} = \overline{Y}_{...}$$

$$\hat{\alpha}_j = \overline{Y}_{.j.} - \overline{Y}_{...}$$

$$\hat{\beta}_k = \overline{Y}_{..k} - \overline{Y}_{...}$$

$$\hat{\pi}_{i(j)} = \overline{Y}_{ij.} - \overline{Y}_{.j.}$$

$$\widehat{\alpha\beta}_{jk} = \overline{Y}_{.jk} - \overline{Y}_{.j.} - \overline{Y}_{..k} + \overline{Y}_{...}$$

$$\hat{e}_{ijk} = Y_{ijk} - \overline{Y}_{ij.} - \overline{Y}_{.jk} + \overline{Y}_{.j.}$$

모형에 제시된 각 모수의 추정량 중에서, $\hat{\mu}$, $\hat{\alpha}_j$, $\hat{\beta}_k$, 그리고 $\widehat{\alpha\beta}_{jk}$의 추정량은 고정효과 이원분산분석모형에서와 동일하다. 또한 $\hat{\pi}_{i(j)}$는 $A = a_j$인 집단별로 추정되는 통계량으로서 A 요인의 각 집단평균으로부터 각 구획평균까지의 편차이다. 위의 추정량에서 유의할 사항은 오차항 $\hat{e}_{ijk}$의 산출식이다. 이미 설명한 바와 같이, $\hat{e}_{ijk}$는 B요인효과 $\hat{\beta}_k$와 구획효과 $\hat{\pi}_{i(j)}$와의 상호작용효과로 정의된 것이다. 따라서 모수 추정목적을 위해서는 식(9.1)을 다음과 같이 제시하여도 무방하다.

$$Y_{ijk} = \mu + \alpha_j + \beta_k + \pi_{i(j)} + \alpha\beta_{jk} + \beta\pi_{i(j)k},\ \pi_{i(j)} \sim N(0, \sigma_\pi^2),\ \beta\pi_{i(j)k} \sim N(0, \sigma_e^2) \quad (9.3)$$

따라서 $\hat{e}_{ijk} = \widehat{\beta\pi}_{i(j)k} = Y_{ijk} - \hat{\mu} - \hat{\alpha}_j - \hat{\beta}_k - \hat{\pi}_{i(j)} - \widehat{\alpha\beta}_{jk}$ 이다.

지금까지 정리한 모수 추정량에 의거하여, 전체 자승합을 분해하는 변산원을 정리하면, 전체 편차, $Y_{ijk} - \overline{Y}_{...}$는 모형이 정한대로 다섯 가지 변산원을 갖는다. 즉, 이를 대응하여 표현하면 다음과 같다.

$$\begin{aligned} Y_{ijk} - \overline{Y}_{...} &= (\overline{Y}_{.j.} - \overline{Y}_{...}) + (\overline{Y}_{..k} - \overline{Y}_{...}) + (\overline{Y}_{ij.} - \overline{Y}_{.j.}) \\ &\quad + (\overline{Y}_{.jk} - \overline{Y}_{.j.} - \overline{Y}_{..k} + \overline{Y}_{...}) \\ &\quad + (Y_{ijk} - \overline{Y}_{ij.} - \overline{Y}_{.jk} + \overline{Y}_{.j.}) \end{aligned} \quad (9.4)$$

$$Y_{ijk} - \overline{Y}_{...} = \hat{\alpha}_j + \hat{\beta}_k + \hat{\pi}_{i(j)} + \widehat{\alpha\beta}_{jk} + \hat{e}_{ijk}$$

위의 편차식 (9.4)에서 등호의 왼편은 전체 편차이고, 오른편은 모형에서 제시한 변산원이다. 이를 바탕으로 전체 자승합을 다음과 같이 분해할 수 있다.

$$\begin{aligned} \sum_i^n \sum_j^J \sum_k^K (Y_{ijk} - \overline{Y}_{...})^2 &= \sum_i^n \sum_j^J \sum_k^K [(\overline{Y}_{.j.} - \overline{Y}_{...}) + (\overline{Y}_{..k} - \overline{Y}_{...}) + (\overline{Y}_{ij.} - \overline{Y}_{.j.}) \\ &\quad + (\overline{Y}_{.jk} - \overline{Y}_{.j.} - \overline{Y}_{..k} + \overline{Y}_{...}) \\ &\quad + (Y_{ijk} - \overline{Y}_{ij.} - \overline{Y}_{.jk} + \overline{Y}_{.j.})]^2 \end{aligned} \quad (9.5)$$

$$\begin{aligned} &= nK\sum_j^J (\overline{Y}_{.j.} - \overline{Y}_{...})^2 + nJ\sum_k^K (\overline{Y}_{..k} - \overline{Y}_{...})^2 \\ &\quad + K\sum_i^n \sum_j^J (\overline{Y}_{ij.} - \overline{Y}_{.j.})^2 \\ &\quad + n\sum_j^J \sum_k^K (\overline{Y}_{.jk} - \overline{Y}_{.j.} - \overline{Y}_{..k} + \overline{Y}_{...})^2 \end{aligned} \quad (9.6)$$

$$+\sum_i^n\sum_j^J\sum_k^K(Y_{ijk}-\overline{Y_{ij.}}-\overline{Y_{.jk}}+\overline{Y_{.j.}})^2$$

$$\begin{aligned}&= nK\sum_j^J\hat{\alpha}_j^2 + nJ\sum_k^K\hat{\beta}_k^2 + K\sum_i^n\sum_j^J\hat{\pi}_{i(j)}^2 + n\sum_j^J\sum_k^K\widehat{\alpha\beta}_{jk}^2 + \sum_i^n\sum_j^J\sum_k^K\hat{e}_{ijk}^2 \qquad (9.7)\\ &= SSA \quad + SSB \quad + SSBLK(A) \quad + \quad SSAB \quad + SSE\end{aligned}$$

위에 제시한 식들 사이에는 모두 등호가 성립하는 것을 알 수 있다. 따라서 이요인 분할구획 요인설계 자료의 전체 자승합의 분해는 어느 수식으로 표현하여도 무방하다.

식(9.7)은 분산분석표를 작성하는 데 유용한 자승합의 분해이다. 각 자승합에 적절한 자유도를 결정할 수 있다면, 분산분석표는 완성된다. 지금까지 다른 장에서 설명한 바와 같이 분산분석표의 변산원은 분산분석모형에서 모수로 나타낸 것이다. 이요인 분할구획 설계에서도 마찬가지이다. 다만 분할구획설계가 완전무선설계와 무선구획설계가 병합된 것이므로, 완전무선설계가 적용되는 구획간 비교부분과 무선구획설계가 적용되는 구획내 비교 부분을 구분하여 제시하는 것이 결과해석과 적절한 검정통계량을 결정하는 데 편리하다. 이요인 분할구획설계의 분산분석표는 다음과 같다.

〈표 9-1〉 이요인 분할구획설계의 분산분석표와 E(MS)

변산원(모수)	자승합	자유도	E(MS)
구획간 비교		$Jn-1$	
A요인 (α_j)	$SSA=nK\sum_j^J\hat{\alpha}_j^2$	$J-1$	E(MSA) = $\sigma_e^2+K\sigma_\pi^2+\dfrac{nK\sum_j^J\alpha_j^2}{J-1}$
구획요인($\pi_{i(j)}$)	$SSBLK=K\sum_i\sum_j\hat{\pi}_{i(j)}^2$	$J(n-1)$	E(MSBLK) = $\sigma_e^2+K\sigma_\pi^2$

변산원(모수)	자승합	자유도	E(MS)
구획간 비교		$Jn(K-1)$	
B요인 (β_k)	$SSB=nJ\sum_{k}^{K}\hat{\beta}_k^2$	$K-1$	$\mathrm{E(MSB)}=\sigma_e^2+\sigma_{\beta\pi}^2+\frac{nJ\sum_{k}^{K}\beta_k^2}{K-1}$
$A\times B$ $(\alpha\beta_{jk})$	$SSAB=n\sum_j\sum_k\widehat{\alpha\beta}_{jk}^2$	$(J-1)(K-1)$	$\mathrm{E(MSAB)}=\sigma_e^2+\sigma_{\beta\pi}^2+\frac{n\sum_j\sum_k\alpha\beta_{jk}^2}{(J-1)(K-1)}$
S (e_{ijk})	$SSE=\sum_i\sum_j\sum_k\hat{e}_{ijk}^2$	$J(n-1)(K-1)$	$\mathrm{E(MSE)}=\sigma_e^2+\sigma_{\beta\pi}^2$

위의 〈표 9-1〉에 제시된 분산분석표의 구조에서 각 자승합의 값은 식(9.7)의 형식으로 표현되어 있으며, 이에 대응하는 식(9.6)으로 계산할 수 있다. 아울러 자승합의 기댓값은 각 요인의 검정통계량을 산출할 때 적절한 오차항이 무엇인지를 알려준다. 각 요인의 가설검정을 위한 F 통계량은 다음과 같다.

A요인의 효과검정

가설: $H_0:\sum_{j}^{J}\alpha_j^2=0,\quad H_A:\sum_{j}^{J}\alpha_j^2\neq 0$

검정통계량과 확률분포: $F=\frac{MSA}{MSBLK}\sim F(J-1,J(n-1))$

B요인의 효과검정

가설: $H_0:\sum_{k}^{K}\beta_k^2=0,\quad H_A:\sum_{k}^{K}\beta_k^2\neq 0$

검정통계량과 확률분포: $F=\frac{MSB}{MSE}\sim F(K-1,J(n-1)(K-1))$

$A \times B$ 상호작용효과검정

가설: $H_0: \sum_j \sum_k \alpha\beta^2_{jk} = 0, \quad H_A: \sum_j \sum_k \alpha\beta^2_{jk} \neq 0$

검정통계량과 확률분포: $F = \dfrac{MSAB}{MSE} \sim F((J-1)(K-1), J(n-1)(K-1))$

만일 이요인 분할구획설계에서 구획의 효과가 크고, 구획과 B요인과의 상호작용효과가 없다면, 즉, $\sigma^2_{\beta\pi} = 0$라면, 구획변수의 효과는 $F = MSBLK/MSE$로 검정될 수 있다.

구획내 비교와 구획간 비교의 오차항

〈표 9-1〉의 분산분석표는 구획간 비교와 구획내 비교로 구성되어 있다. 또한 구획간 비교의 오차항($\pi_{i(j)}$)과 구획내 비교의 오차항(e_{ijk})이 다르다. 두 가지 오차항의 성격은 분할구획요인설계가 두 가지 설계의 조합인데서 비롯된다. 즉, [그림 9-1]의 처음 설계도는 아래와 같았다.

처치 A	구획	처치(B)			
		b_1	b_2	b_3	b_4
a_1	1				
	2				
	3				
	4				
	5				
a_2	6				
	7				
	8				
	9				
	10				

우선 위의 설계도에서 구획간 비교의 설계도는 A요인의 구획간 평균을 비교하는 것이므로 이를 실험설계도로 표현하면 아래와 같이 각 집단에 사례수(구획수)가 $n_j = 5$인

일요인 완전무선설계인 셈이다.

a_1					a_2				
구획 1	구획 2	구획 3	구획 4	구획 5	구획 6	구획 7	구획 8	구획 9	구획 10

[그림 9-4] 이요인 분할구획설계에서 구획간 비교의 설계도

여기서 A 요인의 구획간 비교모형은 $Y_{ij} = \mu + \alpha_j + \pi_{i(j)}$, $\pi_{i(j)} \sim N(0, \sigma_\pi^2)$로서, 이는 일요인 완전무선설계의 모형인, $Y_{ij} = \mu + \alpha_j + e_{i(j)}$, $e_{i(j)} \sim N(0, \sigma_e^2)$와 대등하다. 즉, $\pi_{i(j)} \Leftrightarrow e_{i(j)}$와 대응한다. 두 오차항의 평균자승합을 비교하면, $\widehat{Var}(e_{i(j)}) = \hat{\sigma}_e^2 = MSW = \sum_i \sum_j \hat{e}_{ij}^2 / J(n-1)$이고, $\hat{\sigma}_\pi^2 = MSBLK = K \sum_i \sum_j \hat{\pi}_{i(j)}^2 / J(n-1)$로서 구획의 가중치 K가 반영되는 점만 다르다. 즉, 각 구획 속에 K개의 관찰단위가 내재한 것만 차이가 있을 뿐 본질적으로 이요인 분할구획설계에서 구획간 비교부분은 일요인 완전무선설계의 성격을 갖는다.

〈표 9-1〉의 분산분석표에서 구획내 비교의 설계도는 $A = a_1$ 경우와 $A = a_2$ 인 경우에 각각 무선구획설계가 적용된 것이다. 이를 실험설계도로 제시하면,

$A = a_1$ 인 경우:

구획	처치(B)			
	b_1	b_2	b_3	b_4
1				
2				
3				
4				
5				

$A = a_2$인 경우:

구획	처치(B)			
	b_1	b_2	b_3	b_4
6				
7				
8				
9				
10				

[그림 9-5] 분할구획요인설계와 무선구획설계의 관계

$A = a_1$인 경우나 $A = a_2$인 경우나, 위의 무선구획설계의 모형은

$$Y_{ik} = \mu + \beta_k + \pi_i + e_{ik}, \quad \pi_i \sim N(0, \sigma_\pi^2), \;\; e_{ik} \sim N(0, \sigma_e^2) \tag{9.8}$$

이다. 여기서 e_{ik}는 B요인과 구획요인의 상호작용효과 $\beta\pi_k$와 개체효과 e_{ik}^*가 혼재된 것으로서, $e_{ik} = \beta\pi_{ik} + e_{ik}^*$이며, B요인과 구획이 교차하는 각 칸에 사례수가 하나이므로 두 효과는 분리하여 추정할 수가 없다. 따라서 각 무선구획설계의 오차항 변산은 모형의 잔차로 추정할 수 밖에 없다. 즉, $SSE_j = \sum_i \sum_k \hat{e}_{ik}^2 = \sum_i \sum_k (\widehat{\beta\pi}_{ik} + \hat{e}_{ik}^*)^2 = \sum_i \sum_k [Y_{ik} - (\hat{\mu} + \hat{\beta}_k + \hat{\pi}_i)]^2$이다. 이제 이요인 분할구획설계의 모형을 살펴보면, $Y_{ijk} = \mu + \alpha_j + \beta_k + \pi_{i(j)} + \alpha\beta_{jk} + e_{ijk}$이며 여기서 오차항 e_{ijk}의 변산은 식(9.9)의 오차항 e_{ik}의 통합변산이다. 즉, $SSE(e_{ijk}) = \sum_j SSE_j = SSE_{j=1} + SSE_{j=2}$이다. 따라서 〈표 9-1〉에서 구획내 비교의 오차분산은,

$$MSE = \frac{SSE_{j=1} + SSE_{j=2}}{df_1 + df_2} \tag{9.9}$$

$$= \frac{(n-1)(K-1)MSE_{j=1} + (n-1)(K-1)MSE_{j=2}}{(n-1)(K-1) + (n-1)(K-1)}$$

이다. 이요인 분할구획설계의 오차분산은 두 개 무선구획설계의 통합분산인 셈이다.

4 분할구획 요인설계의 특수 가정

분할구획 요인설계는 구획간 비교검정과 구획내 비교검정이 병합된 설계이다. 따라서 가설검정을 위한 가정도 두 가지로 나누어 고려할 수 있다. 우선 구획간 비교검정이 경우, [그림 9-4]에서와 같이 일요인 완전무선설계의 형태를 가지므로, 이는 완전무선설계에서의 가정과 같다. 즉, 정규성, 등분산성, 그리고 독립성의 가정을 충족하면, 검정통계량 $F = MSA/MSBLK \sim F(J-1, J(n-1))$의 분포를 충족하며, 연구자가 정한 일종오류 수준에서의 가설검정이 타당하다. 완전무선설계에서의 통계적 가정에 대한 논의는 3장에서 다룬바 있으므로 여기서 반복하지 않는다.

그러나 구획내 비교검정의 경우는 [그림 9-5]처럼 복수의 무선구획설계가 적용되는 경우이다. 7장의 무선구획설계의 가정을 설명하는 과정에서, 무선구획설계에 의한 자료는 이요인 혼합효과분산분석모형으로 분석할 수 있으며, 이 모형에서는 일반적인 분산분석모형이 갖는 정규성, 등분산성, 독립성의 가정 이외에 처치집단들 사이의 공분산이 동등하다는 가정이 추가된다고 하였다. 즉, 합동대칭성(compound symmetry)의 가정이다. 또한 합동대칭성의 가정을 이완한 것으로 보다 느슨한 형태의 가정인 구형성(sphericity) 가정을 충족하여도 무선구획설계의 가설검정은 통계적으로 타당하나, 구형성가정을 위배하면, 일종오류가 커지고, 영가설을 잘못 거부할 확률이 증가한다고 하였다(Quinn & Keough, 2002; Keselman & Keselman, 1988). 구획내 비교검정인 경우에 요구되는 합동대칭성과 구형성 가정에 대한 개념과 가설검정 방법은 7장의 무선구획설계에서 설명하였다. 분할구획설계에서는 무선구획설계가 여러 표본집단(즉, 구획간 집단)에서 이루어지는 것이므로 복수집단 구형성 가정(multisample sphericity assumption)이 요구된다.

[그림 9-5]에 제시된 것처럼 분할구획요인설계는 곧 무선구획설계를 복수 집단에 반복적으로 적용한 것으로 이해할 수 있다. 또한 분할구획설계에서 처치집단의 효과를 검정하는 F 통계량은 $H_0 : \sum_k \beta_k^2 = 0$이 참일 때 다음의 분포를 갖는 것을 가정한다.

$$F = \frac{MSB}{MSE} \sim F(K-1, J(n-1)(K-1))$$

이 같은 검정통계량의 분포가정이 충족되려면, 분할구획요인설계는 일반적인 가정인 정규성과 독립성 이외에, 집단간 등분산성에 대응하는 개념인 복수집단 구형성 가정이 충족되어야 한다(Huynh, 1978). 이를 개념적으로 설명하면, [그림 9-5]에서 $A = a_1$인 경우의 무선구획설계에서 B요인의 분산공분산 행렬이 $\Sigma_H^{a_1}$로서 구형성 가정을 충족한다고 하자. 또한 $A = a_2$인 경우에도 $\Sigma_H^{a_2}$이어서 $\Sigma_H^{a_1} = \Sigma_H^{a_2}$라면, 이는 당연히 복수집단의 구형성 가정을 충족하는 것이다. 그러나 실제 표본자료에서 $\Sigma_H^{a_1} = \Sigma_H^{a_2}$ 와 같은 결과를 얻기는 어렵다. Huynh(1978)이 제시하는 복수집단 구형성은 이 보다 더 느슨한 가정으로서 비록 $\Sigma_{aj} \neq \Sigma_{aj'}$이거나, $\Sigma_H^{a_j} \neq \Sigma_H^{a_{j'}}$ 이어도, 연구자의 영가설에 따라 F 통계량이 이론적 분포를 갖는 조건을 제시하였다. 복수집단 구형성의 조건은 특수행렬식에 대한 이해에 기초하므로, 본 교재의 범위를 벗어나는 것이다. 다만 연구자가 검정하려는 가설(중다대비식)과 연계된 가정이므로, 전체적으로 모든 가설검정에 적용되는 일반 구형성 조건도 존재하지만, B요인의 효과에 대한 대비식, $A \times B$ 상호작용효과의 가정에 대한 대비식에 따라 복수집단 구형성의 조건은 다를 수 있다. 이를 개념적으로 설명하면,

$$Var(H_B Y_j) = Var(H_B Y_{j'}) = \lambda I \quad (j \neq j') \tag{9.10}$$

또는

$$H_B{}' \Sigma_j H_B = H_B{}' \Sigma_{j'} H_B = \lambda I \qquad (j \neq j')$$

이다. 여기서 H_B는 B요인에 대한 독립적인 대비가설들의 행렬을 길이가 1이 되도록 표준화한 것이며(orthonormal matrix), Y_j는 $A = a_j$인 표본집단에서의 종속변수 행렬이고, λ는 상수이며, I는 대각선 요소는 1이며 비대각선 요소는 0인 행렬(identity matrix)이다. 식(9.10)은 $A = a_j$인 각 집단에서 구형성 가정이 충족되는 조건을 의미한다. 이는 $Var(Y_j) = \Sigma_j$에서 $\Sigma_j \neq \Sigma_{j'}$이어도, 가설에 따라 분산공분산행렬의 동등성이 충족될 수 있음을 나타낸다. 물론 $\Sigma_j = \Sigma_{j'}$이면 식(9.10)은 항상 성립한다. 한 걸음 나아가, 복수표본

구형성의 가정이 연구자의 가설과 연계되어 설정이 되므로, 분할구획요인설계에서 구획내 비교검정에 해당하는 $A \times B$ 상호작용 가설과 연계된 구형성의 가정도 가능하다.

SPSS 통계패키지는 모든 유형의 반복측정설계(또는 무선구획설계)에서 구형성 가정을 검정하는 통계량으로 Mauchly(1940)의 통계량 W를 제공한다. 7장의 무선구획설계의 경우와 동일한 맥락에서 Mauchly의 W 검정의 영가설은 '복수집단 구형성의 가정을 충족한다'는 것이며, 대립가설은 '복수집단의 구형성 가정을 위배한다'는 것이다. 그러나 복수표본 구형성 가정의 충족여부를 검정하는 방법은 다양하다(Kirk, 1995). 그 중에서 Harris(1984)의 방법이 비교적 최신성을 갖는 방법이며, 그가 제안한 검정통계량을 개념적으로 제시하면 $W = f(\sum_j Trace(H_B{}' \Sigma_j H_B))$이며, 여기서 $f(\bullet)$는 함수표기이다. 즉, W 통계량의 자유도와 임계값은 $W_\alpha(K-1, n)$이며, 복수표본 구형성 가정이 충족된다면, $W < W_\alpha(K-1, n)$ 이다. 여기서 다른 등분산성 가설을 검정하는 것과 마찬가지로 일종오류의 수준은 흔히 $\alpha = .15$ 과 $\alpha = .30$ 사이에서 사용한다. Kirk(1995, 526쪽)는 Harris가 제안한 검정통계량 W를 이용하는 방법을 예시하고 있다.

5 가설검정 절차

분할구획설계에서 가설검정 절차는 구획간 비교가설과 구획내 비교가설에 따라 다르다. 우선, 구획간 비교가설은 완전무선설계에서의 가설검정 절차와 동일하다. [그림 9-4]에서와 같이 A요인이 구획간 비교되는 요인이며, B요인은 [그림 9-5]와 같이 무선구획설계가 적용되는 요인이라면, A요인의 효과에 대한 가설검정은 완전무선설계의 경우와 동일하다.

① 가설을 제시한다.

$$H_0 : \sum_j \alpha_j^2 = 0, \quad H_A : \sum_j \alpha_j^2 \neq 0$$

② 일종오류 수준을 결정한다.

$\alpha = .05$

③ H_0가 참인 상태에서, 검정통계량의 확률분포를 결정한다.

$$F = \frac{MSA}{MSBLK} \sim F(J-1, J(n-1)).$$

④ 의사결정기준인 임계값을 결정한다.

만일 $F = MSA/MSBLK > F_{.95}(J-1, J(n-1))$ 이면, H_0은 거부된다.

⑤ 검정통계량 $F = MSA/MSBLK$ 를 계산한다. 즉, 〈표 9-1〉과 같은 분산분석표를 작성하여, 구획간 비교에서의 F값을 산출한다.

⑥ 가설검정을 한다. 분산분석표에 제시된 값을 사용하여

$F = MSA/MSBLK > F_{.95}(J-1, J(n-1))$인지 판별한다.

⑦ 연구자의 연구맥락에 적절한 표현으로 가설검정결과를 제시한다.

이와 같은 가설검정 절차는 3장의 완전무선설계의 경우와 동일하다. 또한 완전무선설계에서는 정규성, 등분산성, 독립성의 통계적 가정 중에서 정규성과 등분산성의 가정에 대하여, F 검정통계량은 강인성(Robust)을 갖는다(Glass, Peckham, and Sanders, 1979).

분할구획요인설계에서 구획내 비교요인에 대한 가설검정 절차는 신중할 필요가 있다. 그 이유는 구획내 비교에서는 복수집단 구형성의 가정이 추가로 충족되어야 하는데, 이 가정이 충족되기 어렵기 때문이다. 이 가정이 위배된 경우에는 일종오류가 증가하여, 영가설을 잘못 거부할 확률이 증가한다. 따라서 연구자들은 구획내 비교에서는 복수집단 구형성의 가정이 충족되었는지 유의할 필요가 있는데, 구형성 가정의 충족여부에 따라 가설검정 통계량의 임계값을 결정하는 방법이 다르게 된다. 일반적으로 분할구획요인설계의 구획내 비교에서 검정통계량 F의 확률분포는 표본분산공분산 행렬의 구형성 가정 충족여부와 관계없이 그 어느 경우이든 다음과 같다(Box, 1954b).

$$F = \frac{MSB}{MSE} \sim F(df_B, df_E) \text{에서, } df_B = (K-1)\varepsilon \text{ 이며,}$$

$$df_E = J(n-1)(K-1)\varepsilon \text{ 이며,}$$

$$F = \frac{MSAB}{MSE} \sim F(df_{AB}, df_E) \text{에서,}$$

$$df_{AB} = (J-1)(K-1)\varepsilon,\ df_E = J(n-1)(K-1)\varepsilon \text{ 이다.}$$

여기서 MSB와 $MSAB$는 〈표 9-1〉의 분산분석표에 제시된 B요인의 효과와 $A \times B$ 상호작용효과의 평균자승합이다. 모든 자유도에 표기된 ε은 구획내 비교를 위한 설계에서 각 집단 $A = a_j$의 분산공분산행렬이 구형성 가정을 어느 정도 위배했는지 반영하는 통계량이다. SPSS 통계패키지는 Mauchly의 구형성 검정을 하면, 구형성 가정에 대한 검정과 더불어 세 가지 ε값을 제공한다. 만일 구형성가정을 충족한다면, $\varepsilon = 1$ 이다. 반면 통계량 ε의 하한계는 $1/(K-1)$이며, 이 경우는 자료가 구형성의 가정을 전혀 충족하지 못하는 경우이다. 분할구획설계에서 자료가 복수집단 구형성 가정을 충족하는 경우에 $\varepsilon = 1$이므로, 이 경우의 F 확률분포는 〈표 9-1〉의 분산분석표와 같다. 즉,

$F = \frac{MSB}{MSE}$는 $F_\alpha(K-1, J(n-1)(K-1))$ 를 임계값으로 사용하고,

$F = \frac{MSAB}{MSE}$는 $F_\alpha((J-1)(K-1), J(n-1)(k-1))$를 임계값으로 사용하는 것이 타당하다.

분할구획설계와 무선구획설계에서는 구형성의 가정이 충족되는 경우에 가장 검정력이 높은 F 통계량을 사용하는 셈이다. 그러나 분할구획설계의 자료가 구형성 가정을 충족하지 못하는 경우에는 즉, $\varepsilon < 1.0$인 경우에는 가설검정 절차가 복잡해진다. 이 경우에 세 가지 방법이 가능하다.

1) 가장 보수적인 임계값을 적용하는 것으로 ε의 하한계인 $1/(K-1)$을 적용하여 임계값을 정한다. 즉,

$F = \frac{MSB}{MSE}$ 의 임계값은 $F_{\alpha}(1, J(n-1))$을 적용한다.

$F = \frac{MSAB}{MSE}$ 는 $F_{\alpha}((J-1), J(n-1))$을 적용한다.

2) Green-Geisser의 추정치 $\hat{\varepsilon}$를 구하여, F 분포의 자유도를 결정하고 임계값을 구한다. 즉,

$F = \frac{MSB}{MSE}$ 의 임계값은 $F_{\alpha}((K-1)\hat{\varepsilon}, J(n-1)(K-1)\hat{\varepsilon})$을 적용한다.

$F = \frac{MSAB}{MSE}$ 의 임계값은 $F_{\alpha}((J-1)(K-1)\hat{\varepsilon}, J(n-1)(K-1)\hat{\varepsilon})$ 이다.

3) Huynh-Feldt의 추정치 $\tilde{\varepsilon}$를 구하여, F 분포의 자유도를 결정하고 임계값을 구한다.

$F = \frac{MSB}{MSE}$ 의 임계값은 $F_{\alpha}((K-1)\tilde{\varepsilon}, J(n-1)(K-1)\tilde{\varepsilon})$을 적용한다.

$F = \frac{MSAB}{MSE}$ 의 임계값은 $F_{\alpha}((J-1)(K-1)\tilde{\varepsilon}, J(n-1)(K-1)\tilde{\varepsilon})$ 이다.

SPSS 통계패키지는 Mauchly의 W검정 결과에서 앞의 세 가지 ε 추정치를 함께 제공한다. 이상의 방법에서 첫 번째의 방법, 즉 ε의 하한계인 $1/(K-1)$을 적용하는 것은 극단적으로 보수적인 방법이고 이종오류가 크므로 권장하지 않는다. 둘째와 셋째의 방법 중에 Greenhouse-Geisser의 추정치는 ε의 값이 클 때(즉, 구형성의 가정을 약하게 위배했을 때) 과소 추정하는 문제가 있으며, Huynh-Feldt의 추정치는 ε의 값이 작을 때(즉, 구형성의 가정이 크게 위배되었을 때) 과대 추정하는 문제가 있다(http//statistics.laerd.com). 따라서 ε의 추정치가 클 때 (예: $\hat{\varepsilon} \geq .75$)는 Huynh-Feldt의 추정치를 사용하여 df_B, df_{AB}, df_E의 자유도를 계산하는 것이 적절하고, ε의 추정치가 작을 때(예: $\hat{\varepsilon} < .75$)는 Greenhouse-Geisser의 추정치를 사용하는 것이 적절한 것으로 알려져 있다. 다만, ε 추정치는 $1/(K-1) \leq \varepsilon \leq 1$ 이므로, ε 추정치를 적용하여 df_B, df_{AB}, df_E의 자유도를 계산하면, 그 값이 정수로 산출되지 않는다. 따라서 F-분포의 임계값을 결정할 때는 자유도가 근접한 F 분포를 이용한다.

6 중다비교

분할구획설계에서 연구자가 특정 집단 간의 평균을 비교하여 처치효과를 보다 정확하게 규명하려는 경우에, 중다비교 방법에 의하여 연구가설을 검정할 수가 있다. 분할구획설계는 완전무선설계(구획간 비교)와 무선구획설계(구획내 비교)가 혼합된 것이며, 또한 요인설계이므로, 다양한 형태의 중다비교가 가능하다. 분할구획설계에서 중다비교는 1) 각 요인의 주효과에 대한 대비가설의 검정, 2) 요인설계에서 제기되는 단순효과 검정, 3) 단순주효과 검정과 처치-대비 상호작용 검정 등 다양하다. 또한 각 요인의 주효과를 대비가설로 검정하는 경우에, 구형성의 가정이 위배된 경우에 적절한 검정통계량을 선택하여야 하므로, 분할구획설계에서의 중다비교는 주의를 요한다.

분할구획설계에서 다양한 중다비교방법을 적절히 하려면, 중다비교의 검정통계량에 대한 일반원리를 잘 이해하는 것이 필요하다. 비록 분할구획설계가 복잡한 설계이지만, 중다비교의 기본원리는 모두 동일하기 때문이다. 모든 중다비교에서 연구자가 유의할 사항은 검정통계량에서 사용하는 1) 오차항의 자승합(MSE)을 결정하는 문제, 2) 검정통계량의 확률분포를 결정하는 문제로서 적절한 자유도를 결정하는 것이다. 이상의 두 가지는 항상 연구자가 제기하는 대비가설에 따라 변하는 것이다. 대비가설에 따라 오차항이 결정되고, 그 오차항에 따라 자유도가 결정된다. 이를 명확하게 이해하면, 분할구획설계의 주효과에 대한 대비가설, 단순효과, 단순주효과의 가설을 검정하는 방법이 동일한 원리로 이루어짐을 알 수 있다.

중다비교의 원리를 설명하는데 가장 간단한 경우는 일요인 완전무선설계이다. 일요인 완전무선설계에서 i번째 대비가설을 $H_0 : \psi_i = \sum_j c_j \mu_{.j} = 0$라 하면, 이 가설을 검정하기 위한 검정통계량과 확률분포의 자유도는

$$t = \frac{\hat{\psi}_i}{\hat{\sigma}_{\hat{\psi}_i}} = \frac{\hat{\psi}_i}{\sqrt{\widehat{var}(\hat{\psi}_i)}} = \frac{\sum_j^J c_j \mu_j}{\sqrt{MSE(\sum c_j^2)/n}} \sim t(J(n-1)), \quad (n_j = n_{j'}, j \neq j')$$

이다. 여기서 연구자가 주목할 사항은, MSE는 해당 요인의 효과(연구자의 대비가설)를 검정하는 오차항이라는 것이다. 또한 자유도 $J(n-1)$도 MSE의 자유도이다. 즉, 중다비교에서는 실험설계가 바뀌고 연구가설이 변하면, 중다비교를 위한 검정통계량의 MSE를 그에 대응하는 오차항의 자승합으로 바꾸어주고, 자유도도 마찬가지로 해당 오차항의 자유도로 변경하면 된다. $t-$검정통계량에서 $\sum_j^J c_j \mu_j$와 $(\sum c_j^2)/n$의 부분은 연구자의 대비가설 $H_0 : \psi_i = \sum_j c_j \mu_{.j} = 0$에 대응하는 부분이다. 사후검정에서 Tukey와 Newman Keul의 짝비교에 사용되는 $q-$검정통계량도 짝비교 가설에 대응하는 오차항의 자승합과 자유도만 결정하면 된다.

6.1 주효과 중다비교

분할구획요인설계에서 A요인은 구획간(개체간)요인으로 J개의 집단으로 구성되고, B요인은 구획내(개체내) 요인으로 K개 집단으로 구성된다면, 두 개의 주효과에 대한 대비가설은 다음과 같다.

A요인 주효과에 대한 m번째 중다비교 대비식과 가설은 다음과 같다.

$$\psi_{m(A)} = \sum_j^J c_j \mu_{.j.} = c_1 \mu_{.1.} + c_2 \mu_{.2.} + \ldots + c_J \mu_{.J.}$$

$$H_0 : \psi_{m(A)} = 0$$

따라서 검정통계량 t와 q는 위의 대비가설에 적절한 오차항 자승합과 자유도를 결정하면 된다. 위의 대비가설 검정에 적절한 $t-$검정통계량과 $q-$검정통계량 및 확률분포는 다음과 같다.

$$t = \frac{\hat{\psi}_{m(A)}}{\hat{\sigma}_{\hat{\psi}_{m(A)}}} = \frac{c_1\mu_{.1.} + c_2\mu_{.2.} + \ldots + c_J\mu_{.J.}}{\sqrt{MSBLK(A)(\sum_j c_j^2)/nK}} \sim t(J(n-1)) \qquad (9.11)$$

$$q = \frac{\hat{\psi}_{m(A)}}{\hat{\sigma}_{\overline{Y}_{.j.}}} = \frac{c_1\mu_{.1.} + c_2\mu_{.2.} + \ldots + c_J\mu_{.J.}}{\sqrt{MSBLK(A)/nK}} \sim q(J(n-1)) \qquad (9.12)$$

즉, 분할구획설계에서 구획은 A 요인에 내재되어 있다. 따라서 두 검정통계량에서 오차항의 자승합은 〈표 9-1〉에서 $MSBLK(A)$이며, 이는 A 요인의 오차항인 구획의 평균자승합이다. 또한 오차항의 자유도는 일원분산분석의 경우와 마찬가지로 $J(n-1)$이다. 가설검정을 위한 임계값은 각각 $t_{\alpha/2}(J(n-1))$과 $q_{\alpha/2}(J(n-1))$로 한다.

B요인은 구획내(개체내)요인이며, 이에 대한 주효과의 대비가설은 다음과 같다.

$$\psi_{m(B)} = \sum_k^K c_k\mu_{..k} = c_1\mu_{..1} + c_2\mu_{..2} + \ldots + c_K\mu_{..K}$$

$$H_0 : \psi_{m(B)} = 0$$

분할구획설계에서 구획내 요인의 효과를 검정하기 위한 $t-$검정통계량과 $q-$검정통계량, 그리고 확률분포는 다음과 같다.

$$t = \frac{\hat{\psi}_{m(B)}}{\hat{\sigma}_{\hat{\psi}_{m(B)}}} = \frac{c_1\mu_{..1} + c_2\mu_{...2} + \ldots + c_K\mu_{..K}}{\sqrt{MSE(\sum_k c_k^2)/nJ}} \sim t(J(n-1)(K-1)) \qquad (9.13)$$

$$q = \frac{\hat{\psi}_{m(B)}}{\hat{\sigma}_{\overline{Y}_{..k}}} = \frac{c_1\mu_{..1} + c_2\mu_{..2} + \ldots + c_K\mu_{..K}}{\sqrt{MSE/nJ}} \sim q(J(n-1)(K-1)) \qquad (9.14)$$

분할구획설계에서 구획내 요인의 오차항은 B요인과 구획요인의 상호작용으로 정의되므로, 오차항의 자승합은 〈표 9-1〉에서 구획내 오차항의 자승합인 MSE이며, 자유도도 B요인의 자유도, $K-1$과 구획요인의 자유도 $J(n-1)$의 상호작용인 $J(n-1)(K-1)$이다. 따라서 대비가설을 검정하기 위한 검정통계량의 임계값은 위의 확률분포로 정한다.

이상의 대비가설과 검정통계량은 모두 구형성의 가정이 충족된 경우에 해당된다.

구형성가정이 위배된 경우의 주효과 중다비교

이 장의 앞 부분에서 설명한 바와 같이 분할구획요인설계는 J개의 무선구획설계가 병합된 것으로 이해할 수 있다. 무선구획설계에서 구형성 가정이 요구되고 분할구획요인설계에서는 J개 표본의 구형성이 요구된다. 무선구획설계에서 구형성의 가정이 위배된 경우에는 처치집단간 공분산이 다른 것이며, 이는 구획과 대비식의 상호작용이 존재한다는 증거여서, 대비식의 효과를 모든 구획에 일반화 할 수가 없으며, 오차항의 자승합도 대비식마다 다르게 된다고 설명하였다. 동일한 논리가 분할구획설계에서도 적용된다.

구획내 요인인 B요인의 주효과검정에서 오차항의 자승합은 B요인 × 구획요인의 상호작용효과의 자승합으로서 〈표 9-1〉의 MSE였으나, 구형성 가정이 위배된 경우에는, B요인의 주효과를 모든 구획에 일반화 할 수 없게 된다. 즉, 대비가설, $H_0: \psi_{m(B)} = 0$ 에 따라 B요인의 주효과는 다르게 된다. 대비가설이 $m = 1, 2, 3$개이면, 각 대비가설을 검정할 때마다, 오차항 자승합은 대비식×구획의 상호작용으로서 MSE 대신에 $MSE_{\hat{\psi}_{1(B)}}$, $MSE_{\hat{\psi}_{2(B)}}$, $MSE_{\hat{\psi}_{3(B)}}$을 각각 식(9.13)과 식(9.14)에 적용하여 사용하고, 이제 B요인의 자유도는 대비식별로 이루어져 1이 되므로, 검정통계량의 자유도는 $J(n-1)(1) = J(n-1)$이 된다. 이에 따라 B요인 주효과에 대한 각 대비식별 검정통계량은 다음과 같다.

$$t = \frac{\hat{\psi}_{m(B)}}{\hat{\sigma}_{\hat{\psi}_{m(B)}}} = \frac{c_1\mu_{..1} + c_2\mu_{...2} + \ldots + c_K\mu_{..K}}{\sqrt{MSE_{\hat{\psi}_{m(B)}}(\sum_k c_k^2)/nJ}} \sim t(J(n-1)) \tag{9.13}$$

$$q = \frac{\hat{\psi}_{m(B)}}{\hat{\sigma}_{\overline{Y}_{..k}}} = \frac{c_1\mu_{..1} + c_2\mu_{..2} + \ldots + c_K\mu_{..K}}{\sqrt{MSE_{\hat{\psi}_{m(B)}}/nJ}} \sim q(J(n-1)) \tag{9.14}$$

식(9.13)과 식(9.14)에 적용된 오차항의 자승합 $MSE_{\hat{\psi}_{m(B)}}$를 구하는 요령은 각 대비식의 대비계수에 따라 다르게 되며 무선구획설계에서의 경우와 유사하다. 즉, 분할구획설계는 구획간(개체간) 요인(즉, A 요인)이 포함되어 무선구획설계가 J개 병합된 양식이다. 따라서 분할구획설계에서의 대비식×구획의 자승합, $SSE_{\hat{\psi}_{m(B)}}$은 무선구획설계에서의 대비식×구획의 자승합을 J개 표본에서 합한 것이다. 이제 구획내 처치집단의 수가 $K=3$이고, 구획간 A 요인의 집단수가 $J=2$로 가정하여 $MSE_{\hat{\psi}_{m(B)}}$를 구하는 절차를 소개하면 다음과 같다.

1. $A=a_j$인 집단별로, 각 구획 i에서 정의된 대비식의 값을 구한다.

   만약에 대비식의 수가 $m=1,2,...M$이면, 각 대비식의 일반식은

   $$\hat{\psi}^{aj}_{mi(B)} = \sum_{k}^{K} c_{km} Y_{ijk} = c_{1m} Y_{ij1} + c_{2m} Y_{ij2} + c_{3m} Y_{ij3}$$

   이다. 여기서 m번째 대비식을 $A=a_1$(즉, $j=1$)인 집단의 구획 i에서 각각 추정하면,

   $$\hat{\psi}^{a1}_{mi(B)} = \sum_{k}^{K} c_{km} Y_{i1k} = c_{1m} Y_{i11} + c_{2m} Y_{i12} + c_{3m} Y_{i13}$$

   이와 같이 m번째 대비식 값을 모든 $i=1,2,\ldots n$의 구획에서 구할 수 있다.

2. 이제 $A=a_j$인 집단내 모든 구획에서 각 대비식의 합과 평균을 구한다.

   예를 들어, $A=a_1$인 경우,

   n개 구획의 대비식 합: $\sum_{i}^{n} \hat{\psi}^{a_1}_{mi(B)}$, 평균: $\overline{\psi}^{a1}_{m(B)} = \dfrac{\sum_{i}^{n} \hat{\psi}^{a1}_{mi(B)}}{n}$

   이와 같이, $A=a_j$집단별 대비식의 합과 평균을 모든 $j=1,2,\ldots J$개의 표본에서 구할 수 있다.

3. $A=a_j$의 집단별로 자승합을 구한다.

$A = a_j$의 집단별 자승합의 일반식: $SSE(a_j)_{\hat{\psi}_{m(B)}} = \dfrac{\sum_i^n (\hat{\psi}^{aj}_{m(B)} - \overline{\psi}^{aj}_{m(B)})^2}{\sum_k^K c^2_{mk}}$

예를 들어, $J = 2$라면, 각 대비식의 자승합은

$A = a_1$인 경우, $SSE(a_1)_{\hat{\psi}_{m(B)}} = \dfrac{\sum_i^n (\hat{\psi}^{a1}_{m(B)} - \overline{\psi}^{a1}_{m(B)})^2}{\sum_k^K c^2_{1k}}$, 자유도는 $(n-1)$이다.

$A = a_2$인 경우, $SSE(a_2)_{\hat{\psi}_{m(B)}} = \dfrac{\sum_i^n (\hat{\psi}^{a2}_{m(B)} - \overline{\psi}^{a2}_{m(B)})^2}{\sum_k^K c^2_{1k}}$, 자유도는 $(n-1)$ 이다.

4. 전체 J개 집단의 대비식별 자승합을 구하면,

$SSE_{\hat{\psi}_{m(B)}} = \sum_j^J SSE(a_j)_{\hat{\psi}_{m(B)}}$ 이고, 자유도는 $J(n-1)$이다.

5. 이제 각 대비식별 오차항의 평균자승합($MSE_{\hat{\psi}_{m(B)}}$)은 $SSE_{\hat{\psi}_{m(B)}} = \sum_j^J SSE(a_j)_{\hat{\psi}_{m(B)}}$를 자유도로 나눈 것이다.

$$MSE_{\hat{\psi}_{m(B)}} = \frac{\sum_j^J SSE(a_j)_{\hat{\psi}_{m(B)}}}{J(n-1)}.$$

이상과 같은 방법으로 $m = 1, 2, \ldots M$개의 대비식에 대하여 오차항 자승합을 구할 수 있다.

이제 분할구획설계에 의한 자료가 구형성 가정을 충족하지 못하는 경우에, 구획내(개체내) 처치요인의 효과에 대한 $H_0 : \psi_{m(B)} = 0$의 대비가설을 검정하는 통계량은 위의 절차로 구한 $MSE_{\hat{\psi}_{m(B)}}$의 값을 식(9.13)과 식(9.14)에 적용하여 검정할 수 있다.

6.2 분할구획설계의 단순주효과와 단순효과검정

분할구획요인설계는 구획간(또는 개체간)요인과 구획내(개체내)요인이 교차하는 이요인설계의 성격도 갖는다. 일요인설계와 달리 이요인설계는 두 요인간의 상호작용효과를 검정할 수 있다는 장점이 있다. 즉, 한 요인의 조건에 따라 다른 요인의 효과가 달라지는지 검정할 수가 있는 것이다. 요인설계에서의 중다비교에 대하여는 6장에서 비교적 상세하게 다룬 바 있다. 6장에서 설명한 바와 마찬가지로, 분할구획요인설계도 일종의 요인설계이므로 $H_0 : \sum_j \sum_k \alpha\beta_{jk} = 0$의 가설이 기각되었다면, 처치 A요인의 효과가 B요인의 조건에 따라 다르거나, 또는 처치 B요인의 효과가 A요인의 조건에 따라 다르다는 정보를 확보하게 된다. 이 경우, 구체적으로 각 요인의 효과가 다른 요인의 조건에 따라 어떻게 다르게 되는지를 확인하려면, 조건부 중다비교를 수행하여야 한다. 두 가지 조건부 중다비교가 가능하다. 하나는 단순주효과(simple main effects) 검정이라고 하며, 다른 하나는 단순효과(simple effects) 검정이다. 단순주효과 검정은 다른 요인의 조건에 따라 각 요인의 주효과검정을 하는 것이다. 6장에서 설명한 바와 같이, A요인에 대한 단순주효과 분석을 하는 방법은 $B = b_k$일 때, A요인 집단간 평균비교를 하는 것이다. 예를 들어, 다음의 [그림 9-6]은 A요인의 집단수가 $J = 3$이고, B집단의 수는 $K = 4$이며, $n = 5$개의 구획이 A요인에 내재되어 있는 경우, A요인에 대한 단순효과 또는 단순주효과 분석을 위한 자료구조를 $B = b_1$일 때 제시한 것이다.

		b_1
a_1 $\overline{Y}_{.11}$	s_{11}	Y_{111}
	s_{21}	Y_{211}
	s_{31}	Y_{311}
	s_{41}	Y_{411}
	s_{51}	Y_{511}
a_2 $\overline{Y}_{.21}$	s_{12}	Y_{121}
	s_{22}	Y_{221}
	s_{32}	Y_{321}
	s_{42}	Y_{421}
	s_{52}	Y_{521}
a_3 $\overline{Y}_{.31}$	s_{13}	Y_{131}
	s_{23}	Y_{231}
	s_{33}	Y_{331}
	s_{43}	Y_{431}
	s_{53}	Y_{531}

[그림 9-6] 분할구획설계에서의 $B = b_k$일 때 A요인에 대한 단순효과와 단순주효과 검정자료

동일한 맥락에서 $A = a_j$일 때 B요인의 단순효과와 단순주효과 검정을 위한 자료의 구조는 아래의 [그림 9-7]과 같다.

		b_1	b_2	b_3	b_4
a_1	1	Y_{111}	Y_{112}	Y_{113}	Y_{114}
	2	Y_{211}	Y_{212}	Y_{213}	Y_{214}
	3	Y_{311}	Y_{312}	Y_{313}	Y_{314}
	4	Y_{411}	Y_{412}	Y_{413}	Y_{414}
	5	Y_{511}	Y_{512}	Y_{513}	Y_{514}
		$\overline{Y}_{.11}$	$\overline{Y}_{.12}$	$\overline{Y}_{.13}$	$\overline{Y}_{.14}$

[그림 9-7] 분할구획설계에서의 $A = a_j$일 때 B요인에 대한 단순효과와 단순주효과 검정자료

단순주효과 가설을 수식으로 표현하면 다음과 같다. [그림 9-6]과 같은 자료구조에서, $B = b_k$일 때, A요인에 대한 주효과검정가설은

$$H_0 : \mu_{.1k} = \mu_{.2k} = \ldots = \mu_{.Jk} \tag{9.15a}$$

$$H_A : \mu_{.jk} \neq \mu_{.j'k} \ (j \neq j')$$

이다.

또한 [그림 9-7]과 같은 자료구조에서 $A = a_j$일 때, B요인에 대한 주효과검정가설은

$$H_0 : \mu_{.j1} = \mu_{.j2} = \ldots = \mu_{.jK} \tag{9.15b}$$

$$H_A : \mu_{.jk} \neq \mu_{.jk'} \quad (k \neq k')$$

이다. 즉, 각 요인의 주효과검정을 다른 요인의 조건별로 수행하는 것이다.

한 걸음 나아가, 한 요인의 조건에 따라 다른 요인에 대하여 중다비교를 한다면, 이는 단순효과검정이라고 한다. 단순효과 검정은 단순주효과 검정을 중다비교의 일반식으로 일반화한 것으로 이해할 수 있다. 단순효과가설을 수식으로 표현하면 다음과 같다.

$B = b_k$일 때, $\psi_{A(k)} = \sum_{j}^{J} c_j \mu_{.jk} = c_1 \mu_{.1k} + c_2 \mu_{.2k} + \ldots + c_K \mu_{.Jk}$ 라면,

$$H_0 : \psi_{A(k)} = 0, \tag{9.16a}$$

$$H_A : \psi_{A(k)} \neq 0.$$

또는

$A = a_j$일 때, $\psi_{B(j)} = \sum_{k}^{K} c_k \mu_{.jk} = c_1 \mu_{.j1} + c_2 \mu_{.j2} + \ldots + c_K \mu_{.jK}$ 라면,

$$H_0 : \psi_{B(j)} = 0, \tag{9.16b}$$

$$H_A : \psi_{B(j)} \neq 0$$

식(9.16a)를 보면 대비계수를 활용하여 중다비교를 하는 것이 식(9.15a)와 다른 것을 알 수 있다. 즉, 단순주효과 가설은 단순효과 가설의 특수한 형태라고 할 수 있다. 또한

단순효과 가설이나 단순주효과 가설은 모두 이요인설계에서 제기되는 조건부 중다비교가 설인 셈이다.

단순주효과 검정 통계량

분할구획설계에서 A요인이 구획간 요인이고, B요인이 구획내 요인이며, n개의 구획이 A요인에 내재되어 있고, 전체 사례수 $N=nJK$인 경우를 생각하자. 이때, 구획간 요인인 A요인의 단순주효과 가설은 식(9.15a)이며, 이를 검정하기 위한 통계량은

$$F=\frac{MSA_k}{MSW}=\frac{SSA_k/(J-1)}{MSW}\sim F((J-1),JK(n-1)) \quad (9.17)$$

이다. MSA_k, 혹은 SSA_k는 $B=b_k$일 때, A요인의 평균자승합 혹은 자승합을 의미한다. 즉, SSA_1은 $B=b_1$일 때 이므로, $SSA_1=n\sum_j^J(Y_{ij1}-Y_{.j1})^2$이다. 여기서 특별히 언급할 사항은 오차항의 자승합 MSW인데, 이는 전체 자료를 통합한(pooled) 분산추정치이며, 통합분산추정치의 자유도는 $JK(n-1)$이므로 유의할 사항이다. 분할구획요인설계와 같이 이요인설계에서 단순효과 또는 단순주효과 가설검정을 할 때는 자료가 조각나기 때문에, 조각난 각 표본자료에서 모두 모집단의 분산을 추정하는 것은 효율적이지도 않으며, 모집단의 분산을 정확하게 추정하지도 못한다. 이 경우 안정적인 방법으로 모집단의 분산을 추정하는 것은 모든 변산원의 자료를 통합하여 모집단의 분산을 추정하는 것이다(Cochran & Cox, 1957). 따라서 요인설계에서 단순주효과 또는 단순효과 가설을 검정할 때, 오차항을 추정할때는 $B=b_k$일 때, 혹은 $A=a_j$일 때라는 조건을 무시하고, 전체 자료를 통합하여 다음과 같이 모집단의 분산을 추정한다.

$$MSW=\frac{SS(구획)+SS(B\times 구획)}{df_1+df_2}=\frac{SSBLK(A)+SSB\times BLK(A)}{J(n-1)+J(n-1)(K-1)} \quad (9.18)$$

$$=\frac{SSBLK(A)+SSB\times BLK(A)}{JK(n-1)}$$

따라서 식(9.17)에서 오차항의 자유도는 $JK(n-1)$이다.

분할구획요인설계에서 A요인과 B요인의 차이점은 구획간 혹은 구획내 요인이라는 점이다. B요인은 구획내 요인 또는 개체내 요인이므로, $A=a_j$일 때, B요인의 주효과를 검정하는 것은, 무선구획설계(Randomized Block Design)에서 구획내 요인의 가설검정의 경우와 자료의 구조가 동일하며, 오차항의 평균자승합은 전체 자료의 구획내 오차항(구획 $\times$ B요인)의 평균자승합으로 사용한다. 따라서 $A=a_j$일 때, B요인의 주효과를 검정하는 통계량은

$$F=\frac{SSB_j/(K-1)}{MSE} \sim F((K-1), J(n-1)(K-1)) \qquad (9.19)$$

이다.

단순효과 검정 통계량

단순효과 검정이나 단순주효과 검정은 결국 상호작용효과를 더 구체적으로 하는 것이다. 즉, $H_0:\sum_j^J\sum_k^K\alpha\beta_{jk}^2=0$의 가설을 기각하여 상호작용효과가 있다면, 단순효과 검정은 B요인의 특정 조건에서 A요인의 특정 집단간 평균의 차이를 중다비교 방법을 이용하여 검정하는 것이다. 역으로 A요인의 특정조건에서 B요인의 특정 집단간 평균의 차이를 검정할 수도 있다. 단순주효과 검정의 경우와 마찬가지로 분할구획설계에서 단순효과 검정은 구획간 비교와 구획내 비교를 구분하여 다룰 필요가 있다.

우선 구획간 비교에서 $B=b_k$인 조건에서 A요인의 집단간 중다비교의 가설을 일반식으로 제시하면, $B=b_k$에서 m번째 대비식과 가설은

$$\psi_{m(A)}=\sum_j^J c_{mj}\mu_{.jk}=c_{m1}\mu_{.1k}+c_{m2}\mu_{.2k}+\ldots+c_{mJ}\mu_{.Jk}$$

$$H_0:\psi_{m(A)}=0, \qquad H_A:\psi_{m(A)}\neq 0$$

이다. 연구자는 $\psi_{m(A)}$의 대비식으로 원하는 가설을 수립할 수가 있다. 구획간 요인인 A 요인의 단순효과 검정을 위한 대표적인 통계량으로는 $t-$검정과 짝비교를 위한 $q-$검정을 고려할 수 있다.

$$t = \frac{\hat{\psi}_{m(A)}}{\hat{\sigma}_{\hat{\psi}_{m(A)}}} = \frac{\sum_{j}^{J} c_{mj} \overline{Y}_{.jk}}{\sqrt{MSW\left(\frac{\sum c_{mj}^2}{n}\right)}} \sim t(JK(n-1)) \tag{9.20}$$

$$q = \frac{\hat{\psi}_{m(A)}}{\hat{\sigma}_{\overline{Y}}} = \frac{\overline{Y}_{.jk} - \overline{Y}_{.j'k}}{\sqrt{MSW/n}} \sim q(JK(n-1)) \tag{9.21}$$

앞에서 설명한 단순주효과 검정의 경우와 마찬가지로, 분할구획설계는 요인설계의 일종이고, 또한 단순효과 검정을 위한 오차항의 분산을 안정적으로 추정하는 것은 통합분산(pooled estimate of variance)을 사용하는 것이다(Cochran & Cox, 1957). 식(9.20)과 식(9.21)에서 MSW는 식(9.18)에서 구한 것이다. 따라서 통합분산의 자유도 $JK(n-1)$이다.

분할구획설계에서 대비식을 이용하여 구획내 요인의 단순효과를 검정하기 위한 가설은 다음과 같이 표현할 수 있다. $A = a_j$ 에서 B요인에 대한 m번째 대비식과 가설은

$$\psi_{m(B)} = \sum_{k}^{K} c_{mk}\mu_{.jk} = c_{m1}\mu_{.j1} + c_{m2}\mu_{.j2} + \ldots + c_{mK}\mu_{.jK}$$

$$H_0 : \psi_{m(B)} = 0, \qquad H_A : \psi_{m(B)} \neq 0$$

이다.

앞에서 설명한 단순주효과 검정에서와 마찬가지로, 두 개의 검정통계량은 다음과 같다.

$$t = \frac{\hat{\psi}_{m(B)}}{\hat{\sigma}_{\hat{\psi}_{m(B)}}} = \frac{\sum_{k}^{K} c_{mk} \overline{Y}_{.jk}}{\sqrt{MSE\left(\frac{\sum c_{mk}^2}{n}\right)}} \sim t(J(n-1)(K-1)) \tag{9.22}$$

$$q = \frac{\hat{\psi}_{m(B)}}{\hat{\sigma}_{\overline{Y}}} = \frac{\overline{Y}_{.jk} - \overline{Y}_{.jk'}}{\sqrt{MSE/n}} \sim q(J(n-1)(K-1)) \tag{9.23}$$

식(9.22)와 (9.23)에서 오차항의 분산 MSE는 〈표 9-1〉의 분산분석표에서 구획내 요인의 오차항 분산인 MSE이다. 그러나 만일 구형성의 가정이 충족되지 않는다면, 대비식별로 오차분산을 추정하여 사용하여야 한다. 즉, 구형성이 충족되지 않는 경우의 중다비교에서 사용하는 오차항 분산을 사용한다. 즉,

$$MSE_{\hat{\psi}_{m(B)}} = \frac{\sum_{j}^{J} SSE(a_j)_{\hat{\psi}_{m(B)}}}{J(n-1)}$$

이다. 여기서 $MSE_{\hat{\psi}_{m(B)}}$를 구하는 절차는 구획내 요인의 주효과검정절차를 설명할 때 제시하였으며, 자유도는 $J(n-1)$이다. 따라서 구형성 가정을 충족하지 못하는 경우의 구획내 요인의 단순효과 검정을 위한 통계량과 자유도는 다음과 같이 변경된다.

$$t = \frac{\hat{\psi}_{m(B)}}{\hat{\sigma}_{\hat{\psi}_{m(B)}}} = \frac{\sum_{k}^{K} c_{mk} \overline{Y}_{.jk}}{\sqrt{MSE_{\hat{\psi}_{m(B)}} \left(\frac{\sum c_{mk}^2}{n} \right)}} \sim t(J(n-1)) \tag{9.24}$$

$$q = \frac{\hat{\psi}_{m(B)}}{\hat{\sigma}_{\overline{Y}}} = \frac{\overline{Y}_{.jk} - \overline{Y}_{.jk'}}{\sqrt{MSE_{\hat{\psi}_{m(B)}}/n}} \sim q(J(n-1)) \tag{9.25}$$

7 경향분석

분할구획요인설계에서 처치변수가 양적변수여서 처치집단의 분류가 처치의 양이 많고 적음으로 이루어진다면, 처치의 양이 증가함에 따라서 종속변수의 변화에 어떤 경향성이 존재하는지 탐구하는 것에 흥미를 가질 수 있다. 이 같은 경향분석(trends analysis)은 중다비교의 특수한 경우에 해당한다. 분할구획설계에 의한 자료가 모형의 가정을 충족한다면, 경향분석의 원리는 4장과 6장에 제시한 방법과 동일하다. 분할구획설계에서 구획간 요인을 A 요인이라 하고, A 요인의 선형경향성과 이차경향성의 검정통계량은 다음과 같이 구성된다.

$$F = \frac{MS\hat{\psi}_{lin}}{MSBLK(A)}, \qquad F = \frac{MS\hat{\psi}_{quad}}{MSBLK(A)}$$

여기서 $\psi_{lin} = \sum c_j \mu_{.j.}$ 이며, c_j의 대비계수를 선형조건에 맞추어 결정하면 된다. 마찬가지로 $\psi_{quad} = \sum c_j \mu_{.j.}$ 이고, c_j의 대비계수는 이차경향성 조건에 맞추어 결정한다. $MS\hat{\psi}_{lin}$ 이나, $MS\hat{\psi}_{quad}$ 를 구하는 방법도 4장과 6장에 제시한 방법과 동일하며, $MSBLK(A)$는 〈표 9-1〉의 분산분석표에서 구획간 비교의 오차항의 평균자승합이다.

분할구획요인설계에 의한 자료가 구형성 가정을 충족하지 못하는 경우는, 앞의 중다비교에서 구형성 가정이 위배된 경우와 마찬가지 절차에 의하여 $MSE_{\hat{\psi}_{m(B)}}$ 를 구하여 검정통계량을 구성한다. 여기서는 곧 $MSE_{m(B)} = \{MSE_{lin}, MSE_{quad}, \ldots\}$ 인 셈이다.

8 분할구획설계 자료의 분석 SPSS 예시

여기서는 분할구획설계에 의한 실험자료를 SPSS 프로그램으로 분석하는 방법을 시연한다.

실험개요:

■ 흡연이 성인의 심장맥박에 미치는 영향 연구

① 실험제목: 흡연이 심장맥박에 미치는 영향

② 실험절차: 15명의 성인 피험자들을 3개 집단으로 분류하였다. 집단1은 하루 1갑 이상 흡연자집단, 집단2는 하루 1/2갑 이내의 흡연자집단, 집단3은 통제집단으로서 비흡연자집단이다. 실험에 참가한 피험자들의 맥박을 측정한 후에 1분간 달리게 하였고, 맥박을 다시 측정하였다.

③ 독립변수(X): 흡연자 집단

1= 하루 1갑 이상 흡연자

2= 하루 1/2갑 이내 흡연자

3= 비흡연자

독립변수(T): 처치변수(1분 달리기 전후)

1= 사전검사 시점(처치 이전)

2= 사후검사 시점(처치 이후)

④ 종속변수(Y): 분당 맥박 수

⑤ 〈SPSS Data File〉 Ch9exp_1a.sav

자료구조와 분석 전략:

위의 실험에서 실험집단은 흡연정도로 구분된 세 집단이며, 집단내에 5명씩 내재되어 있는 구조이다. 동시에 모든 실험참여자는 처치(1분간 달리기)를 받았고, 처치 직전과 직후에 맥박을 측정한 자료이다. 실험에서 확보된 자료의 구조는 아래와 같다.

실험집단	참여자	사전검사	사후검사
1갑 흡연자	s11	y_{111}	y_{211}
	s21	y_{121}	y_{221}
	.	.	.
	.	.	.
	s51	y_{151}	y_{251}
1/2갑 흡연자	s12	y_{112}	y_{212}
	.	.	.
	.	.	.
	s52	y_{152}	y_{122}

실험집단	참여자	사전검사	사후검사
비흡연자	s13 · · s53	y_{113} · · y_{153}	y_{213} · · y_{253}

위의 설계에서 실험참여자의 심장맥박에 영향을 미치는 요인은, 1) 흡연정도에 따른 세 실험집단간의 차이, 2) 실험집단내 참여자간의 차이, 3) 처치의 효과(사전검사와 사후검사 맥박의 차이), 4) 처치와 실험집단간의 상호작용효과이다. 위의 설계에서 참여자와 처치는 교차하고 있지만, 반복측정 자료이므로 참여자와 처치간에 상호작용은 없는 것을 기대한다. 또한 참여자와 처치의 상호작용 칸에는 오직 하나의 종속변수값만 존재하므로, 이 상호작용효과는 추정할 수도 없다. 이와 같은 구조의 자료는 전형적인 분할구획설계 자료이다. 분할구획설계 자료는 SPSS에서 반복측정자료로 파악하므로, 일반선형모형(General Linear Model)으로 접근하여 반복측정설계 자료를 분석하는 모형을 결정한다.

SPSS WINDOW 프로그래밍:

① Data 입력: SPSS 프로그램에서 Data Editor 창을 연 후 자료를 입력한다. 자료를 입력한 결과는 다음의 SPSS 화면처럼 나타나야 한다. 창의 맨 윗줄에 보면 File 이름은 'Ch9exp_1a.sav'로 저장하였다.

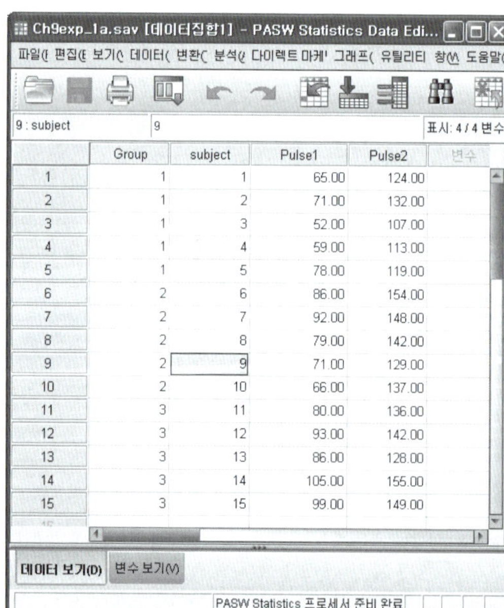

[그림 9-1] 무선구획설계 자료 입력결과 SPSS Data Editor 창

위의 Data Editor 창에서 첫째 열에 실험집단(Group)이 셋이고, 둘째 열에 실험참여자가 각 집단에 5명씩 총 15명인 것을 알 수 있다. Pulse1과 Pulse2는 반복측정한 맥박수이다. 위의 창에서 [변수보기]를 누르면, 각 변수가 어떻게 정의되었는지 알 수 있다.

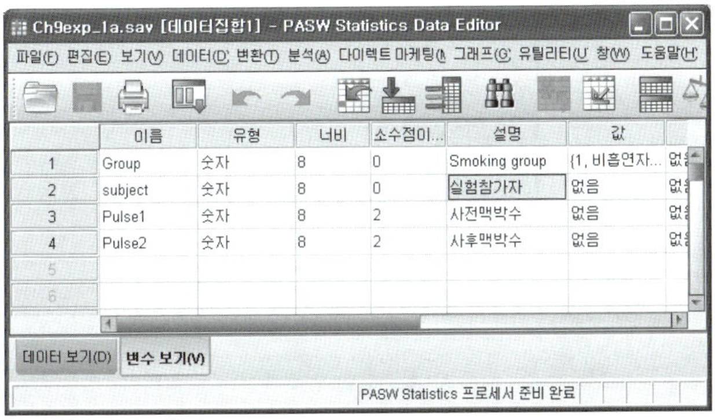

위의 화면에서 각 변수를 원하는 대로 정의할 수 있다.
이제 분할구획설계 자료를 분석하기 위해서는 SPSS에서는 반복측정설계에 의한 자료분석을 해야 하므로, [분석(A)] → [일반선형모형(G)] → [반복측정(R)]을 아래 화면처럼 차례로 선택한다.

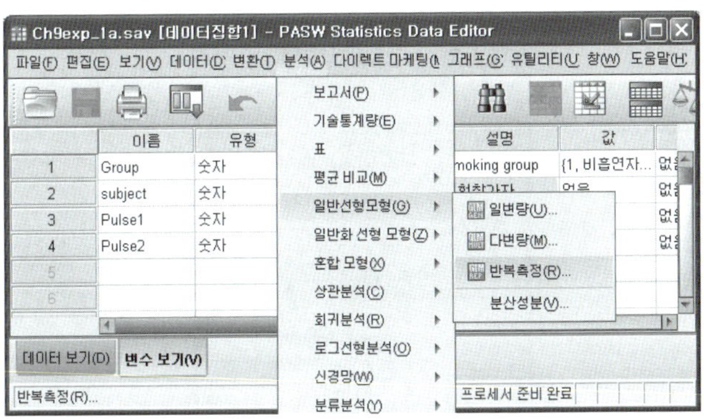

위의 화면에서 [반복측정(R)]을 누르면, 아래와 같이 반복측정 요인 정의 창이 나타난다. 이 창은 [그림 9-1]의 데이터 창에서와 같이 종속변수가 반복으로 측정된 경우, 두 개의 종속변수 값만 있을 뿐 개체내 요인인 처치변수(1분 달리기)와 종속변수가 정의되어 있지 않으므로 이를 정의하기 위한 창이다.

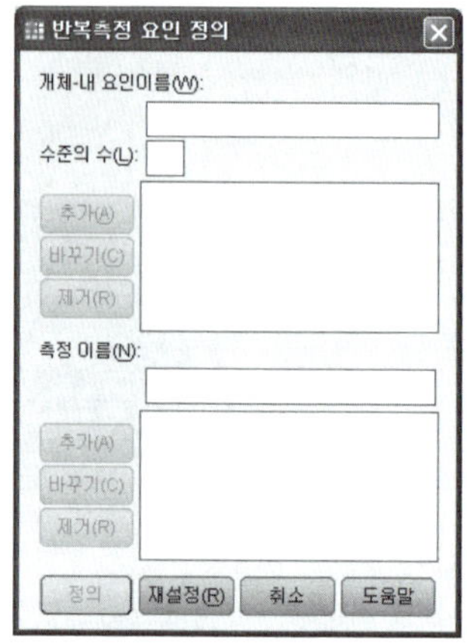

[그림 9-2] SPSS프로그램의 반복측정요인 정의 창

위의 창에서 연구설계를 반영하기 위하여, 개체내 요인의 변수명을 연구자 임의로 정하고, 측정이름(N)에는 종속변수명을 정한다. 예시자료에서 개체-내 요인은 '1분 달리기'이므로, Running으로 정하고, 수준의 수는 2개로 하자. 또한 측정이름(N)에 종속변수 명칭은 Pulse로 하면, 위의 창은 아래와 같다.

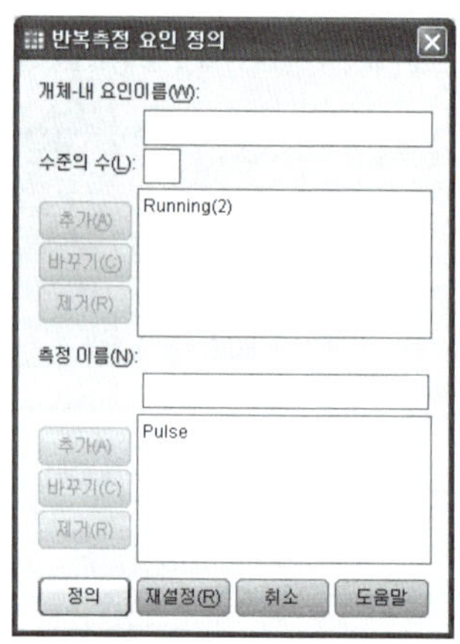

여기서 [정의]를 누르면, 아래와 같이 반복측정 자료분석 실행창이 나타난다.

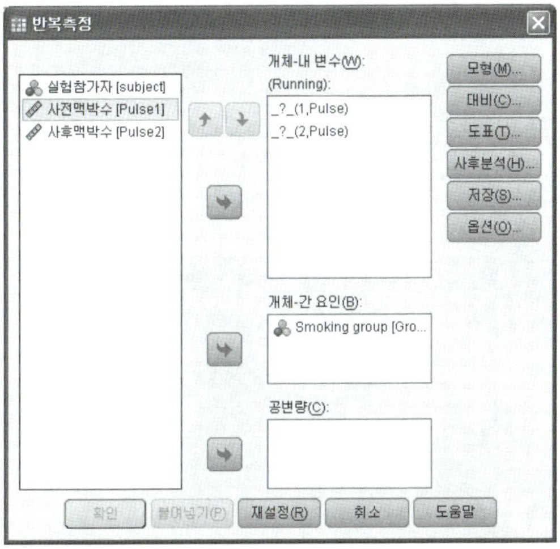

[그림 9-3a] SPSS의 반복측정 실행명령 창

위의 [그림 9-3a]의 창에서 첫 번째로 할 일은 종속변수에 해당하는 반복측정치를 결정하는 것이다. 즉, 오른편 상자에서 _?_(1, Pulse)와 _?_(2, Pulse)의 의문부호는 반복측정인 종속변수는 Pulse로 정의되어 있고, 수준은 1과 2인데, 여기에 해당하는 변수가 무엇인지 왼편의 상자에서 선택하라는 것이다. 왼편 창에서 사전맥박수(Pulse1)을 선택하여 화살표를 누르면 _?_(1, Pulse)로 옮겨지고, 다시 사후맥박수(Pulse2)를 선택하여 화살표를 누르면 _?_(2, Pulse)에 변수명이 표기되는 것을 볼 수 있다.

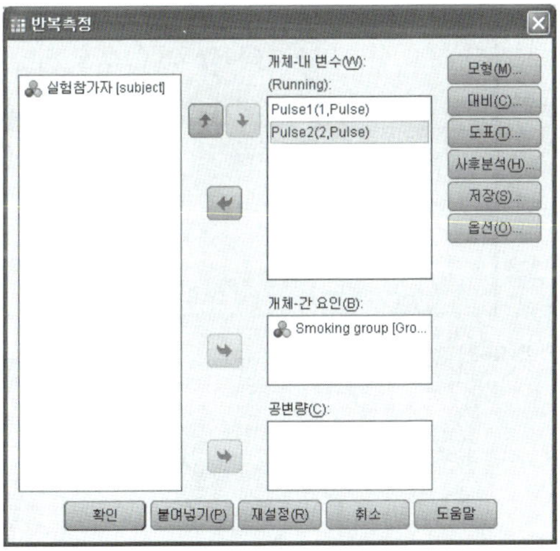

[그림 9-3b] SPSS의 반복측정 실행명령 창과 종속변수

이제 [그림 9-3b]를 중심으로 반복측정 설계자료의 분석에 필요한 기본적인 조치를 아래의 순서로 취하면 된다.

1) [도표(T)]를 선택하여, 반복측정 분석에 필요한 Profile plot을 결정한다.
2) [옵션(O)]을 선택하여 분석결과에 포함될 내용을 결정한다.

위의 [그림 9-3a]창에서 [도표(T)]를 누르면 아래의 창이 나타난다.

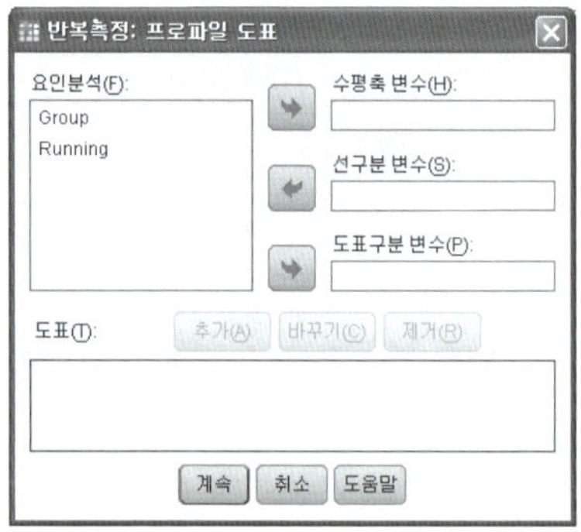

위의 창에서 수평축 변수(H)에 반복측정시점이 나타나도록 Running(독립변수)을 선택하고, 선구분변수(S)에 실험집단인 Group을 선택하여 화살표를 누른다. 이후 [추가(A)]를 누르면 화면은 아래와 같이 된다.

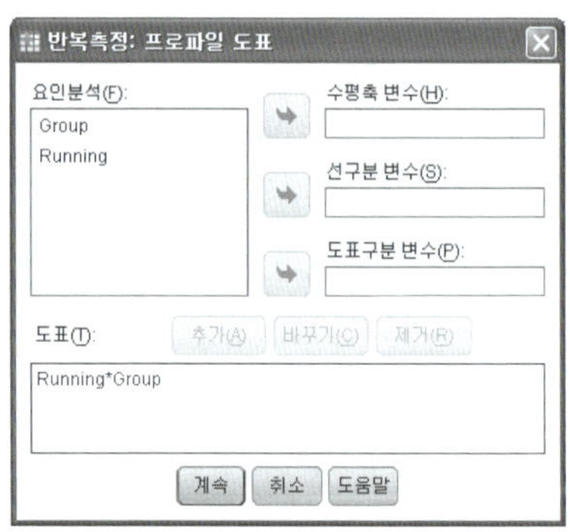

[그림 9-4] SPSS 반복측정자료분석의 프로파일 도표 창

위의 창에서 하단의 도표(T)에 Running*Group이 표기된 것을 알 수 있다.
여기서 [계속] 단추를 누르면 화면은 다시 [그림 9-3b]로 돌아간다.

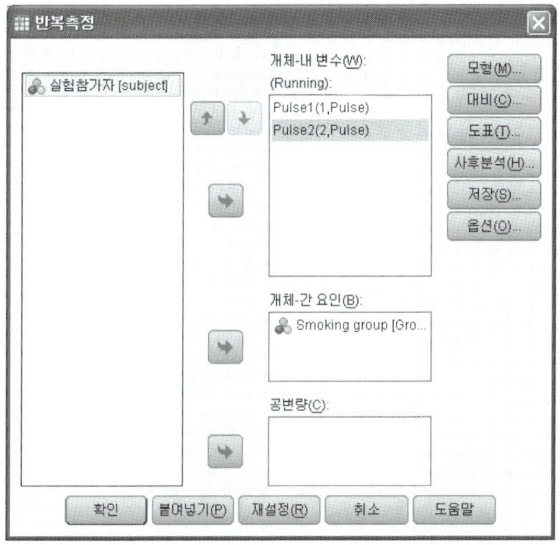

위의 화면에서 이제 [옵션(O)]을 누르면 다음 화면이 나타나고, 반복측정에 필요한 분석을 선택할 수 있다.

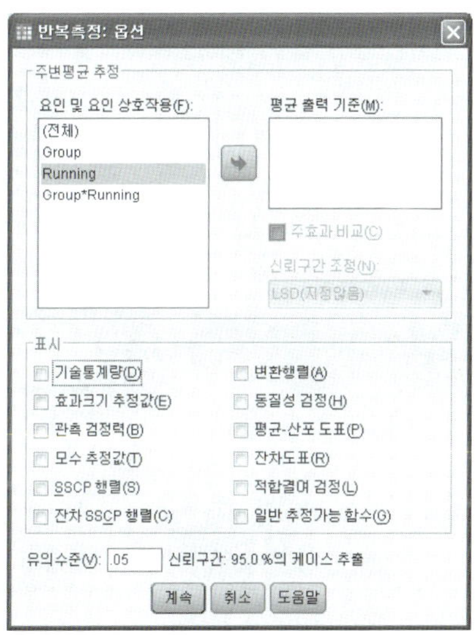

첫째, 위의 창에서 왼편의 상자는 독립변수들이며, 왼편 상자에서 평균출력기준(M)은 프로파일 도표 분석에서 사용할 평균을 결정하라는 것이므로, 여기서는 두 개의 교차요인인 Group과 Running만 선택한다. 교차하는 두 변수를 선택하므로, 상호작용 변수를 별도로 선택할 필요가 없다. 둘째, 중간의 주효과 비교(C)를 선택하면, 사후비교방법을 선택할 수 있다. Bonferroni를 선택한 경우를 고려한다. 셋째, 하단의 다양한 분석사항들이 있는데, 편의상 기술통계량(D)을 선택하면, 창은 아래와 같이 나타난다.

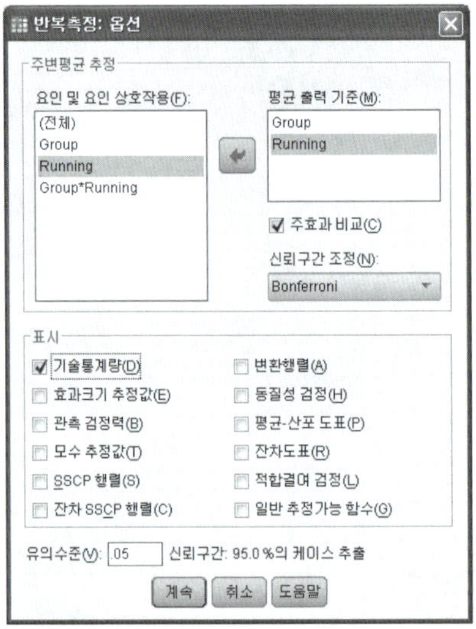

이제 [계속]을 누르면, 다시 [그림 9-3b]의 반복측정 실행명령창으로 돌아간다.

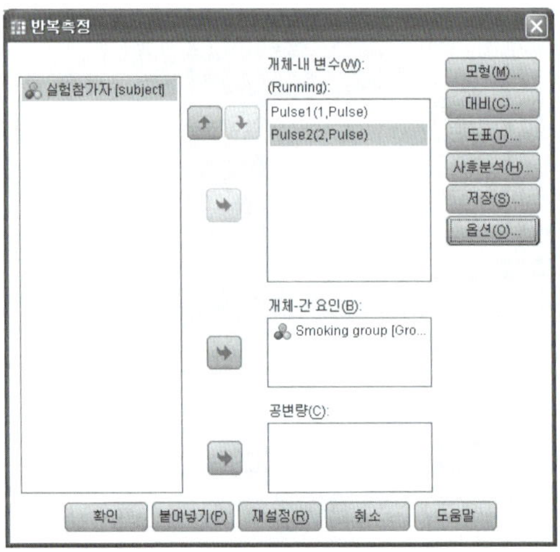

[그림 9-3b] SPSS의 반복측정 실행명령 창과 종속변수(반복)

이제는 분할구획설계에 의한 자료를 분석하는 기본적인 사항은 모두 결정하였으므로, [확인] 단추를 누르면, 자료분석이 실행되고, SPSS 자료분석결과(Output)화면이 나타난다.

지금까지 연구자가 분할구획설계 자료를 SPSS의 반복측정 설계에 의한 분석으로 수행한 과정을 syntex program으로 제시하면 아래와 같다. 이는 SPSS 결과파일에서 [로그] 항목에서 확인할 수 있다.

```
GLM Pulse1 Pulse2 BY Group
  /WSFACTOR=Running 2 Polynomial
  /MEASURE=Pulse
  /METHOD=SSTYPE(3)
  /PLOT=PROFILE(Running*Group)
  /EMMEANS=TABLES(Group) COMPARE ADJ(BONFERRONI)
  /EMMEANS=TABLES(Running) COMPARE ADJ(BONFERRONI)
  /PRINT=DESCRIPTIVE
  /CRITERIA=ALPHA(.05)
  /WSDESIGN=Running
  /DESIGN=Group.
```

위의 명령프로그램에서 첫째 줄의 의미는 GLM(General Linear Model) 명령어로 종속변수 값이 두 개(Pulse1, Pulse2)이고, 독립변수 요인이 하나인 자료를 분석하라는 것이다. 종속변수는 MEASURE에 표시하였다. 자료의 구조를 구체적으로 정의하는 명령어는 WSFACTOR, WSDESIGN, DESIGN의 명령어이다. WSFACTOR는 피험자내 요인으로 Running 변수를 정의하는 것이고, Running 변수는 수준이 2인 것을 의미한다. Polynomial은 반복측정설계에서 기본적으로 제공하는 경향분석을 의미하나, 이 예시에서는 반복측정이 2회이므로, 경향분석은 의미가 없다. WSDESIGN은 연구자가 통계적으로 유의도 검정을 하려는 피험자내 요인변수이고, DESIGN에서 피험자간 변수는 Group 뿐인 것을 알 수 있다. PLOT과 EMMEANS는 프로파일 분석을 위한 것으로, 그래프로 집단별 반복측정결과를 요약하고, 평균을 비교한다. 가설검정을 위한 기준으로서 1종오류는 5% 수준이다(ALPHA(0.05)).

SPSS OUTPUT(결과물)

1. 피험자내 분석결과

〈표 9-1〉 분할구획설계에서 피험자-내 검정결과

개체-내대비검정						
측도: Pulse						
소스	Running	제III 유형제곱합	자유도	평균제곱	F	유의확률
Running	선형모형	23129.633	1	23129.633	1097.058	.000
Running * Group	선형모형	246.867	2	123.433	5.855	.017
오차(Running)	선형모형	253.000	12	21.083		

위의 표는 분할구획설계의 자료분석 결과 중에서 피험자내 설계의 분석결과이다. 이 결과에서 처치변수인 Running(1분달리기)의 효과는 통계적으로 유의하였으며(p=.000), 이러한 차이는 실험집단간에 다르다는 것을 반영하는 상호작용효과도 통계적으로 유의하였다(.017). 따라서 처치(1분 달리기)의 효과는 실험집단 사이에 차별적인 효과를 미치는 것을 알 수 있다. 그러나 구체적으로 어떻게 집단간에 차이가 있는지는 Profile 분석도표와 사후비교를 수행하여야 알 수가 있다. 여기서 유의할 사항은 통상적으로 WSDESIGN을 사용하게 되면, SPSS프로그램은 이전의 무선구획설계에서와 같이 집

단간 동등성 검사(Spherisity test)를 수행하는데, 이는 적어도 반복측정횟수(혹은 구획내 집단의 수)가 3회 이상인 경우에 해당한다. 여기서는 피험자내 반복측정횟수가 2회이므로, Mauchly의 W 검정이나, 처치변수(Running) 효과와 처치×실험집단(Running×Group)의 상호작용효과의 자유도를 교정하는데 동원되는 $\hat{\epsilon}$ 도 산출되지 않는다. 따라서 〈표 9-1〉의 결과는 구형성 가정을 충족한 것으로 가정한 결과이다.

2. 피험자간 분석결과

〈표 9-2〉 분할구획설계에서 피험자-간 검정결과

개체-간효과검정					
측도: Pulse 변환된 변수: 평균					
소스	제III 유형제곱합	자유도	평균제곱	F	유의확률
절편	340693.633	1	340693.633	1855.798	.000
Group	3420.867	2	1710.433	9.317	.004
오차	2203.000	12	183.583		

〈표 9-2〉는 분할구획설계에서 피험자간 분석결과로서 이는 일원분산분석결과와 동일한 꼴이다. 실험집단(Group)사이에 종속변수(맥박 수) 평균에 차이가 있는지를 검정한 결과, 영가설 $H_0 : \mu_1 = \mu_2 = \mu_3$는 기각되었다. 즉, 흡연자 집단 사이에 맥박수는 차이가 있었다. 그러나 구체적으로 어느 집단간에 차이가 있는지는 추가 분석이 필요하다.

3. 추정된 주변평균

〈표 9-1〉과 〈표 9-2〉에 제시된 분산분석결과표에서 구체적으로 집단간 평균의 차이를 확인하기 위하여 집단별 기술통계량과 그 차이를 확인한 결과를 제시한다.

1) Smoking group

추정값				
측도: Pulse				
Smoking group	평균	표준오차	95% 신뢰구간	
			하한값	상한값
비흡연자	92.000	4.285	82.665	101.335
1일 1/2갑 이내 흡연	110.400	4.285	101.065	119.735
1일 1갑 이상 흡연	117.300	4.285	107.965	126.635

위의 표는 실험집단별 평균과 표준오차, 그리고 신뢰구간 점수를 알려준다.

대응별비교						
측도: Pulse						
(I) Smoking group	(J) Smoking group	평균차(I-J)	표준오차	유의확률a	차이에 대한 95% 신뢰구간a	
					하한값	상한값
비흡연자	1일 1/2값 이내 흡연	-18.400*	6.059	.031	-35.242	-1.558
	1일 1갑 이상 흡연	-25.300*	6.059	.004	-42.142	-8.458
1일1/2값이내 흡연	비흡연자	18.400*	6.059	.031	1.558	35.242
	1일 1갑 이상 흡연	-6.900	6.059	.831	-23.742	9.942
1일1갑이상 흡연	비흡연자	25.300*	6.059	.004	8.458	42.142
	1일 1/2값 이내 흡연	6.900	6.059	.831	-9.942	23.742

추정된 주변평균을 기준으로

*. 평균차는 .05 수준에서 유의합니다.

a. 다중비교에 대한 조정: Bonferroni

위의 표는 흡연자 집단 사이의 평균의 차이를 검정한 결과이다. 흡연자 집단(group=2, 3)과 비흡연자 집단(group=1)사이에 유의한 평균의 차이가 있으나, 흡연자 사이에는 차이가 없다는 것을 알 수 있다.

2) Running

피험자내 요인의 집단별 평균의 기술통계량은 아래의 표와 같다.

추정값					
측도: Pulse					
Running		평균	표준오차	95% 신뢰구간	
				하한값	상한값
dimension1	1	78.800	2.644	73.040	84.560
	2	134.333	2.580	128.712	139.954

위의 표에서 사전맥박검사의 결과인 평균은 사후맥박검사의 평균보다 낮은 것을 나타내고 있다. 이와 같은 차이를 유의도 검정한 결과는 아래의 표와 같다. 아래의 결과는 사전-사후 맥박의 차이는 통계적으로 유의하며, 실제로 큰 차이를 보이고 있다.

대응별비교								
측도: Pulse								
(I) Running		(J) Running		평균차 (I–J)	표준 오차	유의확률a	차이에 대한 95% 신뢰구간a	
							하한값	상한값
dimension1	1	dimension2	2	−55.533*	1.677	.000	−59.186	−51.880
	2	dimension2	1	55.533*	1.677	.000	51.880	59.186

추정된 주변평균을 기준으로

*. 평균차는 .05 수준에서 유의합니다.

a. 다중비교에 대한 조정: Bonferroni

4. 프로파일도표

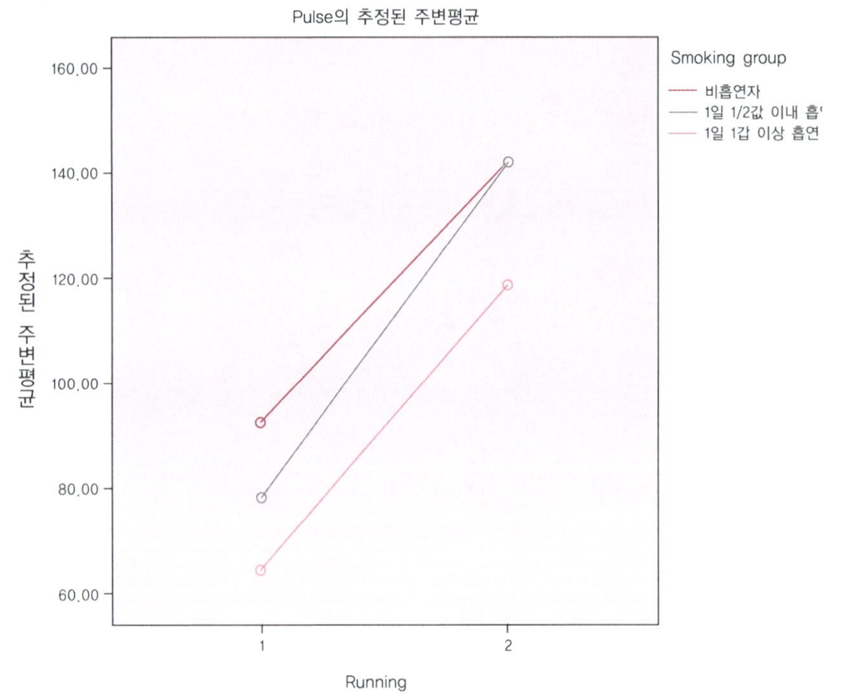

위의 프로파일 분석결과는 세 가지 실험집단의 참여자들이 처치를 받기 전과 후의 차이를 잘 나타내고 있다. 비흡연자 집단은 흡연자 집단에 비하여 평균적으로 낮은 맥박을 보이고 있으나, 흡연자 집단간에는 사후 맥박에서 차이가 없는 것으로 나타났다.

9 삼요인 분할구획설계

분할구획설계에서 어느 요인에 구획을 설정하느냐에 따라 처치의 검정력은 높아질 수 있다. 이 경우 처치요인이 하나인 경우는 7장의 무선구획설계이며, 처치요인이 두 개이나 한 요인에 대하여만 구획의 효과가 적용되는 경우가 지금까지 설명한 분할구획요인설계이었다. 연구자가 세 개의 처치요인을 동시에 검정하여야 하는 경우에 검정력을 높이기 위하여 구획을 사용한다면, 연구자는 맥락에 따라서 구획변수의 선정을 하게 된다. 이때, 지금까지의 방법처럼, 처치요인 하나와 높은 상관을 갖는 구획변수로 구획을 설정하고, 다른 두 개의 요인변수들은 구획간 요인으로 설정하면, 구획설정은 쉬워진다. 이 경우, 연구자는 두 개의 구획간 요인과 하나의 구획내 요인이 있으므로, 세 개의 요인 (A, B, C)이 교차하며, 두 개의 요인에 구획이 내재한 실험설계의 자료구조는 이 장의 도입부에서 제시한 [그림 9-8]과 같다.

처치(A)	처치(B)	구획	처치(C)			
			c_1	c_2	c_3	c_4
a_1	b_1	1				
		2				
		3				
		4				
	b_2	5				
		6				
		7				
		8				
a_2	b_1	9				
		10				
		11				
		12				
	b_2	13				
		14				
		15				
		16				

[그림 9-8] 삼요인 분할구획 요인설계(1개 구획내 요인)

위의 실험설계자료의 분석에 적절한 분산분석모형은 혼합효과 사원분산분석모형이다.

$$Y_{ijkl} = \mu + \alpha_j + \beta_k + \gamma_l + \delta_{i(jk)} + \alpha\beta_{jk} + \alpha\gamma_{jl} + \beta\gamma_{kl} + \alpha\beta\gamma_{jkl} + e_{ijkl} \quad (9.26)$$

$$e_{ijkl} \sim N(0, \sigma_e^2), \quad \delta_{i(jk)} \sim N(0, \sigma_\delta^2)$$

여기서 $\alpha_j, \beta_k, \gamma_l$은 각각 A, B, C요인의 집단별 효과를 의미하여, $\delta_{i(jk)}$는 두 개의 $A \times B$ 요인의 칸에 내재한 i번째 구획의 효과이다. 다른 항들은 모두 A, B, C요인의 상호작용효과이며, 잔차인 e_{ijke}은 개인오차와 구획과 C 요인의 상호작용으로서 $e_{ijkl} = e_{ijkl}^* + (\delta_{i(jk)} \times \gamma_l)$이다. 여기서 e_{ijkl}^*는 순수한 개인 오차항이나 각 구획과 C요인의 상호작용 칸에 관찰사례수가 1이므로 이를 분리하여 추정하는 것은 불가능하다. 일반화 무선구획설계에서 설명한 바와 같이 복수의 사례수가 있다면, e_{ijkl}^* 와 $\delta_{i(jk)} \times \gamma_l$를 분리하여 추정하는 것이 가능하다. 7장의 무선구획설계, 그리고 지금까지 설명한 분할구획설계에서 이 점은 반복적으로 설명하였다. 식(9.26)에서 A요인과 B요인, $A \times B$요인은 구획간 요인이며, 이요인 완전무선설계와 대응하는 자료구조가 된다. C요인과 교차하는 모든 요인은 구획내 요인이 된다. 따라서 분산분석표의 작성을 위한 자유도의 분해는 아래와 같다.

〈표 9-2〉 삼요인 분할구획설계의 자유도 분해

효과	자유도
구획간 모형	
$A(\alpha_j)$	$J-1$
$B(\beta_k)$	$K-1$
$A \times B(\alpha\beta_{jk})$	$(J-1)(K-1)$
$BLK(\delta_{i(jk)})$	$JK(n-1)$
구획내 모형	
$C(\gamma_l)$	$L-1$
$A \times C(\alpha\gamma_{jl})$	$(J-1)(L-1)$
$B \times C(\beta\gamma_{kl})$	$(K-1)(L-1)$
구획내 모형	

효과	자유도
$A \times B \times C(\alpha\beta\gamma_{jkl})$	$(J-1)(K-1)(L-1)$
$BLK \times C(\delta_{i(jk)} \times \gamma_l)$	$JK(n-1)(L-1)$
전 체	$nJKL-1$

〈표 9-2〉에 제시한 자유도의 분해는 앞에서 설명한 이요인 분할구획설계에서 구획간 요인에 한 요인이 추가된 형태이다.

삼요인 분할구획설계에서 연구자가 두 개의 요인과 동시에 상관이 높은 구획변수를 확보할 수 있거나, 또는 두 개의 교차하는 요인의 조건을 충족하는 상태에서 개인을 반복측정할 수 있다면, 그래서 동일한 개인의 반복측정치로 구획이 이루어진다면, 이 장의 도입부에서 예시하였던 [그림 9-1]의 하단에 제시된 무선구획요인설계에서 구획간 요인이 추가된 형태가 될 것이다. 이 경우의 실험설계자료를 그림으로 도해하면, 아래와 같이 될 것이다.

	구획	b_1				b_2			
		c_1	c_2	c_3	c_4	c_1	c_2	c_3	c_4
a_1	1								
	2								
	3								
	4								
	5								
a_2	6								
	7								
	8								
	9								
	10								

[그림 9-9] 삼요인 분할구획 요인설계(2개 구획내 요인)

[그림 9-9]의 자료분석에 적절한 모형은 다음의 식(9.27)이 된다.

$$
\begin{aligned}
Y_{ijkl} = \mu + \alpha_j + \delta_{i(j)} + \beta_k + \gamma_l \\
+ \alpha\beta_{jk} + \alpha\gamma_{jl} + \beta\gamma_{kl} + \alpha\beta\gamma_{jkl} \\
+ \beta\delta_{i(j)k} + \gamma\delta_{i(j)l} + e_{i(j)kl}
\end{aligned} \tag{9.27}
$$

$$
\begin{aligned}
&\delta_{i(j)} \sim N(0, \sigma_\delta^2), \quad \beta\delta_{i(j)k} \sim N(0, \sigma_{\beta\delta}^2), \quad \gamma\delta_{i(j)l} \sim N(0, \sigma_\gamma \delta^2) \\
&e_{ijkl} \sim N(0, \sigma_e^2)
\end{aligned}
$$

식(9. 27)은 세 줄로 표현되었는데, 첫 줄은 $A, B, C,$ 그리고 구획 등의 주요인 효과를 표기한 부분이다. 둘째 줄은 $A\times B, A\times C, B\times C,$ 그리고 $A\times B\times C$의 고정효과 요인들 사이의 상호작용효과를, 그리고 마지막 셋째 줄은 구획과 구획내 요인들(B와 C)과의 상호작용 무선효과를 나타낸다. 또한 $e_{i(j)kl} = e_{ijkl}^* + (\beta\delta_{kl} \times \delta_{i(j)})$의 효과가 혼합된 것이다. 여기서 e_{ijkl}^*는 순수한 오차효과이며, $\beta\gamma\delta_{i(j)kl}$은 설계의 특성으로 발생하는 체계적인 무선효과이다. 지금까지의 분할구획설계의 경우와 마찬가지로 각 칸의 사례수는 1이므로 e_{ijkl}^*의 추정은 위의 설계에서 가능하지 않다. 무선구획설계에서처럼 $\beta\gamma\delta_{i(j)kl} = 0$이고, $e_{ijkl}^* = e_{i(j)kl}$ 라고 가정하는 것이다. 식(9.27)에서는 B요인과 C요인에 모두 구획의 효과가 적용되었다. 즉, B요인과 C요인으로 분류된 집단들은 구획의 영향 만큼 사전 동질적인 집단들이다. 따라서 A요인의 효과에 대한 가설검정은 완전무선설계와 같은 수준의 검정력을 가지나, B요인과 C요인의 효과에 대한 가설검정은 구획설계처럼 통계적인 검정력을 높인 경우라고 할 수 있다.

식(9.27)에서 $\mu + \alpha_j + \delta_{i(j)}$까지는 개체간(구획간) 연구설계 부분이며, 그 이후는 개체내(구획내) 부분이다. 즉, A요인은 개체간 요인이며, B와 C요인은 개체내 요인이다. 따라서 분산분석표를 구성하는 각 요인의 자유도는 아래 〈표 9-3〉과 같다.

〈표 9-3〉 삼요인 분할구획설계의 자유도 분해(2개 구획내 요인)

효과	자유도
구획간 모형	
$A(\alpha_j)$	J−1
$BLK(\delta_{i(j)})$	J(n−1)
구획내 모형	
$B(\beta_k)$	K−1
$C(\gamma_l)$	L−1
$A\times B(\alpha\beta_{jk})$	(J−1)(K−1)
$A\times C(\alpha\gamma_{jl})$	(J−1)(L−1)
$B\times C(\beta\gamma_{kl})$	(K−1)(L−1)
$A\times B\times C(\alpha\beta\gamma_{jkl})$	(J−1)(K−1)(L−1)
$BLK\times B(\beta\delta_{i(j)k})$	J(n−1)(K−1)
$BLK\times C(\gamma\delta_{i(j)l})$	J(n−1)(L−1)
$BLK\times B\times C(e_{i(j)kl})$	J(n−1)(K−1)(L−1)
전 체	nJKL−1

위의 〈표 9-3〉은 구획의 효과가 B요인과 C요인에 모두 적용되어, 이들 두 개의 요인과 구획과의 상호작용효과의 발생으로 모형이 복잡해졌다. 그러나 위와 같이 구획간 모형과 구획내 모형으로 분해하여 제시하면 그 적용원리는 동일한 것을 알 수 있다.

[그림 9-8]과 [그림 9-9]는 구획의 효과를 어느 처치요인에 적용할 것인가에 따라 설계가 다른 것이다. 연구자가 중점을 두는 처치요인에 구획의 효과가 적용되도록 설계하는 것이 중요하다. 연구자들은 [그림 9-9]처럼 두 개의 요인에 모두 구획의 효과가 적용되기를 바랄 수 있으나 현실적으로 [그림 9-8]은 실험설계가 언제나 가능하지만, [그림 9-9]의 경우는 두 개의 처치요인이 상호 상관이 매우 높은 경우로 제한된다.

10 분할구획설계의 장점과 단점

이 책에서 소개한 완전무선설계, 무선구획설계의 특징을 이해하면, 분할구획설계의 장점은 간단하게 정리될 수 있다.

첫째, 구획이 적용되는 요인의 효과에 대한 검정력이 높다. 이는 무선구획설계의 경우와 같다.

둘째, 분할구획설계의 고유한 장점은 처치요인이 둘 이상인 경우에도, 구획설계를 적용할 수 있다는 것이다. 즉, 복수의 처치요인이 있는 경우에, 무선구획설계의 적용은 제한을 받는다.

셋째, 복수의 처치요인이 있는 경우에, 연구자가 가설검정의 정밀도를 높이고자 하는 요인을 대상으로 구획을 설계하여 검정력이 높은 실험을 현실적으로 가능하게 한다. [그림 9-8]에서와 같이 A와 B의 두 처치요인이 있는 경우, B요인에 구획이 적용되어, B요인의 효과, $A \times B$ 상호작용효과에 대한 검정력은 완전무선설계의 경우보다 높다.

분할구획설계의 단점은 자료의 구조가 이전의 설계보다 복잡해짐에 따라 구형성의 가정을 충족하는 것이 무선구획설계보다 어렵다는 것이다. 즉, [그림 9-8]에서와 같이 A와 B의 두 처치요인이 있는 경우, 구획간 설계에 해당하는 A요인의 효과는 통상적인 완전무선설계에서 요구하는 가정이 적용된다. 즉, 정규성, 등분산성, 독립성이다. 그러나, 분할구획설계에서 구획내 요인인 B요인에는 복수표본 또는 복수집단으로 해석 구형성의 가정이 요구된다. 즉, B요인으로 분류되는 K개 집단간의 구형성을 A요인의 조건(즉, 집단)마다 충족해야 하는 부담이 있다. Kirk(1995, 524-530쪽)는 구형성의 가정을 검정하는 절차를 4단계로 서술하고 있다. 구형성의 가정이 위배되는 경우, 검정통계량 F값이 증가하고, 1종 오류가 커지므로, 영가설이 쉽게 기각될 수 있다. 통계분석 패키지인 SPSS에서는 구형성 가정의 충족여부를 검정하는 통계량 W를 제시하고, Huyhn-Feldt 및 Geisser-Greenhouse가 개발한 구형성 추정치($\hat{\epsilon}$)을 제시하고, 이를 반영하여 수정된 유의수준($P-$value)을 제시한다.

Chapter 10

공분산분석모형

1 개요

공분산분석모형은 분산분석모형(Anova Model)과 회귀분석모형(Regression Model)이 결합된 것이라 할 수 있다. 우선 분산분석모형의 특징을 가졌다는 것은 복수집단의 평균을 비교하는 통계모형의 성격을 갖는다는 것이다. 즉, 분산분석모형인 $Y_{ij} = \mu + \alpha_j + e_{ij}$에서 α_j는 각 집단(j번째 집단)의 효과를 반영하는 것이고, $H_0 : \sum \alpha_j^2 = 0$은 모집단에서 처치집단간 평균의 차이가 없다는 의미이다. 분산분석모형이나, 공분산분석모형이나 모두 복수 집단의 평균을 통계적으로 비교하기 위한 모형이다. 따라서 공분산분석모형에서 독립변수는 범주형 변수(집단변수)이며, 종속변수는 연속변수의 성격을 갖는다.

둘째로 공분산분석모형이 회귀분석모형의 특징을 가졌다는 것은 범주형 변수인 독립변수 이외에, 종속변수와 상관을 갖는 추가적인 변수, 즉, 공변수(covariate)가 모형에 포함된다는 의미이다. 공변수는 흔히 연속변수이지만, 범주형 변수도 가능하다. 다만 공변수의 의미가 통제변수(control variable)의 의미를 갖는다는 점에 유의할 필요가 있다. 회귀분석모형은 설명변수와 종속변수와의 선형관계를 나타내는 모형이다. 즉, $Y_i = \beta_0 + \beta_1 X_i + e_i$에서 기울기 계수 β_1은 X변수와 Y변수의 상관정보를 제공하고, X변수의 값이 1단위 변할 때 Y변수가 어느 정도 변하는지를 나타낸 것이다. 회귀분석모형에서는 X변수가 연구자의 가설을 반영하는 독립변수일 수도 있고, 통제변수일 수도 있다.

예를 들어, 아파트의 가격은 지역에 따라 다르다. 서울과 소도시의 아파트 가격에 차이가 있는지를 검정하려면 분산분석의 기법으로 가격 차이를 검정할 수 있다. 가설검정 결과 서울지역의 아파트가 소도시지역보다 비쌌다면, 서울의 모든 아파트가 소도시의 모든 아파트보다 비쌀 것인가? 서울지역의 24평 아파트는 소도시지역의 48평 아파트 보다도 비쌀 것인가? 아파트의 가격을 비교할 때는 동일한 아파트 면적을 대상으로 지역간 비교하는 것이 더 타당할 것이다. 이 경우에, 연구자의 독립변수는 지역(서울=1, 소도시=0)이며, 공변수는 아파트 면적(평수)이라고 할 수 있다.

이처럼 공분산분석모형은 집단간 평균비교를 타당하게 하기 위하여 독립변수 이외에 종속변수에 영향을 미치는 공변수를 고려하는 모형이다. 공분산분석모형은 분산분석모형과 회귀분석모형이 결합된 형태라고 하였다. 두 가지 모형을 결합하면, 공분산분석모형은 $Y_{ij} = \mu + \alpha_j + \beta X_i + e_{ij}$의 꼴을 갖는다. 여기서 α_j는 연구자가 비교하려는 각 집단의 효과이며, X는 공변수이다. 즉, 공분산분석모형은 분산분석모형의 틀 속에서 공변수를 활용하는 통계모형인 셈이다.

공분산분석모형에서 X변수는 통제변수의 의미를 갖는다. 통계모형에서 공변수는 넓은 의미를 가지며, 다음의 특징을 갖는다.

① 공변수는 종속변수와 상관을 갖는 변수이다. 즉, $|r(X, Y)| > 0$ 이다.

② 공변수는 실험적 통제(experimental control)가 어려운 변수이다. 즉, 실험과정에서 연구자가 처치집단들 사이에 공변수의 분포가 동일하도록 무선배치를 하거나, 구획을 설정하거나, 대응전략을 시행하기 어려운 변수이다. 따라서 연구자는 통계적 통제(statistical control)를 위하여, 자료수집과정에서 공변수 자료를 수집하여 통계적 기법으로 그 영향을 통제해야 한다.

③ 공변수는 잡음변수(nuisance variable)이다. 즉, 공변수는 연구자의 가설을 반영하는 변수가 아니며, 가설검정의 타당성을 유지하기 위하여 그 효과를 제거해야 하는 변수이다.

④ 공변수는 처치 혹은 독립변수의 산물이 아니다. 즉, 처치와 인과관계를 갖지 않는다.

⑤ 공변수는 양적, 질적 변수가 모두 가능하다.

공변수는 흔히 혼재변수(confounding variable)과 유사한 의미로 사용된다. 그러나 공변수는 더 넓은 의미를 가진다. 혼재변수는 특수한 조건에 해당하는 공변수라고 할 수 있다. 다음의 세 그림에서 X는 모두 공변수이다. 특별히 왼쪽 그림 (가)에서 X는 혼재변수라고도 하고, (다)에서는 매개변수, 혹은 조절변수라고도 한다.

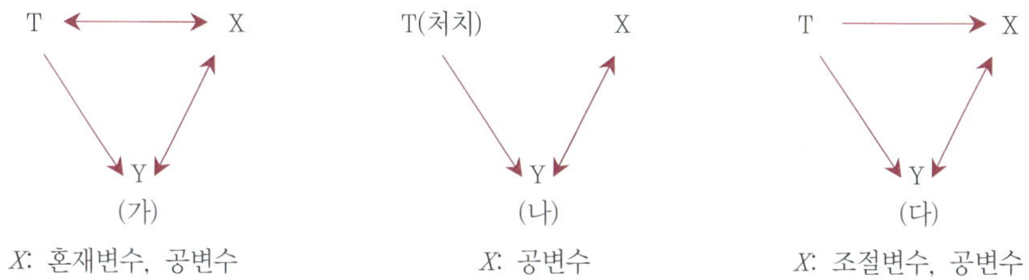

[그림 10-1] 공변수, 혼재변수, 조절변수의 개념

위의 그림에서 왼편 (가)의 X는 처치변수(T)와도 상관을 갖고, 종속변수(Y)와도 상관을 갖는 변수이다. 그러나 X변수가 처치변수의 산물은 아니다. 이 경우 X변수는 흔히 혼재변수라고 하며, 혼재변수 X의 영향을 통제하지 않으면, 처치변수 T의 Y에 대한 인과효과는 타당하지 않게 된다. 가운데 (나)의 그림에서 X변수는 공변수이다. 공변수의 효과도 통제되어야 처치변수의 종속변수에 대한 효과가 정확하게 된다. 오른편 (다)의 그림에서 X변수는 처치변수(T)와 인과관계를 갖는 변수이며, 또한 종속변수와 상관을 갖는 변수이다. 따라서 T의 Y에 대한 영향은 직접효과도 있고, X를 경유한 간접효과도 있게 된다. 즉, T가 Y에 미치는 전체 영향은 조절되는 것이다. 공변수는 혼재변수, 조절변수, 매개변수 등, 처치의 효과를 교정하는 모든 변수를 통칭하는 개념이다. 그러나 실험을 통하여 처치의 효과를 검정하려는 경우, 위의 그림(다)의 경우는 공분산분석의 공변수로서 적절치 않다. 즉, 이 경우는 공변수가 처치의 영향을 받으므로, 처치와 종속변수 간의 인과관계를 밝히려는 실험의 목적에 부합하지 않는다. 즉, 앞 쪽에서 공변수의 특징을 서술한 ④항의 내용은 실험설계에서의 공변수의 특징이라고 할 수 있다.

공분산분석모형이 이전의 분산분석모형과 다른 점은 공변수를 모형에 도입한다는 점과 공변수의 효과를 실험적인 방법이 아니고 통계적 방법으로 통제한다는 것이다. 연구자들이 실험설계를 하는 이유는 인과관계추론의 정당성을 확보하기 위한 것으로 이를 성취하는 전략은 크게 두 가지이다. 하나는 선택편의(selection bias)를 제거하는 것이다. 즉, 실험대상을 무선배치(random assignment)하여, 처치-종속변수의 관계에 영향을 미치는 모든 변수들의 분포가 비교대상인 집단들 사이에 동등하도록 하는 것이다. 둘째는 가설검정의 정밀도(precision) 또는 통계적 검정력(statistical power)를 높이는 것이다. 구획을 설정하거나, 반복측정, 또는 대응전략을 구사함으로써 처치집단간의 사전 동등성을 높이고, 집단내 변산의 크기를 줄이는 노력을 한다. 무선배치, 구획, 반복측정, 대응 등은 모두 실험적 통제에 해당한다. 이 책의 앞장에서 설명한 무선구획설계, 반복측정설계, 분할구획설계 등은 모두 실험적 통제에 의하여 선택편의를 해소하고, 통계적 검정력을 높이기 위한 설계였다. 그러나 공분산분석은 공변수의 분포가 처치집단간 동등하도록 이를 연구자가 조작하거나, 구획을 만들지 않고, 공변수의 효과가 비교대상 집단에서 동등하도록 통계적 기법으로 조치하는 것이다. 공분산분석모형은 선택편의를 해소하는데 기여하고, 통계적 검정력을 높이는 데도 기여하는 특징을 갖고 있다.

2 공분산분석모형의 배경 원리

공분산분석모형의 원리는 간단한 예시를 통하여 쉽게 이해할 수 있다. 앞에서 언급한 바와 같이 어느 연구자가 지역간 아파트 가격에 차이가 있는지를 검정하려고 한다. 그러나 아파트의 면적도 가격에 영향을 미친다는 것은 자명하다. 따라서 연구자가 아파트의 면적을 무시하고 단순히 지역간 아파트 가격을 비교하는 것은 타당하지 않을 수 있다. 즉, 아파트의 소재지가 가격에 미치는 효과를 타당하게 검정하려면 아파트의 면적이 동등한 조건에서 지역간 비교하는 것이 적절하다고 할 수 있다. 이상과 같은 맥락에서, 연구자가 아파트 소재지와 면적, 그리고 가격 변수를 수집하였다고 가정하자.

〈연구자료의 변수〉

Y: 아파트의 가격

X: 아파트의 면적 (연속변수)

Z: 아파트 소재 지역. 서울($Z=1$), 소도시($Z=0$)

〈연구문제〉

"아파트 면적(X)를 통제한 후에, 아파트 소재지역간 평균 아파트 가격(Y)에 차이가 있는가? "

"아파트 소재지역(Z)을 통제한 후에, 아파트 단위면적(X)이 증가함에 따라 아파트 가격(Y)은 얼마나 변하는가?"

분석방법

아파트의 가격에 대한 소재지의 효과와 아파트 면적의 효과는 통계분석방법에 따라 결과가 다를 수 있다. 분석방법에 따라 타당성을 평가하기 위한 준거로서, 세 변수간의 실제관계(참 관계)가 아래 [그림 10-2] 와 같다고 가정하자.

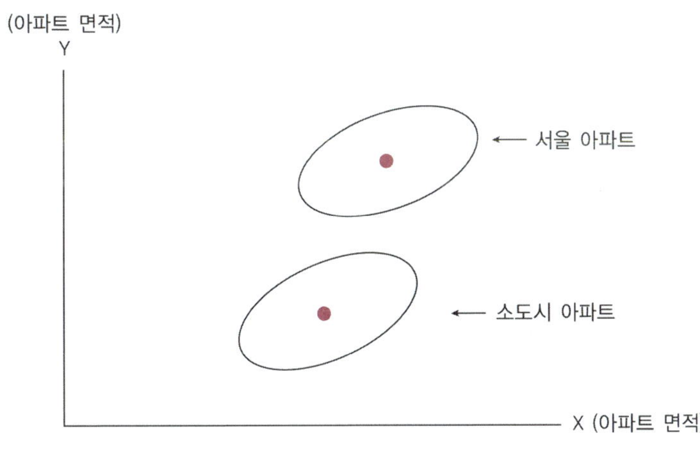

[그림 10-2] 세 변수간 실제 관계 도해

위의 [그림 10-2]에서 X축은 아파트의 면적을, Y축은 아파트의 가격을 나타낸다. [그림 10-2]은 세 변수의 참 관계를 가상적으로 제시한 것이다. 서울지역은 아파트의 가격도 높고(그래서 Y축을 기준으로 소도시보다 위쪽에 분포 됨), 면적도 큰 경향이 있다(따라서 X축을 기준으로 소도시보다 오른쪽에 분포 됨)고 가정한 것이다. 역으로, 소도시지역은 상대적으로 가격이 낮고, 면적도 작은 경우로 설정하였다. 이제 [그림 10-2]가 세 변수간의 참 관계를 반영한 것이라 가정하고, 분산분석모형(분석방법 1), 회귀분석모형(분석방법 2), 그리고 공분산분석모형(분석방법 3)으로 자료를 분석하는 경우에 어떠한 차이가 발생하는지를 설명하려고 한다.

분석방법 1: 분산분석모형에 의한 분석

연구자가 수집한 자료가 [그림 10-2]와 같을 때, 아파트 소재지가 아파트 가격에 미치는 효과를 탐구하기 위하여, 두 지역간 아파트 가격에 차이가 있는지, 얼마나 있는지를 검정하는 방법으로 분산분석모형을 사용하여 자료를 분석한다고 가정하자. 이 경우, 연구자의 가설은

$$H_0 : \mu_{서울} = \mu_{소도시}$$
$$H_A : \mu_{서울} \neq \mu_{소도시}$$

이다. 아래 [그림 10-3]은 연구자의 가설에서 $\mu_{서울}$과 $\mu_{소도시}$을 비교하는 것이 어떠한 의미를 갖는지 알려준다.

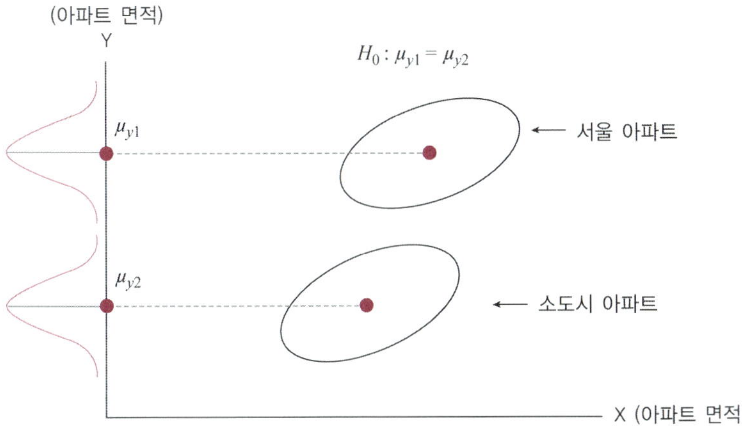

[그림 10-3] 분산분석모형에 의한 분석(분석1)

위의 그림에서 연구자는 두 지역 아파트의 평균 가격이 같은지를 검정하는 것이 목적이다. 그러나 사실상 [그림 10-3]에서 보는 바와 같이 $\Delta = \mu_{서울} - \mu_{소도시}$에는 소재지의 차이와 아파트 면적의 차이가 모두 반영되어 나타난 차이이다. 즉, $\mu_{서울}$의 의미는 '서울지역에 소재한 큰 아파트의 평균가격'이며, $\mu_{소도시}$은 '소도시지역에 소재한 작은 아파트의 평균가격'이다. 분산분석모형으로 가설을 검정하는 것은 '지역 차이로 인한 정확한 가격차이'를 검정하는 것이 목적이지만, 위와 같은 상황에서 두 지역 아파트의 평균가격을 단순비교하는 것은 타당하지 않다. 즉, 선택편의(selection bias)가 발생하는 것이다. 분산분석모형은 아파트 면적의 차이를 무시하고 아파트 가격을 비교하는 오류를 범한다.

분석방법 2: 회귀분석모형에 의한 분석

만일 연구자가 '아파트 면적이 아파트 가격에 미치는 영향'을 추정하려고 한다면, 연구자는 아파트 면적으로 아파트 가격을 예측하는 회귀분석모형을 사용할 수 있다. 아파트 가격에 영향을 미치는 요인이 아파트 면적이외에 다른 공변수나 혼재변수가 없다면, 연구자의 회귀분석모형은 아래와 같다.

$$Y_i = \beta_0 + \beta_1 X_i + e_i, \quad e_i \sim N(0, \sigma^2) \tag{10-1}$$

여기서 Y_i는 각 아파트의 가격이며, X_i는 각 아파트의 면적, 그리고 β_0는 절편계수이고 β_1은 아파트 면적이 커 감에 따라 아파트 가격이 올라가는 정도이다. 이 경우, 연구자의 가설은

$$H_0 : \beta_1 = 0$$
$$H_A : \beta_1 \neq 0$$

이다. 즉, 연구자의 영가설은 아파트의 면적이 커지거나 작아져도 가격엔 변동이 없다는 것이다. 식(10-1)의 회귀분석모형으로 $H_0 : \beta_1 = 0$의 영가설을 검정하는 것이 타당한 경우는 아무런 혼재변수나 공변수가 없을 때이다. 그러나 [그림 10-2]에 나타난 실제상황은 아파트 가격은 지역과 면적에 모두 영향을 받는 것이다. 따라서 식(10-1)은 지역의 효과를 무시한 모형이라고 할 수 있다. 다음의 [그림 10-4]는 실제상황인 [그림 10-2]에 회귀분석모형인 식(10-1)을 적용하여 추정하는 β_1의 의미를 드러내고 있다.

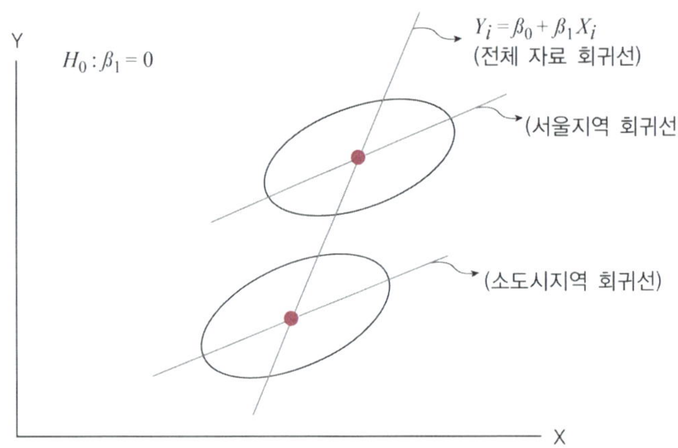

[그림 10-4] 회귀모형에 의한 분석(분석2)

위의 그림에서 β_1은 서울지역과 소도시지역의 아파트를 한 묶음으로 가정하여 아파트 면적에 따른 가격효과를 반영한 것이다. 그러나 실제로 아파트 면적에 따라 변하는 순

수한 가격효과는 β_w이다. β_1은 아파트 면적과 지역의 효과가 뒤섞여서 부풀려진 것이다. 즉, [그림 10-2]와 같은 상황에서 식(10-1)의 회귀분석모형으로 자료를 분석하면, $H_0 : \beta_1 = 0$의 가설검정은 타당하지 않다. 타당한 가설은 $H_0 : \beta_w = 0$이다.

분석방법 3: 공분산분석모형에 의한 분석

지금까지 설명한 바와 같이 아파트 가격(Y), 소재지역(Z), 아파트 면적(X)의 참 관계를 규명하려면, 분산분석모형이나 식(10-1)에 제시된 회귀분석모형은 적절하지 않다. 따라서 아파트 소재 지역이 가격에 미치는 영향을 정확히 파악하기 위해서는 '아파트 면적이 동등한 조건에서 서울과 소도시지역의 아파트 가격의 차이'를 검정하는 것이 적절하다. 또한 아파트 면적이 가격에 미치는 영향을 파악하기 위해서는 '지역별로 아파트 면적에 따른 가격의 차이'를 검정하는 것이 더 적절하다. 공분산분석모형은 이와 같은 문제를 동시에 해결하는 방법이라고 할 수 있는데, 그 이유는 '아파트 면적이 동등한 조건에서 각 지역의 아파트 평균가격(즉, 교정평균, adjusted mean)'을 산출하고 이를 지역간 비교하기 때문이다. 아래 [그림 10-5]는 공분산분석모형이 비교하는 지역별 아파트 교정평균가격($\mu_{adj서울}$, $\mu_{adj소도시}$)과, 각 지역내에서 면적이 가격에 미치는 영향(β_w)의 의미를 나타낸 것이다.

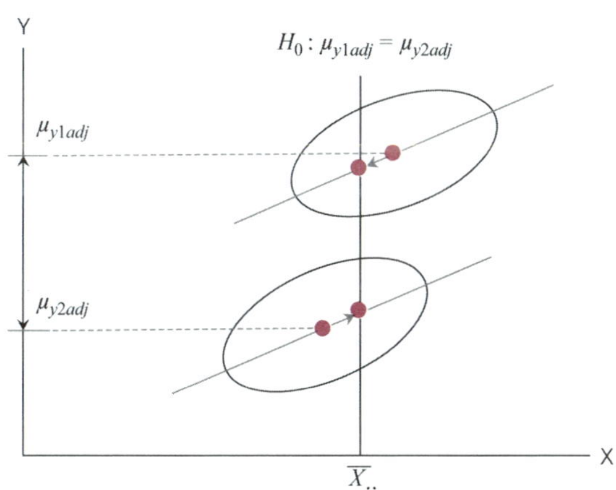

[그림 10-5] 공분산분석모형에 의한 분석(분석3)

위의 [그림 10-5]는 앞에서 제시한 [그림 10-3]과 [그림 10-4]가 갖는 오류를 모두 해소하는 그림이라고 할 수 있다. 공분산분석모형에서 검정하는 가설은 두 가지이다. 즉, 지역간 아파트 가격의 차이 가설은

$$H_0 : \mu_{adj서울} = \mu_{adj소도시}$$
$$H_A : \mu_{adj서울} \neq \mu_{adj소도시}$$

이다. [그림 10-5]에서 서울지역과 소도시지역 아파트 가격의 교정평균은 아파트 면적이 $X_{ij} = \overline{X_{..}}$ 인 경우로 동등한 조건일 때의 아파트 평균가격이다. 아파트 면적이 넓은 서울지역의 아파트 가격의 교정평균은 원래의 평균보다 낮아졌으며(즉, $\mu_{adj서울} < \mu_{서울}$), 소도시지역은 원래의 평균 가격보다 높아졌다.

아파트 면적이 가격에 미치는 효과에 대한 가설은

$$H_0 : \beta_w = 0$$
$$H_A : \beta_w \neq 0$$

이다. 유의할 사항은, 공분산분석모형에서 제시하는 아파트 면적이 가격에 미치는 영향은 두 지역에도 동일하다고 가정한다는 점이다. 이는 공분산분석모형의 취약점이기도 하다. [그림 10-5]는 공분산모형의 가정이 충족되는 조건이므로, 두 지역에서 아파트 면적이 가격에 미치는 영향은 동등한 것으로 설정된 것이다. 공분산분석모형이 β_w를 추정하는 방법은 각 지역에서 구한 집단별 회귀계수의 통합 통계량(pooled estimate)이다.

지금까지 서술한 바와 같이 공분산분석모형은 [그림 10-2]와 같은 상황의 문제해결에 적합한 모형이라고 할 수 있다. 이를 요약하면, 첫째, 비교대상 집단의 교정평균을 사용하고, 둘째, 선택편의를 해소하는 효과가 있으므로, 집단간 비교의 불공정성을 극복하고, 셋째, 공변수로 종속변수의 변산을 설명하여, 오차분산의 크기를 줄임으로써 통계적 검정력을 높이는 효과가 있다.

공분산분석과 선택편의

공분산분석모형은 선택편의를 극복하는 효과가 있다고 하였다. 선택편의는 비교대상 집단들 간에 공변수의 분포가 다를 때, 단순평균만으로 집단을 비교하는 것은 공정하지 못하다는 것이다. 아래의 [그림 10-6]과 [그림 10-7]는 공변수 분포의 차이로 인한 선택편의가 극단적인 경우를 예시한 것이다. 두 그림에서 처치변수는 학생들의 수학성취도 향상 프로그램(T=1 처치집단, T=2 통제집단)이며, 종속변수는 사후 수학성취도 점수(Y, post math achievement), 그리고 공변수(X)는 사전 수학성취도(prior math achievement)이다. 이 가상적인 연구의 문제는 '수학 학업성취도 향상 프로그램이 학생들의 수학 성취도 향상에 효과가 있는지 검정하는 것'이다. 이와 같은 연구문제에 응답하기 위하여 연구자가 다음의 절차로 실험을 하였다. ① 두 개의 학교를 선정하여, 표준화 수학 성취도 검사를 시행하였다. 연구자는 두 학교의 수학 사전성취도 점수(X)를 확보하였다. ② 실험학교에 수학성취도 향상 프로그램을 5개월(한 학기)간 시행하였다. 통제학교에는 기존의 수학 교육과정을 유지하였다. ③ 5개월 뒤에 표준화 수학성취도 시험을 두 학교에 모두 시행하여 종속변수인 사후 수학성취도 점수(Y)를 확보하였다.

다음의 두 그림은 '수학 학업성취도 향상 프로그램이 학생들의 수학 성취도 향상에 효과가 있는가?'에 대한 응답이 분석방법에 따라 전혀 다를 수 있다는 것을 예시한다. 유의할 사항은, 이 실험에서 종속변수(Y)는 공변수(X)와 높은 상관을 갖는 변수이다. 따라서 공변수의 분포가 두 학교에서 동일하다면, 큰 문제가 없으나 아래 그림의 경우처럼 큰 차이가 있을 때, 분산분석모형에 의한 결과와 공분산분석모형에 의한 결과는 다르게 된다.

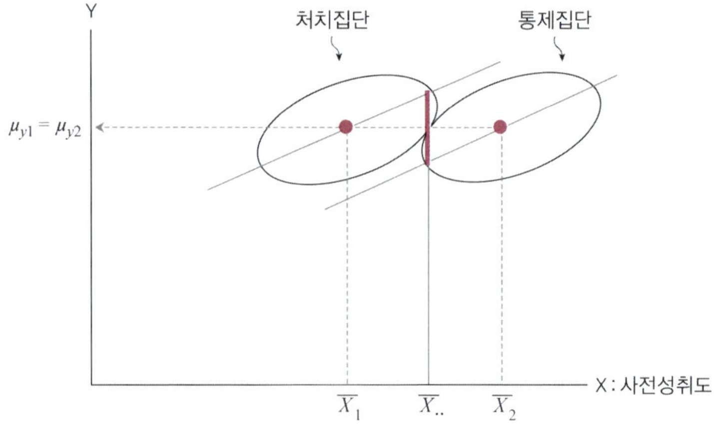

[그림 10-6] 공분산분석모형과 부적 선택 편의

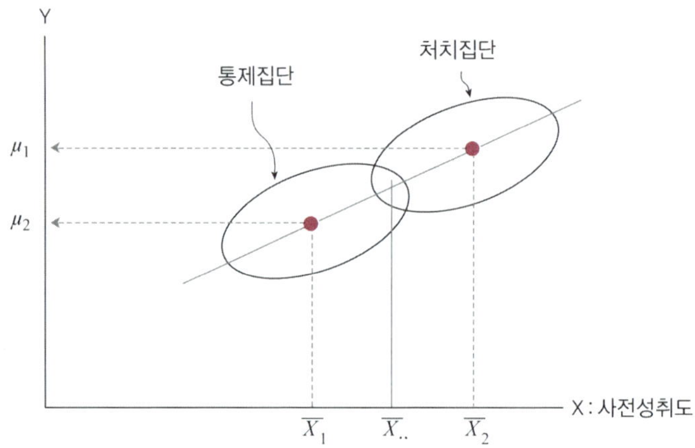

[그림 10-7] 공분산모형과 정적 선택 편의

[그림 10-6]은 실험학교가 통제학교 보다 사전 수학성취도(X)가 낮은 경우이다. 즉, $\overline{X}_{.1} < \overline{X}_{.2}$인 경우이다. 만일 연구자가 분산분석모형으로 자료를 분석한다면, 연구자의 가설은 $H_0 : \mu_1 = \mu_2$이며, [그림 10-6]에서는 두 학교의 사후 수학성취도 평균은 같다. 즉, 영가설을 거부하지 못하는 상황이다. 그러나 사전 수학성취도가 $\overline{X}_{.1} < \overline{X}_{.2}$인 상황에서 수학성취도 향상 프로그램 처치를 시행한 결과 $\mu_1 = \mu_2$의 상황이 벌어졌다는 것은 실험

학교의 수학성취도가 매우 향상되었다는 것을 의미한다. 그러나 이 경우 분산분석모형은 사전성취도 수준을 무시하고 $H_0 : \mu_1 = \mu_2$의 가설만 검정하므로, 그 결과는 선택편의가 개입된 것이며, 수학성취도 향상 프로그램의 효과를 타당하게 증명하지 못한다. 반면에 공분산분석모형은 사전 수학성취도(X)가 동등한 조건인 $X = \overline{X}_{..}$ 인 상황에서, 두 학교의 사후 성취도를 비교하는 효과가 있다. 즉, 만일 두 학교의 사전성취도가 동등한 조건이라면 수학성취도 향상 프로그램의 효과가 실험학교에서 발견될 것인지를 검정한다. 공분산분석모형의 영가설은 두 집단의 교정평균을 비교하는 것으로 $H_0 : \mu_{adj1} = \mu_{adj2}$ 이다. [그림 10-6]은 분산분석모형으로는 두 집단간 사후 수학성취도 평균에 전혀 차이가 없으므로, 처치효과가 전혀 없는 것으로 판명날 것이지만, 이를 공분산분석모형으로 분석하면 처치효과가 분명히 드러난다는 것을 나타낸다.

[그림 10-7]은 정반대의 상황을 나타낸 것이다. 연구자가 실험집단으로는 사전성취도가 높은 학교를 고르고, 통제집단으로는 성취도가 낮은 학교를 선정하여 실험을 수행하는 경우이다. [그림 10-7]의 자료를 분산분석모형으로 분석하면, 연구자가 검정하려는 가설 $H_0 : \mu_1 = \mu_2$은 쉽게 기각하고 $H_A : \mu_1 \neq \mu_2$를 채택할 수 있다. 그러나 실험결과 두 집단 사후 수학성취도에 차이가 있다는 것이, 사전성취도의 차이 때문에 발생한 것인지, 실제로 처치효과인지는 분명하지 않다. [그림 10-7]은 분산분석모형에 의한 가설검정은 편의(bias)가 개입된 것이며, 이를 공분산분석모형으로 분석하여 $H_0 : \mu_{adj1} = \mu_{adj2}$ 의 가설을 검정한다면 $X = \overline{X}_{..}$ 인 상황에서 두 집단간 사후 수학성취도 차이는 사실상 없다.

공분산분석과 통계적 검정력

공분산분석모형은 공변수를 활용하여 각 집단별로 회귀계수를 추정함으로써 오차항의 분산(MSE)을 줄이는 효과가 있다. 이를 간단히 설명하면, 실험집단과 통제집단의 종속변수 값을 예측하는데, 연구자가 활용할 만한 아무런 공변수(X)가 없는 경우에는 단순히 두 집단의 평균을 대푯값으로 사용한다. 이 경우, 각 집단을 대표하는 값은 평균이며 오차는 $Y_{ij} - \mu_j = e_{ij}$이다. 즉, $Y_{ij} = \mu + \alpha_j + e_{ij} = \mu_j + e_{ij}$에서 오차분산은 $Var(e_{ij}) = MSE = \sigma^2$이다. 그러나 공변수가 있다면, 이를 활용하여 각 집집단의 교정평균으로

Y_{ij}를 추정한다. 이 경우 오차는 $Y_{ij} - \mu_{adj(j)} = e^*_{ij}$이며, 오차분산은 $Var(e^*_{ij}) = MSE^*$ $= \sigma^{2*}$이다. 그리고 $MSE^* < MSE$이다. 따라서 $F_{Ancova} = \frac{MSB}{MSE^*}$의 값은 $F_{Anova} = \frac{MSB}{MSE}$보다 크게 된다.

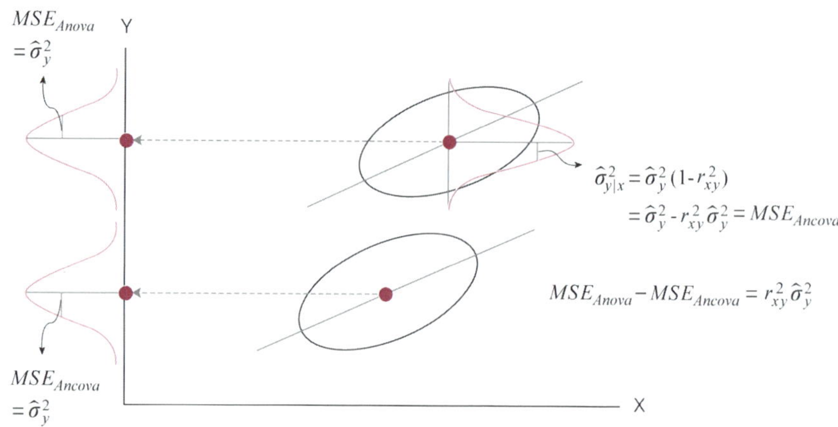

[그림 10-8] 공분산분석 모형과 검정력

[그림 10-8]은 이와 같은 현상을 그림으로 도해한 것이다. 이 그림에서 Y축에 제시된 두 집단의 종속변수분포를 보면, 각 집단의 평균이 μ_1, μ_2이고 분산은 σ^2로서 두 집단의 등분산성을 가정하고 있다. 분산분석모형은 공변수가 없다고 가정한 것이므로, 이 모형에서의 오차항 분산은 $MSE = \sigma^2$이다. 그러나 공분산분석모형에서는 공변수를 활용하여 $Y_{ij} = \beta_0 + \beta_1 X_{ij} + e^*_{ij}$ 식으로 각 집단내에서 Y변수를 예측하면, $e^*_{ij} = Y_{ij} - (\beta_0 + \beta_1 X_{ij})$가 된다. 즉, Y_{ij}의 전체분산에서 X변수의 효과를 제거하는 효과가 있다. 이 경우 공분산분석에서의 오차분산은

$$Var(e^*_{ij}) = Var(Y \mid X) = \sigma^2_{Y|X} = \sigma^2_Y(1 - \rho^2_{XY}) = MSE^*$$

이다. 여기에서 $\sigma^2_{Y|X}$는 X가 주어진 조건에서 Y변수의 분산을 의미하는 조건분산이며, ρ_{XY}는 모집단에서 두 변수간의 상관을 의미한다. 따라서 공분산분석모형의 오차분산은 $\sigma^2_Y \times \rho^2_{XY}$ 만큼 분산분석모형보다 작다. 당연히 공분산분석모형과 분산분석모형의 F값을 비교하면, $F_{Ancova} > F_{Anova}$이고, 공분산분석모형은 오차분산을 경감하므로써 통계적 검정력을 높이는 효과가 있다.

3 공분산분석의 통계모형

공분산분석모형이 통계모형으로 갖는 장점을 앞 절에서 설명하였다. 공분산분석모형은 복수 집단의 평균을 비교하는 모형이지만, 공변수의 효과를 통제한 교정평균으로 집단을 비교하는 모형이다. 이 모형을 수리적으로 제시하는 방법은 두 가지 이다. 하나는 전통적인 분산분석모형의 틀을 유지하는 것이고, 다른 하나는 회귀분석모형의 특수한 형태로 제시하는 것이다[1]. 이 책은 실험설계와 분산분석모형을 핵심내용으로 다룬다. 여기서는 전통적인 분산분석모형의 틀 속에서 공분산분석모형을 제시한다. 이는 공분산분석모형을 제시하는 전통적인 서술방법이며, 대부분의 통계문헌에서 우선적으로 제시하는 방법이기도 하다.

이제 처치변수가 종속변수 Y에 영향을 미치는 효과가 있는지 검정하기 위하여 연구자가 독립변수(T), 공변수(X), 그리고 종속변수(Y)를 수집하였다고 가정하자. 독립변수는 범주형 변수로서 J개 집단으로 구성된다면, 공분산분석모형은 다음과 같다.

---

1) 분산분석모형이나 공분산분석모형을 회귀분석모형으로 제시하는 방법은 독립변수의 수준인 J개 집단을 (J-1)개의 더미변수로 회귀분석모형에 포함하고, 공변수도 설명변수로 모형에 포함하는 방법이다.

〈공분산분석모형〉

$$Y_{ij} = \mu + \alpha_j + \beta_W(X_{ij} - \overline{X}_{..}) + e_{ij}, \qquad e_{ij} \sim N(0, \sigma^2) \tag{10-2}$$

여기서 Y_{ij}: j번째 처치집단의 i번째 개인의 종속변수 값이고,

μ: 종속변수의 모집단 평균,

α_j: j번째 처치집단의 종속변수에 대한 교정효과

X_{ij}: j번째 처치집단에 속한 i번째 개인의 공변수 값

β_W: 공변수 X의 종속변수에 대한 효과

e_{ij}: 종속변수에서 처치효과(α_j)와 공변수 효과($\beta_W(X_{ij} - \overline{X}_{..})$)를 제거한 이후의 교정된 잔차. 오차항으로서 무선효과를 갖는다.

식(10-2)의 모형에서 주목할 사항은 처치효과인 α_j는 교정된 처치효과라는 점이다. 즉, 처치집단들 사이에 공변수 분포의 불균형을 해소하여 선택편의(selection bias)를 교정한 처치효과라고 할 수 있다. 즉, 공분산분석모형은 공변수의 효과만큼 선택편의를 해소할 수 있다. 만일 공변수 X이외에 제2, 제3의 공변수가 더 존재하는데, 식(10-2)와 같이 모형이 명세화된다면, α_j는 편의가 있는 효과이다. (10-2)에서 오차항 e_{ij}도 공변수효과로 교정된 오차항이다. 따라서 $Var(e_{ij}) = Var(Y \mid X) = \sigma^2_{Y|X}$이다. 여기서는 편의상 $\sigma^2_{Y|X} = \sigma^2$로 표기하였을 뿐이다.

식(10-2)에 제시된 공분산분석모형의 특성을 체계적으로 이해하면, 앞 절에서 설명한 공분산분석모형의 배경원리가 더 명확해 진다. 우선 공분산분석모형과 분산분석모형의 유사성과 차이점은 다음 식으로 설명이 된다. 즉, 공변수 X_{ij}의 값은 개인마다 다르며 분포를 갖는데, 만일 $X_{ij} = \overline{X}_{..}$인 점에서 식(10-2) 모형을 구성하여 보자. 그러면 $(X_{ij} - \overline{X}_{..}) = 0$이 되므로, 식(10-2)는 분산분석모형과 동일한 모양이 된다.

즉, 만일 $X_{ij} - \overline{X}_{..} = 0$이면, 식(10-2)는

$$Y_{ij} = \mu + \alpha_j + e_i \qquad (10\text{-}3)$$

가 되어 분산분석모형(Anova)과 동일하게 된다. 식(10-3)에서의 α_j는 $X_{ij} = \overline{X}_{..}$인 지점에서의 각 집단의 효과이다. 즉, 모든 처치집단의 공변수 조건이 $X_{ij} = \overline{X}_{..}$로 동일한 상태에서 각 집단의 효과로서, 이를 교정된 효과라고 한다. 식(10-3)과 동일한 방식으로 이해하는 방법은 다음과 같이 모형을 이해하는 것이다.

$$Y_{ij} - \beta_W(X_{ij} - \overline{X}_{..}) = \mu + \alpha_j + e_{ij} \qquad (10\text{-}4)$$

식(10-4)에서 등호 오른편의 분산분석모형은 바로 위의 식(10-3)과 같다. 즉, 종속변수 Y_{ij}의 변산에서 공변수의 효과 $\beta_W(X_{ij} - \overline{X}_{..})$를 제거한 이후에, 남은 종속변수의 변산만을 대상으로 분산분석을 시행한다는 의미이다. 식(10-3)과 식(10-4)는 같은 현상이나, 식(10-3)은 처치효과 α_j의 해석이 $X_{ij} = \overline{X}_{..}$에서 이루어진다는 것이고, 식(10-4)는 모형의 추정절차를 설명하는 것으로서, 공변수의 효과를 먼저 제거한 이후에 종속변수의 잔여변산을 대상으로 분산분석을 하는 것과 공분산분석은 동일하다는 것이다.

공분산분석모형이 어느 정도 선택편의와 오차분산을 교정하는지 수리적으로 파악하여 본다. 식(10-2)의 공분산분석모형에서 공변수의 표기를 다음과 같이 변형하여보자.

$$X_{ij} - \overline{X}_{..} = (X_{ij} - \overline{X}_{.j}) + (\overline{X}_{.j} - \overline{X}_{..})$$

그러면 공분산분석모형에서 공변수 부분은

$$\beta_W(X_{ij} - \overline{X}_{..}) = \beta_W(\overline{X}_{.j} - \overline{X}_{..}) + \beta_W(X_{ij} - \overline{X}_{.j}) \qquad (10\text{-}5)$$

로 제시할 수 있다. 식(10-5)를 공분산분석모형에 대입하면, 식(10-2)는 다음과 같이 바뀐다.

$$Y_{ij} = \mu + \alpha_j + \beta_W(\overline{X}_{.j} - \overline{X}_{..}) + \beta_W(X_{ij} - \overline{X}_{.j}) + e_{ij},\ e_{ij} \sim N(0, \sigma^2) \quad (10\text{-}6)$$

이다. 이미 언급한 바와 같이 식(10-6)에서 α_j는 교정된 처치효과이며, e_{ij}도 교정된 오차이다. 이제 식(10-6)을 분산분석모형과 비교하면 선택편의와 오차분산의 교정효과를 알 수 있다. 동일한 조건에서 분산분석모형은 아래와 같다.

$$Y_{ij} = \mu + \alpha_j + e_{ij}, \qquad e_{ij} \sim N(0, \sigma^2) \quad (10\text{-}7)$$

이제 식(10-6)의 공분산분석모형에서의 $\alpha_j = \alpha_j^{Ancova}$, $e_{ij} = e_{ij}^{Ancova}$로 표기하고, 식(10-7)에서의 분산분석모형에서 $\alpha_j = \alpha_j^{Anova}$, $e_{ij} = e_{ij}^{Anova}$로 표기하면, 공분산분석모형이 분산분석모형의 경우보다 어느 정도 선택편의를 해소하고 오차분산을 교정하는 효과가 있는지 파악할 수 있다. 즉, 식(10-6)과 식(10-7)사이에는 다음의 관계가 성립한다.

$$\alpha_j^{Ancova} = \alpha_j^{Anova} - \beta_W(\overline{X}_{.j} - \overline{X}_{..}) \quad (10\text{-}8)$$
$$e_{ij}^{Ancova} = e_{ij}^{Anova} - \beta_W(X_{ij} - \overline{X}_{.j})$$

따라서 공분산분석모형에서의 처치효과α_j^{Ancova}는 분산분석모형에서의 경우보다 $\beta_W(\overline{X}_{.j} - \overline{X}_{..})$만큼 선택편의가 해소된 것이다. 아울러 오차항 e_{ij}^{Ancova}는 분산분석의 경우보다 $\beta_W(X_{ij} - \overline{X}_{.j})$ 만큼 오차가 감소한 교정오차이다.

이제 완전무선설계에 적용하는 분산분석모형과 공분산분석모형의 자승합이 어떻게 분할되는지를 모형간 비교를 통하여 요약하면, 다음과 같이 도해할 수 있다.

<table>
<tr><th>분산분석모형의 자승합(SS) 분할</th><th>공분산분석모형의 자승합(SS) 분할</th></tr>
<tr><td rowspan="2">SSB (α_j^{Anova})</td><td>SSB (α_j^{Ancova})</td></tr>
<tr><td>SSCOV_B ($\beta_W(\overline{X}_{.j} - \overline{X}_{..})$)</td></tr>
<tr><td rowspan="2">SSE (e_{ij}^{Anova})</td><td>SSCOV_W ($\beta_W(X_{ij} - \overline{X}_{.j})$)</td></tr>
<tr><td>SSE (e_{ij}^{Ancova})</td></tr>
</table>

[그림 10-9] 분산분석모형과 공분산분석모형의 자승합 분할 비교

[그림 10-9]는 공분산분석모형이 공변수를 활용하여 얻는 혜택이 첫째 선택편의를 해소하고, 둘째 오차분산의 크기를 감소시켜 추정의 정밀도와 통계적 검정력을 높인다는 점을 보이고 있다. 구체적으로 집단간 자승합에서 SSCOV_B 만큼 선택편의를 해소하고, 집단내 자승합에서는 SSCOV_W 만큼 오차변산을 줄이고 추정의 정밀도를 높인다. 공변수로 설명하는 전체 변산은 SSCOV = SSCOV_B + SSCOV_W 이다. 실제 자료분석에서 공분산분석모형을 적용하면, 컴퓨터 결과물은 $SST = SSCOV + SSB + SSE$의 형태로 분해하여 분산분석표에 제시한다.

4 공분산분석모형의 가정

모든 통계모형은 그 모형에 의한 자료분석이 타당한 결과를 갖기 위한 조건, 즉, 가정을 갖는다. 공분산분석모형은 분산분석모형과 회귀분석모형이 결합된 형태이다. 따라서 통계모형으로서 공분산분석모형은 분산분석모형이 갖는 가정과 회귀분석모형이 갖는 가정을 모두 갖고 있다. 이제 공분산분석모형의 각 항에 대한 가정을 검토한다.

〈공분산분석모형〉

$$Y_{ij} = \mu + \alpha_j + \beta_W(X_{ij} - \overline{X}_{..}) + e_{ij}, \quad e_{ij} \sim N(0, \sigma^2) \tag{10.9}$$

오차항의 가정

공분산분석모형에서 오차항의 가정은 $e_{ij} \sim N(0, \sigma^2)$로 요약된다. 이 가정은 각 집단별 오차항($e_{ij}$)의 분포가 정규분포를 갖고(정규성), 집단내 분산이 같으며(등분산성), 상호 독립(독립성)이라는 것을 의미한다. 이 세 가지 가정은 분산분석모형이 요구하는 가정과 유사하다. 그러나 공분산분석모형에는 회귀분석부분도 포함한 모형이므로, 여기서 오차항(e_{ij})이란, 잔차(residual error)의 의미도 갖는다. $e_{ij} \sim N(0, \sigma^2)$의 정확한 표현은 '공변수의 효과를 통제한 이후에 오차항은 정규분포를 이루며 등분산성과 독립성을 갖는다'이다.

식(10-9)에 제시한 공분산분석모형을 다음의 식으로 변형하면, 오차항의 의미를 더 분명하게 나타낼 수 있다.

$$Y_{ij} - \beta_W(X_{ij} - \overline{X}_{..}) = \mu + \alpha_j + e_{ij}, \quad e_{ij} \sim N(0, \sigma^2)$$

여기서 $Y_{ij(adj)} = Y_{ij} - \beta_W(X_{ij} - \overline{X}_{..})$ 이라고 하면, 위의 모형은

$$Y_{ij(adj)} = \mu + \alpha_j + e_{ij}, \quad e_{ij} \sim N(0, \sigma^2) \tag{10.10}$$

이다. 이는 분산분석모형이지만, 종속변수가 $Y_{ij(adj)}$로서 원래의 종속변수에서 공변수의

효과를 제거한 교정된 종속변수이다.

공분산분석모형이 오차항이 갖는 세 가지 가정을 충족시키는지를 검토하는 방법의 가장 기본적인 방법은 식(10-10)에서 오차항의 분포를 검토하는 것이다[2]. 우선 정규분포의 가정은 $\hat{e}_{ij} = Y_{ij(adj)} - (\overline{Y}_{..} + \hat{\alpha}_j) = Y_{ij(adj)} - \overline{Y}_{.j(adj)}$의 히스토그램이나 산점도 분포가 정규분포를 갖는지 검토하면 된다. 둘째로 등분산성의 가정은 X－Y 좌표 공간에 $(\hat{e}_{ij}, Y_{ij(adj)})$ 산점도를 구해서 분포의 형태가 상자형(band distribution)으로 두께가 일정한지 검토한다. 독립성의 가정은 X－Y 좌표공간에서 오차항, $\hat{e}_{ij}$, 을 X 축에 그리고 다른 모든 독립변수 또는 설명변수를 Y축으로 하여, 산점도의 형태가 무정형인지 검토하는 것이다. 공분산분석의 경우는 독립변수는 범주형 변수인데, 집단에 따라 오차항의 분포가 다른 경우, 즉 평균이 다르거나, 분산이 다르면 독립성은 위협을 받는다고 할 수 있다.

다른 통계모형들과 마찬가지로 공분산분석모형에서도 연구자가 수집한 자료가 정규성과 등분산성을 어느 정도 위배하더라도, 가설검정에서 일종오류에 큰 영향을 주지는 않는다. 즉, 공분산분석모형은 정규성과 등분산성 가정에 대한 강인성(Robustness)이 있다. 그러나 독립성의 가정에 대하여, 통계모형들은 취약하다. 즉, 독립성의 가정이 위배되면, 일종오류가 증가하고, 가설검정의 타당도는 위협받는다(Glass, Peckham, & Sanders 1972).

공변수의 가정

공분산분석모형에서 활용하는 공변수 X는 회귀분석모형에서의 설명변수와 같은 의미를 갖는다. 즉, 회귀분석모형에서 설명변수 혹은 독립변수 X의 표준적인 가정은 첫째 종속변수와 선형관계를 가지며(linearity), 둘째 고정효과를 갖는 변수로서 측정의 오차가 없다(Fixed variable).

우선 선형성의 가정은 공변수 X와 종속변수 Y는 각 집단내에서 서로 선형관계에 있다는 것이다. 이를 확인하는 기본적인 방법은 X－Y 좌표공간에서 산점도를 각 집단별로 구하여 두 변수의 관계가 각 집단내에서 선형관계를 갖는지 검토하는 것이다. 만일 두 변수 사이에 비선형 관계가 있다면, X^2 또는 X^3 등의 변수를 모형에 추가하여 이를 해

2) 공분산분석모형 뿐만 아니고, 다른 모든 통계모형에도 해당됨.

소할 수 있다. 그러나 이 경우는 X 변수와 추가되는 변수들과 다중공선성의 위험이 있을 뿐만 아니라, X^2 또는 X^3 의 회귀계수가 집단별로 동등해야하는 가정이 모형에 추가되는 부담이 있으므로, 효과적인 해소법으로 추천되지 않는다.

둘째로 공변수 X가 고정효과를 가지며 측정의 오차가 없다는 것은 교육학, 심리학, 아동학 등 인간의 잠재적 특성 변수를 활용하는 사회과학 영역에서는 흔히 충족되지 않는 가정이다. 예를 들어, 공변수가 학생의 내재적 동기, IQ, 적성 등의 변수인 경우, 측정의 오차는 당연히 존재한다. 잠재특성 변수가 모형에 포함될 때는 신뢰도가 높은 변수를 사용하는 것이 중요하다. 회귀분석모형에서와 마찬가지로 공분산분석모형에서도 X변수에서 측정의 오차가 크면, 회귀계수는 축소 추정된다.

공분산분석모형에서 추가적으로 유의할 사항은 공변수의 분포가 실험집단간에 차이가 많이 나는 경우이다. 예를 들어, 두 개의 실험집단(처치집단과 통제집단)에서 공변수 X의 분포가 거의 겹치지 않는다면, 공분산분석모형이 비교하는 교정평균값, $\overline{Y}_{.j(adj)}$은 공변수의 값이 두 집단 모두에서 존재하지 않는 비현실적인 위치에서 산출된 값일 수 있다. 공분산분석모형은 공변수의 집단간 차이를 교정하는 모형이지만, 공변수의 값이 지나치게 큰 격차로 차이가 나면, 그 결과는 비현실적인 현상을 설명하는 것일 수 있다.

공변수의 효과: β_W 회귀계수의 가정

공분산분석모형이 통계모형으로서 고유하게 갖는 가정은 공변수의 효과인 회귀계수 β_W의 가정이다. β_W의 의미는 J개 집단에서 각각 구한 회귀계수 β_j의 통합통계량이다. 따라서 β_W의 값이 각 집단에서의 개별 회귀계수를 잘 반영하는 통계량이어야 한다. 이를 달리 표현하면, 각 집단내 공변수의 효과는 J개의 집단에서 모두 같다는 것으로서 $\beta_1 = \beta_2 = \ldots = \beta_J$이다. 즉, 집단내 회귀계수의 동질성 가정이다.

집단내 회귀계수가 동질적이지 않고 이질적이면, 실험집단에 따라 공변수의 영향이 다른 것이므로, 실험의 결과를 해석하는 것이 매우 어려울 수 있다. 다음의 그림을 고려하여 보자.

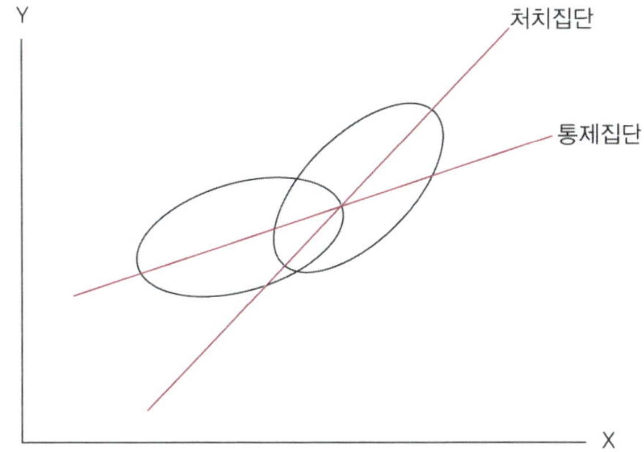

[그림 10-10] 두 개의 실험집단, 공변수의 기울이가 다른 경우

[그림 10-10]에서 공변수의 조건을 통제한 이후에 실험집단간 평균의 차이는 공변수의 값에 따라 다른 것을 알 수 있다. 공변수의 값이 낮은 편에서는 오히려 통제집단이 높고, 공변수의 값이 높은 쪽에서는 처치집단의 평균이 높은 경우이다. 예를들어, 학생들의 자기효능감을 높이는 프로그램(처치)을 시행하였는데, 가정의 사회경제적배경(공변수)이 높은 집단에서는 효과가 있었으나, 사회경제적 배경이 낮은 집단에서는 오히려 역효과가 나는 프로그램이라면, 그 효과를 해석하기 어려운 것이다. 공변수의 효과인 회귀계수가 실험집단에 따라 이처럼 다르면, 처치와 공변수의 상관은 의미있는 결과를 드러내기도 하고, 처치의 효과를 해석하는데 어려움을 제시하기도 한다. 분명한 것은 처치의 효과에 대한 단정적인 결론은 불가능하다는 것이다.

집단내 회귀계수의 동질성 가정을 검토하는 것은, 각 집단별로 $\widehat{Y}_i = \hat{\beta}_0 + \hat{\beta}_1 X$를 구해서 $\hat{\beta}_1$ 값이 실험집단간에 유사한지를 관찰하는 것이다. 만일 시각적으로 각 집단별 회귀계수의 기울기가 유사하다면, 공분산분석모형의 가정은 충족된 것으로 판단할 수 있다. 사실상 육안으로 회귀계수의 동질성을 검토하는 것은 원시적이긴 하지만 가장 정확한 검증방법이기도 하다. 즉, 통계적으로 $H_0 : \beta_1 = \beta_2 = \ldots = \beta_J$의 가설을 검정한 결과, 영가설이 기각되었다면, 그러나 육안으로는 집단별 회귀계수 들이 큰 차이가 없이 유사하다면, 공분산분석모형의 결과해석은 큰 오류가 없다고 할 수 있다. 통계적 가설검정은 모집단에서 회귀계수가 미세하게 달라도 표본 크기의 영향으로 검정력이 높아져서 얻은 결과일 수 있기 때문이다.

그럼에도 통계적 가설검정의 절차를 거치는 것은 안전한 방법이라고 할 수 있다. 통계적으로 $H_0 : \beta_1 = \beta_2 = \ldots = \beta_J$의 가설을 검정하는 방법은 흔히 두 가지로 요약된다. 하나는 처치와 공변수의 상호작용효과를 검정하는 것이다. 이 경우 간단한 방법은 회귀분석모형을 사용하는 것이다. 이제 실험집단은 처치집단과 통제집단 둘이며, 이를 $T=1$(처치집단), $T=0$(통제집단)이라고 하고, 공변수를 X라고 하면, 공분산분석모형과 대응하는 회귀분석모형과 상호작용효과가 있는 모형을 아래와 같이 제시할 수 있다.

모형1: $Y = \beta_0 + \beta_1 T + \beta_2 X + e$

모형2: $Y = \beta_0 + \beta_1 T + \beta_2 X + \beta_3 (T \times X) + e$

위의 두 모형으로 자료를 분석하면, $H_0 : \beta_3 = 0$을 검정할 수 있다. 이는 처치와 공변수의 상호작용효과가 통계적으로 유의하다는 것이다. 한 걸음 나아가, 모형1과 모형2에서의 잔차변산(SSE) 또는 설명변산(SSR)이 어느 정도 차이가 나는지도 검토하는 기회를 가질 수 있다. 즉, 보다 풍부한 경험적 증거에 기초하여 처치와 공변수의 상호작용효과를 검토할 수 있다.

통계적으로 $H_0 : \beta_1 = \beta_2 = \ldots = \beta_J$을 검정하는 또 다른 방법은 전통적인 공분산분석모형의 특성을 반영한 고전적인 방법으로 다음의 F-통계량을 사용한다(Kirk, 1995).

$$\hat{F} = \frac{S_2/(J-1)}{S_1/J(n-2)} \sim F((J-1), J(n-2))$$

여기에서 S_1는 각 집단에서 공변수로 종속변수의 변산을 설명한 이후의 잔차변산을 합한 것이다. 즉, $S_1 = \sum_{j=1}^{J}(SST_j - SSR_j) = SSE$ 이다. 여기서 SST_j는 각 집단 j에서 종속변수의 전체 자승합이고, SSR_j는 각 집단별로 공변수가 설명한 변산량이다. S_2는 공분산분석모형에서 사용하는 통합회귀계수 통계량, β_W를 중심으로 각 집단에서의 회귀계수가 어느 정도 변산을 갖는지를 산출한 것이다. 즉, $S_2 = \sum_{j=1}^{J}(\hat{\beta}_j - \hat{\beta}_W)^2$이다. 만일 각 집단에서의 회귀계수 $\hat{\beta}_j$가 $\hat{\beta}_W$와 유사하다면, S_2의 값은 작아지며, F값도 작아진다. 즉, $H_0 : \beta_1 = \beta_2 = . . . = \beta_J$이 수용되는 것이다. 영가설을 수용하기 위한 가설검정은 논리적으로 모순이므로, 이 경우 1종 오류는 상대적으로 크게 잡는다. 예를 들어, $\alpha = .30$으로 가설검정한 결과 $H_0 : \beta_1 = \beta_2 = . . . = \beta_J$를 거부하지 않았다면, 영가설이 오류라는 증거가 발견되지 않으므로, 회귀계수들이 모집단에서 다르다는 증거는 없으니, 회귀계수 동질성을 가정한다고 주장하는 것이다. 그러나 실제로 $H_0 : \beta_1 = \beta_2 = . . . = \beta_J$ 가설을 $\alpha = .30$ 수준에서 기각하여, 모집단에서 회귀계수가 집단에 따라 다를 가능성이 높다면, 연구자는 모형의 가정이 충족되지 못한 것으로 판단할 수 있다. 이 경우에도 육안으로 관찰한 회귀계수들의 동질성을 참조해야 함은 물론이다.

5 공분산분석모형의 추정

공분산분석모형의 추정방법은 분산분석모형의 틀 속에서 분석하는 전통적인 방법(classical method)과 회귀분석모형으로 분석하는 동시추정방법(simultaneous method)이 있다. 동시추정방법은 회귀분석모형의 추정방법인 OLS에 의하여 독립변수와 공변수의 개념적 차이를 무시하고 동시에 모든 변수의 효과(회귀계수)를 추정하는 방법이다. 여기서는 전통적인 방법으로 공분산분석모형을 추정한다. 전통적인 방법은 독립변수와 공변수의 개념을 분리하고, 독립변수와 종속변수의 관계를 인과관계로 해석하는데 유리하다.

전통적인 관점에서 공분산분석모형을 추정하는 것은 실험집단간에 사전 동등성(prior equivalence)을 담보하고 선택편의를 해소하는 방법으로서 공변수를 사용하는 장점이 있다.

공분산분석모형 추정의 기본 논리

공분산분석모형을 추정하는 기본논리는 실험집단간에 존재하는 공변수 분포의 차이를 해소한 이후에, 실험집단간 평균비교를 한다는 것이다. 이러한 추정절차를 수리적으로 제시하면 아래와 같다.

$$Y_{ij} - \beta_W(X_{ij} - \overline{X}_{..}) = \mu + \alpha_j + e_{ij}, \quad e_{ij} \sim N(0, \sigma^2)$$

여기서 등호의 왼편은 종속변수 Y_{ij}의 값에서 공변수의 영향, $\beta_W(X_{ij} - \overline{X}_{..})$, 을 배제한 것이고, 이를 '교정된 종속변수 값($Y_{ij(adj)}$)' 이라고 한다. 즉, 공분산분석모형은 교정된 종속변수를 대상으로 분산분석을 하는 것이다. 따라서 실험집단의 효과인 α_j와 오차항인 e_{ij}도 모두 '교정된 집단효과($\alpha_{j(adj)}$)' 그리고 '교정된 오차($e_{ij(adj)}$)'라고 할 수 있다. σ^2은 교정된 오차항의 분산이다. 공분산분석모형은 결국 분산분석모형을 공변수로 교정한 것이다.

분산분석모형: $Y_{ij} = \mu + \alpha_j + e_{ij}, \quad e_{ij} \sim N(0, \sigma^2)$

공분산분석모형: $Y_{ij(adj)} = \mu + \alpha_{j(adj)} + e_{ij(adj)}, \quad e_{ij(adj)} \sim N(0, \sigma^2)$ (10-11)

따라서 공분산분석모형에서 추정대상은 $Y_{ij(adj)} = Y_{ij} - \beta_W(X_{ij} - \overline{X}_{..})$ $\alpha_{j(adj)}$, 그리고 $e_{ij(adj)}$이며, SPSS나 SAS와 같은 통계패키지가 제공하는 공분산분석모형에 의한 분산분석표는 아래의 형태를 갖는다.

변산원	자승합	자유도
공변수$\beta_W(X_{ij}-\overline{X}_{..})$	$SSCOV$	1
교정된 집단효과 $\alpha_{j(adj)}$	SSB_{adj}	$J-1$
교정된 오차효과 $e_{ij(adj)}$	SSE_{adj}	$J(n-1)-1$
전체	SST	$Jn-1=N-1$

[그림 10-11] 공분산분석의 분산분석표 구조

[그림 10-11]에서 각 변산원의 자유도를 합치면 전체 자유도와 같음을 확인할 수 있다. 여기에서

$$SST = SSCOV + SSB_{adj} + SSE_{adj} \text{이므로}$$
$$SST_{adj} = SST - SSCOV \text{이면}$$
$$SST_{adj} = SSB_{adj} + SSE_{adj} \quad (10\text{-}12)$$

이다. 식(10-12)는 위의 식(10-11)의 모형과 대응하는 자승합 분할이다. 따라서 공분산분석모형의 추정대상은 SST, $SSCOV$, SSB_{adj}, 그리고 SSE_{adj}이다.

공분산분석모형의 추정절차

공분산분석모형을 추정한다는 것은 $Y_{ij(adj)} = Y_{ij} - \beta_W(X_{ij} - \overline{X}_{..})$ $\alpha_{j(adj)}$, 그리고 $e_{ij(adj)}$의 추정식에 기초하여 SST, $SSCOV$, SSB_{adj}, 그리고 SSE_{adj}을 산출하고, 분산분석표를 구성하는 것이다. 공분산분석모형의 추정은 기본적으로 분산분석모형의 경우와 동일하다. 다만 공변수의 효과인 $\hat{\beta}_W$가 각 집단별 회귀계수의 통합추정치(pooled estimate)라는 점에서 수리적으로 복잡한 면이 있다. 아래 [그림 10-12]는 공분산분석모형의 추정에 필요한 자료와 통계량을 정리한 것이다.

〈변수 자료와 통계량〉

실험집단					
1		2		3	
X	Y	X	Y	X	Y
x_{11} x_{21} . . . x_{n1}	y_{11} y_{21} . . . y_{n1}	x_{12} x_{22} . . . x_{n2}	y_{12} y_{22} . . . y_{n2}	x_{13} x_{23} . . . x_{n3}	y_{13} y_{23} . . . y_{n3}

평균	$\overline{X}_{.1}$	$\overline{Y}_{.1}$	$\overline{X}_{.2}$	$\overline{Y}_{.2}$	$\overline{X}_{.3}$	$\overline{Y}_{.3}$
SD	s_{x_1}	s_{y_1}	s_{x_2}	s_{y_2}	s_{x_3}	s_{y_3}
r_{xy}	r_1		r_2		r_3	
$\hat{\beta}_j$	$\hat{\beta}_1$		$\hat{\beta}_2$		$\hat{\beta}_3$	
전체 평균: $\overline{X}_{..}$ 전체분산: s_y^2						

[그림 10-12] 공분산분석모형의 추정을 위한 변수자료와 통계량

위의 그림은 각 실험집단별로 평균, 표준편차, X, Y의 상관, 그리고 집단별 공변수의 회귀계수, $\hat{\beta}_j$, 의 통계량을 기호로 표기한 것이다. [그림 10-12]에 제시된 통계량을 사용하여 분산분석표 구성에 필요한 자승합을 추정하는 계산식은 아래와 같다.

① SST의 계산: $s_y^2 = \dfrac{SST}{N-1}$ 이므로, $SST = (N-1)s_y^2$.

② $SSCOV$의 계산: 공변수의 효과이므로, 회귀분석모형에서 모형의 설명부분임. 즉,

$Y_i = \beta_0 + \beta_W X_i + e_i$ 모형의 자승합은 다음과 같이 분해된다.

전체 자승합(SST) = 모형으로 설명한 자승합(SSR) + 잔차자승합(SSE)

단순회귀분석모형에서 설명된 변산량은 $SSCOV = SSR = r_{xy}^2 SST$이다.

③ SSE_{adj}의 계산: 분산분석모형의 오차에서 공변수의 효과를 제거한 것이 교정된 오차항, $e_{ij(adj)}$,의 자승합이다. 식(10-6)을 참조하면, 교정된 오차와 분산분석모

형의 오차의 관계, 이에 대응하는 회귀분석모형을 제시하면 아래와 같다.

$$e_{ij}^{Anova} = \beta_W(X_{ij} - \overline{X}_{.j}) + e_{ij}^{Ancova}$$
$$e_i^{Anova} = \beta_0 + \beta_W X + e_i^{Ancova}$$

위의 식에서 전체자승합의 분할은 $SSE = r_W^2 SSE + SSE_{adj}$로 이루어진다. 따라서

$$SSE_{adj} = SSE(1 - r_W^2) \text{이다.}$$

여기에서, r_W는 각 집단별 상관계수 r_{xy}의 통합추정량으로서 다음의 식으로 산출한다.

$$r_{xy_j} = \frac{s_{xy_j}}{\sqrt{s_{x_j} s_{y_j}}}, \text{ 이고 } \quad r_W = \frac{\sum_j^J s_{xy_j}}{\sqrt{\sum s_{x_j} \sum s_{y_j}}} \text{이다.}$$

이 식에서 분자부분의 공분산 및 분모의 표준편차들은 모두 각 집단 j에서의 공분산과 표준편차이다.

④ SSB_{adj}의 계산: 공분산분석모형에서 교정된 집단간 변산은 다음식에서 도출 가능하다.

$$SST = SSCOV + SSB_{adj} + SSE_{adj} \text{이므로,}$$
$$SSB_{adj} = SST - [SSCOV + SSE_{adj}] \text{이다.}$$

계산절차로 제시된 ①에서 ④까지의 결과를 종합하여 다음의 분산분석표를 만들 수 있다.

〈표 10-1〉 공분산분석모형의 분산분석표 구조

변산원	자승합	자유도	MS	$E(MS)$	F
공변수 $\beta_W(X_{ij}-\overline{X}_{..})$	$SSCOV$	P 공변수의 수	$MSCOV=\frac{SSCOV}{P}$	$\rho^2\sigma_y^2$	
교정된 집단효과 $\alpha_{j(adj)}$	SSB_{adj}	$J-1$	$MSB_{adj}=\frac{SSB_{adj}}{J-1}$	$\sigma^2_{adj}+\frac{n\sum\alpha^2_{j(adj)}}{J-1}$	$\frac{MSB_{adj}}{MSE_{adj}}$
교정된 오차 $e_{ij(adj)}$	SSE_{adj}	$J(n-1)-P$	$MSE_{adj}=\frac{SSE_{adj}}{J(n-1)-P}$	σ^2_{adj}	
전체	SST	$Jn-P$			

위의 분산분석표에서 P는 공변수의 수로서 공변수는 복수로 모형에 포함할 수 있다는 의미이다.

6 중다비교와 신뢰구간

공분산분석모형은 복수집단의 평균을 비교하는 모형이지만, 공변수의 개입으로 인하여, 분산분석의 경우와 차별된다. 제4장에서 서술한 분산분석모형에서 중다비교의 검정통계량은 아래와 같았다.

$$\hat{\psi}=\sum_j^J C_j\overline{Y}_j \text{ 이면, } t=\frac{\hat{\psi}}{s_{\hat{\psi}}}=\frac{\hat{\psi}}{\sqrt{MSE(\sum\frac{C_j^2}{n_j})}} \text{ 또는}$$

$$F=\frac{MS_{\hat{\psi}}}{MSE}=\frac{\hat{\psi}^2/(\sum\frac{C_j^2}{n_j})}{MSE} \text{ 이다.}$$

공분산분석모형에서 중다비교는 위의 검정통계량을 그대로 사용할 수 없으며, 공변수의 효과를 교정한 교정평균의 중다비교식을 사용해야 한다. 즉, 공분산분석에서는 실험집단간에 교정평균에서 차이가 있는지 검정하는 것이다. 다음은 공분산분석에서 중다비교시 사용하는 검정통계량이다.

$$\hat{\psi}_{adj} = \sum_{j}^{J} C_j \overline{Y}_{j(adj)} \text{ 이면,}$$

$$t = \frac{\hat{\psi}_{adj}}{s_{\hat{\psi}_{adj}}} \sim t(df = J(n-1) - P) \qquad (10\text{-}13)$$

이다. $F = t^2$ 이므로 F 검정을 할 수도 있다. 위의 식에서 $t-$통계량의 $\hat{\psi}_{adj} = \sum_{j}^{J} C_j \overline{Y}_{j(adj)}$ 에서 각 집단의 교정평균 $\overline{Y}_{j(adj)}$ 는 쉽게 구할 수 있다. 즉, $\overline{Y}_{j(adj)} = \overline{Y}_j - \hat{\beta}_W(\overline{X}_{.j} - \overline{X}_{..})$ 이다. 그러나 공분산분석에서 중다비교는 $X_{ij} = \overline{X}_{..}$ 인 위치에서 $\overline{Y}_{.j(adj)}$ 를 비교하는 것이므로, $t-$검정통계량에서 단순히 $MSE \rightarrow MSE_{adj}$ 로 교체하는 것으로 충분하지 않다.

교정평균을 사용한 대비식 $\hat{\psi}_{adj} = \sum C_j \overline{Y}_{.j(adj)}$ 의 분산 ($s^2_{\hat{\psi}_{adj}}$)을 구하면 이를 확인할 수 있다. 우선 교정평균은 $\overline{Y}_{.j(adj)} = \overline{Y}_{.j} - \hat{\beta}_W(\overline{X}_{.j} - \overline{X}_{..})$ 이므로, 이의 분산을 구하면 아래와 같다.

$$s_{\overline{y}_{.j(adj)}} = Var(\overline{Y}_{.j(adj)}) = Var(\overline{Y}_{.j} - \widehat{\beta_W}(\overline{X}_{.j} - \overline{X}_{..})) \qquad (10\text{-}14)$$

$$= \frac{MSE}{n_j} + (\overline{X}_{.j} - \overline{X}_{..})^2 Var(\hat{\beta}_W)$$

$$= MSE\left[\frac{1}{n_j} + \frac{(\overline{X}_{.j} - \overline{X}_{..})^2}{SS_x}\right]$$

이제 대비식 $\hat{\psi}_{adj} = \sum C_j \overline{Y}_{.j(adj)}$ 의 분산을 구하면, 아래와 같이 전개된다.

$$s^2_{\widehat{\psi}_{adj}} = Var(\widehat{\psi_{adj}}) = Var(\sum C_j \overline{Y_{.j(adj)}}) = Var(\sum(C_j \overline{Y_{.j}} - \widehat{\beta}_W C_j(\overline{X_{.j}} - \overline{X_{..}}))) \quad (10\text{-}15)$$

$$= Var(\sum C_j \overline{Y_{.j}}) + Var(\widehat{\beta_W})(\sum C_j \overline{X_{.j}} - \overline{X_{..}} \sum C_j)^2$$

$$= \sum Var(\overline{Y_{.j}}) C_j^2 + Var(\widehat{\beta_W})(\sum C_j \overline{X_{.j}})^2$$

$$= MSE\left[\sum\left(\frac{C_j^2}{n_j}\right) + \frac{(\sum C_j \overline{X_{.j}})^2}{SS_x}\right]$$

식 (10-14)와 (10-15)에서 MSE는 공분산분석모형에서 오차자승합이다. 즉, 교정된 집단내 평균자승합이다. $SS_x = \sum_i^{n_j}\sum_j^{J}(X_{ij} - \overline{X}_{.j})^2$ 이다. 식(10-15)를 이용하여, 식(10-13)에 제시된 t-통계량을 구하면, 다음의 검정통계량으로 대비식의 가설검정이 가능하다.

$$t = \frac{\hat{\psi}_{adj}}{s_{\hat{\psi}_{adj}}} = \frac{C_1\overline{Y}_{.1(adj)} + C_2\overline{Y}_{.2(adj)} + \cdots + C_J\overline{Y}_{.J(adj)}}{\sqrt{MSE\left[\sum\left(\frac{C_j^2}{n_j}\right) + \frac{(\sum C_j \overline{X_{.j}})^2}{SS_x}\right]}} \quad (10\text{-}16)$$

공분산분석에서 교정평균의 신뢰구간을 구하는 식은 (10-14)를 이용하면 가능하다. 즉,

$$\mu_{.j(adj)} \text{의 95\% 신뢰구간} = \{\overline{Y}_{.j(adj)} \pm t_{.975}(n_j - 2)s_{\overline{y}_{j(adj)}}\} \quad (10\text{-}17)$$

이다.

사전비교와 사후비교

공분산분석모형에서 중다비교는 대비식을 사용하여 사전비교를 하고, 사후비교가 필요한 경우도 대비식을 이용하여 짝 비교(pairwise comparison)를 하면 된다. 흔히 통계패키지에서는 공분산분석모형에서 사후비교 정보를 제공하지 않는다. 그러나 사후비교는 모든 가능한 경우의 짝 비교이므로, 연구자가 사후비교를 원하면, 사전비교를 하는 일반 대비식에서 짝 비교가 되도록 대비계수를 결정하면 된다.

7 공분산분석의 SPSS 예시

여기서는 공분산분석설계에 의한 실험자료를 SPSS 프로그램으로 분석하는 방법을 예시한다.

실험개요:

■ 교수법의 효과 검정: 개별화/소규모 토론/보통 교실수업

① 실험주제: 세 가지 수학교수법의 효과 비교

② 실험절차: 세 가지 교수법의 매뉴얼에 따라 각 교사들을 교육시킨 이후에, 3개 교수법 집단에 학생들을 10명씩 무선배치한 후, 주당 3시간씩 10주간 수업 진행 후, 학생들에게 수학검사를 보게함.

③ 독립변수(처치변수): 교수법 집단(X)

1= 개별화 교수법

2= 교사 강의후 소규모 주제 토의방법

3= 통제집단(전체 강의)

④ 종속변수(Y): 수학검사 점수(정답 문항수)

⑤ 공변수: 이전 학기 수학성취도

⑥ 〈SPSS Data File〉 Ch10exp_1.sav

자료분석 전략:

위의 실험은 세 가지 교수법 집단의 수학성취도 평균을 비교하는 것이다. 독립변수가 1개(교수법 집단)이고 종속변수는 연속변수인 수학성취도이므로 일원분산분석모형으로 자료분석이 가능하다. 그러나 세 집단간 사전동등성을 추가로 확보하고, 검정력을 높이기 위하여, 이전 학기 수학성취도 점수를 확보하였다. 따라서 공변수는 사전성취도이며, 종속변수는 사후성취도이고, 독립변수는 교수법 집단이다. SPSS 프로그램의 자료입력창에 사전성취도, 교수법집단, 사후성취도 변수를 입력하고, [일반선형모형(G)]에서 공분산분석을 선택하여 자료분석을 한다.

SPSS WINDOW 프로그래밍:

① Data 입력: SPSS 프로그램에서 Data Editor 창을 연 이후에, 다음의 SPSS 화면처럼 자료를 입력한다. 창의 맨 윗줄에 보면 File 이름은 'Ch10exp_1.sav'로 저장하였다.

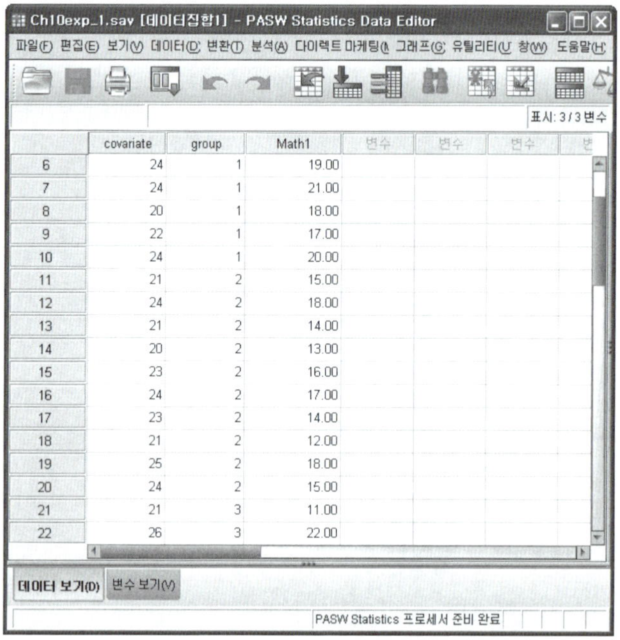

[그림 10-1] 공분산분석설계 자료 입력결과 SPSS Data Editor 창

위의 창에는 Covariate, Group, Math1 등 세 변수가 입력되어 있다. 위의 SPSS Data Editor 창에서, 하단의 [변수보기] 단추를 누르면, 각 변수의 의미를 입력할 수 있다.

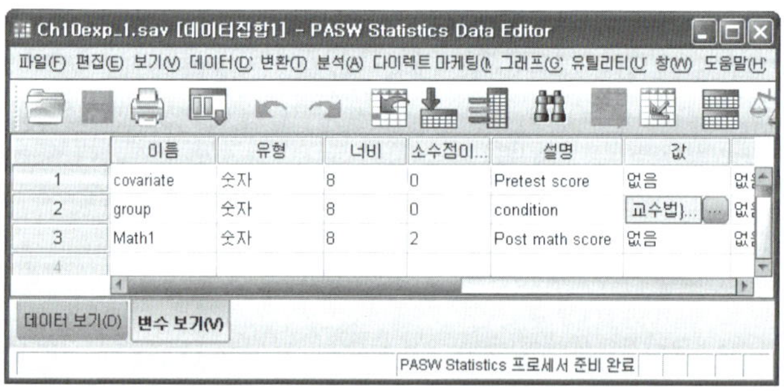

[그림 10-2] SPSS Data Editor의 [변수보기] 창

SPSS프로그램에서 공분산분석은 일반선형모형에서 일변량 통계모형(Univariate statistical model)을

선택하여 분석에 필요한 사항을 결정한다. 아래의 Data Editor 창에 나타난 [그림 10-3]에서와 같이 메뉴에서 [분석(A)] → [일반선형모형(G)] → [일변량(U)]을 순서대로 누른다.

[그림 10-3] 공분산분석을 위한 분석방법 선택 창

위의 창에서 [일변량(U)]을 선택하면 다음의 [그림 10-4]화면이 나온다. 이 화면은 일변량 일반선형모형에 해당하는 모든 모형을 명세화할 수 있는 화면이다. 여기서는 공분산분석을 수행하기 위한 것이므로, 화면에 나오는 바와 같이 종속변수(D), 모수요인(F)(즉, 고정효과 독립변수), 공변량(C)(즉, 공변수)를 결정할 수 있다.

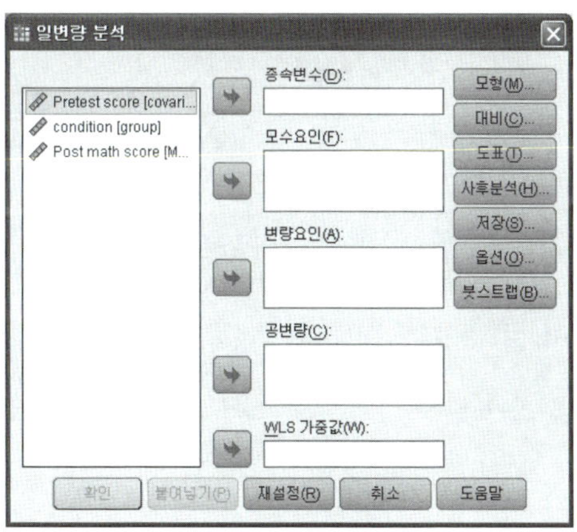

[그림 10-4a] 일변량 일반선형모형의 분석명령창

왼편 상자에 있는 변수들을 선택한 후에 오른 편 상자로 보내는 화살표를 선택하여 아래와 같은 화면이 되도록 하면, 공분산분석을 위한 모형을 명세화한 것과 같다.

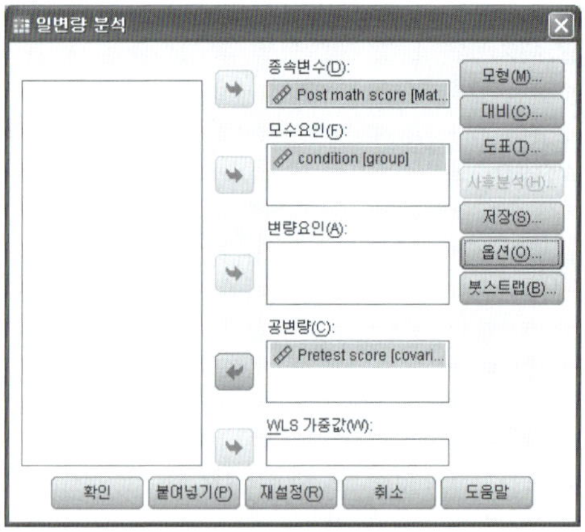

[그림 10-4b] 일변량 일반선형모형의 분석명령창

[그림 10-4] 창에서 공분산분석모형은 결정하였고, 창의 왼편에 있는 단추들을선택하여 추가적인 분석을 하거나 통계량을 산출하도록 명령할 수 있다.
우선 [대비(C)]를 눌러서 세 가지 교수법 집단 사이에 중다비교를 하면, 아래의 창이 나타난다.

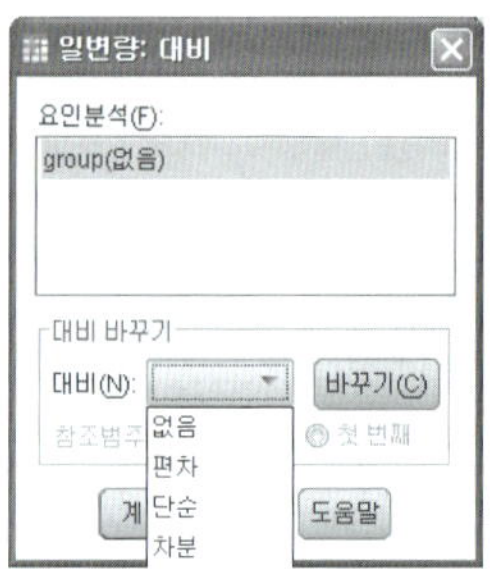

참조집단과 처치집단간의 평균차이 검정을 위한 단순대비식으로 집단간 비교를 한다면 단순을 선택한다. 단순 대비에서는 참조집단을 결정하는 참조범주항이 있다. 참조범주는 마지막 집단(group=3, 전체 강의 집단)으로 표시한다. 그 후 [바꾸기(C)]를 누르면, 단순대비식을 결정한 것이다. 이제 [계속]을 누르면, 다시 [그림 10-4b]의 화면으로 돌아간다.
[그림 10-4b]에서 다시 추가적인 분석을 요청할 수 있다. [옵션(O)]을 누르면, 다양한 통계량을 산출할 수 있는데, 아래 화면은 기술통계량과 효과크기, 신뢰구간 정보를 요청한 경우이다.

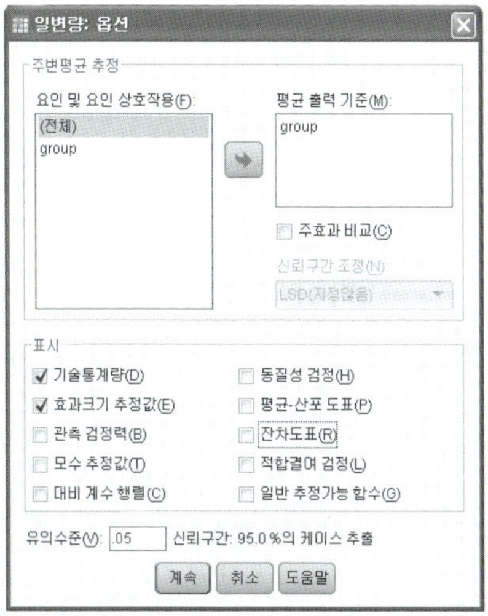

여기서 [계속]을 누르면 다시 [그림 10-4b]의 일변량 일반선형모형 분석 창으로 돌아간다. [그림 10-4b]에서 [확인]을 누르면 분석이 진행된다.

지금까지 Window 창에서 시행한 자료분석 절차를 SPSS syntex 프로그램으로 나타내면 아래와 같은데, SPSS 결과파일에서 [로그] 항목으로 나타난다.

```
UNIANOVA Math1 BY group WITH covariate
  /CONTRAST(group)=Simple
  /METHOD=SSTYPE(3)
  /INTERCEPT=INCLUDE
  /EMMEANS=TABLES(group) WITH(covariate=MEAN)
  /PRINT=ETASQ DESCRIPTIVE
  /CRITERIA=ALPHA(.05)
  /DESIGN=covariate group.
```

위의 명령문에서 첫 줄은 일변량분산분석(UNIANOVA) 명령어로 공분산 분석을 지시하는 것이다. 종속변수=Math1, 독립변수=group, 그리고 공변수=covariate으로 하였다. /Contrast(group)=Simple은 사용자가 정의한 단순대비식을 반영한다. 이 예시에서는 추가적으로 세 실험집단의 기술통계량과 신뢰구간 추정을 하였다. 마지막 줄의 /DESIGN=covariate, group은 분석결과인 분산분석표에 나타날 고정효과 요인을 표기한 것이다.

SPSS OUTPUT(결과물)

지금까지 공분산분석과정에서 "/PRINT=DESCRIPTIVE"로 각 집단의 기술통계량을 요청하였으므로 그 결과가 제시되었다.

〈표 10-1〉 교수법 집단의 종속변수 기술통계량

기술통계량			
종속변수:Post math score			
condition	평균	표준편차	N
개별화교수법	18.7000	2.54078	10
소규모토론수업	15.2000	2.04396	10
전체집단강의수업	16.2000	3.25918	10
합계	16.7000	2.97287	30

위의 표에서 개별화 교수법이 다른 두 집단 보다 사후 수학성취도에서 높은 것을 알 수 있다. 세 교수법이 수학성취도에 미치는 효과를 비교하기 위한 공분산분석결과는 아래의 표와 같다.

〈표 10-2〉 공분산분석에 의한 분산분석표

개체-간효과검정						
종속변수:Post math score						
소스	제III 유형제곱합	자유도	평균제곱	F	유의확률	부분에타제곱
수정모형	184.127a	3	61.376	22.110	.000	.718
절편	21.728	1	21.728	7.827	.010	.231
covariate	119.127	1	119.127	42.915	.000	.623
group	65.134	2	32.567	11.732	.000	.474
오차	72.173	26	2.776			
합계	8623.000	30				
수정합계	256.300	29				

a. R 제곱= .718 (수정된R 제곱= .686)

위의 표에서 독립변수인 group 변수의 효과는 $F=11.732$로서 통계적으로 유의한 것을 보이고 있다. 공변수의 효과는 자승합이 SSCOV=119.127로서 전체 자승합=256.300 중에서 46.5%를 설명하여, 공변수가 매우 효과적으로 분석에 기여하였음을 알 수 있다. 공분산분석모형의 실제적인 효과를 반영하는 결정계수의 추정값은 $\hat{R}^2_{adj}=.686$로서 분석모형이 실제적으로 효과적이었음을 나타내고 있다. 표의 맨 왼편에 제시된 부분에타제곱($\hat{\eta}^2$)은 각 변수의 실제적인 효과를 반영하는 것이다. 또는 두 개의 고정효과 요인(covariate, group) 중에서 각 변수가 추가(또는 고유)로 설명한 실제적인 변산(자승합)을 의미한다고 할 수 있다. 여기서 공변수의 고유효과는 $\hat{\eta}^2_{cov}=119.127/(256.3-65.123)=.623$이다. 마찬가지 방법으로 독립변수의 고유효과 $\hat{\eta}^2_{group}=.474$를 구할 수 있다.

다음에 제시된 '사용자 정의가설 검정'의 결과들은 공분산분석을 하면서 연구자가 추가로 요청한 분석 결과이다. 우선 단순대비에 의한 다중비교의 결과는 아래와 같다.

사용자정의가설검정

대비결과(K 행렬)			
condition 단순대비a			종속변수
			Post math score
집단1 및 집단3	대비추정값		3.136
	가설값		0
	차분(추정값- 가설값)		3.136
	표준오차		.751
	유의확률		.000
	차이에대한95% 신뢰구간	하한값	1.591
		상한값	4.680
집단2 및 집단3	대비추정값		.017
	가설값		0
	차분(추정값- 가설값)		.017
	표준오차		.761
	유의확률		.982
	차이에대한95% 신뢰구간	하한값	-1.547
		상한값	1.582

a. 참조범주= 3

위의 단순대비 결과표에서 집단1(개별화 교수법)과 집단3(참조집단: 전체강의 집단)은 통계적으로 유의한 차이가 발견된 것을 알 수 있다. 평균차이의 신뢰구간은 $.95CI$ 평균차이 = [1.591, 4.680]로서 모집단에서 평균차이가 분명히 0보다 크다는 것을 알 수 있다. 또한 전체 표준편차는 2.97 이므로, 차분값 혹은 대비추정값=3.136은 두 집단간 평균의 차이가 1표준편차 이상인 것을 알 수 있다.
아래의 '추정된 주변평균'은 SPSS syntex program에서 아래의 명령어를 수행한 결과이다. 이는 공변수의 값을 평균으로 고정하였을 때 각 집단별 교정평균의 신뢰구간 정보를 요청한 것이다.

```
/EMMEANS=TABLES(group) WITH(covariate=MEAN)
```

추정된주변평균

condition				
종속변수:Post math score				
condition	평균	표준오차	95% 신뢰구간	
			하한값	상한값
개별화교수법	18.785a	.527	17.701	19.868
소규모토론수업	15.666a	.532	14.573	16.759
전체집단강의수업	15.649a	.534	14.552	16.746

a. 모형에나타나는공변량은다음값에대해계산됩니다.: Pretest score = 22.97.

위의 표의 결과를 〈표 10-1〉의 기술통계량과 비교하면, 교정평균과 원점수 평균이 다르다는 것을 알 수 있다.

8 공분산분석의 응용모형

두 개 이상의 공변수 모형

실험설계에서 처치가 시행되기 전에 종속변수와 상관이 높은 공변수의 수집이 가능하다면, 공분산분석모형은 유용하다. 실험설계에서는 무선배치를 하므로 집단간에 사전 동등성이 확보된다는 논리를 갖추고 있으나, 현실적으로 공변수의 수집이 가능하다면, 선택편의도 줄이고 검정력도 높일 수 있는 장점이 있다. 따라서 처치 이전에 공변수가 두 개 혹은 세 개를 수집하는 경우도 고려할 수 있다. 다만 무선배치가 이루어지는 실험연구에서 연구자가 수집한 공변수들이 모두 효과적인 역할을 하는 것은 아니다. 무선배치가 이루어진 실험연구에서 공변수를 두 개 이상 확보하는 것은 실질적인 의미가 없을 수 있다.

수학적으로 공분산분석모형에 공변수를 추가하는 것은 매우 간단하다. 공변수가 1개인 경우와 2개인 경우를 비교한 다음의 공분산분석모형들을 살펴보면 그 차이는 간단하다.

공변수가 1개인 모형:

$$Y_{ij} = \mu + \alpha_j + \beta_W(X_{ij} - \overline{X}_{..}) + e_{ij}, \qquad e_{ij} \sim N(0, \sigma^2)$$
$$Y_{ij(adj)} = Y_{ij} - \beta_W(X_{ij} - \overline{X}_{..}) = \mu + \alpha_j + e_{ij}$$

공변수가 2개인 모형:

$$Y_{ij} = \mu + \alpha_j + \beta_{1W}(X_{ij} - \overline{X}_{..}) + \beta_{2W}(Z_{ij} - \overline{Z}_{..}) + e_{ij}, \qquad e_{ij} \sim N(0, \sigma^2) \quad (10\text{-}18)$$
$$Y_{ij(adj)} = Y_{ij} - \beta_{1W}(X_{ij} - \overline{X}_{..}) - \beta_{2W}(Z_{ij} - \overline{Z}_{..}) = \mu + \alpha_j + e_{ij}$$

위의 식에서 아래쪽은 두 개의 공변수가 포함된 모형이다. 공변수 X와 Z는 모두 중심화(centering)하여 절편 μ가 전체평균이 되도록 하였다. 각 모형의 두 번째 식을 비교하면, 공변수가 1개인 경우와 2개인 경우의 공분산분석모형은 모두 종속변수의 값을 교정하는 효과가 있음을 알 수 있다. 공변수가 2개인 모형의 등호 오른편에서 μ는 전체평균이고 α_j는 두 개 의 공변수(X, Z)로 교정된 집단 j의 효과이고, $\mu + \alpha_j = \mu_{j(adj)}$는 교정된 집단평균이다. 그 어느 경우나 공분산분석모형은 교정된 종속변수 값을 대상으로 분산분석을 하는 모형인 셈이다. 공변수가 2개인 공분산분석모형에 의한 자료분석결과는 〈표 10-1〉의 분산분석표에서 공변수의 수가 $P = 2$인 경우에 해당한다.

다요인설계와 공변수

실험연구에서 연구자가 검정하려는 처치는 하나인 경우가 많지만, 독립변수가 두 개 이상인 요인설계에서도 공변수를 활용할 수 있다. 이제 두 개의 독립변수가 있는 완전무선설계에서 공변수를 활용한 이원공분산분석모형을 제시하면 아래와 같다.

$$Y_{ijk(adj)} = Y_{ijk} - \beta_W(X_{ijk} - \overline{X_{...}}) = \mu + \alpha_j + \beta_k + \alpha\beta_{jk} + e_{ijk}, \; e_{ijk} \sim N(0, \sigma^2) \quad (10\text{-}19)$$

위의 식(10-19)을 보면, 등호의 오른편의 식은 이원분산분석모형과 동일하지만, 모든 효과는 공변수의 영향으로 교정효과이다.

이요인설계에서 공변수가 도입된 식(10-19)의 모형을 자료를 분석한 결과로서 분산분석표의 자유도는 아래와 같이 분해된다.

〈표 10-2〉 이원공분산분석모형의 분산분석표

변산원	자승합	자유도
공변수 $(\beta_W(X_{ijk}-\bar{X}_{...}))$	SSCOV	1
A요인(α_j)	SSA	J-1
B요인(β_k)	SSB	K-1
$A \times B(\alpha\beta_{jk})$	SSAB	(J-1)(K-1)
오차(e_{ijk})	SSE	JK(n-1) - 1

〈표 10-2〉에서 A, B, 그리고 $A \times B$의 상호작용효과는 모두 교정된 효과이다. 위의 분산분석표에서 공변수의 숫자만큼 오차항의 자유도가 1개 줄어든 것을 알 수 있다.

다요인설계에서 공변수을 활용하는 것은 용이하지만, 공분산분석모형이 공변수에 대하여 갖는 가정을 충족하기는 쉽지 않을 수 있다. 즉, 이요인 설계에서는 전체자료의 구조가 $J \times K$개의 칸으로 구성되는데, $J \times K$개의 각 칸에서 회귀계수가 모두 같다고 가정할 때 β_W가 의미가 있기 때문이다. 공변수의 효과인 β_W는 지금까지의 경우와 마찬가지로 통합추정량이다. 따라서 이요인공분산분석모형의 가정은

모든 j, k 칸에서 $H_0 : \beta_{Wjk} = \beta_W$가 성립된다고 가정한 모형이다. 이요인공분산분석모형에서 이 가정을 검정하는 효과적인 방법은 공변수 X와 독립변수가 상호작용이 있는지 검정하는 것이다. 독립변수 요인들을 회귀분석에서의 경우처럼 더미 변수로 만들어서 공변수와의 상호작용 항을 모형에 포함시키는 것이다. 두 개의 독립변수를 T_A, T_B, 그리고 상호작용효과 변수를 $T_{A \times B}$라고 하고, 공변수를 X라고 하면, 다음 모형을 고려할 수 있다.

$$Y_{ijk} = \mu + \alpha_j + \beta_k + \alpha\beta_{jk} + \beta_0 X + \beta_1(T_A \times X) + \beta_2(T_B \times X) + \beta_3(T_{A \times B} \times X) + e_{ijk} \qquad (10.20)$$

위의 모형에서 β_1, β_2, 그리고 β_3가 통계적으로 유의하면 공변수 효과인 기울기가 처치조건에 따라 다르다는 통계적 결과이다. 또 다른 방법은 위의 모형에서 3개의 공변수와 처치효과의 상호작용 항으로 설명된 변산의 합에서 구한 평균자승합을 $MSABCOV$

라 하면, 이를 오차항의 평균자승합(MSE)과 비교하여 F검정을 하는 것이다(Huitema, 1980). 즉, $\frac{MSABCOV}{MSE} \sim F(3, JK(n-1)-4)$의 분포로 검정하는 것이다. 만일 위의 F 값이 통계적으로 유의하다면, 공변수와 처치간의 상호작용의 영향이 있다는 것이다.

다요인설계에서 공변수를 활용하는 경우에, 사전비교 또는 사후비교를 하는 방법은 위의 식(10.13)에서 식(10.15)까지의 원리가 동일하게 적용된다. 다만 식(10-16)에 제시한 $t-$검정통계량의 분자, $\hat{\psi}_A = \sum C_j \overline{Y}_{.j.(adj)}$, $\hat{\psi}_B = \sum C_k \overline{Y}_{..k(adj)}$, 그리고 $\widehat{\psi_{AB}} = \sum C_{jk} \overline{Y}_{.jk(adj)}$에서 교정평균은 비교하는 집단별 교정평균으로 교체하고, 분모를 차지하는 $\sqrt{Var(\hat{\psi}_{adj})} = s_{\hat{\psi}_{adj}}$의 값에서 각 요인별로 사례수가 다르다는 것만 차이가 있다. 즉, 독립변수가 하나인 경우에는 각 집단의 크기가 n명이었지만, 두 개의 요인인 경우에, 각 요인별 집단의 사례수는 아래와 같다.

A요인의 J개 집단간 비교 사례수: nK

B요인의 K개 집단간 비교 사례수: nJ

$A \times B$ 상호작용 칸의 사례수: n

공분산분석 설계에서 대비식에 의한 평균검정은 일반적 접근법이므로, 각 요인의 집단수와 평균차이의 경향성 등도 모두 분석이 가능한 장점이 있다. 중다비교에서 단계별 절차로 검정력을 높이는 Dunn-Sidak 방법에 적용할 수도 있다. 중다비교를 위한 일반식인 식(10.16)은 짝 비교를 위한 대비식으로도 쉽게 전환된다. 이 경우, 단 두 개 집단끼리만 비교하고 대비계수는 항상 $+1$과 -1 뿐이므로 $\sum C_j^2 = 2$, $\sum C_k^2 = 2$, 그리고 $\sum\sum C_{jk}^2 = 2$이다. 만일 B요인의 K개 집단 중에서 둘째 집단과 셋째 집단 평균을 짝 비교한다면, 검정통계량 식은 아래와 같다.

$$t = \frac{\widehat{\psi_{adj}}}{s_{\widehat{\psi_{adj}}}} = \frac{\overline{Y}_{.2(adj)} - \overline{Y}_{..3(adj)}}{\sqrt{MSE\left[\sum\left(\frac{2}{nJ}\right) + \frac{(\overline{X}_{..2} - \overline{X}_{..3})^2}{SS_x}\right]}}$$

9 요약

공분산분석모형은 사실상 모든 실험설계모형에서 응용할 수 있는 통계적 방법이라고 할 수 있다. 연구자가 독립변수-종속변수간의 인과관계를 밝히기 위하여 무선배치, 구획, 반복측정 등의 실험통제를 하더라도, 처치 이전에 핵심 공변수의 수집이 가능하다면 공분산분석모형을 활용할 필요가 있다. 공변수를 자료 분석에 활용하므로써 연구자는 선택편의도 추가적으로 개선할 수 있으며, 오차분산을 줄이고 검정력도 높이는 성과를 얻을 수 있다. 연구비가 많이 들고, 시간과 노동이 요구되는 실험연구자가 소기의 성과를 거두기 위해서는 실험이전에 준비단계에서 공변수의 수집가능성을 고려해야 한다.

공분산분석모형에서 공변수의 활용가치는 높지만, 연구자가 사용하는 공변수의 종속변수에 대한 효과가 모든 실험집단에서 동등하다는 가설은 충족하기 어려울 수 있다. 이를 확인하려면, 공변수의 회귀계수를 각 집단별로 추정하여 시각적으로 집단에 따라 회귀계수의 기울기 정도가 실질적인 차이가 있는지 검토하는 방법이 있다. 보다 근본적으로 공변수의 효과가 실험집단에 따라 다르다는 것은 공변수와 처치요인간 상호작용이 존재한다는 것이므로 공변수×처치의 상호작용효과를 통계적으로든 시각적으로든 검토하는 것이다. 통계패키지에서는 모든 실험집단에서 공변수의 효과는 같은 것으로 가정한 모형으로 자료를 분석한다. 따라서 공변수 효과의 이질성을 검정하려면, 공분산분석모형을 회귀모형으로 전환하여 공변수×처치의 상호작용효과의 유의도를 검정하는 방법을 강구해야 한다.

부 록

〈표 1〉 표준정규분포의 누적확률표

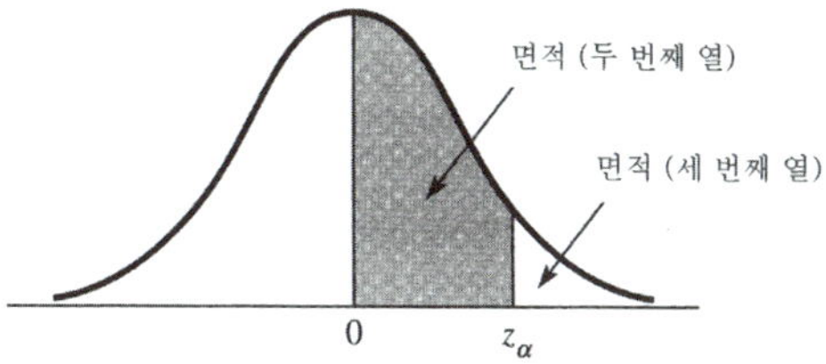

(1) z_α	(2) 평균치와 z_α 사이의 면적	(3) z_α 밖의 면적	(1) z_α	(2) 평균치와 z_α 사이의 면적	(3) z_α 밖의 면적	(1) z_α	(2) 평균치와 z_α 사이의 면적	(3) z_α 밖의 면적
0.00	0.0000	0.5000	0.30	0.1179	0.3821	0.60	0.2257	0.2743
0.01	0.0040	0.4960	0.31	0.1217	0.3783	0.61	0.2291	0.2709
0.02	0.0080	0.4920	0.32	0.1255	0.3745	0.62	0.2324	0.2676
0.03	0.0120	0.4880	0.33	0.1293	0.3707	0.63	0.2357	0.2643
0.04	0.0160	0.4840	0.34	0.1331	0.3669	0.64	0.2389	0.2611
0.05	0.0199	0.4801	0.35	0.1368	0.3632	0.65	0.2422	0.2578
0.06	0.0239	0.4761	0.36	0.1406	0.3594	0.66	0.2454	0.2546
0.07	0.0279	0.4721	0.37	0.1443	0.3557	0.67	0.2486	0.2514
0.08	0.0319	0.4681	0.38	0.1480	0.3520	0.68	0.2517	0.2483
0.09	0.0359	0.4641	0.39	0.1517	0.3483	0.69	0.2549	0.2451
0.10	0.0398	0.4602	0.40	0.1554	0.3446	0.70	0.2580	0.2420
0.11	0.0438	0.4562	0.41	0.1591	0.3409	0.71	0.2611	0.2389
0.12	0.0478	0.4522	0.42	0.1628	0.3372	0.72	0.2642	0.2358
0.13	0.0517	0.4483	0.43	0.1664	0.3336	0.73	0.2673	0.2327
0.14	0.0557	0.4443	0.44	0.1700	0.3300	0.74	0.2704	0.2296
0.15	0.0596	0.4404	0.45	0.1736	0.3264	0.75	0.2734	0.2266
0.16	0.0636	0.4364	0.46	0.1772	0.3228	0.76	0.2764	0.2236
0.17	0.0675	0.4325	0.47	0.1808	0.3192	0.77	0.2794	0.2206
0.18	0.0714	0.4286	0.48	0.1844	0.3156	0.78	0.2823	0.2177
0.19	0.0753	0.4247	0.49	0.1879	0.3121	0.79	0.2852	0.2148
0.20	0.0793	0.4207	0.50	0.1915	0.3085	0.80	0.2881	0.2119
0.21	0.0832	0.4168	0.51	0.1950	0.3050	0.81	0.2910	0.2090
0.22	0.0871	0.4129	0.52	0.1985	0.3015	0.82	0.2939	0.2061
0.23	0.0910	0.4090	0.53	0.2019	0.2981	0.83	0.2967	0.2033
0.24	0.0948	0.4052	0.54	0.2054	0.2946	0.84	0.2995	0.2005
0.25	0.0987	0.4013	0.55	0.2088	0.2912	0.85	0.3023	0.1977
0.26	0.1026	0.3974	0.56	0.2123	0.2877	0.86	0.3051	0.1949
0.27	0.1064	0.3936	0.57	0.2157	0.2843	0.87	0.3078	0.1922
0.28	0.1103	0.3897	0.58	0.2190	0.2810	0.88	0.3106	0.1894
0.29	0.1141	0.3859	0.59	0.2224	0.2776	0.89	0.3133	0.1867

〈표 1〉 표준정규분포표의 누적확률표(계속)

(1) z_α	(2) 평균치와 z_α 사이의 면적	(3) z_α 밖의 면적	(1) z_α	(2) 평균치와 z_α 사이의 면적	(3) z_α 밖의 면적	(1) z_α	(2) 평균치와 z_α 사이의 면적	(3) z_α 밖의 면적
0.90	0.3159	0.1841	1.35	0.4115	0.0885	1.80	0.4641	0.0359
0.91	0.3186	0.1814	1.36	0.4131	0.0869	1.81	0.4649	0.0351
0.92	0.3212	0.1788	1.37	0.4147	0.0853	1.82	0.4656	0.0344
0.93	0.3238	0.1762	1.38	0.4162	0.0838	1.83	0.4664	0.0336
0.94	0.3264	0.1736	1.39	0.4177	0.0823	1.84	0.4671	0.0329
0.95	0.3289	0.1711	1.40	0.4192	0.0808	1.85	0.4678	0.0322
0.96	0.3315	0.1685	1.41	0.4207	0.0793	1.86	0.4686	0.0314
0.97	0.3340	0.1660	1.42	0.4222	0.0778	1.87	0.4693	0.0307
0.98	0.3365	0.1635	1.43	0.4236	0.0764	1.88	0.4699	0.0301
0.99	0.3389	0.1611	1.44	0.4251	0.0749	1.89	0.4706	0.0294
1.00	0.3413	0.1587	1.45	0.4265	0.0735	1.90	0.4713	0.0287
1.01	0.3438	0.1562	1.46	0.4279	0.0721	1.91	0.4719	0.0281
1.02	0.3461	0.1539	1.47	0.4292	0.0708	1.92	0.4726	0.0274
1.03	0.3485	0.1515	1.48	0.4306	0.0694	1.93	0.4732	0.0268
1.04	0.3508	0.1492	1.49	0.4319	0.0681	1.94	0.4738	0.0262
1.05	0.3531	0.1469	1.50	0.4332	0.0668	1.95	0.4744	0.0256
1.06	0.3554	0.1446	1.51	0.4345	0.0655	1.96	0.4750	0.0250
1.07	0.3577	0.1423	1.52	0.4357	0.0643	1.97	0.4756	0.0244
1.08	0.3599	0.1401	1.53	0.4370	0.0630	1.98	0.4761	0.0239
1.09	0.3621	0.1379	1.54	0.4382	0.0618	1.99	0.4767	0.0233
1.10	0.3643	0.1357	1.55	0.4394	0.0606	2.00	04772	0.0228
1.11	0.3665	0.1335	1.56	0.4406	0.0594	2.01	0.4778	0.0222
1.12	0.3686	0.1314	1.57	0.4418	0.0582	2.02	0.4783	0.0217
1.13	0.3708	0.1292	1.58	0.4429	0.0571	2.03	0.4788	0.0212
1.14	0.3729	0.1271	1.59	0.4441	0.0559	2.04	0.4793	0.0207
1.15	0.3749	0.1251	1.60	0.4452	0.0548	2.05	0.4798	0.0202
1.16	0.3770	0.1230	1.61	0.4463	0.0537	2.06	0.4803	0.0197
1.17	0.3790	0.1210	1.62	0.4474	0.0526	2.07	0.4808	0.0192
1.18	0.3810	0.1190	1.63	0.4484	0.0516	2.08	0.4812	0.0188
1.19	0.3830	0.1170	1.64	0.4495	0.0505	2.09	0.4817	0.0183
			1.645	0.4500	0.0500			
1.20	0.3849	0.1151	1.65	0.4505	0.0495	2.10	0.4821	0.0179
1.21	0.3869	0.1131	1.66	0.4515	0.0485	2.11	0.4826	0.0174
1.22	0.3888	0.1112	1.67	0.4525	0.0475	2.12	0.4830	0.0170
1.23	0.3907	0.1093	1.68	0.4535	0.0465	2.13	0.4834	0.0166
1.24	0.3925	0.1075	1.69	0.4545	0.0455	2.14	0.4838	0.0162
1.25	0.3944	0.1056	1.70	0.4554	0.0446	2.15	0.4842	0.0158
1.26	0.3962	0.1038	1.71	0.4564	0.0436	2.16	0.4846	0.0154
1.27	0.3980	0.1020	1.72	0.4573	0.0427	2.17	0.4850	0.0150
1.28	0.3997	0.1003	1.73	0.4582	0.0418	2.18	0.4854	0.0146
1.29	0.4015	0.0985	1.74	0.4591	0.0409	2.19	0.4857	0.0143
1.30	0.4032	0.0968	1.75	0.4599	0.0401	2.20	0.4861	0.0139
1.31	0.4049	0.0951	1.76	0.4608	0.0392	2.21	0.4864	0.0136
1.32	0.4066	0.0934	1.77	0.4616	0.0384	2.22	0.4868	0.0132
1.33	0.4082	0.0918	1.78	0.4625	0.0375	2.23	0.4871	0.0129
1.34	0.4099	0.0901	1.79	0.4633	0.0367	2.24	0.4875	0.0125

〈표 1〉 표준정규분표의 누적확률표(계속)

(1) z_α	(2) 평균치와 z_α 사이의 면적	(3) z_α 밖의 면적	(1) z_α	(2) 평균치와 z_α 사이의 면적	(3) z_α 밖의 면적	(1) z_α	(2) 평균치와 z_α 사이의 면적	(3) z_α 밖의 면적
2.25	0.4878	0.0122	2.64	0.4959	0.0041	3.00	0.4987	0.0013
2.26	0.4881	0.0119	2.65	0.4960	0.0040	3.01	0.4987	0.0013
2.27	0.4884	0.0116	2.66	0.4961	0.0039	3.02	0.4987	0.0013
2.28	0.4887	0.0113	2.67	0.4962	0.0038	3.03	0.4988	0.0012
2.29	0.4890	0.0110	2.68	0.4963	0.0037	3.04	0.4988	0.0012
2.30	0.4893	0.0107	2.69	0.4964	0.0036	3.05	0.4989	0.0011
2.31	0.4896	0.0104	2.70	0.4965	0.0035	3.06	0.4989	0.0011
2.32	0.4898	0.0102	2.71	0.4966	0.0034	3.07	0.4989	0.0011
2.33	0.4901	0.0099	2.72	0.4967	0.0033	3.08	0.4990	0.0010
2.34	0.4904	0.0096	2.73	0.4968	0.0032	3.09	0.4990	0.0010
2.35	0.4906	0.0094	2.74	0.4969	0.0031	3.10	0.4990	0.0010
2.36	0.4909	0.0091	2.75	0.4970	0.0030	3.11	0.4991	0.0009
2.37	0.4911	0.0089	2.76	0.4971	0.0029	3.12	0.4991	0.0009
2.38	0.4913	0.0087	2.77	0.4972	0.0028	3.13	0.4991	0.0009
2.39	0.4916	0.0084	2.78	0.4973	0.0027	3.14	0.4992	0.0008
2.40	0.4918	0.0082	2.79	0.4974	0.0026	3.15	0.4992	0.0008
2.41	0.4920	0.0080	2.80	0.4974	0.0026	3.16	0.4992	0.0008
2.42	0.4922	0.0078	2.81	0.4975	0.0025	3.17	0.4992	0.0008
2.43	0.4925	0.0075	2.82	0.4976	0.0024	3.18	0.4993	0.0007
2.44	0.4927	0.0073	2.83	0.4977	0.0023	3.19	0.4993	0.0007
2.45	0.4929	0.0071	2.84	0.4977	0.0023	3.20	0.4993	0.0007
2.46	0.4931	0.0069	2.85	0.4978	0.0022	3.21	0.4993	0.0007
2.47	0.4932	0.0068	2.86	0.4979	0.0021	3.22	0.4994	0.0006
2.48	0.4934	0.0066	2.87	0.4979	0.0021	3.23	0.4994	0.0006
2.49	0.4936	0.0064	2.88	0.4980	0.0020	3.24	0.4994	0.0006
2.50	0.4938	0.0062	2.89	0.4981	0.0019	3.25	0.4994	0.0006
2.51	0.4940	0.0060	2.90	0.4981	0.0019	3.30	0.4995	0.0005
2.52	0.4941	0.0059	2.91	0.4982	0.0018	3.35	0.4996	0.0004
2.53	0.4943	0.0057	2.92	0.4982	0.0018	3.40	0.4997	0.0003
2.54	0.4945	0.0055	2.93	0.4983	0.0017	3.45	0.4997	0.0003
2.55	0.4946	0.0054	2.94	0.4984	0.0016	3.50	0.4998	0.0002
2.56	0.4948	0.0052	2.95	0.4984	0.0016	3.60	0.4998	0.0002
2.57	0.4949	0.0051	2.96	0.4985	0.0015	3.70	0.4999	0.0001
2.576	0.4950	0.0050	2.97	0.4985	0.0015	3.80	0.4999	0.0001
2.58	0.4951	0.0049	2.98	0.4986	0.0014	3.90	0.49995	0.00005
2.59	0.4952	0.0048	2.99	0.4986	0.0014	4.00	0.49997	0.00003
2.60	0.4953	0.0047						
2.61	0.4955	0.0045						
2.62	0.4956	0.0044						
2.63	0.4957	0.0043						

〈표 2〉 t 분포의 누적확률표

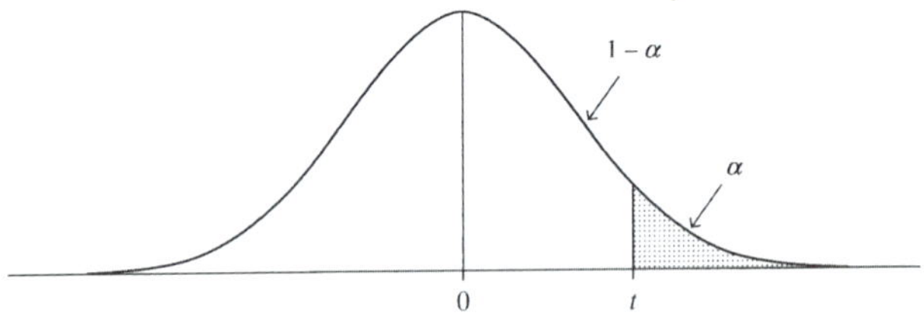

	신뢰수준					
	80%	90%	95%	98%	99%	99.8%
	α					
df	0.100	0.050	0.025	0.010	0.005	0.001
1	3.078	6.314	12.706	31.821	63.656	318.289
2	1.886	2.920	4.303	6.965	9.925	22.328
3	1.638	2.353	3.182	4.541	5.841	10.214
4	1.533	2.132	2.776	3.747	4.604	7.173
5	1.476	2.015	2.571	3.365	4.032	5.894
6	1.440	1.943	2.447	3.143	3.707	5.208
7	1.415	1.895	2.365	2.998	3.499	4.785
8	1.397	1.860	2.306	2.896	3.355	4.501
9	1.383	1.833	2.262	2.821	3.250	4.297
10	1.372	1.812	2.228	2.764	3.169	4.144
11	1.363	1.796	2.201	2.718	3.106	4.025
12	1.356	1.782	2.179	2.681	3.055	3.930
13	1.350	1.771	2.160	2.650	3.012	3.852
14	1.345	1.761	2.145	2.624	2.977	3.787
15	1.341	1.753	2.131	2.602	2.947	3.733
16	1.337	1.746	2.120	2.583	2.921	3.686
17	1.333	1.740	2.110	2.567	2.898	3.646
18	1.330	1.734	2.101	2.552	2.878	3.611
19	1.328	1.729	2.093	2.539	2.861	3.579
20	1.325	1.725	2.086	2.528	2.845	3.552
21	1.323	1.721	2.080	2.518	2.831	3.527
22	1.321	1.717	2.074	2.508	2.819	3.505
23	1.319	1.714	2.069	2.500	2.807	3.485
24	1.318	1.711	2.064	2.492	2.797	3.467
25	1.316	1.708	2.060	2.485	2.787	3.450
26	1.315	1.706	2.056	2.479	2.779	3.435
27	1.314	1.703	2.052	2.473	2.771	3.421
28	1.313	1.701	2.048	2.467	2.763	3.408
29	1.311	1.699	2.045	2.462	2.756	3.396
30	1.310	1.697	2.042	2.457	2.750	3.385
40	1.303	1.684	2.021	2.423	2.704	3.307
50	1.299	1.676	2.009	2.403	2.678	3.261
60	1.296	1.671	2.000	2.390	2.660	3.232
80	1.292	1.664	1.990	2.374	2.639	3.195
100	1.290	1.660	1.984	2.364	2.626	3.174
∞	1.282	1.645	1.960	2.326	2.576	3.091

〈표 3〉 F분포의 누적확률표

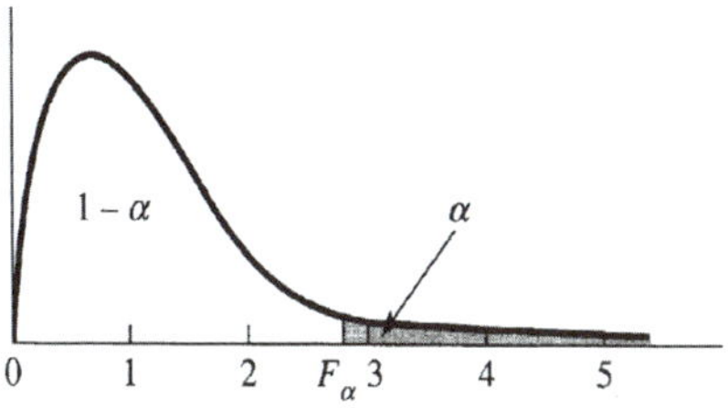

$\alpha = .05$										
	df_1									
df_2	1	2	3	4	5	6	8	12	24	∞
1	161.4	199.5	215.7	224.6	230.2	234.0	238.9	243.9	249.0	254.3
2	18.51	19.00	19.16	19.25	19.30	19.33	19.37	19.41	19.45	19.50
3	10.13	9.55	9.28	9.12	9.01	8.94	8.84	8.74	8.64	8.53
4	7.71	6.94	6.59	6.39	6.26	6.16	6.04	5.91	5.77	5.63
5	6.61	5.79	5.41	5.19	5.05	4.95	4.82	4.68	4.53	4.36
6	5.99	5.14	4.76	4.53	4.39	4.28	4.15	4.00	3.84	3.67
7	5.59	4.74	4.35	4.12	3.97	3.87	3.73	3.57	3.41	3.23
8	5.32	4.46	4.07	3.84	3.69	3.58	3.44	3.28	3.12	2.93
9	5.12	4.26	3.86	3.63	3.48	3.37	3.23	3.07	2.90	2.71
10	4.96	4.10	3.71	3.48	3.33	3.22	3.07	2.91	2.74	2.54
11	4.84	3.98	3.59	3.36	3.20	3.09	2.95	2.79	2.61	2.40
12	4.75	3.88	3.49	3.26	3.11	3.00	2.85	2.69	2.50	2.30
13	4.67	3.80	3.41	3.18	3.02	2.92	2.77	2.60	2.42	2.21
14	4.60	3.74	3.34	3.11	2.96	2.85	2.70	2.53	2.35	2.13
15	4.54	3.68	3.29	3.06	2.90	2.79	2.64	2.48	2.29	2.07
16	4.49	3.63	3.24	3.01	2.85	2.74	2.59	2.42	2.24	2.01
17	4.45	3.59	3.20	2.96	2.81	2.70	2.55	2.38	2.19	1.96
18	4.41	3.55	3.16	2.93	2.77	2.66	2.51	2.34	2.15	1.92
19	4.38	3.52	3.13	2.90	2.74	2.63	2.48	2.31	2.11	1.88
20	4.35	3.49	3.10	2.87	2.71	2.60	2.45	2.28	2.08	1.84
21	4.32	3.47	3.07	2.84	2.68	2.57	2.42	2.25	2.05	1.81
22	4.30	3.44	3.05	2.82	2.66	2.55	2.40	2.23	2.03	1.78
23	4.28	3.42	3.03	2.80	2.64	2.53	2.38	2.20	2.00	1.76
24	4.26	3.40	3.01	2.78	2.62	2.51	2.36	2.18	1.98	1.73
25	4.24	3.38	2.99	2.76	2.60	2.49	2.34	2.16	1.96	1.71
26	4.22	3.37	2.98	2.74	2.59	2.47	2.32	2.15	1.95	1.69
27	4.21	3.35	2.96	2.73	2.57	2.46	2.30	2.13	1.93	1.67
28	4.20	3.34	2.95	2.71	2.56	2.44	2.29	2.12	1.91	1.65
29	4.18	3.33	2.93	2.70	2.54	2.43	2.28	2.10	1.90	1.64
30	4.17	3.32	2.92	2.69	2.53	2.42	2.27	2.09	1.89	1.62
40	4.08	3.23	2.84	2.61	2.45	2.34	2.18	2.00	1.79	1.51
60	4.00	3.15	2.76	2.52	2.37	2.25	2.10	1.92	1.70	1.39
120	3.92	3.07	2.68	2.45	2.29	2.17	2.02	1.83	1.61	1.25
∞	3.84	2.99	2.60	2.37	2.21	2.09	1.94	1.75	1.52	1.00

〈표 3〉 F분포의 누적확률표(계속)

$\alpha = .01$

df_2	df_1 1	2	3	4	5	6	8	12	24	∞
1	4052	4999	5403	5625	5764	5859	5981	6106	6234	6366
2	98.49	99.01	99.17	99.25	99.30	99.33	99.36	99.42	99.46	99.50
3	34.12	30.81	29.46	28.71	28.24	27.91	27.49	27.05	26.60	26.12
4	21.20	18.00	16.69	15.98	15.52	15.21	14.80	14.37	13.93	13.46
5	16.26	13.27	12.06	11.39	10.97	10.67	10.27	9.89	9.47	9.02
6	13.74	10.92	9.78	9.15	8.75	8.47	8.10	7.72	7.31	6.88
7	12.25	9.55	8.45	7.85	7.46	7.19	6.84	6.47	6.07	5.65
8	11.26	8.65	7.59	7.01	6.63	6.37	6.03	5.67	5.28	4.86
9	10.56	8.02	6.99	6.42	6.06	5.80	5.47	5.11	4.73	4.31
10	10.04	7.56	6.55	5.99	5.64	5.39	5.06	4.71	4.33	3.91
11	9.65	7.20	6.22	5.67	5.32	5.07	4.74	4.40	4.02	3.60
12	9.33	6.93	5.95	5.41	5.06	4.82	4.50	4.16	3.78	3.36
13	9.07	6.70	5.74	5.20	4.86	4.62	4.30	3.96	3.59	3.16
14	8.86	6.51	5.56	5.03	4.69	4.46	4.14	3.80	3.43	3.00
15	8.68	6.36	5.42	4.89	4.56	4.32	4.00	3.67	3.29	2.87
16	8.53	6.23	5.29	4.77	4.44	4.20	3.89	3.55	3.18	2.75
17	8.40	6.11	5.18	4.67	4.34	4.10	3.79	3.45	3.08	2.65
18	8.28	6.01	5.09	4.58	4.25	4.01	3.71	3.37	3.00	2.57
19	8.18	5.93	5.01	4.50	4.17	3.94	3.63	3.30	2.92	2.49
20	8.10	5.85	4.94	4.43	4.10	3.87	3.56	3.23	2.86	2.42
21	8.02	5.78	4.87	4.37	4.04	3.81	3.51	3.17	2.80	2.36
22	7.94	5.72	4.82	4.31	3.99	3.76	3.45	3.12	2.75	2.31
23	7.88	5.66	4.76	4.26	3.94	3.71	3.41	3.07	2.70	2.26
24	7.82	5.61	4.72	4.22	3.90	3.67	3.36	3.03	2.66	2.21
25	7.77	5.57	4.68	4.18	3.86	3.63	3.32	2.99	2.62	2.17
26	7.72	5.53	4.64	4.14	3.82	3.59	3.29	2.96	2.58	2.13
27	7.68	5.49	4.60	4.11	3.78	3.56	3.26	2.93	2.55	2.10
28	7.64	5.45	4.57	4.07	3.75	3.53	3.23	2.90	2.52	2.06
29	7.60	5.42	4.54	4.04	3.73	3.50	3.20	2.87	2.49	2.03
30	7.56	5.39	4.51	4.02	3.70	3.47	3.17	2.84	2.47	2.01
40	7.31	5.18	4.31	3.83	3.51	3.29	2.99	2.66	2.29	1.80
60	7.08	4.98	4.13	3.65	3.34	3.12	2.82	2.50	2.12	1.60
120	6.85	4.79	3.95	3.48	3.17	2.96	2.66	2.34	1.95	1.38
∞	6.64	4.60	3.78	3.32	3.02	2.80	2.51	2.18	1.79	1.00

〈표 3〉 F분포의 누적확률표(계속)

	α = .001									
	df_1									
df_2	1	2	3	4	5	6	8	12	24	∞
1	405284	500000	540379	562500	576405	585937	598144	610667	623497	636619
2	998.5	999.0	999.2	999.2	999.3	999.3	999.4	999.4	999.5	999.5
3	167.5	148.5	141.1	137.1	134.6	132.8	130.6	128.3	125.9	123.5
4	74.14	61.25	56.18	53.44	51.71	50.53	49.00	47.41	45.77	44.05
5	47.04	36.61	33.20	31.09	29.75	28.84	27.64	26.42	25.14	23.78
6	35.51	27.00	23.70	21.90	20.81	20.03	19.03	17.99	16.89	15.75
7	29.22	21.69	18.77	17.19	16.21	15.52	14.63	13.71	12.73	11.69
8	25.42	18.49	15.83	14.39	13.49	12.86	12.04	11.19	10.30	9.34
9	22.86	16.39	13.90	12.56	11.71	11.13	10.37	9.57	8.72	7.81
10	21.04	14.91	12.55	11.28	10.48	9.92	9.20	8.45	7.64	6.76
11	19.69	13.81	11.56	10.35	9.58	9.05	8.35	7.63	6.85	6.00
12	18.64	12.97	10.80	9.63	8.89	8.38	7.71	7.00	6.25	5.42
13	17.81	12.31	10.21	9.07	8.35	7.86	7.21	6.52	5.78	4.97
14	17.14	11.78	9.73	8.62	7.92	7.43	6.80	6.13	5.41	4.60
15	16.59	11.34	9.34	8.25	7.57	7.09	6.47	5.81	5.10	4.31
16	16.12	10.97	9.00	7.94	7.27	6.81	6.19	5.55	4.85	4.06
17	15.72	10.66	8.73	7.68	7.02	6.56	5.96	5.32	4.63	3.85
18	15.38	10.39	8.49	7.46	6.81	6.35	5.76	5.13	4.45	3.67
19	15.08	10.16	8.28	7.26	6.61	6.18	5.59	4.97	4.29	3.52
20	14.82	9.95	8.10	7.10	6.46	6.02	5.44	4.82	4.15	3.38
21	14.59	9.77	7.94	6.95	6.32	5.88	5.31	4.70	4.03	3.26
22	14.38	9.61	7.80	6.81	6.19	5.76	5.19	4.58	3.92	3.15
23	14.19	9.47	7.67	6.69	6.08	5.65	5.09	4.48	3.82	3.05
24	14.03	9.34	7.55	6.59	5.98	5.55	4.99	4.39	3.74	2.97
25	13.88	9.22	7.45	6.49	5.88	5.46	4.91	4.31	3.66	2.89
26	13.74	9.12	7.36	6.41	5.80	5.38	4.83	4.24	3.59	2.82
27	13.61	9.02	7.27	6.33	5.73	5.31	4.76	4.17	3.52	2.75
28	13.50	8.93	7.19	6.25	5.66	5.24	4.69	4.11	3.46	2.70
29	13.39	8.85	7.12	6.19	5.59	5.18	4.64	4.05	3.41	2.64
30	13.29	8.77	7.05	6.12	5.53	5.12	4.58	4.00	3.36	2.59
40	12.61	8.25	6.60	5.70	5.13	4.73	4.21	3.64	3.01	2.23
60	11.97	7.76	6.17	5.31	4.76	4.37	3.87	3.31	2.69	1.90
120	11.38	7.31	5.79	4.95	4.42	4.04	3.55	3.02	2.40	1.56
∞	10.83	6.91	5.42	4.62	4.10	3.74	3.27	2.74	2.13	1.00

〈표 4〉 x^2 분포의 누적확률표

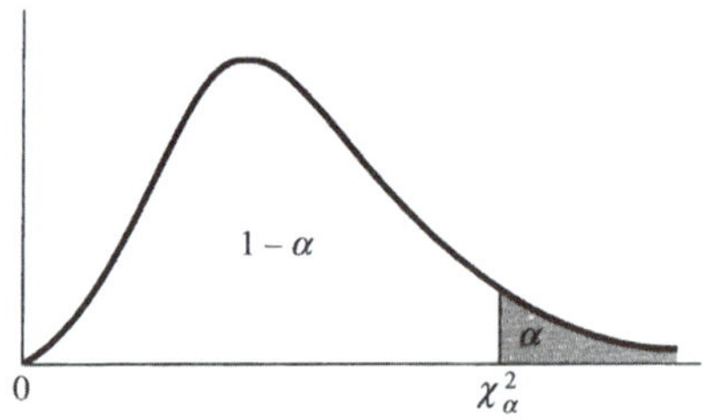

df	α 0.250	0.100	0.050	0.025	0.010	0.005	0.001
1	1.32	2.71	3.84	5.02	6.63	7.88	10.83
2	2.77	4.61	5.99	7.38	9.21	10.60	13.82
3	4.11	6.25	7.81	9.35	11.34	12.84	16.27
4	5.39	7.78	9.49	11.14	13.28	14.86	18.47
5	6.63	9.24	11.07	12.83	15.09	16.75	20.52
6	7.84	10.64	12.59	14.45	16.81	18.55	22.46
7	9.04	12.02	14.07	16.01	18.48	20.28	24.32
8	10.22	13.36	15.51	17.53	20.09	21.96	26.12
9	11.39	14.68	16.92	19.02	21.67	23.59	27.88
10	12.55	15.99	18.31	20.48	23.21	25.19	29.59
11	13.70	17.28	19.68	21.92	24.72	26.76	31.26
12	14.85	18.55	21.03	23.34	26.22	28.30	32.91
13	15.98	19.81	22.36	24.74	27.69	29.82	34.53
14	17.12	21.06	23.68	26.12	29.14	31.32	36.12
15	18.25	22.31	25.00	27.49	30.58	32.80	37.70
16	19.37	23.54	26.30	28.85	32.00	34.27	39.25
17	20.49	24.77	27.59	30.19	33.41	35.72	40.79
18	21.60	25.99	28.87	31.53	34.81	37.16	42.31
19	22.72	27.20	30.14	32.85	36.19	38.58	43.82
20	23.83	28.41	31.41	34.17	37.57	40.00	45.32
25	29.34	34.38	37.65	40.65	44.31	46.93	52.62
30	34.80	40.26	43.77	46.98	50.89	53.67	59.70
40	45.62	51.80	55.76	59.34	63.69	66.77	73.40
50	56.33	63.17	67.50	71.42	76.15	79.49	86.66
60	66.98	74.40	79.08	83.30	88.38	91.95	99.61
70	77.58	85.53	90.53	95.02	100.4	104.2	112.3
80	88.13	96.58	101.8	106.6	112.3	116.3	124.8
90	98.65	107.6	113.1	118.1	124.1	128.3	137.2
100	109.1	118.5	124.3	129.6	135.8	140.2	149.5

출처: E. S. Pearson and H. O. Hartley (Eds.), *Biometrika Tables for Statisticians*, vol (3rd ed.), London: Biometrika Trust, 1976, pp.192-193.

〈표 5〉 Studentized Range의 $q_{.95}$와 $q_{.99}$

Error *df* $J(N-1)$	α	*J* 2	3	4	5	6	7	8	9	10	11
2	.05	6.08	8.33	9.80	10.9	11.7	12.4	13.0	13.5	14.0	14.4
	.01	14.0	19.0	22.3	24.7	26.6	28.2	29.5	30.7	31.7	32.6
3	.05	4.50	5.91	6.82	7.50	8.04	8.48	8.85	9.18	9.46	9.72
	.01	8.26	10.6	12.2	13.3	14.2	15.0	15.6	16.2	16.7	17.8
4	.05	3.93	5.04	5.76	6.29	6.71	7.05	7.35	7.60	7.83	8.03
	.01	6.51	8.12	9.17	9.96	10.6	11.1	11.5	11.9	12.3	12.6
5	.05	3.64	4.60	5.22	5.67	6.03	6.33	6.58	6.80	6.99	7.17
	.01	5.70	6.98	7.80	8.42	8.91	9.32	9.67	9.97	10.24	10.48
6	.05	3.46	4.34	4.90	5.30	5.63	5.90	6.12	6.32	6.49	6.65
	.01	5.24	6.33	7.03	7.56	7.97	8.32	8.61	8.87	9.10	9.30
7	.05	3.34	4.16	4.68	5.06	5.36	5.61	5.82	6.00	6.16	6.30
	.01	4.95	5.92	6.54	7.01	7.37	7.68	7.94	8.17	8.37	8.55
8	.05	3.26	4.04	4.53	4.89	5.17	5.40	5.60	5.77	5.92	6.05
	.01	4.75	5.64	6.20	6.62	6.96	7.24	7.47	7.68	7.86	8.03
9	.05	3.20	3.95	4.41	4.76	5.02	5.24	5.43	5.59	5.74	5.87
	.01	4.60	5.43	5.96	6.35	6.66	6.91	7.13	7.33	7.49	7.65
10	.05	3.15	3.88	4.33	4.65	4.91	5.12	5.30	5.46	5.60	5.72
	.01	4.48	5.27	5.77	6.14	6.43	6.67	6.87	7.05	7.21	7.36
11	.05	3.11	3.82	4.26	4.57	4.82	5.03	5.20	5.35	5.49	5.61
	.01	4.39	5.15	5.62	5.97	6.25	6.48	6.67	6.84	6.99	7.13
12	.05	3.08	3.77	4.20	4.51	4.75	4.95	5.12	5.27	5.39	5.51
	.01	4.32	5.05	5.50	5.84	6.10	6.32	6.51	6.67	6.81	6.94
13	.05	3.06	3.73	4.15	4.45	4.69	4.88	5.05	5.19	5.32	5.43
	.01	4.26	4.96	5.40	5.73	5.98	6.19	6.37	6.53	6.67	6.79
14	.05	3.03	3.70	4.11	4.41	4.64	4.83	4.99	5.13	5.25	5.36
	.01	4.21	4.89	5.32	5.63	5.88	6.08	6.26	6.41	6.54	6.66
15	.05	3.01	3.67	4.08	4.37	4.59	4.78	4.94	5.08	5.20	5.31
	.01	4.17	4.84	5.25	5.56	5.80	5.99	6.16	6.31	6.44	6.55
16	.05	3.00	3.65	4.05	4.33	4.56	4.74	4.90	5.03	5.15	5.26
	.01	4.13	4.79	5.19	5.49	5.72	5.92	6.08	6.22	6.35	6.46
17	.05	2.98	3.63	4.02	4.30	4.52	4.70	4.86	4.99	5.11	5.21
	.01	4.10	4.74	5.14	5.43	5.66	5.85	6.01	6.15	6.27	6.38
18	.05	2.97	3.61	4.00	4.28	4.49	4.67	4.82	4.96	5.07	5.17
	.01	4.07	4.70	5.09	5.38	5.60	5.79	5.94	6.08	6.20	6.31
19	.05	2.96	3.59	3.98	4.25	4.47	4.65	4.79	4.92	5.04	5.14
	.01	4.05	4.67	5.05	5.33	5.55	5.73	5.89	6.02	6.14	6.25
20	.05	2.95	3.58	3.96	4.23	4.45	4.62	4.77	4.90	5.01	5.11
	.01	4.02	4.64	5.02	5.29	5.51	5.69	5.84	5.97	6.09	6.19
24	.05	2.92	3.53	3.90	4.17	4.37	4.54	4.68	4.81	4.92	5.01
	.01	3.96	4.55	4.91	5.17	5.37	5.54	5.69	5.81	5.92	6.02
30	.05	2.89	3.49	3.85	4.10	4.30	4.46	4.60	4.72	4.82	4.92
	.01	3.89	4.45	4.80	5.05	5.24	5.40	5.54	5.65	5.76	5.85
40	.05	2.86	3.44	3.79	4.04	4.23	4.39	4.52	4.63	4.73	4.82
	.01	3.82	4.37	4.70	4.93	5.11	5.26	5.39	5.50	5.60	5.69
60	.05	2.83	3.40	3.74	3.98	4.16	4.31	4.44	4.55	4.65	4.73
	.01	3.76	4.28	4.59	4.82	4.99	5.13	5.25	5.36	5.45	5.53
120	.05	2.80	3.36	3.68	3.92	4.10	4.24	4.36	4.47	4.56	4.64
	.01	3.70	4.20	4.50	4.71	4.87	5.01	5.12	5.21	5.30	5.37
∞	.05	2.77	3.31	3.63	3.86	4.03	4.17	4.29	4.39	4.47	4.55
	.01	3.64	4.12	4.40	4.60	4.76	4.88	4.99	5.08	5.16	5.23

〈표 5〉 Studentized Range의 $q_{.95}$와 $q_{.99}$(계속)

J									α	Error *df*
12	**13**	**14**	**15**	**16**	**17**	**18**	**19**	**20**		$J(N-1)$
14.7	15.1	15.4	15.7	15.9	16.1	16.4	16.6	16.8	.05	2
33.4	34.1	34.8	35.4	36.0	36.5	37.0	37.5	37.9	.01	
9.72	10.2	10.3	10.5	10.7	10.8	11.0	11.1	11.2	.05	3
17.5	17.9	18.2	18.5	18.8	19.1	19.3	19.5	19.8	.01	
8.21	8.37	8.52	8.66	8.79	8.91	9.03	9.13	9.23	.05	4
12.8	13.1	13.3	13.5	13.7	13.9	14.1	14.2	14.4	.01	
7.32	7.47	7.60	7.72	7.83	7.93	8.03	8.12	8.21	.05	5
10.70	10.89	11.08	11.24	11.40	11.55	11.68	11.81	11.93	.01	
6.79	6.92	7.03	7.14	7.24	7.34	7.43	7.51	7.59	.05	6
9.48	9.65	9.81	9.95	10.08	10.21	10.32	10.43	10.54	.01	
6.43	6.55	6.66	6.76	6.85	6.94	7.02	7.10	7.17	.05	7
8.71	8.86	9.00	9.12	9.24	9.35	9.46	9.55	9.65	.01	
6.18	6.29	6.39	6.48	6.57	6.65	6.73	6.80	6.87	.05	8
8.18	8.31	8.44	8.55	8.66	8.76	8.85	8.94	9.03	.01	
5.98	6.09	6.19	6.28	6.36	6.44	6.51	6.58	6.64	.05	9
7.78	7.91	8.03	8.13	8.23	8.33	8.41	8.49	8.57	.01	
5.83	5.93	6.03	6.11	6.19	6.27	6.34	6.40	6.47	.05	10
7.49	7.60	7.71	7.81	7.91	7.99	8.08	8.15	8.23	.01	
5.71	5.81	5.90	5.98	6.06	6.13	6.20	6.27	6.33	.05	11
7.25	7.36	7.46	7.56	7.65	7.73	7.81	7.88	7.95	.01	
5.61	5.71	5.80	5.88	5.95	6.02	6.09	6.15	6.21	.05	12
7.06	7.17	7.26	7.36	7.44	7.52	7.59	7.66	7.73	.01	
5.53	5.63	5.71	5.79	5.86	5.93	5.99	6.05	6.11	.05	13
6.90	7.01	7.10	7.19	7.27	7.35	7.42	7.48	7.55	.01	
5.46	5.55	5.64	5.71	5.79	5.85	5.91	5.97	6.03	.05	14
6.77	6.87	6.96	7.05	7.13	7.20	7.27	7.33	7.39	.01	
5.40	5.49	5.57	5.65	5.72	5.78	5.85	5.90	5.96	.05	15
6.66	6.76	6.84	6.93	7.00	7.07	7.14	7.20	7.26	.01	
5.35	5.44	5.52	5.59	5.66	5.73	5.79	5.84	5.90	.05	16
6.56	6.66	6.74	6.82	6.90	6.97	7.03	7.09	7.15	.01	
5.31	5.39	5.47	5.54	5.61	5.67	5.73	5.79	5.84	.05	17
6.48	6.57	6.66	6.73	6.81	6.87	6.94	7.00	7.05	.01	
5.27	5.35	5.43	5.50	5.57	5.63	5.69	5.74	5.79	.05	18
6.41	6.50	6.58	6.65	6.73	6.79	6.85	6.91	6.97	.01	
5.23	5.31	5.39	5.46	5.53	5.59	5.65	5.70	5.75	.05	19
6.34	6.43	6.51	6.58	6.65	6.72	6.78	6.84	6.89	.01	
5.20	5.28	5.36	5.43	5.49	5.55	5.61	5.66	5.71	.05	20
6.28	6.37	6.45	6.52	6.59	6.65	6.71	6.77	6.82	.01	
5.10	5.18	5.25	5.32	5.38	5.44	5.49	5.55	5.59	.05	24
6.11	6.19	6.26	6.33	6.39	6.45	6.51	6.56	6.61	.01	
5.00	5.08	5.15	5.21	5.27	5.33	5.38	5.43	5.47	.05	30
5.93	6.01	6.08	6.14	6.20	6.26	6.31	6.36	6.41	.01	
4.90	4.98	5.04	5.11	5.16	5.22	5.27	5.31	5.36	.05	40
5.76	5.83	5.90	5.96	6.02	6.07	6.12	6.16	6.21	.01	
4.81	4.88	4.94	5.00	5.06	5.11	5.15	5.20	5.24	.05	60
5.60	5.67	5.73	5.78	5.84	5.89	5.93	5.97	6.01	.01	
4.71	4.78	4.84	4.90	4.95	5.00	5.04	5.09	5.13	.05	120
5.44	5.50	5.56	5.61	5.66	5.71	5.75	5.79	5.83	.01	
4.62	4.68	4.74	4.80	4.85	4.89	4.93	4.97	5.01	.05	∞
5.29	5.35	5.40	5.45	5.49	5.54	5.57	5.61	5.65	.01	

〈표 6〉 직교다항식 계수

p	다항식	계수										$\sum c_{ij}^2$
3	1차	−1	0	1								2
	2차	1	−2	1								6
4	1차	−3	−1	1	3							20
	2차	1	−1	−1	1							4
	3차	−1	3	−3	1							20
5	1차	−2	−1	0	1	2						10
	2차	2	−1	−2	−1	2						14
	3차	−1	2	0	−2	1						10
	4차	1	−4	6	−4	1						70
6	1차	−5	−3	−1	1	3	5					70
	2차	5	−1	−4	−4	−1	5					84
	3차	−5	7	4	−4	−7	5					180
	4차	1	−3	2	2	−3	1					28
7	1차	−3	−2	−1	0	1	2	3				28
	2차	5	0	−3	−4	−3	0	5				84
	3차	−1	1	1	0	−1	−1	1				6
	4차	3	−7	1	6	1	−7	3				154
8	1차	−7	−5	−3	−1	1	3	5	7			168
	2차	7	1	−3	−5	−5	−3	1	7			168
	3차	−7	5	7	3	−3	−7	−5	7			264
	4차	7	−13	−3	9	9	−3	−13	7			616
	5차	−7	23	−17	−15	15	17	−23	7			2184
9	1차	−4	−3	−2	−1	0	1	2	3	4		60
	2차	28	7	−8	−17	−20	−17	−8	7	28		2772
	3차	−14	7	13	9	0	−9	−13	−7	14		990
	4차	14	−21	−11	9	18	9	−11	−21	14		2002
	5차	−4	11	−4	−9	0	9	4	−11	4		468
10	1차	−9	−7	−5	−3	−1	1	3	5	7	9	330
	2차	6	2	−1	−3	−4	−4	−3	−1	2	6	132
	3차	−42	14	35	31	12	−12	−31	−35	−14	42	8580
	4차	18	−22	−17	3	18	18	3	−17	−22	18	2860
	5차	−6	14	−1	−11	−6	6	11	1	−14	6	780

출처: R. A. Fisher and F. Yates, *Statistical Tables for Biological, Agricultural and Medical Research*, (6th ed.), Edinburgh: Oliver and Boyd, 1963, pp.98.

〈표 7〉 Dunn tD-통계량 임계값

대비수 (*C*)	*α*	오차항의 *df*											
		5	**7**	**10**	**12**	**15**	**20**	**24**	**30**	**40**	**60**	**120**	**∞**
2	.05	3.17	2.84	2.64	2.56	2.49	2.42	2.39	2.36	2.33	2.30	2.27	2.24
	.01	4.78	4.03	3.58	3.43	3.29	3.16	3.09	3.03	2.97	2.92	2.86	2.81
3	.05	3.54	3.13	2.87	2.78	2.69	2.61	2.58	2.54	2.50	2.47	2.43	2.39
	.01	5.25	4.36	3.83	3.65	3.48	3.33	3.26	3.19	3.12	3.06	2.99	2.94
4	.05	3.81	3.34	3.04	2.94	2.84	2.75	2.70	2.66	2.62	2.58	2.54	2.50
	.01	5.60	4.59	4.01	3.80	3.62	3.46	3.38	3.30	3.23	3.16	3.09	3.02
5	.05	4.04	3.50	3.17	3.06	2.95	2.85	2.80	2.75	2.71	2.66	2.62	2.58
	.01	5.89	4.78	4.15	3.93	3.74	3.55	3.47	3.39	3.31	3.24	3.16	3.09
6	.05	4.22	3.64	3.28	3.15	3.04	2.93	2.88	2.83	2.78	2.73	2.68	2.64
	.01	6.15	4.95	4.27	4.04	3.82	3.63	3.54	3.46	3.38	3.30	3.22	3.15
7	.05	4.38	3.76	3.37	3.24	3.11	3.00	2.94	2.89	2.84	2.79	2.74	2.69
	.01	6.36	5.09	4.37	4.13	3.90	3.70	3.61	3.52	3.43	3.34	3.27	3.19
8	.05	4.53	3.86	3.45	3.31	3.18	3.06	3.00	2.94	2.89	2.84	2.79	2.74
	.01	6.56	5.21	4.45	4.20	3.97	3.76	3.66	3.57	3.48	3.39	3.31	3.23
9	.05	4.66	3.95	3.52	3.37	3.24	3.11	3.05	2.99	2.93	2.88	2.83	2.77
	.01	6.70	5.31	4.53	4.26	4.02	3.80	3.70	3.61	3.51	3.42	3.34	3.26
10	.05	4.78	4.03	3.58	3.43	3.29	3.16	3.09	3.03	2.97	2.92	2.86	2.81
	.01	6.86	5.40	4.59	4.32	4.07	3.85	3.74	3.65	3.55	3.46	3.37	3.29
15	.05	5.25	4.36	3.83	3.65	3.48	3.33	3.26	3.19	3.12	3.06	2.99	2.94
	.01	7.51	5.79	4.86	4.56	4.29	4.03	3.91	3.80	3.70	3.59	3.50	3.40
20	.05	5.60	4.59	4.01	3.80	3.62	3.46	3.38	3.30	3.23	3.16	3.09	3.02
	.01	8.00	6.08	5.06	4.73	4.42	4.15	4.04	3.90	3.79	3.69	3.58	3.48
25	.05	5.89	4.78	4.15	3.93	3.74	3.55	3.47	3.39	3.31	3.24	3.16	3.09
	.01	8.37	6.30	5.20	4.86	4.53	4.25	4.1*	3.98	3.88	3.76	3.64	3.54
30	.05	6.15	4.95	4.27	4.04	3.82	3.63	3.54	3.46	3.38	3.30	3.22	3.15
	.01	8.68	6.49	5.33	4.95	4.61	4.33	4.2*	4.13	3.93	3.81	3.69	3.59
35	.05	6.36	5.09	4.37	4.13	3.90	3.70	3.61	3.52	3.43	3.34	3.27	3.19
	.01	8.95	6.67	5.44	5.04	4.71	4.39	4.3*	4.26	3.97	3.84	3.73	3.63
40	.05	6.56	5.21	4.45	4.20	3.97	3.76	3.66	3.57	3.48	3.39	3.31	3.23
	.01	9.19	6.83	5.52	5.12	4.78	4.46	4.3*	4.1*	4.01	3.89	3.77	3.66
45	.05	6.70	5.31	4.53	4.26	4.02	3.80	3.70	3.61	3.51	3.42	3.34	3.26
	.01	9.41	6.93	5.60	5.20	4.84	4.52	4.3*	4.2*	4.1*	3.93	3.80	3.69
50	.05	6.86	5.40	4.59	4.32	4.07	3.85	3.74	3.65	3.55	3.46	3.37	3.29
	.01	9.68	7.06	5.70	5.27	4.90	4.56	4.4*	4.2*	4.1*	3.97	3.83	3.72
100	.05	8.00	6.08	5.06	4.73	4.42	4.15	4.04	3.90	3.79	3.69	3.58	3.48
	.01	11.04	7.80	6.20	5.70	5.20	4.80	4.7*	4.4*	4.5*		4.00	3.89
250	.05	9.68	7.06	5.70	5.27	4.90	4.56	4.4*	4.2*	4.1*	3.97	3.83	3.72
	.01	13.26	8.83	6.9*	6.3*	5.8*	5.2*	5.0*	4.9*	4.8*			4.11

출처: O. J. Dunn, "Multiple Comparisons Among Means". *Journal of the American Statistical Association*, Vol. 56, No. 293 (Mar., 1961). pp.55.

〈표 8〉 Dunn–Šidák tDs–통계량

오차항의 *df*	*α*	대비수 (*C*)												
		2	**3**	**4**	**5**	**6**	**7**	**8**	**9**	**10**	**15**	**20**	**25**	**30**
2	.10	4.243	5.243	6.081	6.816	7.480	8.090	8.656	9.188	9.691	11.890	13.741	15.371	16.845
	.05	6.164	7.582	8.774	9.823	10.769	11.639	12.449	13.208	13.927	17.072	19.721	22.054	24.163
	.01	14.071	17.248	19.925	22.282	24.413	26.372	28.196	29.908	31.528	38.620	44.598	49.865	54.626
3	.10	3.149	3.690	4.115	4.471	4.780	5.055	5.304	5.532	5.744	6.627	7.326	7.914	8.427
	.05	4.156	4.826	5.355	5.799	6.185	6.529	6.842	7.128	7.394	8.505	9.387	10.129	10.778
	.01	7.447	8.565	9.453	10.201	10.853	11.436	11.966	12.453	12.904	14.796	16.300	17.569	18.678
4	.10	2.751	3.150	3.452	3.699	3.909	4.093	4.257	4.406	4.542	5.097	5.521	5.870	6.169
	.05	3.481	3.941	4.290	4.577	4.822	5.036	5.228	5.402	5.562	6.214	6.714	7.127	7.480
	.01	5.594	6.248	6.751	7.166	7.520	7.832	8.112	8.367	8.600	9.556	10.294	10.902	11.424
5	.10	2.549	2.882	3.129	3.327	3.493	3.638	3.765	3.880	3.985	4.403	4.718	4.972	5.187
	.05	3.152	3.518	3.791	4.012	4.197	4.358	4.501	4.630	4.747	5.219	5.573	5.861	6.105
	.01	4.771	5.243	5.599	5.888	6.133	6.346	6.535	6.706	6.862	7.491	7.968	8.355	8.684
6	.10	2.428	2.723	2.939	3.110	3.253	3.376	3.484	3.580	3.668	4.015	4.272	4.477	4.649
	.05	2.959	3.274	3.505	3.690	3.845	3.978	4.095	4.200	4.296	4.675	4.956	5.182	5.372
	.01	4.315	4.695	4.977	5.203	5.394	5.559	5.704	5.835	5.954	6.428	6.782	7.068	7.308
7	.10	2.347	2.618	2.814	2.969	3.097	3.206	3.302	3.388	3.465	3.768	3.990	4.167	4.314
	.05	2.832	3.115	3.321	3.484	3.620	3.736	3.838	3.929	4.011	4.336	4.574	4.764	4.923
	.01	4.027	4.353	4.591	4.782	4.941	5.078	5.198	5.306	5.404	5.791	6.077	6.306	6.497
8	.10	2.289	2.544	2.726	2.869	2.987	3.088	3.176	3.254	3.324	3.598	3.798	3.955	4.086
	.05	2.743	3.005	3.193	3.342	3.464	3.569	3.661	3.743	3.816	4.105	4.316	4.482	4.621
	.01	3.831	4.120	4.331	4.498	4.637	4.756	4.860	4.953	5.038	5.370	5.613	5.807	5.969
9	.10	2.246	2.488	2.661	2.796	2.907	3.001	3.083	3.155	3.221	3.474	3.658	3.802	3.921
	.05	2.677	2.923	3.099	3.237	3.351	3.448	3.532	3.607	3.675	3.938	4.129	4.280	4.405
	.01	3.688	3.952	4.143	4.294	4.419	4.526	4.619	4.703	4.778	5.072	5.287	5.457	5.598
10	.10	2.213	2.446	2.611	2.739	2.845	2.934	3.012	3.080	3.142	3.380	3.552	3.686	3.796
	.05	2.626	2.860	3.027	3.157	3.264	3.355	3.434	3.505	3.568	3.813	3.989	4.128	4.243
	.01	3.580	3.825	4.002	4.141	2.256	4.354	4.439	4.515	4.584	4.852	5.046	5.199	5.326
11	.10	2.186	2.412	2.571	2.695	2.796	2.881	2.955	3.021	3.079	3.306	3.468	3.595	3.699
	.05	2.586	2.811	2.970	3.094	3.196	3.283	3.358	3.424	3.484	3.715	3.880	4.010	4.117
	.01	3.495	3.726	3.892	4.022	4.129	4.221	4.300	4.371	4.434	4.682	4.860	5.001	5.117
12	.10	2.164	2.384	2.539	2.658	2.756	2.838	2.910	2.973	3.029	3.247	3.402	3.522	3.621
	.05	2.553	2.770	2.924	3.044	3.141	3.224	3.296	3.359	3.416	3.636	3.793	3.916	4.017
	.01	3.427	3.647	3.804	3.927	4.029	4.114	4.189	4.256	4.315	4.547	4.714	4.845	4.953
13	.10	2.146	2.361	2.512	2.628	2.723	2.803	2.872	2.933	2.988	3.196	3.347	3.463	3.557
	.05	2.526	2.737	2.886	3.002	3.096	3.176	3.245	3.306	3.361	3.571	3.722	3.839	3.935
	.01	3.371	3.582	3.733	3.850	3.946	4.028	4.099	4.162	4.218	4.438	4.595	4.718	4.819
14	.10	2.131	2.342	2.489	2.603	2.696	2.774	2.841	2.900	2.953	3.157	3.301	3.413	3.504
	.05	2.503	2.709	2.854	2.967	3.058	3.135	3.202	3.261	3.314	3.518	3.662	3.775	3.867
	.01	3.324	3.528	3.673	3.785	3.878	3.956	4.024	4.084	4.138	4.347	4.497	4.614	4.710
15	.10	2.118	2.325	2.470	2.582	2.672	2.748	2.814	2.872	2.924	3.122	3.262	3.370	3.459
	.05	2.483	2.685	2.827	2.937	3.026	3.101	3.166	3.224	3.275	3.472	3.612	3.721	3.810
	.01	3.285	3.482	3.622	3.731	3.820	3.895	3.961	4.019	4.071	4.271	4.414	4.526	4.618
16	.10	2.106	2.311	2.453	2.563	2.652	2.726	2.791	2.848	2.898	3.092	3.228	3.334	3.420
	.05	2.467	2.665	2.804	2.911	2.998	3.072	3.135	3.191	3.241	3.433	3.569	3.675	3.761
	.01	3.251	3.443	3.579	3.684	3.771	3.844	3.907	3.963	4.013	4.206	4.344	4.451	4.540
18	.10	2.088	2.287	2.426	2.532	2.619	2.691	2.753	2.808	2.857	3.043	3.174	3.275	3.358
	.05	2.439	2.631	2.766	2.869	2.953	3.024	3.085	3.138	3.186	3.370	3.499	3.599	3.681
	.01	3.195	3.379	3.508	3.609	3.691	3.760	3.820	3.872	3.920	4.102	4.231	4.332	4.414
20	.10	2.073	2.269	2.405	2.508	2.593	2.663	2.724	2.777	2.824	3.005	3.132	3.229	3.309
	.05	2.417	2.605	2.736	2.836	2.918	2.986	3.045	3.097	3.143	3.320	3.445	3.541	3.620
	.01	3.152	3.329	3.454	3.550	3.629	3.695	3.752	3.802	3.848	4.021	4.144	4.239	4.317
25	.10	2.047	2.236	2.367	2.466	2.547	2.614	2.672	2.722	2.767	2.938	3.058	3.149	3.224
	.05	2.379	2.558	2.683	2.779	2.856	2.921	2.976	3.025	3.069	3.235	3.351	3.440	3.513
	.01	3.077	3.243	3.359	3.449	3.521	3.583	3.635	3.682	3.723	3.882	3.995	4.081	4.152
30	.10	2.030	2.215	2.342	2.439	2.517	2.582	2.638	2.687	2.731	2.895	3.010	3.098	3.169
	.05	2.354	2.528	2.649	2.742	2.816	2.878	2.932	2.979	3.021	3.180	3.291	3.376	3.445
	.01	3.029	3.188	3.298	3.384	3.453	3.511	3.561	3.605	3.644	3.794	3.900	3.981	4.048

〈표 8〉 Dunn–Šidák tDs–통계량(계속)

오차항의 *df*	α	대비수 (*C*)												
		2	**3**	**4**	**5**	**6**	**7**	**8**	**9**	**10**	**15**	**20**	**25**	**30**
40	.10	2.009	2.189	2.312	2.406	2.481	2.544	2.597	2.644	2.686	2.843	2.952	3.036	3.103
	.05	2.323	2.492	2.608	2.696	2.768	2.827	2.878	2.923	2.963	3.113	3.218	3.298	3.363
	.01	2.970	3.121	3.225	3.305	3.370	3.425	3.472	3.513	3.549	3.689	3.787	3.862	3.923
60	.10	1.989	2.163	2.283	2.373	2.446	2.506	2.558	2.603	2.643	2.793	2.897	2.976	3.040
	.05	2.294	2.456	2.568	2.653	2.721	2.777	2.826	2.869	2.906	3.049	3.148	3.223	3.284
	.01	2.914	3.056	3.155	3.230	3.291	3.342	3.386	3.425	3.459	3.589	3.679	3.749	3.805
120	.10	1.968	2.138	2.254	2.342	2.411	2.469	2.519	2.562	2.600	2.744	2.843	2.918	2.978
	.05	2.265	2.422	2.529	2.610	2.675	2.729	2.776	2.816	2.852	2.987	3.081	3.152	3.209
	.01	2.859	2.994	3.087	3.158	3.215	3.263	3.304	3.340	3.372	3.493	3.577	3.641	3.693
∞	.10	1.949	2.114	2.226	2.311	2.378	2.434	2.482	2.523	2.560	2.697	2.791	2.862	2.920
	.05	2.237	2.388	2.491	2.569	2.631	2.683	2.727	2.766	2.300	2.928	3.016	3.083	3.137
	.01	2.806	2.934	3.022	3.089	3.143	3.186	3.226	3.260	3.289	3.402	3.480	3.539	3.587

출처: P. A. Ganes, "An Improved t Table for Simultaneous Control on g Contrasts". *Journal of the American Statistical Association*, Vol. 72, No.359 (Sep., 1977), pp.532–533.

참고문헌

강계남 (2001). **중다비교방법**. 서울: 교육과학사.

강상진 (1995). 다층모형의 방법론적 특성과 활용방안. **교육평가연구 8권**, 2호, 63-94.

강상진 (2010). 5 · 31 교육개혁 이후의 학교교육격차 추세 분석: 1995-2010 수능자료분석. 교육과학기술부 정책연구보고서.

박광배 (2003). **변량분석과 회귀분석**. 서울: 학지사.

변창진 · 문수백 (1999). **사회과학 연구를 위한 실험설계 · 분석의 이해와 활용**. 서울: 학지사.

Aitkin, M., & Longford, N. (1986). Statistical modelling issues in school effectiveness studies. *Journal of the Royal Statistical Society. Series A (General),* 1-43.

Box, G. E. P. (1954a). Some theorems on quadratic forms applied in the study of analysis of variance problems, I: Effect of inequality of variance in the one-way classification. *Annals of Mathematical Statistics, 25,* 290-302.

Box, G. E. P. (1954b). Some theorems on quadratic forms applied in the study of analysis of variance problems, II: Effect of inequality of variance and of correlation of errors in the two-way classification. *Annals of Mathematical Statistics, 25,* 484-498.

Bryk, A. S., & Raudenbush, S. W. (1992). *Hierarchical linear models: Applications and Data Analysis Methods.* Newbury Park, CA: Sage Publications, Inc.

Burstein, L. (1980a). The analysis of multi-level data in educational research and evaluation. *Review of Research in Education,* 158-233.

Burstein, L. (1980b). The role of levels of analysis in the specification of educational effects. *The analysis of educational productivity, Vol 1: Issues in microanalysis.* Cambridge, Mass: Ballinger.

Cochran, W. & COX, G. (1957): *Experimental designs.* New York: John Wiley and Sons, Inc.

Cohen, J. (1973). Statistical Power Analysis and Research Results. *American Educational Research Journal,* 10(3), 225-229.

Cohen, J. (1988). *Statistical Power Analysis for the Behavioral Sciences (2nd Ed.).* Hillsdale,

N.J.: Erlbaum.

Collier, R. o., Jr., Baker, F. B., Mandeville, G. K., & Hayes, T. F. (1967). Estimates of test size for several test procedures based on conventional variance ratios in the repeated measures design. *Psychometrika, 32.* 339-353.

Cronbach, L. J. (1976). *Research on classrooms and schools: Formulating questions, design, and analysis.* Occasional Paper. Stanford, CA: Stanford Evaluation Consortium.

Dunn, O. J. (1961). Multiple comparisons among means. *Journal of the American Statistical Association,* 56(293), 52-64.

Dunnett, C. W. (1955). A multiple comparison procedure for comparing several treatments with a control. *Journal of the American Statistical Association,* 50(272), 1096-1121.

Gary, H. E. Jr. (1981). *The effects of departures from circularity on type I error rates and power for randomized block factorial experimental designs.* Unpublished doctoral dissertation. Baylor University, Waco, TX.

Geisser, S., & Greenhouse, S. W. (1958). An extension of Box's results on the use of the F distribution in multivariate analysis. *Annals of Mathematical Statistics, 29,* 885-891.

Glass, G. V. (1976). Primary, Secondary, and Meta-Analysis of Research. *Educational Researcher, v.5. n.10. 3-8.*

Glass, G. V., McGaw, B., & Smith, M. L. (1981). *Meth-analysis in Social Research.* Beverly Hills: SAGE.

Glass, G. V., Peckham, P. D., and Sanders, J. R. (1972). Consequences of failure to meet assumptions underlying the analysis of variance and covariance. *Review of Educational Research, 42,* 237-288.

Greenhouse, S. W., & Geisser, S. (1959). On methods of in the analysis of profile data. *Psychometrika, 24,* 95-112.

Hedge, L. V. (1981). Distribution theory for Glass's estimator of Effect Size and Related Estimators. *Journal of Educational Statistics, v.6, n1.21-32.*

Hedges, L. V. & Olkin, I. (1985). *Statistical Methods for Meta-Analysis. New York: Academic Press*

Holm, S. (1979). A simple sequentially rejective multiple test procedure. *Scandinavian Journal of Statistics,* 65-70.

Hopkins, K. D. (1982). The unit of analysis: Group means versus individual observations. *American Educational Research Journal, 19*(1), 5-18.

Huitema, B. E. (1980). *The Analysis of Covariance and Its Alternatives.* New York: Wiley.

Huynh, H. & Feldt, L. S. (1970). conditions under which mean square ratios in repeated measurements designs have exact F-distributions. *Journal of the American Statistical Association,* 65. 1582-1589.

Huynh, H., & Feldt, L. S. (1976). Estimation of the Box correction for degrees of freedom from sample data in randomized block and split-plot designs. *Journal of Educational Statistics, 1,* 69-82.

Keuls, M. (1952). The use of the "Studentized range" in connection with an analysis of variance. *Euphytica, 1*(2), 112-122.

Kirk, R. (1995). *Experimental Design: Procedures for Behavioral Sciences,* NY: Brooks/Cole publishing Co.

Kramer, C. Y. (1956). Extension of multiple range test to group means with unequal numbers of replications. *Biometrics, 12*(3), 307-310.

Lindquist, E. F. (1940). *Statistical Analysis in Educational Research.* New York, NY: Houghton Miflin.

Mauchly, J. W. (1940). Significance test for sphericity of a normal n-variate distribution. *The Annals of Mathematical Statistics, 11, 204-209.*

Maxwell, S. E., Camp, C. J., & Arvey, R. D. (1981). Measures of strength of association: A comparative examination. *Journal of Applied Psychology, 66(5),* 525.

Newman, D. (1939). The distribution of range in samples from a normal population, expressed in terms of an independent estimate of standard deviation. *Biometrika, 31(1-2),* 20-30.

Quinn G. P. and Keough M. J. (2002). *Experimental Design and Data Analysis for Biologists.* Cambridge: Cambridge University Press.

Raudenbush, S., Bryk, A., Cheong, Y., & Congdon, R. (2001). *Hierarchical Linear and Nonlinear Modeling-HLM5.* Lincolnwood, IL: SSI Scientific Software.

Rouanet, H., & & Le'pine, D. (1970). Comparision between treatments in a repeated-measurement design: ANOVA and multivariate methods. *British Journal of Mathematical and Statistical Psychology, 23*. 147-163.

Scheffe, H. (1953). A method for judging all contrasts in the analysis of variance. *Biometrika, 40*(1-2), 87-110.

Searl, Kelelman, H. J. & Keselman J. C.(1988). Repeated measures multisample comparison procedures: Effects of violating multisample sphericity in unbalanced design, *Journal of Educational and Behavioral Statistics, v.13,* n.3 215-226.

Searle S. R. (1971). *Linear Models*. New York, NY: Jone Wiley & Sons, Inc.

Šidák, Z. (1967). Rectangular confidence regions for the means of multivariate normal distributions. *Journal of the American Statistical Association, 62*(318), 626-633.

Stoloff, P. H. (1970). Correcting for heterogeneity of covariance for repeated measures designs of the analysis of variance. *Educational and Psychological measurement, 30*. 909-924.

Toothaker, L. E. (1991). *Multiple Comparisons for Researchers*. Newbury Park, California: Sage Publications. Inc.

Tukey, J. W. (1953). *The Problem of Multiple Comparisons*. Unpublished manuscript, Princeton University, Princeton, NJ.

Tukey, J. W. (1949). One degree of freedom for nonadditivity. *Biometrics, 5,* 232-242.

http://en.wikipidia.org/wiki/Mauchly's_Sphericity_tests.

http://statistics.laerd.com/statistical_guides/sphericity.

찾아보기

[ㄱ]

가법모형 356
강인성 197
개체간 비교 407, 409
개체내 비교 407, 409
검정력(통계적 검정력) 30, 32, 42, 117
검정통계량 63, 88, 239
결합효과 202
경향분석 170, 289, 324, 444
계획비교 41
고유효과 244, 383
고정효과 83
공변수 466, 485
공분산분석모형 465
관찰단위 349
교차설계 350
구형성 425
구형성 가정 315, 425
구형성 조건 317
구획간 비교 409
구획내 비교 409
구획변수 304
구획설계 334
기술적 지식 17

[ㄴ]

내재설계 348
내재적 자료 348
내적 타당도 23, 25
뉴먼-쿨스(Newman-Keuls) 짝비교 방법, 165

[ㄷ]

다요인분산분석 75
다요인설계 505, 507
다층자료 348
단순주효과 193, 280, 281
단순주효과 검정 193, 271, 284, 437
단순효과 검정 439
단순효과 대비 286
단순효과 중다비교 271
대비식 124, 125
대비족 일종오류 287
대립가설 198
더미변수 224
독립성의 가정 197
던(Dunn)의 사전비교법 142
던네트(Dunnett) 사전비교법 149
던-시닥(Dunn-Sidak) 사전비교법 147
독립성의가정 197
동시적 가설검정 288
동시추정방법 489
동질성 가정 486, 487
둥지요인설계 348
등분산 가정 84

[ㅁ]

모수 35
모집단 35
모집단 분포 55
무선구획 부분위계설계 398
무선구획 요인설계 407

무선구획설계 301, 405
무선배치 79
무선표집 28
무선효과 84
메타분석 27

[ㅂ]
반복가능성 16
반복측정설계 300, 405, 410
배속설계 348
범주형 변수(질적변수) 38
변산원 71
변수 37
복수집단 구형성 가정 425, 426
복합대칭성 425
복합비교 126
본페로니(Bonferroni) 부등식 133
부분 내재설계 387
부분 위계설계 387
분산 50
분산분석 75, 80
분산분석모형 181, 254
분산분석표 71, 90, 91, 204
분산성분의 선형조합법, 265
분할구획 요인설계, 405, 407, 410
분할구획설계, 405
비서열적 상호작용효과, 193
비지향가설, 44
비편향성, 59
비편향적 추정량, 59

[ㅅ]
사후비교 41, 127
삼요인 부분위계설계 391
삼요인 완전무선위계설계 387
삼원분산분석모형 254
삼중상호작용 252
상관비 108
상호작용효과 276, 280, 281
상호작용효과 가설 181
서열적 상호작용효과 193
선발편기(선택편의) 23, 475, 480
선형 경향성 292
설명 지식 17
쉐페(Scheffé)의 임계값 287, 288
쉐페(Scheffé)의 복수집단 비교법 167
시닥(Sidak) 부등식 133
실제적 유의도 107
실험단위 349
실험설계의 효율성 30, 33
실험적 통제 77, 297

[ㅇ]
에타제곱(η^2) 242
에프(F) 검정통계량 204
에프(F) 분포 63
영가설 80, 197
오메가 제곱(ω^2) 243, 382
오차자승합 310
오차항 84, 196, 484
완전내재설계 387
완전무선내재설계 387
완전무선설계 76, 405
완전무선요인설계 182
완전무선위계설계 349
외적타당도 27
요인설계 181
위계설계 348, 352
위계적 구조 347
위계적 자료 348
유사개체 묶음 304
유의수준 87
이요인 분할구획 요인설계 416
이요인 완전무선설계 182
이요인설계 271
이원분산분석 39

이원분산분석모형 232
이종오류 43
이중상호작용 252
이차 경향성 292
이차 상호작용 252
인과관계 18
일반성 16
일반화 무선구획설계 336
일요인 무선구획설계 341
일요인 완전무선설계 186, 341
일요인설계 271
일종오류 87, 132
일차 상호작용 252
임계값 43

[ㅈ]

자승합 203
자유도 292
잔차분석 314
전반적 영가설 272
전통적인 방법 490
정확성 16
조사자료 412
주효과 281
주효과 가설 181
준실험연구 24, 29
중다비교(다중비교) 431, 495
중다비교검정 276
중다비교법(다중비교법) 123, 271
지향가설 44
직교경향분석 290
진실성 16
진실험연구 24
질적변수(범주형 변수) 38
집단간 변산 91
집단내 변산 92
집단내 상관 107, 110, 243, 246, 383, 384
집단내 상관계수 246, 382, 384
집단평균모형 263
짝비교 126, 496

[ㅊ]

추정량 59

[ㅌ]

통계모형 194
통계적 가설 (가설) 41
통계적 가정 84
통통계적 통제 30, 31, 77
통제지식 17
통합추정치 491
투키(Tukey)의 짝비교 162

[ㅍ]

패널자료 412
편오메가 제곱 383
편집단내 상관계수 384
평균의 차이 표집분포 61
평균자승합 71
표본분포 57
표준오차 62
표준편차 50
표집분포 55, 56
표집오차 62

[ㅎ]

합동대칭성 행렬 316
합동대칭성의 가정 315, 425
혼재변수 21
혼합설계 409
혼합효과 이원분산분석모형 236
홈(Holm)의 다단계 사전 비교법 156
확률밀도함수 63
확신수준 87, 132
회귀계수 227
효과크기 107, 112, 248, 385

[A]
accuracy 16
additive model 356
alternative hypothesis 80, 198
analysis of variance (ANOVA) 75, 80
analysis of covariance model(ANCOVA model) 465
analysis of variance model(ANOVA model) 181, 254
ANOVA table 71, 90, 91, 204

[B]
between blocks comparison 409
between subject comparison 407, 409
block design 336
block variable 305
Bonferroni inequality 133

[C]
causation (causal inference) 18
cell means model 263
classical method 490
completely hierarchical design 387
completely nested deign 387
completely randomized nested design 387
completely randomized design (CR-design) 73, 75, 77, 405
completely randomized factorial design 182
completely randomized hierarchical design 349, 353
complex comparison 126
compound symmetry 313, 427
compound symmetry matrix 317
confidence level 87, 132
confounding variable 21
contrasts 124, 125
correlation ratio 108
covariate 466, 485
critical value 43
crossed design 350

[D]
degrees of freedom 53, 66, 292
descriptive knowledge 17
direct effect 22
directional hypothesis 44
disordinal interaction effect 193
double interactions 252
dummy variable 224
Dunn's priori comparison 144
Dunn-Sidak priori comparison 149
Dunnett priori comparison 151

[E]
effect size 29, 107, 112, 248, 385
effectiveness of experimental design 30, 33
error term 84, 196, 484
estimator 59
experimental control 30, 77, 297
experimental unit 349
external validity 27

[F]
familywise type 1 error 287
F－test statistic, 63, 205
F－distribution 61
factorial ANOVA, 75
factorial design 181
first order interactions 252
fixed effects 83

[G]
generality 16
generalized randomized block design 336

[H]
hierarchical data 348
hierarchical design 348, 352, 401

hierarchical structure 347
Holm's multiple comparison 156
homogeneity assumption 84
homoscedasticity assumption 486, 487

[I]

independence assumption 197
indirect effect 22
interaction effect 276, 280, 281, 294
interaction effect hypothesis 181
internal validity 23, 25
intra-class correlation (ICC)
107, 110, 243, 246, 385, 386
intra-class correlation coefficient 246, 384, 386

[J]

joint effect 202

[L]

linear trend 292

[M]

main effect 281
main effect hypothesis 181
mean squares 71
meta analysis 29
mixed design 409
mixed effects two-way ANOVA 236
multi-factor design 505, 507
multilevel data 348
multiple comparisons 40, 123, 431, 495
multiple comparison test 280
multisample sphericity assumption 425, 426

[N]

nested data 348
nested design 348
nested factor design 348
net effect 383
Newman-Keuls paired comparison 165
nondirectional hypothesis 44
null hypothesis 80, 197

[O]

objectivity 16
observed unit 349
one-factor completely randomized design 186
one-factor design (single factor design) 271
one-way analysis of variance(ANOVA)(model)
39, 82
ordinal interaction effect 193
orthogonal trend analysis 290
omnibus hypothesis testing 40
omnibus null hypothesis 272

[P]

paired comparison 126, 496
panel data 412
parameter 37
partial effect 244
partial hierarchical design 387
partial ICC 384
partial nested design 387
partial squared omega 383
planned comparison 41
pooled estimate 491
population 37
population distribution 57
posteriori comparison 41, 127
power (statistical power) 30, 32, 42, 117
practical significance 107
predictive knowledge 17
priori comparison 41, 127
probability density function 63

[Q]

quadratic trend 292
qualitative variable 38
quasi-experimental research 24, 29

[R]

random assignment 23, 77, 79
random effects 84
random sampling 28
randomized block design 302, 405, 408
randomized block partial hierarchical design 398
randomized factorial design 407
regression coefficient 227
residual analysis 314
repeated measures design 300, 405, 410
replicability 16
robustness 197

[S]

sample distribution 57
sampling distribution 56, 62
sampling distribution of the difference between two means, 61
sampling error 62
Scheffé's critical value 287, 288
Scheffé's multiple comparison 167
scientific procedure 16
second order interactions 252
selection bias 23, 475, 480
Sidak inequality 133
significant level 43, 87
significant probability 43
simple effects test 439
simple effects contrasts 286
simple effects multiple comparisons 271
simple main effects 193, 281
simple main effects test 192, 193, 271, 284, 437
simultaneous hypothesis testing 286
simultaneous method 489
source of variation 71
sphericity 425
sphericity assumption 315, 425
sphericity condition 318
split-plot design 405
split-plot factorial design 405, 407, 410
standard deviation, 48
standard error 62
statistical assumption 84
statistical control 30, 31, 77
statistical hypothesis 41
statistical knowledge 17
statistical model 194
statistical power (power) 30, 32, 42, 117
subject matching 305
sum of squares 47, 71, 203
sum of squares of between groups(SSB) 91
sum of squares of within groups(SSW) 92
survey material 412

[T]

test statistic 63, 88, 239
three-factor partial hierarchical design 391
three-factor completely randomized hierarchical design 387
three-way analysis of variance(ANOVA) model 254
trends analysis 170, 289, 324, 444
triple interactions 252
true experimental research 24
truthfulness 16
Tukey's HSD (Tukey's paired comparison) 162
two-factor completely randomized design 182
two-factor design 271

two-factor split-plot factorial design 416
two-way analysis of variance (ANOVA) 39
two-way analysis of variance (ANOVA) model 232
type 1 Error 43, 87, 132
type 2 Error 43

[U]

unbiased estimate 57
unbiasedness 59

[V]

variable 37
variance 50

[W]

within block comparison 409
within subject comparison 407, 409